KUHMINSA

한 발 앞서나가는 출판사, 구민사
독자분들도 구민사와 함께 한 발 앞서나가길 바랍니다.

구민사 출간도서 中 수험서 분야

- 용접
- 자동차
- 조경/산림
- 품질경영
- 산업안전
- 전기
- 건축토목
- 실내건축

- 기술사
- 기계
- 금속
- 환경
- 보일러
- 가스
- 공조냉동
- 위험물

전문가를 위한 첫걸음, 구민사는 그 이상을 봅니다!

전국 도서판매처

KYOBO 교보문고 · YP Books 영풍문고 · BANDI/LUNI'S 반디앤루니스 · INTERPARK 대전계룡서점 · YES24.COM · 알라딘 · 영광도서

· 일산남부서점 · 안산대동서적 · 대전계룡서점 · 대구북앤북스 · 대구하나도서
· 포항학원사 · 울산처용서림 · 창원그랜드문고 · 순천중앙서점 · 광주조은서림

www.kuhminsa.co.kr

자격증 시험 접수부터 자격증 수령까지!

전문가를 위한 첫걸음, 주민사는 그 이상을 봅니다!

상시시험 12종목

미용사(일반) | 미용사(피부) | 한식·양식·일식·중식 조리기능사
굴삭기·지게차 운전기능사 | 제과·제빵 기능사 | 정보처리기능사 | 정보기기운용기능사

3 큐넷(www.q-net.or.kr) 사이트에서 확인

필기 합격 확인

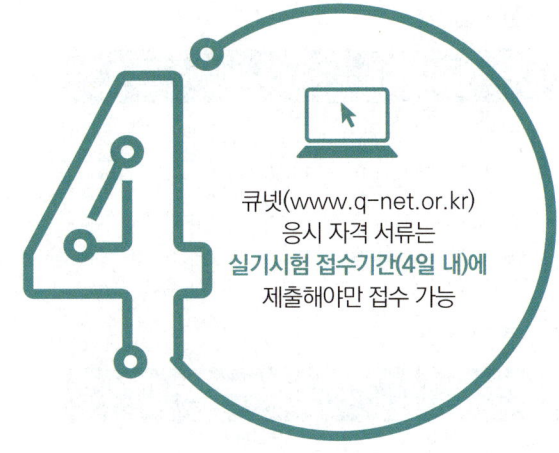

4 큐넷(www.q-net.or.kr) 응시 자격 서류는 **실기시험 접수기간(4일 내)에** 제출해야만 접수 가능

실기 원서 접수

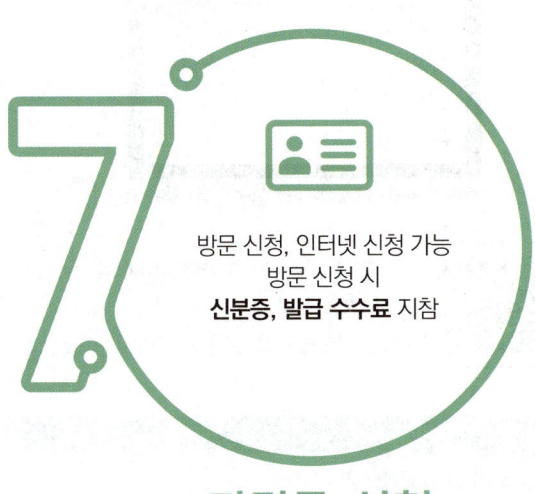

7 방문 신청, 인터넷 신청 가능
방문 신청 시 **신분증, 발급 수수료** 지참

자격증 신청

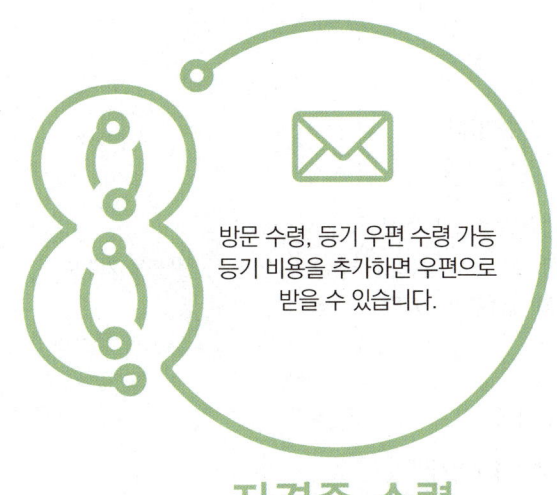

8 방문 수령, 등기 우편 수령 가능
등기 비용을 추가하면 우편으로 받을 수 있습니다.

자격증 수령

자격검정 CBT(컴퓨터 기반 시험) 응시 안내

1. 상시시험 안내

- 접수기간은 회별 원서접수 첫날 9:00부터 마지막 날 18:00까지임(토요일, 일요일 접수 불가)
- 상시시험 원서접수는 정기시험과 같이 공고한 기간에만 접수 가능하며, 선착순 방식이므로 회별 접수기간 종료 전에 마감될 수도 있음

필기시험 부별 시험시간

시행 구분	수험자 교육(입실 시간)	시험 시간	비고
1부	09:10~09:30(09:10)	09:30~10:30	
2부	10:40~11:00(10:40)	11:00~12:00	
3부	13:10~13:30(13:10)	13:30~14:30	
4부	14:40~15:00(14:40)	15:00~16:00	
5부	16:10~16:30(16:10)	16:30~17:30	
6부	18:10~18:30(18:10)	18:30~19:30	목요일만 시행
7부	19:40~20:00(19:40)	20:00~21:00	목요일만 시행

실기시험 부별 시험시간

시행 구분	입실 시간	시작 시간	비고
1부	09:10	9:30	시험시작은 수험자 전원이 응시하고, 수험자 교육이 완료되면 곧바로 시작 가능
2부	10:10	10:30	
3부	11:10	11:30	
4부	12:40	13:00	
5부	13:10	13:30	
6부	14:10	14:30	
7부	16:10	16:30	

2. 원서접수 방법

- 원서접수 및 시행

  원서접수 방법 : 인터넷접수(t.q-net.or.kr)
  정해진 회별 접수기간 동안 접수하며 연간 시행계획을 기준으로 자체 실정에 맞게 시행

3. 실시 지역

- 시행지역 : 24개 지역

  서울, 서울동부, 서울남부, 경기북부, 부산, 부산남부, 울산, 경남, 경인, 경기, 성남, 대구, 경북, 포항, 광주, 전북, 전남, 목포, 대전, 충북, 충남, 강원, 강릉, 제주

4. 합격자 발표

- CBT 필기시험

  시험종료 즉시 합격 여부가 확인이 가능하므로, 별도의 ARS 자동응답 전화를 통한 합격자 발표 미운영

5. CBT 필기시험 미리보기

 ① http://www.q-net.or.kr
큐넷에 접속한 후, 메인화면 하단의
《CBT 체험하기》 버튼을 클릭한다.

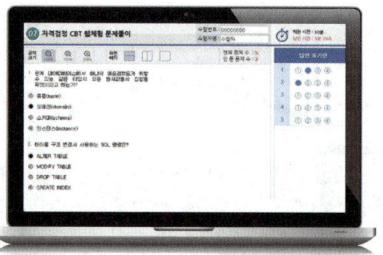

 ② http://www.q-net.or.kr/cbt/index.html
《CBT 웹 체험 서비스》를 시행한다.

시험장 가기 전에 Tip!

Q : 계산기를 따로 가져가야 하나요?
A : 시험을 치르는 PC에 설치된 계산기를 이용하실 수 있습니다. (개인 계산기 지참 가능)

Q : PC로 시험을 치르면 종이는 못쓰나요?
A : 시험장에서 필요한 사람에 한해 종이를 제공합니다. 시험장마다 상황이 다를 수 있으니 전화로 해당 시험장의 상황을 파악해보시길 권장합니다. 이 때, 시험끝나고 종이 반납은 필수입니다.

용접 · 특수용접기능사 필기

PART 01 용접

제1장 총론 — 13
- 1-1. 용접의 개요 ········ 13
  - 1. 용접의 원리 · 13
  - 2. 용접 자세 · 13
  - 3. 용접의 분류(야금학적) · 14
  - 4. 용접법의 분류표 · 15
- 1-2. 용접법의 특징 ········ 15
  - 1. 용접의 장점 · 15
  - 2. 용접의 단점 · 16

제2장 피복 아크 용접 — 17
- 2-1. 피복 아크 용접의 원리 ········ 17
- 2-2. 용접 회로(welding circuit) ········ 17
- 2-3. 아크의 특성 ········ 18
  - 1. 직류 아크 중의 전압분포 · 18
  - 2. 아크 온도 · 18
  - 3. 극 성 · 19
  - 4. 용접 입열 · 19
- 2-4. 용접 아크의 성질 ········ 19
  - 1. 아 크 · 19
  - 2. 직류 정극성과 역극성 · 20
  - 3. 용융 속도 · 20
  - 4. 용착 형태 · 20
  - 5. 아크 쏠림 · 21

2-5. 용접기의 특성 ·················· 21
   1. 피복 아크 용접기기 • 21
   2. 직류 아크 용접기와 교류 아크 용접기의 비교 • 22
   3. 각종 교류 아크 용접기 • 22
   4. 교류 아크 용접기의 규격 • 24
   5. 직류 아크 용접기 • 24
   6. 용접기의 사용률 • 24
   7. 교류 용접기의 역률과 효율 • 25

2-6. 용접용 기구 ·················· 25
   1. 케이블(cable) • 25   2. 홀더(holder) • 25
   3. 핸드 실드와 헬멧(hand shield & helmet) • 26
   4. 필터 렌즈(filter lens) • 26   5. 접지 클램프와 커넥터 • 27
   6. 안전 보호 기구 • 27

2-7. 피복 아크 용접봉 ·················· 27
   1. 아크 용접봉(용가재, 전극봉) • 27
   2. 피복제의 작용 및 역할 • 29
   3. 용착 금속 보호 방식 • 29
   4. 피복 배합제의 종류 • 30

2-8. 피복 아크 용접봉의 규격 ·················· 30
   1. 용접봉 표시 기호 • 30
   2. 연강용 피복 아크 용접봉의 종류와 특징 • 32
   3. 고장력강용 피복 아크 용접봉 • 34
   4. 용접봉 선택 방법 • 34
   5. 용접봉 보관 • 35

2-9. 용접부의 결함과 방지 대책 ·················· 36

2-10. 피복 아크 용접 작업 ·················· 37
   1. 용접 작업 준비 • 37
   2. 용접 작업 • 37
   3. 운봉법 • 38

제3장 특수 아크 용접 ─────────────── 40

3-1. 불활성 가스 아크 용접 ················· 40
1. 불활성 가스 아크 용접의 개요 • 40
2. TIG 용접 • 41
3. MIG 용접 • 42
4. CO_2 용접 • 43
5. 용접 장치 • 44
6. 용접용 재료 • 44

3-2. 서브머지드 아크 용접 ················· 45
1. 원리 • 45
2. 용접 장치 • 45
3. 특징 • 46
4. 용접용 재료 • 46

3-3. 그밖의 특수 아크 용접 ················· 47
1. 플라스마 아크 용접 • 47
2. 테르밋 용접법 • 48
3. 일렉트로 슬래그 용접 • 49
4. 플라스틱 용접 • 49
5. 아크 점 용접법 • 50
6. 냉간 압접 • 51

제4장 가스용접 및 절단작업 ─────────── 52

4-1. 가스 용접 ························· 52
1. 가스 용접의 원리 • 52
2. 가스 용접법의 특징 • 52
3. 가스 용접용 가스와 불꽃 • 53
4. 산소-아세틸렌 불꽃 • 55
5. 용접 장치 • 56
6. 가스 용접 재료 • 63
7. 산소-아세틸렌 용접 작업 • 65

4-2. 가스절단 ························· 66
1. 가스절단법 • 66
2. 가스절단 장치 및 절단 방법 • 67

4-3. 가스절단 방법 ····················· 68
1. 절단에 영향되는 요소 • 68
2. 산소-LP가스 • 69

4-4. 특수절단 및 가공 ··················· 70
1. 금속분말 절단 • 70
2. 가스 가우징(gas gouging) • 70
3. 수중 절단 • 71
4. 스카핑 • 71
5. 산소창 절단 • 72

4-5. 아크 절단 ·· 72
   1. 탄소 아크 절단 • 72   2. 아크에어 가우징 • 72
   3. 금속 아크 절단 • 73   4. 플라스마 아크 절단 • 73

제 5 장 전기저항 용접 및 납땜법 ─────────────── 75

5-1. 개요 및 특징 ·· 75
   1. 개요 • 75   2. 저항용접의 원리 • 75
   3. 저항 용접의 특징 • 76

5-2. 점 용접법 ·· 77
   1. 원리 • 77   2. 장점 • 77

5-3. 심 용접법(seam welding) ·· 78
   1. 원리 • 78   2. 통전 방법 • 78

5-4. 프로젝션 용접법 ·· 78
   1. 원리 • 78   2. 특징 • 79

5-5. 업셋 용접 ·· 79
   1. 원리 • 79   2. 특징 • 80

5-6. 플래시 용접 ··· 80
   1. 원리 • 80   2. 특징 • 81
   3. 플래시 용접 과정 • 81

5-7. 납땜법 ··· 81
   1. 납땜의 원리 • 81   2. 납땜의 종류 • 82

5-8. 용 제 ··· 83
   1. 연납용 용제 • 83   2. 경납용 용제 • 83
   3. 용제의 선택 • 83

제 6 장 각종 금속의 용접 ───────────────────── 84

6-1. 탄소강 용접 ··· 84
   1. 개요 • 84

6-2. 주철의 용접 ··· 85
   1. 개요 • 85
   2. 주철의 종류 • 85
   3. 주철의 용접 • 85
   4. 주철용접시의 주의사항 • 85

6-3. 비철금속의 용접 86
1. 스테인리스강의 용접 • 86
2. 구리와 구리 합금의 용접 • 88
3. 알루미늄 용접의 특성 • 89

제7장 용접 시공 및 시험과 검사 ——————— 91

7-1. 용접 시공 91
1. 용접 준비 작업 • 91
2. 용접 작업 • 93
3. 용접 후 처리 • 95

7-2. 용접 설계 97
1. 용접 이음 • 97
2. 용접 이음의 종류 • 97
3. 홈의 선택 • 99
4. 용접 기호 • 99
5. 용접부의 기호 표시 방법 • 100

7-3. 용접부의 시험과 검사 102
1. 시험 및 검사 방법 분류 • 102
2. 비파괴 검사 • 104
3. 화학적 시험 • 106

제8장 안 전 ——————— 108

8-1. 일반 안전 108
1. 작업복장과 보호구 • 108
2. 수공구류의 안전 수칙 • 110
3. 화재 및 폭발 재해 • 111
4. 구급 조치 • 113

8-2. 아크 용접 및 가스용접의 안전 114
1. 아크 용접의 안전 • 114
2. 가스용접 및 절단의 안전 • 114

PART 02 기계제도

제 1 장 제도 통칙 ——————————————— 119

1-1. 일반사항(도면양식, 척도, 문자 등) ················· 119
   1. 제도 • 119   2. 제도 용지 • 119

1-2. 선의 종류 및 용도와 표시법 ··················· 121
   1. 선과 문자 • 121

1-3. 투상법 및 도형의 표시방법 ··················· 123
   1. 투시도법 • 123   2. 사투상도법 • 123
   3. 정투상도법 • 123   4. 단면도법 • 126
   5. 해칭 • 127

1-4. 치수의 표시방법 ··························· 127
   1. 치수 • 128   2. 치수선과 치수보조선 • 128
   3. 원호의 치수기입 • 129   4. 구멍 치수기입 • 130
   5. 치수 숫자에 붙는 기호 • 130
   6. 형강 및 치수기입 • 132
   7. 규정 이외의 치수기입 • 132

1-5. 체결용 기계요소 표시법 ····················· 133
   1. 나 사 • 133   2. 리 벳 • 133

제 2 장 KS 도시기호 ——————————————— 135

2-1. 용접 기호 ······························· 135
   1. 용접기호와 표시법 • 135

2-2. 배관 도시기호 ···························· 144
   1. 재료기호 • 144

2-3. 용접부 비파괴 시험 기호 ····················· 144
   1. 기호 • 144

제 3 장 도면 해독 ——————————————— 145

3-1. 용접도면 해독 ···························· 145
   1. 용접이음의 종류 • 145

3-2. 배관도면 해독 ································· 146
 1. 치수 기입 법 • 146 2. 배관도의 표시법 • 147
3-3. 제관(철 구조물) 및 판금도면 ························ 149
 1. 전개 • 149
3-4. 투상도면 해독 ································· 151
 1. 정투상도법 연습 • 151

PART 03 용접재료

제 1 장 금속의 기초 ——————————— 157

1-1. 금속의 특성 ································· 157
1-2. 자주 등장하는 원소기호의 이름 ····················· 157
1-3. 합금이란? ···································· 158
1-4. 합금 제조 방법 ································ 158
1-5. 금속의 성질 ··································· 159
1-6. 금속 결정 ····································· 161
1-7. 금속의 결정구조 ······························· 161
1-8. 금속의 응고 ··································· 162
 1. 응고 과정 • 162 2. 응고 조직 • 163
1-9. 금속의 변태 ··································· 164
 1. 동소변태 • 164 2. 자기변태 • 164
1-10. 금속의 변형과 재결정 ·························· 164
1-11. 합금의 성분 ································· 165

제 2 장 탄소강 ——————————————— 167

2-1. 탄소강의 5대 원소 — C, Si, Mn, P, S ··············· 167
2-2. FeC계의 평행 상태도 ··························· 168
2-3. 강과 주철의 분류 ······························ 169
2-4. 탄소강의 성질 ································· 169
2-5. 탄소량과 인장 강도의 관계 ······················· 170

2-6. 탄소강의 종류 ·· 171
2-7. 탄소강의 조직 ·· 172

제 3 장 주철 —————————————————————— 174
3-1. 주철의 개요 ·· 174
3-2. 각종 성분의 영향 ··· 175
3-3. 주철의 성장 및 방지법 ·· 176
3-4. 특수 주철의 종류 ··· 177

제 4 장 열처리 및 경화법 ——————————————— 179
4-1. 열처리의 목적 ·· 179
4-2. 일반 열처리 ·· 179
4-3. 냉각제 및 냉각 속도에 따른 조직 변화 ························ 180
4-4. 열처리 조직 ·· 180
4-5. 철강조직의 경도(HB) ··· 182
4-6. 뜨임 취성의 종류 ··· 182
4-7. 심냉 처리(Sub-Zero Treatment) ································· 183
4-8. 특수 열처리 ·· 183
4-9. 강의 표면경화 ·· 184

제 5 장 재료 시험법 ————————————————— 187
5-1. 인장시험 ··· 187
5-2. 경도시험의 세 가지 방법 ··· 188
  1. 압입하는 방법 • 188
  2. 스크래치에 의한 방법 • 189
  3. 반발을 통한 방법 • 189
5-3. 충격시험 ··· 190
5-4. 피로시험 ··· 190
5-5. 굽힘 시험 ··· 190
5-6. 크리프 시험 ·· 191
5-7. 에릭슨 시험 ·· 191

제 6 장 비철 금속 ──────────────── 192

6-1. 구리와 구리합금 ·· 192
　1. 성질 • 192　　　　　2. 황동 : Cu + Zn • 193
　3. 청동 : Cu + Sn • 194　4. 기타 구리합금 • 195

6-2. 알루미늄과 그 합금 ·· 195
　1. 성　질 • 195
　2. 알루미늄 합금의 종류 • 196

6-3. 마그네슘과 그 합금 ·· 197
　1. 성　질 • 197
　2. Mg 합금 종류 • 198

6-4. 니켈과 그 합금 ··· 198
　1. 성　질 • 198
　2. Ni-Cu계 합금 • 198
　3. Ni-Fe계 합금(불 변강) • 199
　4. Ni-Cr계 합금 • 200

6-5. 베어링용 합금 ··· 200

6-6. 기타 금속 ·· 201

PART 04 CBT기출복원문제엄선

- 회당 60문제씩 36회 수록함 ·· 203

PART 05 실기 공개도면 및 용접기법

- 개정된 실기 기출 문제 ··· 653

머리말

저자가 용접이란 학문을 처음 접하게 된 것은 1976년 공업고등학교에 입학한 때부터다.

어느덧 30년이란 세월이 흘렀다. 그동안 기술자격증은 공업고등학교 시절 때의 기능사자격증 대학시절의 기사자격증 사회에 나와서 기능장자격증 등 많은 기술자격증을 접하고 공부했던 것 같다. 사회생활은 초급사원 때 용접기 전문제조업체에 입사하여 현재 서울용접배관기술학원을 운영하기까지 30년이란 세월을 용접의 중심에 서있었다. 때가되면 언젠가 처음 용접을 접하는 분들을 위해 용접이란 책자를 체계 있게 정리하여 기술자격시험에 입문하는 분들이 쉽게 합격할 수 있도록 그동안 실무 경험과 이론의 학문을 접목시켜 좋은 기술서적이 완성되기를 소망했는데 이렇게 책이 완성되어 감개가 무량하다.

이 책의 특징으로는 본문 해설과 적중문제를 구분하여 수록하였고 학문의 연마 차원에서는 본문의 이론을 습득하고 시간관계로 본문 내용을 수록할 시간이 없는 분들을 위해 한국산업인력공단 CBT기출복원문제 2160문제 엄선하여 부록편에 수록함으로써 짧은 시간에 합격할 수 있도록 노력하였다.

암튼 용접·특수용접기능사 자격증을 취득하고자 하는 여러 선·후배님들에게 쉽게 목적이 달성되시길 기대한다.

끝으로 이 서적이 나오기까지 많은 조언과 자료를 제공하여주신 도서출판 구민사 조규백 대표님을 비롯한 직원 여러분들께 사의를 표한다.

필자 씀

용접기능사 필기시험 출제기준

직무분야	재료	중직무분야	금속재료
자격종목	용접기능사	적용기간	2017.1.1.~2020.12.31.
직무내용	용접 도면을 해독하여 용접절차 사양서를 이해하고 용접재료를 준비하여 작업환경 확인, 안전보호구 준비, 용접장치와 특성 이해, 용접기 설치 및 점검관리하기, 용접 준비 및 본 용접하기, 용접부 검사 및 결함부 수정하기, 작업장 정리하기 등의 용접시공 계획 수립 및 관련 직무 수행			
필기검정방법	객관식	문제수	60문제	시험시간	1시간

주요항목	세부항목	출제비율
1. 용접일반	1. 용접개요 2. 피복아크 용접 3. 가스용접 4. 절단 및 가공 5. 특수용접 및 기타 용접	36.7%
2. 용접 시공 및 검사	1. 용접시공 2. 용접의 자동화 3. 파괴, 비파괴 및 기타검사(시험)	28.3%
3. 작업안전	1. 작업 및 용접안전	
4. 용접재료	1. 용접재료 및 각종 금속 용접 2. 용접재료 열처리 등	18.3%
5. 기계 제도 (비절삭 부분)	1. 제도통칙 등 2. 도면해독	16.7%

※ 출제기준의 세세항목은 http://www.q-net.or.kr에서 확인하실 수 있습니다.

용접기능사 실기시험 출제기준

직무분야	재료	중직무분야	금속재료
자격종목	용접기능사	적용기간	2017.1.1.~2020.12.31.
직무내용	용접 도면을 해독하여 용접절차사양서를 이해하고 용접재료를 준비하여 작업환경 확인, 안전보호구 준비, 용접장치와 특성 이해, 용접기 설치 및 점검관리하기, 용접 준비 및 본 용접하기, 용접부 검사 및 결함부 수정하기, 작업장 정리하기 등의 용접 시공 계획 수립 및 관련 직무를 수행		
수행준거	1. 도면 및 용접절차사양서를 이해할 수 있다. 2. 용접재료를 준비하고 작업환경을 확인할 수 있다. 3. 안전보호구 준비 및 착용, 용접장치와 특성 등을 이해하여 용접기 설치 및 점검 관리를 할 수 있다. 4. 용접 준비 및 본 용접을 한 후 용접부를 검사할 수 있다. 5. 작업장 정리 및 용접 기록부를 작성할 수 있다.		
실기검정방법	작업형	시험시간	2시간 정도

실기과목명	주요항목	세부항목
일반 용접작업 실무	1. 피복아크용접 도면해독	1. 용접기호 확인하기 2. 도면 파악하기 3. 용접절차사양서 파악하기
	2. 피복아크용접 재료 준비	1. 모재 준비하기 2. 용접봉 준비하기 3. 용접치공구 준비하기
	3. 피복아크용접 작업안전보건관리	1. 용접작업장 주변정리 상태점검하기 2. 용접 안전보호구 점검하기 3. 안전 점검하기
	4. 수동·반자동 가스절단	1. 수동·반자동 절단기 조작 준비하기 2. 수동·반자동 절단기 조작하기 3. 수동·반자동 가스절단 측정 및 검사하기 4. 수동·반자동 절단기 유지·관리하기
	5. 피복아크용접 장비준비	1. 용접장비 설치하기 2. 용접설비 점검하기 3. 환기장치 설치하기
	6. 피복아크용접 가용접 작업	1. 용접부 가용접하기
	7. 피복아크용접 본용접 작업	1. 용접조건 설정하기 2. 용접부 온도관리 3. 용접부 본용접하기
	8. 피복아크 용접부 검사	1. 용접 중 검사하기 2. 용접 후 검사하기
	9. 피복아크용접 작업 후 정리정돈	1. 전원차단하기

특수용접기능사 필기시험 출제기준

직무분야	재료	중직무분야	금속재료
자격종목	특수용접기능사	적용기간	2017.1.1.~2020.12.31.
직무내용	용접 도면을 해독하여 용접절차 사양서를 이해하고 용접재료를 준비하여 작업환경 확인, 안전보호구 준비, 용접장치와 특성 이해, 용접기 설치 및 점검관리하기, 용접 준비 및 본 용접하기, 용접부 검사 및 결함부 수정하기, 작업장 정리하기 등의 용접시공 계획 수립 및 관련 직무 수행			
필기검정방법	객관식	문제수	60문제	시험시간	1시간

주요항목	세부항목	출제비율
1. 용접일반	1. 용접개요 2. 피복아크 용접 3. 가스용접 4. 절단 및 가공 5. 특수용접 및 기타 용접	36.7%
2. 용접 시공 및 검사	1. 용접시공 2. 용접의 자동화 3. 파괴, 비파괴 및 기타검사(시험)	28.3%
3. 작업안전	1. 작업 및 용접안전	
4. 용접재료의 관리	1. 용접재료 및 각종 금속 용접 2. 용접재료 열처리 등	18.3%
5. 기계 제도 (비절삭 부분)	1. 제도통칙 등 2. KS 도시기호 2. 도면해독	16.7%

※ 출제기준의 세세항목은 http://www.q-net.or.kr에서 확인하실 수 있습니다.

특수용접기능사 실기시험 출제기준

직무분야	재료	중직무분야	금속재료
자격종목	특수용접기능사	적용기간	2017.1.1.~2020.12.31.
직무내용	용접 도면을 해독하여 용접절차 사양서를 이해하고 용접재료를 준비하여 작업환경 확인, 안전보호구 준비, 용접장치와 특성 이해, 용접기 설치 및 점검관리하기, 용접 준비 및 본 용접하기, 용접부 검사 및 결함부 수정하기, 작업장 정리하기 등의 특수용접시공 계획 수립 및 관련 직무 수행		
수행준거	1. 도면 및 용접절차 사양서를 이해할 수 있다. 2. 용접재료를 준비하고 작업환경을 확인할 수 있다. 3. 안전보호구 준비 및 착용, 용접장치와 특성 등을 이해하여 용접기 설치 및 점검 관리를 할 수 있다. 4. 용접 준비 및 본 용접을 한 후 용접부 검사를 할 수 있다. 5. 작업장 정리 및 용접 기록부를 작성할 수 있다.		
실기검정방법	작업형	시험시간	1시간 40분

주요항목 / 출제비율	세부항목
1. 가스텅스텐아크 용접 도면해독	1. 도면 파악하기 2. 용접기호 확인하기 3. 용접절차사양서 파악하기
2. 가스텅스텐아크 용접 작업안전 보건관리	1. 용접작업장 주변정리 상태 점검하기 2. 용접작업 안전수칙 파악하기 3. 용접안전보호구 점검하기 4. 용접설비 안전 점검하기 5. 물질안전보건자료 점검하기
3. 가스텅스텐아크 용접 재료준비	1. 모재 준비하기 2. 용접소모품 준비하기 3. 보호가스 준비하기
4. 가스텅스텐아크 용접 장비준비	1. 용접장비 설치하기 2. 보호가스 설치하기 3. 용접토치 설치하기 4. 용접장비 시운전하기
5. 가스텅스텐아크 용접 가용접 작업	1. 그루브가공 확인하기 2. 가용접하기 3. 조립상태 확인하기
6. 가스텅스텐아크 용접 본용접 작업	1. 본용접조건 설정하기 2. 용접부 온도관리 3. 본용접하기
7. 가스텅스텐아크 용접부 검사	1. 용접 전 검사하기 2. 용접 중 검사하기 3. 용접 후 검사하기

8. 가스텅스텐아크 용접 작업 후 정리정돈	1. 보호가스 차단하기 2. 전원 차단하기 3. 용접작업장 정리정돈하기	
9. CO_2용접 재료 준비	1. 모재 준비하기 3. 보호가스 준비하기	2. 용접와이어 준비하기 4. 백킹재 준비하기
10. CO_2용접 장비 준비	1. 용접장비 설치하기 3. 용접장비 점검하기	2. 용접용 재료 설치하기
11. 가용접 작업	1. 모재 치수 확인하기 2. 홈가공하기 3. 가용접하기	
12. 솔리드와이어용접 작업	1. 솔리드와이어용접 조건 설정하기 2. 솔리드와이어 선택하기 3. 솔리드와이어용접 보호가스 선택하기 4. 솔리드 와이어용접하기	
13. 플럭스코어드 와이어용접 작업	1. 플럭스코어드 와이어용접 조건 설정하기 2. 플럭스코어드 와이어 선택하기 3. 플럭스코어드 와이어용접 보호가스 선택하기 4. 플럭스코어드 와이어 용접하기	
14. 용접부 검사	1. 용접 전 검사하기 2. 용접 중 검사하기 3. 용접 후 검사하기	
15. 작업 후 정리·정돈	1. 보호가스 차단하기 2. 전원 차단하기 3. 작업장 정리·정돈하기	
16. 재료절단 및 가공	1. 재료의 절단하기 (가스·에어프라즈마절단 및 동력전단 등) 2. 측정 및 교정하기	

※ 출제기준의 세세항목은 http://www.q-net.or.kr에서 확인하실 수 있습니다.

PART 1

용 접

제1장_ 총론
제2장_ 피복 아크 용접
제3장_ 특수 아크 용접
제4장_ 가스용접 및 절단작업
제5장_ 전기저항 용접 및 납땜법
제6장_ 각종 금속의 용접
제7장_ 용접 시공 및 시험과 검사
제8장_ 안전

용접 · 특수용접기능사 필기

CHAPTER 01 총론

1-1. 용접의 개요

1. 용접의 원리

(1) 용접(welding)은 접합코자 하는 2개 이상의 물체나 재료의 접합 부분을 용융 또는 반용융 상태로 하여 직접 접합시키거나 또는 접합코자 하는 두 물체 사이에 용가재를 첨가하여 간접적으로 접합시키는 작업을 말한다.

(2) 금속과 금속이 충분히 접근할 때 그들 사이에 원자간의 인력이 작용하여 두 금속은 결합하게 된다. 이와 같은 결합을 용접이라 한다.(보통 10^{-8}cm 정도 접근시켰을 때 원자가 결합한다)

2. 용접 자세

용접자세는 4가지 기본 자세가 있으며, 작업 요소에 따라 적당한 자세를 선택하여야 하며, 용접 작업시에 가장 편안하고 올바른 자세를 취하여야 한다.

(1) 아래보기 자세(flat position : F)

용접하려는 재료를 수평으로 놓고 용접봉을 아래로 향하여 용접하는 자세

(2) 수직 자세(vertical position : v)

모재가 수평면과 90° 또는 45° 이상의 경사를 가지며, 용접 방향은 수직 또는 수직면에 대하여 45° 이하의 경사를 가지고 상하로 용접하는 자세

(3) 수평 자세(horizontal position : H)

모재가 수평면과 90° 또는 45° 이상의 경사를 가지며, 용접선이 수평이 되게 하는 용접 자세

(4) 위보기 자세(over head position : OH)

모재가 눈 위로 들려 있는 수평면의 아래쪽에서 용접봉을 위로 향하여 용접하는 자세

(5) 전 자세(all position : AP)

위 자세의 2가지 이상을 조합하여 용접하거나 4가지 전부를 응용하는 자세를 말한다.

3. 용접의 분류(야금학적)

(1) 융접

접합하려는 두 모재의 접합부를 가열하여 모재만으로 또는 모재와 용가재를 융합시켜 금속을 만들어 접하는 방법

(2) 압접

이음부를 가열하여 큰 소성 변형을 주어 접합하는 방법. 적당한 온도를 가하면서 압력으로 접합하는 방법

(3) 납땜

모재를 용융하지 않고 모재보다 낮은 융점을 가지는 금속의 첨가재를 용융시켜 접합하는 방법. 모세관현상을 이용, 용가재(납)만 녹여서 접합하는 방법

4. 용접법의 분류표

표 1-1 용접의 분류

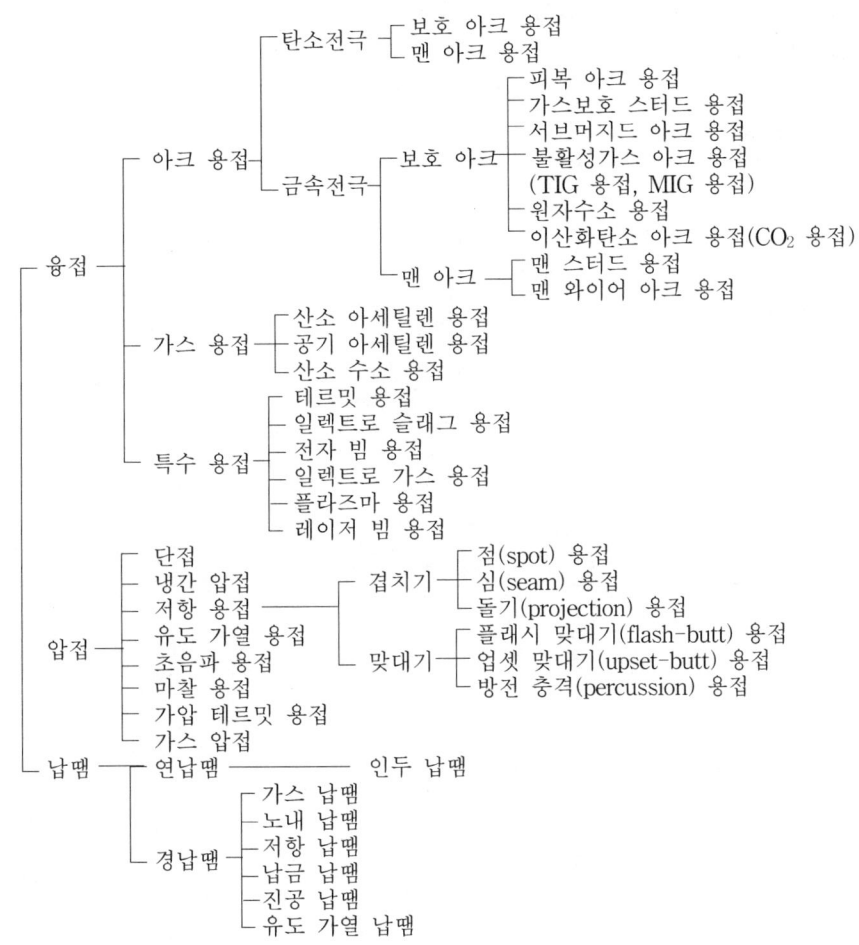

1-2. 용접법의 특징

1. 용접의 장점

(1) 자재가 절약된다.
(2) 공수가 감소된다.
(3) 제품의 성능과 수명이 향상된다.
(4) 이음 효율이 향상된다.
(5) 기밀, 수밀, 유밀성이 우수하다.
(6) 용접 준비 및 용접 작업이 비교적 간단하며, 작업의 자동화가 비교적 용이하다.

2. 용접의 단점

(1) 품질 검사가 곤란하다.
(2) 용접부가 변질되어 취성을 가진다.
(3) 급열 급냉에 의한 수축, 변형 및 잔류응력이 발생한다.
(4) 용접공의 기술에 의해서 이음부의 강도가 좌우된다.
(5) 응력의 집중이 쉽다.

CHAPTER 02 피복 아크 용접

2-1. 피복 아크 용접의 원리

용접봉과 모재간에 직류 또는 교류 전압을 걸고 용접봉 끝을 모재에 접근시켰다가 떼면 [그림 2-1]과 같이 용접봉과 모재 사이에 강한 빛과 열을 내는 아크가 발생한다.

이 아크열(5000℃)에 의하여 용접봉은 녹고 금속증기 또는 용접으로 되어 녹은 모재와 융합하여 융착금속을 만든다.

이때 녹은 쇳물 부분을 용융지, 모재가 녹아 들어간 깊이를 용입, 용접봉이 용융지에 녹아 들어가는 것을 "용착된다"라고 한다.

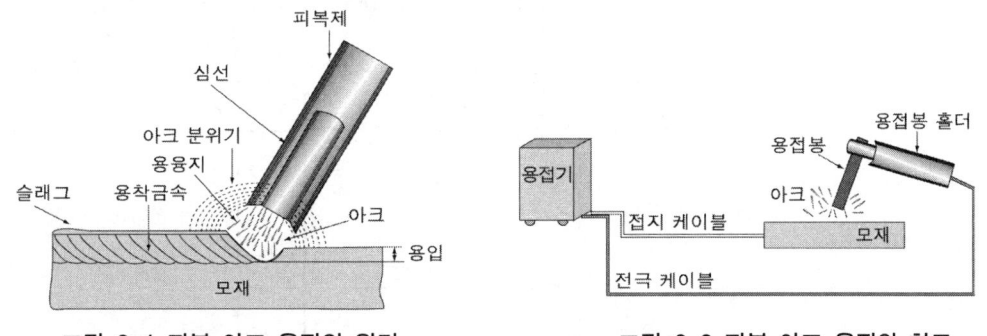

그림 2-1 피복 아크 용접의 원리   그림 2-2 피복 아크 용접의 회로

2-2. 용접 회로(welding circuit)

[그림 2-2]와 같이 피복 아크용접 회로는 용접기(AC 또는 DC), 홀더, 용접봉, 아크, 모재, 전극 케이블, 접지 케이블로 이루어진다.

용접기에서 발생한 전류는 전극 케이블, 홀더, 용접봉, 아크, 모재 그리고 접지 케이블을 지나서 다시 되돌아 오는 길을 용접회로(welding circuit)라고 한다.

2-3. 아크의 특성

용접봉과 모재간에 발생한 아크는 고온에 의해 금속 증기와 주위 기체분자가 해리하여 양전기를 띤 양이온과 음전기를 띤 전자로 분리되어 양이온은 음극으로 전자는 양극으로 이동하기 때문에 아크 전류가 흐른다.

이와 같이 어떤 물질이 고온에 의해 양이온과 음이온이 해리된 상태를 제4의 물질상태, 즉 플라스마 상태라 한다.

1. 직류 아크 중의 전압분포

[그림 2-3]과 같이 두 전극 사이에 아크를 발생시켜서 아크 길이 방향으로 전압을 측정해 보면 양극 근처에서는 급격한 전압강하가 있고 아크 부근에서는 길이에 따라 일정한 비율의 전압 강하가 된다. 이때 전체 전압을 아크 전압이라 하면, $V_a = V_K + V_P + V_A$가 된다.

양극 전압강하는 주로 전극 물질의 종류로서 결정되고 아크길이는 전류와는 거의 무관하다. 아크 기둥 전압강하는 전극에서 정비례하여 변화하는데 그 비례정수는 용접봉 피복제 종류와 아크 전류에 영향을 받는다. 또 아크 길이를 일정하게 했을 때 아크 전압은 아크 전류의 증가와 더불어 약간 증가하는 경향이 있다.

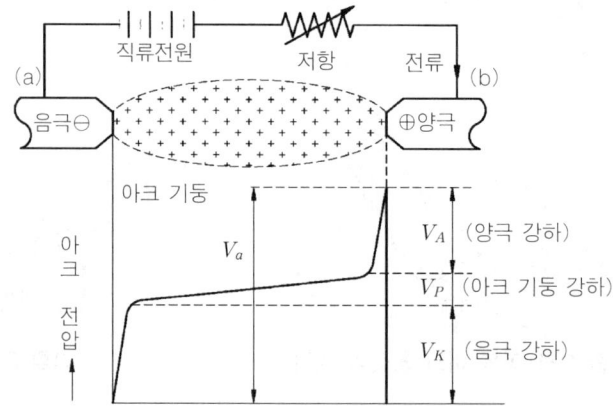

그림 2-3 아크상의 전압분포

2. 아크 온도

직류 아크에서는 전체 발열량의 60~70(%)가 양극측에 발생하는데 이유는 음전기를 띤 전자가 음극에서 출발하여 고속으로 달려가 양극에 충돌하기 때문이다.(음이온인 전자는 양이온 보다 무게가 1/1840 정도 가볍기 때문에 운동속도가 양이온 보다 빠르다)

3. 극 성

직류용접에서 [그림 2-4](a)와 같이 용접봉을 음극에 연결하면 정극성이라 하고, 반대로 (b)와 같이 연결하면 역극성이라 한다. 전자의 충격을 받은 양극이 음극보다 발열량이 크므로 역극성일 때는 용접봉의 용융속도는 빠르고, 모재의 용입은 얕아진다.

교류 용접에서는 전류의 방향이 1초 동안 60번 바뀌므로 용접봉측과 모재측에 발생하는 열량은 같다.

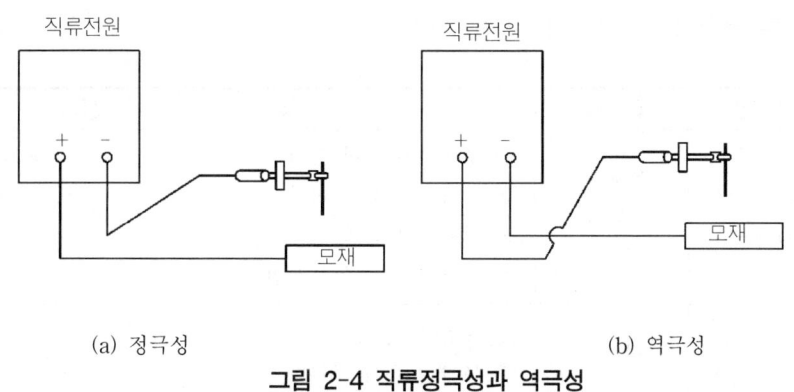

(a) 정극성   (b) 역극성

그림 2-4 직류정극성과 역극성

4. 용접 입열

용접부의 외부에서 주어지는 열량을 용접입열이라 한다.

피복 아크 용접에서 아크가 단위길이 1(cm)당 발생하는 전기적 에너지, 즉 용접입열 H (Joule/cm), 아크 전압 E(V), 아크전류 I(A), 용접속도 V(cm/min)라 하면

$$H = \frac{60EI}{V} \text{(Joule/cm)}$$

이다.

2-4. 용접 아크의 성질

1. 아 크

용접봉과 모재 사이에 70~80(V)의 전압을 걸고 용접봉 끝을 모재에 살짝 접촉시켰다가 떼면 청백색의 강한 빛을 내는 아크가 발생한다. 이 아크를 통하여 10~500(A)의 큰 전류가 흐르며, 이 전류는 금속 증기와 그 주위의 각종 기체 분자를 해리하며, 양전기를 띤 양이온과 음전기를 띤 전자로 전리하여, 이들 각각 양이온은 음극으로, 전자는 양극으로 고속도로 끌려가기 때문에 전류가 흐르게 된다.

2. 직류 정극성과 역극성

① 직류 정극성(DCSP) : 직류 용접에서 모재를 기준으로 하여 모재가 (+)로 연결되고 용접봉엔 (-)로 연결된 극성을 말하며, DCSP는 direct current straight polarity의 약자이다.
② 직류 역극성(DCRP) : 정극성의 반대로 모재쪽은 (-)로 연결되고 용접봉엔 (+)로 연결된 극성을 말한다. DCRP는 direct current reverse polarity의 약자이다.
③ 직류 정극성과 직류 역극성의 비교

극 성	상 태	특 징
직류 정극성 (DCSP)	열분해 -30 % +70 %	① 모재의 용입이 깊다. ② 봉의 녹음이 느리다. ③ 비드폭이 좁다. ④ 일반적으로 많이 쓰인다.
직류 역극성 (DCRP)	열분해 +70 % -30 %	① 용입이 얕다. ② 봉의 녹음이 빠르다. ③ 비드폭이 넓다. ④ 박판, 주철, 고탄소강, 합금강, 비철 금속의 용접에 쓰인다.

3. 용융 속도

용접봉의 용융 속도는 단위시간당 소비되는 용접봉의 길이 또는 무게로서 표시된다.
실험 결과에 의하면, 용융속도는(아크 전류)×(용접봉쪽 전압 강하)로 결정되고, 아크 전압과는 관계가 없다.

4. 용착 형태

① 단락형 : 용융지에 용적이 접촉하여 단락되고, 표면장력의 작용으로서 모재에 옮겨가서 용착된다. 이것은 비피복 용접봉이나 저수소계 용접봉을 사용할 때 많이 볼 수 있다.
② 스프레이형 : 용적이 미세하게 스프레이와 같이 날려서 옮겨가는 방식이다. 이것은 일미나이트계 용접봉을 비롯하여 피복 아크 용접봉을 사용할 때 많이 볼 수 있다.
③ 글로불러형 : 큰 용적이 단락되지 않고 옮겨가는 형식이다. 이것은 서브머지드 아크 용접과 같이 큰 전류에서 볼 수 있다.

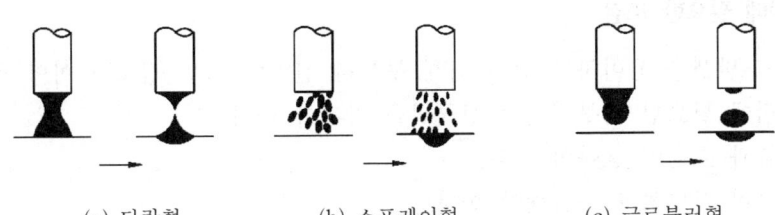

그림 2-5 용융 금속의 이행 형식

5. 아크 쏠림

용접 중에 아크가 용접봉 방향에서 한 쪽으로 쏠리는 현상을 말하며, 이 현상은 직류 용접에서 비피복 용접봉을 사용했을 때에 특히 심하다. [그림 2-6]과 같이 아크 쏠림은 용접 전류에 의한 아크 주위에 발생하는 자기장이 용접봉에 대해서 비대칭으로 나타나는 현상을 자기 불림이라고도 한다.

※ 아크 쏠림 방지책
   (개) 아크를 짧게 사용할 것.
   (내) 모재와 같은 재료 조각을 용접선에 연장하도록 가용접할 것.
   (대) 교류용접을 사용할 것.
   (래) 긴 용접에는 후퇴법으로 용접할 것.
   (매) 접지점을 용접부보다 멀리할 것.

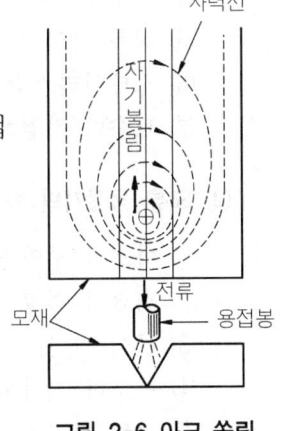

그림 2-6 아크 쏠림

2-5. 용접기의 특성

1. 피복 아크 용접기기

일반적으로 사용하는 전류와 내부구조에 따라 다음과 같이 분류한다.

```
                  ┌ 발전형 용접기 ┬ 전동기(모터)구동형
직류 아크 용접기 ─┤              └ 엔진 구동형
                  └ 정류형 용접기 ┬ 셀렌 정류형
                                 └ 실리콘 정류형

                  ┌ 가동철심형 교류 아크 용접기
교류 아크 용접기 ─┤ 가동코일형 교류 아크 용접기
                  │ 탭 전환형 교류 아크 용접기
                  └ 가포화 리액터형 교류 아크 용접기
```

(1) 용접기에 필요한 조건

① 아크 발생을 용이하게 하기 위해 무부하 전압이 어느 정도 높아야 한다.
② 용접에 필요한 외부전원 특성곡선을 가져야 한다.
③ 역률과 효율이 좋아야 한다.
④ 취급이 간편하고 튼튼해야 한다.

2. 직류 아크 용접기와 교류 아크 용접기의 비교

(1) 직류 용접기의 특성

① 아크가 교류에 비해 안정되나 아크 쏠림이 있다.
② 교류아크 용접기에 비해 무부하 전압이 낮아 감전의 위험이 적다.
③ 발전형 직류 아크 용접기는 소음이 나고 회전부분 등의 고장이 많다.
④ 정류형 직류 아크 용접기는 정류기의 소손, 먼지, 수분 등에 의한 고장에 주의해야 한다.
⑤ 교류 아크 용접기에 비해 고가이다.
⑥ 스테인리스강이나 비철금속 용접에 좋고 아래보기 이외의 용접 자세에도 좋다.
⑦ 보수나 점검에 많은 노력과 시간이 소요된다.

(2) 교류 용접기의 특성

① 아크가 불안정하다.
② 취급이 쉽고 고장이 적으며 보수가 용이하다.
③ 값이 싸다.
④ 무부하 전압이 직류보다 높아서 감전의 위험이 많다.
⑤ 전원 입력에 대하여 아크입력과 2차측 내부손실이 낮고 효율이 나쁘다.

3. 각종 교류 아크 용접기

교류 아크 용접기는 보통 1차측을 200(V)의 동력선에 연결하고 2차측의 무부하 전압은 70~80(V)가 되도록 만든다. 구조는 일종의 변합기로서 리액턴스에 의해서 수하특성을 얻고 누설자속에 의해서 전류를 조정한다.

(1) 탭 전환용 용접기

이 용접기는 [그림 2-7]에서 보는 바와 같이 연속적인 2차전류(아크 전류)의 조정이 불가능하고, 또 전류값을 작게 하려면 2차 코일의 권선수가 많으므로 무부하 전압이 높아지고 탭을 자주 전환하므로 탭의 고장이 많다. 주로 적은 용량의 용접기에 많이 이용된다.

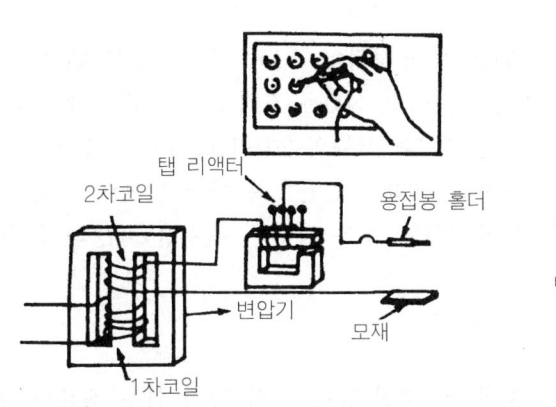

그림 2-7 탭전환형 용접기   그림 2-8 가동철심형 용접기

(2) 가동철심형 용접기

이 용접기는 연속적으로 전류를 세부조정 할 수 있으나, 단점은 가동철심을 중간정도 빼냈을 때 누설자속 경로에 영향을 받아 아크가 불안전하게 되며, 가동부분의 마모에 의해 가동철심이 울리는 경우가 있고 [그림 2-8]과 같다.

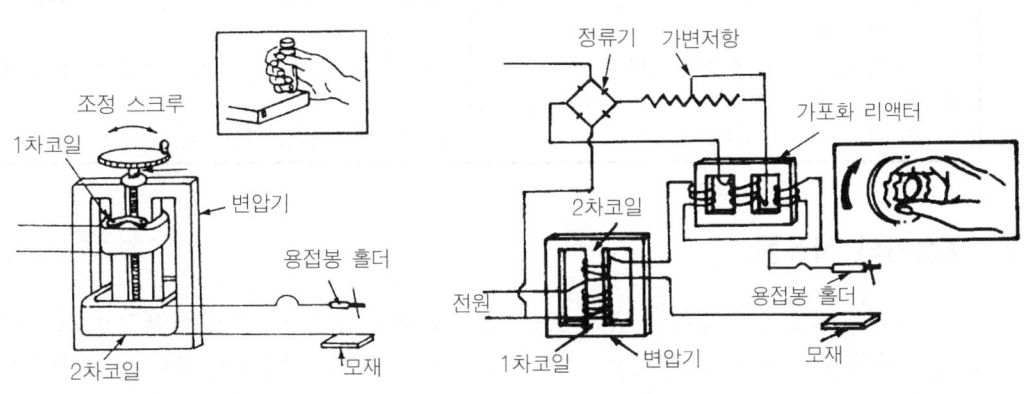

그림 2-9 가동코일형 용접기   그림 2-10 가포화 리액터형 용접기

(3) 가동 코일형 용접기

이 용접기는 [그림 2-9]와 같이 조정 스크루에 의해 1차 코일을 이동시켜 전류 조정을 하는 것으로 1차 코일을 2차코일에 접근하면 전류가 커지고 멀리하면 전류가 작아 진다.

(4) 가포화 리액터형 용접기

구조는 [그림 2-10]과 같다. 이 용접기는 가변저항에 의해서 조절된 가포화 리액터의 자기회로의 포화도에 따라 아크 전류값이 결정되므로 전류조정을 전기적으로 하기 때문에 원격조정이 가능하다.

4. 교류 아크 용접기의 규격

교류 아크 용접기의 규격은 (KSC 9602)에 규정되어 있다. 여기서 AW300이란 종류는 AW(Alternate Welder) 즉, 교류 아크 용접기이고, 300은 정격 2차 전류가 300(A)란 뜻이다. 그러므로 이 용접기의 전류 범위는 정격 2차 전류의 20~110(%)이므로 최소 60(A)에서 최대 330(A)까지 조정할 수 있다. 무부하 전압이 높을수록 아크 발생이 용이하고 아크가 안정되나 85(V) 또는 95(V) 이하로 규정하는 것은 감전의 위험을 예방하기 위함이다.

5. 직류 아크 용접기

직류 아크 용접기는 박판 용접이나 주물 및 비철 금속 등의 녹기 쉬운 재료의 용접에는 역극성으로 많이 사용된다. 용접기 규격은(KSC 9605)에 규정되어 있다.

표 2-1 발전형과 정류형의 비교

발 전 형	정 류 형
① 직류 발전기이므로 완전한 직류 전원이 얻어진다.	① 소음이 없다.
② 엔진 구동형 발전형은 전원이 없는 옥외에서도 가능하다.	② 가격이 발전형보다 저렴하다.
③ 고장이 나기 쉽고 소음이 난다.	③ 교류를 정류한 것으로 완전한 직류를 얻기 힘들다.
④ 값이 고가이다.	④ 고장은 적으나 정류기의 소손에 주의 해야 한다.
⑤ 보수나 점검이 어렵다.	⑤ 보수나 점검이 간단하다.

6. 용접기의 사용률

용접기의 사용률을 규정하는 것은 높은 전류로 계속 사용하므로써 용접기가 소손되는 것을 방지하기 위해서 이며 피복 아크 용접기는 일반적으로 사용률이 60(%) 이하이고 자동 용접기는 100(%)이다. 이와 같이 수동 용접에서 사용률이 낮은 것은 용접봉을 갈아끼우거나 슬래그 제거 등 실제 아크 시간보다 휴식 시간이 많기 때문에 100(%)로 할 필요성이 없다. 또한 사용률 40(%)라 하는 것은 정격전류로서 용접했을 때 10분 중 4분만 용접하고 6분을 쉰다는 말이다.

$$사용률(\%) = \frac{아크\ 시간}{아크시간 + 휴식\ 시간} \times 100$$

그러나 실제 용접에서 정격전류 보다 적은 전류로 용접하는 경우가 많은데, 이때의 사용률을 허용 사용률이라 하는데 다음과 같다.

$$허용\ 사용률(\%) = \frac{(정격\ 2차\ 전류)^2}{(실제\ 용접\ 전류)^2} \times 정격\ 사용률$$

7. 교류 용접기의 역률과 효율

$$전원입력(피입상입력)(kWA) = 2차\ 무부하\ 전압 \times 아크\ 전류$$
$$아크\ 입력(KW) = 아크\ 전압 \times 아크\ 전류$$

일 때 역률을 q 라 하면

$$q = \frac{아크\ 입력 + 내부손실}{전원\ 입력} \times 100(\%)$$

효율을 n 이라 하면

$$\eta = \frac{아크\ 입력}{아크\ 입력 + 내부손실} \times 100(\%)$$

교류 아크 용접기는 전원이 수하 특성이므로 역률이 낮고, 효율도 나쁘다. 역률이 낮다는 것은 전력 공급자의 입장에서 보면 좋지 않은 부하이므로, 이것을 개선하려면 무부하 전압을 낮게하면 되나 이 경우 용접봉 피복제의 제한을 받으므로, 용접기의 1차 측에 병렬로 콘덴서를 접속하면 좋다. 효율이 나쁘다는 것은 내부손실이 크므로 전력낭비가 많다는 것이다.

2-6. 용접용 기구

1. 케이블(cable)

용접기에 사용되는 전선(케이블)은 1차측과 2차측으로 나누어서 사용되고 있는데 그 크기는 용접기의 용량이 200, 300, 400A에 따라서 1차측에는 5.5mm, 8mm, 14mm의 굵기가 사용되고, 2차측에 50mm², 60mm², 80mm²의 단면적을 가진 캡 타이어 케이블이 일반적으로 널리 사용된다.

2차측에 사용되는 케이블은 일반적으로 캡 타이어선을 이용한다.

표 2-2 케이블의 적정 크기

용접기 용량	200A	300A	400A
1차측 케이블(지름)	5.5mm	8mm	14mm
2차측 케이블(단면적)	50mm²	60mm²	80mm²

2. 홀더(holder)

아크 용접에서 용접봉을 물고 전류를 통하게 하여 아크 열을 발생하게 하는 기구로서 KSC 9607에 규정되어 있으며, 이것을 다음(표)에 나타낸다, 홀더의 종류에는 A형(손잡이 부분을 포함하여 전체가 절연된 것)과 B형(손잡이 부분만 절연된 것)이 있으며, A형을 안전 홀더라고 한다. 홀더를 나타내는 데는 번호를 사용하며 해당되는 번호는 용접 전류를 A 단위로 나타낸 것이다. 예를 들어서 100호인 경우는 100A이고, 200호인 경우는 200A이다.

표 2-3 용접용 홀더(KSC 9607)

종 류	정격 용접 전류 (A)	홀더로 잡을 수 있는 용접봉 지름(mm)	접속할 수 있는 최대 홀더용 케이블의 도제공칭 단면적(mm^2)
125호	125	1.6 ~ 3.2	22
160호	160	3.2 ~ 4.0	(30)
200호	200	3.2 ~ 5.0	38
250호	250	4.0 ~ 6.0	(50)
300호	300	4.0 ~ 6.0	(50)
400호	400	5.0 ~ 8.0	60
500호	500	6.4 ~ (10.0)	(80)

【비고】 ( ) 안의 수치는 KS D 7004(연강용 피복 아크 용접봉) 및 KS C 3321(용접봉 케이블)에 규정되어 있지 않은 것이다.

3. 핸드 실드와 헬멧(hand shield & helmet)

아크 용접시에 발생하는 유해한 광선(적외선, 자외선)이나 스패터로부터 작업자를 보호하기 위하여 사용하는 창이 달린 보호구로서 손에 들게 되어 있는 것이 핸드 실드이고, 머리에 뒤집어 쓰게 되어 있는 것이 헬멧이다.

4. 필터 렌즈(filter lens)

아크 용접시에 발생하는 유해한 광선을 차단하기 위하여 사용되는 유리로서 핸드 실드나 헬멧의 광에 끼워서 사용하며 차광도는 번호로 되어 있다.

표 2-4 필터 렌즈 규격

용접종류	용접전류(A)	용접봉 지름(mm)	차광도 번호
금속 아크	30 이하	0.8 ~ 1.2	6
금속 아크	30 ~ 45	1.0 ~ 1.6	7
금속 아크	45 ~ 75	1.2 ~ 2.0	8
헤리 아크(TIG)	75 ~ 130	1.6 ~ 2.6	9
금속 아크	100 ~ 200	2.6 ~ 3.2	10
금속 아크	150 ~ 250	3.2 ~ 4.0	11
금속 아크	200 ~ 400	4.8 ~ 6.4	12
금속 아크	300 ~ 400	4.4 ~ 9.0	13
탄소 아크	400 이상	9.0 ~ 9.6	14

5. 접지 클램프와 커넥터

① 접지 클램프 : 용접기와 모재를 접속하는 것으로 완전히 접속시켜 저항열을 발생시키지 않도록 해야 한다. 만일 접속이 불량하면 전기 소비량이 많고 용접 전류가 감소되므로 인해 아크가 불안정하게 되어 용접부의 용입이 불량하고 결함이 생기기 쉽다.
② 커넥터 케이블 접속은 커넥터로 한다. 길이가 긴 용접 케이블을 이어서 사용한다. 한편 볼트 구멍을 가진 접속관을 겹쳐서 볼트 체결을 하는 케이블 러그가 있다.

6. 안전 보호 기구

① 장갑
② 앞치마
③ 발 커버
④ 팔 커버

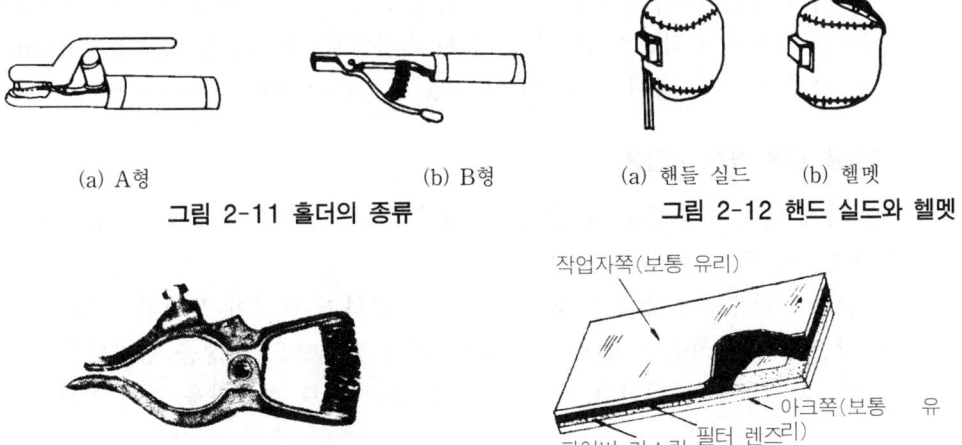

(a) A형 (b) B형
그림 2-11 홀더의 종류

(a) 핸들 실드 (b) 헬멧
그림 2-12 핸드 실드와 헬멧

그림 2-13 접지 클램프

그림 2-14 필터 렌즈와 보호유리

2-7. 피복 아크 용접봉

1. 아크 용접봉(용가재, 전극봉)

용접봉은 모재와의 사이에서 아크를 발생시키고 용접할 모재 사이의 홈을 채워서 접합하는 것으로 용접봉 또는 용가재, 전극봉이라 한다.

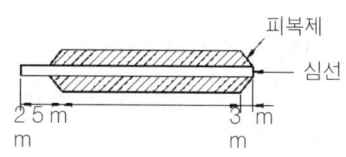

그림 2-15 용접봉의 구조

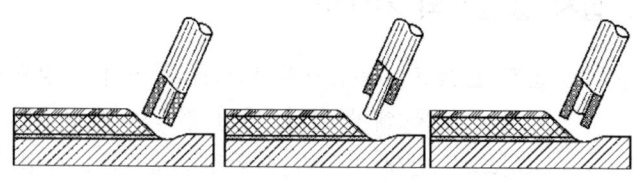

(a) 양호하게 녹음 (b) 피복제가 너무 (c) 피복제가 녹지 않는
                      빨리 녹는 경우   경우(아크가 끊어지기 쉽다)

그림 2-16 용접봉의 녹는 경우

(1) 용접봉의 구조

① 비피복 용접봉 : 피복제를 심선에 바르지 않은 용접봉으로 자동, 반자동 용접에 사용된다.

② 피복 아크 용접봉 : 심선(저탄소 림드강)에 피복제를 발라서 건조시킨 용접봉으로 수동 용접에 사용된다. 심선은 전기로, 평로 또는 순산소 전로로 제강한 강괴로부터 열간 압연 및 냉간 인발에 의하여 만들어진다.

㉮ 한 쪽 끝은 홀더에 물려 아크 전류를 통할 수 있도록 심선 길이 약 25mm 정도 피복하지 않는다. 다른 쪽은 아크의 발생이 쉽도록 약 3mm 이하로 피복하지 않는다.

㉯ 피복 아크 용접봉의 치수는 심선의 지름으로 나타내며, 보통 1 ~ 10mm 까지 여러 가지가 있다. 길이는 용접봉의 지름에 따라서 350 ~ 900mm 까지 있다.

(2) 연강용 피복 아크 용접봉

현재 가장 많이 사용하는 용접봉으로 심선의 화학성분은 다음과 같다. 탄소 외에 규소, 인, 망간, 황 등을 포함하고 있다.

① 탄소 : 함유량이 많으면 용착 금속이 단단하며 균열이 생기기 쉽다.
② 망간 : 강의 성질을 좋게 하고 황의 해를 없애므로 취성을 방지한다.
③ 인, 황 : 균열의 원인이 되므로 될 수 있는 대로 함유량을 적게 한다.

표 2-5 연강용 피복 아크 용접봉의 규격(KS D 3508)

종류 기호	화학 성 분 (%)				
	탄소(C)	규소(Si)	망간(Mn)	인(P)	황(S)
SWR 11	0.09 이하	0.03 이하	0.35 ~ 0.65	0.020 이하	0.023 이하
SWR 21	0.10 ~ 0.15	0.03 이하	0.35 ~ 0.65	0.020 이하	0.023 이하

(3) 피복 아크 용접봉의 구비 조건

① 용착 금속의 모든 성질을 우수하게 할 것.
② 용접 작업이 용이하게 될 것.
③ 심선보다 피복제가 약간 늦게 녹을 것.

④ 값이 싸고 경제적일 것.
⑤ 용접시 유독가스 발생이 적을 것.
⑥ 슬래그 제거가 쉬울 것.

2. 피복제의 작용 및 역할

① 아크를 안정하게 하며, 스패터링을 적게 한다.
② 산화와 환원성 증가 또는 환원성 분위기를 만들어 대기 중의 산소나 질소의 침입을 막아서 용융 금속을 보호한다.(환원성 : 화학반응 주위를 수소 또는 전자를 쉽게 줄일 수 있는 물질로 둘러쌓인 상태)
③ 용융점이 낮고 비중이 가벼우며, 적당한 점성의 슬래그를 만든다.
④ 용착 금속의 탈산 및 정련 작용을 한다.
⑤ 용착 금속에 필요한 적당한 합금 원소를 첨가한다.
⑥ 용착 금속의 흐름을 좋게 한다.
⑦ 용적을 미세화하고 용착 효율을 높인다.
⑧ 용착 금속의 응고와 냉각 속도를 느리게 한다.
⑨ 슬래그를 제거하기 쉽게 하고, 비드 파형을 곱게 한다.
⑩ 모재 표면의 산화물을 제거하고, 용접을 완전하게 한다.

3. 용착 금속 보호 방식

(1) 슬래그 생성식

용접의 모재의 주위를 액체의 용제 또는 슬래그로 둘러싸여 공기와의 직접 접촉을 하지 않도록 해서 보호하는 형식이며 무기물형이다.

(2) 가스 발생식

일산화탄소, 수소, 탄산가스 등 환원가스나 불활성 가스에 의해 용착 금속을 보호하는 형식이며 유기물형이다.
① 전자세의 용접에 적당하다.
② 슬래그 제거가 쉬우며 슬래그는 다공성이다.
③ 작업능률이 좋다.
④ 스패터가 많으며 유독가스(CO_2)가 발생한다.
⑤ 안정된 아크를 얻으나 아크 전압이 높아지는 경향이 있다.

(3) 반가스 발생식

가스 발생식과 슬래그 생성식을 혼합하여 사용한다.

4. 피복 배합제의 종류

피복제는 여러 가지의 기능을 가진 유기물과 무기물의 분말을 그 목적에 따라서 적당한 배합 비율로 혼합한 것으로서, 적당한 고착제를 사용하여 심선에 도포한다.

(1) 피복 배합제의 기능별 분류

① 아크 안정제 : 아크가 꺼지지 않게 하려면 피복제에 포함되어 있는 성분이 아크열에 의하여 이온화하기 쉬워야 하며, 이온화 전압이 낮은 물질이 좋다.
  • 규산 칼륨, 산화 티탄, 탄산 칼륨, 석회석 등이 있다.
② 가스 발생제 : 가스를 발생하여 대기로부터 차단하여 보호하고 용융 금속의 산화나 질화를 방지하는 작용을 한다. 이들 물질은 아크열에 의하여 분해되며 일산화탄소, 이산화탄소, 수증기 등의 가스를 발생하며, 용융 금속을 대기로부터 보호한다.
  • 녹말, 톱밥, 셀룰로스, 석회석, 탄산 바륨 등이 있다.
③ 슬래그 생성제 : 융점이 낮은 가벼운 슬래그를 만들어 용융 금속의 표면을 덮어서 산화나 질화를 방지한다. 또한 냉각속도를 느리게 하여 기공이나 불순물의 섞임 등 내부 결함을 방지한다.
  • 산화철, 일미나이트, 이산화망간, 규사, 장석, 석회석, 형석 등이 있다.
④ 탈산제 : 용융 금속 중의 산소와 결합하여 산소를 제거하는 탈산정련작용을 한다.
  • 페로망간, 페로실리콘, 페로티탄 또는 금속 망간, 바나듐이 사용된다.
⑤ 합금 첨가제 : 용착 금속의 여러 성질을 개선하기 위하여 첨가한다.
  • 망간, 실리콘, 크롬, 니켈, 바나듐, 몰리브덴, 구리 등이 사용된다.
⑥ 고착제 : 심선에 피복제를 고착시키는 역할을 한다.
  • 물유리(규산 나트륨), 규산 칼륨 등의 수용액이 많이 사용된다.

2-8. 피복 아크 용접봉의 규격

1. 용접봉 표시 기호

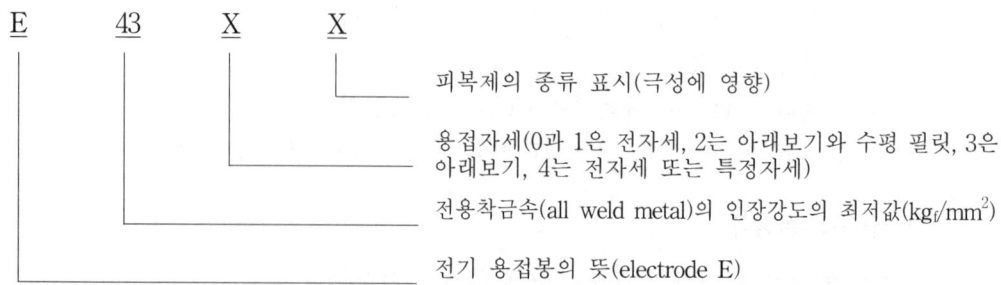

(1) 연강용 피복 아크 용접봉

① 규격은 KS 7004에 규정되어 있으며, 그 기호의 의미는 다음과 같다.

표 2-6 연강용 피복 아크 용접봉의 규격(KS D 7004)

종 류	피복제 계통	용접 자세	사용 전류의 종류
E 4301	일미나이트계	F, V, OH, H	AC 또는 DC(±)
E 4303	라임티탄계	F, V, OH, H	AC 또는 DC(±)
E 4311	고셀룰로스계	F, V, OH, H	AC 또는 DC(±)
E 4313	고산화 티탄계	F, V, OH, H	AC 또는 DC(-)
E 4316	저수소계	F, V, OH, H	AC 또는 DC(+)
E 4324	철분산화 티탄제	F, H-Fil	AC 또는 DC(±)
E 4326	철분저수소계	F, H-Fil	AC 또는 DC(+)
E 4327	철분산화철계	F, H-Fil	F 용접할 때는 AC 또는 DC(±), H-Fil 용접할 때는 AC 또는 DC(-)
E 4340	특수계	F, V, OH, H-Fil 또는 어느 자세	AC 또는 DC(±)

【비고】㉮ 용접 자세에 쓰인 기호의 뜻은 다음과 같다.
　　　F : 아래보기 자세, V : 수직 자세, OH : 위보기 자세, H : 수평 자세, H-Fil : 수평 필릿
　　　㉯ 사용 전류의 종류에 쓰인 기호의 뜻은 다음과 같다.
　　　AC : 교류, DC(±) : 직류 정극성 및 역극성, DC(-) : 직류 용접봉 음극,
　　　DC(+) : 직류 용접봉 양극

② 용착 금속의 기계적 성질

표 2-7 용착 금속의 기계적 성질

종 류	인장강도 (kg$_f$/mm^2)	항복점 (kg$_f$/mm^2)	연신율 [%]	충격값 0℃ V 노치 살피(kg$_f$·m)
E 4301	43	35	22	4.8
E 4303	43	35	22	2.8
E 4311	44	35	22	2.8
E 4313	47	39	17	-
E 4316	43	35	25	4.8
E 4324	43	35	17	-
E 4326	43	35	25	4.8
E 4327	44	35	25	2.8
E 4340	43	35	22	2.8

【비고】 E 4327에 대해서는 연신율이 2% 증가할 때에는 항복점과 인장강도는 1kg$_f$/mm^2 낮아도 지장이 없다. 다만, 항복점은 33kg$_f$/mm^2 이상, 인장강도는 41kg$_f$/mm^2 이상이어야 한다.

2. 연강용 피복 아크 용접봉의 종류와 특징

(1) 일미나이트계(E 4301, 슬래그 생성식)

무기물인 일미나이트를 약 30%이상 포함한 용접봉으로 가장 널리 사용된다.
① 아크는 약간 강하고 용입이 깊다.
② 전자세 용접이 가능하고, 기계적 성질도 양호하므로, 연강제 구조물 압력용기, 조선 용기의 용접에 많이 사용된다.
③ 내부의 결함이 적고, X선 시험 성적도 양호하다.

(2) 라임 티탄계(E 4303)

산화 티탄 약 30% 이상과 석회석이 주성분이다.
① 기계적 성질도 좋고 비드면이 아름답다.
② 용입은 일미나이트계(E 4301)보다 얕으나 아크가 부드러우며, 기계적 성질은 고산화 티탄계(E 4313)보다 좋고 전자세 용접에 사용할 수 있다.
③ 아래보기 자세나 수평 필릿 용접에 적합하다.(슬래그 생성식)

(3) 고셀룰로스계(E 4311)

피복제에 셀룰로오스를 20~30% 정도 함유한, 가스 발생식 용접봉이다.
① 용접 중에 유기물이 연소하여 발생한 환원가스에 의해서 용착 금속을 보호한다.
② 가스 발생량이 대단히 많으므로 피복의 두께가 얇으며, 강한 스프레이형의 아크를 발생하고 용입이 깊고, 스패터가 많고 비드 표면이 거칠다.
③ 슬래그의 양이 적어서 수직 또는 위보기 자세 용접이 용이하다.

(4) 고산화 티탄계(E 4313)

산화티탄을 약 35% 정도 포함한 용접봉이다.
① 아크는 안정되고, 스패터가 적으며, 슬래그의 점성이 크기 때문에 박리성도 대단히 좋고 비드의 겉모양이 곱다. 일반 경 구조물의 용접에 많이 이용된다.
② 용입이 얕으므로 박판 용접에 적합하나, 용착 금속의 기계적 성질이 약하고, 고온 균열을 일으키기 쉬운 결점이 있다.
③ 작업성이 좋아 전자세 용접에 사용되며, 수직 하진 용접에도 가능하다.

(5) 저수소계(E 4316)

석회석($CaCO_3$)이나 형석(CaF_2)을 주성분으로 한 용접봉
① 용착 금속 중의 수소 함유량이 다른 용접봉에 비하여 1/10 정도로 현저하게 적다.
② 강력한 탈산 작용 때문에 산소량이 적으므로 용착 금속의 인성이 좋으며, 기계적 성질이 우수하다.

③ 균열의 발생이 적으므로 두꺼운 판 구조물의 1층 용접 또는 구속도가 큰 구조물의 용접, 고장력강이나 탄소가 많은 고탄소강 및 황의 함유량이 많은 쾌삭강 등의 용접에 사용되고 있다.
④ 결점 : 아크가 약간 불안정하고 슬래그의 유동성도 나쁘며, 작업성이 좋지 않기 때문에 운봉에 특히 유의해야 한다.
⑤ 단점 : 습기를 흡수하기 쉬우므로 사용 전에 300~350℃ 정도로 1~2시간 건조시켜 사용해야 한다.

(6) 철분 산화 티탄계(E 4324)

고산화 티탄계(E 4313)의 피복제에 약 50%의 철분을 함유한 용접봉

① 피복제에 철분을 포함하고 있어 다른 용접봉에 비해서 피복 두께가 두텁기 때문에 접촉 용접이 가능하다.
② 아크는 조용하고 스패터가 적으며 용입이 얕다. 그리고 비드면이 곱다.
③ 수평 필릿 및 아래보기 자세 용접에 사용된다.

(7) 철분 저수소계(E 4326)

저수소계 용접봉의 피복제에 30~50% 정도의 철분을 함유한 용접봉

① 용착속도가 매우 크고, 작업 능률이 좋으며, 아크는 조용하고 스패터가 적으며, 비드면이 곱다.
② 용착 금속의 기계적 성질이 좋다.
③ 아래보기 및 수평 필릿 용접 자세에 한하여 사용된다.

(8) 철분 산화철계(E 4327)

고산화철계 피복제에 철분을 많이 가한 것.

① 용접 능률이 대단히 크고 접촉 용접을 할 수 있다.
② 아크는 스프레이형이고 스패터가 적으며, 용입도 철분 산화 티탄계(E 4324) 보다 좋고 깊다. 슬래그의 박리성이 좋으며 비드 표면도 곱다.
③ 사용전류가 다른 용접봉보다 크므로, 두께가 두꺼운 판의 용접에 적합하다.
④ 아래보기 및 수평 필릿 용접 자세에 많이 사용된다.

3. 고장력강용 피복 아크 용접봉

고장력강은 최저 인장강도가 50kgf/mm² 이상, 항복점 35kgf/mm² 이상인 강이다.

(1) 구조용 합금강

① 인장강도를 높이기 위해 규소, 망간의 함유량이 연강보다 많고 또한 니켈, 크롬, 몰리브덴 등의 원소의 첨가로 용접부가 경화되고 연성이 감소하여 균열이 생기기 쉽다.
② 균열 등의 결점을 방지하기 위하여 모재를 예열(80~150℃)하거나, 고장력강 피복 아크 용접봉을 사용한다.

(2) 고장력강 피복 아크 용접봉의 특징과 종류

① 특징
  ㉮ 판의 두께를 얇게 할 수 있어, 소요 강제의 중량이 경감된다.
  ㉯ 기초 공사가 간단하여, 공수가 절감되며, 내식성도 향상된다.

② 종류

피복제 계통	용접봉 종류	용접 자세
일미나이트계	E 5001	F, V, OH, H
라임 티탄계	E 5003	F, V, OH, H
저 수 소 계	E 5016 E 5316 E 5816	F, V, OH, H
철분 저수소계	E 5026 E 5326 E 5826	F, H - Fil
특 수 계	E 5000 E 5300	F, V, OH, H - Fil

【용접자세 기호의 뜻】 F : 아래보기 자세, V : 수직 자세, OH : 위보기 자세,
H : 수평 자세, H -Fil : 수평 필릿

4. 용접봉 선택 방법

(1) 박판. 다듬질 : 고산화 티탄계, 라임 티탄계
(2) 일반 용접 : 일미나이트계
(3) 균열이 생기기 쉬운 곳 및 후판 : 저수소계, 철분 저수소계
(4) 위보기 및 수직 : 고셀룰로스계
(5) 아래보기, 수평전용 : 철분계열

5. 용접봉 보관

(1) 습기에 주의
용접봉에 습기가 있으면 기공이나 균열이 발생한다.

(2) 건조방법
① 보통 용접봉 : 70~100℃에서 30분에서 1시간 정도 건조한다.
② 저수소계 용접봉 : 300~350℃에서 1~2시간 정도 건조한다.
③ 편심률 : 3% 이하
④ 편심률이 크면 아래의 결점이 발생된다.
   ㉮ 아크 쏠림
   ㉯ 아크 불안정
   ㉰ 용접부 약화
   ㉱ 슬래그 섞임

$$편심률 = \frac{D' - D}{D} \times 100(\%)$$

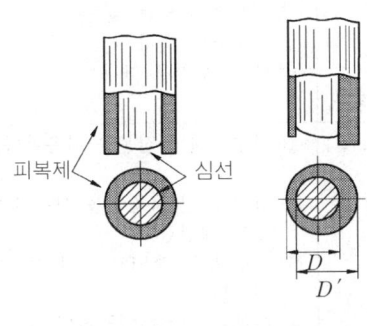

(a) 동심원   (b) 편심

그림 2-17 피복제의 편심

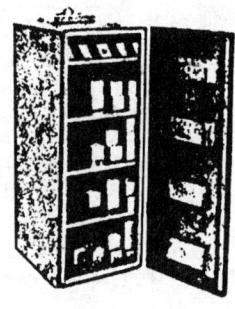

그림 2-18 건조로(고정식)

2-9. 용접부의 결함과 방지 대책

결함의 종류	결함 발생 원인	결함 방지 대책
1. 용입 불량	① 홈 각도가 좁을 때 ② 용접 속도가 너무 빠를 때 ③ 용접 전류가 낮을 때	① 홈 각도를 크게 하거나 루트 간격을 넓힌다. ② 용접 속도를 빠르지 않게 한다. ③ 슬래그의 피포성을 해치지 않을 정도로 전류를 높인다.
2. 언더컷	① 전류가 너무 높을 때 ② 아크 길이가 너무 길 때 ③ 용접 속도가 너무 빠를 때 ④ 부적당한 용접봉 사용시	① 전류를 낮춘다. ② 짧은 아크 길이로 유지 ③ 용접 속도를 늦추고 운봉시 유의할 것. ④ 목적에 맞는 용접봉 선정
3. 비드 외관 불량	① 전류 부적당 ② 운봉 속도 및 운봉 불량 ③ 용접부의 과열	① 적정 전류로 조절한다. ② 운봉 속도를 알맞게 한다. ③ 용접부 과열이 없도록 한다.
4. 오버랩	① 전류가 너무 낮을 때 ② 용접 속도가 너무 느릴 때 ③ 운봉 방법(용접봉 취급)이 나쁠 때	① 적정 전류 선택 ② 용접 속도를 높인다. ③ 운봉 방법을 확실히 한다.
5. 균열	① 이음의 강성이 너무 클 경우 ② 황이 많은 용접봉 사용시 ③ 고탄소강 용접시 ④ 이음 각도가 너무 좁을 경우 ⑤ 용접 속도가 너무 빠를 경우 ⑥ 냉각 속도가 너무 빠를 경우 ⑦ 아크 분위기에 수소가 많은 경우	① 예열, 피닝, 비드 배치법 등의 변경 ② 저수소계 용접봉을 사용한다. ③ 용접 속도를 내리고 용입을 얕게 한다. ④ 개선홈 각도를 낮춘다. ⑤ 속도를 낮춘다. ⑥ 예열, 후열을 한다.
6. 기공 및 피트	① 아크 분위기 속에 수소, 산소, 일산화탄소가 너무 많을 경우 ② 용접봉 또는 용접부에 습기가 많은 경우 ③ 용접부가 급랭할 경우 ⑤ 아크 길이 및 운봉법이 부적당할 경우 ⑥ 과대 전류 사용시	① 저수소계 용접봉을 사용한다. ② 잘 건조된 용접봉을 사용하며, 용접부를 예열한다. ③ 위빙 또는 후열로 냉각 속도를 느리게 한다. ④ 이음부 청소를 잘 한다. ⑤ 아크 길이를 적당히 하고 운봉법을 적당히 한다. ⑥ 과대 전류를 사용하지 않는다.
7. 슬래그 섞임	① 슬래그 제거 불완전 ② 전류 과소, 운봉 조작 불완전 ③ 봉의 각도 부적당시 ④ 슬래그가 용융지보다 앞설 때 ⑤ 운봉 속도가 너무 느릴 때	① 슬래그 및 불순물 제거를 깨끗이 한다. ② 전류를 약간 높게 하며, 용입이 충분하도록 운봉한다. ③ 봉의 유지 각도를 낮춘다. ④ 아크 힘에 의해 뒤로 밀리게 하거나 진행 방향 쪽이 낮아서 슬래그가 앞서는 경우 모재의 각도 조절 ⑤ 운봉 속도를 높인다.
8. 선상 조직	① 모재의 재질 불량 ② 용착 금속을 냉각시키는 속도가 빠를 때	① 모재 재질은 좋은 것을 사용한다. ② 급랭을 피한다.

2-10. 피복 아크 용접 작업

1. 용접 작업 준비

(1) 용접봉의 건조

(2) 보호구의 착용

(3) 용접 설비 점검 및 전류 조정

① 용접기가 전원에 잘 접속되어 있는지 점검
② 결선부의 나사가 풀어진 곳이나 케이블에 손상된 곳은 없는지 점검
③ 용접기의 케이스에서 접지선은 이어졌는지 점검
④ 회전부나 마찰부에 윤활유가 알맞게 주유되어 있는지 점검

(4) 모재의 청소

용접할 모재 표면에 있는 녹, 수분, 페인트 및 기름기 등을 깨끗하게 청소해야 되는데 이들은 기포나 균열의 원인이 되기 때문이다.

(5) 환기 장치

용접 장소는 항상 환기 및 통풍이 잘 되도록 하고 필요할 때에는 방독·방진 마스크를 착용하여 유해한 가스 및 분진을 흡입하지 않도록 해야 한다.

(6) 적정 전류

적정 전류는 용접봉의 지름, 종류, 모재의 두께, 이음의 종류, 용접 자세 등에 따라 달라진다.

2. 용접 작업

(1) 아크 발생

아크를 발생시키는 방법은 작업자의 편의에 따라 적당한 방법으로 발생시키면 되며, 어떤 방법이 좋다고 단정 지을 수는 없다. 일반적으로 아크를 발생시키는 방법으로는 긋는 법과 두드리는 법이 있다.

(2) 용접봉 각도

용접봉 각도는 진행각과 작업각으로 나누어지는데 진행각은 용접봉과 용접선이 이루어지는 각도로서 용접봉과 수직선 사이의 각도(또는 용접선과 용접봉 사이의 각도)로 표시하며, 작업각은 용접봉과 용접 이음 방향에 나란하게 세워진 수직 평면과의 각도로 표시한다.

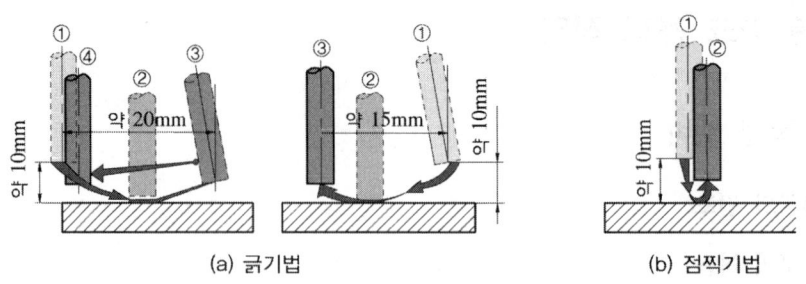

(a) 긁기법　　　　　　　(b) 점찍기법

그림 2-19 아크 발생법

(3) 용접 전류

용접시에 사용되는 아크 전류는 용접에 있어 가장 중요한 것으로서, 아크 용접에서 좋은 품질을 얻으려면 일감의 열용량과 용접 입열이 일치되어야 하는데, 얇고 작은 일감의 용접에 요구되는 열용량은 적으므로 용접 입열도 적어야 한다.

용접 전력(P)은 아크 전압(E)에 아크 전류(I)를 곱한 값으로서 실제에 있어서 아크 전압(E)은 많이 변하지 않으나 아크 전류(I)가 크게 변하므로 일감에 적합한 용접 전류의 값은 용접물의 재질, 모양, 크기, 용접자세, 용접봉의 종류와 굵기, 용접 속도 등에 따라 결정된다.

(4) 용접 속도

용접 속도는 모재에 대한 용접선 방향이 아크 속도로서, 운봉이음 모양, 모재의 재질, 위빙의 유무 등에 따라서 달라진다.

아크 전압과 아크 전류를 일정하게 유지하고, 용접 속도를 증가시키면 비드의 나비는 감소하나 용입은 가장 적당한 속도 이하 범위에서는 증가하고, 그 이상의 범위에서는 속도의 증가에 따라 용입은 도리어 감소한다.

즉, 용입의 대소는 $\dfrac{I}{v}$에 따라 결정되므로, 전류가 클 때에는 용접 속도가 증가 한다. 실제 작업에 있어서는 너무 느린 편보다 약간 빠른 편이 좋으며, 보통 비드의 겉모양을 손상시키지 않을 정도이면 좋다.

3. 운봉법

(1) 직선 비드

진행각 70~80°, 작업각 90° 되게 하여 용접한다.
  ① 주로 박판 용접 및 홈 용접의 이면 비드 형성시 사용한다.
  ② 비드 폭은 용접봉 직경의 2배 정도로 한다.(직선운동)

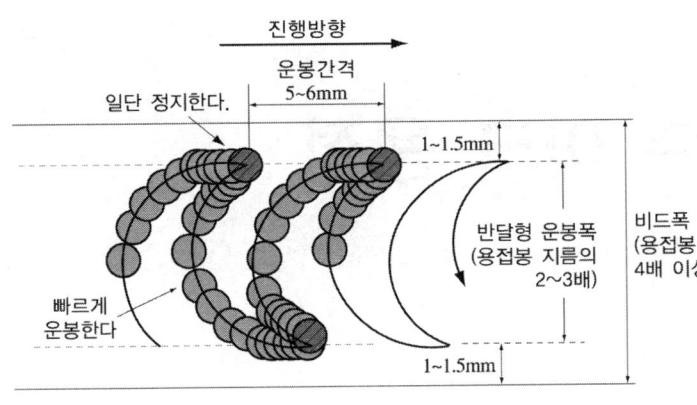
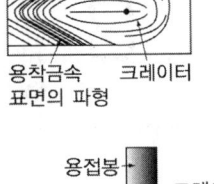

그림 2-20 운봉법

(2) 위빙 비드

용접봉 끝을 용접선의 좌우로 운동시키면서 진행시키는 운봉법
- 진행각 70~80°, 작업각 90°되게 하여 용접한다.

표 2-8 운봉법 및 용접 자세

자세	운용법	도해	용접봉 각도	자세	운용법	도해	용접봉 각도
아래보기 V형 용접	직 선	→	진행 방향에 대하여 60~90°로 한다.	하진법	직선	↓	진행 방향에 대하여 70°로 한다
	원 형	⌇⌇⌇	위와 같다.		부채꼴 모양	⋀⋀	위와 같다.
	부채꼴 모 양	⋀⋀⋀	위와 같다.	수직 용접	직 선	↑	진행 방향에 대하여 110°로 한다
아래보기 필릿 용접	직 선	→	진행 방향에 대하여 60~90°로 하고 수직면 45~60°로 한다.	상진법	삼각형	△	
	다원형	⌇⌇⌇	위와 같다.		백스텝	⌇	
	삼각형	⋈⋈⋈	위와 같다.	위보기 용접	직 선	→	진행 방향에 대하여 60~80°로 한다
수평 용접	직 선	→			부채꼴 모 양	⋀⋀	
	타원형	⌇⌇⌇			백스텝	⌇	

특수 아크 용접

3-1. 불활성 가스 아크 용접

1. 불활성 가스 아크 용접의 개요

(1) 개요

전극 주변에 아르곤이나 헬륨 등과 같이 고온에서도 금속과 반응이 잘 일어나지 않는 불활성 가스의 분위기 속에서 텅스텐 또는 모재와 같은 금속선을 전극으로 하여 아크를 발생시켜 용접하는 방법이다.

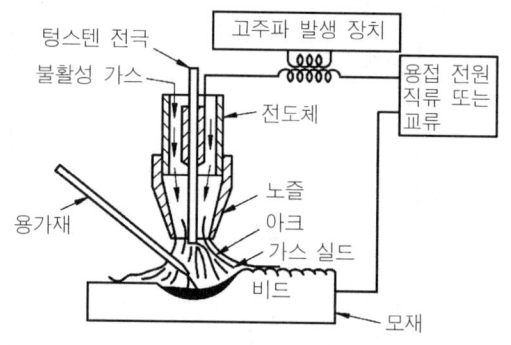

그림 3-1 불활성 가스 텅스텐 아크 용접법

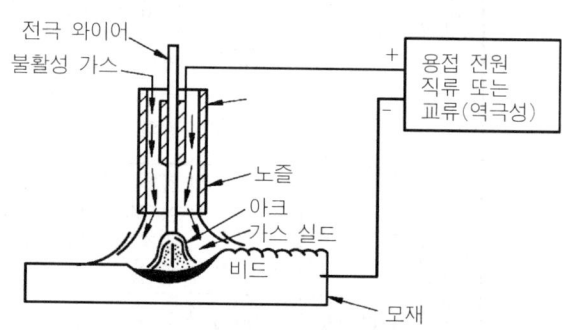

그림 3-2 불활성 가스 금속 아크 용접법

(2) 특징

① 전자세 용접이 용이하고 고능률이다.
② 청정 작용이 있다.
③ 피복제 및 용제가 불필요하다.
④ 산화하기 쉬운 금속에 용접이 용이하고(Al, Cu, 스테인리스 등) 용착부 성질이 우수하다.
⑤ 아크가 극히 안정되고 스패터가 적으며 조작이 용이하다.
⑥ 용접부는 다른 아크 용접, 가스 용접에 비하여 연성, 강도, 기밀성 및 내열성이 우수하다.
⑦ 슬래그나 잔류 용제를 제거하기 위한 작업이 불필요하다.(작업 간단)

2. TIG 용접

(1) 원리

불활성 가스 텅스텐 아크 용접은 [그림 3-1]과 같이 텅스텐봉을 전극으로 써서 가스 용접과 비슷한 조작 방법으로 용가재를 아크로 융해하면서 용접한다. 이 용접법은 텅스텐은 거의 소모하지 않으므로 비용극식 또는 비소모식 불활성 가스 아크 용접법이라고 한다. 또한 헬륨 아크 용접법 아르곤 아크 용접법 등의 상품명으로도 불린다.

(2) TIG 용접의 극성

불활성 가스 텅스텐 아크 용접법에는 직류나 교류가 사용되며, 직류에서의 극성은 용접 결과에 큰 영향을 미친다. 직류 정극성에서는 [그림 3-3]와 같이 음전기를 가진 전자는 전극에서 모재쪽으로 흐르며, 가스 이온은 반대로 모재에서 전극쪽으로 흐른다.

정극성에 있어서 전자가 전극으로부터 모재쪽으로 흐르므로 전자가 모재에 강하게 충돌하여 깊은 용입을 일으킨다. 전극은 속도가 느린 가스 이온의 충돌에서는 그다지 발열하지 않으므로 지름이 작은 전극에서도 큰 전류를 흐르게 할 수가 있다.

그러나 역극성에서는 전자가 전극으로 향하고 가스 이온이 모재 표면을 넓게 충돌하므로 모재의 용입은 넓고 얕아진다. 또, 전극은 전자의 충격을 받아서 과열되므로 정극성일 때 보다 지름이 큰 전극을 사용해야 한다.

아르곤 가스를 사용한 역극성에서는 가스 이온이 모재 표면에 충돌하여 산화막을 제거하는 청정 작용이 있어 알루미늄과 마그네슘의 용접에 적합하다.

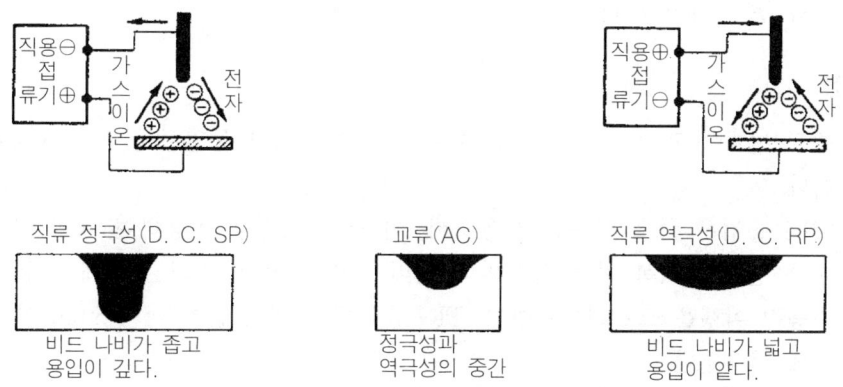

그림 3-3 불활성 가스 텅스텐 아크 용접의 극성

(3) 특징

① 직류 역극성 사용시 텅스텐 전극 소모가 많아진다.
② 직류 역극성시 청정 효과가 있으며, Al, Mg 등의 용접시 우수하다.
③ 청정 효과는 아르곤(Ar) 가스 사용시에 있다.

④ 직류 정극성 사용시 용입이 깊고 폭이 좁은 용접부를 얻을 수 있으나 청정 효과가 없다.
⑤ 교류 사용시는 직류 역극성 및 정극성의 중간 정도의 용입 깊이를 유지하며, 청정 효과도 있다.
⑥ 교류 사용시 전극의 정류 작용으로, 아크가 불안정해져 고주파 전류를 사용해야 한다.
⑦ 고주파 전류 사용시 아크 발생이 쉽고 전극 소모를 적게 한다.
⑧ TIG 용접 토치는 200A 이하는 공랭식, 200A 이상은 수냉식을 사용한다.
⑨ 텅스텐 전극봉은 순수한 것보다 1~2%의 토륨을 포함한 것이 전자 방사 능력이 크다.
⑩ 주로 3mm 이하의 얇은판 용접에 이용한다.

3. MIG 용접

(1) 원리

불활성 가스 금속 아크 용접법(MIG)은 용가재인 전극 와이어를 연속적으로 보내서 아크를 발생시키는 방법으로서, 용극 또는 소모식 불활성 가스 아크 용접법이라고도 한다. 또한 에어코메틱 용접법, 시그마 용접법, 필러 아크 용접법, 아르고노트 용접법 등의 상품명으로 불린다.

(2) 용접 장치

불활성 가스 금속 아크 용접장치는 용접기와 아르곤 가스 및 냉각수 공급장치, 금속 와이어를 일정한 속도로 송급하는 장치 및 제어장치 등으로 구성되어 있으며, 반자동식과 전자동식의 두 종류가 있다.

(3) 특징

① 주로 전자동 또는 반자동이며, 전극은 용접 모재와 동일한 금속을 사용하는 용극성이다.
② MIG 용접은 주로 직류를 사용하며, 이 때 역극성을 이용하여 청정 작용을 한다.
③ 전류 밀도가 피복 아크 용접의 6~8배, TIG 용접에 비해 약 2배 가량 크다.
④ 주용적 이행은 스프레이형이며, TIG 용접에 비해 능률이 커서 3mm 이상의 모재 용접에 사용한다.
⑤ MIG 아크 용접은 자기 제어 특성이 있다.
⑥ MIG 용접기는 정전압 특성 또는 상승 특성의 직류 용접기이다.

4. CO_2 용접

(1) 원리

이산화탄소 아크 용접법은 불활성 가스 금속 아크 용접에 쓰이는 아르곤, 헬륨과 같은 불활성 가스 대신에 이산화탄소를 이용한 용극식 용접 방법이며, 그 원리는 [그림 3-4]와 같다. 이산화탄소는 불활성 가스가 아니므로 고온 상태의 아크 중에서는 산화성이 크고 용착 금속의 산화가 심하여 기공 및 그밖의 결함이 생기기 쉽다. 그러므로 망간, 실리콘 등의 탈산제를 많이 함유한 망간-규소계와 값싼 이산화탄소, 산소 등의 혼합가스를 쓰는 이산화탄소-산소 아크 용접법 등이 개발되었다.

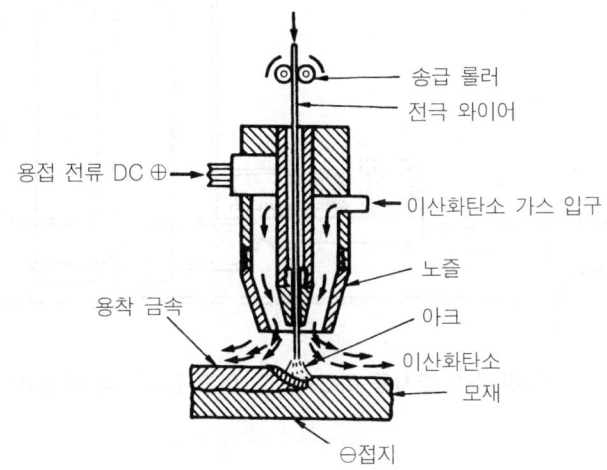

그림 3-4 이산화탄소 아크 용접의 원리

(2) 분류

① 솔리드 와이어 이산화탄소법
  ㉮ 가스 : CO_2
  ㉯ 충전제 : 탈산성 원소를 성분으로 가진 솔리드 와이어

② 솔리드 와이어 혼합 가스법
  ㉮ 가스 : $CO_2 - O_2$, $CO_2 - Ar$, $CO_2 - Ar - O_2$
  ㉯ 충전제 : 탈산성 원소를 성분으로 가진 솔리드 와이어

③ 용제가 들어있는 와이어 이산화탄소법
  ㉮ 가스 : CO_2
  ㉯ 아고스 아크법, 퓨즈 아크법, NCG법, 유니언 아크법

5. 용접 장치

이산화탄소 아크 용접용 전원은 직류 정전압 특성이라야 한다. 용접 장치는 [그림 3-5]에서와 같이 와이어를 송급하는 장치와 와이어 릴, 제어 장치, 그 밖의 사용 목적에 따라 여러 가지 부속품 등이 있다. 그리고 이산화탄소, 산소, 아르곤 등의 유량계가 붙은 조정기 등이 필요하다. 용접 토치에는 수냉식과 공랭식이 있으며, 300~500(A)의 전류용에는 수냉식 토치가 사용되고 있다. 와이어의 송급은 아크의 안정성에 영향을 크게 미친다.

와이어 송급 장치는 사용 목적에 따라서 푸시식, 풀식, 푸시풀식 등이있다.

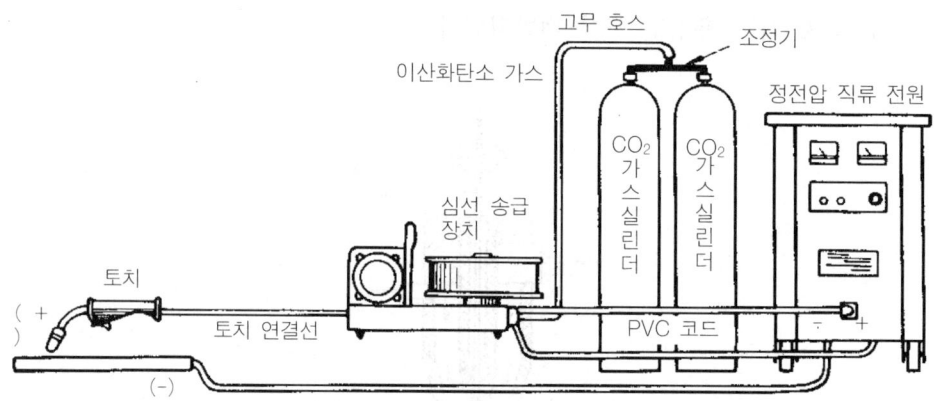

그림 3-5 반자동 이산화탄소 아크 용접장치(공냉식)

6. 용접용 재료

(1) 와이어 및 용제

이산화탄소 아크 용접용 와이어에는 탈산제의 공급 방식에 따라 와이어 뿐인 솔리드 와이어와 용제가 미리 심선 속에 들어 있는 복합 와이어, 자성을 가진 이산화탄소, 기류에 혼합하여 송급하는 자성 용제 등이 있다.

(2) 이산화탄소 및 아르곤 가스

이산화탄소 아크 용접에서는 실드 가스의 습도와 사용량이 용접부의 성질에 큰 영향을 미친다. 이산화탄소는 고압 용기에는 액화 이산화탄소가 사용된다. 용접용은 수분, 질소, 수소 등의 불순물이 될 수 있는 대로 적은 것이 좋으며, 이산화탄소의 순도는 99.5% 이상, 수분 0.05% 이하의 것이 좋다.

작업시 이산화탄소의 농도가 3~4%이면 두통이나 뇌빈혈을 일으키고 15% 이상이면 위험상태가 되며, 30% 이상이면 치사량이 되므로 주의해야 한다. 아르곤 가스의 순도는 99.9% 이상, 수분 0.02% 이하의 것이 좋다.

3-2. 서브머지드 아크 용접

1. 원리

서브머지드 아크 용접법은 자동 금속 아크 용접법으로서 [그림 3-6]과 같이 모재의 이음 표면에 미세한 입상의 용제를 공급관을 통하여 공급하고 그 용제 속에 연속적으로 전극 와이어를 송급하고, 용접봉 끝과 모재 사이에 아크를 발생시켜 용접한다. 이 때, 와이어의 이동 속도를 조정함으로써 일정한 아크 길이를 유지하면서 연속적으로 용접을 한다. 이 용접법은 아크나 발생 가스가 다같이 용제 속에 잠겨져 있어서 보이지 않으므로, 서브머지드 아크 용접법 또는 잠호 용접법이라고도 한다. 또한 상품명으로는 유니언 멜트 용접법, 링컨 용접법 등이라고 한다.

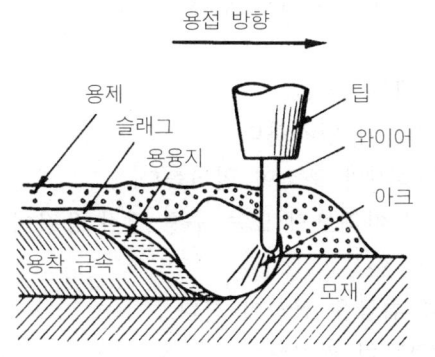

그림 3-6 서브머지드 아크 용접법의 원리   그림 3-7 서브머지드 아크 용접 장치

2. 용접 장치

(1) 구조

서브머지드 아크 용접 장치는 [그림 3-7]과 같이 심선을 송급하는 장치, 전압 제어 장치, 접촉 팁, 대차로 구성되었으며, 와이어 송급 장치, 접촉 팁, 용제 호퍼를 일괄하여, 용접 헤드라고 한다.

(2) 종류

  ① 대형 용접기 : 최대 전류 4000A, 75mm의 후판을 한꺼번에 용접
  ② 표준 만능형 : 최대 전류 2000A(UE형 및 USW형)
  ③ 경량형 : 최대 전류 1200A(DS, SW형)
  ④ 반자동형 : 최대 전류 900A(UMW, FSW형)

3. 특징

(1) 장점

① 용접 속도가 피복 아크 용접에 비해서 판 두께 12mm에서 2~3배, 25mm일 때 5~6배, 50mm일 때 8~12배나 되므로 능률이 높다.
② 와이어에 대전류를 흘려 줄 수가 있고, 용제의 단열 작용으로 용입이 대단히 깊다.
③ 용입이 깊으므로 용접 홈의 크기가 작아도 상관 없으며, 용접 재료의 소비가 적고 용접 변형이나 잔류 응력이 작다.
④ 용접 이음의 신뢰도가 높다.

(2) 단점

① 아크가 보이지 않으므로 용접의 적부를 확인해서 용접할 수가 없다.
② 설비비가 많이 든다.
③ 용입이 크므로 모재의 재질을 신중히 검사해야 한다.
④ 용입이 크기 때문에 요구된 이음 가공의 정도가 엄격하다.
⑤ 용접선이 짧고 복잡한 형상의 경우에는 용접기의 조작이 번거롭다.
⑥ 특수한 장치를 사용하지 않는한 용접 자세가 아래보기 또는 수평 필릿 용접에 한정된다.
⑦ 소결형 용제는 흡습이 쉽기 때문에 건조나 취급을 잘해야 한다.
⑧ 용접 시공 조건을 잘못 잡으면 제품의 불량률이 커진다.

4. 용접용 재료

(1) 와이어

와이어는 코일상의 금속선으로 와이어 릴에 감겨져 있으며, 사용할 때에는 그 한 끝을 조종하여 사용한다. 와이어 표면은 접촉 팁과의 전기적 접촉을 원활하게 하기 위하여 또 녹을 방지하기 위하여 구리로 도금하는 것이 보통이다.

와이어의 지름은 2.0, 2.4, 3.2, 4.0, 5.6, 6.4, 8.0mm 등으로 분류되고 코일의 표준 무게도 작은 코일(약칭 S)은 12.5kg, 중간 코일(M)은 25kg, 큰 코일(L)은 75kg으로 구별된다.

(2) 용제

① 용융형 용제 : 용융형 용제는 원료 광석을 아크 전기로에서 1300℃ 이상으로 용융하여 응고시킨 다음 분쇄하여 입자를 고르게 한 것이다.

3-3. 그밖의 특수 아크 용접

1. 플라스마 아크 용접

(1) 플라스마 정의

플라스마(plasma)라는 용어는 가스가 충분히 이온화되어 전류가 통할 수 있는 상태를 말하는데, 우리는 흔히 주위에는 3가지의 상 즉 고체, 액체, 기체로 이루어져 있는 것으로 항상 의식하고 있다. 그리고 이와 같은 3가지 상의 차이를 알고 있으며, 온도가 증가함에 따라 상의 상태가 변한다는 사실도 알고 있다. 만약 가스 상태의 물질에 에너지 즉, 열이 가해지면 가스의 온도가 급격히 증가한다. 여기서 충분한 에너지가 가해지면 온도가 더욱 증가하여 가스는 각자의 분자 상태로 존재할 수 없게 되어 물질의 기본 구성 요소인 원자로 분해 된다. 온도가 더욱 높아지면 원자들은 전자를 잃어버려서 양이온으로 되고 이렇게 되면 주위의 물질들은 양이온과 자유전자로 이루어지는데 이러한 상태를 제4의 물질상태 즉, 플라스마 상태라 한다.

플라스마는 기체와 유사한 많은 성질을 가지고 있고 또한 자기 자신의 독특한 성질도 가지고 있다. 용접에 관한한 가장 중요한 플라스마의 성질은 전류를 잘 통하게 하는 자유전자를 가지고 있는 점이다.

(2) 원리

기체를 수천도의 높은 온도로 가열하면 그 속의 가스 원자가 원자핵과 전자로 유리되며, 양(+), 음(-)의 이온 상태로 된다. 이것을 플라스마라고 한다. 아크열로 가스를 가열하여 플라스마상으로 토치의 노즐에서 분출되는 고속의 플라스마 제트를 이용한 용접법이다.

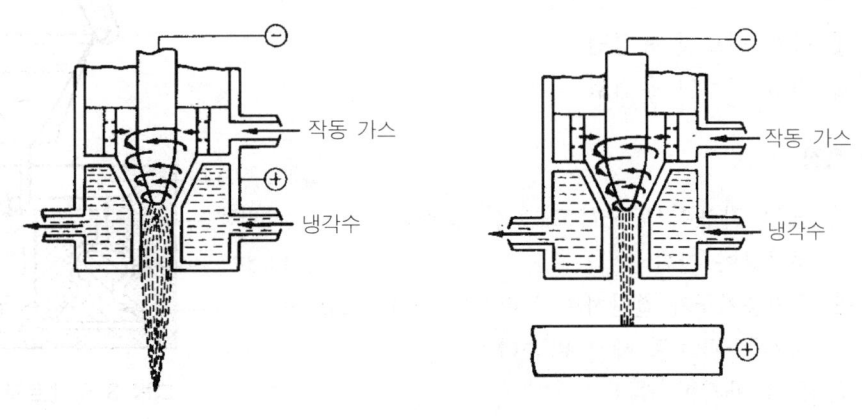

(a) 플라스마 제트 (b) 플라스마 아크

그림 3-8 플라스마 제트와 플라스마 아크

(3) 특징

① 장점
- ㉮ 핀치 효과에 의해 전류 밀도가 크므로 용입이 깊고 비드 나비가 좁으며, 또 용접 속도가 빠르다.
- ㉯ 1층으로 용접할 수 있으므로 능률적이다.
- ㉰ 용접부의 금속학적, 기계적 성질이 좋으며 변형도 작다.
- ㉱ 수동 용접도 쉽게 할 수 있으며, 토치 조작에 그다지 숙련을 요하지 않는다.

② 단점
- ㉮ 설비비가 많이 든다.
- ㉯ 용접 속도가 크므로 가스의 보호가 불충분하다.
- ㉰ 모재 표면에 기름, 먼지, 녹 등이 오염되었을 때에는 플라스마 아크의 상태가 변화하여 비드의 불균일, 용접부의 품질 저하 등이 원인이 되므로, 화학 용제로 청정하여야 한다.

2. 테르밋 용접법

(1) 원리

테르밋 용접법은 1900년경에 독일에서 실용화 된 것으로 미세한 알루미늄 분말 (Al)과 산화철 분말 (Fe_3O_4)을 약 1 : 3 ~ 4 의 중량비로 혼합한 테르밋제에 과산화 바륨과 마그네슘(또는 알루미늄)의 혼합분말로 테르밋 반응이라 부르는 화학반응에 의해 발열을 이용하는 용접법이다.

(2) 분류

① 용융 테르밋 용접법
② 가압 테르밋 용접법

(3) 특징

① 용접 작용이 단순하고 용접 결과의 재현성이 높다.
② 용접용기구가 간단하며 설비비도 싸다.
③ 전기를 필요로 하지 않는다.
④ 용접 가격이 싸다.
⑤ 용접후 변형이 적다.
⑥ 용접시간이 짧다.

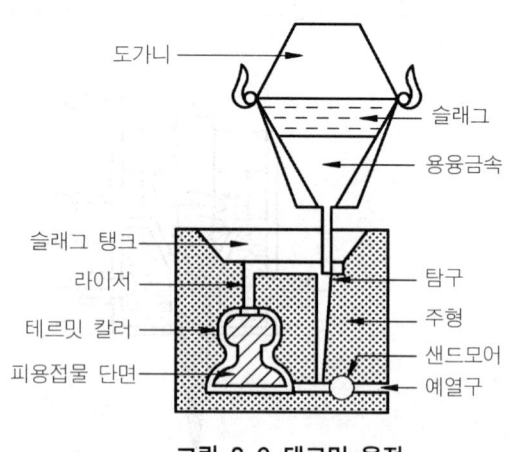

그림 3-9 테르밋 용접

3. 일렉트로 슬래그 용접

(1) 원리

일렉트로 슬래그 용접은 1951년 러시아에서 개발한 용접법으로 아주 두꺼운 판, 초후판에 적합한 용접방법이며 용융슬래그 중의 저항 발열을 이용하여 용접하는 방법이다. [그림 3-10]의 용접에서 용융 슬래그와 용융금속이 용접부에 흘러내리지 않도록 모재의 양측에 수냉식 구리판을 붙이고 용융 슬래그 속에 전극와이어를 연속적으로 공급하여 용융 슬래그의 전기 저항열에 의해 용접한다.

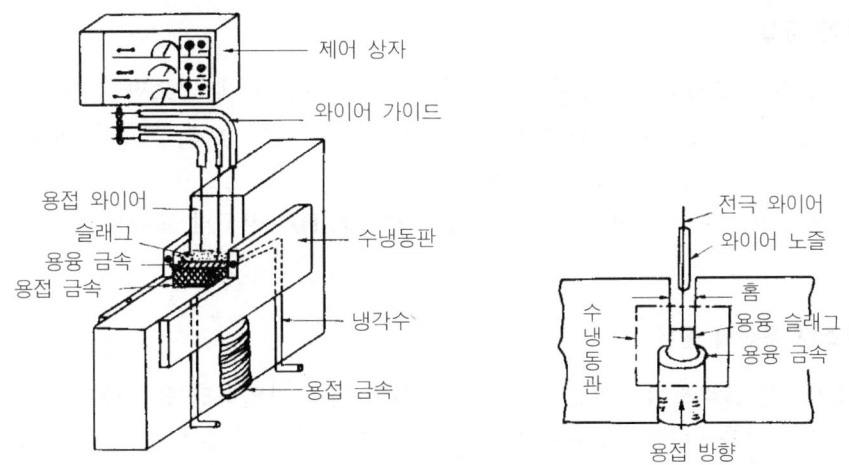

그림 3-10 일렉트로 슬래그 용접 원리

4. 플라스틱 용접

(1) 열풍 용접

열풍 용접은 [그림 3-11]과 같이 전열에 의해 기체를 가열하여 고온으로 되면 그 가스를 용접부와 용접봉에 분출하면서 용접하는 방법이다.

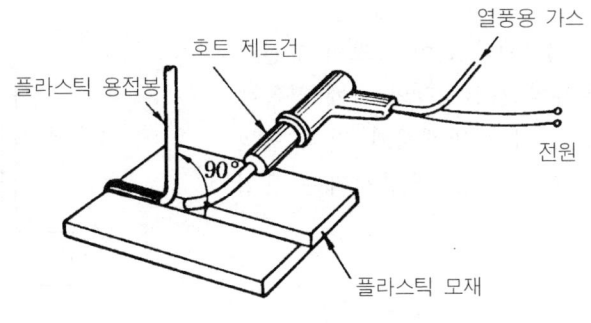

그림 3-11 플라스틱 용접

(2) 열기구 용접

열기구 용접은 니켈 도금한 구리나 알루미늄제의 가열된 인두를 사용하여 접합부를 알맞은 온도까지 가열한 후 국부적으로 용융됨에 따라 용접을 한다.

(3) 플라스틱 마찰 용접

플라스틱 마찰 용접은 이음하려는 2개의 용접물의 표면에 압력을 가한 다음 한쪽을 고정시키고 다른 한쪽을 회전시키면 마찰열이 발생되는데, 이 열을 이용하여 용접물을 연화 또는 용융시켜 용접한다.

(4) 고주파 용접

고주파 용접은 플라스틱과 같은 절연체를 고주파 전장 내에 넣으면 분자가 강력하게 진동되어 발열하는 성질을 이용하여 이음부를 전극 사이에 놓고, 고주파 전류를 가열하여 연화 또는 용융시켜 용접하는 방법이다.

이 때 사용되는 고주파 전원으로는 주파수 $10\sim40(Hz)$ 정도의 교류로 출력 $7.5\sim10(kW)$ 이다.

(5) 플라스틱 용접의 종류

① 열가소성 플라스틱 : 열을 가하면 연화하고 더욱 가열하면 유동하는 것으로, 열을 제거하면 처음 상태의 고체로 변하는 것인데 폴리 염화비닐, 폴리프놀필렌, 폴리에틸렌, 폴리아미드, 메타크릴, 플루오르 수지 등이 있으며, 용접이 가능한 것이다.
② 열경화성 플라스틱 : 열을 가해도 연화되지 않으며, 더욱 열을 가하면 유동하지 않고 분해 되며, 열을 제거하여도 고체로 변하지 않는 것으로, 폴리에스테르, 멜라민, 페놀 수지, 요소, 규소 등이 있으며, 용접이 불가능한 것이다.

5. 아크 점 용접법

(1) 원리

이 용접법은 [그림 3-12]와 같이 아크의 고열과 그 집중성을 이용하여 겹친 2장의 판재 한쪽에서 아크를 0.5~5초 정도 발생시켜 전극 팁의 바로 아래부분을 국부적으로 융합시키는 용접법이다.

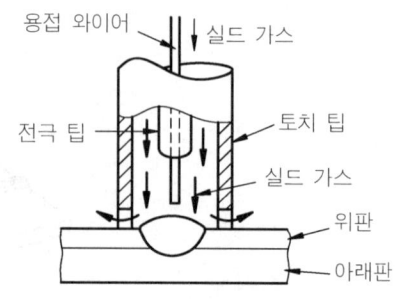

그림 3-12 아크 점 용접의 원리

6. 냉간 압접

(1) 원리

냉간 압접은 2개 금속을 A(1A = 10^{-7}mm)으로 밀착시키면 자유 전자가 공통화 하여 결정 격자점의 금속 이온과 상호 작용으로 금속 원자를 결합시키는 결합 형식을 이용하여 상온에서 단순히 가압만의 조작으로 금속 상호간의 확산을 일으켜 압접을 이루는 방법이다.

(2) 특징

① 장점
 ㉮ 접합부에 열 영향이 없다.
 ㉯ 숙련이 필요하지 않다.
 ㉰ 압접 공구가 간단하다.
 ㉱ 접합부의 전기 저항은 모재와 거의 같다.

② 단점
 ㉮ 철강 재료의 압접은 부적당하다.
 ㉯ 용접부가 가공 경화된다.
 ㉰ 겹치기 압접은 눌린 흔적이 남는다.
 ㉱ 압접부에 대한 비파괴 시험법이 없다.

CHAPTER 04 가스용접 및 절단작업

4-1. 가스 용접

1. 가스 용접의 원리

(1) 개요

가스 용접법은 가연성 가스의 연소열을 이용하여, 금속을 가열하여 용접하는 방법이다. 또 모재의 종류, 판 두께, 이음 형상 등에 의해 용접봉을 사용할 때와 사용하지 않을 때가 있다.

(2) 원리

가스 용접은 아세틸렌가스, 수소 가스, 도시 가스, LP가스 등의 가연성 가스와 산소와의 혼합가스의 연소열을 이용하여 용접하는 방법으로, 가장 많이 쓰이고 있는 것은 산소-아세틸렌가스 용접이다. 산소-아세틸렌가스 용접을 간단히 가스 용접이라고도 한다.

2. 가스 용접법의 특징

(1) 장점

① 전기가 필요없다.
② 응용 범위가 넓다.

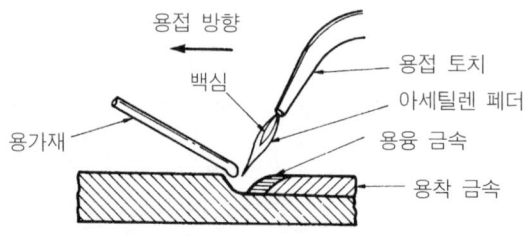

그림 4-1 산소-아세틸렌 가스 용접

③ 가열할 때 열량 조절이 비교적 자유롭다.
④ 용접 장치를 쉽게 설비할 수 있다
⑤ 박판(3mm 이하) 용접에 적당하다.
⑥ 유해 광선의 발생률이 적다.

(2) 단점

① 가연성가스를 사용하기 때문에 폭발 화재의 위험이 크다.
② 열효율이 낮아서 용접 속도가 느리다.
③ 금속이 탄화 및 산화될 우려가 많다.
④ 열의 집중성이 나빠 효율적인 용접이 어렵다.
⑤ 열을 받는 부위가 넓어서 용접 후 변형이 심하게 생긴다.
⑥ 일반적으로 신뢰성이 적다.
⑦ 용접부의 기계적인 강도가 떨어진다.
⑧ 가열 범위가 커서 용접 능력이 크고 가열 시간이 오래 걸린다.

3. 가스 용접용 가스와 불꽃

(1) 가스의 종류

가스 용접에 사용되는 연료 가스로는 아세틸렌가스(C_2H_2)가 가장 많이 사용되며, 이밖에 수소 가스(H_2), LP가스, 도시 가스, 프로판 가스(C_3H_8), 부탄(C_4H_{10}) 등의 천연 가스, 메탄 가스(CH_4) 등이 사용되고 있다.

(2) 산소

산소는 공기와 물의 주성분으로 지구상에 널리 존재하고 있으며, 1432년 영국의 프리스틀리 및 스웨덴의 셀에 의해 별견되었고, 그 후 프랑스의 화학자 라부아지에에 의해 산소라고 명명되었다.

① 성질
㉮ 무색, 무미, 무취의 기체로서 비중 1.105, 비등점 -182℃, 용융점 -219℃로서 공기보다 약간 무겁다.
㉯ 액체 산소는 연한 청색을 띠고 있다.
㉰ 산소 자체는 연소하는 성질이 없고 다른 물질의 연소를 돕는 조연성(지연성)의 기체이다.
㉱ 모든 원소와 화합시 산화물을 만든다.
㉲ 타기 쉬운 기체와 혼합시 점화하여 폭발적으로 연소한다.
㉳ -119℃에서 50기압 이상 압축시 담황색의 액체로 된다.

(3) 아세틸렌

① 카바이드 : 아세틸렌 원료인 카바이드는 석회(CaO)와 석탄 또는 코크스를 64 : 36 의 중량비로 혼합하고 이것을 전기로에 넣어 약 3000℃의 고온으로 가열하여 반응시켜 만든다.

$$CaO + 3C = CaC_2 + CO - 108kcal$$

② 카바이드 성질
   ㉮ 순수한 것은 무색·투명하다.
   ㉯ 시판되고 있는 것은 불순물이 포함되어 회갈색 또는 회흑색을 띤다.
   ㉰ 경도가 매우 크다.
   ㉱ 비중은 2.2~2.3이다.
   ㉲ 순수한 카바이드는 이론적으로 1kg당 348l의 아세틸렌가스를 발생한다.
   ㉳ 카바이드를 물과 접촉시키면 쉽게 아세틸렌가스가 발생하고 백색의 소석회 ($Ca(OH)_2$) 가루가 남는다.

③ 아세틸렌가스의 성질 : 아세틸렌의 구조식은 HC≡CH로서 표시하며, 분자내에 삼중 결합을 갖고 있는 불포화 탄화수소이다.
   ㉮ 순수한 것은 무색, 무취의 기체이다.
   ㉯ 각종 액체에 잘 용해된다. 보통 물에 대해서는 같은 양, 석유에는 2배, 벤젠에는 4배, 알코올에는 6배, 아세톤에는 25배가 용해된다. 아세톤에 이와 같이 잘 녹는 성질을 이용하여 용해 아세틸렌을 만들어서 용접에 이용되고 있다.

④ 아세틸렌가스의 폭발성
   ㉮ 온도 : 아세틸렌가스는 매우 타기 쉬운 기체로서 온도가 406~408℃에 달하면 자연 발화하고 505~515℃가 되면 폭발한다. 또 산소가 없더라도 780℃ 이상이 되면 자연 폭발한다.
   ㉯ 압력 : 아세틸렌가스는 15℃에서 2기압 이상의 압력을 가하면 폭발할 위험이 있으며, 위험 압력은 1.5기압이다. 작업시에는 1.2~1.3기압(kg_f/cm^2) 이하에서 사용해야 한다.
   ㉰ 혼합 가스 : 아세틸렌가스는 공기, 산소 등과 혼합될 때에는 더욱 폭발성이 심해진다. 아세틸렌 15%, 산소 85% 부근이 가장 폭발 위험이 크다. 또 아세틸렌가스가 인화수소를 함유하고 있을 때 인화수소는 자연 폭발을 일으키는 위험이 있는데 인화수소 함량이 0.02% 이상이면 폭발성을 갖게 되며, 0.06% 이상인 경우에는 대체로 자연 발화되어 폭발된다.
   ㉱ 외력 : 압력이 가하여져 있는 아세틸렌가스에 마찰, 진동 충격 등의 외력이 작용하면 폭발할 위험이 있다.

(4) 각종 가스 불꽃의 최고 온도

① 산소-아세틸렌 불꽃 : 3430℃
② 산소-수소 불꽃 : 2900℃
③ 산소-메탄 불꽃 : 2700℃
④ 산소-프로판 불꽃 : 2820℃

4. 산소-아세틸렌 불꽃

(1) 불꽃의 구성

① 불꽃심
② 속불꽃
③ 겉불꽃

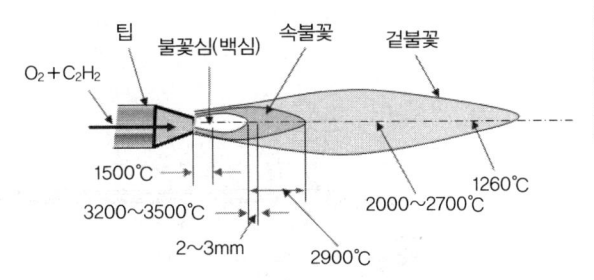

그림 4-2 산소-아세틸렌 불꽃의 구성

(2) 불꽃의 종류

① 탄화 불꽃 : 이 불꽃은 백심과 겉불꽃 사이에 연한 백심 제3의 불꽃으로 중성 불꽃보다 아세틸렌가스의 양이 많을 때 생긴다.
② 중성 불꽃 : 중성 불꽃은 표준 불꽃이라고도 하며, 산소와 아세틸렌가스의 용적비는 1 : 1로 혼합할 때 얻어지는 불꽃이다.

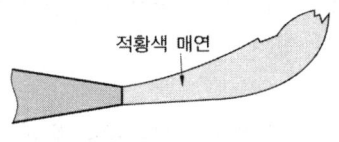

(a) 아세틸렌 불꽃

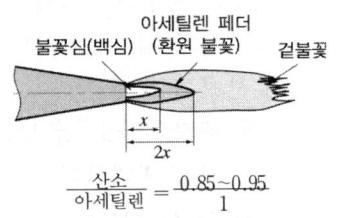

$$\frac{산소}{아세틸렌} = \frac{0.85 \sim 0.95}{1}$$

(b) 탄화(아세틸렌 과잉) 불꽃

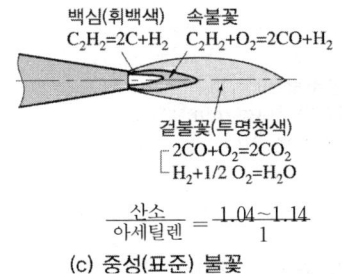

$$\frac{산소}{아세틸렌} = \frac{1.04 \sim 1.14}{1}$$

(c) 중성(표준) 불꽃

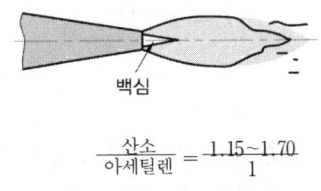

$$\frac{산소}{아세틸렌} = \frac{1.15 \sim 1.70}{1}$$

(d) 산화(산소과잉) 불꽃

그림 4-3 산소-아세틸렌 불꽃

③ 산화 불꽃 : 산화 불꽃은 중성 불꽃에서 산소의 양이 많을 때 생기는 불꽃이다.

5. 용접 장치

(1) 산소·아세틸렌 용접 장치

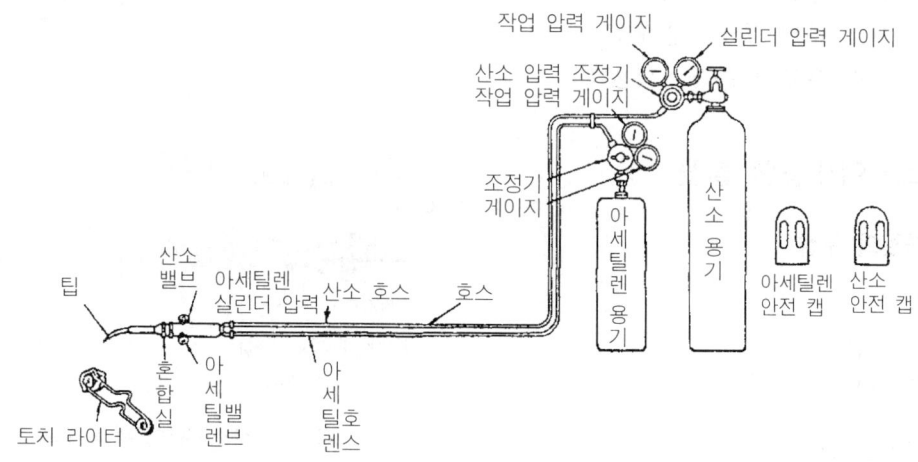

그림 4-4 산소·아세틸렌 용접 장치

(2) 산소 용기와 연결관

① 산소용기 : 양질의 강재를 써서 이음매 없이 만들어진 원통의 고압용기

㉮ 산소는 원형용기 속에 35℃에서, 150kgf/cm^2 기압으로 압축하여 충전하고 있다.

㉯ 용기는 본체, 밸브, 캡, 3부분으로 나누어져 있다.

　㉠ 밸브의 구성

　　ⓐ 패킹 : 산소 밸브를 완전히 열었을 때 고압 밸브 시트 주위에서 산소가 새는 것을 방지한다.

　　ⓑ 안전 밸브 : 산소 용기가 파열되기 전에 먼저 파손되어 산소 용기의 파열을 방지해 주는 역할을 한다.

㉰ 산소 용기의 크기 : 산소 용기 내 용적 33.7l, 산소 용적 호칭 5,000l의 것이 사용된다.

$$L = P \times V$$

$\begin{bmatrix} L = \text{용기의 산소량}(l) \\ P = \text{용기 속의 압력}(kg_f/mm^2) \\ V = \text{용기의 내부 용적}(l) \end{bmatrix}$

② 산소 용기의 취급시 주의사항

㉮ 운반중에 충격, 진동을 주지 말것.

㉯ 항상 40℃ 이하로 유지하며, 직사광선에 노출시키지 말 것

㉰ 밸브에 기름을 묻히지 말 것이며, 개폐는 천천히 할 것

㉱ 안전 밸브의 압력시험은 내압시험 압력의 80% 정도로 할 것.

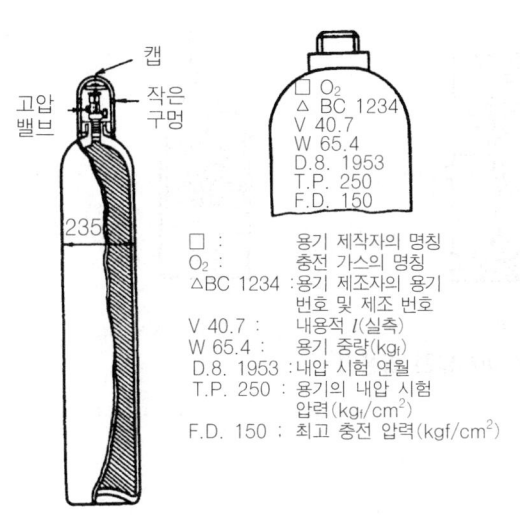
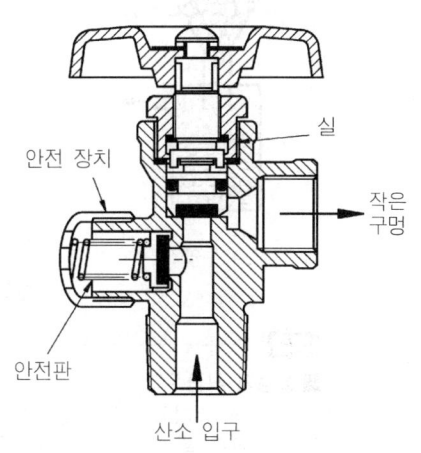

그림 4-5 산소 용기의 단면   그림 4-6 산소 용기 밸브

(3) 아세틸렌가스 발생기

카바이드에 물을 작용시켜 아세틸렌가스를 발생시키고 동시에 아세틸렌가스를 저장하는 장치를 말한다. 화학반응 할 때 카바이드 1kg에 대하여 약 500kcal나 되는 열을 발생한다.

① 압력에 의한 발생기의 분류
  ㉮ 저압식 발생기 : 0.07 kg_f/cm^2 미만(수주 1,500mm까지)
  ㉯ 중압식 발생기 : 0.07~1.3 kg_f/cm^2(수주 2,000mm까지)
  ㉰ 고압식 발생기 : 1.3 kg_f/cm^2 이상(수주 3,000mm까지)

② 발생기의 원리와 특징
  ㉮ 주수식 발생기 : 발생기실에 있는 카바이드에 필요한 양의 물을 주수하는 발생기
    ㉠ 물의 소비량이 비교적 적으며, 가스를 계속 발생시킬 수 있다.
    ㉡ 설치장소와 비용이 적게 들고 자동조절을 할 수 있다.
    ㉢ 카바이드가 과열되기 쉬우며 불순가스를 발생하며, 자연가스가 되기 쉽다.
  ㉯ 침지식 발생기 : 카바이드를 투망에 넣어 물에 침지시키는 형식
    ㉠ 구조가 대단히 간단하고 설치도 대단히 쉬워 이동용 발생기로 많이 사용한다.
    ㉡ 온도 상승이 크고 불순가스 발생이 많다.
    ㉢ 공기의 혼입으로 인한 폭발의 위험이 크다.
    ㉣ 소규모 업체에서 사용하며 발생기 중 사고가 제일 많다.
  ㉰ 투입식 발생기 : 물에 카바이드를 소량씩 투입하는 발생기
    ㉠ 비교적 많은 양의 아세틸렌가스를 발생시킬 경우에 사용한다.
    ㉡ 온도 상승이 가장 작고 불순가스 등의 발생이 적으며, 발생량도 일정하다.
    ㉢ 발생기 가스조절이 용이하며 청소 및 취급이 쉬워 가장 안전하다.
    ㉣ 물의 사용량이 대단히 많아 카바이드 1kg에 대하여 약 6~7l의 물을 사용한다.

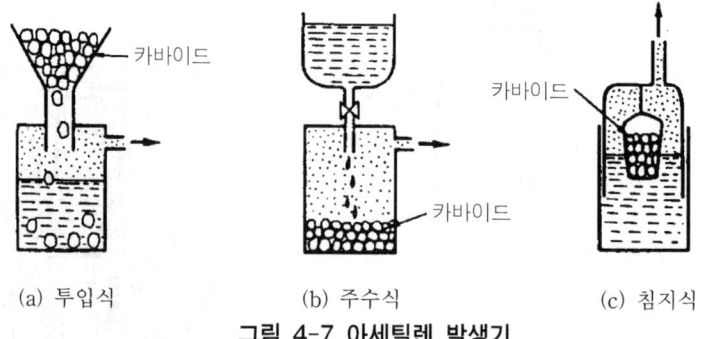

(a) 투입식　　　(b) 주수식　　　(c) 침지식

그림 4-7 아세틸렌 발생기

> **참고**
> ■ 발생기 취급주의
> ・충격, 타격을 가하지 말 것.
> ・내부가 얼 경우 60℃ 이하 물과 수증기로 녹일 것.
> ・내부의 공기를 완전 제거할 것.
> ・누설검사는 비눗물로 할 것.
> ・항상 발생기 온도는 60℃ 이하로 유지할 것.
> ・카바이드 교환시 조명을 사용할 경우 전등을 사용할 것.

③ 안전기 : 토치 1개당 반드시 안전기 1개 설치할 것. 아세틸렌 발생기를 사용하면 아세틸렌의 압력이 산소보다 낮기 때문에, 산소가 아세틸렌 쪽으로 역류하여 폭발성 물질이 되는 것을 방지한다.

　㉮ 역류 : 산소가 발생기 안으로 들어가는 현상
　㉯ 역화 : 불꽃이 발생기 안으로 인화하는 것.

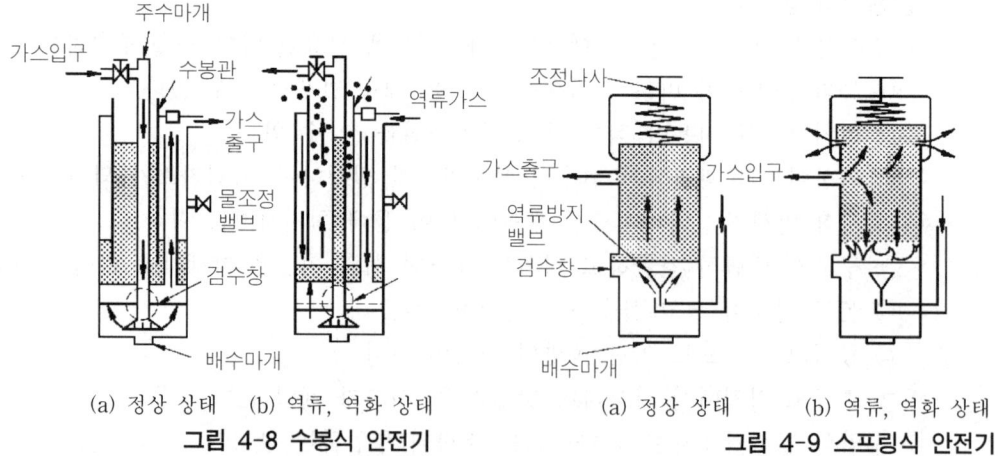

(a) 정상 상태　(b) 역류, 역화 상태　　　　(a) 정상 상태　(b) 역류, 역화 상태
그림 4-8 수봉식 안전기　　　　　　　　　그림 4-9 스프링식 안전기

　∴ 안전기의 종류
　　㉠ 수봉식 안전기 : 안전기 속에 물을 넣어 역류시 압력에 의해 가스를 외부로 방출시켜 역화, 폭발을 방지시키며 주로 저압용에 사용한다.

ⓐ 유효 수주는 25mm 이상 유지할 것.
ⓑ 안전기는 수직 장치 할 것.
ⓒ 1개의 토치에 1개의 안전기를 설치할 것.
ⓓ 얼었을 경우 따뜻한 물이나 증기로 녹일 것.
ⓒ 스프링식 안전기 : 아세틸렌 압력이 중압 이상시가 되면 배기관을 물로서는 대기 차단이 어려워져 스프링식을 이용한다.

(4) 용해 아세틸렌

아세틸렌 용기 속에 아세톤을 흡수시킨 다음 목탄 또는 규조토와 같은 다공질 물질을 용기 속에 균등히 넣고 여기에 아세틸렌을 용해시킨다.

① 15℃, 1기압에서 1l 의 아세톤은 25l 의 아세틸렌가스를 용해한다.(15℃, 15기압에서 375l 의 아세틸렌가스가 용해된다.)
② 안전 밸브 : 용기의 내압이 상승하면 폭발할 위험이 있어 이를 방출하도록 설치한다.(안전 밸브는 얇은 판으로 105±5℃에서 용융하는 가용 합금 안전판이 있다.)
③ 용기의 용량 15l, 30l, 50l 등이 있으며, 보통 30l 의 것이 많이 사용된다.
  ㉮ 용해 아세틸렌의 양 : 용해 아세틸렌 1kg이 기화했을 때 15℃, 1기압하에서 아세틸렌의 용적이 905l 이므로 아세틸렌의 양을 다음 식으로 구한다.

$$C = 905(A - B)l$$

A : 용기 전체의 무게(kg)
B : 빈병의 무게 (kg)

④ 병속의 가스량 = 용량×고압게이지 압력
⑤ 사용시 주의사항
  ㉮ 용기는 반드시 세워서 사용해야 한다.
  ㉯ 사용 후 잔압을(0.1kg$_f$/cm^2 정도) 남겨둔다.
  ㉰ 용기는 직사광선을 피하고 충격이나 타격을 주어서는 안 된다.
  ㉱ 용기 밸브를 열 때는 1/2~1/4 회전만 시켜놓고 핸들을 끼워 놓아야 한다.
  ㉲ 아세틸렌의 누설검사는 비눗물을 사용한다.
  ㉳ 저장할 때에는 화기나 기름과 분리해서 보관한다.
  ㉴ 안전 밸브는 약 70℃에 녹으므로 주의해야 한다.
  ㉵ 밸브가 얼어붙을 때에는 따뜻한 물로 녹여야 한다.

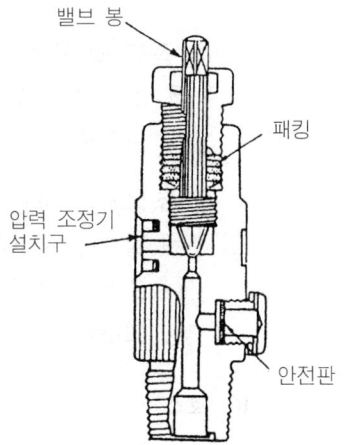

그림 4-10 아세틸렌 용기 밸브

(5) 압력 조정기

산소 용기나 아세틸렌 용기의 압력은 고압이므로, 작업할 때 압력을 사용 압력으로 낮추어서 적당한 유량으로 조정하여 필요한 양을 공급하는 역할을 하는 기구

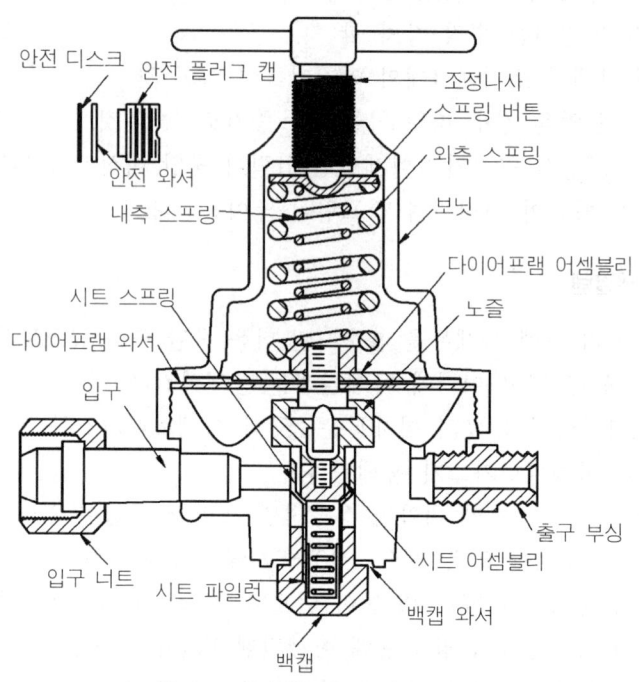

그림 4-11 프랑스식 압력 조정기

① 보통 작업할 때의 압력
   ㉮ 산소 압력은 3~4kgf/cm^2 이하, 아세틸렌 압력은 0.1~0.3kgf/cm^2 정도로 한다.
   ㉯ 조정기에는 산소용과 아세틸렌용이 있다.

② 종류 및 구조
   ㉮ 스템형 : 밸브가 1차측 기밀실에 있다.
   ㉯ 노즐형 : 밸브가 2차측 기밀실에 있다.

③ 조정기의 사용시 주의사항
   ㉮ 밸브를 천천히 개폐하여야 한다.
   ㉯ 조정기 각 부분의 나사에는 기름, 그리스를 주입하지 말 것.
   ㉰ 조정나사는 오른쪽으로 돌렸을 때 열린다.

(6) 호스

산소 또는 아세틸렌가스를 용기 또는 발생기에서 토치까지 가스를 보내는데 쓰이는 파이프나 고무호스를 말한다.

  ① 고무호스의 인장강도
     ㉮ 산소용 : 20kgf/cm^2 이하
     ㉯ 아세틸렌용 : 2kgf/cm^2 이하

② 호스의 색깔
  ㉮ 산소용 : 흑색 또는 녹색
  ㉯ 아세틸렌용 : 적색 또는 황색
③ 호스의 지름 : 보통 토치 7.9mm, 소형 토치 6.3mm 정도를 사용하며, 길이는 3~5m를 표준으로 하고 있다.
  ㉮ 호스 내의 가스 저항은 길이에 비례하고 단면적이 반비례한다.
  ㉯ 호스가 너무 가늘면 가스압력이 낮아져서 불꽃의 조정이 곤란해져서 역류나 역화의 원인이 된다.
  ㉰ 내압 시험
    ㉠ 산소 : 90kg$_f$/mm^2 ㉡ 아세틸렌 : 10kg$_f$/mm^2

(7) 용접 토치

① 토치 : 산소나 아세틸렌가스를 적당한 비율로 혼합하여, 이것을 팁에서 분출 연소시켜 용접불꽃을 만드는 기구이다.

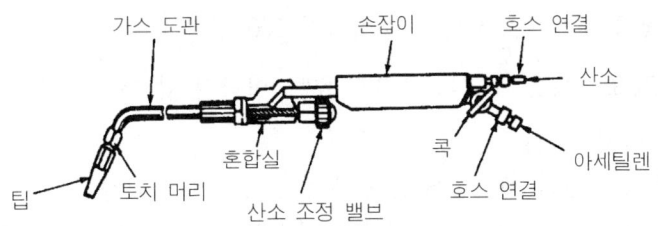

그림 4-12 용접 토치

② 압력에 의한 분류
  ㉮ 저압식 토치 : 아세틸렌 압력이 0.07kg$_f$/cm^2 미만, 인젝터 노즐에서 분출되는 고압의 산소 기류 때문에 주변에 진공이 생겨, 저압의 아세틸렌 가스를 빨아들여서 혼합실에서 두 가스가 혼합된다.
    ㉠ A형(불변압식, 독일식) 1호, 2호, 3호
      ⓐ 니들 밸브가 없어, 산소의 분출량이 일정하므로 산소의 압력 조정은 산소 압력 밸브로 조정한다.
      ⓑ 압력이 작아 역화시 인화가 안 일어난다.
    ㉡ B형(가변압식, 프랑스식) 00호, 01호, 1호, 2호 : 니들 밸브를 앞뒤로 이동시켜 노즐의 단면적을 변화시키므로 아세틸렌가스의 흡입량을 변화시킬 수 있기 때문에 불꽃의 능력을 필요에 따라서 변화시킬 수 있는 토치이다.
  ㉯ 중압식(등압식) 토치 : 아세틸렌 압력이 0.07~1.3kg$_f$/cm^{2}까지
    ㉠ 산소의 압력은 아세틸렌 압력과 같거나 약간 높으므로, 아세틸렌 가스쪽으로 산소가 역류할 우려가 없고 혼합 상태가 좋으므로, 안정된 불꽃을 얻을 수 있다.

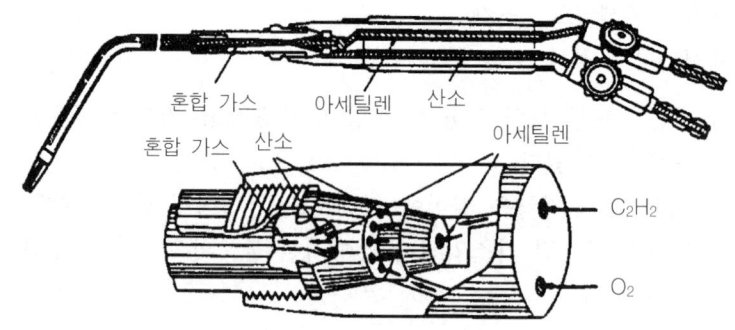

그림 4-13 중압식 토치

③ 팁의 능력(저압식 토치)
　㉮ A형(불변압식, 독일식) : 팁으로 용접할 수 있는 재료의 두께를 번호로 표시한다. 팁 번호 1은 판 두께 1~1.5mm의 연강판을 용접하는데 적합하다.
　㉯ B형(가변압식, 프랑스식) : 팁 번호는 1시간당 아세틸렌 소모량(l)으로 표시한다. 팁 번호 100은 아세틸렌 소비량이 100l 이다.

④ 팁의 재료 : 팁은 구리의 함유량 62% 이하의 합금이나 10%의 아연을 함유한 황동

⑤ 역류, 역화, 인화
　㉮ 역류 : 산소가 아세틸렌 호스쪽으로 흘러가는 현상
　　㉠ 원인 : 팁의 끝이 막혔을 때, 산소의 압력이 아세틸렌 압력보다 높을 때
　㉯ 역화 : 아세틸렌가스의 압력이 부족할 경우 팁 끝에서 "빵빵"소리를 내면서 불꽃이 들어갔다, 나왔다 하는 현상
　　㉠ 원인 : 팁 끝이 과열되었거나 또는 가스 압력과 유량이 적당하지 않았을 때, 팁의 조임이 풀렸을 때 발생한다.
　　㉡ 방지 : 팁을 물에 담갔다가 냉각시키면 방지된다.
　㉰ 인화 : 가스가 혼합실까지 들어가 토치가 가열되는 현상
　　㉠ 원인 : 팁의 끝이 순간적으로 막혔을 때

(8) 보호구와 용접공구

① 보호구
　㉮ 보안경 : 눈을 자외선이나 적외선으로부터 보호하기 위해서 착용한다.
　㉯ 보호복 : 용접 작업 중 몸을 보호하기 위해서 사용한다.
　　㉠ 가죽이나 석면 등으로 만든 장갑, 앞치마, 발 커버, 팔 커버 등이 사용된다.

② 용접 공구
　㉮ 토치 라이터 : 토치에 불을 붙이는 것.

㉮ 팁 클리너 : 팁의 구멍이 그을림이나 슬래그 등에 의하여 막혔을 경우 뚫는 도구

> **[참고]**
> ■ 구멍이 커지지 않도록 하기 위하여 팁 구멍보다 지름이 작은 것을 사용하며 팁의 재질보다 연한 것을 사용해야 한다.

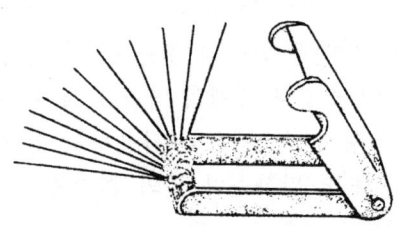

그림 4-14 팁 클리너

6. 가스 용접 재료

(1) 가스 용접봉

연강용 가스 용접봉에 관한 규격은 KS D7005에 규정되어 있으며, 보통 맨 용접봉이지만 아크 용접봉과 같이 피복된 용접봉도 있고 때로는 용제를 관의 내부에 넣은 복합 심선을 사용할 때도 있다. 용접봉의 종류는 GA46, GA43, GA35, GB32등의 7종으로 구분되며, 길이는 1,000mm로서 동일하지만 용접봉의 표준 치수는 1.0, 1.6, 2.0, 2.6, 3.2, 4.0, 5.0. 6.0mm 등의 8종류로 구분된다.

규정 중의 GA46, GB43 등의 숫자는 용착 금속의 인장 강도가 $46kg_f/mm^2$, $43kg_f/mm^2$ 이상이라는 것을 의미하고 NSR은 용접한 그대로의 응력을 제거하지 않은 것을, SR은 625±25℃로써 응력을 제거, 즉 풀림한 것을 뜻한다.

(2) 가스 용접봉의 종류와 특성

① 연강 용접봉
② 주철용 용접봉 : 주철용 용접봉으로는 여러 가지 용접봉이 쓰이나 일반으로 모재와 같은 주철봉이 많다. 탄소 2.8~3.5%, 규소 2.5~3.5%, 유황 0.12% 이하, 인 0.8% 이하를 함유한다.
③ 구리 및 구리 합금 용접봉 : 구리 및 구리 합금은 열전도가 좋고 산화되기 쉬우므로 용접이 곤란하며, 용융 중에 산소나 수소를 흡수하기 때문에 산소와 수소의 반응에 따라 수증기가 생기기 쉬워 용착부에 기공이 생긴다.
④ 알루미늄용 용접봉 : 알루미늄이나 알루미늄 합금용 용접봉은 순 알루미늄 또는 5~10%의 규소를 함유한 알루미늄 합금봉이 쓰이는데 그것은 용융 온도가 낮아지고 냉각시에 수축도 감소되어 균열의 발생을 막으며, 인성을 증가시키고 용착 금속의 성

질을 좋게 하기 때문이다. 또 마그네슘 2~5%를 함유한 용접봉이나 티탄 0.3% 정도 함유한 용접봉도 생산되는데 균열 방지나 용착 금속의 입자를 미세화시킨다.

(3) 용 제

연강 이외의 모든 합금이나 주철, 알루미늄 등의 가스 용접에는 용제를 사용해야 한다. 그 것은 모재 표면에 형성된 산화 피막의 용융 온도가 모재의 용융 온도보다 높기 때문이다.

① 연강용 용제 : 용접시에 불용성(녹지 않는 성질) 산화물의 생성이 적고 더욱이 표면에 생성된 산화철이 어느 정도 용제의 역할을 하기 때문에 연강 용접에는 용제를 사용하지않지만 때로는 붕사, 붕산 등을 사용하고 있다.

② 주철용 용제 : 붕사, 붕산, 탄산소다 등의 혼합물, 예를 들면 탄산소다 15(%), 붕산 15%, 중탄산소다 70%가 쓰이고 있다.

③ 구리와 구리 합금의 용제 : 붕사, 붕산, 인산소다 등의 혼합물, 예를 들면 붕사 75%, 염화 나트륨 25%가 쓰이고 있다.

④ 알루미늄과 알루미늄 합금용 용제 : 염화물이 가장 좋다. 예를 들면 염화 칼륨 45%, 염화 나트륨 30%, 염화 리튬 15%, 플루오르화칼륨 7%, 황산 칼륨 3%의 혼합물이 쓰이고 있다.

표 4-1 가스 용접에 사용되는 용제

금 속	용 제
연 강	사용하지 않는다.
반 경 강	중탄산소다 + 탄산소다
주 철	붕사 +중탄산소다 + 탄산소다
구 리 합 금	붕사
알 루 미 늄	염화 리튬(15%), 염화 칼륨(45%), 염화 나트륨(30%) 플루오르화 칼륨(7%), 황산 칼륨(3%)

(4) 가스 용접봉과 모재와의 관계

가스 용접시 용접봉과 모재 두께와는 다음과 같은 관계가 있다.

$$D = \frac{T}{2} + 1$$

D : 용접봉의 지름
T : 모재의 두께

표 4-2 연강판의 두께와 용접봉의 지름(mm)

모재의 두께	2.5 이하	2.5~6.0	5~8	7~10	9~15
용접봉의 지름	1.0~1.6	1.6~3.2	3.2~4.0	4~5	4~6

7. 산소-아세틸렌 용접 작업

산소-아세틸렌 용접은 용가재로 용접봉을 사용하고 적당한 용제를 첨가하여 토치의 가스 불꽃으로 모재를 용융시키면서 용접을 진행하는 비용극식 아크 용접법과 유사하다.

(1) 전진법

보통 토치를 오른손에 용접봉은 왼손에 잡고 토치의 팁이 우에서 좌로 토치를 이동하는 방법으로 5mm 이하의 얇은 판이나 변두리 용접에 사용되며, 토치 이동 각도는 전진 반대로 45~50°, 용가재 첨가는 30~40°로 이동한다.

(2) 후진법

좌에서 우로 토치를 이동하는 방법으로 가열 시간이 짧아 과열되지 않으며, 용접 변형이 적고 속도가 크다. 두꺼운 판 및 다층 용접에 사용된다.

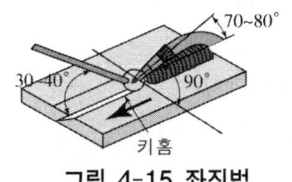

그림 4-15 좌진법

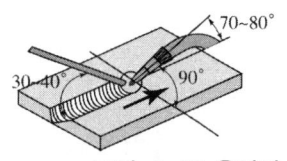

그림 4-16 우진법

(3) 전진법과 후진법의 비교

구 분 \ 용접법	좌 진 법(좌진법)	우 진 법(우진법)
열 이용률	나쁘다	좋다
용접 속도	느리다	빠르다
비드 모양	매끈하다	매끈하지 못하다
소요홈의 각도	크다(80°)	작다(60°)
용접 변형	크다	작다
용접가능 판 두께	얇다(5mm까지)	두껍다
용착금속의 냉각도	급냉	서냉
산화의 정도	심하다	약하다
용착 금속의 조직	거칠다	미세하다

4-2. 가스절단

1. 가스절단법

가스절단 및 아크 절단은 용접 이음부의 가열 및 가우징 등의 작업을 하는데 필수적인 공정이고, 항상 용접과 같이 취급되는 공작법이다.

가스절단은 산소와 금속과의 화학 반응을 이용하여 금속을 절단하는 방법이고, 아크 절단은 아크열을 이용하여 절단하는 방법이다. 이와 같은 절단 방법들은 [표 4-3]에 표시하는 바와 같다.

표 4-3 절단법의 종류

```
                    ┌─ 보통가스절단 ─┬─ 상온절단
                    │                ├─ 고온절단
                    │                └─ 수중절단
                    │
                    ├─ 분말절단 ─────┬─ 철분절단
        가스절단 ───┤                └─ 플럭스 절단
                    │
                    ├─ 산소 아크 절단 ┬─ 상온절단
                    │                 └─ 수중절단
                    │
                    └─ 가스가공 ─────┬─ 가우징
                                     ├─ 스카핑
                                     └─ 천공

                    ┌─ 탄소 아크 절단
                    ├─ 피복 아크 절단
        아크 절단 ──┼─ 불활성 가스 아크 절단 ┬─ TIG절단
                    │                        └─ MIG절단
                    ├─ 플라스마 아크 절단
                    └─ 아크 에어가우징
```

(1) 가스절단의 원리

① 산소절단의 원리

가스절단은 강 또는 합금강의 절단에 널리 이용되며, 비철 금속에는 분말 가스절단 또는 아크 절단이 이용된다.

강의 가스절단은 산소절단이라고도 하며, 산소와 철과의 화학 반응열을 이용하는 절단법이다.

이 방법은 강재의 절단 부분을 [그림 4-17]과 같이 팁에서 불어 나오는 산소-아세틸렌가스 불꽃으로 약 800~900℃로 될 때까지 예열한 후, 팁의 중심에서 고압의 산소(절단 산소)를 불어 내면 철은 연소하여 산화철이 되고, 그 산화철의 용융점은 강보다 낮으므로 산화와 동시에 절단된다.

이 절단시의 강의 산화는 보통 다음과 같은 열화학 반응에 의하여 발열이 수반된다.

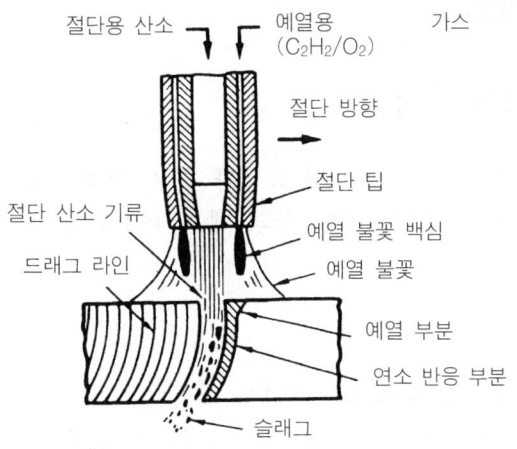

그림 4-17 가스절단의 원리

$$Fe + \frac{1}{2}O_2 \rightarrow FeO + 63.8kcal$$

$$2Fe + 1\frac{1}{2}O_2 \rightarrow Fe_2O_3 + 196.8kcal$$

$$3Fe + 2O_2 \rightarrow Fe_3O_4 + 267.8kcal$$

2. 가스절단 장치 및 절단 방법

(1) 토 치

구조는 산소와 아세틸렌의 예열용 가스를 만드는 부분과 고압의 산소를 불어내는 부분으로 되어 있으며, 가스 분출공의 위치에 따라 [그림 4-18]과 같이 동심형과 이심형이 있으며 분출공의 형상은 직선형, 다이버전트형 등이 있다.

토치 팁의 재질은 열전도가 크고, 가공성과 내열성이 양호한 구리, 구리합금을 사용한다. 동심형은 전후좌우 및 곡선도 자유롭게 절단할 수 있는 반면, 이심형은 작은 곡선 절단은 곤란하나 직선은 능률적이고 절단면이 곱다.

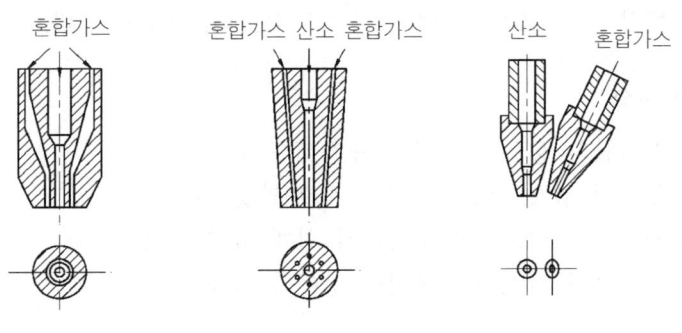

(a) 동심형(프랑스식)　　　(b) 이심형(독일식)

그림 4-18 수동절단 토치

4-3. 가스절단 방법

1. 절단에 영향되는 요소

절단에 영향되는 요소로서는 팁 크기와 형상, 산소압력, 절단속도, 피절단재의 두께, 재질, 표면상태, 산소의 순도, 예열불꽃의 세기, 피절단재 및 산소의 예열온도, 팁의 거리 및 각도 등이 있다.

(1) 드래그 라인

절단홈의 하부일수록 슬래그의 방해와 산소의 오염, 산소의 속도 저하로 인하여 산화 작용이 늦어지기 때문에 드래그 라인이 발생하며 표준드래그 길이는 [표 4-4]과 같다.

표 4-4 표준 드래그 길이

두 께(mm)	12.7	25.4	51
드래그 길이(mm)	2.4	5.2	5.6

(2) 절단 속도

① 산소압력, 즉 소비량에 비례
② 절단재의 온도가 높을수록 고속절단 가능
③ 산소의 순도가 높으면 좋으나, 나쁘면 급강하
④ 팁의 형상 : 다이버전트 노즐은 같은 산소 소비량에서 20~25% 증가

(3) 예열불꽃의 역할

① 절단온도로 유지(800~900℃)
② 절단때 표면의 녹을 용해제거

(4) 팁거리

예열불꽃 백심 끝이 모재표면에서 약 1.5~2.0mm 정도가 좋다.

(5) 가스절단 조건

① 금속 산화물의 융점이 모재의 융점보다 낮을 것.
② 절단 부분이 쉽게 연소개시 온도에 도달할 것.
③ 산화물의 유동성이 좋고 모재에서 쉽게 떨어질 것.
④ 모재의 성분에 연소를 방해하는 성분이 적을 것.

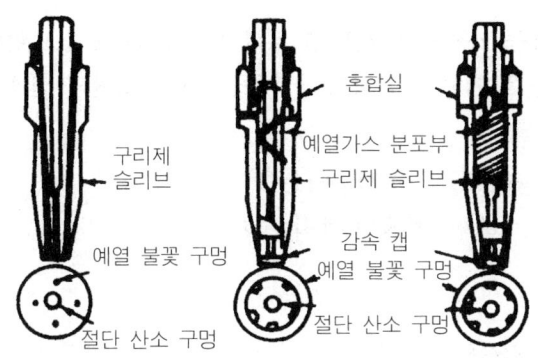

(a) 아세틸렌 팁   (b) 프로판 팁
그림 4-19 프로판 팁과 아세틸렌 팁의 비교

2. 산소-LP가스

(1) LP가스

프로판 외에 프로필렌, 부탄, 부틸렌 등을 상당히 포함하는 액화석유 가스로서 석유 정제 시 부산물로써 생산된 것으로 다음과 같은 성질을 가지고 있다.

① 액화되기 쉽고 용기에 넣어서 수송하기 쉽다.
② 가스 상태로 기화되면 발열량이 높다
③ 폭발한계가 좁아서 안전하고 관리도 용이하다.
④ 열효율이 높은 연소기구 제작이 용이하다.

(2) 산소대 프로판가스의 혼합비

프로판 1에 대하여 산소 약 4.5의 비율로서 산소, 아세틸렌 때의 1:1에 비해 4.5배나 많은 산소를 필요로 한다.
그러므로 [그림 4-19]와 같이 토치의 예열 불꽃 분출공이 아세틸렌일 때 보다 크고 많아야 한다.

(3) 아세틸렌가스와 프로판가스의 비교

아 세 틸 렌	프 로 판
① 점화하기 쉽다. ② 불꽃조정이 쉽다. ③ 예열시간이 짧다. ④ 절단재 표면의 녹이나 이물질의 영향이 적다. ⑤ 박판일 경우 프로판보다 절단 속도가 빠르다.	① 절단면 상면이 잘 녹아내리지 않는다. ② 절단면이 곱다. ③ 슬래그가 쉽게 떨어진다. ④ 여러장 중첩 절단시 아세틸렌보다 속도가 빠르다. ⑤ 후판의 경우 아세틸렌보다 속도가 빠르다.

(4) 아세틸렌과의 경제성 비교

프로판 가스 자체는 가격이 아세틸렌 보다 싸지만 산소 소모량이 4.5배 가량 크므로 전체 절단에 드는 비용은 대동소이 하다. 아세틸렌과 프로판의 산소와 완전 연소 반응식은 다음과 같다.

$$C_2H_2 + 5O_2 \rightarrow 2CO_2 + H_2O$$
$$C_3H_8 + 5O_2 \rightarrow 3CO_2 + 4H_2O$$

4-4. 특수절단 및 가공

1. 금속분말 절단

주철, 고함금강, 비철금속 등은 보통 가스절단으로는 할 수 없기 때문에 철분말 또는 플럭스 분말을 자동적으로 산소에 흡입 공급하여 절단하는 것을 말하며 종류는 다음과 같은 것이 있다.

(1) 철분말 절단

잘 분쇄된 철분말을 사용하며 용도는 크롬철, 스테인리스강, 주철, 구리, 청동 및 기타 합금 절단에 이용한다.

(2) 플럭스 절단

비금속 플럭스 분말을 사용하며 용도는 크롬철, 스테인리스강 절단에 이용한다.

2. 가스 가우징(gas gouging)

주로 홈 작업에 이용되고 홈의 깊이와 폭의 비는 1:1~1:3 정도이며, 가스용접, 절단용 장치를 그대로 이용할 수 있으며, 단지 팁은 비교적 저압으로서 대용량의 산소를 방출할 수 있도록 슬로다이버전트로 되어 있다.

용도로는 용접부 홈파기, 용접 결함부의 제거 절단 및 구멍 뚫기 등에 사용한다.

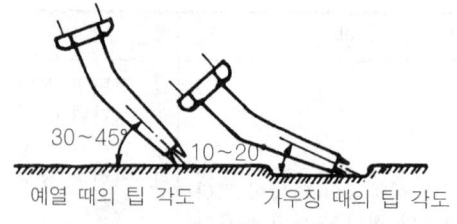

그림 4-20 가우징 작업의 팁 각도

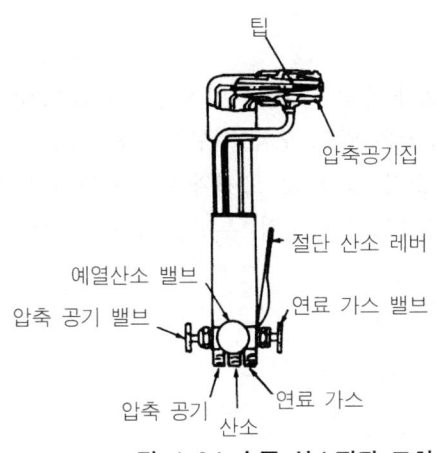

그림 4-21 수중 산소절단 토치

3. 수중 절단

수중절단은 주로 침몰선의 해체, 교량건설 등에 사용된다.
작업시 사용하는 가스는 수소가스를 사용한다.

(1) 일반 절단 토치와 별 차이는 없으나 수중에서는 점화하기 곤란하므로 공기중에서 점화한 후 수중으로 들어가서 전기 점화하며, 또한 수중에서는 열손실이 많으므로 예열구멍이 크게 되어 있다.

(2) 예열용 가스의 종류

공기중에서와 달리 수압이 작용하므로 압력조정을 높게 해야 한다.
① C_2H_2 : 7.5mm(25ft)이내 수중절단에 적합, 10.5m(35ft) 수중에서는 수압이 15psi 정도이므로 C_2H_2가 폭발한다.
② H_2 : 수심에 관계없이 사용할 수 있으나 예열 온도가 낮다.
③ 프로판 가스도 사용한다.

4. 스카핑

강재 표면의 탈탄층 또는 흠을 제거하기 위해 사용되며, 가우징과 다른 것은 될 수 있는 대로 표면을 얕고 넓게 깎는 것이다. 토치는 가우징 토치에 비해 능력이 크고 팁은 슬로 다이버전트이다.

스테인리스강과 같은 고합금강은 스카핑면에 고용융점의 산화물이 많이 생겨 연속적인 작업을 방해하는 수가 있는데, 이 경우는 철 분말 또는 플럭스 등을 산소기류 중에 넣어서 철분말의 산화열 또는 플럭스 작용에 의해 연속적인 작업이 가능하다.

5. 산소창 절단

산소 호스에 연결된 밸브가 있는 동관에 안지름 3.3~12mm, 길이 1.5~3m 정도의 강관을 박아 넣어, 자체 예열불꽃은 없고 모재 선단개시점, 혹은 강관의 선단을 적열하고 산소를 서서히 방출시키면, 산소와 강관 및 모재와의 화학반응에 의하여 절단하는 방법이다.

산소창에 의한 절단은 용광로의 팁구멍, 후판의 절단, 주강 슬래그 덩어리, 암석 등의 뚫기에 주로 사용한다.

4-5. 아크 절단

1. 탄소 아크 절단

탄소 또는 흑연전극봉과 모재 사이에 아크를 일으켜서 절단하는 방법으로 [그림 4-22]와 같다.

일반적으로 직류정극성이 많이 사용되며 교류도 사용 가능하다. 또한 큰 전류를 필요로 하므로 전기 전도를 좋게 하기 위해 탄소전극 주위에 구리 도금을 하기도 한다.

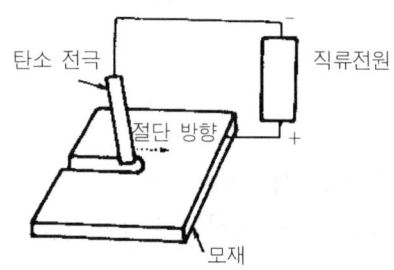

그림 4-22 탄소 아크 절단

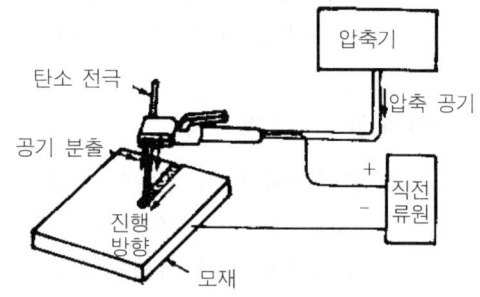

그림 4-23 아크에어 가우징 원리

2. 아크에어 가우징

탄소 아크 절단장치에 압축공기를 사용하는 방법과 같으며 용접부의 가우징, 용접결함부 제거, 절단 및 구멍 뚫기 등에 적합하다.

원리는 [그림 4-23]과 같다. 사용 극성은 직류 역극성이며, 가스 가우징이나 치핑법에 비하여 다음과 같은 장점이 있다.

① 작업능률이 2~3배 높다.
② 모재에 나쁜 영향을 미치지 않는다.
③ 용접결함 특히 균열이 쉽게 발견된다.

④ 소음이 없다.
⑤ 비용이 싸고 철, 비철 어느 경우도 사용 가능하다.

3. 금속 아크 절단

보통 피복용접봉을 사용하고 절단 원리는 [그림 4-24]와 같이 탄소 아크 절단 경우와 같으며, 용접봉 값이 비싸서 많이 사용하지 않지만 토치나 탄소 용접봉이 없을 때 또는 토치의 팁이 들어가지 않는 좁은 곳에 사용 한다.

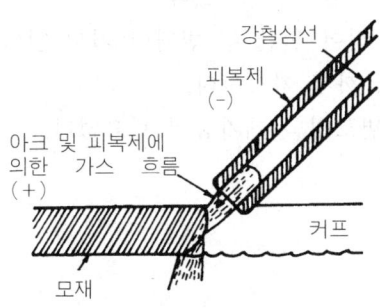

그림 4-24 금속 아크 절단

4. 플라스마 아크 절단

1995년도 미국 유니온 카바이드 회사에서 처음으로 소개한 것으로 수동, 자동절단이 우수하고 경제적으로 알루미늄, 마그네슘, 스테인레스강 등의 비철금속 절단에 주로많이 이용하며 원리는 [그림 4-25]와 같다

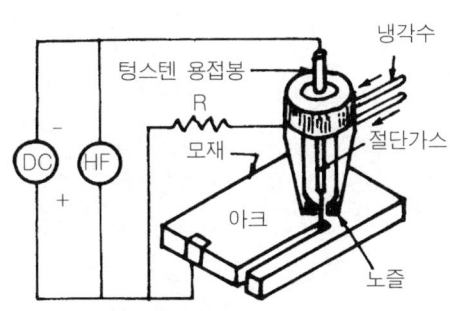

그림 4-25 플라즈마 절단의 원리

(1) 자동 절단

① 알루미늄, 스테인리스강 또는 다른 비철금속 : 아르곤 + 수소, 질소 + 수소
② 탄소강, 주철, 또는 합금강 : 질소, 산소, 압축공기(산소, 압축공기를 쓰는 경우 텅스텐 용접봉의 산화로 용접봉 수명이 단축된다.)

(2) 수동 절단

① 절단가스 : 수동절단에서는 탄소강 등의 절단은 하지 않으므로 사용하는 절단 가스는 주로 아르곤 80%+수소 20%의 혼합가스를 사용한다.

(3) 플라스마 절단의 장점

수동, 자동절단 모두다 속도가 빠르고 경제적이며, 다음과 같은 장점을 가지고 있다.

① 절단면에 슬래그 부착이 없다.
② 127mm 까지는 깨끗이 절단할 수 있다.
③ 열 열향부가 최소로 되어 절단 후 변형이 거의 없다.
④ 절단속도가 7.6m/min 까지 가능하다.
⑤ 절단면이 양호하여 별도의 기계가공이 필요없다.

CHAPTER 05 전기저항 용접 및 납땜법

5-1. 개요 및 특징

1. 개요

저항 용접은 접합하려는 부분에(용접물) 압력을 가하고 전류를 통하여 그곳에 발생되는 저항발열을 이용하여 접합시키는 방법이다.

두 금속을 접촉시켜 그 면에 수직으로 압력을 가해놓고 여기에 많은 전류를 흘리면 접촉 부분은 급격히 온도가 올라가 반용융 상태로 되므로 가해지고 있는 기계적 압력에 의해서 두 금속체는 밀착된다. 이때 전류를 끊으면 그 부분이 녹아 붙어 용접이 되는 것이다. 오늘날 저항용접은 가정에서 사용하는 세탁기, 냉장고, TV를 비롯하여 자동차, 자전거에 이르기까지 각종 제품의 제조에 저항용접 기술이 널리 이용되고 있다.

2. 저항용접의 원리

저항용접은 [그림 5-1]과 같이 용접할 모재에 전류를 통하여 접촉부에 발생되는 전기 저항 열로서 모재를 용융상태로 만들고 압력을 가하여 접합하는 용접방법이다. 이 때 발생하는 저항열을 줄의 법칙에 의하여 계산한다.

$$Q = 0.238 I^2 RT$$

Q : 저항열
I : 전류(A)
R : 저항(Ω)
T : 통전시간

전기저항 용접은 아크용접에 비하여 많은 전류를 단시간에 흐르게 하는 것이 필요하다. 또한 정밀한 제어장치가 요구되나, 용접온도는 아크 온도보다 저온이고 작업속도가 빠르고 용접부분의 안정성이 크다.

전기 저항 용접의 열원은 저항발열과 방산열의 차이로서 얻어지므로 열전달율이 좋은 모재는 열이 전달되기 쉽고 또한 접촉부가 냉각되어 많은 전류를 짧은 시간에 흐르게 하여야 한다. 재질이 다른 이종 금속 사이의 용접도 금속의 고유저항, 열전달율 용융온도 등을 고려하여 접합할 접촉면의 형상 및 전극 사이의 거리 등을 결정한다. 일반적으로 고유전기저항이 크고, 열전달율이 작으며, 용융점은 낮고 또한 소성구역 온도범위가 넓은 금속일수록 저항 용접이 쉽다.

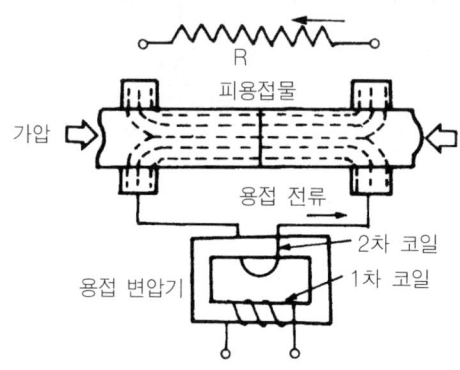

그림 5-1 전기저항 용접의 원리

3. 저항 용접의 특징

저항 용접은 모든 다른 접합법과 비교하면 작업능률이 대단히 우수하고, 먼저 구멍을 뚫든가, 가열을 하는 일은 필요치 않으며, 용접봉, 플럭스도 필요치 않다. 단지 저항 용접은 버튼을 누르면 자동적으로 순간에 용접이 된다. 심 용접 같은 경우는 아크 용접의 3~5배의 용접 속도이며, 환봉 플래시 용접은 아크 용접의 수십 배의 능률을 가지게 된다. 장·단점을 요약하면 다음과 같다.

(1) 장점

① 아크 용접과 같이 용접봉이나 용제가 필요없다.
② 일반적으로 용접부위의 온도가 아크 용접보다 낮으므로 용접후 열에 의한 변형이나 잔류응력이 낮다.
③ 가압에 의한 효과 때문에 용접후의 금속조직이 매우 양호하다.
④ 일반적으로 작업속도가 빠르므로 대량생산에 적합하다.
⑤ 대량생산의 경우 경제적이다.
⑥ 통전시간이나 그 밖의 모든 것이 자동적으로 조정되기 때문에 작업자의 숙련에 의한 품질이 좌우되지 않는다.
⑦ 중판 이하(6mm 이하)의 판용접에 적합하다. 승용차의 경우 대부분이 3mm 이하이다.

(2) 단점

① 아크 용접보다 전류가 크기 때문에 기계의 용량 및 전원용량이 커진다.
② 시설 투자비가 많이 든다.
③ 기동성이 저조하다.
④ 용접물의 재질, 형상, 치수에 따라 전류의 크기, 통전시간, 가압력, 전극형상 등이 달라지므로 용접기의 종류가 많아지고 대량생산이 아니면 비경제적이다.

5-2. 점 용접법

1. 원리

겹침 저항 용접법중에서 점 용접법은 [그림 5-2]와 같이 잇고자 하는 판을 2개의 전극 사이에 끼워놓고 전류를 통하면 접촉면의 전기 저항이 크므로 발열한다.

접촉면의 저항은 곧 소멸하나 이 발열에 의하여 재료의 온도가 상승하여 모재 자체의 저항이 커져서 온도는 더욱 상승한다. 적당한 온도에 도달하였을 때에 위·아래의 전극으로 압력을 가하면 용접이 이루어진다. 이 때 전류를 통하는 통전 시간은 재료에 따라 1/1000초로부터 몇 초 동안으로 되어 있다. 점용접에서는 특히 전류의 세기, 전류를 통하는 시간, 그리고 주어지는 압력 등이 3대 주요 요소로 되어 있다.

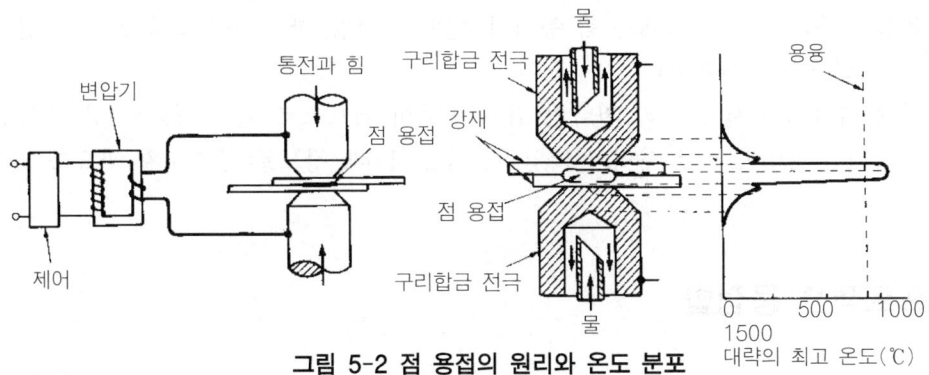

그림 5-2 점 용접의 원리와 온도 분포

2. 장점

① 표면이 평평하다.
② 구멍이 필요없다.
③ 재료가 절약된다.
④ 작업 속도가 빠르다.
⑤ 숙련이 필요 없다.
⑥ 변형이 일어나지 않는다.
⑦ 작업자가 덜 피로하다.

5-3. 심 용접법(seam welding)

1. 원리

심 용접법은 [그림 5-3]과 같이 원판형 전극 사이에 용접물을 끼워 전극에 압력을 주면서 전극을 회전시켜 모재를 이동하면서 점 용접을 반복하는 방법이다.

그러므로 회전 롤러 전극부를 없애면 점 용접기의 원리와 구조가 같으며, 주로 기밀, 유밀을 필요로 하는 이음부에 이용된다.

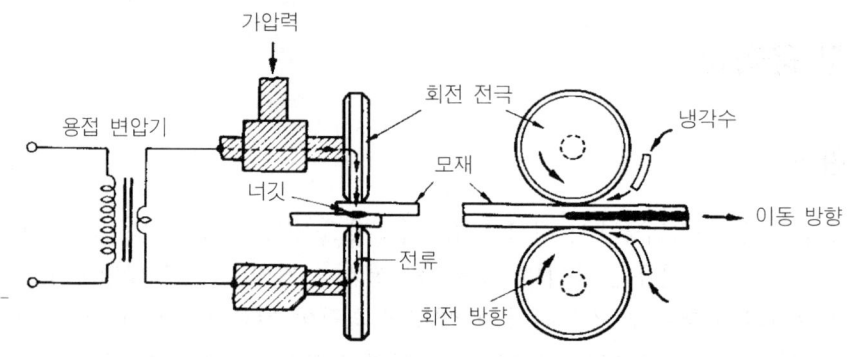

그림 5-3 심 용접법의 원리

2. 통전 방법

용접 전류의 통전 방법에는 띔 통전법, 연속 통전법, 맥동 통전법이 있으나, 띔 통전법이 가장 일반적으로 사용된다.

심 용접에 있어서는 롤러 전극의 접촉 면적이 넓으므로 같은 재료의 점 용접보다 용접 전류는 1.5~2.0배, 전극 사이의 가압력은 1.2~1.6배 정도로 증가시킬 필요가 있다.

5-4. 프로젝션 용접법

1. 원리

프로젝션 용접법은 점 용접과 같은 것으로, [그림 5-4]와 같이 모재의 한쪽 또는 양쪽에 작은 돌기를 만들어 이 부분에 대전류와 압력을 가해 압접하는 방법이다.

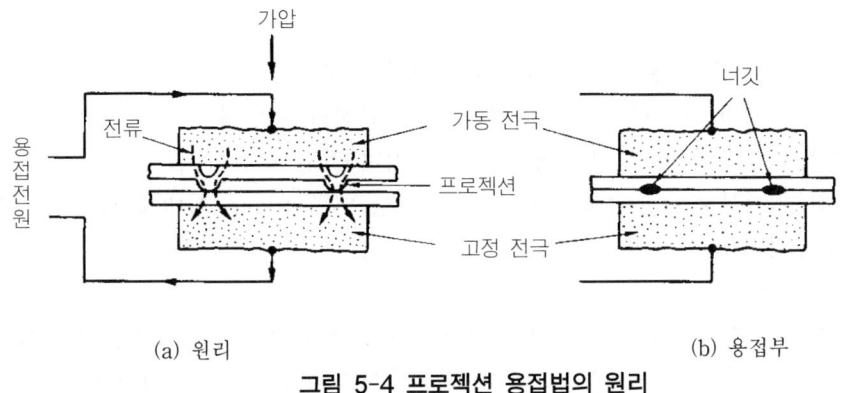

(a) 원리   (b) 용접부

그림 5-4 프로젝션 용접법의 원리

2. 특징

① 작은 지름의 점 용접을 짧은 피치로서 동시에 많은 점 용접이 가능하다.
② 열용량이 다른 모재를 조합하는 경우에 두꺼운 판측에 돌기를 만들면 쉽게 열평형을 얻을 수 있다.
③ 비교적 넓은 면적의 판형 전극을 사용함으로써 기계적 강도나 열전도면에서 유리하며, 전극의 소모가 적다.
④ 전류와 압력이 균일하게 가해지므로 신뢰도가 높다.
⑤ 작업 속도가 빠르며, 작업 능률도 높다.
⑥ 돌기의 정밀도가 높아야 정확한 용접이 된다.
⑦ 돌기의 가공, 전극의 크기 또는 용접기의 용량 등으로 볼 때 이 용접법의 적용 범위는 전기 기구, 자동차 등 소형 부품류의 대량 생산에 적합하다.

5-5. 업셋 용접

1. 원리

일명 버트 용접이라고도 하며 단면 모재를 서로 맞대어 가압하고 전류를 통전하면 모재 단면에 저항열이 발생되어 단접온도(1,100~1,200℃)에 달했을 때 가압하여 접합한다.

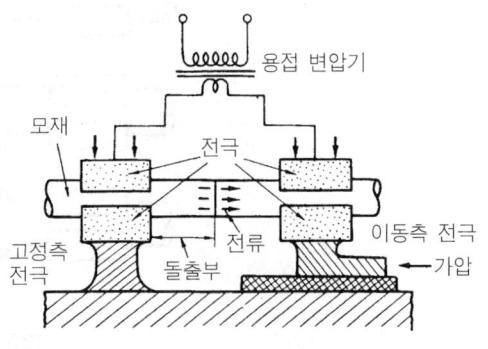

그림 5-5 업셋 용접법

2. 특징

① 단면이 큰 것을 용접시는 접합면 산화가 쉽다.
② 기공 발생이 가능하므로 접합면 청소를 완전하게 한다.
③ 플래시 용접에 비해 열 영향부가 넓어지며 가열 시간이 길다.
④ 가압력은 보통 $0.5 \sim 8.0 kg_f/mm^2$ 정도이며, 주로 10mm 이내에 많이 사용되나, 지름 16mm까지도 용접이 가능하다.
⑤ 재료 길이
   ㉮ 같은 종류의 금속인 경우에는 재료의 지름에 비례하여 돌출부의 길이를 같게 한다.
   ㉯ 다른 금속인 경우에는 열 및 전기전도도가 좋은 쪽을 길게 한다.
⑥ 주로 두꺼운 판, 환봉, 체인 접합에 사용한다.

5-6. 플래시 용접

1. 원리

모재의 단면을 가볍게 접촉시켜 여기에 대전류를 통과시키면 모재 단면이 용융되고, 불꽃이 비산되면서 가열되면 강한 압력을 주어 접합하는 용접

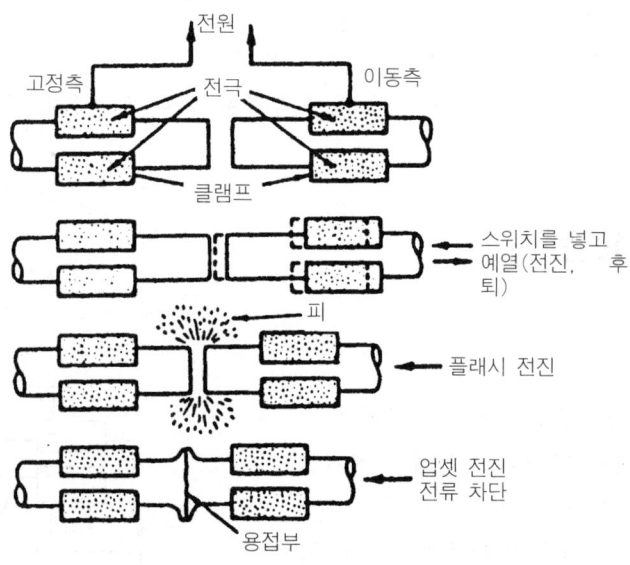

그림 5-6 플래시 용접법

2. 특징

① 가열 범위와 열영향부가 좁다.
② 플래시 과정에서 산화물의 비산으로 불순물 제거가 쉽다.
③ 용접물을 아주 정확하게 가공할 필요가 없다.
④ 신뢰도가 높고 이음 강도가 좋다.
⑤ 동일한 전기용량에 큰 물건의 용접이 가능하다.
⑥ 종류가 다른 재료도 용접이 가능하다.
⑦ 용접 시간이 짧고 업셋 용접보다 전력의 소비가 적다.
⑧ 능률이 극히 높고 강재, 니켈 합금 등에서 좋은 용접 결과를 얻을 수 있다.

3. 플래시 용접 과정

예열, 플래시, 업셋 과정의 3단계로 분류된다.

5-7. 납땜법

1. 납땜의 원리

(1) 원 리

납땜법은 같은 종류의 두 금속 또는 종류가 다른 두 금속을 접합 할 때 접합해야 할 모재 금속을 용융시키지 않고 그들 금속의 이음면 틈에 용접 모재보다 융점이 낮은 금속 또는 그들의 합금을 용가재로 사용하여 모세관현상을 이용하여 용접하는 방법을 말한다.
땜 납의 대부분은 합금으로 되어있다.
땜납은 연납과 경납으로 구분되며 경납은 용융점이 450℃(KS)보다 높은것이고 연납은 그보다 낮은 것을 말한다.
용접용 납땜으로는 경납을 사용한다.

(2) 납땜 방법

① 가스경납땜
② 노내경납땜
③ 유도 가열 경납땜
④ 저항 경납땜
⑤ 담금 경납땜

그림 5-7 납땜의 종류

(3) 납땜의 구성

① 용접 모재
② 땜납
③ 용제
④ 용접 기구

2. 납땜의 종류

(1) 연납

일반적으로 연납은 인장강도 및 경도가 낮고 용융점이 낮으므로 납땜 작업이 쉽다. 연납 중에서 가장 많이 사용되는 것으로는 주석-아연계로서 아연이 0%에서 거의 100%까지 포함되어 있는 합금이다.

① 연납의 종류

성 분		온도(℃) 액상	용 도
Sn	Pb		
62	38	183℃	공정 납땜
60	40	188	정밀 작업용
50	50	215	황동판용
40	60	238	전기용, 일반용
30	70	260	일반 저주석 땜납
20	80	275	가스 땜납
15	85	288	고온 땜납
5	95	313	고 온 용
3	92	285	고 온 용

② 저융점 땜납 : 낮은 온도에서 금속을 접합시키려 할 때는 주석-납 합금땜에 비스므트(Bi)를 첨가한 다원계 합금땜납을 쓴다. 저융점 땜납은 일반적으로 그 용융점이 100℃ 미만의 합금 땜납을 말한다.

③ 카드뮴-아연납(Ca-Zn합금) : 이 합금계의 땜납의 응용범위는 263℃에서 419℃까지 이르고 있으며 모재에 가공경화를 가져오지 않고 강한 이음강도가 요구될 때 쓰이며 공정 조성 부근의 합금조성이 땜납으로 쓰여지고 있다. 용제로서는 염화아연을 사용한다.

(2) 경납

경납은 연납에 비하여 물리적 강도 즉 내식, 내열, 내마모성이 높은 것이 요구될 때 사용된다.

경납 중 중요한 것으로는 은납과 놋쇠납 등이 있다.

① 은납 : 은과 구리(Ag-Cu)를 주성분으로 하고 이외에 아연(Zn), 카드뮴(Cd), 주석(Sn), 니켈(Ni), 망간(Mn) 등을 첨가한 합금 땜납이다.

이 땜납은 유동성이 좋으므로 불꽃땜, 고주파 유도가열땜 등 모든 납땜의 수단에 모두 적용 될 수 있다.

② 황동납 : 진유납이라고도 말하며 땜납에 이용되는 황동은 아연 60% 이하 것이 실용되고 있다. 황동납은 은납에 비교하여 값이 저렴하므로 공업적으로 많이 이용되고, 특히 철, 비철금속의 땜납에 적합하다.

③ 인동납 : 인동납의 조성은 인과 구리(P-Cu), 인-은-구리(P-Ag-Cu)의 두 합금계로 나누어지며 일반적으로 구리 및 구리합금의 땜납으로 쓰여진다.

④ 알루미늄납 : 규소 또는 알루미늄을 주성분으로 하고 여기에 소량의 구리 또는 아연을 첨가한 것이다.

5-8. 용 제

1. 연납용 용제

종류	성질	용도
염산(HCl)	진한 염산을 묽게하여 사용	아연, 아연도금 강판용
염화암모니아 (NH_3Cl_2)	산화물을 염화물로 한다	염화아연에 혼합 사용
염화 아연 ($ZnCl_2$)	흡습, 내식성이 강하다	주로 연납용에 사용 특수 처리하면 스테인리스 납땜에도 사용
수지(동물유)	목재수지 보다 부식성이 크다	응고상태 유지로 사용
인산	인산 알코올 용액	구리와 동합금용
목재수지	비부식성이다	일반 전기제품

2. 경납용 용제

(1) 붕사($Na_2B_4O_7$)
(2) 붕산(H_3BO_3)
(3) 붕산염
(4) 불화물, 염화물
(5) 알칼리

3. 용제의 선택

납땜온도, 모재의 형상, 치수, 수량, 가열방법, 용도 등을 고려하여 능률적이고 경제적인 용제를 선택한다.

CHAPTER 06 각종 금속의 용접

6-1. 탄소강 용접

1. 개요

금속에 대하여 용접의 난이도를 나타낼 때 용접성이라는 용어를 사용하여 용접성은 접합성과 사용성능을 포함한 광의로 해석되고 있으며 현재 용접의 대상이 되고 있는 금속의 종류는 헤아릴 수 없을 만큼 많은 편이며 이에 대응하는 용접법도 40여 종류 이상이 실용화되고 있는 형편이다. 같은 재료라 해도 사용되는 용접법에 따라서 용접성은 달라지기 때문에 적당한 용접법의 선택은 대단히 중요한 것이다.

(1) 저탄소강의 용접

저탄소강은 탄소가 0.3% 이하를 함유하고 있는 강이고 연강은 0.25% 정도의 탄소를 함유한 탄소강을 가르키는데 보통 저탄소강을 연강이라 부르고 있으며 일반 구조용강으로 널리 사용되고 있다. 연강의 용접에서는 판두께가 25mm 정도까지는 별로 문제가 되지 않으나 탄소량이 비교적 많고 판이 두꺼운 경우에는 급냉을 일으키는 수가 있으므로 예열이나 용접봉의 선택 등에 주의를 해야 한다.

(2) 고탄소강의 용접

고탄소강은 탄소가 0.5~1.3%의 강을 말하며 연강에 비해 용접에 의해 일어나는 열영향부의 경화가 현저하다. 따라서 비이드 균열을 일으키기 쉬우며 또 모재와 같은 용접금속의 강도를 얻으려면 연신율이 적어 용접균열을 일으키기 쉽게 된다.

고탄소강의 용접봉으로서는 저수소계의 모재와 같은 재질의 용접봉 또는 연강 용접봉 오오스테나이트계 스테인리스강 용접봉, 특수강 용접봉 등이 쓰이고 있다.

6-2. 주철의 용접

1. 개요

선철은 강과 같이 철과 탄소의 합금으로 보통 탄소가 2.5~3.5% 규소가 1.5~2.5% 정도 포함하고 있으며 이 밖에 망간, 황, 인 등이 포함되어 있다.

주철의 화학조성은 선철과 같으나 보통규소를 많이 넣어 용융점을 낮추고 주조를 쉽게 한 것이다.

주철은 강에 비하여 융점이 낮고 유동성이 좋으며 가격이 싸므로 각종 주물을 만드는데 쓰이고 있다. 그러나 주물은 연성은 거의 없고 가단성도 없다 이런 관계로 주철의 용접은 주로 주물 결함의 보수나 파손된 주물의 수리에 사용되고 있다.

2. 주철의 종류

(1) 백주철
(2) 회주철
(3) 반주철
(4) 구상흑연주철
(5) 가단주철

3. 주철의 용접

주철의 용접은 모재 전체를 먼저 500~600℃의 고온으로 예열하는 열간용접법과 예열을 하지 않든가 또는 저온으로 예열해서 용접하는 냉간 용접법으로 나눈다.

주물의 아크 용접에는 모넬메탈 용접봉(니켈 2/3, 구리 1/3), 니켈봉, 연강봉 등이 사용되며 예열하지 않아도 용접할 수 있다. 그러나 모넬메탈, 용접봉, 니켈봉을 쓰면 150~200℃ 정도의 예열이 적당하다.

4. 주철용접시의 주의사항

(1) 보수용접을 행하는 경우는 본바닥이 나타날 때까지 잘 깎아낸 후 용접한다.
(2) 파열의 보수는 파열의 연장을 방지하기 위하여 파열의 끝에 작은구멍(스톱 홀)을 뚫는다.
(3) 용접전류는 필요 이상 높이지 말고 직선 비드를 배치할 것이며 지나치게 용입을 깊게 하지 않는다.
(4) 용접봉은 될 수 있는대로 가는 지름의 것을 사용한다.
(5) 비드 배치는 짧게 해서 여러번의 조작으로 완료한다.

(6) 가열되어 있을 때 피닝 작업을 하여 변형을 줄이는 것이 좋다.
(7) 큰 물건이나 두께가 다른 것 모양이 복잡한 형상의 용접에는 예열과 후열 후 서냉 작업을 반드시 행한다.
(8) 가스용접에 사용되는 불꽃은 중성불꽃 또는 약산화 불꽃을 사용하며 플럭스를 충분히 사용할 것이며 용접부를 필요 이상 크게 하지 않는다.

6-3. 비철금속의 용접

1. 스테인리스강의 용접

(1) 스테인리스강의 특성

철에 크롬 등을 첨가시킨 합금강으로 내식성, 내산성, 내열성 및 우수한 기계적 강도등을 가지고 있다.

(2) 스테인리스강의 용접성

① 오스테나이트계 스테인리스강(18 : 8 스테인리스강)
  ㉮ 용접성 : 경화성이 없으므로 용접에 의해서 경화되지 않으나, 550~800℃로 장시간 유지하거나 이 온도 범위에서 서냉하면 용접금속에 인접한 부분은 조대화하고, 크롬 탄화물의 석출이 일어나서 국부적으로 내식성이 떨어진다.
  ㉯ 용접시 주의사항
    ㉠ 열팽창이 크므로 지나친 열을 사용하지 말 것.
    ㉡ 예열에 의해 냉각속도가 늦어지면 탄화물이 석출되므로 후판을 제외하고는 예열을 하지 말 것.
    ㉢ 후판 용접시 구속이 강할 때 가로 균열, 세로 균열, 루트 균열, 크레이터 균열 및 열 영향부의 모재 균열 등의 고온 균열을 일으키기 쉽다(고온 균열의 주원인 : 황)

② 페라이트계 스테인리스강
  ㉮ 용접성 : 담금질 경화성이 없으므로, 용접에 의해서 경화되지는 않으나, 900℃ 이상으로 가열된 부분은 결정립이 조대화하여 여리게 되므로, 용접할 때에는 과열을 피하고 조립화 영역의 폭을 될 수 있는 대로 적게 해야 한다.
  ㉯ 용접시 주의사항
    ㉠ 크롬이 16% 이상인 강은 400~600℃로 장시간 가열, 서냉을 하면 대단히 여리므로, 모재를 70~100°로 예열하여 노치 인성이 풍부한 온도 범위에서 용접하여 상온까지 서냉하는 것이 좋다.
    ㉡ 475℃ 취성을 피하기 위하여 예열 온도가 150℃를 넘지 않는 것이 좋다.

ⓒ 540~820℃에서 장시간 가열하면 상온에서 연성 및 인성이 대단히 저하한다.
ⓔ 용접봉은 25:25의 스테인리스강, 또는 19:9 몰리브덴이 들어 있는 스테인리스강 용접봉을 사용한다.

③ 마텐자이트계 스테인리스강
  ㉮ 용접성 : 용접 열영향부는 담금질 경화되어 단단한 마텐자이트 조직으로 된다. 탄소 함유량이 높을수록 경화 현상이 심하며, 잔류 응력이 커지고 급냉에 의해 경화될 수 있으므로 용접과 열처리시에는 주의를 요한다. 용접시에는 반드시 예열이 필요하다.
  ㉯ 용접시 주의사항
    ⊙ 용접 전류를 적게 하고 용접속도를 느리게 하여 경화를 방지한다.
    ⓒ 용접 후에 720~750℃로 후열, 또는 900℃ 정도에서 완전 풀림을 하여 서냉하면 열영향부의 경도가 낮아져서 좋은 결과를 얻을 수 있다.
    ⓒ 용접 모재는 되도록 저탄소의 것이 좋다.
    ⓔ 공랭 경화가 심하므로 모재와 같은 종류의 용접봉을 쓰더라도 탄소 함유량이 극히 적을 때를 제외하고는 용접이 거의 불가능하다.
    ⓜ 가스 용접법에서는 중성 불꽃으로 용접한다.

(3) 용접 방법

① 피복 아크 용접 : 아크열의 집중이 좋고, 고속도 용접이 가능하며, 용접 후의 변형도 적다. 최근에는 용접봉의 발달로 0.8mm 판 두께의 용접도 가능하다.
  ㉮ 직류 전원의 경우는 역극성이 사용된다.
  ㉯ 용접 전류는 일반적으로 탄소강의 경우보다 10~20% 낮게 하면 용접 결과가 좋다.
  ㉰ 스테인리스강의 용접은 전류가 낮아서 용입 불량을 일으키기 쉬우므로, 용접홈 치수의 가용접 등에 주의하여야 한다.

② 불활성 가스 아크 용접법 : 스테인리스강의 용접에 광범위하게 사용된다.
  ㉮ TIG용접 : 0.4~0.8mm 정도의 박판 점 용접에 많이 사용되며, 용접 전류는 직류 정극성이 좋고, 토륨이 들어 있는 텅스텐 전극이 아크의 안정에 우수하며, 소모가 적고, 용접 금속의 오손도 적다.
    ⊙ 봉의 끝부분은 연마하여 뾰족하게 하는 것이 전류가 안정되고 열의 집중이 잘 된다.
  ㉯ MIG용접 : 판 두께 3mm 이상의 것은 반자동 용접에 널리 이용되며, 지름 0.8~1.6mm 정도의 심선을 전극으로 하여 직류 역극성으로 시공한다.
    ⊙ 아크의 열 집중이 좋으므로 TIG 용접에 비하여 두꺼운 판의 용접에 이용된다.
    ⓒ 순수한 아르곤 가스 보다 2~5% 정도 산소를 혼입한 가스가 아크를 안정시킨다.

2. 구리와 구리 합금의 용접

(1) 구리의 특성과 용접성

구리 및 구리 합금은 열전도도가 매우 좋으므로 열이 용접부에서 급격히 방산되기 때문에 가스 용접과 아크 용접에서 충분한 용입을 얻으려면 충분한 예열이 필요하며, 열영향부가 매우 넓다.

① 구리 용접이 철강 용접에 비하여 곤란한 이유
  ㉮ 열전도율이 높고 냉각속도가 크다.
  ㉯ 구리 중의 산화구리를 포함한 부분이 순수한 구리에 비하여 용융점이 약간 낮고 먼저 용융되어 균열이 발생하기 쉽다.
  ㉰ 가스 용접, 그밖의 용접 방법으로 환원성 분위기 속에서 용접을 하면 산화구리는 환원될 가능성이 커진다.
  ㉱ 수소와 같이 확산성이 큰 가스를 석출하여 그 압력 때문에 더욱 약점이 조성된다.
  ㉲ 구리는 용융될 때 심한 산화를 일으키며, 가스를 흡수하기 쉬우므로 용접부에 기공 등이 발생하기 쉽다.
  ㉳ 열팽창계수가 크므로 냉각에 의한 수축과 응력 집중을 일으켜 균열이 발생하기 쉽다.

(2) 용접 방법

① 가스 용접법
  ㉮ 충분한 예열과 용제가 필요하다.
  ㉯ 황동 용접시 산화 아연의 흰 연기 발생으로 비드가 보이지 않으므로 작업이 곤란하고 기포가 생기기 쉽다.
  ㉰ 산화 불꽃을 사용한다.
  ㉱ 용가제로는 모재와 같은 재질봉, 규소 청동봉 등을 사용한다.

② 피복 아크 용접봉
  ㉮ 용접 자체는 가능하나 슬래그 섞임, 기포의 발생이 많다.
  ㉯ 이종 금속을 용접할 때에는 예열 온도를 충분히 높이는 것이 좋다.

③ 불활성 가스 아크 용접법
  ㉮ 열의 집중이 좋고 용제가 필요없다.
  ㉯ 구리 및 구리 합금의 용접에 가장 적합하다.
  ㉰ 용접 전류는 직류 정극성을 사용한다.
  ㉱ 순도 99.8% 이상의 아르곤 가스를 사용한다.
  ㉲ 전극으로는 토륨이 들어 있는 텅스텐 전극을 사용한다.(TIG 용접)

④ 납땜법 : 구리 및 구리 합금의 납땜에 널리 사용한다.

㉮ 연납땜
  ㉠ 납땜제
    ⓐ 주석(50%) + 안티몬(3%) + 나머지 구리
    ⓑ 주석(Sn) + 납(Pb)
  ㉡ 용제 : 염화아연($ZnCl_2$)
㉯ 경납땜 : 황동납이나 은납이 사용되며, 용제는 붕사를 사용한다.

3. 알루미늄 용접의 특성

(1) 알루미늄 용접의 특성

알루미늄은 용접할 때 용접 금속 내의 기공의 발생, 슬래그 섞임, 열영향부의 연화와 내식성의 저하 등 여러 결함이 생기기 쉬우므로, 용접에는 특별한 고려가 필요하다.

① 알루미늄 용접이 철강 용접에 비하여 곤란한 이유
  ㉮ 비열 및 열전도도가 크므로, 단시간에 용접 온도를 높이는 데에는 높은 온도의 열원이 필요하다.
  ㉯ 용융점이 비교적 낮고 색채에 따라 가열 온도의 판정이 곤란하여 지나친 용해가 되기 쉽다.
  ㉰ 산화 알루미늄의 용융점이 알루미늄의 용융점에 비하여 매우 높아서 용융되지 않은 채로 유동성을 해치고, 알루미늄의 표면을 덮어 금속 아크의 융합을 방해하는 등, 작업을 크게 해치므로 청정작용이있는 TIG용접의 교류용접 또는 직류 역극성을 이용하여 용접한다.
  ㉱ 산화 알루미늄의 비중이 크므로 용융 금속 표면에 떠오르기 어렵다.
  ㉲ 팽창계수가 매우 크다.
  ㉳ 고온 강도가 나쁘며, 용접 변형이 클 뿐 아니라 균열이 생길 염려도 있다.
  ㉴ 수소 가스 등을 흡수하여 응고할 때에 기공으로 되어 용착 금속 중에 남게 둔다.

(2) 용접봉 및 용제

① 용접봉 : 알루미늄 합금의 용접봉으로는 모재와 동일한 화학 조성의 것을 사용하는 외에 규소 4~13%의 알루미늄 - 규소 합금 등이 쓰이며, 그 밖에 카드뮴, 마그네슘, 구리, 망간 등의 합금을 사용한다.
  ㉮ 고온 균열 방지를 위해서는 일반적으로 모재보다 고합금의 용접봉을 사용하는 것이 좋으며, 얇은 판의 용접에는 모재보다 융점이 조금 낮은 용가제를 사용하는 것이 작업을 쉽게 한다.
② 용제 : 주로 알칼리 금속의 할로겐 화합물, 또는 이것의 유산염 등의 혼합제가 많이 사용되고 있다.
  ㉮ 용제 중에 가장 중요한 것은 염화리듐으로 흡수성이 있으므로 주의해야 한다.

(3) 용접 방법

① 가스 용접법
- ㉮ 얇은 판을 쉽게 용접할 수 있다(스킵법 사용으로 변형 방지)
- ㉯ 산화 피막 제거를 위하여 침식성이 강한 용제를 사용한다.
- ㉰ 열집중이 나쁘므로 변형이 생기기 쉽다.
- ㉱ 약간 탄화된 불꽃을 사용한다.
- ㉲ 200~400℃의 예열을 한다.

② 피복 아크 용접법
- ㉮ 피복봉의 피복(용제)은 다량의 가스 분위기를 만들어 용융지를 보호하고 알루미늄 산화물을 슬래그로 제거한다.
- ㉯ 용제는 부식의 원인이 되므로 용접 후 청정한다.
- ㉰ 보수 용접에 한정된다.
- ㉱ 용접 전원은 일반적으로 직류 역극성이 사용된다.
- ㉲ 피복제 중의 수분은 기포의 원인이 되므로, 사용 전에 200~250℃로 건조하여야 한다.

③ 불활성 가스 아크 용접법
- ㉮ 용제를 사용할 필요가 없다.
- ㉯ 극성에 따라 청정작용이 있어, 신뢰성이 높은 용접부를 얻을 수 있다.
- ㉰ 용제를 사용하지 않으므로 용접 후의 세정 처리가 불필요하다.
- ㉱ TIG 용접 : 박판의 용접, 직류 역극성을 이용한 청정 작용이 있어 용접부가 깨끗하다.
- ㉲ MIG 용접 : 3mm 이상의 판 용접에 사용되며 예열할 필요가 없고 고능률로 변형이 적다.

CHAPTER 07 용접 시공 및 시험과 검사

7-1. 용접 시공

1. 용접 준비 작업

접합에 있어서 주의하여야 할 사항은 모재의 재질 확인, 용접 기기의 선택, 용접봉의 선택, 용접공의 기량, 용접 지그의 적절한 사용법, 홈 가공과 청소, 조립과 가용접 등이 있다.

용접은 매우 짧은 시간에 이루어지는 금속학적 조작이므로 모재와 용접봉의 선택은 대단히 중요하다. 따라서, 모재의 화학 성분을 조사하며 만일 모재의 성분이 밀 시트 등으로 확인될 수 없을 때에는 화학 분석 및 기계적 시험을 실시하여 재질을 확인하도록 한다.

부품을 조립하는 데 사용하는 도구를 용접 지그라 하며, 이 중 부품을 눌러서 고정 역할을 하는데 필요한 것을 용접 고정구라 한다.

(1) 이음 준비

① 홈 가공 : 용접 방법이 결정된 후에는 이음 형상도 설계 과정에서 결정하여야 한다. 이것은 시공 부문의 기술 정도와 용접 방법, 용착량, 능률 등의 경제적인 면을 종합적으로 고려하여 결정한다.

② 조립 및 가용접 : 조립 및 가용접은 용접 시공에 있어 없어서는 안되는 중요한 공정의 하나로서 용접 결과에 직접 영향을 준다. 홈 가공을 끝낸 판은 제품으로 제작하기 위하여 조립, 가용접을 실시한다.

㉮ 조립 순서 : 수축이 큰 맞대기 이음을 먼저 용접하고 다음에 필릿 용접을 하도록 배려한다. 또 큰 구조물에서는 구조물의 중앙에서 끝으로 향하여 용접을 실시하며, 또한 대칭으로 용접을 진행시키는 것도 생각해 볼 필요가 있다.

㉯ 가용접 : 가용접은 본용접을 실시하기 전에 좌우의 홈 부분을 잠정적으로 고정하기 위한 짧은 용접인데 피복 아크 용접에서는 슬래그 섞임, 용입 불량, 루트 균열 등의 결함을 수반하기 쉬우므로 이음의 끝부분, 모서리 부분을 피해야 한다. 또한 가용접에는 본용접 때보다 지름이 약간 가는 용접봉을 사용하는 것이 일반적이다.

③ 홈의 확인과 보수 : 올바른 홈 모양과 가조립의 정도를 유지하는 것은 완전한 이음을 얻는데 필수 요건이다.

㉮ 서브머지드 아크 용접의 루트 간격 크기 : 피복 아크 용접에서는 비교적 까다롭지 않으나, 서브머지드 아크 용접에서는 루트 간격이 0.8mm 이상되면 용락이 생기고 용접 불능으로 된다.

㉯ 피복 아크 용접에서 루트 간격이 너무 크면 다음과 같은 요령으로 보수한다.
  ㉠ 맞대기 이음에 있어서는 간격 6mm 이하, 간격 6~16mm, 간격 16mm 이상 등으로 분류하여 [그림 7-1]과 같이 보수한다.
  ㉡ [그림 7-1](a) 경우에는 한쪽 또는 양쪽을 덧살올림 용접을 하여 깎아 내고, 규정 간격으로 홈을 만들어 용접한다.
  ㉢ [그림 7-1](b) 경우에는 두께 6mm 정도의 뒤판을 대서 용접한다.
  ㉣ [그림 7-1](c) 경우에는 판의 전부 또는 일부(길이 약 300mm)를 대체한다.

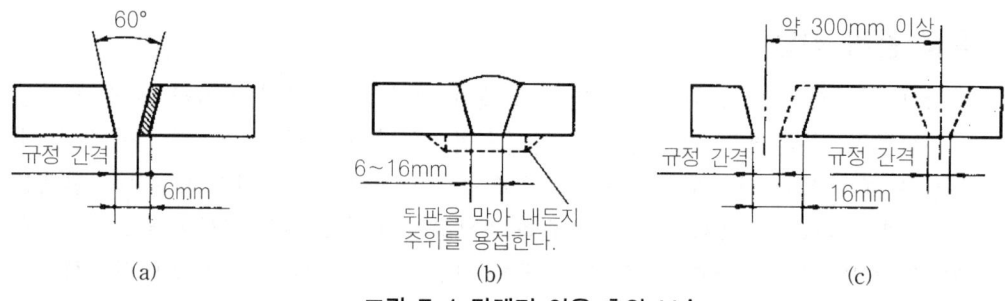

그림 7-1 맞대기 이음 홈의 보수

㉰ 필릿 용접의 루트 간격 보수 요령 : 필릿 용접의 경우에는 [그림 7-2]와 같이 루트 간격의 크기에 따라 보수 방법이 다르다. 즉, [그림 7-2](a)와 같이 간격이 1.5mm 이하일 때에는 그대로 규정대로의 다리 길이로 용접한다.

그림 [7-2](b)와 같이 간격이 1.5~4.5mm일 때에는 그대로 용접하여도 좋으나 넓어진 만큼 다리 길이를 증가시킬 필요가 있다. 그렇게 하지 않으면 실제의 폭 두께가 감소하고 소정의 이음 강도를 얻을 수 없기 때문이다.

그림 [7-2](c)와 같이 간격이 4.5mm 이상일 때에는 라이너를 넣든가, [그림 7-2](d)와 같이 부족한 판을 300mm 이상 잘라 내어 교환한다.

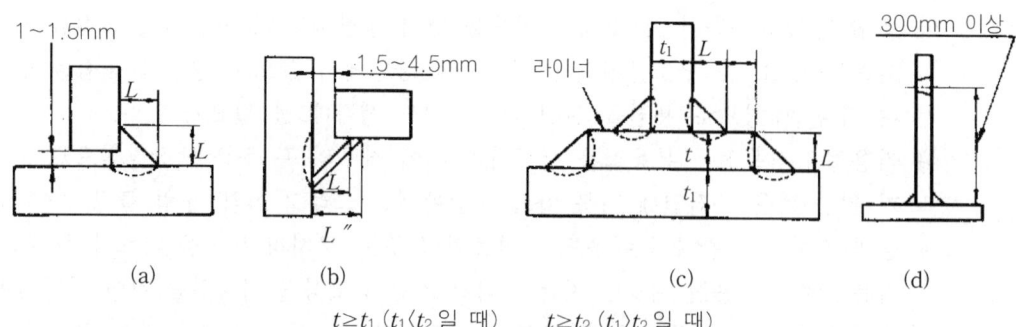

$t \geq t_1$ ($t_1 < t_2$ 일 때) $t \geq t_2$ ($t_1 > t_2$ 일 때)

그림 7-2 필릿 용접 이음 홈의 보수

㉔ 이음부의 청정 : 이음부에 있는 수분, 녹, 스케일, 페인트, 기름, 그리스, 먼지, 슬래그 등이 있으면 용착 금속 내의 기공이나 슬래그 섞임, 균열의 원인이 되므로 용접 전에 또는 각 층 마다 완전히 제거하여야 한다.

2. 용접 작업

(1) 용착법과 용접 순서

① 용착법 : 본 용접에 있어서 용착법에는 용접하는 진행 방향에 의하여 전진법, 후진법, 대칭법 등이 있고, 다층 용접에 있어서는 빌드업법, 캐스케이드법, 전진블록법 등이 있다.

㉮ 전진법 : 가장 간단한 방법으로서 이음의 한쪽 끝에서 다른쪽 끝으로 용접 진행하는 방법이다. 이 방법으로 용접을 하면 [그림 7-3]과 같이 점의 시작 부분의 수축보다 끝나는 부분의 수축이 더 커지며, 잔류응력도 시작 부분에 비하여 끝나는 부분쪽이 더 크다.

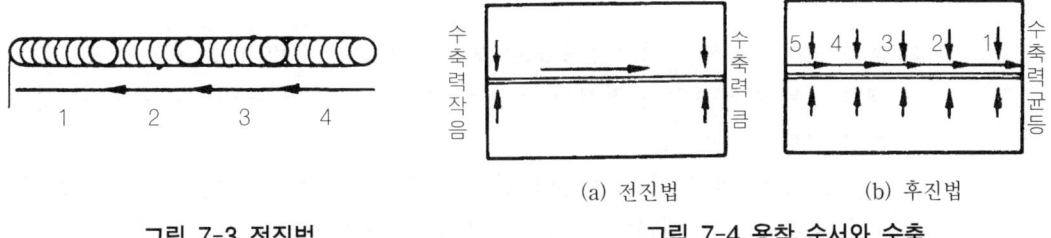

그림 7-3 전진법   그림 7-4 용착 순서와 수축

㉯ 후진법 : 용접진행 방향과 용착 방법이 반대로 되는 방법이다. 두꺼운 판의 용접에 사용되며, 잔류 응력을 균일하게 하여 변형을 작게 할 수 있으나 능률이 좀 나쁘다. 후진의 단위길이는 구조물에 따라 자유롭게 선택한다.

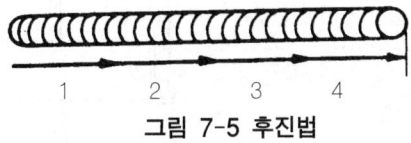

그림 7-5 후진법

㉰ 대칭법 : 이음의 길이를 분할하여 이음 중앙에 대하여 대칭으로 용접을 실시하는 방법이다. 변형, 잔류 응력을 대칭으로 유지할 경우에 많이 사용된다.

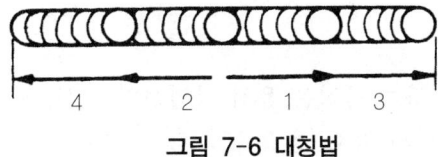

그림 7-6 대칭법

㉣ 비석법 : 이음 전 길이에 대해서 건너뛰어 용접하는 방법이다. 변형, 잔류 응력을 균일하게 하지만, 능률이 좋지 않으며, 용접 시작 부분과 끝나는 부분에 결함이 생길 때가 많다.

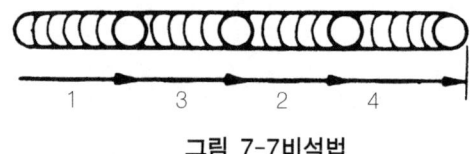

그림 7-7 비석법

㉤ 캐스 케이드법 : 후진법과 병용하여 사용되며, 결함은 잘 생기지 않으나 특수한 경우 외에는 사용하지 않는다.

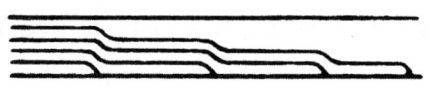

그림 7-18 캐스케이드법

② 용접 순서 : 용착 순서는 불필요한 변형이나 잔류 응력의 발생을 될 수 있는 대로 억제하기 위해 하나의 용접선의 용접을 다음과 같은 기준에 의하여 용접 순서를 결정하면 좋다.
㉮ 같은 평면 안에 많은 이음이 있을 때에는 수축은 가능한 한 자유단으로 보낸다.
㉯ 용접물 중심에 대하여 대칭으로 용접을 진행시킨다.
㉰ 수축이 큰 이음을 먼저 용접하고 수축이 작은 이음을 나중에 용접한다.
㉱ 용접물의 중립축을 생각하고 그 중립축에 대하여 용접으로 인한 수축력 모멘트의 합이 0이 되도록 한다. 이렇게 하면 용접선 방향에 대한 굴곡이 없어진다.

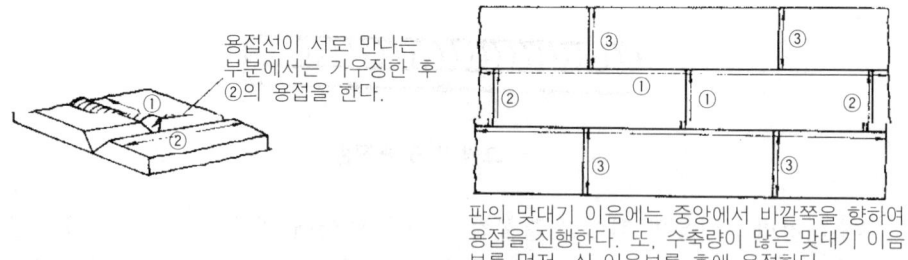

그림 7-9 용접 순서 보기

(2) 예 열

용접하기 전에 예열을 하는 목적은 용접 작업성의 개선, 용접 금속 및 열영향부에 있어서의 균열 방지, 수축 변형의 감소, 용접 금속 및 열영향부의 연성 또는 노치 인성의 개선을 생각할 수 있다.

열영향부의 경화성은 강의 조성이나 용접시의 냉각 속도, 다시 말해서 용접 조건에 의해서 다르다. 탄소강에서는 탄소 함유량이 증가할수록 최고 경도는 높아지나 합금강에서는 탄소 함유량뿐만 아니라 합금 원소에 의해서도 영향을 받으므로, 탄소 당량에 의해서 예열 온도를 결정한다.

3. 용접 후 처리

(1) 잔류 응력의 경감

용접을 하면 잔류 응력이 발생한다. 이 잔류 응력의 경감법에는 여러 가지가 있으나, 용접 후의 노내 풀림, 국부 풀림 및 기계적 처리법, 불꽃에 의한 저온 응력 제거법, 피닝법 등이 있다.

① 노내 풀림법 : 응력 제거 열처리법 중에서 가장 널리 이용되며, 또 효과가 큰 것은 제품 전체를 가열로 안에 넣고 적당한 온도에서 일정 시간 유지한 다음 노내에서 서냉하는 것이다.

② 국부 풀림법 : 제품이 커서 노내에 넣을 수 없을 때 또는 설비, 용량 등으로 노내 풀림을 바라지 못할 경우에는 용접부 근처만을 국부 풀림할 때도 있다. 이 방법은 용접선의 좌우 양측을 각각 약 250mm의 범위 혹은 판 두께의 12배 이상의 범위를 가열하여 온도 및 시간을 유지한 다음 서냉한다.

③ 저온 응력 완화법 : 저온 응력 완화법은 용접선의 양측을 가스 불꽃에 의하여 나비의 60~130mm 걸쳐서 150~220℃ 정도의 비교적 낮은 온도로 가열한 다음 곧 수냉하는 방법으로서, 주로 용접선 방향의 잔류 응력이 완화된다.

④ 기계적 응력 완화법 : 기계적 응력 완화법은 잔류 응력이 있는 제품에 하중을 주어 용접부에 약간의 소성 변형을 일으킨 다음 하중을 제거하는 방법이다. 실제의 큰 구조물에서는 한정된 조건에서만 사용 할 수 있다.

⑤ 피닝법 : 치핑 해머로 용접부를 연속적으로 가볍게 때려 용접 표면상에 소성 변형을 주는 방법으로서 잔류 경감, 변형의 교정 및 용착 금속의 균열을 방지하는 데 효과가 있다. 피닝의 이동 방법은 [그림 7-10]과 같다.

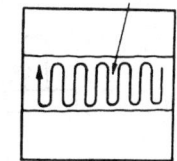

그림 7-10 피닝의 이동 방법

(2) 변형 교정

용접할 때에 발생한 변형을 교정하는 것을 변형 교정이라고 한다. 용접 구조물은 역변형을 주든지 하여 용접 후에 변형되지 않도록 하는 것이 이상적이나, 변형의 억제는 매우 곤란하다. 특히, 얇은 판에서는 어느 정도의 변형을 피할 수 없다.

변형 교정 방법은 그 제품의 종류, 변형의 모양과 변형량에 의하여 여러 가지 방법이 사용된다. 그 주된 방법에는 롤러 처리법, 피닝법, 가열하여 소성 변형을 발생시켜 변형을 교정하는 것이 있다.

① 가열하는 방법
㉮ 얇은 판(박판)에 대한 점 가열 수축법
㉯ 형재에 대하여 직선 가열 수축법
㉰ 가열한 후 해머로 두드리는 방법
㉱ 두꺼운 판에 대하여는 가열 후 압력을 걸고 수냉하는 방법

위의 방법에서는 가열 온도가 너무 높으면 재질의 연화를 초래할 염려가 있으므로, 최고 가열 온도를 600℃ 이하로 하는 것이 좋다. ㉯에 제시한 직선 가열법의 시공 조건은 가열 온도 600~650℃, 가열 시간 약 20초, 가열선상을 다음 [그림 7-11]과 같이 토치로 가열한 다음 곧 수냉한다.

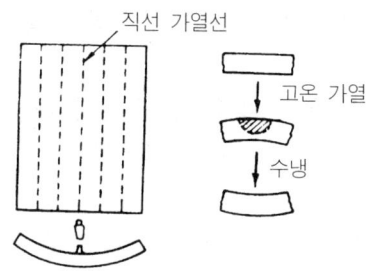

그림 7-11 직선 수축법

(3) 결함의 보수

용접부에 결함이 발생되었을 때, 끝손질할 기공이나 슬래그 섞임이 있으면 깎아 내고 재용접을 해야 한다. 만일 균열이 발견되었을 때에는 [그림 7-12]와 같이 균열의 끝단을 드릴로 정지 구멍을 뚫고 균열이 있는 부분을 깎아내어 다시 정상적인 홈을 만들 필요가 있다. 필요에 따라서는 용접부의 일부를 절단하여 될 수록 자유로운 상태로 한 다음 균열이 있는 부분을 다시 용접한다.

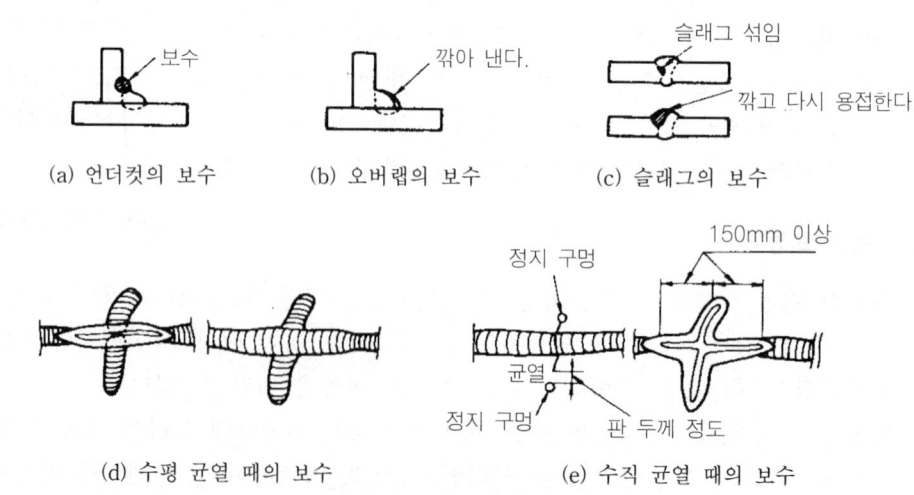

그림 7-12 결함부의 보수

결함이 언더컷일 때에는 [그림 7-12](a)와 같이 작은 지름의 용접봉을 사용하여 보수하고, 오버랩일 때에는 [그림 7-12](b)와 같이 일부분을 깎아 내고 재용접한다.

7-2. 용접 설계

1. 용접 이음

(1) 다른 이음 방법에 대해 이음 효율이 크다.
(2) 수밀, 기밀을 얻기 쉽다.
(3) 시공이 확실하며 기계적 성질이 우수하다.
(4) 작업시 소음이 적다.

2. 용접 이음의 종류

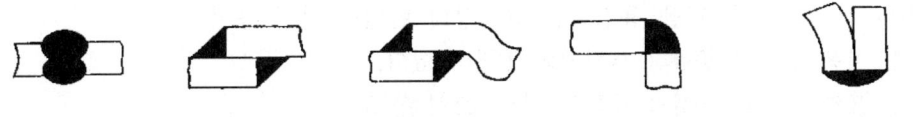

(a) 맞대기 이음 (b) 겹치기 이음 (c) 맞물림 겹치기 이음 (d) 모서리 이음 (e) 변두리 이음

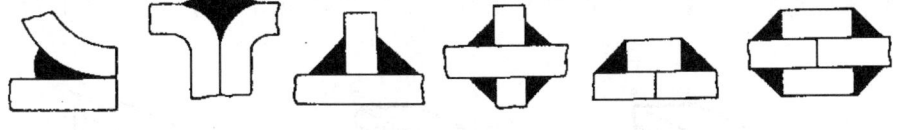

(f) 휨홈(플레어) 이음 (g) T형 이음 (h) 십자형 이음 (i) 한면 덧대기 판 이음 (j) 양면 덧대기 판 이음

그림 7-13 용접 이음의 종류

(1) 맞대기 용접

같은 면에서 접합되는 두 부재의 사이에 홈을 만들어 용접하는 것.
① 홈 모양은 판 두께, 용접 방법 등에 의하여 적당한 형을 선택한다.
② 일반적으로 신뢰도가 높은 이음이 요구되는 경우에 사용된다.
③ 각부 명칭
  ㉮ 홈 : 용접을 하기 쉽게 하는 형상이며, 용접 결함이 발생되지 않는 범위에서 용접량이 적어지도록 좁게 한다.
  ㉯ 판 두께에 따라서 I형 → V형 → X형 → U형 → H형의 순서대로 모양이 변화한다.

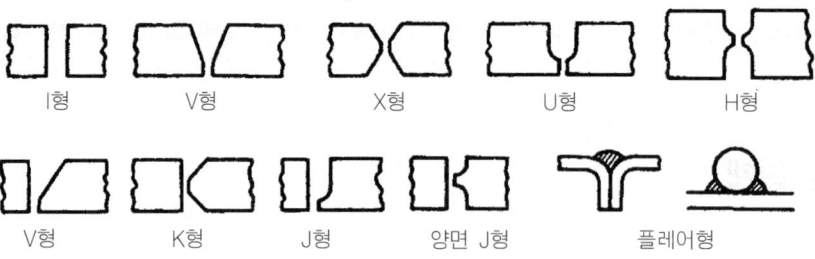

그림 7-14 맞대기 이음의 홈 모양

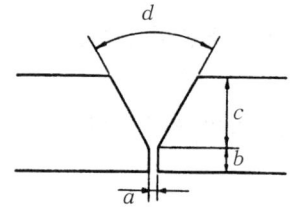

a : 루트 간격
b : 루트 면
c : 홈의 깊이
d : 홈의 각도

그림 7-15 홈 각부의 명칭

(2) 필릿 용접

거의 직교하는 두 면을 용접하는 삼각상의 단면을 가진 용접
① 이음 형상의 종류 : 겹치기와 T형이 있다.
② 표면 모양의 종류 : 볼록한 필릿, 오목한 필릿
③ 용접선에 대한 하중의 방향 : 전면 필릿, 측면 필릿, 경사 필릿으로 구분된다.
④ 용접선의 연속성 : 연속과 단속 용접으로 또 단속 용접은 병렬과 지그재그로 구분한다.

(a) 전면 필릿   (b) 측면 필릿   (c) 경사 필릿

그림 7-16 필릿 용접과 하중의 방향

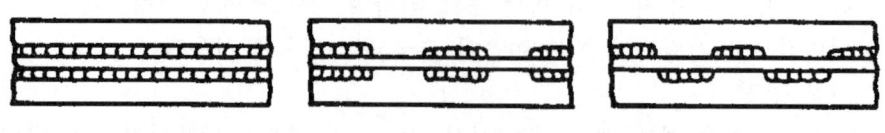

(a) 연속 필릿   (b) 단속 필릿(병렬)   (c) 단속 필릿(지그재그)

그림 7-17 연속·단속 필릿 용접

⑤ 특징
㉮ 용접의 변형량은 홈 용접의 경우보다 작으나 이음부의 응력 집중도는 높다.

㉯ 루트부에 용접의 결함이 발생하기 쉽고 결함 검출에 대한 비파괴 시험을 실시하기
가 어려운 형상이다.
㉰ 용접 시공은 비교적 용이하다.

(3) 플러그 용접

포개진 두 부재의 한쪽에 구멍을 뚫고 그 부분을 표면까지 용접으로 메꾸어 접합하는 것
① 주로 얇은 판재에 적용되며, 구멍은 원형이나 타원형이 많다.
② 슬롯 용접 : 구멍 지름과 용접의 길이가 큰 경우에는 구멍 전부를 메우지 않고 구멍 속을 필릿 용접한다.

그림 7-18 결함부의 보수

3. 홈의 선택

I형(6mm 이하), V형(6~12mm), 그 이상 X형, U형, H형

(1) I형

가공이 쉽고, 루트 간격을 좁게 하면 용착 금속의 양이 적어져서 경제적으로는 우수하다. 그러나 판의 두께가 뚜꺼워지면 완전하게 이음부를 녹일 수 없다.

(2) V형

한쪽에서의 용접에 의해서 완전한 용입을 얻으려고 할 때 사용된다.
① 홈각도 : 60~70°
② 비드 높이 : $t \times 1/4$ 정도

(3) X형

양쪽에서의 용접에 의해 완전한 용입을 얻는데 적합하다.

(4) U형

두꺼운 판을 한쪽에서의 용접에 의해서 충분한 용입을 얻고자 할 때 사용된다.

(5) H형

두꺼운 판을 양쪽에서의 용접에 의해서 충분한 용입을 얻고자 할 때 사용된다.

4. 용접 기호

한국공업규격 KS B 0052에 용접부의 기호 및 표시 방법이 제정되어 있다.

표 7-1 기본 기호

명 칭	기 호	명 칭	기 호
양면 플랜지형 맞대기 이음 용접	八	플러그 용접:플러그 또는 슬롯 용접	⊓
평면형 평행 맞대기 이음 용접	∥	스폿 용접	○
한쪽면 V형 홈 맞대기 이음 용접	V	심 용접	⊖
한쪽면 K형 맞대기 이음 용접	V	급경사면(스팁 플랭크) 한쪽면 V형 홈 맞대기 이음 용접	V
부분 용입 한쪽면 V형 맞대기 이음 용접	Y	급경사면 한쪽면 K형 맞대기 이음 용접	V
부분 용입 한쪽면 K형 맞대기 이음 용접	Y	가장자리 용접	∥∥
한쪽면 U형 홈 맞대기 이음 용접 (평행면 또는 경사면)	Y	서페이싱	⌒
한쪽면 J형 맞대기 이음 용접	Y	서페이싱 이음	=
뒷면 용접	⌒	경사 이음	∥
필릿 용접	△	겹침 이음	⊇

표 7-2 보조 기호

용접부 및 용접부 표면의 형상	기 호	용접부 및 용접부 표면의 형상	기 호
평면(동일 평면으로 다듬질)	─	끝단부를 매끄럽게 함	⌣
凸형	⌢	영구적인 덮개 판을 사용	M
凹형	⌣	제거 가능한 덮개 판을 사용	MR

5. 용접부의 기호 표시 방법

(1) 설명선

설명선은 용접부를 기호로 표시하기 위하여 사용하는 것으로서 기선, 화살 및 꼬리로 구성되고, 꼬리는 필요가 없으면 생략하여도 좋다.([그림 7-19](a)(b) 참조) 기선은 보통 수평선으로 하고 기선의 한쪽 끝에는 화살을 붙인다.

화살은 기선에 대하여 되도록 60°의 직선을 하지만 V형, K형, J형 및 양면 J형, 또는 플래어 V형 및 플래어 K형에 있어서 홈 또는 플레어가 있는 면에 화살의 앞 끝을 향하게 한다.([그림 7-19](c) 참조)

화살은 필요하다면 기선의 한쪽 끝에서 2개 이상을 붙일 수 있으나, 기선의 양쪽 끝에 화살을 붙일 수는 없다.([그림 7-19](d) 참조)

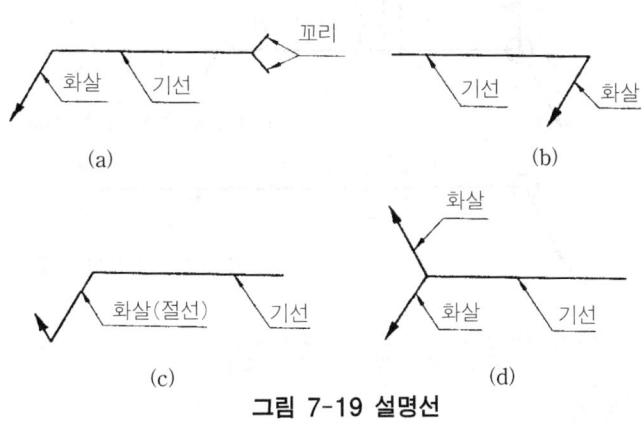

그림 7-19 설명선

(2) 기본 기호의 기재 방법

기본 기호는 용접할쪽이 화살쪽 또는 앞쪽일 때는 기선의 아래쪽에, 화살의 반대쪽 또는 건너쪽일 때에는 기선의 위쪽에 밀착시켜 기재한다.

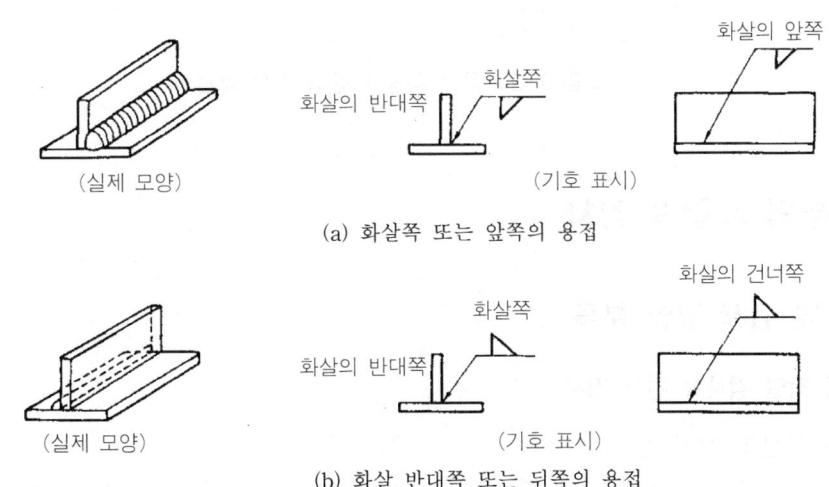

그림 7-20 기선에 대한 기본 기호의 상하 위치 관계

(3) 보조 기호 등의 기재 방법

보조 기호, 치수, 강도 등의 용접 시공 내용의 기재 방법은 기선에 대하여 기본 기호와 같은 쪽에 [그림 7-21]과 같이 한다.

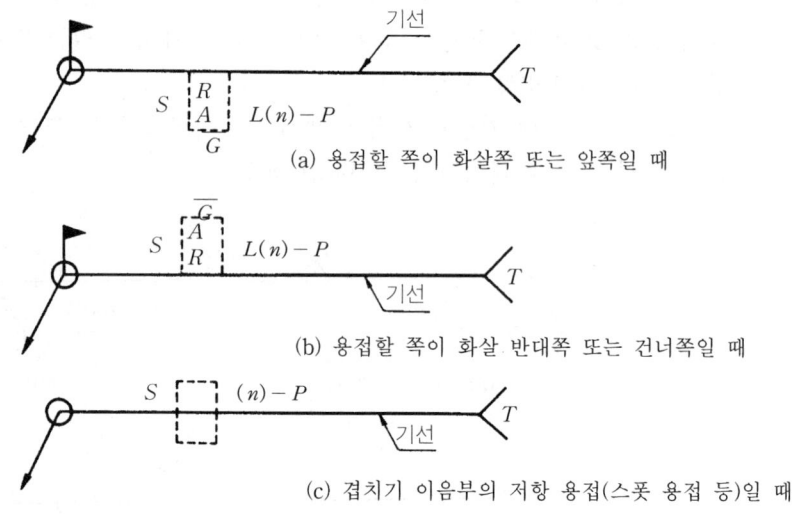

(a) 용접할 쪽이 화살쪽 또는 앞쪽일 때

(b) 용접할 쪽이 화살 반대쪽 또는 건너쪽일 때

(c) 겹치기 이음부의 저항 용접(스폿 용접 등)일 때

□ : 기본 기호
S : 용접부의 단면 치수 또는 강도(홈 깊이, 필릿의 다리 길이, 플러그 구멍의 지름, 슬롯 홈의 나비, 심의 나비, 스폿 용접의 너깃 지름 또는 단점의 강도 등)
R : 루트 간격
A : 홈 각도
L : 단속 필릿 용접의 용접 길이, 슬롯 용접의 홈 길이 또는 필요할 경우에는 용접 길이
n : 단속 필릿 용접, 플러그 용접, 슬롯 용접, 스폿 용접 등의 수
P : 단속 필릿 용접, 플러그 용접, 슬로소 용접, 스폿 용접 등의 피치
T : 특별 지시 사항(J형, U형 등의 루트 반지름, 용접 방법, 기타)
— : 표면 모양의 보조 기호
G : 다듬질 방법의 보조 기호
　: 전체 둘레 현장 용접의 보조 기호
○ : 전체 둘레 용접의 보조 기호
○ : 현장 용접의 보조 기호

그림 7-21 용접 시공 내용의 기재 방법

7-3. 용접부의 시험과 검사

1. 시험 및 검사 방법 분류

(1) 용접 작업 검사와 완성 검사

① 용접선의 작업 검사

㉮ 용접 설비는 용접 기기, 부속 기구, 보호 기구, 지그 및 고정구의 적합성을 조사한다.

㉯ 용접봉은 겉모양과 치수, 용착 금속의 성분과 성질, 모재와 조합한 이음부의 성질, 작업성과 균열 등을 조사한다.

㉰ 모재는 화학 성분, 기계적 성질, 물리적 성질, 화학적 성질 그리고 여러 가지 결함의 유무와 표면 상태를 조사한다.

㉱ 용접 준비는 홈 각도, 루트 간격, 이음부의 표면 상태, 가용접의 상태 등을 조사한다.

㉮ 용접 시공은 홈 모양, 용접 조건, 예열과 후열 처리의 적합 여부를 조사한다. 그리고 용접사의 기량을 확인한다.

② **용접 중의 작업 검사** : 용접 중에 실시할 작업 검사는 용접봉의 보관과 건조 상태, 이음부의 청정 상태와 각 층마다 비드 모양, 융합 상태, 용입 부족, 슬래그 섞임, 균열, 크레이터처리, 변형 상태 등을 조사함과 동시에 용접 전류, 용접 순서, 용접 속도, 운봉법, 용접 자세 등을 확인하며, 예열을 필요로 하는 재료에는 예열 온도, 층간 온도를 점검한다.

③ **용접 후의 작업 검사** : 후열 처리, 변형 교정 등 용접 후에 하는 작업으로서, 적당한 온도 유지시간, 가열과 냉각 속도, 그 밖의 작업 조건의 확인과 균열, 변형, 치수 등에 대하여 조사한다.

④ **완성 검사** : 용접부가 결함 없이 용접되어 있고, 아울러 소정의 성능을 보유하는지의 여부와 용접 구조물 전체의 결함 유무를 조사한다.
완성 검사는 좁은 의미의 용접 검사로서 파괴 검사와 비파괴 검사가 있다.

(2) 용접부 검사법의 분류

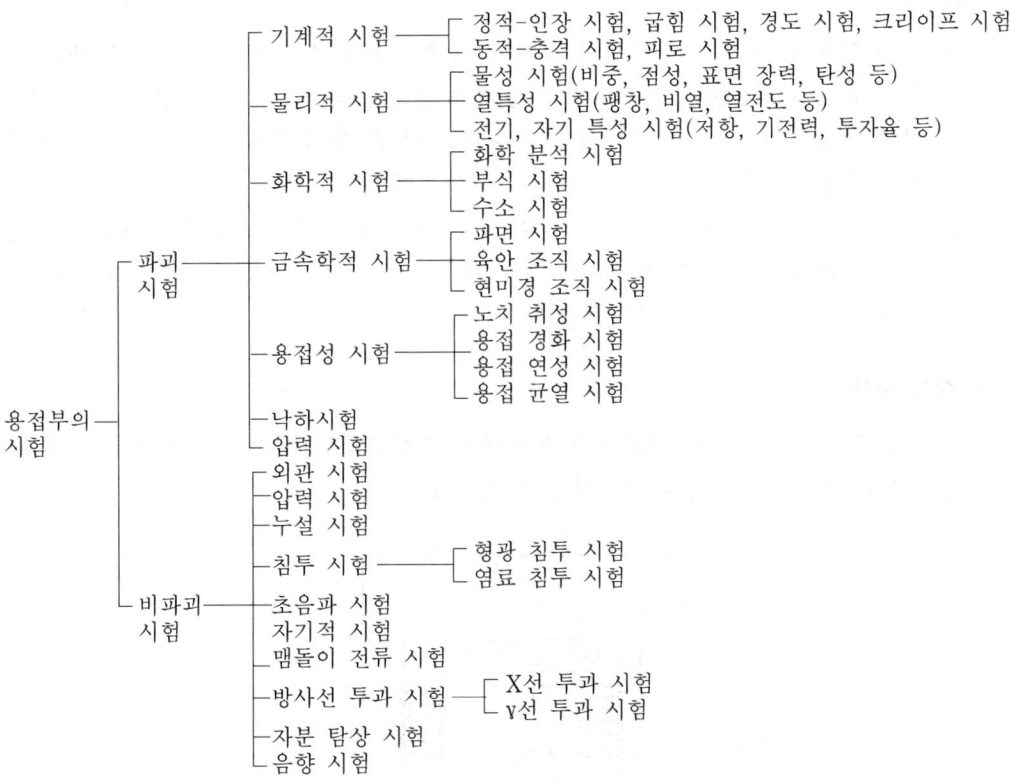

2. 비파괴 검사

(1) 외관 검사

가장 간편하여 널리 쓰이는 방법으로서 용접부의 신뢰도를 외관에 나타나는 비드 형상에 의하여 육안으로 판단하는 것이다.

비드 파형과 균등성의 양부, 덧붙임의 형태, 용입상태, 균열, 피트, 스패터 발생, 비드의 시점과 크레이터, 언더컷, 오버랩, 표면균열, 형상불량, 변형 등을 검사한다.

(2) 누수 검사

수밀, 기밀, 유밀을 필요로 하는 제품에 사용되는 검사법으로서 일반적으로 정수압 또는 공기압을 이용하지만 별도로 화학지시약, 할로겐가스, 헬륨가스 등을 이용하기도 한다.

(3) 침투 검사

제품 표면에 나타나는 미세한 균열이나 구멍으로 인하여 불연속부가 존재할 때에 이곳에 침투액을 사용하여서 결함의 불연속부에 남아있는 침투액을 비드 표면으로 노출시키는 것이다.

① 형광 침투 검사 : 표면 장력이 적어서 미세한 균열이나 흠집에 잘 침투하는 유기고분자 유용성 형광물을 저점도의 기름에 녹인 침투액을 사용하여 침투시킨 후에 탄산칼슘, 규소분말, 산화 마그네슘, 알루미나, 활석분 등의 분말이나 현탁 액체 현상액을 써서 형광물질을 표면으로 노출시키는 방법이다.

② 염료 침투 검사 : 형광침투액 대신에 붉은색을 가진 염료 침투액을 사용하는 것으로서 전등이나 일광하의 현장에서 직접 사용할 수 있다는 점에서 우수하고 감도는 그에 미치지 못하는 것이 단점이다.

(4) 자기 검사

자기 검사는 검사 재료를 자화시킨 상태에서 결함부에서 생기는 누설자속 상태를 철분 또는 검사 코일을 사용하여 검출하는 방법이다.

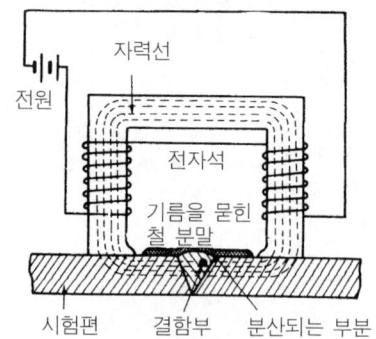

그림 7-22 직류 자석에 의한 자기 검사법

(5) 초음파 검사

1917년 프랑스의 물리학자 랑주방이 수정의 결정이 전기력에 의해 커졌다 작아졌다 하는 형상을 이용하여 초음파 발생 장치를 개발한 이후로 사용되는 방법으로 투과법, 펄스법, 공진법 등이 있다.

① 투과법 : 물체의 한쪽에서 송신한 후 반대쪽에서 수신하면서 이때 도달되는 초음파의 강도로서 결함부를 찾아내는 방법
② 펄스 반사법 : 가장 많이 쓰이는 방법으로서 초음파의 펄스(단시간의 맥류) 물체의 일면에서 송신한 후 동일면상에 있는 수신용 진동자를 통하여 반사파를 받아서 그때 발생되는 저압 펄스를 브라운관에 투영시켜서 관찰하는 방법
③ 공진법 : 검사 재료에 송신하는 송신파의 파장을 연속적으로 교환시켜서 반파장의 정수가 판두께와 동일하게 될 때 송신파와 반사파가 공진하여 정상파가 되는 원리를 이용한 것으로서 판두께 측정, 부식정도, 내부 결함 등을 알아내는 것이다.

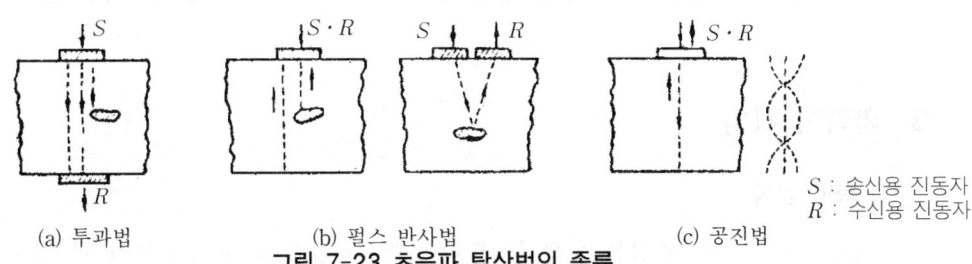

S : 송신용 진동자
R : 수신용 진동자

(a) 투과법　　(b) 펄스 반사법　　(c) 공진법

그림 7-23 초음파 탈상법의 종류

(6) 방사선 투과검사

방사선 투과검사란 X선 또는 γ선을 이용하여 용접부의 결함을 조사하는 방법으로서 현재 사용하고 있는 비파괴 검사법 중에서 가장 신뢰도가 높다.

① X선 투과 사진촬영법 : X선이란 쿨리지 관 내에의 음극에서 열전자가 튀어나오게 하여 이것을 고전압으로 가속시켜서 양극의 중금속에 부딪치면 파장이 극히 짧은 (0.01~100Å) 전자기파가 발생하는데 이것을 X선 또는 발견자의 이름을 따서 렌트겐선이라 한다. X선은 직진하며 전기장이나 자기장에 의하여 굽어지지 않으면서 화학작용(사진필름의 감광), 형광작용(형광 물질의 발광)이 있으며 특히 투과 작용이 강하기 때문에 용접부의 결함검사에 이용되는 것이다.

　X선 투과법에 의하여 검출되는 결함은 균열, 융합불량, 용입불량, 기공, 슬랙섞임, 비금속 개재물, 언더컷 등이다.
② γ선 투과검사 : γ선이란 [그림 7-25]와 같이 자기장 내의 납으로 된 상자의 방사성 물질이 발생하는 α선, β선, γ선 중의 하나로서 전리작용, 사진작용, 형광작용이 있다. X선으로는 투과하기 힘든 두꺼운 판에 대해서는 X선보다 더욱 투과력이 강한 γ선이 사용된다. γ선원으로서는 천연의 방사선 동위원소(라듐 등)가 사용되는데 최근에는 인공 방사선 동위원소(코발트 60, 세슘 134 등)도 사용된다.

이 방법은 장치도 간단하고 운반도 용이하며 취급도 간단하므로 현장에서 널리 사용된다.

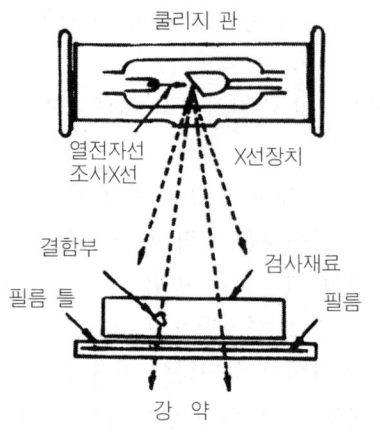
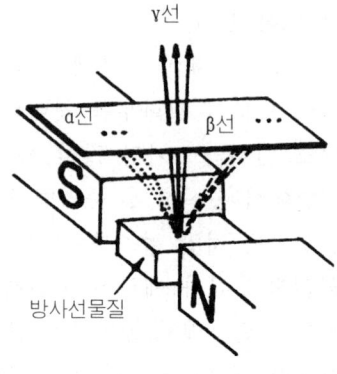

그림 7-24 X선 투과 사진촬영법의 원리   그림 7-25 γ선의 발생

3. 화학적 시험

(1) 화학 분석

모재, 용착 금속, 용접봉 심선 등의 금속, 또는 합금 중에 포함되는 각 성분을 알기 위한 금속 분석을 하는 것이다.
일반적으로 많이 사용되는 탄소강에 대해서는 보통 탄소, 규소, 망간, 인, 황의 다섯 가지 원소 등을 분석하여 다음에 설명하는 현미경 조직, 설퍼 프린트 등과 더불어 재료의 금속학적 성질이 좋고 나쁨을 판정하는 기초 자료로 삼고 있다.

(2) 부식 시험

부식 시험에는 용접물이 청수, 해수, 유기산, 무기산, 알칼리 등에 접촉되어 받는 부식 상태에 대해서 시험하는 습부식 시험과 고온의 증기, 가스 등과 반응하여 부식하는 상태를 아는 고온 부식 시험(건부식), 그리고 어떤 응력하에서 부식 분위기에 싸일 경우에 받는 부식 상태를 아는 응력 부식 시험 등이 있다.

(3) 수소 시험

용접부에 용해된 수소는 기공, 비드 및 균열, 은점, 선상 조직 등 결함의 큰 요인이 되므로 용접 방법 또는 용접봉에 의해 용접 금속 중에 용해되는 수소량의 측정은 주요한 시험법의 하나이다. 함유 수소량의 측정에는 45℃ 글리세린 치환법과 진공 가열법이 있다.

(4) 금속학적 시험

① 파면 시험 : 용착 금속이나 모재의 파면에 대하여 결정의 조밀, 용입, 균열, 슬래그 섞임, 기공, 선상조직, 은점 등을 육안 관찰로써 검사하는 방법이다.

② 육안 조직 시험 : 용접부의 단면을 연마하여 적당한 매크로 에칭을 해서 육안 또는 확대경으로 관찰한다. 이것에 의해 용입이 좋고 나쁨이나 모양, 다층 용접에 있어서의 각 층의 양상, 열영향부의 범위, 결함의 유무 등을 알 수 있다.

③ 현미경 시험 : 시험편은 샌드페이퍼로서 연마하고 그 위를 연마포로 충분히 매끈하고 광택이 나도록 연마한다. 연마를 마친 시료는 물로 씻은 다음 알콜로 씻고 건조기를 사용하여 충분히 건조시킨다. 그 후에 조직을 관찰하기 위해 적당한 부식액으로 부식시켜 50~2000배의 광학 현미경으로 조직이나 미소 결함 등을 관찰한다. 또 2000배 이상의 전자 현미경으로 조직을 정밀 관찰하는 수도 있다.

CHAPTER 08 안전

8-1. 일반 안전

1. 작업복장과 보호구

(1) 작업 복장

① 작업복
- ㉮ 작업복은 신체에 맞고 가벼운 것일 것. 작업에 따라서는 상의의 끝이나 바지자락이 말려 들어가지 않도록 하기 위해 잡아매도록 한다.
- ㉯ 실밥이 풀리거나 터진 것은 즉시 꿰매도록 한다.
- ㉰ 늘 깨끗이 하고 특히 기름이 묻은 작업복은 불이 붙기 쉬우므로 위험하다.
- ㉱ 더운 계절이나 고온 작업시에는 작업복을 절대로 벗지 말 것. 직장 규율 및 기강에도 좋지 않을 뿐만 아니라, 재해의 위험성이 크다.
- ㉲ 착용자의 연령, 직종 등을 고려해서 적절한 스타일을 선정 한다.

② 작업모
- ㉮ 기계의 주위에서 작업을 하는 경우에는 반드시 모자를 쓰도록 한다.
- ㉯ 여자 및 장발자의 경우에는 모자나 수건으로 머리카락을 완전히 감싸도록 한다.
- ㉰ 여자의 경우에 일부러 앞 머리카락을 내놓고 모자를 착용하는 경우가 많으므로, 착용방법에 대하여 잘 지도 한다.

③ 신 발
- ㉮ 신발은 작업 내용에 잘 맞는 것을 선정하고, 샌들 등은 걸음걸이가 불안정해 넘어질 우려가 있으므로 착용하지 않도록 한다.
- ㉯ 맨발은 부상당하기 쉽고 고열 물체에 닿을 때도 위험하므로 절대로 금 한다.
- ㉰ 신발은 안전화의 착용이 바람직하다.

(2) 보호구

① 작업에 적절한 보호구를 선정하고 올바른 사용 방법을 익혀 둔다.
② 필요한 수량의 비치, 정비, 점검 등 보호구의 관리를 철저히 한다.

③ 필요한 보호구는 반드시 착용 한다.
  ㉮ 방진 안경 : 철분, 모래 등이 날리는 작업 (연삭, 선반, 셰이퍼, 목공기계 등)시 사용한다.
  ㉯ 차광 안경 : 용접 작업과 같이 불티나 유해광선이 나오는 작업에 사용한다.
  ㉰ 보호 마스크 : 먼지가 많은 장소와 해로운 가스(납, 비소)가 발생되는 작업에 사용, 산소가 16% 이하로 결핍 되었을 시는 산소 마스크를 사용 한다.
  ㉱ 장갑 : 선반작업, 드릴, 목공기계, 연삭, 해머, 정밀기계 작업 등에는 장갑 착용을 금한다.
  ㉲ 귀마개 : 소음이 발생하는 작업, 제관, 조선, 단조, 직포 작업 등에는 귀마개를 사용한다.

(3) 점 검

※ 작업자가 작업장에서 작업을 시작하기 전 점검 사항
① 기계 공구가 그 기능이 정상적인가?
② 가스 사용시 누설이 없는가? 폭발 위험이 없는가?
③ 전기 장치에 이상이 없는가?
④ 작업장 조명이 정상인가?
⑤ 정리 정돈이 잘되어 있는가?
⑥ 주변에 위험물이 없는가?

(4) 통행과 운반

① 통행로 위의 높이 2m 이하에는 장해물이 없도록 한다.
② 기계와 다른 시설물과의 사이의 통행로 폭은 80cm 이상으로 한다.
③ 뛰지 않도록 한다.
④ 한눈을 팔거나 주머니에 손을 넣고 걷지 않는다.
⑤ 통로가 아닌 곳을 걷지 않는다.
⑥ 좌측 통행규칙을 지킨다.
⑦ 높은 작업장 밑을 통과할 때 조심 한다.
⑧ 작업자나 운반자에게 통행을 양보 한다.
⑨ 통행로에 설치된 계단은 근로안전 관리규정 49조에 명시된 다음 사항을 고려하여 설치한다.
  ㉮ 견고한 구조로 한다.
  ㉯ 경사는 심하지 않게 한다.
  ㉰ 각 계단의 간격과 너비는 동일하게 한다.
  ㉱ 높이 5m를 초과할 때에는 높이 5m 이내마다 계단실을 설치한다.
  ㉲ 적어도 한쪽에는 손잡이를 설치한다.

⑩ 운반차는 규정속도를 지킨다.
⑪ 운반시 시야를 가리지 않게 쌓는다.
⑫ 승용석이 없는 운반차에는 승차하지 않도록 한다.
⑬ 빙판의 운반시 미끄럼에 주의한다.
⑭ 긴 물건에는 끝에 표시를 단 후 운반한다.
⑮ 통행로와 운반차, 기타의 시설물에는 안전표지색을 이용한 안전표지를 한다.

(5) 안전 표지

① 녹십자 표시 : 하얀 바탕위에 녹십자를 그린 표지가 우리 나라에서 산업 안전의 상징으로 쓰이게 된 것은 1964년 노동부예규 제6호에 따른 것이다.

② 안전 표식
  ㉮ 적색 : 방화 금지, 방향 표시
  ㉯ 오렌지색 : 위험 표시
  ㉰ 황색 : 주의 표시
  ㉱ 녹색 : 안전지도, 위생표시
  ㉲ 청색 : 주의 수리 중, 송전중 표시
  ㉳ 진한 보라색 : 방사능 위험 표시
  ㉴ 백색 : 주의 표시
  ㉵ 흑색 : 방향 표시

2. 수공구류의 안전 수칙

(1) 일반적인 안전수칙

① 손이나 공구에 묻은 기름, 물 등을 닦아 낸다.
② 주위를 정리 정돈한다.
③ 좋은 공구를 사용한다.
④ 수공구는 그 목적 이외는 사용치 않도록 한다.
⑤ 사용법에 알맞게 사용한다.

(2) 수공구류의 안전수칙

① 해머 작업
  ㉮ 녹쓴 공작물에는 보호안경을 착용 한다.
  ㉯ 최초에는 천천히 한다.
  ㉰ 장갑을 끼지 않는다.
  ㉱ 해머를 자루에 꼭 끼운다.
  ㉲ 대형의 사용시 능력에 맞게 사용한다.

그림 8-1 해머의 바른 파지법

㉕ 좁은 곳에선 쓰지 않는다.

② 정, 끌작업
㉮ 끌 작업시는 끌날에 주의한다.
㉯ 머리가 찌그러진 것은 고른 후 사용한다.
㉰ 따내기 작업시는 보호안경을 착용한다.
㉱ 절단시 조각의 비산에 주의한다.
㉲ 정을 잡은 손의 힘을 뺀다.

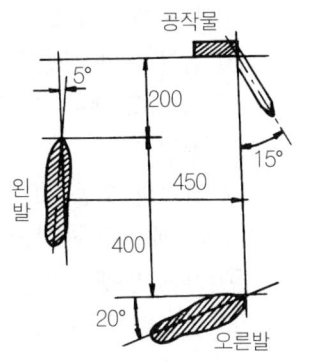

그림 8-2 정작업의 위치

③ 줄, 바이스, 드라이버 작업
㉮ 줄을 망치대용으로 쓰지 않는다.
㉯ 줄질 후 쇠가루를 입으로 불어내지 않는다.
㉰ 바른손에 힘을 주고 왼손은 균형만을 준다.
㉱ 자루를 단단히 끼우고 사용한다.
㉲ 바이스는 이가 꼭 맞게 사용 한다.
㉳ 바이스대에 재료, 공구 등을 올려놓지 않는다.
㉴ 작업 중 바이스를 자주 조인다.
㉵ 드라이버는 홈에 맞는 것을 사용한다.
㉶ 드라이버의 이가 상한 것을 쓰지 않도록 한다.
㉷ 작업 중 드라이버가 빠지지 않도록 한다.

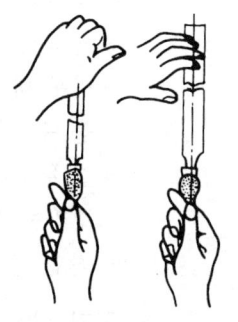

그림 8-3 줄 잡는 방법

④ 스패너, 렌치 작업
㉮ 해머대용으로 쓰지 않는다.
㉯ 너트와 꼭 맞게 사용한다.
㉰ 조금씩 돌린다.
㉱ 벗겨져도 손을 다치거나 넘어지지 않는 자세를 취한다.
㉲ 작은 볼트에 너무 큰 몽키렌치를 쓰지 않는다.
㉳ 스패너에 파이프를 끼우거나 해머로 두들겨서 돌리지 않는다.
㉴ 몸 앞으로 잡아당긴다.
㉵ 스패너와 너트 사이에 물림쇠를 끼우지 않는다.

3. 화재 및 폭발 재해

(1) 화재 및 폭발의 방지책

① 인화성 액체의 반응 또는 취급은 폭발 범위 이하의 농도로 한다.
② 석유류와 같이 전도성이 나쁜 액체의 취급이나 수송 때에는 유동이나 마찰 기타에 의해 정전기가 발생하기 쉬우므로, 취급 배관이나 기기에 어어드나 본드를 하도록 해서 정전하의 방전을 피한다.

③ 부근에 위험한 점화원이 존재하지 않도록 점화원의 관리를 적절히 한다.
④ 조업 중의 정전은 가장 큰 혼란을 초래하거나, 때로는 화재 발생의 위험을 가지고 있으므로, 예비 전원의 설치 등 필요한 조치를 한다.
⑤ 배관 또는 기기에서 가연성 가스나 증기의 누출 여부를 철저히 점검한다.
⑥ 기기의 오동작을 막기 위해, 자동 제어 기구를 채용함과 동시에 혼동하기 쉬운 밸브의 배치를 피하고, 개폐 상태 등의 표시를 명확히 한다.
⑦ 화재 발생시의연소를 방지하기 위해, 그 물질로부터 적절한 보유 거리를 확보한다.
⑧ 필요한 곳에 화재를 진화하기 위한 방화 설비를 설치한다.

(2) 작업상 화재

① 용접
 ㉮ 용접작업장은 원칙으로 가연물에서 격리된 곳에서 한다.
 ㉯ 인화성 물질이나 가연물의 곁에서는 절대로 하지 않는다.
 ㉰ 마루 바닥이나 벽, 창 등의 갈라진 틈에 불꽃이 튀어 들어가는 경우가 있으므로 막을 수 있는 방법을 취해야 한다.
 ㉱ 실내에서 할 때에는 가연물에서 가급적 떨어져서 가연물에 불연성 커버를 덮어 물 뿌리는 등의 방법을 취한다.
 ㉲ 작업 중에서는 완전한 소화기를 준비하는 등의 대책이 필요하다.

② 전기 설비
 ㉮ 전기로 건조기 등의 전열기 사용시는 가연물과의 접촉, 근접을 피하고 특히 코드 절연, 열화가 생기기 쉬우므로 잘 점검한다.
 ㉯ 기타의 전기설비 배선기구에 대해서는 기구 장치류의 청소 점검을 하고 발열이나 과열 아크 등이 일어나지 않게 주의 한다.

③ 소화 대책
 ㉮ 소화기의 배치장소는 눈에 잘 띄는 장소에 하고 예상되는 발화 장소에서 이용하기 쉬운 위치를 선택한다.
 ㉯ 실외에 설치 할 때는 상자에 넣어둔다.
 ㉰ 위험물이나 타기 쉬운 물질에 가까이 두지 않는다.
 ㉱ 소화기는 정기적으로 점검하고 언제나 유효하도록 유지한다.

표 8-1 소화기 종류와 용도

소화기 \ 종류	보통화재	기름화재	전기화재
포말소화기	적 합	적 합	부 적 합
분말소화기	양 호	적 합	양 호
CO_2소화기	양 호	양 호	적 합

4. 구급 조치

(1) 구급용품

※ 현장에 비치되어야 할 구급용품
① 삼각수건　　② 붕대　　③ 거즈
④ 반창고　　⑤ 탈지면　　⑥ 솜(골절시 부목 고정용)
⑦ 가위　　⑧ 핀셋　　⑨ 지혈용 고무줄
⑩ 부목　　⑪ 지혈대　　⑫ 알콜
⑬ 요드징크　　⑭ 머큐롬액　　⑮ 붕산수
⑯ 암모니아수

(2) 구급 조치

① 창상(절창, 자창, 열창, 찰과창)
　㉮ 불결한 종이나 수건을 대지 않는다.
　㉯ 먼지, 토사가 붙어 있을 때 무리하게 떼어내지 않는다.
　㉰ 상처를 자극치 말고 노출시킨다.
　㉱ 상처주위를 깨끗이 소독한다.
　㉲ 머큐롬을 바른 후 붕대를 감는다.

② 타박과 염좌
　㉮ 옥도정기를 바른다.(머큐롬과 혼용하면 안 됨)
　㉯ 냉찜질을 한다.
　㉰ 머리, 가슴, 배부분은 의사의 치료를 받는다.

③ 출혈 : 혈액은 체중의 7.7%로서 30% 이상을 흘리면 위험하고 50% 이상을 흘리면 사망한다.
　㉮ 정맥 출혈(검붉은색) 시는 압박붕대나 손에 거즈를 대고 누르면서 상처 부위를 높게 한다.
　㉯ 동맥 출혈(진분홍색)시는 의사의 조치를 받아야 하며 응급조치로는 지혈대나 압박붕대, 지압법, 긴급지혈법 등으로 지혈을 시킨다.
　㉰ 피하 출혈 시는 냉 습포를 한 뒤에 온습포를 댄다.

④ 화상
　㉮ 제1도 화상(피부가 붉게 되고 쑥쑥 아픈 정도)시는 냉 찜질이나 붕산수에 찜질한다.
　㉯ 제2도 화상(피부가 빨갛게 되고 물질이 생긴다)시는 1도 화상시와 같은 조치를 하지만 특히 물집을 터트리지 않는다.
　㉰ 제3도 화상(피하조직의 생활력 상실)시는 2도 화상시의 응급조치를 한 후 즉시 의사에게 보인다.
　㉱ 화상부위가 전신의 30%에 달하면 1도 화상이라도 생명이 위험하니 주의한다.

8-2. 아크 용접 및 가스용접의 안전

1. 아크 용접의 안전

(1) 아크 용접의 안전대책

① 아크 용접자는 용접기 내부에 손을 대지 않도록 한다.
② 용접기의 리드 단자와 케이블의 접속부는 반드시 절연물로 보호한다.
③ 홀더는 항시 파손이 없는 것을 사용한다.
④ 작업을 중단할 경우에는 반드시 전원 스위치를 끄거나 커넥터를 풀어두며 전압이 걸려있는 홀더를 버려 두지 않는다.
⑤ 용접봉 교환시는 홀더에 몸이 닿지 않도록 조심스럽게 한다.
⑥ 작업장 이동시 홀더와 홀더선을 바닥에 끌지 않도록 한다.
⑦ 특히 위험한 장소에서는 반드시 절연용 홀더를 사용한다.
⑧ 캡 타이어 케이블을 사용전에 점검하여 피복부분에 상처가 있는지 살펴 본다.
⑨ 피용접물 또는 작업대에 접속된 접지선이 완강한가 점검하고 작업에 착수한다.
⑩ 차광유리는 아크 전류의 크기에 적당한 번호를 사용한다.
⑪ 작업장은 충분한 통풍 환기를 해서 유해가스를 호흡하지 않도록 한다.
⑫ 가스가 많이 발생시나 통풍환기가 불충분할 때 보호 호흡기를 사용한다.
⑬ 아연 도금 강판 용접시는 유해가스가 발생하므로 통풍 환기를 충분히 한다.
⑭ 용접 작업장 주위에는 기름, 나무조각, 도료 등의 타기 쉬운 물건을 두지 않는다.

2. 가스용접 및 절단의 안전

(1) 가스 용접의 안전

① 복장과 보호구
  ㉮ 복장이 단정하여야 한다.
  ㉯ 구리스나 기름이 묻는 복장은 불이 붙을 위험이 많다.
  ㉰ 용접 작업 종사 또는 주조시는 적당한 차광 안경을 착용한다.

② 중독의 예방
  ㉮ 용접 또는 절단을 할 경우에는 취급금속, 용접봉, 용제 등의 종류에 따라서 산화질소, 일산화탄소, 탄산가스 등의 가스나 철, 납, 아연, 카드뮴, 망간 등의 가루가 포함되어 있으므로 주의 한다.
  ㉯ 황동과 아연 도금한 재료 용접, 절단의 경우 아연 연기 때문에 아연 중독이 생길 위험이 있으므로 환기를 자주 한다.
  ㉰ 알루미늄, 용접봉 용제 및 불화물 사용시 해로운 가스가 발생 하므로 통풍이 잘되도록 해야 한다.

  ㉣ 해로운 가스, 연기, 분진 등의 발생이 심한 작업이나 선실속 탱크 속과 같이 특별한 곳은 배기장치를 사용해서 환기를 시키면서 작업한다.
 ③ 화재 폭발 예방
  ㉮ 용접과 절단 작업은 화재 방지 설비가 되어 있으며 부근에 가연물이 없는 안전한 장소를 선택한다.
  ㉯ 이동 작업이나 출장 작업은 화재나 폭발 위험이 많으므로 부근에 위험물이나 가연물이 없는지 살펴보고 작업에 착수한다.
  ㉰ 작업 중에는 반드시 가까운 장소에 소화기를 설치한다.
  ㉱ 가연성 가스 또는 인화성 액체가 들어 있는 용기 탱크, 배관장치 등은 증기, 열탕 물로 완전히 청소 후 통풍 구멍을 개방하고 작업한다.
 ④ 기타 안전 수칙
  ㉮ 산소 봄베 운반시는 충격을 주지 않도록 한다.
  ㉯ 산소 봄베는 기름이나 먼지를 피하고 40℃ 이하 온도에서 보관하고 직사광선을 피하여 그늘진 곳에 두어야 한다.
  ㉰ 산소 누설 시험에는 비눗물을 사용한다.
  ㉱ 토치 점화는 성냥불과 담뱃불을 사용하지 않도록 한다.
  ㉲ 토치를 고무 호스에 연결시 산소와 아세틸렌이 바뀌지 않도록 한다.
  ㉳ 산소 봄베와 아세틸렌 봄베 가까이에서 불꽃 조정을 피해야 한다.
  ㉴ 아세틸렌 도관과 접속 부분에는 구리를 쓰지 말 것.(구리 함유량 62% 이하 사용)
  ㉵ 산소 봄베는 화기에서 최소 4m 이상 거리를 둘 것.

(2) 관계 안전 관리 법규
 ① 안전 관리자의 자격 인원 및 직무 범위 기타 필요한 사항을 대통령으로 정한다.
 ② 수소, 산소 및 액화 석유가스 등의 사용시는 동력자원부령에 정하는 바에 의하여 시장, 군수, 구청장에 신고하여야 한다.
 ③ ㉮ 산소 가스는 35℃에서 150kgf/cm^{2}으로 용기에 충전한다.
  ㉯ 아세틸렌가스는 충전 후 24시간 저장을 한 후 15℃ 15.5kgf/cm^2 이 되었을 때 운반 및 시판
  ㉰ 상온온도에서 2kgf/cm^2 이상 되는 액화 가스
 ④ 용기 관리에서 고압가스 충전용기는 40℃ 이하 온도에서 보관
 ⑤ 제외되는 고압가스
  ㉮ 에어콘디션내 고압가스
  ㉯ 선박내 고압가스
  ㉰ 항공기내의 고압가스
 ⑥ 매시간당 200m^3 이하에서는 안전 관리자 1인을 둔다.

⑦ 가연성가스의 저장 용적 300m³ 이상은 단속법 고압가스에 적용
⑧ 도관은 그 온도를 항시 40℃ 이하로 유지할 수 있을 것.
⑨ 용기 보관장소에는 가스 충전용기 빈용기를 구분하여 놓을 것.
⑩ 습식 아세틸렌가스 발생기 표면은 섭씨 70℃ 이하의 온도로 유지하여야 하며 그 부분에서는 불꽃이 튀는 작업을 하지 아니할 것.
⑪ 상하통으로 구성된 아세틸렌 제조 설비로 고압가스를 제조할 때에는 사용 후 고압가스 발생장치의 상하통을 분리하거나 잔류가스가 없도록 조치할것.
⑫ 석유류, 유지류, 글리세린 또는 농후한 글리세린수는 압축기내의 윤활제로 사용하지 아니할 것.
⑬ 충전 용기(내용적 5𝑙 이하의 것을 제외한다)에는 전락, 전도 등에 의한 충격 및 밸브의 손상을 방지하는 등의 조치를 하고 난폭한 취급을 하지 아니할 것.
⑭ 아세틸렌가스 충전 용기에 동, 또는 동의 함유량이 62% 이상인 동합금을 사용하지 아니할 것.
⑮ 안전 밸브는 그 성능이 용기의 내압시험 압력의 80% 이하 압력에서 작동할 수 있는 것일 것. (산소는 170kg_f/cm^2 이상에서 작동)
⑯ 산소 저장 설비 주위 5m 이내에서는 화기를 취급해서는 아니되며 작업에 필요한 양 이상의 연소하기 쉬운 물질을 두지 아니할 것.
⑰ 고압가스 충전용기 밸브는 천천히 개폐하고 밸브 또는 배관을 가열 할 때에는 열습포나 섭씨 40℃ 이하의 더운물을 사용할 것.
⑱ 아세틸렌의 경우 내압시험 압력은 최고충전압력 수치의 3배로 한다.
⑲ 압축기는 각인 내압 시험 압력의 3/5 이하 압력일 것.
⑳ 아세틸렌 용기의 다공질 물질은 다공질 물질을 가득 채우고 다공도가 75~92% 미만의 경우를 합격으로 한다.

표 8-2 일반 용기

가스의 종류	도색구분	가스종류	도색구분
산 소	녹 색	아 세 틸 렌	황 색
수 소	주 황 색	액화암모니아	백 색
액화탄산가스	청 색	액 화 염 소	갈 색
액화석유가스	회 색	기타의 가스	회 색

PART 2

기계 제도

제1장_ 제도 통칙
제2장_ KS 도시기호
제3장_ 도면 해독

용접 · 특수용접기능사 필기

CHAPTER 01 제도 통칙

1-1. 일반사항(도면양식, 척도, 문자 등)

1. 제도

제도(drawing)란 선, 문자, 기호 등을 사용하여 도면을 작성하는 작업으로 물건의 형상, 크기, 재료, 가공법, 구조 등을 일정한 법칙과 규약에 따라서 정확, 간결, 명료하게 표시하여 전달하는 것이다.

(1) 제도 규격

우리 나라에서는 1962년에 공업 표준화법이 공포됨에 따라 한국공업규격(KS : Korean Industrial Standards)이 제정되어 설계자의 의도를 설명하지 않더라도 쉽게 이해할 수 있게 되어 있다.

표 1-1 KS의 부문과 부문기호

부 문	부문기호	부 문	부문기호	부 문	부문기호
기 본	A	금 속	D	일용품	G
기 계	B	광 산	E	식료품	H
전 기	C	토 목	F	섬 유	K

2. 제도 용지

(1) 도면의 크기

① 제도 용지의 크기는 KS A0106(종이의 재단치수) A열의 A0~A4에 따른다.
② 도면은 그 길이 방향을 좌·우 방향으로 놓은 위치를 정 위치로 한다. 다만, A4 이하 도면은 이에 따르지 않아도 좋다.
③ 도면의 테두리를 만들 때에는 여백을 [그림 1-1]과 같이 표시하고, [표 1-3]에 따른다.
④ 모든 복사 사진의 경우에도 [표 1-2]와 [표 1-3]에 따른다.
⑤ 도면을 접을 때에는 접음의 크기는 A4를 원칙으로 한다.

표 1-2

	A 열		A 열		A 열
A_0	841×1189	A_2	420×594	A_4	210×297
A_1	594×841	A_3	297×420	A_5	148×210

표 1-3

제도지의 치수		A_0	A_1	A_2	A_3	A_4
$a \times b$		841×1189	594×841	420×594	297×420	210×297
c(최소)		20	20	10	10	10
d(최소)	철하지 않을 때	20	20	10	10	10
	철할 때	25	25	25	25	25

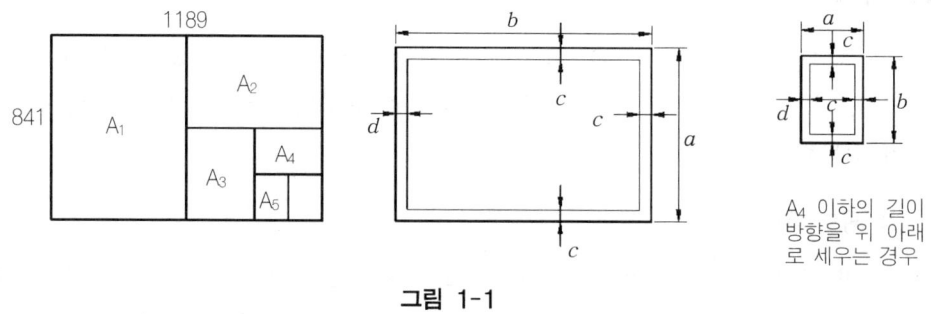

그림 1-1

(2) 척도

물체를 도면에 표시하는 크기의 비율을 척도라 한다. 척도에는 현척, 축척, 배척의 3종류가 있다.

① 척도의 종류

㉮ 현척(full Scale) : 도형의 크기를 실물의 크기와 같게 그린다. 실척이라고도 한다.
㉯ 축척(contraction) : 실물보다 도형을 작게 그리는 것으로 그리는 비율로 물품의 형상, 치수, 구조에 따라 도형이나 치수가 명시될 수 있는 축척을 선정한다.
㉰ 배척(enlarged scale) : 실물보다 도형을 크게 그리는 비율로, 소형이면서 형상이 복잡한 구조 품에 많이 적용된다.

② 척도의 표시

㉮ 도면에는 척도를 기입하여야 한다. 만일, 한 도면에 서로 다른 척도를 사용하였을 때는 각 도면마다 또는 표제난의 일부에 척도를 기입하여야 한다. 그림의 형태가 치수에 비례하지 않을 때는 비례가 아님 또는 NS(Not to Scale)로 표시한다.
㉯ 사진으로 축소 또는 확대하는 도면에는 그 척도에 의해서 자의 눈금의 일부를 기입하여야 한다.
㉰ 척도의 종류는 실척, 축척, 배척으로 구분하며 다음과 같은 종류가 있다.

표 1-4 축척, 현척 및 배척의 값

척도의 종류	난	값
축 척	1	1:2 1:5 1:10 1:20 1:50 1:100 1:200
	2	1:$\sqrt{2}$ 1:2.5 1:2$\sqrt{2}$ 1:3 1:4 1:5$\sqrt{2}$ 1:25 1:250
현 척	-	1:1
배 척	1	2:1 5:1 10:1 20:1 50:1
	2	$\sqrt{2}$:1 2.5$\sqrt{2}$:1 100:1

1-2. 선의 종류 및 용도와 표시법

1. 선과 문자

(1) 선

① 모양에 의하여 분류한 선의 종류는 원칙으로 다음의 4종류로 한다.
  ㉮ 실   선 ──────── 연속된 선
  ㉯ 파   선 ──────── 짧은 선을 약간의 간격으로 섞어서 나열한 선
  ㉰ 1점 쇄선 -·-·-·-·-·- 선과 1개의 점을 서로 섞어서 나열한 선
  ㉱ 2점 쇄선 -··-··-··- 선과 2개의 점을 서로 섞어서 나열한 선
  ㉠ 실선은 외형 부분의 모양을 표시하는 선(외형선[A], 파단선[C])등에 사용하며, 치수선(B), 치수 보조선(B), 지시선(B), 해칭선(B)에는 가는 선을 사용한다.

표 1-5

종 류	구 분		명 칭	용 도
실 선	A	───	굵은 실선	외형선
	B	───	가는 실선	치수선, 해칭선
	C	∼∼∼	자유 실선	부분 생략 또는 부분 단면의 경계
파 선	D	- - - -	파선	보이지 않는 외형선
쇄 선	E	─·─·─	가는 일점 쇄선	중심선, 물체 또는 도형의 대칭선
	F	─··─··─	가는 이점 쇄선	가상 외형선 인접한 외형선 가동 물체의 회전 위치선
	G	━─·─━	절단부 쇄선(양끝이 굵은 선에 중간은 가는 쇄선)	회전 단면 외형선 절단 평면 위치
	H	━─·─━	굵은 일점 쇄선	표면 처리 부분

ⓛ 파선(B)은 보이지 않는 부분의 모양을 표시하는 선에 사용한다.
ⓒ 쇄선은 중심선(E), 인접 외형선(F), 회전 단면 외형선(F), 절단 부 쇄선(G), 경계선, 기준선 등에 사용한다.

② 굵기에 의하여 분류한 선의 종류는 다음 3종류로 한다.
　㉮ 가는 선(thin line) : 굵기가 0.18~0.5mm인 선
　㉯ 굵은 선(thick line) : 굵기가 0.35~1mm인 선(가는 선의 2배 정도)
　㉰ 아주 굵은 선(thicker line) : 굵기가 0.7~2mm인 선(가는 선의 4배 정도)

③ 용도에 의하여 분류한 선의 종류는 원칙적으로 [표 1-6]에 따른다.

표 1-6 선의 종류 및 용도

선의 종류	용도에 의한 명칭	선의 용도
굵은 실선	외형선	대상물의 보이는 부분의 겉모양을 표시한 선
가는 실선	치수선 치수 보조선 지시선 회전 단면선 중심선 수준면선	치수를 기입하기 위한 선 치수를 기입하기 위하여 도형에서 인출한 선 지시, 기호 등을 나타내기 위하여 인출한 선 도형 내에 그 부분의 절단면을 90° 회전시켜서 나타내는 선 도형의 중심을 나타내는 선 수면, 액면 등의 위치를 나타내는 선
가는 파선 또는 굵은 파선	숨은선	대상물의 보이지 않는 부분의 모양을 표시하는 선
가는 1점 쇄선	중심선 기준선 피치선	(1) 도형의 중심을 나타내는 선 (2) 중심이 이동한 중심 궤적을 나타내는 선 특히, 위치 결정의 근거임을 명시하기 위할 때 쓰이는 선 반복 도형의 피치를 잡는 기준이 되는 선
굵은 1점 쇄선	기준선 특수지정선	기준선 중 특히 강조하는 데 쓰이는 선 특수한 가공을 하는 부분 등 특별한 요구 사항을 적용할 범위를 나타내는 선
가는 2점 쇄선	가상선 무게 중심선	(1) 인접하는 부분 또는 공구, 지그 등을 참고로 표시하는 선 (2) 가공 부분을 이동 중의 특정 위치 또는 이동 한계의 위치를 나타내는 선 단면의 무게 중심을 연결하는 선
파형의 가는 실선 지그재그의 가는 실선	파단선	대상물의 일부를 파단한 경계 또는 일부를 떼어 낸 경계를 표시하는 선
가는 1점 쇄선과 선의 끝 및 방향이 변화되는 부분을 굵게 한 선이 조합된 선	절단선	단면도를 그리는 경우 그 절단 위치를 대응하는 그림을 나타내는 선
가는 실선으로 규칙적으로 빗줄을 그은 선	해칭선	단면도의 절단면을 나타내는 선

1-3. 투상법 및 도형의 표시방법

물체의 형상을 평면 위에 그림으로 표시하는 방법, 종류에는 투시도법, 사투상도법, 정투상도법이 있다.

1. 투시도법

눈으로 본 그대로의 형태로서 원근감을 갖도록 표시한 도법으로 투상선이 한 점에 집중하도록 그린 투상

2. 사투상도법

물체를 원근에 차를 두지 않고 입체적으로 표시한 도법으로 등각 투상도, 부등각 투상도, 사향도 등이 있다.

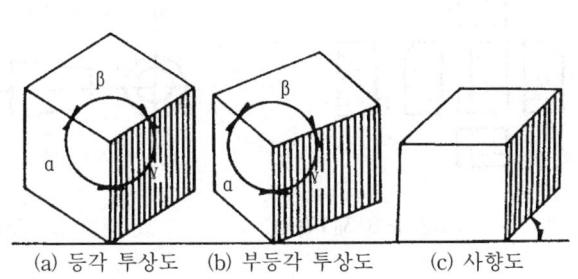

그림 1-2 사투상도법

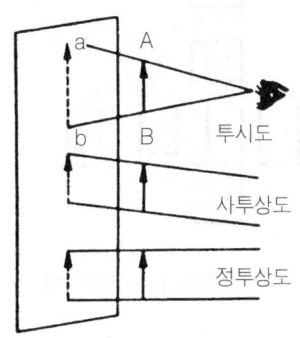

그림 1-3 투상법의 원리

3. 정투상도법

물체의 각 면을 하나하나 분해해서 도형으로 배치하여 지면에 그리는 것.

(1) 제1각법과 제3각법

투상도법의 종류에는 제1각법과 제3각법이 있으며, 보통 기계제작 도면은 제3각법을 표준으로 한다. 그러나 조선, 건축제도에는 제1각법을 사용한다. 그림에서 제1각 위에 물체의 도형을 표시하는 방법을 제1각법, 제3각법의 공간에 물체를 놓고 투상면 위에 물체를 표시하는 방법을 제3각법이라 한다.

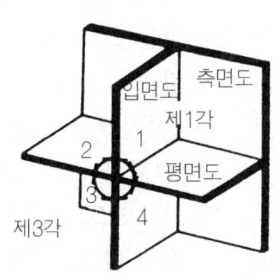

그림 1-4 공간의 구분

① 제3각법의 이점
　㉮ 정면도의 표현이 합리적이다.
　㉯ 치수기입이 합리적이다.
　㉰ 보조투상이 용이하다.

(2) 투상법

① 투상법은 제3각법 [그림 1-5]에 따르는 것을 원칙으로 한다. 다만, 필요한 경우에는 제1각법과 [그림 1-6]에 따를 수도 있다.
② 제3각법인가 제1각법인가의 구별을 필요로 하는 경우에는 도면 내의 적당한 위치에 "제3각법" 또는 "제1각법"이라 기입한다. 다만, 글자 대신 [그림 1-7]의 기호를 사용하여도 좋다.

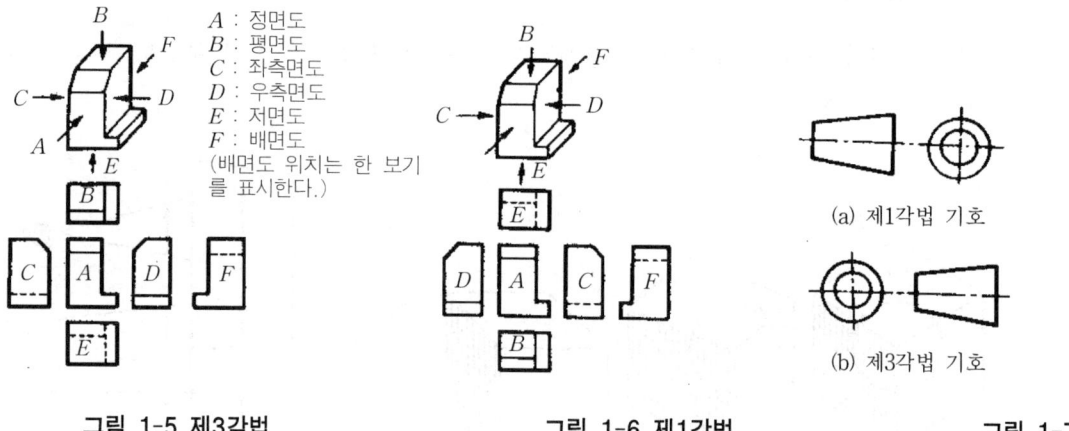

그림 1-5 제3각법　　　　　그림 1-6 제1각법　　　　　그림 1-7

③ 물체의 모양과 기능을 가장 뚜렷이 나타내는 면을 정면도로 선택하고, 이것을 기초로 하여 좌측면도, 우측면도, 평면도, 저면도, 배면도 등을 그린다. 이들의 도면의 배치는 [그림 1-5] 또는 [그림 1-6]에 따른다. 지면의 관계로 이 배치에 의하지 않을 때는 그 취지를 주서로서 표시한다. [그림 1-7]
④ 제작도에 있어서는 그 물체의 가장 가공량이 많은 공정을 기준으로 하여, 가공할 때에 있어서의 상태도 같은 방향으로 그리는 것이 좋다. 보기를 들면, 선삭하는 물체에서는 그 중심선을 수평으로 하고, 또한 작업의 중점이 우측의 위치에 있게 한다. [그림 1-8(a),(b)]
　평면절삭인 것은 그 길이 방향을 수평으로 하고, 가공 면이 도면의 표면에 나타나게 [그림 1-8(c)] 그리는 것이 좋다.
⑤ 좌측면도, 우측면도, 평면도, 저면도, 배면도 등의 보충 도면의 수는 될 수 있는 대로 적게 하고, 정면도만으로 표시할 수 있는 것에 대하여는 다른 그림은 그리지 않는다. [그림 1-9]

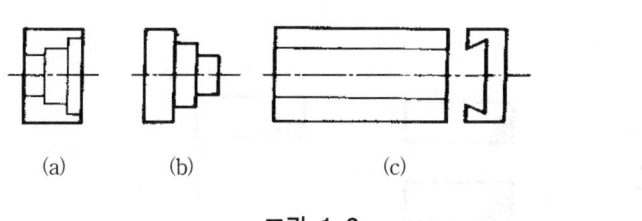
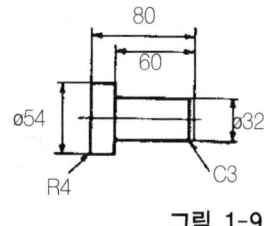

그림 1-8   그림 1-9

(3) 국부 투상도

물체의 한 국부의 형체만을 도시하는 것으로 충분한 경우에는, 그 필요부분을 국부 투상도로서 표시한다. [그림 1-10]

(4) 보조 투상도

① 물체의 경사면의 실형을 도시할 필요가 있을 경우에는, 그 경사면과 맞서는 위치에 필요 부분만을 보조 투상도로서 표시한다. [그림 1-11]

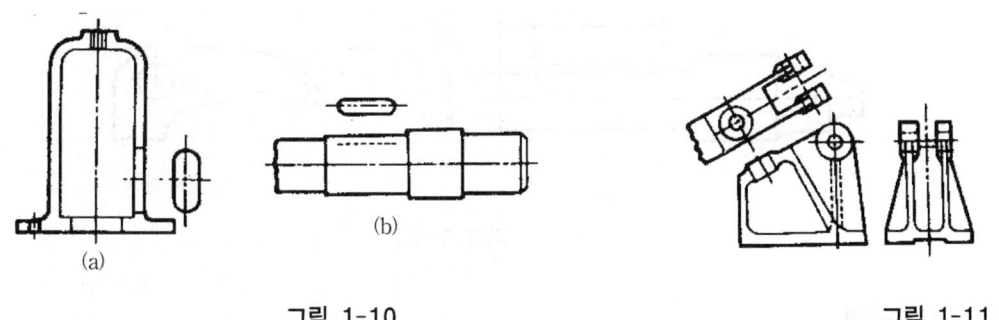

그림 1-10   그림 1-11

(5) 관용 도시법

① 일부가 특정한 형체로 되어 있는 것은 되도록 그 부분이 그림의 위쪽에 나타나도록 그리는 것이 좋다. 보기를 들면, 키 홈을 가지는 보스 구멍, 벽에 구멍 또는 홈을 가지는 관과 실린더, 한 곳이 잘려진 링 등을 도시할 때에는 [그림 1-12]의 보기에 의하는 것이 좋다.

② 면이 평면인 것을 나타낼 필요가 있는 경우에는 가는 실선으로 대각선을 기입한다. [그림 1-13]

그림 1-12   그림 1-13

③ 널링 가공한 부품, 철사 망 및 무늬 강판 등을 표시할 경우에는 각각 [그림 1-14]의 표시 방법에 따른다.

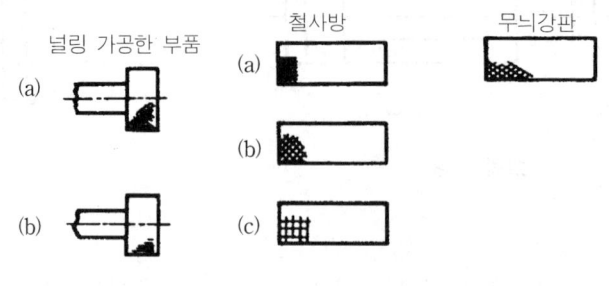

그림 1-14

④ 물체의 일부분에 특수한 가공을 하는 경우에는 그 범위를 외형선에 평행하게 약간 떼어서 그은 굵은 1점 쇄선에 의하여 표시할 수 있다. [그림 1-15] 또한 이 경우 특수한 가공에 관한 필요사항을 지시한다.

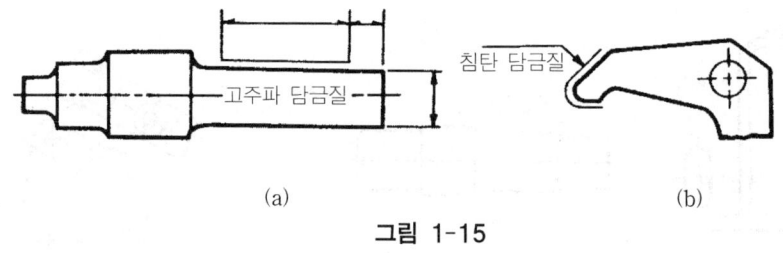

그림 1-15

4. 단면도법

물체 내부의 형상 또는 구조가 복잡한 경우 이것을 일반 투상법으로 표시하면 수 많은 선이 사용되어 그림이 명백하지 않아 어렵다. 이러한 경우에 물체의 내부를 자세히 나타낼 필요가 있는 부분을 절단하였다고 생각하여 도시하는 도면을 단면도라 한다.

(1) 단면의 종류

그림 1-16 전단면 그림 1-17 부분단면 그림 1-18 계단단면 그림 1-19 반단면

① 얇은 물체의 단면 : 개스킷 박판, 형강 등에서 그려질 단면이 얇은 경우에는 특히 굵게 그린 한 줄의 실선으로 표시할 수가 있다. 이들 단면이 인접하여 있는 경우에는 이들을 표시하는 선 사이에 약간의 간격을 두어야 한다. [그림 1-21]

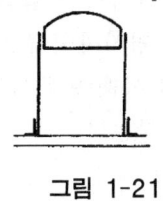

그림 1-21

5. 해칭

단면에는 필요할 때 해칭 또는 단면 전부 또는 주위를 청색 또는 적색 연필로 얇게 칠하는 스머징을 할 수 있다.

단면에 해칭을 할 때에는 기본 중심선에 대하여 45° 가는 실선으로 등 간격(2~3mm)으로 표시하며, 인접한 단면에 해칭은 선의 방향 또는 각도를 바꾸든지, 그 간격을 변경하여 구별한다. [그림 1-22]

해칭을 45°로 하여 분간하기 어려울 때는 가로, 세로 기타 임의의 각도로 표시하여도 좋다. [그림 1-23]

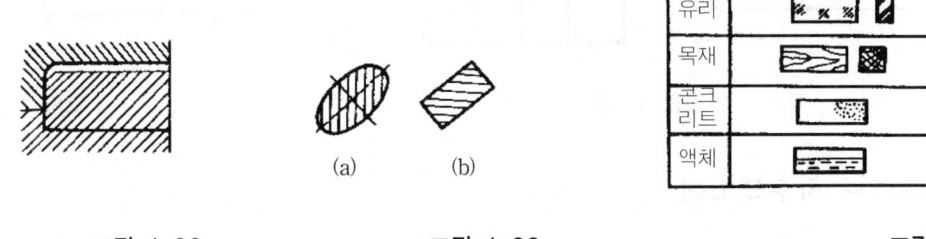

그림 1-22   그림 1-23   그림 1-24

비금속 재료의 단면으로 특히 재질을 표시할 필요가 있을 때에는 위의 규정에도 불구하고, 원칙적으로 [그림 1-24]의 표시 방법에 따른다. 이 경우에도 부품도에는 재질을 따로 글자로 기입한다. 겉모양을 표시할 때도 이에 따라도 좋다.

1-4. 치수의 표시방법

도형을 잘 그렸다 하더라도 치수를 잘못 기입하면 정확한 제품을 만들 수 없다. 따라서 치수를 기입할 때에는 세심한 주의를 하여 정확하고 보기 쉬운 치수를 기입해야 한다.

1. 치수

(1) 치수는 특별히 명시하지 않는 한 마무리 치수를 표시한다.
(2) 길이의 치수는 모두 mm의 단위로 기입하고, 단위 기호를 쓰지 않는다. 다만, 단위가 mm가 아닌 때에는 이것을 명시하여야 한다. 또, 소수점은 아래쪽 숫자를 적당하게 떼어서 그 중간에 약간 크게 아래쪽에 찍는다. 또, 치수 숫자의 자릿수가 많은 경우에도 3자리마다 콤마를 찍지 않는다.
  <보기> 125.35, 12.00, 12120
(3) 각도는 보통 도로 표시하고, 필요할 때는 분 및 초를 병용할 수가 있다. 도, 분, 초를 표시하는 때에는 오른쪽 위에 °, ′, ″를 기입한다.
  <보기> 90°, 22.5°, 3′21″, 0°15′, 6°21′5″, 8°0′52″
④ 치수 숫자 대신 기호 글자를 사용하여도 좋다. 이 경우, 그 수치를 별도로 표시한다.
  [그림 1-25]

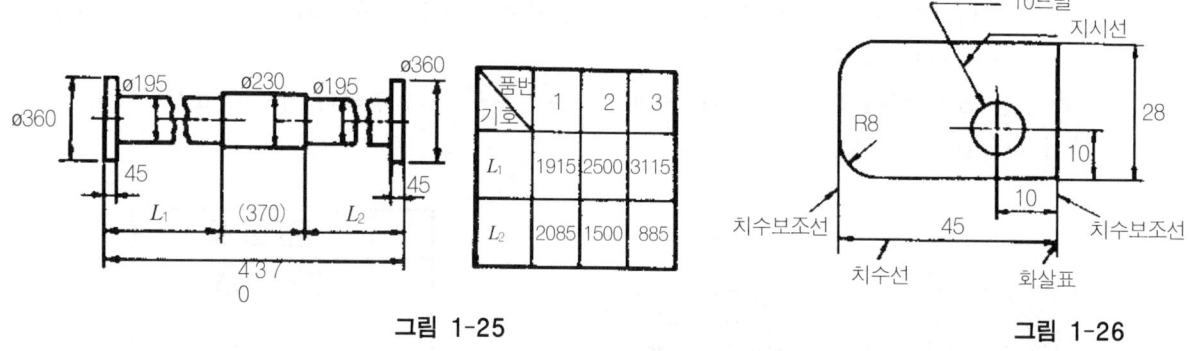

그림 1-25   그림 1-26

2. 치수선과 치수보조선

(1) 길이의 치수를 기입할 때, 치수선을 중단하지 않고, 수평 방향의 치수선에 대하여는 위쪽을 향하고, 수직 방향의 치수선에 대하여는 왼쪽을 향하고, 치수선의 위쪽의 치수선에 따라 치수 숫자를 치수선에서 약간 떼어서 쓴다.
  또, 경사 방향의 치수선에 대하여도 이에 준하여 쓴다.[그림 1-27]
  또, 치수보조선의 사이가 좁아서 치수 숫자를 기입할 여지가 없을 때는 지시선을 사용하든지, 치수선의 아래쪽에 치수 숫자를 기입하여도 좋고[그림 1-28(b),(d)], 또는 상세도를 그려 이것을 기입하여도 좋다.[그림 1-28(c)]
(2) 치수보조선은 치수선에 직각으로 긋고 치수선을 약간 (2~3mm) 넘도록 연장한다.
  [그림 1-27]
  치수 기입의 관계상 특히 필요한 경우에는 치수선에 대하여 적당한 각도로 치수보조선을 그을 수 있다. 이 경우 [그림 1-26]과 같이 될 수 있는 대로 치수선과 60도가 되도록 치수 보조선을 긋는 것이 좋다.

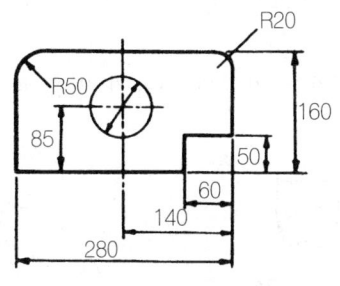

그림 1-27

(3) 치수선의 양끝에는 화살표를 붙인다.[그림 1-28(a)]
다만, 치수보조선의 사이가 좁아서 화살표를 붙일 여유가 없을 때는 화살표 대신 흑점을 사용하여도 좋다.[그림 1-28(b), (f)]

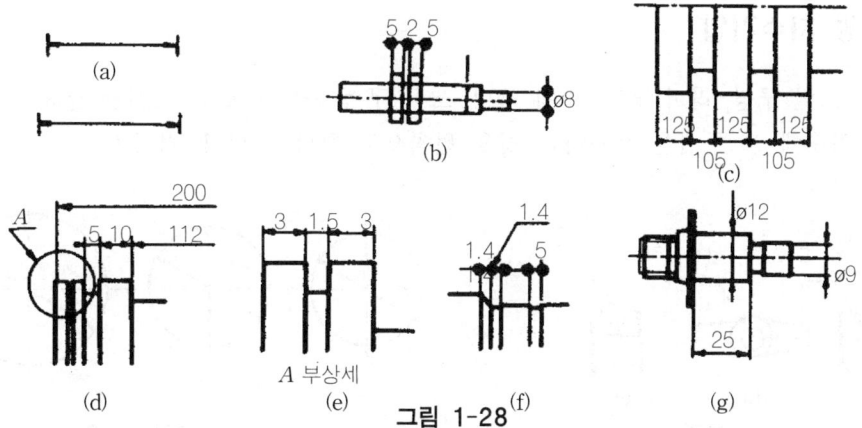

그림 1-28

3. 원호의 치수기입

(1) 현의 길이를 표시하는 치수선은 현에 평행인 직선으로 표시하고[그림 1-29], 호의 길이를 표시하는 치수선은 그 호와 동심의 원호로 표시한다.[그림 1-30]
특히, 현과 구별하여 호라는 것을 명시할 필요가 있을 때에는 치수 숫자의 위에 기호를 기입한다.[그림 1-31]
다만, 치수 숫자의 앞에 "현" 또는 "호"라고 부기하여도 좋다.
2개 이상이 있는 동심 호 중의 한 개의 호의 길이를 특별히 명시할 필요가 있을 경우에는 그 호로부터 치수 숫자에 대하여 지시선을 끌어내어 끌어낸 호의 쪽에 화살표를 붙인다.[그림 1-31]

(2) 원호의 반지름을 표시하는 치수선에는 호의 쪽에만 화살표를 붙이고 중심 쪽에는 붙이지 않는다.[그림 1-33(a)]

특히, 중심을 표시할 필요가 있는 경우에는 흑점 또는 +자로 그 위치를 표시한다. [그림 1-33(b)], [그림 1-33]

또 화살표와 치수 숫자를 기입할 여유가 없을 때는 [그림 1-33(c)]의 보기에 따른다.

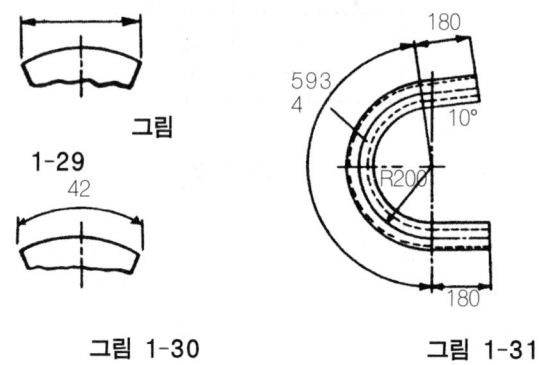

그림 1-29   그림 1-30   그림 1-31

4. 구멍 치수기입

(1) 드릴 구멍, 리머 구멍, 펀칭 구멍, 코어 구멍 등의 구별을 표시할 필요가 있을 때에는 치수에 그 구별을 부기하는 것을 원칙으로 한다.[그림 1-32, 33]

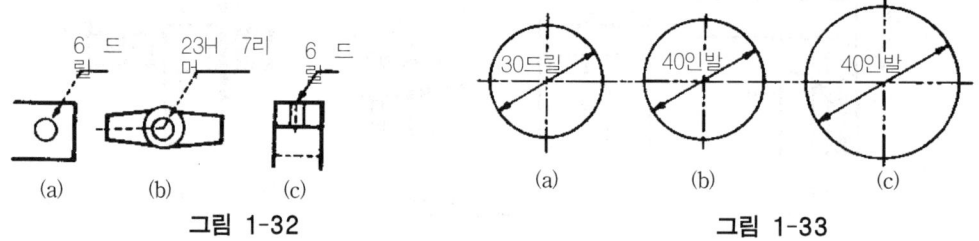

그림 1-32   그림 1-33

5. 치수 숫자에 붙는 기호

(1) 치수 숫자와 함께 사용하는 기호 및 그 기입 방법

표 1-7 치수 기호

구 분	기 호	구 분	기 호
지름	∅	45° 모따기	C
정사각형	□	판두께	t
반지름	R	피치 기호	p 또는 @
구면의 지름	구∅	평면 기호	
구면의 반지름	구 R		

① 지름의 기호(파이라고 부름) 및 정사각형의 기호 □(4각이라 부름)은 치수 숫자 앞에 치수 숫자와 같은 크기로 기입한다.[그림 1-34]
　　다만, 도형에서 뚜렷한 경우에는 이 기호를 생략하여도 좋다.
② 반지름의 기호 R은 치수 숫자의 앞에 치수 숫자와 같은 크기로 기입한다.[그림 1-35] 다만, 반지름을 표시하는 치수선을 원호의 중심까지 그을 때에는 이 기호를 생략하여도 좋다.
③ 구면을 표시할 때에는 치수 숫자의 앞에 치수 숫자와 같은 크기로 구 또는 구 R 이라 기입한다.[그림 1-36] 다만, 도형에서 뚜렷한 경우에는 이들 기호 또는 글자를 생략하여도 좋다.

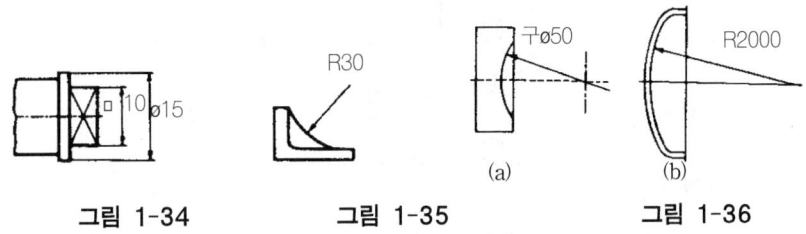

　　그림 1-34　　　　　그림 1-35　　　　　　　그림 1-36

④ 45° 모따기의 기호 C는, 치수 숫자 앞에 치수 숫자와 같은 크기로 기입한다.
⑤ 판의 두께를 도시하지 않고 표시할 때에는 판의 부근 또는 그 면의 치수 숫자 앞에 치수 숫자와 같은 크기로 t라 기입한다.
⑥ 리벳의 피치를 표시하는 기호는 p 또는 @를 치수 숫자 앞에 써서 표시한다.
　　<보기> p= 100.5×@100=500
　　또한, 필요에 따라 "피치원(바깥 원둘레, 피치선)을 몇 등분"이라고 기입한다.

6. 형강 및 치수기입

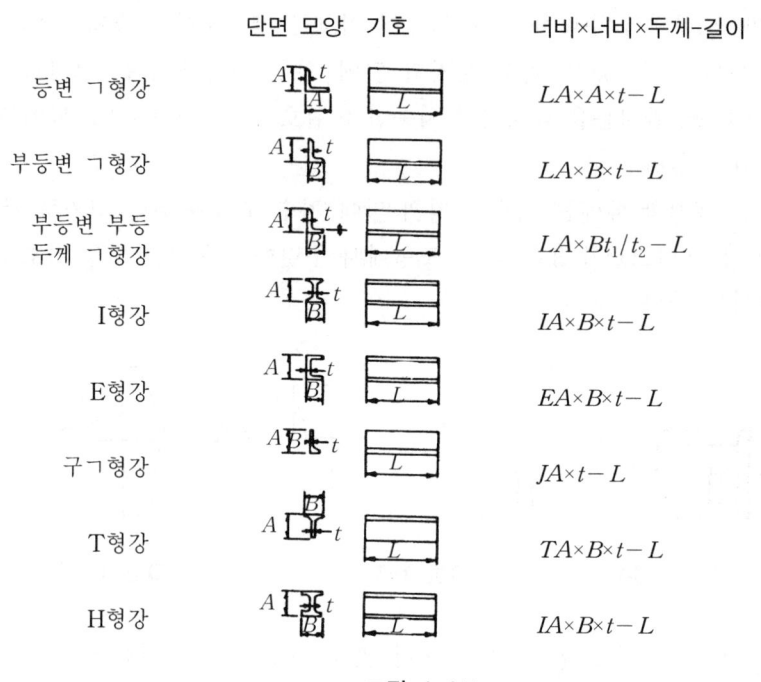

그림 1-37

7. 규정 이외의 치수기입

(1) T형관 이음, 밸브 케이싱, 콕 등의 플랜지와 같이 1개의 물품에 똑같은 치수의 부분이 2개 이상 있는 경우에는 치수는 그 중 한 곳에만 기입하면 된다. 이 때, 필요에 따라 치수를 기입하지 않은 플랜지도 동일 치수인 것이라는 주서를 쓴다.[그림 1-38]

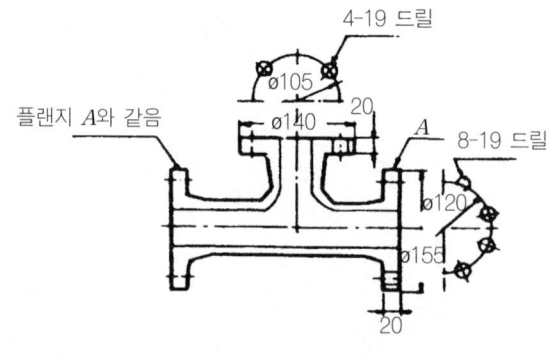

그림 1-38

1-5. 체결용 기계요소 표시법

1. 나 사

(1) 나사의 도시법

① 수나사의 바깥지름, 암나사의 안지름은 굵은 실선으로 표시한다.
② 암나사, 수나사의 골은 외형선보다 가는 실선으로 그린다.
③ 불완전 나사 부를 표시하는 경계선은 굵은 실선으로 한다.
④ 보이지 않는 부분의 나사는 외형선의 약 1/2 정도 크기의 파선으로 그린다.
⑤ 수나사와 암나사의 끼워 맞추어진 부분은 수나사로 표시한다.
⑥ 나사부의 단면을 해칭하는 경우는 나사산까지 하여야 한다.
⑦ 불완전 나사부의 골을 나타내는 선은 축선에 대하여 30°의 가는 실선으로 그린다.

(2) 나사의 호칭

나사의 호칭은 나사의 종류를 나타내는 기호, 나사의 지름을 나타내는 숫자 및 피치 또는 1인치(25.4mm) 안에 들어 있는 나사산의 수로 호칭한다.

① 피치를 mm로 나타내는 경우

| 나사의 종류를 나타내는 기호 | 나사의 지름을 나타내는 숫자 | × | 피치 |

단, 미터 보통나사와 같이 같은 지름에 대하여 피치가 단지 하나로 규정되어 있는 나사에서는 피치를 생략한다. 그러나 M3, M4, M5는 당분간 피치를 붙여 나타낸다.
예를 들면 M3×0.5, M4×0.7

② 피치를 산의 수로 나타내는 나사(유니파이 나사는 예외)의 경우

| 나사의 종류를 나타내는 기호 | 나사의 지름을 나타내는 숫자 | - | 산의 수 |

예를 들면 $W\dfrac{3}{4}-16$

2. 리 벳

(1) 리벳의 종류

리벳 이음(rivet joint)은 보일러, 물 탱크, 교량 등과 같이 철판과 형강을 영구적으로 접합하는데 사용한다.

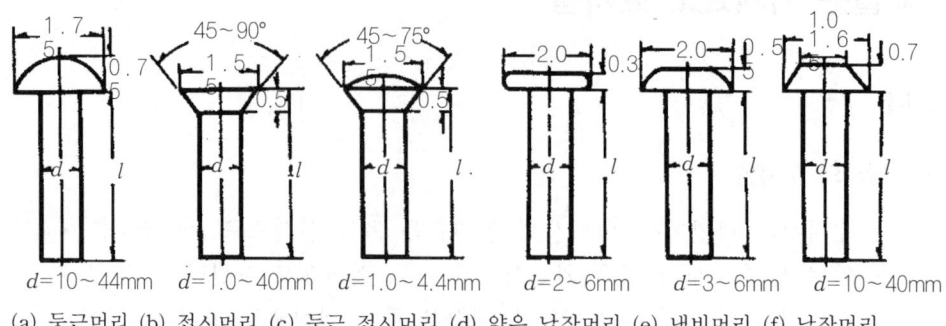

(a) 둥근머리 리벳 (b) 접시머리 리벳 (c) 둥근 접시머리 리벳 (d) 얇은 납작머리 리벳 (e) 냄비머리 리벳 (f) 납작머리 리벳

그림 1-39 리벳의 종류

(2) 리벳 이음의 제도

① 구조물에 쓰여 지는 리벳은 기호로써 표시한다.
② [그림 1-41]은 리벳 이음의 치수 기입 보기이다.

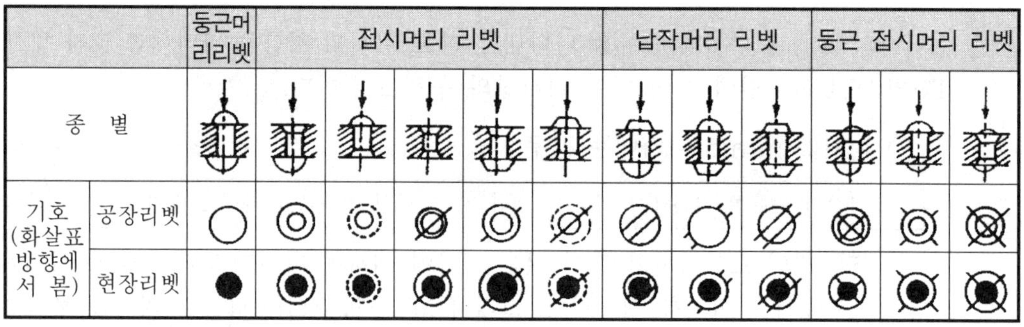

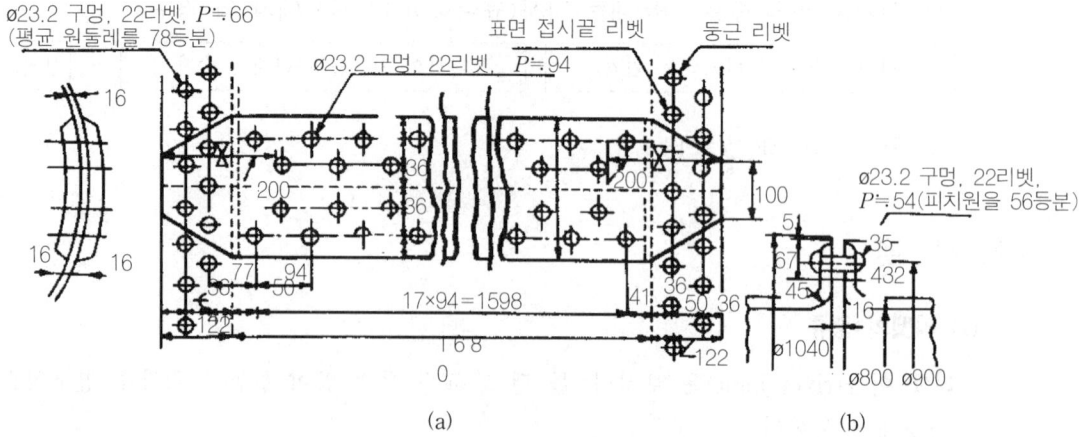

그림 1-40 리벳의 기호

그림 1-41 리벳 이음의 치수기입

CHAPTER 02 KS 도시기호

2-1. 용접 기호

1. 용접기호와 표시법

용접 기호는 기본 기호와 보조 기호가 있으며, [표 2-1]과 같다.

용접 기호와 치수는 [그림 2-1]과 같은 설명선을 사용하여 기입한다. 설명선은 용접부를 지시하는 인출선과 기호 및 치수를 기입해 넣는 기선으로 이루어지며, 필요하면 꼬리를 붙인다. 용접 기호 및 치수 기입표의 표준위치는 [그림 2-2]와 같으며, 기재 요령은 다음과 같다.

(1) 용접 기호는 비이드 및 살 올리기를 제외하고는 원칙적으로 두 부재 사이의 접합부의 용접 종류를 표시하는 것으로 한다.
(2) 용접 기호는 치수와 같이 설명선에 기재한다.
(3) 기호 및 치수는 용접하는 쪽이 화살이 붙은 쪽인 경우에는 기선의 아래쪽에 반대쪽인 경우에는 기선의 위쪽에 기재한다.

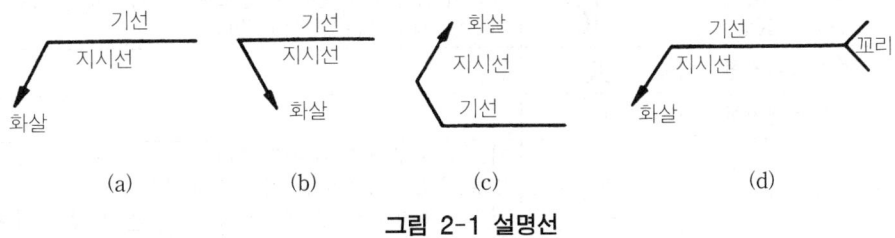

그림 2-1 설명선

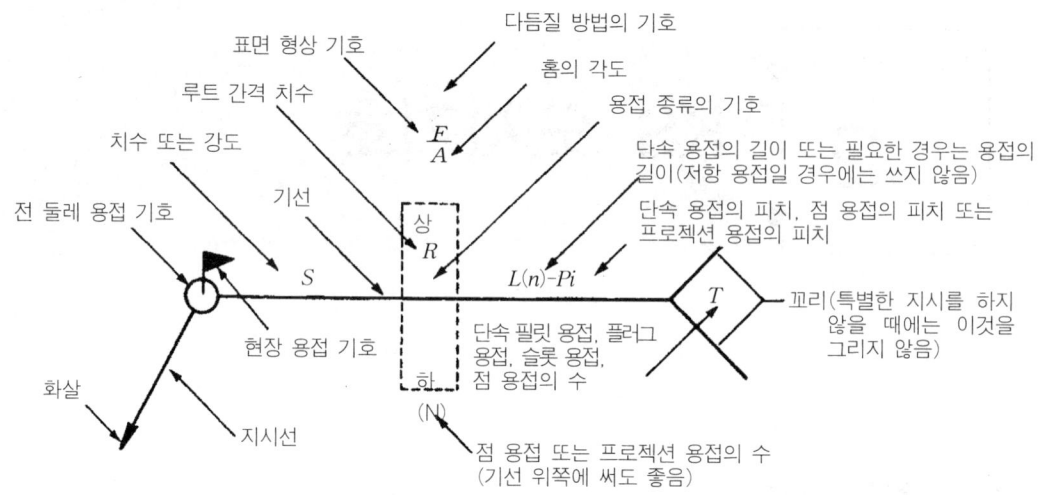

그림 2-2 용접 기호 및 치수기입의 표준위치

표 2-1 용접 기호

용접부의 모양	기본기호	비 고
I형	||	업셋 용접, 플래시 용접, 마찰 용접 등을 포함한다.
V형, 양면 V형(X형)	∨	X형은 설명선의 기선(이하 기선이라 한다)에 대칭으로 이 기호를 기재한다. 업셋 용접, 플래시 용접, 마찰 용접 등을 포함한다.
V형, 양면 V형(K형)	V	K형은 기선에 대칭으로 이 기호를 기재한다. 기호의 세로선은 왼쪽에 쓴다. 업셋 용접, 플래시 용접, 마찰 용접 등을 포함한다.
J형, 양면 J형	⊍	양면 J형은 기선에 대칭으로 이 기호를 기재한다. 기호의 세로선은 왼쪽에 쓴다.
U형, 양면 U형(H)	⋎	H형은 기선에 대칭으로 이 기호를 기재한다.
플레어 V형 플레어 X형	⌒⌒	플레어 X형은 기선에 대칭으로 이 기호를 기재한다.
플레어 v형 플레어 K형	⎸⌒	플레어 K형은 기선에 대칭으로 이 기호를 기재한다. 기호의 세로선은 왼쪽에 쓴다.
양쪽 플랜지형	)(	
한쪽 플랜지형	)⎸	
필 릿	◺	기호의 세로선은 왼쪽에 쓴다. 병렬 용접일 경우에는 기선에 대칭으로 이 기호를 기재하고 지그재그 용접일 경우에는 ◺ ◹ 와 같은 기호를 사용할 수 있다.
플러그, 슬롯	⊓	
비드, 살돋음	⌒	살돋음 용접일 경우에는 이 기호 2개를 나란히 기재한다.
점, 프로젝션, 심	✱	겹치기 이음의 저항 용접, 아크 용접, 전자 빔 용접 등에 의한 용접부를 나타낸다. 다만, 필릿 용접은 제외한다. 심 용접일 경우에는 이 기호를 2개 나열하여 기재한다.

구 분		보조기호	비 고
용접부의 표면모양	평 탄	——	기선을 기준으로 표면이 평탄하다.
	볼 록	⌢	기선의 바깥쪽을 향하여 볼록하다.
	오 목	⌣	기선의 바깥쪽을 향하여 오목하다.
용접부의 다듬질 방 법	치 핑	C	줄가공일 경우
	연 삭	G	그라인더 다듬질 경우
	절 삭	M	기계 다듬질일 경우
	지정하지 않음	F	특별히 지정하지 않을 때
현장 용접 전체둘레 용접 전체둘레 현장 용접		▶ ○ ⌀	전체둘레 용접이 분명할 때는 생략하여도 좋다.
비 파 괴 시 험 방 법	방사선 투과 시험　일 반 　　　　　　　　2중벽촬영	RT RT-W	일반적으로 용접부에 방사선 투과 시험 등 각 시험방법을 표시할 뿐 내용을 표시하지 않을 경우, 각 기호 이외의 시험에 대하여는 필요에 따라 적당한 표시를 할 수 있다. <보기> 누설 시험 LT 변형 측정 시험 ST 육안 시험 VT 어쿠스틱에미션 시험 AET 와류 탐상 시험 ET
	초음파 탐상 시험　일 반 　　　　　　　　수직시험 　　　　　　　　경사각탐상	UT UT--N UT-A	
	자기분말 탐상 시험　일 반 　　　　　　　　　형광탐상	MT MT-F	
	침투 탐상 시험　일 반 　　　　　　　형광탐상 　　　　　　　비형광탐상	PT PT-F PT-D	
	전체선 시험	○	각 시험기의 기호 뒤에 붙인다.
	부분 시험(샘플링 시험)	△	

표 2-2 각종 용접 기호 기입 보기(1)

I형 홈 용접	기호	‖	수직 나란하게 한다.
용접부	실제모양	도면표시	
화살쪽			
화살반대쪽			
양쪽			

I형 홈 용접	기호	II	기호의 각도는 90°로 한다.
용접부	실제모양		도면표시
루트 각격 2[mm]의 경우			
루트 간격 2[mm]의 경우			

V형 홈 용접	기호	V	기호의 각도는 90°로 한다.
용접부	실제모양		도면표시
화살쪽			
화살 반대쪽			
홈의 깊이 16mm 홈의 각도 60° 루트 간격 2mm의 경우			
받침쇠를 사용, 판재의 두께 12mm, 홈의 각도 45° 루트 간격 4.8mm, 다듬질 방법이 절삭인 경우			
부분 용입 용접 판두께 12mm 그루브 각도 60° 루트 간격 0mm인 경우			

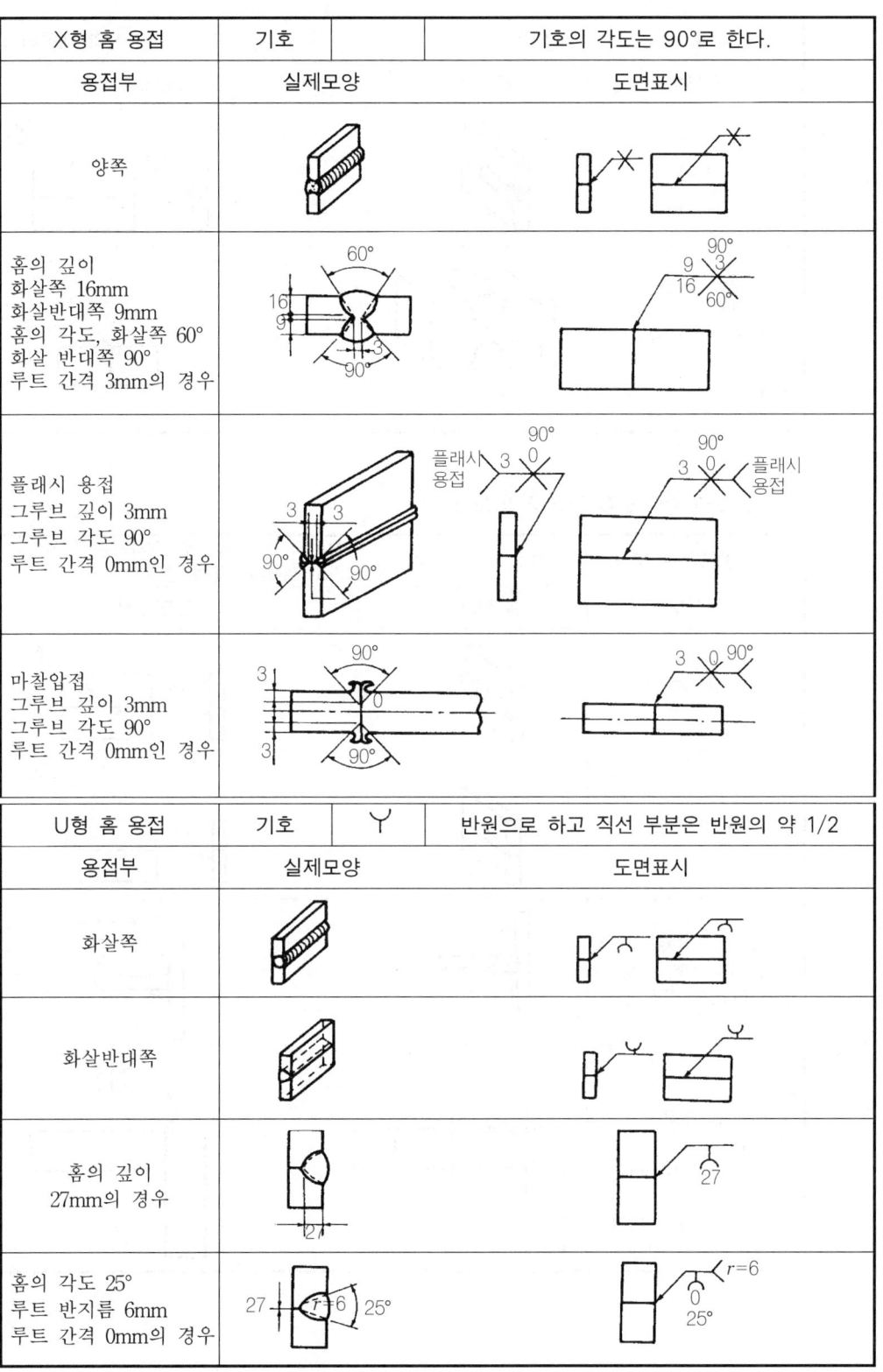

H형 홈 용접	기호	⊻	U형 홈 용접 기호 표시의 대칭이다.
용접부	실제모양		도면표시
양쪽			
홈의 깊이 25mm 홈의 각도 25° 루트 반지름 6mm 루트 간격 0mm의 경우			

표 2-3 각종 용접 기호 기입 보기(2)

V(베벨)형 홈 용접	기호	V	수직선과 이와 45°로 교차하는 직선으로 그리고 높이를 같게 한다.
용접부	실제모양		도면표시
화살쪽			
화살반대쪽			
T이음 받침쇠를 사용한 홈의 각도 45°, 루트 간 격 6.4mm의 경우			
각이음 부분 용입 용접 판두께 25mm 그루브 깊이 10mm 그루브 각도 45° 루트 간격 0mm인 경우			

K형 홈 용접	기호	K	V형 홈 용접 기호 표시의 대칭이다.
용접부	실제모양		도면표시
양쪽			
화살쪽 홈의 깊이 16mm 홈의 각도 45° 화살반대쪽 홈의 각도 45° 루트 간격 2mm의 경우			
T이음 홈의 깊이 10mm 홈의 각도 45° 루트 간격 2mm의 경우			

J형 홈 용접	기호	⌐	수직선과 1/4 원으로 그리고 원 바깥쪽의 직선 부분은 반지름의 약 1/2
용접부	실제모양		도면표시
화살쪽			
화살반대쪽			
홈각도 35° 홈 깊이 28mm 루트 간격 2mm의 경우 루트 반지름 13mm			

양면 J형 홈 용접	기호	〕〔	J형 홈 용접 기호 표시의 대칭이다.
용접부	실제모양		도면표시
양쪽			
홈의 깊이 24mm 홈의 각도 35° 루트 반지름 12mm 루트 간격 3mm의 경우			

플레어 V형 플레어 X형 홈 용접	기호	〕〔	플레어 V형은 2개의 1/4 원을 서로 등지게 그린다. 플레어 X형은 2개의 반원을 서로 등지게 그린다.
용접부	실제모양		도면표시
화살쪽			
화살반대쪽			
양 쪽			

플레어 V형 플레어 K형	기호	〕〔	플레어 V형은 직선과 1/4 원으로 그린다. 플레어 K형은 직선과 반원으로 그린다.
용접부	실제모양		도면표시
화살쪽 또는 앞쪽			
화살반대쪽 또는 건너쪽			
양 쪽			

필릿	연속(1)	기호	△	직각 이등변 삼각형으로 그린다.
용접부	실제모양			도면표시
화살쪽 다리 길이 6mm일 경우				
다리 길이가 다를 경우, 작은 쪽 다리 길이의 치수를 앞에, 큰 쪽의 다리 길이를 뒤에 쓰고 ( )를 붙인다. 이 경우 길이가 다른 다리의 방향을 알 수 있도록 기입한다.				
용접 길이 400mm일 경우				
양쪽 다리 길이 6mm일 경우 기선의 한쪽에만 기재				
양쪽 다리 길이가 다를 경우				
한쪽 연속 용접, 한쪽 단속 용접 양쪽 다리 길이 6mm, 단속 용접 용접길이 50mm, 용접수 3피치 250mm일 경우				

2-2. 배관 도시기호

1. 재료기호

표 2-4 배관도에 많이 사용되는 일반 기호

명 칭	기 호	비 고	명 칭	기 호	비 고
송기관	———	증기 및 온수	Y자관		
복귀관	------	증기 및 온수	곡관		주철 이형관
증기관	—/—	증 기	T자관		주철 이형관
응축수관	---/---		Y자관		주철 이형관
기타관	═══		90°Y자관		주철 이형관
급수관	—-—		편심조인트		주철 이형관
상수도관	—·—		팽창곡관		

2-3. 용접부 비파괴 시험 기호

1. 기호

기호는 기본 기호 및 보조 기호로 하며, 각각 [표 2-5] 및 [표 2-6]과 같이 한다.

표 2-5 기본 기호

기 호	시험의 종류
RT	방사선 투과 시험
UT	초음파 탐상 시험
MT	자분 탐상 시험
PT	침투 탐상 시험
ET	와류 탐상 시험
LT	누설 시험
ST	변형도 측정 시험
VT	육안 시험
PRT	내압 시험
AET	어쿠스틱에미션 시험

표 2-6 보조 기호

기 호	내 용
N	수직 탐상
A	경사각 탐상
S	한 방향으로부터의 탐상
B	양 방향으로부터의 탐상
W	이중 벽 촬영
D	염색, 비형광 탐상 시험
F	형광 탐상 시험
O	전체 둘레 시험
CM	요구 품질 등급

<비고> 보조 기호를 기본 기호의 뒤에 표시할 경우는 -을 붙여 기재한다.
양방향으로부터의 탐상은 동일 평면상에서 용접선을 사이에 낀 양방향으로부터의 탐상을 뜻한다.

CHAPTER 03 도면 해독

3-1. 용접도면 해독

용접은 금속 재료를 영구적으로 접하는 데 쓰이고 있으며, 종래의 리벳이음 대신에 용접이음이 많이 사용된다.

1. 용접이음의 종류

(1) 모재의 배치에 의한 구분

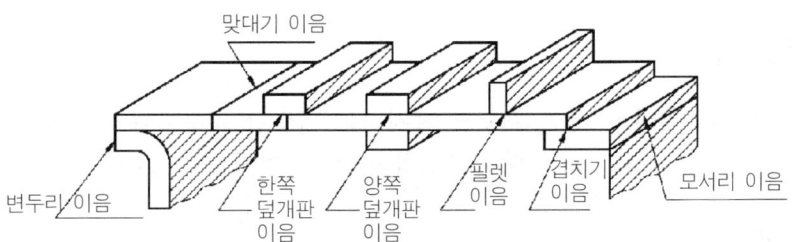

그림 3-1 용접 이음의 종류

(2) 용접 부분의 모양에 의한 구분

① 홈(buttor groove) 용접
② 필릿(fillet) 용접
③ 플러그(plug) 용접
④ 비드(bead) 또는 살 돋음 용접

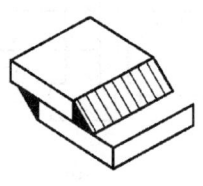 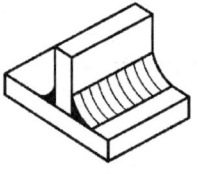 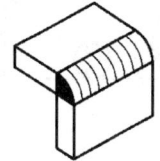

(a) 겹치기 이음(납작)　　(b) T이음(오목)　　(c) 모서리 이음(볼록)

그림 3-2 필릿 용접(표면 형상)

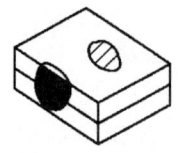  

　　　　(a) 플러그 용접　　　　(b) 비드 용접　　　　(c) 살돋음 용접

그림 3-3 플러그 및 비드 살돋음 용접

(3) 용접부의 표면 모양에 의한 구분

① 납작 꼴 용접
② 볼록 꼴 용접
③ 오목 꼴 용접
④ 연속 용접
⑤ 단속 용접

3-2. 배관도면 해독

1. 치수 기입 법

배관 도면의 평면도에는 가로, 세로를 표시하는 치수만 치수선에 기입하고, 입면도와 입체도에는 높이를 표시하는 치수만을 기입하며, 이를 EL(elevation)로 표시한다.

(1) 치수 표시

치수는 [mm]를 단위로 하여 표시하되 치수선에는 숫자만 기입한다. 각도는 일반적으로 도[°]로 표시하며 필요에 따라 도, 분, 초로 나타내기도 한다.

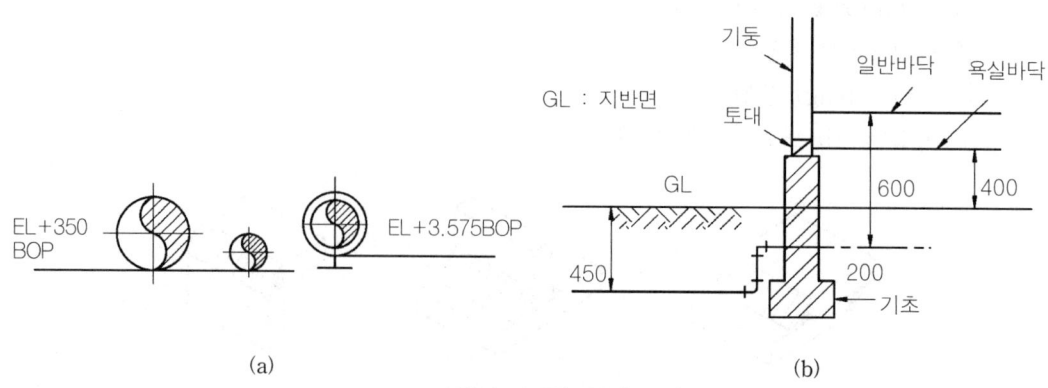

그림 3-4 관높이의 표시

(2) 높이 표시

배관 도면을 작성할 때 사용하는 높이의 표시는 기준선(Base Line)을 설정하여 이 기준선으로부터의 높이를 표시하며, 이것을 EL 표시법이라고 한다.

표시 방법은 기계 도면과는 달리 각각의 높이를 치수선에 따로 기입하지 않고 EL이라는 약호를 먼저 적고 그 뒤에 기준선으로부터의 높이를 일괄적으로 기입한다.

① EL 표시 : EL만 표시되어 있을 때는 배관의 높이를 관의 중심을 기준으로 표시한 것이다.

② BOP 표시 : 지름이 서로 다른 관의 높이를 표시할 때 관의 중심까지의 높이를 기준으로 표시하면 측정과 치수 기입이 복잡하므로 배관 제도에서는 관 바깥지름의 아랫면까지의 높이를 기준으로 표시한다. 표시 방법은 EL 다음에 높이를 쓰고 그 뒤에 BOP(bottom of pipe)라고 쓴다.

2. 배관도의 표시법

(1) 관의 도시법

관은 한 개의 실선으로 표시하며 같은 도면에서 다른 관을 표시할 때에 같은 굵기의 선을 표시함을 원칙으로 한다.

① 유체의 표시 : 관속을 흐르는 유체의 종류, 상태, 목적을 표시할 때에는 인출선을 긋고 그 위에 문자기호로 도시하는 것을 원칙으로 한다. 그러나 유체의 종류를 표시하는 문자기호는 필요에 따라 관을 표시하는 선을 끊고 표시할 수도 있다. 유체가 흐르는 방향으로 표시할 때는 관을 표시하는 선 옆에 화살표로 표시한다.

표 3-1 유체의 종류와 기호

유체의 종류	기 호
공 기	A
가 스	G
유 류	O
수중기	S
물	W

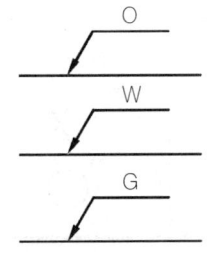
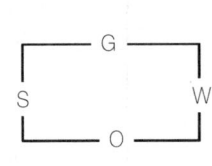

그림 3-5

② 관의 굵기와 재질의 표시 : 관의 굵기와 재질을 표시할 때는 관의 굵기를 숫자로 표시한 다음, 그 뒤에 관의 종류와 재질을 문자기호로 표시한다. 복잡한 도면에서는 착오를 방지하기 위해 인출선을 그어 도시하기도 한다. 또 특별한 경우에는 관 속을 흐르는 유체의 종류·상태·목적 또는 관의 굵기·종류를 선의 종류나 굵기를 달리하여 표시하기도 한다.

③ 관의 접속 상태 : 관의 접속 상태는 접속하지 않을 때, 접속해 있을 때, 갈라져 있을 때의 세 가지로 나타내며, 도시 기호는 [표 3-2]와 같다.

표 3-2 관의 접속상태의 표시

관의 접속 상태	도시기호
접속하지 않을 때	—┼—
접속해 있을 때	—•—
갈라져 있을 때	—┿—

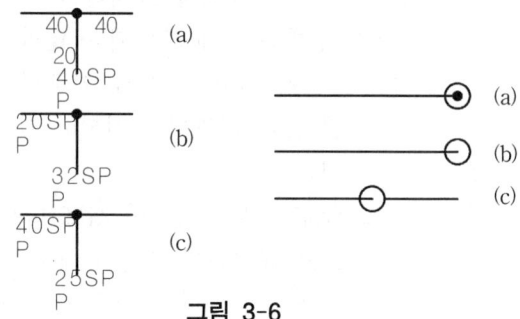

그림 3-6

④ 관의 입체적 표시 : 관의 입체적 표시를 평면에 표시할 때는 관이 도면에 직각으로, 앞쪽으로 구부러져 있을 때는 [그림 3-6(a)]와 같이, 관이 도면에 직각으로, 뒤쪽으로 구부러져 있을 때는 [그림 3-6(b)]와 같이, 관이 앞쪽에서 도면에 직각으로 구부러지고 다른 관에 접속되어 있을 때는 [그림 3-6(c)]와 같이 표시한다.

⑤ 관의 이음 방법 : 관의 이음 방법에는 나사 이음, 플랜지 이음, 턱걸이 이음, 용접 이음, 땜 이음 등이 있으며 표시기호는 [표 3-3]과 같다.

표 3-3 관의 이음 표시기호

이음의 종류	기　호	보　기
나사 이음	ǀ	—┼—　⊥
플랜지 이음	ǀǀ	—╫—　⊥
턱걸이 이음	⊂	—⊂—　⊥
용접 이음	✕	—✕—　⊥
땜 이음	○	—○—　○

(2) 밸브와 계기의 표시

밸브, 콕, 계기를 표시하는 기호는 [표 3-4]과 같으나 기능, 종류 등을 자세히 표시하는 경우에는 달리 표시하는 수도 있다.

표 3-4 밸브와 계기의 표시

종 류	기 호	종 류	기 호
일 반 밸 브		일 반 조 작 밸 브	
앵 글 밸 브		전 동 밸 브	
체 크 밸 브		전 자 밸 브	
스프링안전밸브		도 출 밸 브	
추 안 전 밸 브		공 기 도 출 밸 브	
수 동 밸 브		압 력 계, 온 도 계	
일 반 콕		닫혀있는 일 반 밸 브	
3 방 콕		닫 혀 있 는 콕	

3-3. 제관(철 구조물) 및 판금도면

1. 전개

판금이나 제관에서 전개하는 방식
① 평행 전개법
② 방사 전개법
③ 삼각 전개법 등

(1) 평행 전개법

직각기둥이나 직원기둥을 직 평면 위에 전개하는 방법으로 모서리와 직선 면소에 직각방향으로 전개된다.

[그림 3-8]은 정면 수직평면에 경사지게 절단한 직원기둥을 표시한다. 둥근 부분의 원주를 12등분하여 이등분한 간격을 정면도에 실장으로 해서 12개를 취하면 된다.

(2) 방사 전개법

각뿔이나 뿔면을 꼭지점을 중심으로 해서 방사상으로 전개하는 방식으로 방사 전개시의 원뿔각(중심각)을 구하는 공식은 다음과 같다.

$$중심각(a) = 360° \times \frac{r}{\Box\Box}$$

r : 원의 반지름
$\Box\Box$: 경사면의 실장

이 때, 평면도의 현 01과 전개도의 현 01은 같게 작도를 하면 된다.

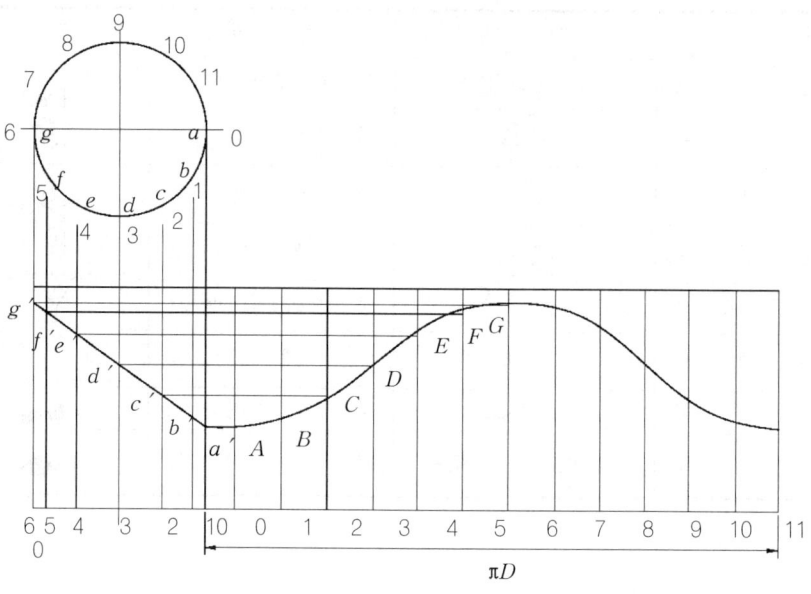

그림 3-7 평형 전개법

(3) 삼각 전개법

방사 전개법으로 전개하기 곤란한 원뿔, 즉 꼭지점의 위치가 멀거나, 전개지가 작을 경우에 사용하는 방법으로 서로 이웃하는 부분을 4각형으로 생각하여 대각선으로 2등분하여 두 개의 삼각형으로 나누어 작도한다.

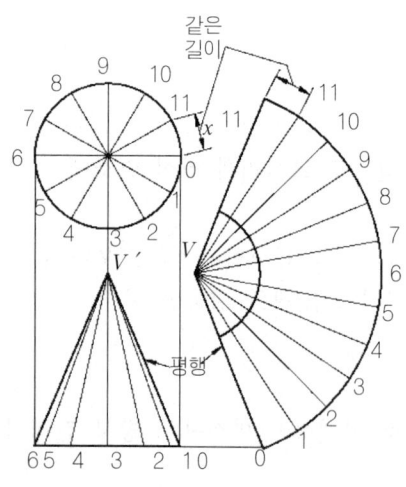

그림 3-8 방사 전개법

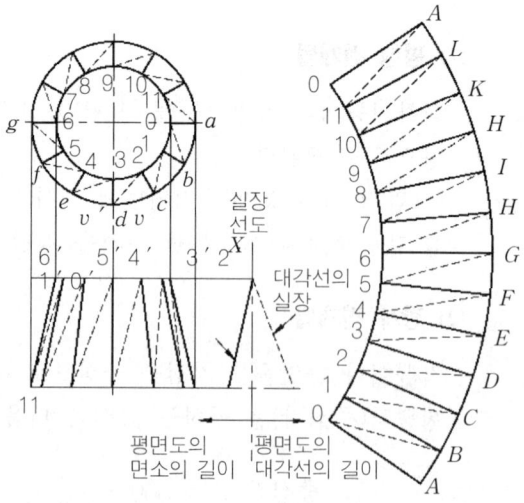

그림 3-9 삼각 전개법

3-4. 투상도면 해독

투상법에 대해서는 제3편 기계제도(제1장 제도통칙)에서 설명하였으므로 여기서는 정투상법에 대해서만 해독하기로 한다.

1. 정투상도법 연습

(1) [그림 3-10]의 물체와 투상도를 보고 (   )안에 제3각법으로 투상된 이름을 보기와 같이 기입하시오. (화살표는 정면을 표시함)

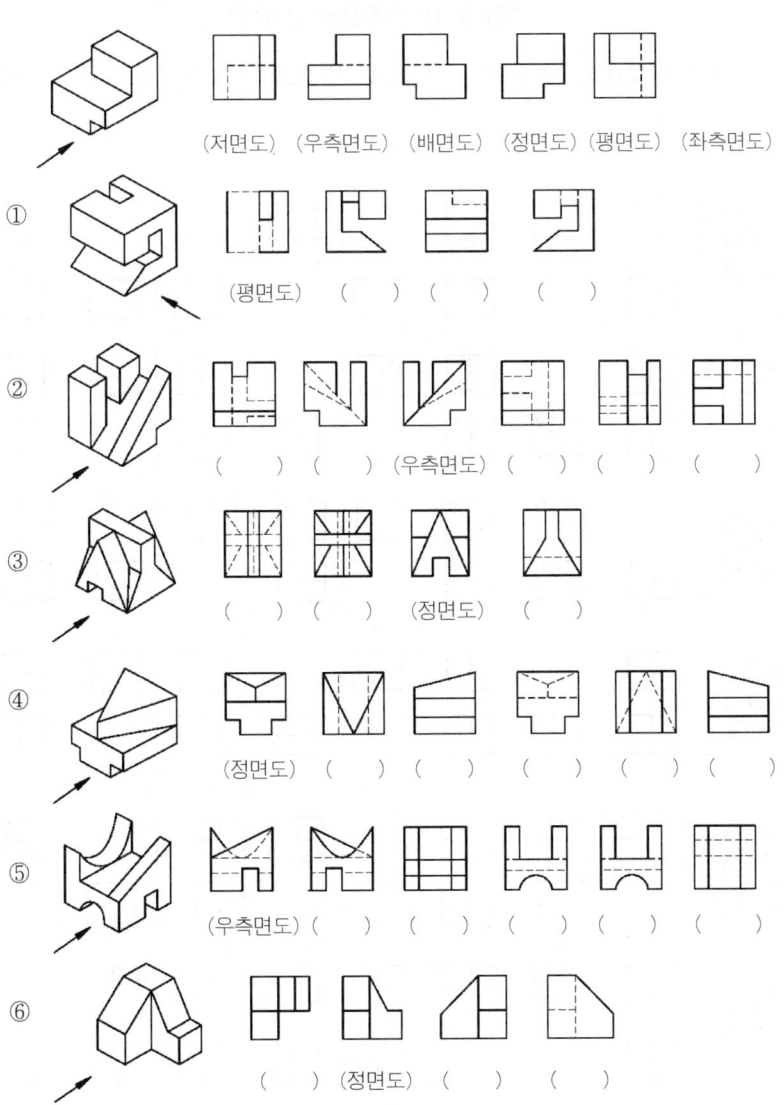

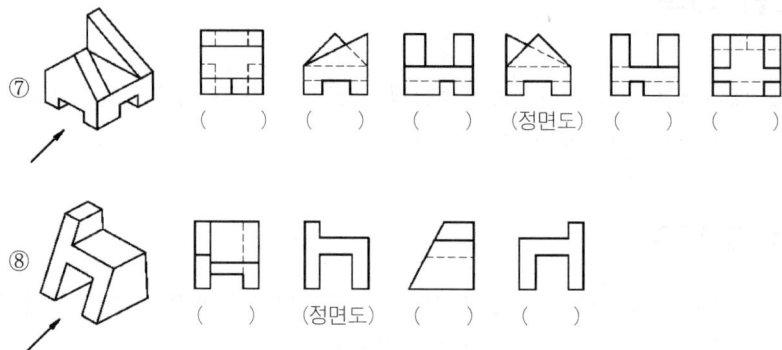

그림 3-10 정투상법 연습(1)

(2) [그림 3-11]의 물체와 투상면을 보고 3각법으로 투상한 것을 체크하시오. (화살표는 정면을 표시함)

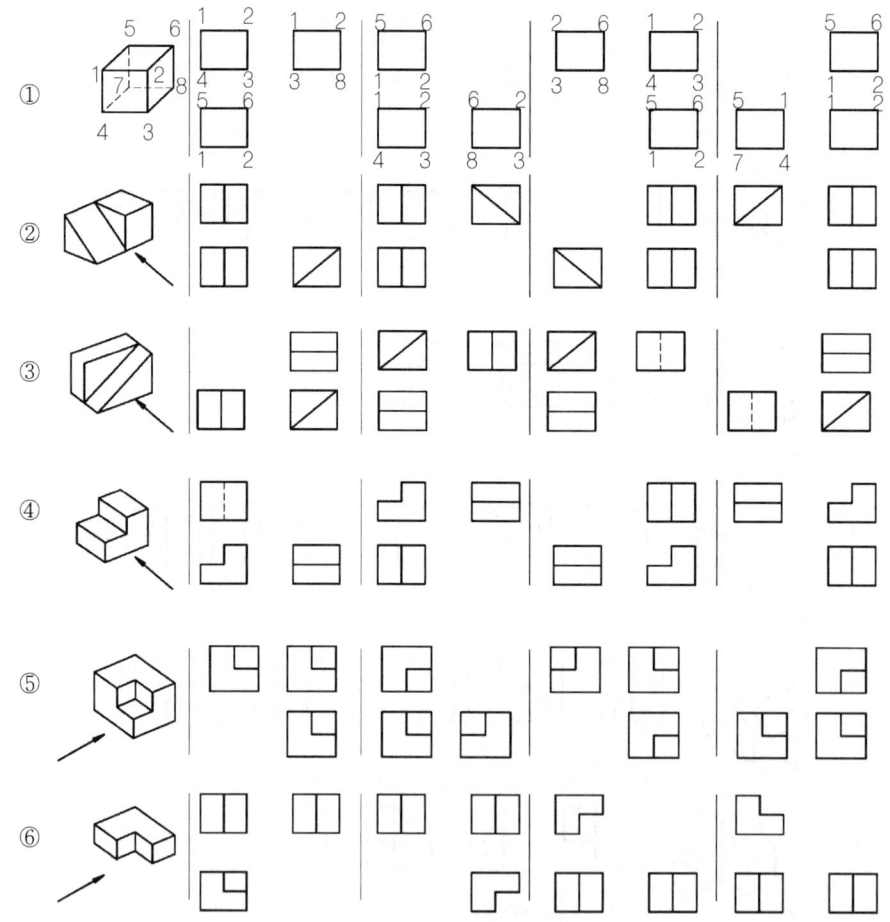

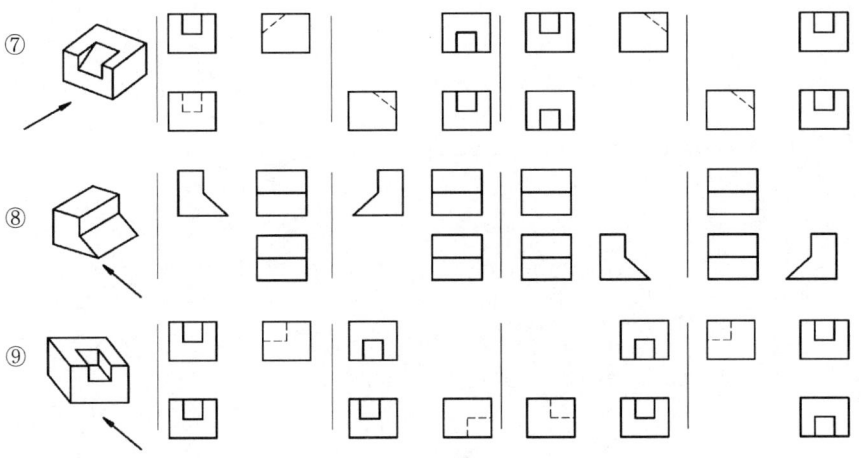

그림 3-11 정투상법 연습(2)

(3) [그림 3-12]을 보고 3개의 투상도를 검토하여 빠져있는 외형선에 선을 넣어서 완전한 투상도를 만들어 보시오.

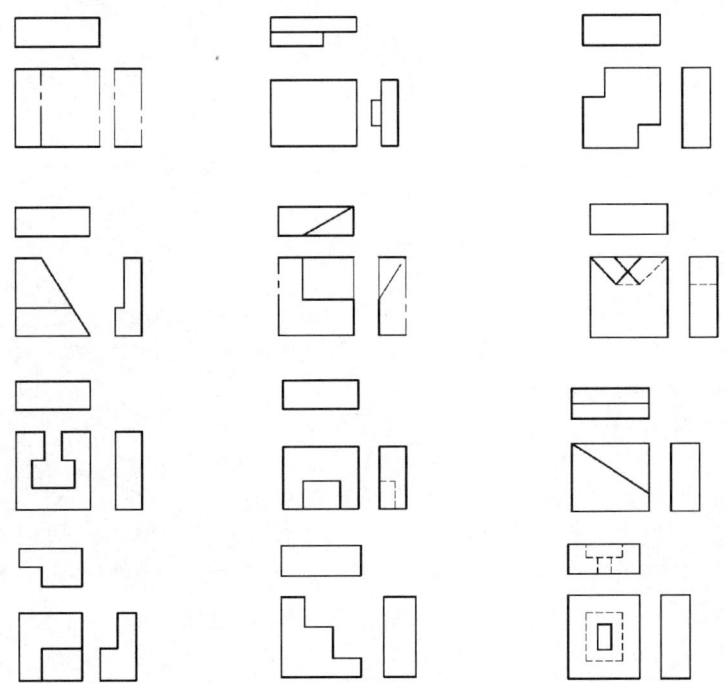

그림 3-12 정투상법 연습(3)

PART

용접 재료

제1장_ 금속의 기초
제2장_ 탄소강
제3장_ 주철
제4장_ 열처리 및 경화법
제5장_ 재료 시험법
제6장_ 비철 금속

용접 · 특수용접기능사 필기

CHAPTER 01 금속의 기초

1-1. 금속의 특성

(1) 상온에서 고체이며 결정체이다. 단, 수은(Hg)은 제외한다.
(2) 고체 상태에서 결정구조를 갖으며, 외부적 힘에 의해 결정구조가 바뀔 수 있다.
(3) 빛을 반사하고 금속 특유의 광택을 갖는다.
(4) 전성과 연성이 풍부하고 강도, 경도가 크다.
(5) 금속의 고유온도는 순금속의 용융점이다.
(6) 전기 및 열의 양도체이다.
(7) 이온화하면 (+)이온이 된다.

1-2. 자주 등장하는 원소기호의 이름

원소기호	원소이름	원자번호	원소기호	원소이름	원자번호	원소기호	원소이름	원자번호
Ag	은	47	Al	알루미늄	13	Au	금	79
B	붕소	5	Be	베릴륨	4	Bi	비스무트	83
C	탄소	6	Ca	칼슘	20	Cl	염소	17
Co	코발트	27	Cr	크롬	24	Cu	구리	29
F	불소	9	Fe	철	26	H	수소	1
He	헬륨	2	Ir	이리듐	77	K	칼륨	19
Li	리튬	3	Mg	마그네슘	12	Mn	망간	25
N	질소	7	Ni	니켈	28	Ne	네온	10
O	산소	8	P	인	15	Pb	납	82
Pt	백금	78	S	황	16	Si	규소	14
Sn	주석	50	Ti	티탄	22	V	바나듐	23
U	우라늄	92	W	텅스텐	74	Zn	아연	30

1-3. 합금이란?

(1) 한 금속에 다른 금속이나 비금속 등을 고온 상태에서 용융시켜 혼합하여 만든 것으로 주성분 금속만으로 얻을 수 없는 우수한 성질을 얻게되는 경우를 말한다.
(2) 단일 금속(순금속)과 다른 특수한 성질을 가지며, 첨가되는 원소의 개수에 따라 이원 합금, 삼원 합금이라고 부른다.
(3) 알루미늄 합금, 철 합금, 구리 합금, 경합금, 원자로용 합금, 기타 합금 등의 여러 종류가 있다.
(4) 순금속에 대한 합금의 성질은 다음과 같다.

강도, 경도	증가	내식성, 내마모성	증가
열전도율	감소	내열성	증가
주조성	양호	열처리	양호
융 점	감소	연성, 전성	저하
광 택	배합비율에 따라 다름	비중, 가단성	저하

표는 순금속과 합금의 성질을 비교한 것으로, 용어를 정리하면 다음과 같다.
① 강도 : 재료에 부하가 걸렸을 때 재료가 파괴되는 변형성질을 말하며 예로 인장강도, 압축강도, 굽힘강도, 전단강도
② 경도 : 압입에 대한 재료의 저항으로 보며 표면의 딱딱한 정도
③ 용융점 : 어떤 물질이 고상과 액상이 평형을 이루는 온도로 녹는점
④ 내식성 : 어떤 물질이 환경에 의하여 부식되지 않는 성질
⑤ 내열성 : 열에 견디는 성질
⑥ 연성 : 하중을 주어 잡아당겼을 때 잘 늘어나는 성질
⑦ 전성 : 두드리거나 압착 시 얇게 펴지는 성질
⑧ 주조성 : 금속 주물의 제작에 편의성으로 종합적인 평가

1-4. 합금 제조 방법

(1) 두 원소를 용융점 이상의 온도에서 융합시키는 방법
(2) 압축 소결에 의한 합금
(3) 부분적인 합금(침탄, 질화, 세라다이징 등) : 고체 상태에서 확산을 이용

1-5. 금속의 성질

금속의 성질은 크게 물리적·기계적·화학적 및 제작상 성질로 나뉜다.

(1) 물리적 성질

전도율, 비중, 비열, 융해잠열, 자성, 융점 등

(2) 기계적 성질

경도, 강도, 충격, 피로, 연신율 등

(3) 화학적 성질

내식성, 내열성 등

(4) 제작상 성질

주조성, 단조성, 용접성, 절삭성 등

① 비중 : 표준기압 4℃에서 어떤 물질의 질량과 같은 체적의 물의 질량과의 비 4.5를 기준으로 이하를 경금속 이상을 중금속 이라하며, 실용상 가장 가벼운 금속은 Mg으로 비중 1.74이다.
  ㉮ 경금속(비중) : Li(0.53), K(0.86), Ca(1.55), Mg(1.74), Si(2.33), Al(2.7), Ti(4.5) 등
  ㉯ 중금속(비중) : Cr(7.09), Zn(7.13), Mn(7.4), Fe(7.87), Ni(8.85), Co(8.9), Cu(8.96), Mo(10.2), Pb(11.34), Ir(22.5) 등

② 팽창계수 : 온도가 1℃ 올라가는 데 따른 각 금속의 팽창률
  ㉮ 팽창계수가 적은 인바, 초인바 등의 합금은 정밀성을 요하는 시계 부품, 정밀 측정자 등으로 사용한다.
  ㉯ 선팽창 계수가 (-)값을 갖는 경우도 있다.(Fe-Pt 합금)

③ 용융점 : 금속을 가열하여 고체에서 액체로 상이 변화되는 온도
  ㉮ 융점이 가장 낮은 금속 : Hg(수은)으로 용융점이 -38.87℃이며, 상온에서 액체로 존재
  ㉯ 융점이 가장 높은 금속 : W(텅스텐)으로 약 3,410℃

④ 열(전기) 전도율 : 금속이 열이나 전기를 전달하는 비율
  ㉮ 불순물이 적고 순도가 높은 금속일수록 전도율이 높으며, 금속 고유의 저항이 작을수록 전도율도 높다.
  ㉯ 일반적으로 전기 전도율은 Ag의 전도율을 100으로 했을 경우, 다른 금속과의 비율로 나타낸다.

㉰ 전기전도율의 순서 : Ag > Cu > Au > Al > Mg > Zn > Ni > Fe > Pb > Sb
　　㉱ 열전도율은 전기 전도율과 순서가 비슷하다.
⑤ 비열 : 물질 1g의 온도를 1℃ 높이는데 필요한 열량
　　㉮ 비열이 클수록 재료를 가열할 때, 더욱 많은 열이 필요하다.
　　㉯ 비열이 큰 순서 : Mg > Al > Mn > Cr > Fe > Ni > Cu > Zn > Ag > Sn > Sb > W
⑥ 자성
　　㉮ 강자성체 : 자석에 강하게 끌리고 자석에서 떨어진 후에도 금속 자체에 자성을 가지고 있는 물질
　　㉯ 상자성체 : 자석을 접근하면 먼 쪽에 같은 극, 가까운 쪽에는 다른 극(붙는 것 같기도 하고 붙지 않는 것 같기도 한 것들)
　　㉰ 반자성체 : 외부에서 자기장이 가해지는 동안에만 형성되는 매우 약한 형태의 자성
　　　• 강자성체에 속하는 금속 : Fe, Ni, Co
　　　• 상자성체에 속하는 금속 : Al, Pt, Sn, Mn
　　　• 반자성체에 속하는 금속 : Cu, Zn, Sb, Ag, Au
⑦ 강도 : 금속이 외력에 대해 저항하는 힘을 말하며, 강도의 종류에는 인장강도·압축강도·전단강도가 있다. 그러나 주로 강도를 말할 때에는 인장강도를 기준으로 말한다.
⑧ 경도 : 금속 표면의 딱딱한 정도를 말하며, 일반적으로 경도의 세기는 인장강도에 비례한다.
⑨ 전성 : 금속에 힘을 가하였을 때 퍼지는 성질을 말하며, 전성이 큰 순서는 다음과 같다. Au > Ag > Pt > Al > Fe > Ni > Cu > Zn
⑩ 연성 : 금속을 잡아 당겼을 때 늘어나는 성질을 말하며, 연성이 큰 순서는 다음과 같다. Au > Ag > Al > Cu > Pt > Pb > Zn > Ni
⑪ 인성 : 재료를 잡아 당겨서 파괴를 할 때, 측정되는 에너지의 수치
　　㉮ 일반적으로 전·연성이 큰 것이 잘 견딘다.
　　㉯ 주철과 같이 강도가 적고 경도가 큰 것은 인성이 적다.
⑫ 이온화 : 금속이 용해 중에 양이온이 되려고 하는 경향의 정도
　　㉮ 이온화 경향이 클수록 화학반응을 일으키기 쉽고 부식이 잘된다.
　　㉯ 이온화 경향이 큰 것은 화합물이 생기기 쉬우며 안정하지만, 이온화 경향이 작은 것은 화합물이 생기기 어렵고 분해되기도 쉽다.
　　㉰ 이온화 경향이 큰 금속
　　　K > Ca > Mg > Al > Mn > Zn > Cr > Fe > Cd > Co > Ni > Sn > Pb
⑬ 탈색 : Au > Ag > Pt > Zn > Cu > Fe > Mg > Al > Ni > Sn

⑭ 취성 : 재료가 깨지는 성질이며, 메짐이라고도 한다.
⑮ 소성 : 외력을 가한 뒤 제거해도 변형이 그대로 유지되는 성질
⑯ 탄성 : 외력을 가한 뒤 제거하면 원래의 상태로 돌아오려는 성질

1-6. 금속 결정

(1) 단위포
결정격자 중 금속 특유의 형태를 결정짓는 원자의 모임

(2) 결정립 경계(결정립계 : Grain Boundary)
결정립과 결정립 사이의 경계를 말한다.

(3) 격자 상수
단위포 한 모서리의 길이로 단위는 10^{-8}cm = 1Å이며 보통 3~5Å이다.

(4) 결정립의 크기
단면의 결정립의 평균 지름(0.01~0.1mm)
① 금속의 종류와 불순물의 함량 및 냉각 속도에 따라 다르다.
② 냉각 속도가 빠르면 결정핵 수의 증가 및 결정입자가 미세화된다.
③ 냉각 속도가 느리면 결정핵 수의 감소 및 결정입자가 조대화된다.
④ 결정핵 생성 속도가 성장속도보다 크면 입자는 작아진다.
⑤ 입상결정입자가 생기는 조건 : G(결정입자 성장속도) < V_m(냉각속도)

1-7. 금속의 결정구조

(1) 체심입방격자 구조
입방체의 각 모서리에 1개씩의 원자와 입방체의 중심에 1개의 원자가 있는 결정격자

(2) 면심입방격자 구조
입방체의 각 모서리와 면의 중심에 1개씩의 원자가 있는 결정격자

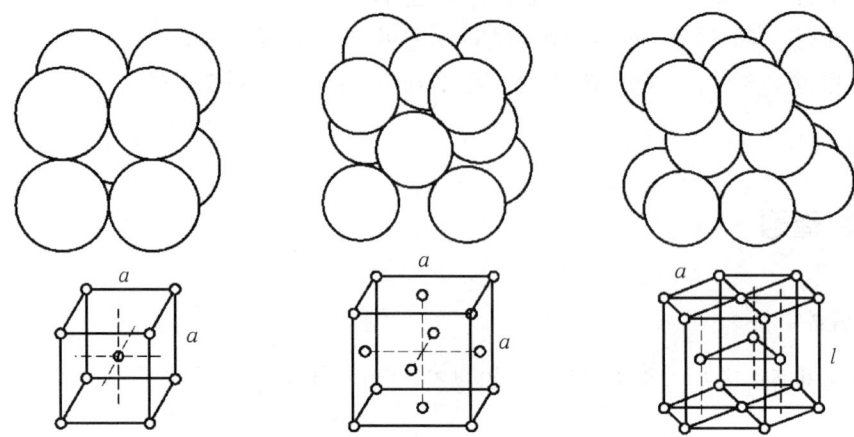

그림 1-1 체심 입방 격자　　그림 1-2 면심 입방 격자　　그림 1-3 조밀 육방 격자

(3) 조밀육방격자 구조

　　육각기둥의 모양으로 되어 있으며 6각주 상하면의 모서리와 그 중심에 1개씩의 원자가 있고 6각주를 구성하는 6개의 3각주 중 1개씩 떠서 3각주의 중심에 1개씩의 원자가 배열되어 있는 결정 구조

(4) 결정구조 간의 중요한 차이 비교

결정구조	원자수	배위수	충진율	근접원자간거리	금 속	특 성
FCC	4	12	74%	$\sqrt{2}a/2$	Au, Ag, Pb, Al, Pt, Ni, γ-Fe, Cu	전기전도도가 크다. 전·연성이 크다.
BCC	2	8	68%	$\sqrt{3}a/2$	α-Fe, δ-Fe, W, Cr, Mn, Na, Mo	강도가 크며 융점이 높다. 전·연성이 작다.
HCP	2	12	74%	$a, \sqrt{a^2/3}+4$	Mg, Co, Zn, Be, Cd, Zr	결합력이 적다. 전·연성이 불량하다.

(단, a는 격자 상수)

1-8. 금속의 응고

1. 응고 과정

　　결정핵 생성 → 결정핵 성장 → 결정립계 형성 → 결정입자구성의 순으로 응고된다.

2. 응고 조직

(1) 과냉
융점 이하로 냉각하여도 액체 또는 고용체로 계속되는 현상(과냉도가 높은 금속은 Sb, Sn)

(2) 수지상 결정
응고 과정에서 결정핵이 성장할 때 뾰족한 부분이 생기면 그 부분은 핵 성장이 촉진되어 연이어 성장하는데 이러한 나뭇가지 모양의 성장을 말한다.

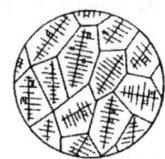 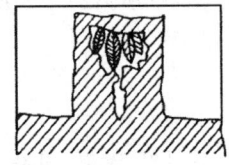

그림 1-4 수지상 조직

(3) 주상 결정
주형에 접촉된 부분부터 중심을 향하여 가늘고 긴 결정이 성장하여 중심부로 방사, 금속 조직에 매우 치명적이므로 라운딩 처리 및 냉각 속도를 느리게 함으로써 예방한다.

(4) 편석
주상정의 경계에 모여 메지고 취약하게 하는 불순물의 총칭

(5) 고스트 라인
편석이 있는 강괴를 압연하여 판, 봉, 관으로 만들 때 편석 부분이 늘어나 긴 띠 모양을 이루는 형태의 결함

(6) 라운딩
주형의 모서리 부분을 둥글게 하여 편석을 막아준다.

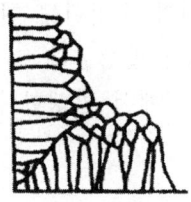 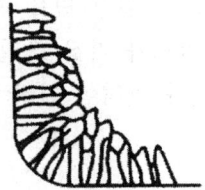

(a) 약선   (b) 라운딩(rounding)

그림 1-5 라운딩시 조직성장 모양

1-9. 금속의 변태

1. 동소변태

(1) 고체 상태 내에서 결정격자 모양이 같은 물질에서 다른 상으로 변화하는 상태
(2) 일정 온도에서 급격하고 비연속적으로 발생한다.
(3) 순철의 경우 912℃에서 체심입방격자 → 면심입방격자 1,400℃에서 면심입방격자 → 체심입방격자로 변태한다.
(4) 동소변태를 하는 금속 : Fe(912℃, 1,400℃), Co(477℃), Ti(830℃), Sn(18℃) 등

2. 자기변태

(1) 결정격자의 변화는 생기지 않고 원자 내부에서 자기적 성질만 변화하는 것.
(2) 일정 온도 범위 내에서 점진적이고 연속적인 변화가 일어난다.
(3) 순철의 경우 768℃에서 강자성에서 상자성으로 변태한다.
(4) 자기변태를 하는 금속 : Fe(768℃), Ni(360℃), Co(1,12℃)

1-10. 금속의 변형과 재결정

(1) 탄성변형

외력을 가해 제거하면 변형이 원 상태로 돌아오는 상태

(2) 소성변형

외력이 재료의 탄성한계를 넘으면 재료 내의 전위 움직임에 따라 영구적으로 변형을 일으키는 것. (다시는 돌아오지 않는다.)

(3) 슬립

외력에 의해 변형될 때 일정 면을 따라 전위가 움직이는 현상
① 슬립면은 원자밀도가 가장 조밀한 면에서 발생한다.
② 슬립 방향은 원자 간격이 가장 작은 방향에서 발생한다.

(4) 쌍정

소성변형시 변형 전과 변형 후의 원자배열이 대칭적으로 배열을 하는 것.

(5) 전위

금속의 결정격자에 결함이 있을 때 외력에 의해 결함이 이동되는 것으로 나선형 전위와 선형 전위가 있다.

(6) 경화의 종류

① 재결정
  ㉮ 가공에 의해 생긴 응력을 가진 결정립군을 열처리에 의해서 응력이 없는 새로운 결정립군으로 바꾸는 것.
  ㉯ 금속의 재결정 온도 : Fe(350~450℃), Cu(150~240℃), Au(200℃), Pb(-3℃), Sn(상온), Al(150℃) 등
  ㉰ 냉간 가공은 재결정 온도 이하, 열간 가공은 재결정 온도 이상에서 가공하는 것.
  ㉱ 가공도가 클수록, 가공 전 결정립이 미세할수록, 가열시간이 길수록 재결정 온도는 낮다.
  ㉲ 가공도가 작을수록, 가열시간이 길수록, 가열온도가 높을수록 재결정된 금속의 결정입자 크기는 크다.

② 결정의 성장 : 재결정 온도보다 높은 온도로 가열시, 큰 결정입자가 작은 결정입자를 침식시켜 결정입자가 점점 크게 증가하는 현상

1-11. 합금의 성분

(1) 자유도

어떤 계에 나타난 상을 변경시키지 않고 임의로 변화될 수 있는 변수를 말한다.

(2) 금속 간 화합물

친화력이 큰 2종 이상의 금속 원소가 간단한 원자비로 결합되어 성분 금속과 다른 성질의 독립된 화합물이며, Fe_3C가 주된 금속 간 화합물의 예이다.

(3) 금속 간 화합물의 특징

① 각 성분의 특징이 사라진다.
② 다른 금속보다 단단해진다.
③ 일반적으로 전기저항이 커져 비금속적 성질이 강해진다.
④ 일반적으로 각 성분의 금속보다 낮은 용융점을 갖게 된다.

(4) 고용체

① 고체 상태에서나 액체 상태에서 한 성분 금속에 다른 성분의 금속이 융합되어 하나의 상을 이룬 것으로 치환형, 침입형, 규칙격자형 고용체가 있다.

㉮ 침입형 고용체 : 철 원자보다 작은 원자가 고용되는 경우로 녹아들어 가는 원자가 대상 원자의 공간격자 사이로 들어가는 것을 말한다. 고용되는 주된 원소는 C, H, N, O 등으로 원자의 크기가 10% 이내이어야 한다.

㉯ 치환형 고용체 : 철 원자의 격자 위치에 니켈 등의 원자가 들어가 자리를 차지하는 것으로, 녹아들어 가는 원자가 대상 원자의 위치로 불규칙하게 치환하여 들어가는 것이다. 주된 배열구조는 Fe-Ni, Ag-Cu, Cu-Zn 등이며 원자 크기의 차가 15% 이내일 때 이루어진다.

㉰ 규칙 격자형 고용체 : 치환하는 위치가 일정한 배열을 이루는 형태로 주된 배열구조는 Ni_3-Fe, Cu_3-Au, Fe_3-Al 등이다. 이러한 고용체는 다른 고용체보다 더욱 안정적이어서 전기 전도율, 경도, 강도는 커지나 연성은 감소하게 된다.

CHAPTER 02 탄소강

2-1. 탄소강의 5대 원소 – C, Si, Mn, P, S

(1) 탄소(C)

강도 경도를 증가시킨다.

재질이 연하고 절삭이 쉬운 유리탄소(흑연)와 재질이 단단하고 절삭이 어려운 화합탄소로 구성되지만, 강 중에 주로 함유된 것은 화합탄소이다.

(2) 규소(Si)

탈산제로 쓰이며 유동성이 향상된다.
① 강의 인장 강도, 경도 및 탄성한도를 증가
② 연신율, 충격값, 용접성, 단조성 및 냉간 가공성을 감소시킨다.

(3) 망간(Mn)

고온에서 결정의 성장을 방지한다.
① 연신율은 감소시키지 않고 항복강도를 증가시키며 경도, 점성, 유동성이 증가한다.
② 다량으로 함유되면 담금질 도중 균열과 뒤틀림이 발생한다.
③ S와 결합하여 MnS를 생성하며 이는 고온취성(적열취성) 방지에 우수하다.

(4) 황(S)

절삭성을 증가시킨다.
① 적열취성의 주된 원인. Fe와 화합하여 저융점 화합물인 FeS를 형성한다.
② 가공 시 균열을 일으켜 고온 가공성을 해침. 강도, 연신율, 충격값도 감소한다.
③ 최대 0.05% 이하로 함유하는 것이 좋다.

(5) 인(P)

담금 균열의 원인이 된다.
① 상온취성의 주된 원인. Fe와 화합하여 Fe_3P의 편석인 고스트 라인을 형성한다.

② 연신율, 충격값 감소, 강도·경도의 증가. 유동성 개선한다.
③ 최대 0.04% 이하로 함유하는 것이 좋다.

(6) 기타

① H_2 : 헤어크랙을 유발(최대 0.0004%까지 함유)한다.
② O_2 : 적열취성의 원인(최대 0.1% 이하 함유)이 된다.
③ N_2 : 냉간취성의 원인. 강도 및 경도의 증가. 석출 경화로 시효 경화된다.
④ Cu : 적열취성과 열간균열의 원인. 강도, 경도, 탄성한도 및 내식성의 증가한다.

2-2. FeC계의 평행 상태도

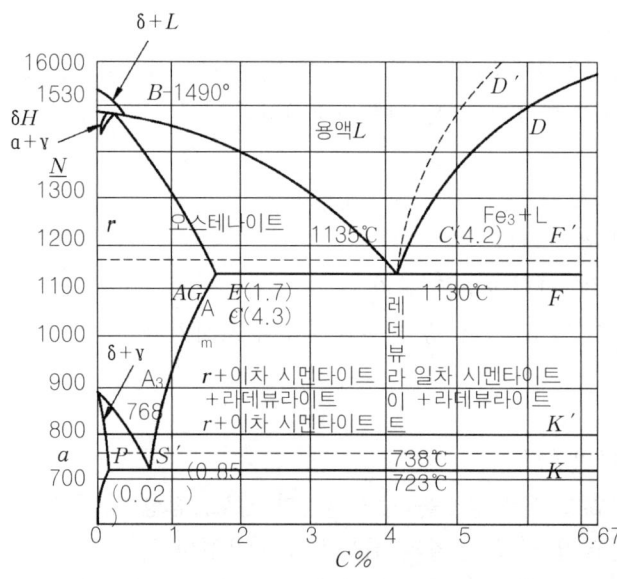

실선 : Fe-Fe_3C계 평행 상태도(준 정정상태)
점선 : Fe-C계 평행 상태도(안정상태)

그림 2-1 철-탄소계의 평행 상태도

(1) ① $α$, $δ$: 페라이트
② Fe_3C : 시멘타이트
③ $γ$: 오스테나이트(비자성체)

(2) 순철의 변태점

A_2(자기)변태(768℃), A_3(동소)변태(910℃), A_4(동소)변태(1,400℃)
$α$-Fe(BCC, 강자성) → $α$-Fe(BCC, 상자성) → $γ$-Fe(FCC) → $δ$-Fe(BCC)

(3) 순철에서는 A_0, A_1 변태가 없다.

2-3. 강과 주철의 분류

탄소 함유량 2.1%를 기준으로 2.1% 이하를 강, 2.1% 이상을 주철이라고 한다.

(1) 상태도상 강의 분류

① 아공석강 : C 0.77% 이하로 페라이트와 펄라이트로 이루어진다.
② 공석강 : C 0.77%로 펄라이트로 이루어진다.(펄라이트=페라이트+시멘타이트)
③ 과공석강 : C 0.77% 이상, 2.1% 이하로 펄라이트와 시멘타이트로 이루어진다.

(2) 상태도상 주철의 분류

① 아공정 주철 : C 2.1~4.3% 이하
② 공정 주철 : C 4.3%
③ 과공정 주철 : C 4.3%~6.67% 이하

2-4. 탄소강의 성질

(1) 인장 강도와 경도는 공석 조직 부근에서 최대이다.
(2) 과공석 조직에서는 경도는 증가하나 강도는 급격히 감소한다.
(3) 탄소량이 증가함에 따라 인장 강도, 경도, 전기저항, 비열, 항자력은 증가한다.
(4) 탄소량이 증감함에 따라 비중, 열전도율, 열팽창계수, 내식성, 인성은 감소하게 된다.
(5) 산에는 쉽게 부식되지만, 알칼리에는 강하다.

```
A : 순철의 융점(1,539℃)
AB : 델타(δ) 고용체(δ철이 탄소를 고용한 고용체가 정출하기 시작한 액상선)
AH : 델타(δ) 고용체가 정출을 끝내는 고상선
HJB : 용융 상태의 B가 델타(δ) 고용체 H와 반응하여 감마(γ) 고용체 J로 포정반응을 일으키는 온도
      (1,492℃), 즉 포정선
H : 델타(δ) 고용체가 탄소를 최대로 용해하는 점(탄소 0.10%)
J : 점 H로 표시되는 델타(δ) 고용체와 점 B로 표시되는 용체가 평형을 유지하는 감마(γ) 고용체(탄소
    0.16%)
B : 점 H 및 점 J와 평행을 이루고 있는 용체를 나타내는 점(탄소 0.15%)
BC : 감마(γ) 고용체를 정출하기 시작하는 액상선
D : 시멘타이트($Fe_3C$)의 용해 및 응고점(1,550℃)
CD : 시멘타이트가 정출하기 시작하는 선
JE : 감마(γ) 고용체가 정출을 끝내는 고상선
N : 순철의 A4 변태점 (δ)⇌(γ)(1,400℃)
HN : 델타(δ) 고용체가 감마(γ) 고용체로 변화하기 시작하는 온도
```

- JN : 델타(δ) 고용체가 감마(γ) 고용체로 변화를 끝내는 온도
- E : 감마(γ) 고용체가 탄소를 최대로 고용하는 점(탄소 1.7%). 즉, 포화하고 있는 감마(γ) 고용체
- C : 포화하고 있는 E성분(탄소 1.7%)의 감마(γ) 고용체와 F성분(탄소 6.67%)의 화합 탄소(Fe_3C)와의 공정이며, 이 공정물을 레데뷰라이트(ledeburite)라고 한다.(탄소 4.3%)
- ECF : 공정선(1,130℃)
- ES : 감마(γ) 고용체로부터 화합 탄소(Fe_3C)가 석출하기 시작하는 선으로 동시에 화합 탄소(Fe_3C)의 감마(γ) 고용체로의 용해도를 나타내는 선
- G : 감마(γ) 알파(α)의 변태점(910℃)
- MO : 알파(α) 고용체의 자기 변태점이며 A_2 변태라고도 한다.(768℃)
- GO : 감마(γ) 고용체로부터 상자성의 알파(α) 고용체를 석출하기 시작하는 선이며, A_3 변태선이라고 한다.
- OS : 감마(γ) 고용체로부터 강자성을 띤 알파(α) 고용체가 석출하기 시작하는 선으로 역시 A_3 변태선이다.
- P : 알파(α) 고용체에 대한 탄소의 최대 고용도를 갖는 점(탄소 0.02%)
- GP : 감마(γ) 고용체로부터 알파(α) 고용체로 변태를 끝내는 점
- Q : 상온에서 알파(α) 고용체가 함유할 수 있는 탄소의 최대 고용도를 표시하는 점(탄소 0.006%)
- PQ : 알파(α) 고용체에 대한 시멘타이트의 용해도 곡선
- S : 감마(γ) 고용체로부터 알파(α) 고용체와 시멘타이트가 동시에 석출하는 공석점이며 이 때에 생기는 공석점을 펄라이트(pearlite)라고 한다.(탄소 0.85%)
- PSK : 공석선(A_1 변태선 723℃)

2-5. 탄소강과 인장 강도의 관계

(1) 청열취성

① 강이 200~300℃로 가열되면 경도, 강도가 최대로 되고, 연신율, 단면 수축률은 줄어들게 되어 메지게 되는 것. 이 때 표면에 청색의 산화 피막이 생성된다.
② P가 주요 원인이다.

(2) 적열취성(S)

① 고온(900℃ 이상)에서 물체가 빨갛게 되어 메지는 것을 말한다.
② S가 주요 원인. Mn으로 방지 가능하다.

(3) 상온취성(P)

① 충격, 피로 등에 대하여 깨지는 성질을 말한다.
② P가 주요 원인이다.

(4) 뜨임취성

① 담금질 후 뜨임 시 충격값이 급격히 감소하여 생긴다.
② 0.3%의 Mo, W, V 첨가로 방지 가능. 주로 Ni~Cr강, Mn강에서 발생한다.

2-6. 탄소강의 종류

(1) 저 탄소강

① 탄소량이 0.2% 이하의 강
② 가공성이 우수하고, 단접은 양호하지만 열처리가 불량하다.
③ 극연강, 연강, 반연강이 있다.

(2) 고 탄소강

① 탄소량이 0.5% 이상의 강
② 경도가 우수하고, 열처리성이 양호하지만 단접이 불량하다.
③ 반경강, 경강, 최경강이 있다.

(3) 기계 구조용 탄소 강재

① 저 탄소강(0.08~0.23%) 구조물
② 일반 기계 부품으로 사용한다.

(4) 탄소 공구강

고 탄소강(0.6~1.5%), 킬드강으로 제조한다.

(5) 주강

① 수축률이 주철의 2배이며 융점이 높고 강도는 크나 유동성이 작다.
② 응력과 기포가 발생하여 조직이 억세므로 주조 후 풀림이 필요하다.

(6) 쾌삭강

강에 S, Zr, Pb, Ce 등을 첨가하여 절삭성을 향상시킨 강이다.

(7) 침탄강

표면에 C를 침투시켜 강인성과 내마멸성을 증가시킨 강이다.

2-7. 탄소강의 조직

(1) 페라이트(Ferrite : α, δ)
① 일명 지철이라고도 하며 순철에 가까운 조직으로 극히 연하다.
② 상온에서 강자성체인 체심입방격자 조직이다.

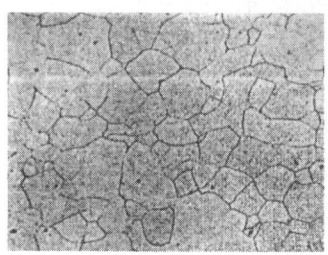

그림 2-2

(2) 오스테나이트(Austenite : γ)
① a철에 탄소를 고용한 것으로 탄소가 최대 2.11% 고용된 것.
② 723℃(A_1 변태점)에서 안정된 조직이며, 비자성체이다.

(3) 시멘타이트(Cementite : Fe_3C)
① 고온의 강 중에서 생성하는 탄화철을 말한다.
② 경도가 높고 취성이 많으며 상온에서 강자성체이다.

(4) 펄라이트(Pearlite : α +Fe_3C)
① 726℃에서 오스테나이트가 a-페라이트와 시멘타이트의 층상의 공석점으로 변태한 것.
② 페라이트보다 경도, 강도는 크며 자성이 있다.

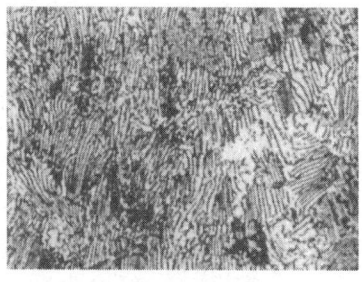

그림 2-3

(5) 레데뷰라이트(Ledeburite)

2.1% C의 γ-고용체와 6.67% C의 Fe_3C와의 공정 조직으로 주철에 나타난 공정점의 조직

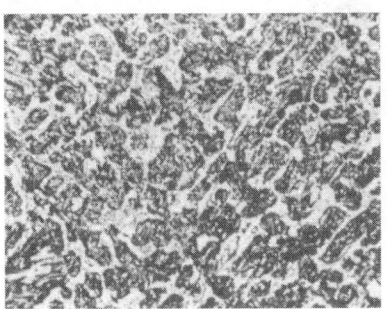

그림 2-4

3-1. 주철의 개요

(1) 주철의 탄소 함유량 : 1.7~6.67% C

① 4.3% : 공정 주철
② 2.1~4.3% : 아공정 주철
③ 4.3~6.67% : 과공정 주철

(2) 실용적 주철의 탄소 함유량 : 2.5~4.5% C
(3) 전·연성이 작고 가공이 안 된다. 단, 용융시 유동성이 커 주조성이 우수하다.
(4) 비중 7.1~7.3으로 흑연이 많아질수록 낮아진다.
(5) 담금질, 뜨임은 안 되나 주조 응력의 제거 목적으로 풀림 처리는 가능하다.
(6) 자연 시효 : 주조 후 장시간 방치하여 주조 응력을 제거하는 것이다.

(7) 주철의 장점 및 단점

① 장점
 ㉮ 주조성이 우수하여 크고 복잡한 형태의 부품도 쉽게 만들 수 있다.
 ㉯ 내마모성, 절삭성이 우수하다.
 ㉰ 압축 강도가 크다.
 ㉱ 주철 내의 흑연에 의해 내식성이 탄소강에 비해 우수하다.
 ㉲ 가격이 저렴하다.

② 단점
 ㉮ 인장 강도가 매우 작다.
 ㉯ 취성이 매우 크다.
 ㉰ 소성가공이 불가능하다.

(8) 주철 중의 탄소의 형상

① 유리 탄소(흑연)
  ㉮ 냉각 속도가 느리며 Si가 많은 주철을 말한다.
  ㉯ 흑연 함량이 많아서 그 파면이 회색이므로 회주철이라 한다.

② 화합 탄소(Fe_3C)
  ㉮ 냉각 속도가 빠르며 Si가 적은 주철을 말한다.
  ㉯ 흑연 함량이 적고 대부분의 탄소가 시멘타이트의 화합 탄소로 존재하여 그 파면이 흰색이므로 백주철이라 한다.

③ 회주철과 백주철의 혼합 조직을 반주철이라 한다.
④ 전 탄소량 : 유리 탄소 + 화합 탄소 = 합친 양

(9) 흑연화

① 화합 탄소가 3Fe와 C로 분리되는 것.
② 흑연화의 영향 : 용융점을 낮게 하고 강도가 작아지므로 주물에 용이하다.
  ㉮ 흑연화 촉진제 : Si, Ni, Ti, Al
  ㉯ 흑연화 방지제 : Mo, S, Cr, V, Mn

3-2. 각종 성분의 영향

(1) C의 영향

① 흑연과 시멘타이트의 형태로 존재한다.
② 화합 탄소가 많으면 유동성이 나쁘고, 냉각 시 수축이 큰 반면, 화합 탄소가 적으면 유동성이 증가하고, 냉각 시 수축이 작게 된다.

(2) Si의 영향

① 흑연 생성의 촉진 및 탄소 함유량을 증가시키는 역할을 한다.
② 주조가 쉽고, 응고 후 수축이 적어진다.

(3) Mn의 영향

① 흑연화 방지원소이며, 시멘타이트를 안정화시킨다.
② Mn 함유량이 증가할수록 펄라이트의 미세화, 페라이트의 석출을 억제한다.
③ S과 친화력이 커서 적열취성을 방지한다.

(4) P의 영향

① 페라이트 상에 고용되거나 스테다이트(Fe-Fe₃C-Fe₃P)의 형태로 존재한다.
② 스테다이트 중의 시멘타이트는 단단하지만 여린 성질을 갖는다.
③ 융점의 저하, 유동성의 향상, 수축률 감소한다.

(5) S의 영향

① FeS의 형태로 결정립계에 균일하게 분포된다.
② 유일한 유동성의 방해 원소로 주조 작업이 힘들어지게 한다.
③ 흑연 생성의 방해 및 적열취성의 원인. 단, 백선화 촉진 원소로 시멘타이트를 안정화 시킨다.

(6) 기타 첨가 원소의 영향

① Ni : 흑연화 촉진, 내열·내산성·내알칼리성 증가한다.
② Cr : 흑연화 방지, 탄화물의 안정, 경도 증가, 내식·내마멸성의 증가, 절삭은 힘듦.
③ Mo : 다소의 흑연화 방지, 강도·경도·내마모성의 증가, 주물조직을 균일화한다.
④ Cu : 내식성의 향상된다.

3-3. 주철의 성장 및 방지법

(1) 주철의 성장

① 시멘타이트가 고온에서 Fe과 흑연으로 분해되면서, 흑연의 부피가 팽창하게 된다.
② 흑연의 팽창으로 주철의 치수가 변하게 되며, 주철의 강도 및 수명을 감소시키는 현상이다.

(2) 성장의 원인

① Fe₃C의 흑연화에 의한 성장
② A₁ 변태에 따른 체적의 변화
③ 페라이트 중에 Si의 산화에 의한 팽창
④ 흡수된 가스에 대한 불균일한 가열로 인한 팽창

(3) 성장의 방지법

① 흑연의 미세화
② 조직의 치밀화
③ 탄화물 안정제(Mn, Cr, Mo, V 등)을 첨가하여 Pearlite의 분해 억제
④ 구상 흑연화 및 C와 Si의 양 감소 등

3-4. 특수 주철의 종류

(1) 고급 주철

① 보통 주철보다 높은 인장 강도 : 30kgf/mm²(보통 주철의 인장 강도 : 10~20kgf/mm²)
② 바탕조직 : 펄라이트(바탕조직) + 흑연(미세하게 분포).
③ 일명 펄라이트 주철이라고도 하며, 미하나이트 주철이 가장 대표적인 고급 주철이다.
④ 미하나이트 주철
   ㉮ 흑연의 형상을 미세 균일하게 하기 위하여 Si, Si-Ca 분말을 첨가하여 흑연의 핵 형성을 촉진하는 것으로 접종에 의해 만들어진다.
   ㉯ 인장강도 35~45kgf/mm²
   ㉰ 조직 : 펄라이트(바탕조직) + 흑연(미세하게 분포)
   ㉱ 담금질이 가능하며, 고강도 내마멸, 내열성 주철
   ㉲ 공작 기계 안내면, 내연 기관 실린더, 피스톤, 자동차 부품 등에 사용

(2) 구상흑연 주철

① 용융 상태에서 구상화제를 첨가하여 흑연을 편상에서 구상으로 석출한다.
② 구상화제 : Mg, Ce, Mg-Cu, Ca-Si 등
③ 기계적 성질
   ㉮ 인장강도 : 50~70kgf/mm²(주조 상태), 45~55kgf/mm²(풀림상태)
   ㉯ 연신율 : 12~20% 정도로 강과 비슷

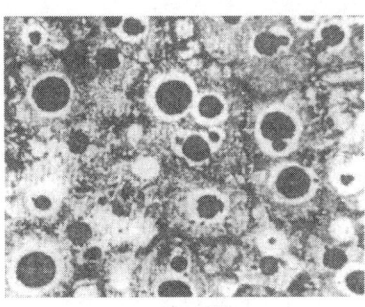

그림 3-1

조　　직 : 검은 구상은 흑연. 그 주위의 하얀 부분은 페라이트, 기지는 펄라이트
배　　율 : X120
부 식 액 : 3% 나이탈(7~8초 정도)
조　　성 : C 3.45%, Si 2.81%, Mn 0.33%, P 0.032%, S 0.008%, Mg 0.04%
열 처 리 : 주조직전에 Mg 0.2%를 첨가
인장강도 : 70kgf/mm
경　　도 : HB 270
신　　율 : 1~2% 정도

④ 성장도 적으며, 산화되기 어렵다.
⑤ 가열할 때 발생하여 산화 및 균열 성장을 방지한다.
⑥ 연성 주철, 노듈러 주철, 강인주철, Ductile 주철이라고도 한다.

(3) 칠드 주철

① 용융 상태에서 금형에 주입하여 접촉면을 백주철로 만든다.
② Si가 적은 용선에 망간을 첨가하여 금형에 주입한다.
③ 각종의 롤러 기차 바퀴에 사용한다.

(4) 가단 주철

① 백심가단주철(WMC)
  ㉮ 탈탄이 주목적. 산화철을 가하여 950℃에서 70~100시간 가열한다.
  ㉯ 용도 : 자동차, 방직기

② 흑심가단주철(BMC)
  ㉮ Fe_3C의 흑연화가 목적
  ㉯ 용도 : 자동차, 모터사이클의 프레임, 이음류, 캠, 건축용 등

③ 펄라이트 가단주철(PMC)
  ㉮ 흑심가단주철의 흑연화를 완전히 하지 않은 주철
  ㉯ 용도 : 기어, 밸브 등의 고 내마모성, 고강도 요구 부품

CHAPTER 04 열처리 및 경화법

4-1. 열처리의 목적

열처리란 금속을 목적하는 성질 및 상태를 만들기 위해 가열 후 냉각 등의 조작을 적당한 속도로 하여 그 재료의 특성을 개량하는 조작을 말한다. 열처리의 목적은 다음과 같다.

(1) 결정입자의 미세화 및 조직의 표준화
(2) 조직의 안정화 및 가공 시 생긴 응력 제거 및 변형 방지
(3) 경도, 항자력 증가 및 기계 가공성의 향상

4-2. 일반 열처리

(1) 담금질(소입, Quenching : 퀜칭)

① 주목적 : 경도의 증가
② 강을 A_3 변태 및 A_1 선 이상 30~50℃로 가열한 후 수냉 또는 유냉으로 급랭시킨다.

(2) 뜨임(소려, Tempering : 템퍼링)

① 주목적 : 담금질한 강의 강인성 부여
② 담금질된 강을 A_1 변태점 이하로 가열 후 냉각시켜 담금질로 인한 취성을 제거하고 경도를 떨어뜨려 강인성을 증가시키기 위한 열처리

(3) 불림(소준, Normalizing : 노멀라이징)

① 주목적 : 조직의 균일화 및 표준화, 잔류응력의 제거
② 공기 중 공랭하여 미세한 Sorbite 조직을 얻는다.

(4) 풀림(소둔, Annealing : 어닐링)

① 주목적 : 가공경화 된 재료의 연화

② 노 내에서 서냉하여 내부응력을 제거한다.

③ 풀림의 종류

  ㉮ 고온 풀림 : 완전 풀림, 확산 풀림, 항온 풀림

  ㉯ 저온 풀림 : 응력 제거 풀림, 재결정 풀림, 구상화 풀림 등

> **[참고]**
> ■ 필수 암기사항
> ① 담금질(소입, Quenching - 퀜칭) : 경도의 증가
> ② 뜨임(소려, Tempering - 템퍼링) : 담금질한 강의 강인성 부여
> ③ 불림(소준, Normalizing - 노멀라이징) : 조직의 균일화 및 표준화
> ④ 풀림(소둔, Annealing - 어닐링) : 가공경화된 재료의 연화

4-3. 냉각제 및 냉각 속도에 따른 조직 변화

(1) 냉각제

① 흔히 담금질 용액으로 쓰이며, 목적에 따라 다르나 물과 기름이 가장 많이 사용

② 소금물, NaOH 용액은 물보다 냉각 능력이 크지만 비눗물은 물보다 냉각 능력이 낮다.

(2) 냉각 속도에 따른 조직 변화

① M(수냉) > T(유냉) > S(공랭) > P(노냉)이며, 이 중 Pearlite는 열처리 조직이 아니다.

② ⓐ 수냉 : 금속을 물에 담그는 것.

  ⓑ 유냉 : 기름에 담그는 것.

  ⓒ 공냉 : 금속을 공기 중에 방치하는 것.

  ⓓ 노냉 : 가열한 금속을 노 내부에 두고 천천히 냉각을 하는 것.

4-4. 열처리 조직

(1) 마텐자이트

① 강을 수냉한 침상 조직

② 강도는 크나 취성이 있다.

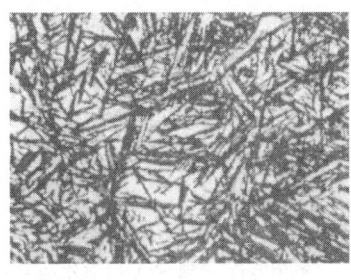

조　　직 : 환기지는 잔류(殘留) 오스테나이트, 그 중에 마텐자이트가 침상으로 나타내고 있다.
배　　율 : X500
부 식 액 : 3% 나이탈(10~12초 정도)
조　　성 : C 1.13%, Si 0.17%, Mn 0.45%, P 0.022%, S 0.009%
열 처 리 : 1030℃ 유냉
　　　　하부(下部) 베이나이트의 침상조직과 매우 유사하지만 부식되기 어렵다.

그림 4-1

(2) 트루스타이트

① 강을 유냉한 조직
② α-Fe과 Fe_3C의 혼합 조직

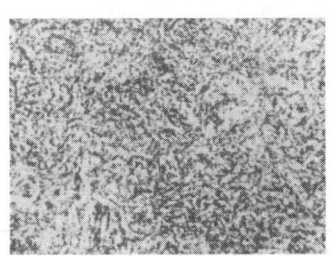

조　　직 : 트루스타이트(troostite)
배　　율 : X500
부 식 액 : 3% 나이탈(8~10초 정도)
조　　성 : C 0.81%, Si 0.25%, Mn 0.36%, P 0.014%, S 0.009%
열 처 리 : 850℃ 수냉, 350℃ 템퍼링
경　　도 : HBC 50정도

그림 4-2

(3) 소르바이트

① 공랭 또는 유냉 조직으로 α-Fe과 Fe_3C의 혼합 조직
② 강도와 탄성을 동시에 요구하는 구조용 재료로 사용한다.

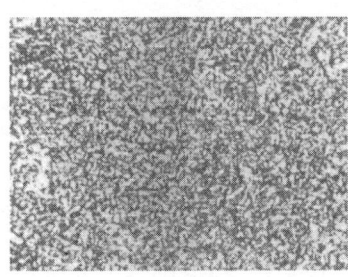

조　　직 : 소르바이트(sorbite)
배　　율 : X500
부 식 액 : 3% 나이탈(7~8초 정도)
조　　성 : C 0.81%, Si 0.18%, Mn 0.33%, P 0.022%, S 0.014%
열 처 리 : 850℃ 수냉, 580℃ 템퍼링
경　　도 : HBC 30~40
인장강도 : 110~130kg$_f$/mm
신　　율 : 10~15%

그림 4-3

(4) 오스테나이트

① α-Fe과 Fe_3C의 침상 조직으로 노중 냉각한 조직
② 연성이 크고, 상온 가공과 절삭성이 양호하다.

(5) 베이나이트

① 마르텐사이트와 트루스타이트의 중간 상태 조직
② 열처리에 따른 변형이 적고 강도가 높고 인성이 크다.
③ 마르텐사이트에 비해 시약에 잘 부식된다.

조　　직 : 하부 베이나이트(검은 침상으로 부식된 부분), 흰부분은 마텐자이트+잔류 오스테나이트
배　　율 : X400
부 식 액 : 3% 나이탈(7~10초 정도)
조　　성 : C 0.74%, Si 0.44%, Mn 0.76%, P 0.021%, S 0.058%
열 처 리 : 880~890℃에서 290~300℃의 염욕 속에 quenching. 15분 등온 유지 후 수냉
경　　도 : HBC 50~55

그림 4-4

4-5. 철강조직의 경도(HB)

조직명	시멘타이트	마텐자이트	트루스타이트	베이나이트
경도(HB)	820	720	400	340
조직명	소르바이트	펄라이트	오스테나이트	페라이트
경도(HB)	270	225	155	90

4-6. 뜨임 취성의 종류

(1) 저온 뜨임 취성

300~350℃ 정도에서 충격치가 저하

(2) 뜨임 시효 취성

500℃ 정도에서 시간의 경과와 더불어 충격값이 저하되는 현상으로 Mo 첨가로 방지

(3) 뜨임 서냉 취성

550~650℃ 정도에서 수냉 및 유냉한 것보다 서냉하면 취성이 커지는 현상

4-7. 심냉 처리(Sub-Zero Treatment)

(1) 정의

담금질한 강에 잔류 오스테나이트를 제거하기 위하여 0℃ 이하인 영하의 온도로 냉각하여 모두 마텐자이트로 변태시켜 주는 처리를 말하며, 드라이아이스나 소금물을 사용한다.

(2) 심냉 처리의 목적

① 강에 강인성을 부여하는 것이 주목적이다.
② 형상 및 치수 변형 방지 및 침탄층의 경화가 주목적이다.
③ 게이지강의 자연 시효 및 경도가 증가한다.
④ 공구강의 경도 증가, 절삭성을 향상시킨다.
⑤ 스테인리스강의 기계적 성질의 개선 및 담금질한 강의 조직을 안정화시킨다.

4-8. 특수 열처리

(1) 항온 냉각 변태곡선

① 오스테나이트 상태에서 A_1 점 이하의 일정 온도까지 급랭하여 이 온도에서 항온 유지할 때 일어나는 변태를 나타낸 곡선
② C 곡선, TTT곡선, Nose 곡선이라고도 한다.

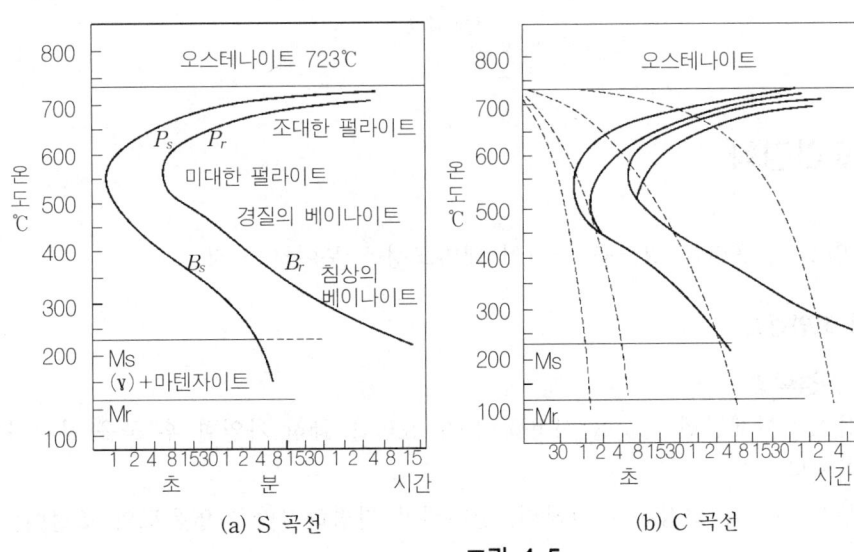

(a) S 곡선 (b) C 곡선

그림 4-5

(2) 연속 냉각 변태곡선

오스테나이트 상태에서 여러 가지 속도로 연속 냉각할 때에 각종 냉각 속도에 의한 오스테나이트의 변형 개시 및 종료를 나타낸 곡선으로 CCT 곡선이라고도 한다.

(3) 특수 열처리 조직의 종류

① 오스템퍼링 : 베이나이트 담금질로 뜨임이 불필요하다.
② 마템퍼링 : 마텐자이트와 베이나이트의 혼합조직으로, 충격값이 높아진다.
③ 마퀜칭 : S 곡선의 코 아래에서 항온 열처리 후 뜨임으로 담금 균열과 변형이 적은 조직이 된다.
④ 타임 퀸칭 : 수중 또는 유중 담금질하여 300~400℃ 정도 냉각시킨 후 다시 수냉 또는 유냉하는 방법.
⑤ 항온 뜨임 : 뜨임 작업에서 보다 인성이 큰 조직을 얻을 때 사용하는 것으로 고속도강, 다이스강의 뜨임에 사용한다.
⑥ 항온 풀림 : S 곡선의 코 또는 다소 높은 온도에서 항온 변태 후 공랭하여 연질의 펄라이트를 얻는 방법

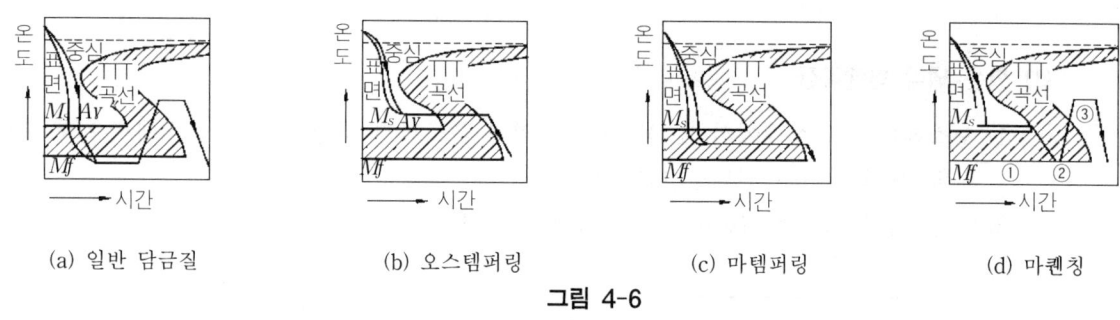

(a) 일반 담금질   (b) 오스템퍼링   (c) 마템퍼링   (d) 마퀜칭

그림 4-6

4-9. 강의 표면경화

내부는 인성을, 표면은 경도를 높이어 내마모성을 부여하는 것.

(1) 물리적 표면경화

① 화염 경화법
  ㉮ 산소 : 아세틸렌 불꽃을 사용하여 강 표면을 급히 가열한 후 물을 분사하여 급랭시킨다.
  ㉯ 부품 크기와 형상은 무관하며, 설비비가 저렴하지만 가열온도의 조절이 어렵다.

② 고주파 경화법
  ㉮ 표면에 고주파 유도전류에 의해 표면을 급히 가열한 후 물을 분사하여 급랭하는 방법
  ㉯ 급열, 급랭의 작업시간이 짧은 부분 가열이므로 타 부분에 열영향이 적어 변형이 작다.
  ㉰ 직접 가열로 열효율이 좋고 내마모성이 향상된다.
③ 하드 페이싱 : 금속 표면에 스텔라이트 등을 융착시켜 표면경화층이 생성된다.
④ 쇼트 피닝법 : 강이나 주철제의 작은 볼을 고속으로 분사하여 표면층을 가공경화에 의해 경화하는 방법이다.

(2) 화학적 표면경화

금속 표면의 화학성분을 원소 확산에 의해 변형시켜 경화층을 생성한다.

1) 침탄법

① 저 탄소강의 표면에 탄소를 침투 확산시켜 고 탄소강으로 만든 후, 담금질하여 표면을 경화시키는 방법
② 침탄경화의 과정 : 침탄처리(고체, 액체, 기체) → 저온처리(Fe_3C의 구상화) → 1차 소입(Fe_3C의 구상화 및 시멘타이트의 미세화) → 2차 소입(표면경화) → 뜨임처리(기계적 성질의 개선)
③ 고체 침탄법
  ㉮ 침탄제 : 목탄, 코크스, 골탄 등의 고체 이용
  ㉯ 침탄촉진제 : 탄산 바륨($BaCO_3$), 탄산 나트륨(Na_2CO_3)등을 사용
  ㉰ 900~950℃로 3~4시간 가열하여 표면에서 0.5~2mm의 침탄층을 얻는다.
④ 액체 침탄법
  ㉮ 침탄제 : 시안화 칼륨(KCN), 시안화 나트륨(NaCN) 등
  ㉯ 침탄촉진제 : 염화 나트륨, 염화 칼륨, 탄산 나트륨 등을 사용
  ㉰ 600~900℃에서 용해하여 C와 N이 동시에 소재의 표면에 침투
  ㉱ 시안화법, 청화법이라고도 하며, 침탄과 질화가 동시에 진행된다.
⑤ 기체 침탄법
  ㉮ 침탄제로 메탄, 에탄, 프로판 등을 사용
  ㉯ 질소(N)를 촉매로 침탄하는 방법이다.
⑥ 경화불량의 원인
  ㉮ 가열 시간 및 침탄의 부족
  ㉯ 소입 시 탈탄 생성
  ㉰ 낮은 소입온도 및 냉각 속도

2) 질화법

① 암모니아(NH₃) 가스를 이용하여 520℃에서 50~100시간 가열하면 Al, Cr, Mo 등이 질화되며 질화가 불필요한 부분은 Ni, Sn 도금을 하여 질화를 방지한다.
② 질화 처리의 목적 : 높은 표면경도를 얻기 위함.
③ 내마모성과 피로한도가 향상되고 고온 강도와 내열성이 높게 되며, 내식성이 우수하고 저온 처리로 변형이 적은 특징이 있다.

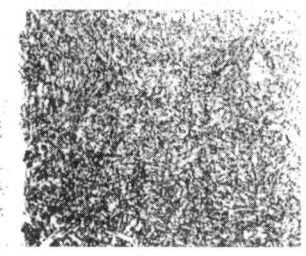

조　　직 : 왼쪽 표면이 질화부, 지지는 템퍼드 마텐자이트
배　　율 : X400
부 식 액 : 5% 나이탈(7~9초 정도)
조　　성 : C 0.44%, Si 0.26%, Mn 0.67%, P 0.16%, S 0.017%
열 처 리 : QT후 570℃에서 가스 연질화 후 유냉

그림 4-7

④ 침탄법과 질화법의 비교

비교 내용	침탄법	질화법
경도	작다.	크다.
열처리	필요	불필요
변형	크다.	적다.
수정	가능	불가능
시간	단시간	장시간
침탄층	단단하다.	여리다.

3) 금속 침투법

모재와 다른 종류의 금속을 확산 침투시켜 합금피복층을 얻는 방법.
① 크로마이징 : Cr을 재료 표면에 침투확산, 내식·내열성 및 내마모성이 향상
② 세라다이징 : Zn을 재료 표면에 침투확산, 내식성 향상과 표면경화층을 얻는다.
③ 실리코나이징 : Si를 재료 표면에 침투확산, 내산성을 향상
④ 칼로라이징 : Al을 재료 표면에 침투확산, 내식성 향상
⑤ 보로나이징 : B를 재료 표면에 침투확산, 표면경도를 향상

4) 기타 화학적인 표면경화법

청화법, 침유법

CHAPTER 05 재료 시험법

5-1. 인장시험

(1) 어떠한 재료를 잡아당겨 늘이는 하중을 인장하중이라고 한다. 인장에 의한 응력은 부품이 구부림이나 뒤틀림을 받을지라도 작용하므로 재질을 평가하는데 인장시험은 꼭 필요하다.

(2) 인장시험기의 특징

① 기계적·유압적으로 인장하중을 주고 그 하중을 측정한다.
② 시험편의 연신율을 측정한다.

(3) 인장시험기로써 얻은 데이터값은 변형과 응력의 그래프로 재해석 한다.

$$응력 = \frac{하중}{단면적}$$

$$변형 = \frac{늘어난 \; 게이지 \; 길이}{초기 \; 게이지 \; 길이}$$

(4) 인장시험으로 알 수 있는 결과

① 탄성률(E) $= \dfrac{응력}{변형}$

② 항복강도 또는 항복응력

③ 인장 강도(시험편이 견딘 최대 하중을 원단면으로 나눈 값)

④ 단면수축률 $= \dfrac{초기시편 \; 단면적 - 파단된 \; 단면적}{초기시편 \; 단면적} \times 100(\%)$

⑤ 연신율 $= \dfrac{파단된 \; 표점길이 - 원래 \; 표점길이}{원래 \; 표점길이} \times 100(\%)$

(5) 하중-연신율 곡선

① 비례한도 : 시험편이 하중에 비례하여 늘어나는 구간
② 탄성한도 : 하중을 제거할 때 시험편이 원래대로 돌아갈 수 있는 한도
③ 항복점 : 하중을 제거한 이후에 시험편이 원래대로 돌아가지 않고 영구 변형하기 시작하는 곳
④ 인장강도 : 항복점 이상에서 영구적인 소성변형이 발생하며, 이 때 가장 큰 하중을 받게 되는 곳의 강도. 즉, 최대 하중/원단면적

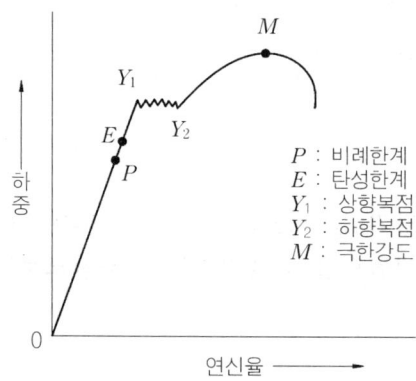

그림 5-1 하중-연신율 곡선

> ■ 확실히 암기하여야 할 그림이다. 매해 출제된다.
> 계산 문제가 나오면 $6 = \dfrac{P}{A}$ 6 : 인장강도(kg$_f$/mm^2) A : 원 단면적(mm^2), P : 하중(kg)

5-2. 경도시험의 세 가지 방법

1. 압입하는 방법

압입하여 나타나는 압흔을 통하여 경도 측정

(1) 브리넬 경도

① 강철 볼로 압입한 시편부분의 표면적으로 하중을 나누어 경도를 측정
② 하중시간은 15~30초
③ 얇은 재료나 침탄강, 질화강 등의 표면을 측정하기에는 부적당
④ 경도값을 구하는 공식

$$H_B = \frac{2P}{\pi D(D-\sqrt{D^2-d^2})} = \frac{P}{\pi Dt}$$

$\begin{bmatrix} P : \text{일정한 하중} \\ D : \text{강구의 지름} \\ t : \text{들어간 지름} \end{bmatrix}$

(2) 로크웰 경도

① 압입된 시편 부분의 깊이 정도로 경도를 측정한다.
② B 스케일의 경우 : 특수강구(1.588mm : 1/16 in)
③ C 스케일의 경우 : 꼭지각 120℃인 다이아몬드 원뿔의 압입자를 사용.

$$H_{RC} = 100 - 500h$$

(3) 비커즈 경도

① 압입된 시편 부분의 표면적으로 경도를 측정한다.
② 136°인 사각뿔 다이아몬드의 압입자 사용
③ 연한 재료, 얇은 재료, 침탄, 질화층 같은 얇은 부분의 경도를 정확히 측정
④ 압입부의 흔적이 적으므로 경화 재료에는 부적당
⑤ 경도 값을 구하는 공식

$$H_v = 1.854P/d^2$$

d : 다이아몬드 압입자국의 대각선 길이

2. 스크래치에 의한 방법

① 딱딱한 물체로 긁어서 생기는 흠집을 이용한 경도 측정
② 스크래치를 이용하여 경도를 표현하는 방법으로는 모오스 경도가 대표적이며, 광물이나 암석에 주로 쓰인다. 또한 다이아몬드 추를 이용한 방법도 있다.

3. 반발을 통한 방법

물체를 낙하시켜 튀어 오르는 높이를 통해 경도 측정

(1) 쇼어 경도

① 일정 높이에서 자유 낙하시켜 낙하체가 시험편에 부딪쳐 튀어 오르는 높이에 의해 경도를 측정한다.
② 시험편에 자국이 생기지 않으므로 완성된 기어나 압연, 롤 등에 사용
③ 경도 값을 구하는 공식 : $H_S = 10000h/65h_0$

$\begin{bmatrix} h : \text{낙하물체의 튀어오른 높이} \\ h_0 : \text{낙하물체의 높이(25cm)} \end{bmatrix}$

5-3. 충격시험

(1) 시험편에 충격적인 하중을 가해 시험편 파괴 시의 충격값을 구하고 시험편이 취성파괴 되는지 인성 파괴되는지를 알아볼 수 있는 동적인 시험방법.

(2) 샤르피 충격시험과 아이조드 충격시험 두 가지가 있다.

① 샤르피 충격시험 : 시험편을 수평으로 지지하고 충격을 주는 방법
② 아이조드 충격시험 : 시험편의 한 끝을 수직으로 고정하여 충격을 주는 방법

(3) 충격 에너지값 $(E) = WR(\cos\beta - \cos\alpha)$

$$충격값\,(U) = E/A$$

W : 해머 무게
R : 해머 중심에서 축 중심까지 거리
α : 해머의 낙하 전 올려진 각도
β : 파괴 후 각도

5-4. 피로시험

(1) 하중이 계속적인 반복 하중으로 작용하는 경우 일반적으로 파괴가 이루어지는 하중보다 더 작은 하중인 피로파괴 하중을 측정하는 시험이다.
(2) 시험편에 피로하중을 가하는 방법 : 밀고 당김, 회전 구부림, 뒤틀림, 평면 구부림 형

5-5. 굽힘 시험

(1) 재료를 굽힌 후 표면에 나타난 균열과 불연속적인 결함을 파악하기 위한 실험.

(2) 굽힘 시험의 종류

① 굽힘에 대한 저항력을 알아보는 항곡 실험
② 굽힘이 심할 경우 파열이 발생하는지 알아보는 굴곡시험

(3) 용접부 굽힘 시험

표면 굽힘, 뿌리 굽힘, 측면 굽힘의 세 가지로 분류

5-6. 크리프 시험

(1) 크리프 현상이란 어떤 재료에 일정한 응력을 가할 때 생기는 변형량의 시간적 변화
(2) 고온의 상태에서 금속 내부는 열진동이 커져 원자가 빠르게 움직이게 되므로 이러한 경우의 하중 상태에서는 시간적인 변화도 고려해야 한다.
(3) 크리프 시험이란 고온에서 시간의 경과에 따라서 외력에 비례한 만큼 이상의 변형이 일어나는 크리프 현상을 측정하는 것이다.

5-7. 에릭슨 시험

(1) 금속판의 연성을 평가 또는 비교하기 위한 시험

(2) 시험방법

① 두께 0.1~2.0mm의 금속을 상·하 다이 사이에 놓고 펀치를 넣어, 시험편의 뒷면에 적어도 1개의 균열이 생성될 때까지 가압한다.
② 펀치의 앞 끝이 하형 다이의 시험편에 접하는 면에서 이동한 거리를 측정하여 소성 가공성을 평가한다.

CHAPTER 06 비철 금속

6-1. 구리와 구리합금

1. 성질

(1) 비중은 8.96, 용융점 1,083℃이며 변태점이 없다.

(2) 물리적 성질

① 결정격자 : FCC
② 융점 1,083℃, 비중 8.9
③ 전기 전도도가 Ag 다음으로 뛰어나며 비자성체이다.

(3) 화학적 성질

① 자연수에는 내식성이 좋으나 염수에는 부식이 되고 산에는 쉽게 용해한다.
② Cu_2O를 함유하는 동을 수소가 함유된 환원성 가스 중에서 가열하면 수소가 동 중에 확산 침투해서 Cu_2O를 환원하여 수증기를 발생하여 작은 헤어 크랙을 많이 일으킨다. 이 때문에 수소취성이 나타난다.

(4) 기계적 성질

① 가공성이 좋고, 동소변태가 없다.
② 재결정 온도는 200℃, 연신율은 500~600℃에서 최저값을 나타내며 그 이상 온도에서는 다시 증가한다. 고온 가공은 750~850℃ 범위에서 하는 것이 좋다.

(5) 인장 강도는 가공도 70%에서 최대이며 600~700℃에서 30분간 풀림하면 연화된다.

(6) 고용체를 형성하여 성질을 개선하며, α 고용체는 연성이 커서 가공이 용이하나, β, δ 고용체는 가공성이 나빠진다.

2. 황동 : Cu + Zn

(1) 가공성, 주조성, 내식성, 기계적 성질이 개선된다.

(2) 황동은 α · β · γ의 고용체를 갖는다.

α상은 연하고 인성이 큰 반면, β상은 인성과 내식성이 떨어지지만 경도가 크다.

(3) Zn의 함유량이 30%(7:3 황동)에서 연신율이 최대이며 냉간가공에 적합하며, 40%(6:4 황동)에서는 인장 강도가 최대이며 고온 가공에 적합하다.

(4) 자연 균열

① 냉간가공에 의한 내부응력이 공기 중에 암모니아 염류로 인하여 입간 부식을 일으켜 균열이 발생하는 현상.

② 자연 균열의 방지책
㉮ 도금 및 도료법
㉯ 180~260℃에서 20~30분간의 저온 풀림법이 있다.

(5) 탈아연 현상

① 6:4 황동에서 많이 발생하며 해수에 침식되어 아연이 용해되는 현상
② 염화아연이 원인이며, 방지책으로는 아연편을 연결한다.

(6) 경년 변화

상온 가공한 황동 스프링이 사용할 때 시간의 경과와 더불어 스프링 특성을 잃는 현상

(7) 황동의 종류

① **톰백**
㉮ 8~20% Zn의 저 아연 합금을 총칭
㉯ 금색에 가깝고 연성이 좋으므로, 대부분 금대용인 장식용으로 사용한다.
② **양은**[7:3 황동+Ni(15~20%)] : 장식, 식기, 악기용에 주로 사용한다.
③ **주석황동** : 황동에 소량의 Sn을 첨가시켜 내식성 및 내해수성 증가
㉮ 에드미럴티 황동[7:3 황동+Sn(1%)] : 대표적인 황동. 연신율이 크고 상당한 인장 강도를 갖고 있어 각종 봉, 선, 관 등에 사용
㉯ 네이벌 황동[6:4 황동+Sn(1%)] : 상온에서 전·연성은 낮으나 강도는 크다. 판, 봉의 형태로 파이프, 선박용 기계로 사용한다.

④ 철 황동〔델타 메탈-6 : 4 황동 + Fe(1% 내외)〕
 ㉮ 결정립의 미세화 강도 높다.
 ㉯ 광산기계, 선박, 화학기계
⑤ 강력 황동(6 : 4 황동 + Mn, Al, Fe, Ni, Sn) : 선박용 프로펠러, 광산 등
⑥ 연 황동[6:4 황동 + Pb(1~1.5%)] : 황동에 Pb을 합금, 쾌삭 황동, 하드브레스
⑦ 알루미브래스 : Al 첨가, 내식성 향상, 알브락
⑧ 실진 브론즈 : 규소 첨가, 주조성 향상, 내해수성·강도 우수, 선박 부품의 주물
⑨ 고강도 황동
 ㉮ Zn의 일부를 Mn, Ni, Al, Sn, Si 등의 원소로 치환
 ㉯ 강도 및 내식성 향상, 망간 청동

3. 청동 : Cu+Sn

(1) 주조성, 강도, 내마멸성이 좋다.

(2) 주석의 4%에서 연신율 최대, 15% 이상에서 강도·경도 급격히 증대

(3) α 고용체의 Sn 최대 함유량은 500 ~ 580℃에서 약 15.8%이며, β상은 580℃에서 공석반응이 일어난다.

(4) 청동의 실용조직 : α 초정과 $\alpha + \delta$의 공석조직

(5) 포금[Gun Metal : Cu + Sn(10%) + Zn(2%)]

 청동 주물의 대표 내식·내수압성이 좋으며, 내식성이 요구되는 부분품에 주로 사용

(6) 청동의 종류

① 인 청동
 ㉮ 탈산제인 P을 첨가, 내마멸성 증가 및 냉간가공으로 인장 강도와 탄성 한도를 증가
 ㉯ 고 탄성을 요구하는 판, 선 등의 스프링 가공재나 내식성, 내마모성이 요구되는 주물 부품에 사용된다.
② 연(납) 청동 : 청동에 Pb를 3~26% 첨가하여 베어링 등에 널리 사용한다.
③ 켈멧
 ㉮ 30~40% Pb을 첨가한 것.
 ㉯ 열전도가 대단히 좋아 온도 상승이 적으므로 고속·고하중의 베어링에 적합하다.
④ 알루미늄 청동
 ㉮ Al 8~12% 함유(강도는 Al 10%에서 최대, 가공성은 8%에서 최대)
 ㉯ 기계적 성질·내식성·내열성 우수, 주조성은 나쁘다.

㉢ 암즈 청동 : Fe, Mn, Ni, Si 등을 첨가하여 만든 것.
　　　㉣ 용도 : 화학공업 용품, 선박, 항공기, 자동차 부품 등.
　⑤ 규소 청동 : 에버듀르(Cu-Si-Mn), 허큘로이 등 내식성이 좋고 강도가 크며 용접성이 좋다.
　⑥ 콜슨 청동 : C 합금이라 하며 Cu-Ni-Si 합금, 전기 전도도가 좋아 전화선 등에 사용한다.
　⑦ 베릴륨 청동 : Cu-Be계 합금, 동합금 중에서 가장 높은 강도와 경도를 갖는 청동이다.
　⑧ 망간 청동 : Cu-Mn계 합금, 내열성 우수, 전기저항이 크므로 저항 재료, 레지스틴, 망가닌에 사용

4. 기타 구리합금

(1) 니켈 구리합금

어드밴스(Ni 44%), 콘스탄탄(Ni 45%), 콜슨 합금, 쿠니알 청동

(2) 호이슬러 합금

강자성 합금. Cu-Mn-Al이 주성분

(3) 오일레스 베어링

다공성의 소결 합금, 즉 베어링 합금의 일종으로 무게의 20~30% 기름을 흡수시켜 흑연 분말 중에서 수소 기류로 소결시킨다. Cu-Sn-흑연 분말을 주성분으로 한다.

6-2. 알루미늄과 그 합금

1. 성 질

(1) 물리적 성질

① 비중 2.7, 융점 660℃, FCC 구조
② 전기 전도도는 Cu의 약 60%
③ 전연성이 우수하며, 용융점이 낮아 용해가 용이하다.

(2) 화학적 성질

① 산화 피막의 보호 작용으로 내식성이 좋고 순도가 높을수록 좋다.
② 알칼리성 환경은 피막을 용해시키므로 염류, 암모니아 등에 약하다.
③ Cu 첨가시 내식성은 저하된다.

(3) 기계적 성질

① 순도가 높을수록 연하며, 재결정 온도는 300℃이다.
② 압연시 강도와 경도의 증가, 연신율은 감소.

2. 알루미늄 합금의 종류

(1) 주조용 합금의 분류

① 일반용 : Al + Cu, Al + Si, Al + Zn
② 내열용 : Al + Cu + Si, Al + Si + Ni
③ 내식용 : Al + Mg + Si

(2) 주조용 알루미늄 합금

① Al-Cu : 주조성, 절삭성이 개선되지만 고온 메짐, 수축 균열이 있다.
② Al-Si
　㉮ '실루민'이라 불리우며 개질처리한 대표적인 주조용 알루미늄 합금이다.
　㉯ 개질처리 : 미세화, 강력화를 위한 방법으로 Si 14%일 때 최대 효과를 얻음. 불화물을 쓰는 법, 나트륨(금속 또는 수산화)을 쓰는 법, 가성소다를 쓰는 법 등으로 효과를 얻을 수 있다.
③ Al-Cu-Si
　㉮ '라우탈'이라 불린다.
　㉯ 규소 첨가로 주조성이 향상, 구리 첨가로 절삭성이 향상된다.
④ Al-Si-Mg : Al-Si을 개량할 목적으로 Mg을 첨가

(3) 내열용 알루미늄 합금 : 알루미늄 분말 소결체(SAP, APM)

① Y합금 : Al + Cu + Mg + Ni
　㉮ 'Y 합금'이라 불리우는 대표적인 내열 합금
　㉯ 용도 : 내연 기관의 실린더, 피스톤, 실린더 헤드 등
② Lo-Ex 합금
　㉮ Al-Ni-Cu-Mg-Si 합금으로 내열성이 우수
　㉯ 열팽창계수가 작고 내마모성 및 고온 강도가 크므로 피스톤용으로 주로 사용한다.
③ 두랄루민 : Al + Cu + Mg + Mn

(4) 다이캐스트용 합금

① 유동성이 좋고 1000℃ 이하의 저온 용융 합금
② Al-Cu 계, Al-SirP 합금을 사용하여 금형에 주입시켜 만든다.
③ 조건 : 유동성 및 용탕 보급성이 좋아야 하고, 열간 취성이 작아야 한다.

(5) 가공용 알루미늄 합금

① 내식용 Al 합금 : Al+Mn계(알민), Al+Mg+Mn계, Al+Mg+Si(알드레이), Al+Mg(하이드로날륨, 대표적인 내식용).
② 고강도 Al 합금(두랄루민) : Al-Cu-Mg-Mn(항공기, 자동차)

(6) Al의 주요 열처리 기호

F : 제품 그대로(압연, 압출, 주조한 그대로의 것)
O : 풀림한 재질(압연한 것에만 사용)
H : 가공 경화한 재질
W : 담금질 처리 후 경화가 진행 중인 재료
T : F, O, H 이외의 열처리를 받은 재료
T_2 : 풀림한 재질(주물에만 사용)
T_3 : 담금질 처리 후 상온 가공 경화를 받은 재질
T_4 : 담금질 처리 후 상온 시효가 완료된 재질
T_5 : 담금질 처리를 생략하고 뜨임 처리만을 한 재질
T_6 : 담금질 처리 후 뜨임한 재질

6-3. 마그네슘과 그 합금

1. 성 질

① 비중 1.74로 실용금속 중에서 가장 가볍다.
② 조밀육방격자형(HCP). 융점은 650℃
③ 피절삭성이 좋으나 해수에 대해서 대단히 약하며 수소를 방출한다.
④ Mg 합금에 소량의 Mn을 함유하면 철로 인해 생기는 부식성을 방지할 수 있다.
⑤ 용도 : 강도가 Al보다 우수하여 항공기, 자동차 부품, 선반 등에 사용

2. Mg 합금 종류

(1) 주조용 Mg 합금

① 도우 메탈
  ㉮ Mg-Al 합금으로 Al이 10% 내외이다.[하이드로날륨(Al-Mg)과 비교]
  ㉯ 기계적 성질은 우수하나 내식성이 적다.

② 일렉트론
  ㉮ Mg-Al-Zn 합금으로 내식성과 내열성이 좋다.
  ㉯ 용도 : 내연 기관의 피스톤의 재료

(2) 가공용 Mg 합금

Mg + Mn계, Mg + Al + Zn계, Mg + Zn + Zr계 등

6-4. 니켈과 그 합금

1. 성 질

① 비중 8.9, 융점 1,455℃
② 가공성이 좋고 내식성(염류)이 좋은 은백색의 금속이다.
③ 순수한 니켈로 쓰이는 일은 거의 없고 주로 구조용 특수강, 스테인리스강, 내열강 등의 합금 원소로 가장 많이 사용된다.

2. Ni-Cu계 합금

(1) 10 ~ 30% Ni 합금

① 전연성이 비철 합금 중 가장 좋으며, 가공성·내식성 및 열간가공성도 좋다.
② 용도 : 화폐, 열교환기, 탄피 등
③ 베니딕트 메탈 : 15% Ni 합금, 탄환 외피에 주로 사용
④ 백동
  ㉮ Ni 8~20%-Zn 20~35%-Cu
  ㉯ 용도 : 스프링재, 장식용, 식기류, 전기저항용에 주로 사용

(2) 40 ~ 50% Ni 합금

① 콘스탄탄(Constantan)이라 불리운다.
② 전기저항이 크고 온도계수가 낮으므로, 주로 열전대 재료나 전기저항 재료에 이용.

(3) 60 ~ 70% Ni 합금

① 모넬 메탈이라 불리운다.
② 기계적 성질 및 내식성 우수, 주조와 단련이 쉬운 특징으로 내식·내열 합금으로 사용

3. Ni-Fe계 합금(불변강)

(1) 일반적으로 자성 재료로 쓰인다.

(2) 인바

① Ni(36%) + C(0.2%) + Mn(0.4%)의 Fe-Ni계 합금
② 용도 : 줄자, 시계추, 바이메탈용에 주로 사용한다.

(3) 초인바

Ni(30~32%) + Co(4~6%)의 Fe-Ni-Co계 합금이다.

(4) 엘린바

① (52%) + Ni(12%)의 Fe-Ni-Cr계 합금
② 상온에서 탄성계수의 변화가 적어 정밀기계, 시계태엽용으로 주로 사용한다.

(5) 플래티나이트

① Ni 42~48%의 Fe-Ni계 합금
② 열팽창계수가 유리나 백금과 유사. 전구 도입선에 주로 사용한다.

(6) 퍼멀로이

① Ni(70~90%) + Fe(10~30%)의 Fe-Ni계 합금
② 약한 자장으로 큰 투자율을 얻을 수 있다.

(7) Nickalloy

Fe(50%) + Ni(50%)의 합금

(8) Perminver

Ni(20~75%)+Co(5~40%)+Fe계 합금. 고주파용 철심에 사용한다.

4. Ni-Cr계 합금

(1) 특징
① 전기저항이 대단히 우수하고 내식성 및 내열성이 크다.
② 고온에서 경도 및 강도의 저하가 작다.

(2) 니크롬선
Ni(50~90%) + Cr(15~20%)+Fe(0~25%)의 합금으로 주로 전열선에 사용된다.

(3) 인코넬(Inconel)
Ni + Cr(2~13%) + Fe(6.8%)의 합금으로 내식성용 합금이다.

(4) 콘스탄탄(Constantan)
Ni 40~45%의 열전대용 합금이다.

(5) 어드밴스(Advance)
Ni(44%) + Cu(54%) + Mn(1%)의 합금으로 전기저항체용 합금이다.

(6) 모넬 메탈(Monel Metal)
Ni(65~70%) + Fe(1~3%) + Cu의 합금으로 화학공업용이다.

(7) 하이스텔로이
Ni-Cr-Fe-Mo계 합금으로 내식용 합금이다.

6-5. 베어링용 합금

(1) Pb, Sn 등을 주성분으로 하는 베어링 합금의 총칭을 화이트 메탈이라 한다.

(2) 구비 조건
① 충분한 고온 경도와 내압력을 가질 것.
② 열 전도율이 크고 내식성을 가질 것.
③ 가격이 저렴할 것.
④ 주조성이 좋고 충분한 점성을 가질 것.
⑤ 마찰계수가 적고 마모 저항이 클 것.

(3) 주요 합금

① 배빗 메탈
- ㉮ Cu(50%) + Sb(5%) + Sn계 합금으로 주석계 화이트 메탈(Sn + Pb + Sb + Zn + Cu계)의 대표
- ㉯ 마찰계수가 작고, 고온 및 고압경도가 크다.
- ㉰ 내식성이 우수하며 주조가 가능하며 고속 베어링용으로 주로 사용된다.

② 켈밋(kelmet)
- ㉮ CurP 베어링 합금으로 Cu+Pb(30~40%)으로 원심주조로 제조된다.
- ㉯ 마찰계수가 작고 열전도율이 우수. 고온·고압에서 강도가 우수하며, 수명이 길다.
- ㉰ 용도 : 주로 자동차, 항공기의 주베어링용, 발전기, 전동기 등에 사용한다.

6-6. 기타 금속

(1) 아연
비중 7.1, 융점 420℃ · 조밀육방격자(HCP) 알루미늄에서 가장 중요한 합금원소이다.

(2) 납
비중 11.34, 융점 327℃ · 납땜(Pb-Sn 합금, 융점 최하 183℃), 활자 합금(Pb-Sb-Sn)이다.

(3) 티탄늄
비중 4.5, 융점 1,670℃ · 내식성이 대단히 좋으며 강도도 크다.

(4) 코발트
비중 8.9, 융점 1,480℃ · 자성재료, 내열 합금, 주조 경질 합금, 초경 합금 등에 사용한다.

(5) 텅스텐
비중 19.2, 융점 3,395℃ · 융점이 가장 높은 금속, 전구 필라멘트에 이용된다.

(6) 몰리브덴
비중 10.22, 융점 2,650℃ · 텅스텐과 더불어 고 융점 금속의 하나이다.

(7) 형상 기억 합금
Ni-Ti계 합금으로 온도 등의 조건에 대해 형상을 기억하고 적정조건에서 원래의 형상으로 되돌아가는 합금이다.

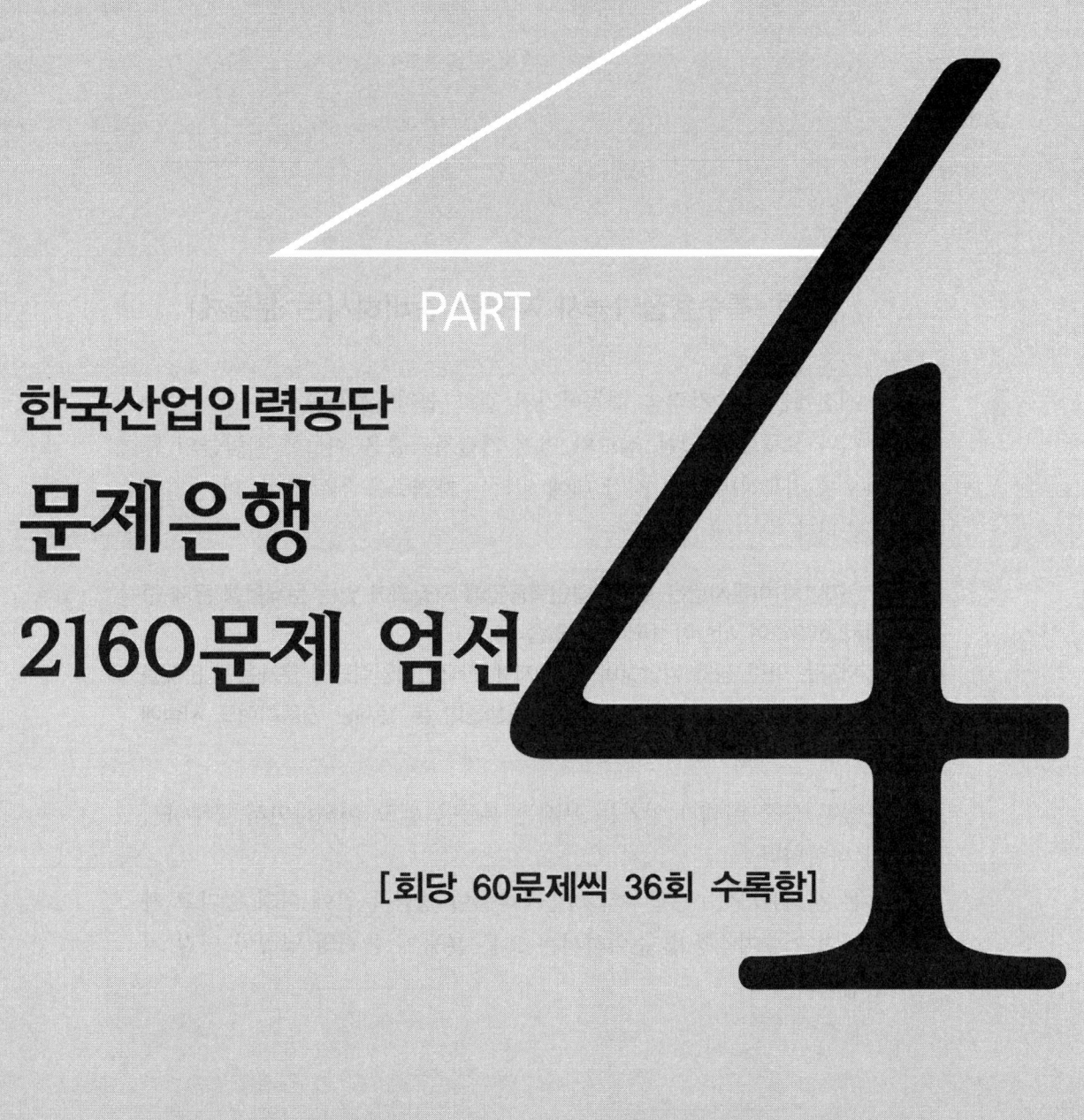

PART 4

한국산업인력공단
문제은행
2160문제 엄선

[회당 60문제씩 36회 수록함]

[용접·특수용접기능사 자격증 준비하시는 분들께]

예전에는 기술자격증 취득하기가 결코 쉽지 않았습니다.
허나 요즘에는 많은 정보와 먼저 기술자격증을 취득한 사람들의 노하우를 접목하여 빠른 시간 내에 원하는 자격증을 취득할 수 있는 길이 있습니다.

현재 1차 이론시험은 한국산업인력공단에 저장되어 있는 문제은행 문제 중에서 선별하여 시험이 치러지고 있습니다.
저자는 이런 점을 감안하여 본 책자에 한국산업인력공단 문제은행 문제를 2160문제 엄선하여 수록함으로써 수험생들이 본 문제만 습득하여도 시험에 합격할 수 있도록 하였습니다.

공부 도중 이해가 안가는 문제는 본문을 읽고 이해하면서 공부하시기 바랍니다.
본 서적을 보는 순간부터 기술자격증이 성큼 눈앞에 다가 왔다고 자신하며 기술자격증을 준비하시는 모든 분들께 합격의 영광이 있길 기원합니다.

제1회 CBT기출복원문제

01 가변저항기로 용접 전류를 원격 조절하는 교류 용접기는?
㉮ 가포화 리액터형 ㉯ 가동 철심형
㉰ 가동 코일형 ㉱ 탭 전환형

02 가스 용접시 토치의 팁이 막혔을 때 조치 방법으로 가장 올바른 것은?
㉮ 팁 클리너를 사용한다.
㉯ 내화벽돌 위에 가볍게 문지른다.
㉰ 철판 위에 가볍게 문지른다.
㉱ 줄칼로 부착물을 제거한다.

> 토치 팁이 막혔을 때는 팁 클리너를 사용하며 주의 사항은 팁의 구멍이 늘어나는 것을 방지하기 위해 팁 구멍보다 작은 연한 재질을 사용한다.

03 연강용 가스 용접봉에 관한 각각의 설명으로 틀린 것은?
㉮ SR : 응력을 제거한 것
㉯ NSR : 응력을 제거하지 않은 것
㉰ GA46 : 가스 용접봉의 재질 종류 및 용착금속의 최소인장강도
㉱ GB43 : 가스 용접봉의 재질 종류 및 용착금속의 최소전단강도

> 연강용 가스 용접봉에 관한 설명은 GA43으로 표시하며 G는 가스용접봉, A는 용착금속의 연신율, 43은 최저인장강도

04 청색의 겉불꽃에 둘러싸인 무광의 불꽃이므로 육안으로는 불꽃 조절이 어렵고, 납땜이나 수중 절단의 예열 불꽃으로 사용되는 것은?
㉮ 산소-수소 가스 불꽃 ㉯ 산소-아세틸렌가스 불꽃
㉰ 도시가스 불꽃 ㉱ 천연가스 불꽃

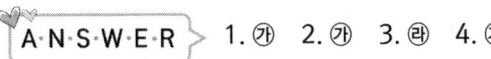
1. ㉮ 2. ㉮ 3. ㉱ 4. ㉮

05 직류 정극성으로 사용할 때, 용접 상태는?
㉮ 용접봉의 용융이 빠르다.
㉯ 모재의 용입이 얕다.
㉰ 모든 사항은 역극성과 같다.
㉱ 모재의 용입이 깊다.

> 해설 직류 정극성 일때는 모재 용입이 깊고, 봉의 녹음이 느리며, 비드폭이 좁다.

06 용접에서 변형교정 방법이 아닌 것은?
㉮ 얇은 판에 대한 점수축법   ㉯ 롤러에 거는 방법
㉰ 형재에 대한 직선 수축법   ㉱ 노내풀립법

> 해설 • 변형교정법
> ① 박판에 대한 점 수축법   ② 형재에 대한 직선 수축법
> ③ 가열 후 해머질하는 방법   ④ 롤러에 거는법
> ⑤ 피이닝법 등이 있다.

07 아세틸렌가스 1리터의 무게는 1기압 15℃에서 보통 몇 g인가?
㉮ 0.15   ㉯ 1.175
㉰ 3.176   ㉱ 5.15

> 해설 아세틸렌 1리터의 무게는 15℃ 1기압에서 1.175g이다.

08 용접 금속 및 모재의 수축에 대하여, 용접 전에 반대방향으로 굽혀 놓고 작업하는 것은?
㉮ 역변형법   ㉯ 각변형법
㉰ 예측법   ㉱ 국부변형법

09 정격 2차 전류 200A, 정격사용률 40%, 아크용접기로 150A의 용접전류 사용시 허용 사용률은 대략 얼마인가?
㉮ 51.1%   ㉯ 61.1%
㉰ 71.1%   ㉱ 81.1%

> 해설 허용사용율 = ((정격2차전류)/(실제용접전류))×정격사용율
> = ((200)/(150))×0.4 = 71.1%

ANSWER ▶ 5.㉱ 6.㉱ 7.㉯ 8.㉮ 9.㉰

10 융접에 해당하는 것은?
- ㉮ 초음파용접
- ㉯ 연납 땜
- ㉰ 업셋 맞대기 용접
- ㉱ 일렉트로슬랙 용접

11 B스케일과 C스케일이 있는 경도 시험법은?
- ㉮ 로크웰
- ㉯ 쇼어
- ㉰ 브리넬
- ㉱ 비커스

해설 로크웰경도 시험기는 압입부가 강구로 된 것은 B스케일 이라하고, 압입 강구가 다이아몬드로 돼 있는 것은 C스케일이라 한다.

12 용접부 시험 중 비파괴 시험법이 아닌 것은?
- ㉮ 초음파 시험
- ㉯ 맴돌이 전류 시험
- ㉰ 침투 시험
- ㉱ 크리프 시험

13 맞대기 용접 이음에서 모재의 인장강도는 $45kg_f/mm^2$이며 용접시험편의 인장강도가 $47kg_f/mm^2$일 때 이음 효율은 몇 %인가?
- ㉮ 104.4
- ㉯ 96.7
- ㉰ 92
- ㉱ 2

해설 이음효율 = (용접시험편이 인장강도/모재의 인장강도)×100
= (47/45)×100 = 104.4

14 교류용접기에서 무부하 전압이 높기 때문에 감전의 위험이 있어 용접사를 보호하기 위하여 설치한 장치는?
- ㉮ 초음파 장치
- ㉯ 전격방지 장치
- ㉰ 고주파 장치
- ㉱ 가동철심 장치

15 불활성가스의 종류에 해당되지 않는 것은?
- ㉮ 아르곤(Ar)
- ㉯ 헬륨(He)
- ㉰ 네온(Ne)
- ㉱ 질소(N_2)

ANSWER 10. ㉱ 11. ㉮ 12. ㉱ 13. ㉮ 14. ㉯ 15. ㉱

16 불활성가스의 종류에 해당되지 않는 것은?
- ㉮ 아르곤(Ar)
- ㉯ 헬륨(He)
- ㉰ 네온(Ne)
- ㉱ 질소(N₂)

17 볼트나 환봉을 피스톤의 홀더에 끼우고 모재와 볼트사이에 0.1~2초 정도의 아크를 발생시켜 용접하는 것은?
- ㉮ 피복아크용접
- ㉯ 스터드 용접
- ㉰ 테르밋 용접
- ㉱ 전자 빔 용접

18 납땜할 때, 염산이 몸에 튀었을 경우 1차 조치로 어떻게 하여야 가장 좋은가?
- ㉮ 빨리 물로 씻는다.
- ㉯ 그냥 놓아두어야 한다.
- ㉰ 손으로 문질러 둔다.
- ㉱ 머큐러크롬을 바른다.

19 필릿 용접에서는 용접선의 방향과 응력의 방향이 이루는 각도에 따라 분류한다. 그림과 같은 필립 용접은?

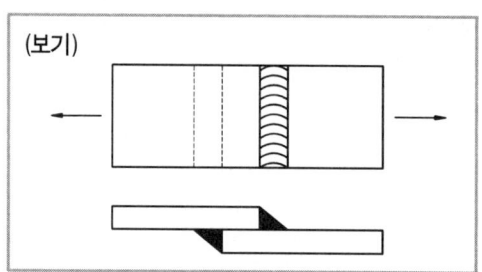

- ㉮ 측면 필릿 용접
- ㉯ 경사 필릿 용접
- ㉰ 전면 필릿 용접
- ㉱ T형 필릿 용접

20 피복아크 용접봉의 피복제가 연소한 후 생성된 물질이 용접부를 보호하는 방식에 따라 분류할 때, 틀린 것은?
- ㉮ 스패터 발생식
- ㉯ 가스 발생식
- ㉰ 슬래그 생성식
- ㉱ 반가스 발생식

해설 용접부를 보호하는 방식에는 슬래그 생성식, 가스 발생식, 반가스 발생식 등이 있다.

ANSWER ▶ 16. ㉱ 17. ㉯ 18. ㉮ 19. ㉰ 20. ㉮

21 산소 – 아세틸렌 가스용접에 대한 장점의 설명으로 틀린 것은?
㉮ 운반이 편리하다.　　　㉯ 전원이 필요 없다.
㉰ 유해 광선이 적다.　　　㉱ 후판 용접이 용이하다

> • 산소 – 아세틸렌가스 용접의 특징
> ① 운반이 편리하다.　　　② 전원이 필요 없다.
> ③ 박판용접에 적당하다.　④ 유해광선발생이 적다.

22 가스 가우징과 비교한 아크 에어 가우징의 특징 설명으로 잘못된 것은?
㉮ 작업능률이 2~3배 높다.
㉯ 모재에 나쁜 영향을 주지 않는다.
㉰ 경비는 저렴하나, 용접결함 특히 균열발견이 어렵다.
㉱ 소음이 적고, 철·비철 금속 어느 경우도 사용이 가능하다.

23 용접 후 팽창과 수축에 의한, 변형은 어떤 결함에 속하는가?
㉮ 치수상의 결함　　　㉯ 구조상의 결함
㉰ 성질상의 결함　　　㉱ 재질상의 결함

> ① 치수상결함 : 변형, 치수 및 형상불량
> ② 구조상결함 : 언더컷, 오버랩, 융합불량, 기공, 용입불량, 용접균열
> ③ 성질상 불량 : 기계적 성질불량, 화학적 성질불량

24 강재의 가스 절단 시 예열온도로 다음 중 가장 적절한 것은?
㉮ 300~450℃　　　㉯ 450~700℃
㉰ 850~900℃　　　㉱ 1000~1300℃

> 강재의 절단시 예열온도는 800~900℃이며, 철이 붉어지기 시작하는 온도가 800℃이다.

25 고장력강의 용접시 주의사항이 아닌 것은?
㉮ 용접봉은 저수소계를 사용한다.
㉯ 용접입열을 충분히 하기 위하여 아크길이를 길게 한다.
㉰ 위빙 폭을 크게 하지 않는다.
㉱ 용접 개시 전에 이음부 내부 또는 용접할 부분의 청소를 한다.

ANSWER ▶ 21. ㉱　22. ㉰　23. ㉮　24. ㉰　25. ㉯

26 용접 잔류응력 제거방법이 아닌 것은?
㉮ 케이블 커넥터 법　　㉯ 저온응력 완화법
㉰ 피닝법　　㉱ 기계적 응력 완화법

27 다음 주철의 보수용접 방법에 해당되지 않는 것은?
㉮ 피닝법　　㉯ 비녀장법
㉰ 스터드법　　㉱ 버터링법

> • 주철의 보수방법
> ① 스터드법 ② 비녀장법 ③ 버터링법 ④ 로킹법

28 용접부의 검사법 중 기계적 시험이 아닌 것은?
㉮ 인장시험　　㉯ 물성시험
㉰ 굽힘시험　　㉱ 피로시험

29 텅스텐용의 땜납 종류가 아닌 것은?
㉮ 구리(Cu　　㉯ 구리-은(Cu-Ag)
㉰ 니켈(Ni)　　㉱ 니켈-구리(Ni-Cu)

30 연소의 3요소에 해당하는 것은?
㉮ 가연물, 산소, 정촉매　　㉯ 가연물, 빛, 탄산가스
㉰ 가연물, 산소, 점화원　　㉱ 가연물, 산소, 공기

> • 연소의 3대 요소 : 점화원, 산소공급원, 가연물

31 아크발생 초기에 용접봉과 모재가 냉각되어 있어 입열이 부족하면 아크가 불안정하기 때문에 아크 초기만 용접전류를 특별히 크게 해 주는 장치는?
㉮ 전격방지 장치　　㉯ 원격제어장치
㉰ 핫 스타트장치　　㉱ 고주파발생 장치

> 핫 스타트 장치란 처음모재에 접촉한 순간의 0.2~0.3초 정도 순간적으로 대 전류를 흘려서 아크 초기 안정을 도모하는 장치

ANSWER ▶ 26. ㉮　27. ㉮　28. ㉯　29. ㉯　30. ㉰　31. ㉰

32 서브머지드 아크용접에 사용되는 용접용 용제 중 용융형 용제에 대한 설명으로 맞는 것은?
㉮ 큰 입열 용접성이 양호하다.   ㉯ 고속 용접성이 양호하다.
㉰ 저수소, 저산소화가 된다.   ㉱ 합금원소의 첨가가 용이하다.

33 크롬을 몇 %이상 함유한 강이 되면 가스절단이 곤란하여 분말절단 하는가?
㉮ 1% 이상   ㉯ 3% 이상
㉰ 5% 이상   ㉱ 10% 이상

> 해설 크롬이 5%이하는 절단이 잘 되지만 10% 이상이 되면 절단이 곤란하므로 분말 절단을 해야 한다.

34 용착강의 터짐에 대한 발생원인의 경우가 아닌 것은?
㉮ 용착강에 기포 등의 결함이 있는 경우
㉯ 예열, 후열을 한 경우
㉰ 유황함량이 많은 강을 용접한 경우
㉱ 나쁜 용접봉을 사용한 경우

35 아르곤(Ar)가스는 일반적으로 용기에 다음 중 몇 기압(kg_f/cm^2)으로 충전하는가?
㉮ 약 80   ㉯ 약 100
㉰ 약 140   ㉱ 약 250

> 해설 아르곤(Ar)가스 용기는 회색이며 충전기압은 140(kg_f/cm^2)이다.

36 경도가 큰 재료를 A1변태점 이하의 일정온도로 가열하여 인성을 증가시킬 목적으로 하는 열처리법은?
㉮ 뜨임(tempering)   ㉯ 풀림(annealing)
㉰ 불림(normalizing)   ㉱ 담금질(quenching)

ANSWER ▶ 32. ㉯ 33. ㉱ 34. ㉯ 35. ㉰ 36. ㉮

37 알루미늄(Al)은 철강에 비하여 일반 용접법으로 용접이 극히 곤란하다. 그 이유로 가장 적합한 것은?

㉮ 비열 및 열전도도가 적다.
㉯ 용융점이 비교적 높다.
㉰ 응고균열이 생기지 않는다.
㉱ 열팽창계수가 매우 크다.

38 불변강(invariable steel)에 해당되지 않는 것은?

㉮ 엘린바(elinvar)
㉯ 코엘린바(coelinvar)
㉰ 인바(invar)
㉱ 코인바(coinvar)

>해설 불변강이란 열팽창계수가 현저히 적은 강을 말하며 종류로는 인바아, 엘린바아, 플래티나이트, 퍼멀로이 등이 있다.

39 구조용 부분품이나 롤러 등에 이용되며 열처리에 의하여 니켈-크롬 주강에 비교될 수 있을 정도의 기계적 성질을 가지고 있는 저망간 주강의 조직은?

㉮ 오스테나이트(Austenite)
㉯ 펄라이트(Pearlite)
㉰ 페라이트(Ferrite)
㉱ 시멘타이트(Cementite)

40 탄소강 표면에 산소-아세틸렌 화염으로 표면만을 가열하여 오스테나이트로 만든 다음, 급랭하여 표면층만을 담금질하는 방법은?

㉮ 기체 침탄법
㉯ 질화법
㉰ 고주파 경화법
㉱ 화염 경화법

41 주철은 함유하는 탄소의 상태와 파단면의 색에 따라 3가지로 분류하는 데, 다음 중 해당되지 않는 것은?

㉮ 백주철
㉯ 흑주철
㉰ 반주철
㉱ 회주철

ANSWER 37. ㉱ 38. ㉱ 39. ㉯ 40. ㉱ 41. ㉯

42 주철의 성장 원인이 되는 것 중 잘못된 것은?

㉮ Fe_3C 흑연화에 의한 팽창

㉯ 불균일한 가열로 생기는 균열에 의한 팽창

㉰ 흡수되는 가스의 팽창으로 인해 항복되어 생기는 팽창

㉱ 고용된 원소인 Mn의 산화에 의한 팽창

> 주철의 성장이란 고온에서 장시간 가열 냉각을 반복하면 부피가 팽창하여 균열이 발생하는 현상을 말한다.

43 분말 야금에 의해서 만들어진 것은?

㉮ 초경합금   ㉯ 고속도강

㉰ 두랄루민   ㉱ 가단주철

> 초경합금은 분말 야금에 의해 만들어지며 성분으로는 WC-Co, TiC-Co, TaC-Co 등이 있다.

44 라우탈은 주조성을 개선하고 피삭성을 좋게 하는 합금으로 이 합금의 표준 성분은 다음 중 어느 것인가?

㉮ Al-Cu-Mg   ㉯ Al-Cu-Si

㉰ Al-Mg-Si   ㉱ Al-Cu-Ni-Mg

45 다음 중 주석(Sn)의 비중과 용융점은 얼마인가?

㉮ 2.67, 660℃   ㉯ 7.28, 232℃

㉰ 8.96, 1083℃   ㉱ 7.87, 1538℃

> 주석은 비중이 7.3, 용융온도가 232℃인 은백색의 유연한 금속

46 오스테나이트계 스테인리스강의 용접시 유의해야 할 사항이 아닌 것은?

㉮ 용접균열을 방지하기 위해 충분한 예열이 필요하다.

㉯ 층간온도가 320(℃)이상을 넘어서는 안된다.

㉰ 아크를 중단하기 전에 크레이터 처리를 한다.

㉱ 낮은 절류값으로 용접하여 용접 입열을 억제한다.

> 오스테나이트계 스테인레스강은 용접시 층간온도를 320℃를 넘지 말아야하며 예열은 하지 않는다.

ANSWER 42. ㉱ 43. ㉮ 44. ㉯ 45. ㉯ 46. ㉮

47 주석청동 중에 납(Pb)을 3~26% 첨가한 것으로 베어링, 패킹 재료 등에 널리 사용되는 것은?
㉮ 연청동 ㉯ 인청동
㉰ 규소 청동 ㉱ 베릴륨 청동

해설) 연청동은 경도가 높고 내마멸성이 커서 베어링, 패킹재료 등에 사용한다.

48 탄소강에서 황에 의한 적열 취성을 방지하기위하여 첨가하는 원소는 무엇인가?
㉮ 니켈(Ni) ㉯ 크롬(Cr)
㉰ 규소(Si) ㉱ 망간(Mn)

49 망간 10~14%의 강은 상온에서 오스테나이트 조직을 가지며 내마멸성이 특히 우수하여 각종 광산기계, 기차 레일의 교차점, 냉간 인발용의 드로잉 다이스 등에 이용되는 강은?
㉮ 듀콜강 ㉯ 스테인레스강
㉰ 고속도강 ㉱ 하드필드강

50 주강의 수축률의 주철의 약 몇 배인가?
㉮ 1 ㉯ 2
㉰ 4 ㉱ 6

51 보기 구조물의 도면에서 (A), (B)의 단면도의 명칭은?

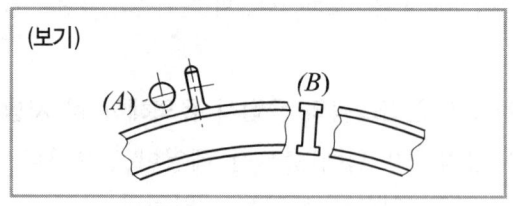

㉮ 온단면도 ㉯ 변환 단면도
㉰ 회전도시 단면도 ㉱ 부분 단면도

ANSWER ▶ 47.㉮ 48.㉱ 49.㉱ 50.㉰ 51.㉰

52 보기와 같이 3각법으로 정투상한 정면도와 평면도에 가장 적합한 우측면도는?

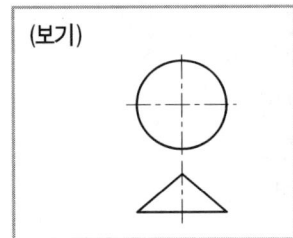

㉮  ㉯

㉰ ㉱

53 가려서 보이지 않는 나사부를 그리는 숨은선의 용도로 사용하는 선의 종류는?
㉮ 파선   ㉯ 굵은실선
㉰ 가는실선   ㉱ 이점쇄선

  파선(은선)은 물체의 보이지 않는 부분의 숨은선의 용도로 쓰인다.

54 물, 기름, 가스 등의 배관 접속과 유동상태를 나타내는 도면의 명칭으로 다음 중 가장 적합한 것은?
㉮ 계통도   ㉯ 배선도
㉰ 주문도   ㉱ 부품도

55 도면 부품란에 SM 45 C로 기입되어 있을 때 어떤 재료를 의미하는가?
㉮ 탄소주강품   ㉯ 용접용 스테인리스강재
㉰ 회주철품   ㉱ 기계 구조용 탄소강재

56 보기 입체도를 제3각법으로 제도한 것으로 올바른 것은?

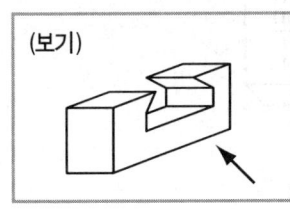

㉮   ㉯

㉰   ㉱

ANSWER ▶ 52. ㉯   53. ㉮   54. ㉮   55. ㉱   56. ㉰

57 보기 그림에 표시된 용접 단면에서 H로 표시된 부분을 무엇이라 하는가?

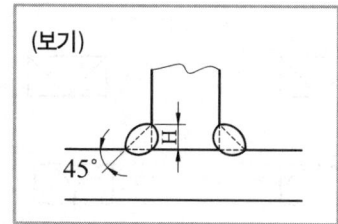

㉮ 목 두께
㉯ 용입깊이
㉰ 이음 루트
㉱ 목 길이

58 보기와 같은 용접부 비파괴 검사 기호의 해독으로 올바른 것은?

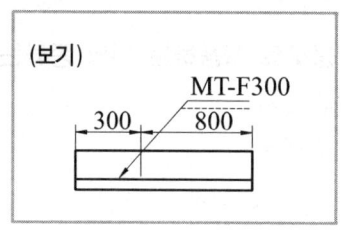

㉮ 방사선 투과시험
㉯ 침투형광 탐상시험
㉰ 초음파 탐상시험
㉱ 자분형과 탐상시험

59 보기와 같은 원뿔 전개도에서 원호의 반지름 ℓ은 얼마인가?

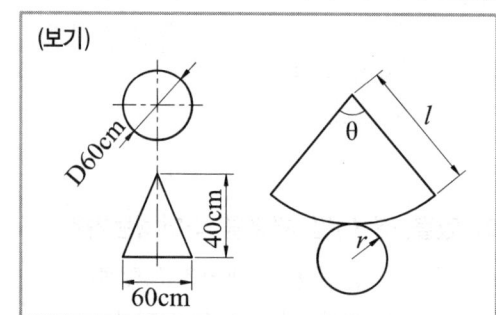

㉮ 50cm
㉯ 60cm
㉰ 45cm
㉱ 55cm

60 도면에 표현되는 각도 치수 기입의 예를 나타낸 것이다 틀린 것은?

㉮ 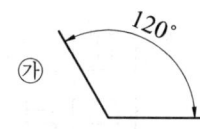   ㉯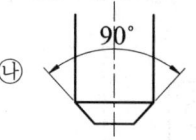

㉰ 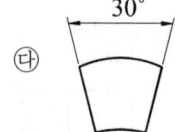   ㉱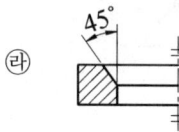

ANSWER 57. ㉱ 58. ㉱ 59. ㉮ 60. ㉰

제2회 CBT기출복원문제

01 가스용접에서 전진법과 비교한 후진법의 설명으로 맞는 것은?
㉮ 열효율이 나쁘다.
㉯ 얇은 재료의 용접이 적합하다.
㉰ 용접변형이 크다.
㉱ 두꺼운 판의 용접이 적합하다.

02 피복아크 용접에서 용착을 가장 옳게 설명한 것은?
㉮ 모재가 녹는 시간
㉯ 용접봉이 녹는 시간
㉰ 용접봉이 용융지에 녹아 들어가는 것.
㉱ 모재가 용융지에 녹아 들어가는 것.

> 해설 ① 용착 : 용접봉이 녹아 용융지에 들어가는 것.
> ② 용적 : 용접봉이 녹아 모재로 이행되는 쇳물
> ③ 용입 : 모재가 녹은 깊이

03 산소-아세틸렌 가스용접의 단점이 아닌 것은?
㉮ 열 효율이 낮다.   ㉯ 폭발할 위험이 있다.
㉰ 가열시간이 오래 걸린다.   ㉱ 가스불꽃의 조절이 어렵다.

04 300호 홀더의 정격 용접 전류는 몇 암페어(A)인가?
㉮ 600A   ㉯ 300A
㉰ 150A   ㉱ 100A

> 해설 용접홀더가 300호 그러면 정격 용접 전류가 300A란 뜻이다.

ANSWER 1.㉱ 2.㉰ 3.㉱ 4.㉯

05 10000~30000℃의 높은 열 에너지를 열원으로 아르곤과 수소, 질소와 수소, 공기 등을 작동가스로 사용하여 경금속, 철강, 주철, 구리 합금 등의 금속재료와 콘크리트, 내화물 등의 비금속 재료의 절단까지 가능한 것은?
㉮ 플라즈마아크절단 ㉯ 아크에어 가우징
㉰ 금속 아크절단 ㉱ 불활성가스 아크절단

> 해설 기체의 가열로 전자의 이온이 혼합되어 도전성을 띤 가스체를 "프라즈마"라고하며 온도는 1만~3만℃이다. 이는 경금속 철강, 주철 및 비철금속과 비금속까지 절단이 가능하다.

06 용접 후 처리에서 변형 교정하는 일반적인 방법으로 틀린 것은?
㉮ 형재에 대한 직선 수축법
㉯ 두꺼운 판에 대하여 수냉한 후 압력을 걸고 가열 하는 법
㉰ 가열한 후 해머로 두드리는 법
㉱ 얇은 판에 대한 점 수축법

07 모재 및 용접봉의 연성과 안전성을 조사하기 위하여 사용되는 시험법으로 맞는 것은?
㉮ 경도 시험 ㉯ 압축 시험
㉰ 굽힘 시험 ㉱ 충격 시험

08 산화불꽃으로 가스 용접하는 것이 가장 적합한 것은?
㉮ 황동 ㉯ 모넬메탈
㉰ 스텔라이트 ㉱ 스테인리스

09 용접봉에서 모재로 용융금속이 옮겨가는 용적이행상태가 아닌 것은?
㉮ 단락형 ㉯ 탭전환형
㉰ 스프레이형 ㉱ 핀치효과형

ANSWER 5.㉮ 6.㉯ 7.㉰ 8.㉮ 9.㉯

10 저항용접의 3요소에 대하여 설명한 것중 맞는 것은?

㉮ 용접전류, 가압력, 통전시간
㉯ 가압력, 용접전압, 통전시간
㉰ 용접전류, 용접전압, 가압력
㉱ 용전전류, 용전전압, 통전시간

11 용제(flux)가 필요한 용접법은?

㉮ MIG용접 ㉯ 원자수소 용접
㉰ CO_2 용접 ㉱ 서브머지드 용접

> 해설 서브머지드 아크 용접은 잠호용접으로써 용제속에 아크를 발생시켜 용접한다. 상품명으로는 유니언멜트, 링컨 등의 상품명이 있다.

12 피복아크용접에서 발생하는 아크(arc)의 온도는 얼마 정도 인가?

㉮ 약 1000℃ ㉯ 약 3000℃
㉰ 약 5000℃ ㉱ 약 8000℃

13 저온 균열이 일어나기 쉬운 재료에 용접전에 균열을 방지 할 목적으로 적당한 온도로 가열하는 것을 무엇이라 하는가?

㉮ 잠열 ㉯ 예열 ㉰ 후열 ㉱ 발열

> 해설 용접시 금속의 균열을 방지할 목적으로 행하는 작업은 예열이며, 용접 후 응력을 제거할 목적으로 행하는 작업은 후열이다.

14 LP가스 취급시 화재 사고를 예방하는 대책을 설명한 것 중 틀린 것은?

㉮ 용기의 설치는 가급적 옥외에 설치한다.
㉯ 용기는 직사일광의 차단이나 낙하물에 의한 손상을 방지하기 위하여 상부에 덮개를 한다.
㉰ 옥외의 용기로부터 옥내의 장소까지는 금속과 정배관으로 하고, 고무호스의 사용부분은 될 수 있는 대로 길게 한다.
㉱ 연소기구 주위의 가연물과 충분한 거리를 둔다.

> 해설 가스 용기 호스는 꼬임 등을 방지하기 위해 짧게 한다.

ANSWER 10. ㉮ 11. ㉱ 12. ㉰ 13. ㉯ 14. ㉰

15 KS규격에서, 연강용 피복아크 용접봉의 표준치수가 아닌 것은?
- ㉮ ∅2.6[mm]
- ㉯ ∅3.2[mm]
- ㉰ ∅4.0[mm]
- ㉱ ∅5.2[mm]

> 해설 연강용접봉 치수는 1, 1.4, 2, 2.6, 4, 4.5, 5, 5.5, 6, 6.4, 7, 8, 9, 10,등이 있다.

16 연강용 피복금속 아크용접봉에서 피복제 중에 산화티탄을 약 35%정도 포함한 용접봉으로 일반 경구조물 용접에 많이 사용되는 것은 무엇인가?
- ㉮ 저수소계
- ㉯ 일미나이트계
- ㉰ 고산화티탄계
- ㉱ 고셀룰로스계

17 연소의 난이성에 대한 설명이 틀린 것은?
- ㉮ 화학적 친화력이 큰 물질일수록 연소가 잘 된다
- ㉯ 발열량이 큰 것일수록 산화반응이 일어나기 쉽다
- ㉰ 예열하면 착화 온도가 낮아져서 착화하기 쉽다
- ㉱ 산소와의 접촉 면적이 좁을수록 온도가 떨어지지 않아 연소가 잘 된다.

18 피복아크용접봉의 특징 중 틀린 것은?
- ㉮ E4311 : 가스 실드식 용접봉으로 박판용접에 사용된다.
- ㉯ E4301 : 용접성이 우수하여 일반 구조물의 중요 강도 부재용접에 사용된다.
- ㉰ E4313 : 용입이 깊어서 고장력강 및 중량물 용접에 사용된다.
- ㉱ E4316 : 연성과 인성이 좋아서 고압용기, 후판 중구 조물 용접에 사용된다.

> 해설 E4313은 고산화 티탄계이며 용도로는 일반 경 구조물, 경자동차, 박강판 표면 용접에 적합하다.

19 일반적으로 가스 폭발을 방지하기 위한 예방대책 중 제일 먼저 조치를 취하여야 할 것은?
- ㉮ 방화수 준비
- ㉯ 가스누설의 방지
- ㉰ 착화의 원인 제거
- ㉱ 배관의 강도 증가

> 해설 가스화재시 제일 먼저 취하는 행동은 가스 메인 밸브를 잠그는 것이다.

ANSWER 15. ㉱ 16. ㉰ 17. ㉱ 18. ㉰ 19. ㉯

20 전기적 점화원의 종류가 아닌 것은?

㉮ 유도열   ㉯ 정전기
㉰ 저항열   ㉱ 마모열

21 아크 쏠림 방지대책이 아닌 것은?

㉮ 가능하면 아크가 안정된 직류용접을 한다.
㉯ 용접봉 끝을 아크쏠림 반대 방향으로 기울인다.
㉰ 접지점을 될 수 있는 대로 용접부에서 멀리한다.
㉱ 짧은 아크를 사용한다.

> **해설** • 아크 쏠림 방지책
> ① 교류용접을 사용한다.
> ② 접지를 용접부로부터 멀리한다.
> ③ 긴용접선은 후퇴법을 사용한다.
> ④ 용접부의 시작과 끝점에 엔드 탭을 사용한다.

22 전기용접 작업시 전격에 관한 주의사항으로 틀린 것은?

㉮ 무부하 전압이 필요 이상으로 높은 용접기는 사용 하지 않는다.
㉯ 낮은 전압에서는 주의 하지 않아도 되며, 피부에 적은 습기는 용접하는데 지장이 없다.
㉰ 작업 종료시 또는 장시간 작업을 중지할 때는 반드시 용접기의 스위치를 끄도록 한다.
㉱ 전격을 받은 사람을 발견했을 때는 즉시 스위치를 꺼야 한다.

23 A는 병 전체무게 (빈병의 무게 + 아세틸렌의 무게)이고, B는 빈병의 무게이며, 또한 15℃, 1기압에서의 아세틸렌용적을 905리터라고 할 때, 용해 아세틸렌가스의 양인C (리터)를 계산하는 식은?

㉮ C = 905(B−A)   ㉯ C = 905+(B−A)
㉰ C = 905(A−B)   ㉱ C = 905(A/B)

ANSWER 20. ㉱ 21. ㉮ 22. ㉯ 23. ㉰

24 용접부의 파괴 검사(시험) 방법은?
  ㉮ 형광 침투 검사 ㉯ 방사선 투과 검사
  ㉰ 맴돌이 검사 ㉱ 현미경 조직 검사

  >해설 방사선투과검사, 형광투과검사, 맴돌이 검사는 비파괴검사이다.

25 아크용접에서 피복제의 역할로서 옳지 않은 것은?
  ㉮ 용착금속의 급냉 방지
  ㉯ 용착금속의 탈산 정련 작용
  ㉰ 전기 절연작용
  ㉱ 스패터의 다량 생성 작용

26 이산화탄소 아크 용접의 특징으로 적당하지 않는 것은?
  ㉮ 용착 금속의 기계적, 야금적 성질이 우수하다.
  ㉯ 자동, 반자동의 고속 용접이 가능하다.
  ㉰ 용접 입열이 커서 용융 속도가 빠르다.
  ㉱ 용접선이 구부러지거나 짧으면 더 능률적이다.

  >해설 용접선이 구부러지면 저항열이 발생하므로 좋지 못하다.

27 부탄가스의 화학 기호는?
  ㉮ C_4H_{10} ㉯ C_3H_8
  ㉰ C_5H_{12} ㉱ C_2H_6

28 산화불꽃으로 가스 용접하는 것이 가장 적합한 것은?
  ㉮ 황동 ㉯ 모넬메탈
  ㉰ 스텔라이트 ㉱ 스테인리스

  >해설 ① 중성불꽃에 적당한 용접재질 : 연강, 반연강, 주철, 아연, 납
  ② 산화불꽃에 적당한 용접재질 : 구리, 황동
  ③ 탄화불꽃에 적당한 용저재질 : 스테인레스강, 스텔라이트, 모넬메탈

ANSWER 24. ㉱ 25. ㉱ 26. ㉱ 27. ㉮ 28. ㉮

29 오스테나이트계 스테인리스강의 용접시 유의해야 할 사항으로 맞는 것은?

㉮ 예열을 한다.
㉯ 아크길이를 길게 유지한다.
㉰ 용접봉은 모재 재질과 다르고, 굵은 것을 사용한다.
㉱ 낮은 전류 값으로 용접하여 용접 입열을 억제한다.

30 용접 전의 작업검사로서 해야 할 사항이 아닌 것은?

㉮ 용접기기, 보호기구, 지그, 부속기구 등의 적합성을 조사한다.
㉯ 용접봉은 겉모양과 치수, 용착금속의 성분과 성질 등을 조사한다.
㉰ 홈의 각도, 루트간격, 이음부의 표면 상태 등을 조사한다.
㉱ 후열처리, 변형교정 작업, 치수의 잘못 등에 대해 검사한다.

해설 후열처리, 변형교정, 작업 치수의 잘못 등은 작업 후 검사이다.

31 다층용접에서 각 층마다 전체의 길이를 용접하면서 쌓아 올리는 용접방법은?

㉮ 전진 블록법   ㉯ 빌드업법
㉰ 케스케이드법   ㉱ 스킵법

32 가스 용접을 아크용접, 기타 다른 용접과 비교할 때의 단점에 해당 되는 것은?

㉮ 가열 조절이 비교적 어렵다.
㉯ 아크용접에 비해 유해광선의 발생이 많다.
㉰ 응용범위가 대단히 좁다.
㉱ 열의 집중성이 나쁘다.

해설 가스용접은 아크용접이나 TIG용접에 비해 불꽃이 분산 되므로써 열의 집중성이 낮아 단점에 해당된다.

33 용접부의 결함은 치수상결함, 구조상결함, 성질상 결함으로 구분된다. 구조상 결함들로만 구성된 것은?

㉮ 기공, 변형, 치수불량   ㉯ 기공, 용입불량, 용접균열
㉰ 언더컷, 연성부족, 표면결함   ㉱ 표면결함, 내식성불량, 융합불량

해설 구조상결함 : 언더컷, 오버랩, 융합불량, 기공, 용입불량, 용접균열

ANSWER 29. ㉱ 30. ㉱ 31. ㉯ 32. ㉱ 33. ㉯

34 용접봉에서 모재로 용융금속이 옮겨가는 용적이행상태가 아닌 것은?

㉮ 단락형 ㉯ 탭전환형
㉰ 스프레이형 ㉱ 핀치효과형

> ① 단락형 : 큰 용적이 용융지에 단락되어 표면장력 작용으로 이행되는형식
> ② 글로뷸러형 : 큰 용적이 단락되지 않고 옮겨가는 형식
> ③ 스프레이형 : 미세한 용적이 스프레이 같이 날려 이행되는 형식

35 가연물의 자연발화를 방지하는 방법을 설명한 것 중 틀린 것은?

㉮ 공기의 유통이 잘 되게 할 것
㉯ 가연물의 열 축적이 용이하지 않도록 할 것
㉰ 수분으로 하여금 촉매 역할을 하도록 할 것
㉱ 저장실의 온도를 낮게 유지할 것

36 베어링(Bearing)용 합금으로 사용되지 않는 것은?

㉮ 배빗 메탈(Babbit metal)
㉯ 오일리스(Oilless)
㉰ 화이트 메탈(White metal)
㉱ 자마크(Zamak)

37 바탕이 펄라이트(Pearlite)이고 흑연이 미세하게 분포되어 있어 인장강도 35~45kg$_f$/mm^{2}에 달하며 담금질을 할 수 있고 내마멸성이 요구되는 공작기계의 안내면과 강도를 요하는 기관의 실린더에 쓰이는 주철은?

㉮ 미하나이트 주철(meehanite cast iron)
㉯ 구상흑연 주철(nodular graphite cast iron)
㉰ 칠드 주철(chilled cast iron)
㉱ 흑심가단 주철(black-heart malleable cast iron)

> 미하나이트 주철은 흑연의 형상을 미세 균일하게 하기 위해 Si, Si-Ca분말을 첨가하여 흑연의 핵 형성을 촉진하였으며 내마멸성이 요구되는 공작기계의 안내면과 강도를 요하는 실린더 등에 사용한다.

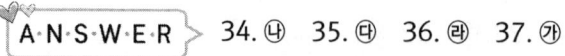

ANSWER ▶ 34.㉯ 35.㉰ 36.㉱ 37.㉮

38 소재의 표면에 스텔라이트나 경합금을 용착시켜 표면을 경화시키는 방법은?
- ㉮ 하드 페이싱
- ㉯ 숏 피닝
- ㉰ 고주파 경화법
- ㉱ 화염 경화법

> 하드 페이싱은 소재의 표면에 스텔라이트나 경합금 등을 용접 또는 압접으로 용착시키는 표면 경화법이다.

39 합금강에 첨가하는 원소 중 고온강도 개선, 인성향상과 저온취성을 방지해 주는 원소는?
- ㉮ Mo
- ㉯ Ni
- ㉰ Cu
- ㉱ Ti

40 다음이 공통적으로 설명하고 있는 원소는?

- 면심입방격자이다.
- 백색의 가벼운 금속으로 비중이 약 2.7이다.
- 염산 중에는 매우 빨리 침식되나 진한 질산에는 잘 견딘다.

- ㉮ Al
- ㉯ Cu
- ㉰ Mg
- ㉱ Zn

41 담금질 가능한 스테인리스강으로 용접 후 경도가 증가하는 것은?
- ㉮ STS316
- ㉯ STS304
- ㉰ STS202
- ㉱ STS410

42 내마멸성이 우수하고 경도가 커서 각종 광산기계, 기차레일의 교차점, 칠드롤러, 불도저 등의 재료로 이용되며, 하드필드강 이라고도 하는 것은?
- ㉮ 크롬강
- ㉯ 고망간강
- ㉰ 니켈-크롬강
- ㉱ 크롬-몰리브덴강

> 하드필드강은 고망간강 또는 수인강이라고 하며 내마멸성이 우수하고 경도가 커서 기차 레일등의 교차점등에 사용한다.

ANSWER 38. ㉮ 39. ㉮ 40. ㉮ 41. ㉱ 42. ㉯

43 주철의 조직 중에서 규소량이 적으며 냉각 속도가 빠를 때 많이 나타나는 조직은?
㉮ 페라이트   ㉯ 시멘타이트
㉰ 레데부라이트   ㉱ 마텐자이트

해설 탄소강의 조직 중에서 가장 강한 것은 시멘타이트이다.

44 청동의 용해 주조시에 탈산제로 사용하는 P의 첨가량이 많아 합금 중에 0.05~0.5% 정도가 남게 하면 용탕의 유동성이 좋아지고 합금의 경도, 강도가 증가하며 내마모성, 탄성이 개선되는 청동은?
㉮ 켈밋(Kelmet)   ㉯ 배빗 메탈(babbit metal)
㉰ 암즈 청동   ㉱ 인청동

45 전연성이 가장 큰 재료는?
㉮ 구리   ㉯ 6 : 4황동
㉰ 7 : 3황동   ㉱ 청동

해설 전, 연성이란 전성은 퍼지는 성질 연성은 늘어나는 성질로써 순금속에 다른 금속이 합금하면 전연성이 줄어든다. 상기 항목 중 구리는 순금속이고 나머지는 합금으로 구리가 가장 전연성이 풍부하다.

46 합금강에 첨가하는 원소 중 고온강도 개선, 인성향상과 저온취성을 방지해 주는 원소는?
㉮ Mo   ㉯ Ni   ㉰ Cu   ㉱ Ti

47 구리(Cu)의 녹는점(융점)은 다음 중 얼마인가?
㉮ 750℃   ㉯ 935℃
㉰ 1083℃   ㉱ 1350℃

48 침탄법의 종류가 아닌 것은?
㉮ 고체 침탄법   ㉯ 액체 침탄법
㉰ 가스 침탄법   ㉱ 화염 침탄법

해설 침탄법의 종류로는 고체 침탄법, 액체 침탄법, 가스침탄법등이 있다.

ANSWER ▶ 43.㉯ 44.㉱ 45.㉮ 46.㉮ 47.㉰ 48.㉱

49 순철에 대한 설명 중 맞는 것은?

㉮ 순철은 동소체가 없다.
㉯ 전기 재료 변압기 철심에 많이 사용된다.
㉰ 기계 구조용으로 많이 사용된다.
㉱ 순철에는 전해철, 탄화철, 쾌삭강 등이 있다

50 특수용도용 합금강 중 스프링강의 특성이 아닌 것은?

㉮ 취성이 우수하다. ㉯ 탄성한도가 우수하다.
㉰ 피로한도가 우수하다. ㉱ 크리프저항이 우수하다.

> 스프링강은 탄성이 우수해야하며 취성이란 깨지기 쉬운 성질로써 취성이 크면 스프링강으론 부적당하다.

51 그림과 같이 철판에 구멍이 뚫려있는 도면의 설명으로 올바른 것은?

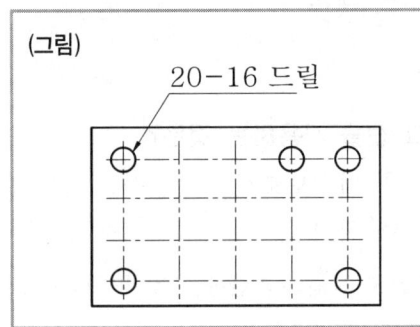

㉮ 구멍지름 16mm, 수량 20개
㉯ 구멍지름 20mm, 수량 16개
㉰ 구멍지름 16mm, 수량 5개
㉱ 구멍지름 20mm, 수량 5개

52 보기 등각투상도를 화살표 방향에서 본 투상을 정면으로 할 경우 평면도로 가장 적합한 것은?

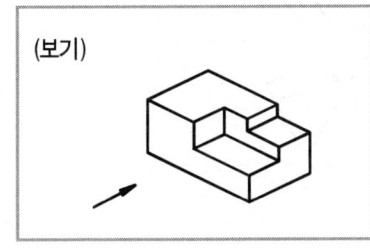

ANSWER ▶ 49. ㉯ 50. ㉮ 51. ㉮ 52. ㉱

53 감속기 하우징의 기름 주입구 나사가 PF 1/2-A 로 표시되어 있었다. 올바르게 설명한 것은?
- ㉮ 관용 평행나사 A급
- ㉯ 관용 평형나사 호칭경 1″
- ㉰ 관용 테이퍼나사 A급
- ㉱ 관용 가는나사 호칭경 1″

54 다음 중 용접구조용 압연강재의 KS 재료기호는?
- ㉮ SS 400
- ㉯ SSW 41
- ㉰ SBC1
- ㉱ SM 400A

55 다음 용접부 보조기호 중 현장용접기호만을 표시하는 것은?

㉮   ㉯ ○

㉰   ㉱ ⊕

56 불규칙한 파형의 가는 실선 또는 지그재그 선을 사용하는 것은?
- ㉮ 파단선
- ㉯ 치수보조선
- ㉰ 치수선
- ㉱ 지시선

해설 파단선이란 불규칙하게 프리핸드로 그린선으로 물체의 파단한 곳을 나타낼 때 사용한다.

57 다음의 치수 기입법 중 현의 길이를 표시하는 것은?

㉮ 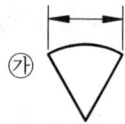   ㉯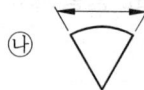

㉰    ㉱

ANSWER ▷ 53.㉮ 54.㉱ 55.㉮ 56.㉮ 57.㉮

58 보기 입체도에서 화살표 방향을 정면으로 할 때 정면도로 가장 적합한 투상도는?

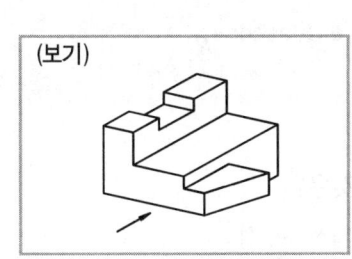

㉮ 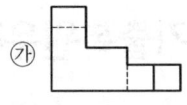　㉯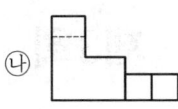

㉰ 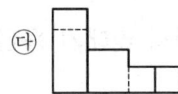　㉱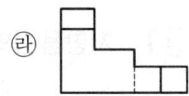

59 보기와 같은 입체도의 제 3각 정투상도로 가장 적합한 것은?

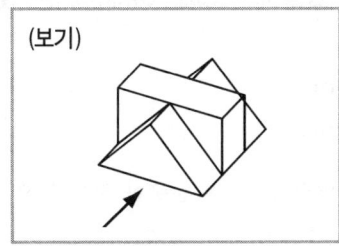

㉮ 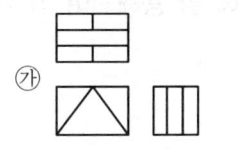　㉯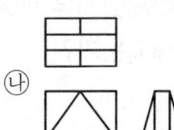

㉰ 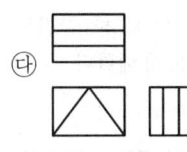　㉱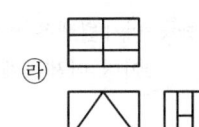

60 도면의 마이크로 사진 촬영, 복사 등의 작업을 편리하게 하기 위하여 표시하는 것과 가장 관계가 깊은 것은?

㉮ 윤곽선　　　　　　　㉯ 중심마크
㉰ 표제란　　　　　　　㉱ 재단마크

> 중심마크란 도면의 사진 촬영 및 복사할 때 편의를 위해 사용 하며 상하 좌우 중앙의 4개소에 표시한다.

ANSWER ▶ 58. ㉮　59. ㉮　60. ㉯

제3회 CBT기출복원문제

01 저항용접의 종류 중에서 맞대기 용접이 아닌 것은?
- ㉮ 프로젝션 용접
- ㉯ 업셋 용접
- ㉰ 플래시 용접
- ㉱ 퍼커션 용접

02 아세틸렌은 액체에 잘 용해되며 석유에는 2배, 알콜에는 6배, 아세톤에는 몇 배가 용해되는가?
- ㉮ 12배
- ㉯ 20배
- ㉰ 25배
- ㉱ 50배

  해설 아세틸렌은 비중이 0.96으로 공기보다 가볍고 가연성가스로써 순수한 것은 무색, 무취, 무미이며 아세톤에 25배 용해한다.

03 필릿 용접에서, 그림과 같은 용접변형의 명칭은?

- ㉮ 세로 수축
- ㉯ 가로 수축
- ㉰ 세로 굽힘 변형
- ㉱ 가로 굽힘 변형

04 절단용 가스 중 발열량이 가장 높은 것은?
- ㉮ 수소가스
- ㉯ 메탄가스
- ㉰ 프로판가스
- ㉱ 아세틸렌가스

  해설 발열량이 가장 높은 것은 프로판가스이며 수소는 연소 화산속도가 가장 빠르고 아세틸렌은 폭발범위가 가장 크다.

1. ㉮ 2. ㉰ 3. ㉰ 4. ㉰

05 용접을 로봇(robot)화 할 때, 그 특징의 설명으로 잘못된 것은?
㉮ 용접결과가 일정하다.
㉯ 제품의 정밀도가 향상된다.
㉰ 단순작업에서 벗어날 수 있다.
㉱ 생산성이 저하된다.

06 일반적으로 가스용접봉이 Ø2.6일 때 강판의 두께는 몇 mm정도가 가장 적당한가?
(단, 계산식으로 구한다.)
㉮ 1.6mm   ㉯ 3.2mm
㉰ 4.5mm   ㉱ 6.0mm

해설 용접봉의 지름 $D = T/2 + 1$, 판의 두께 $T = 2(D-1)$
그러므로 $T = 2(2.6-1) = 3.2mm$

07 부식 시험은 어느 시험법에 속하는가?
㉮ 금속학적 시험   ㉯ 화학적 시험
㉰ 기계적 시험   ㉱ 야금학적 시험

해설 ① 물리적 시험 : 비중, 열팽창계수, 용융잠열
② 화학적 시험 : 내식성, 내열성, 부식
③ 기계적 시험 : 강도, 경도, 항복점

08 일반적으로 사용되는 피복아크 용접봉 Ø3.2의 심선의 길이는 얼마인가?
㉮ 700mm   ㉯ 350mm
㉰ 900mm   ㉱ 550mm

09 피복 아크 용접시 필요 없는 공구는?
㉮ 헬멧   ㉯ 앞치마
㉰ 전류계   ㉱ 토치 램프

해설 토치램프는 배관용 공구이다. 관을 가열이나 구부릴 때 사용한다.

ANSWER ▶ 5.㉱ 6.㉯ 7.㉯ 8.㉯ 9.㉱

10 가스 용접기의 압력조정기가 갖추어야 할 점이 아닌 것은?
㉮ 조정 압력이 용기 내의 가스량 변화에 따라 유동성이 있을 것.
㉯ 작동이 예민할 것.
㉰ 조정 압력과 사용 압력의 차가 적을 것.
㉱ 가스의 방출량이 많더라도 흐르는 양이 안정될 것.

11 그림과 같이 산소용기의 외면에 여러 가지 기호로 내용을 명시하였다. TP가 나타내는 뜻은 무엇인가?

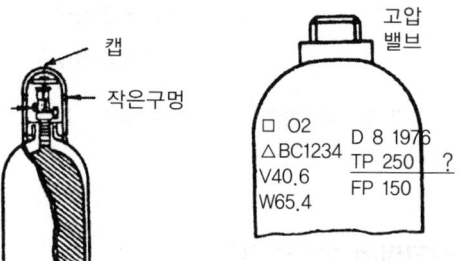

㉮ 용기의 내용적
㉯ 용기의 중량
㉰ 용기 내압시험압력
㉱ 최고 충전 압력

12 저수소계 용접봉의 특징이 아닌 것은?
㉮ 용착금속 중의 수소량이 다른 용접봉에 비해서 현저하게 적다.
㉯ 용착금속의 취성이 좋으며 화학적 성질도 좋다.
㉰ 균열에 대한 감수성이 특히 좋아서 두꺼운 판 용접에 사용된다.
㉱ 고탄소강 및 황의 함유량이 많은 쾌삭강 등의 용접에 사용되고 있다.

　🌸해설　취성이란 깨지는 성질로써 용접부에 나타나서는 않될 성질이다.

13 점 용접의 종류가 아닌 것은?
㉮ 맥동 점 용접　　　　㉯ 인터랙 점 용접
㉰ 직렬식 점 용접　　　㉱ 원판식 점 용접

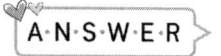 10. ㉮　11. ㉰　12. ㉯　13. ㉱

14 금속 산화물이 알루미늄에 의하여 산소를 빼앗기는 반응에 의해 생성되는 열을 이용하여 금속을 접합시키는 용접법은?

㉮ 스터드 용접   ㉯ 테르밋 용접
㉰ 원자수소 용접   ㉱ 일렉트로슬래그 용접

해설) 테르밋용접이란 알루미늄 분말과 산화철 분말이 혼합하여 반응열이 의해 금속을 접합하는 방법이다.

15 맞대기용접 홈 모양 중에서 가장 얇은 박판에 사용하는 홈 모양은?

㉮ I형 홈   ㉯ V형 홈
㉰ H형 홈   ㉱ J형 홈

해설) 판 두께에 따른 홈의 형상 순서로는
H형 : U형 : (K형, K형, 양면 J형) : V형 : I형

16 다음은 용접 결함 중 스패터가 발생하는 원인이다. 잘못된 것은?

㉮ 전류가 너무 높을 때
㉯ 건조되지 않은 용접봉을 사용했을 때
㉰ 아크 길이가 너무 길 때
㉱ 아크 블로홀이 너무 작을 때

17 용접부 검사법의 종류 중 비파괴검사법에 해당 되지 않는 것은?

㉮ 외관 시험   ㉯ 형광침투 시험
㉰ 초음파 시험   ㉱ 굽힘 시험

해설) 굽힘 시험은 파괴시험이다.

18 연납과 경납의 구분온도는?

㉮ 300℃   ㉯ 350℃
㉰ 400℃   ㉱ 450℃

해설) 연납과 경납의 구분은 용접봉의 녹는 온도가 450℃를 기준으로 이상은 경납 이하는 연납 땜이다.

ANSWER ▶ 14. ㉯ 15. ㉮ 16. ㉱ 17. ㉱ 18. ㉱

19 교류 아크 용접기의 종류 별 특성을 설명한 것 중 바르게 된 것은?
㉮ 가동 철심형은 현재 가장 많이 사용하며 미세 전류 조정이 불가능하다.
㉯ 가동 코일형은 가격이 싸며 현재 많이 사용한다.
㉰ 탭 전환형은 주로 대형에 많고 넓은 범위의 전류 조정이 쉽다.
㉱ 가포화 리액터형은 가변저항의 변화로 용접전류를 조정 한다.

20 각종 금속의 가스 용접시 사용하는 용제들 중 주철 용접에서 사용하는 용제는?
㉮ 붕사, 염화리듐
㉯ 탄산나트륨, 붕사, 중탄산나트륨
㉰ 염화리듐, 중탄산나트륨
㉱ 규산 칼륨, 붕사, 중탄산나트륨

21 높은 곳에서 용접 작업시 지켜야 할 사항이 아닌 것은?
㉮ 용접작업과 도장작업을 같이 해도 관계없다.
㉯ 족장이나 발판이 견고하게 조립되어 있는지 확인한다.
㉰ 주변에 낙하물건 및 작업위치 아래에 인화성 물질이 없는지 확인한다.
㉱ 고소작업장에서 용접 작업시 안전벨트 착용 후 안전로프를 핸드레일에 고정시킨다.

🌟해설 용접작업과 도장작업을 같이 하지 않는 이유는 도장 작업시에는 페인트에 가연성물질인 신나를 섞어서 사용하기 때문에 신나에 용접 불꽃이 튀면 화재의 위험이 있다.

22 산소 아크 절단을 설명한 것 중 틀린 것은?
㉮ 중실(속이 찬)원형봉의 단면을 가진 강(steel) 전극을 사용한다.
㉯ 직류 정극성이나 교류를 사용한다.
㉰ 가스절단에 비해 절단면이 거칠다.
㉱ 절단속도가 빨라 철강 구조물 해체, 수중 해체 작업에 이용된다.

🌟해설 전극봉은 속이 빈 중공의 봉을 사용하며 중심부에서 산소를 분출시켜 절단하며 단점으론 절단면이 고르지 못하다.

ANSWER ▶ 19.㉱ 20.㉯ 21.㉮ 22.㉮

23 다음 중 용접 이음의 장점이 아닌 것은?
㉮ 기밀성이 우수하다.
㉯ 작업의 자동화가 용이하다.
㉰ 용접 재료의 내부에 잔류응력이 존재한다.
㉱ 구조가 간단하고 재료의 두께에 제한이 없다.

24 연납땜의 용제가 아닌 것은?
㉮ 붕산
㉯ 염화 아연
㉰ 염산
㉱ 염화암모늄

> 연납땜의 용제로는 염화아연, 염산, 염화암모늄이 있으며 비부식성 용제로는 수지, 송진 등이 있다.

25 플라스틱(Plastic)용접 방법만으로 조합된 것은?
㉮ 마찰 용접, 아크 용접
㉯ 고주파 용접, 열풍 용접
㉰ 플라즈마 용접, 열기구 용접
㉱ 업셋 용접, 초음파 용접

26 수동가스 절단시 일반적으로 팁 끝과 강판 사이의 거리는 백심에서 몇 mm 정도 유지시키는가?
㉮ 0.1 ~ 0.5
㉯ 1.5 ~ 2.0
㉰ 3.0 ~ 3.5
㉱ 5.0 ~ 7.0

27 토치와 용접봉을 오른쪽으로 향하여 가스용접 하는 후진법에 대한 설명 중 잘못된 것은?
㉮ 전진법에 비해 용접변형이 작고 용접속도가 빠르다.
㉯ 전진법에 비해 두꺼운 판의 용접에 적합하다.
㉰ 전진법에 비해 비드 표면이 매끈하지 못하다.
㉱ 전진법에 비해 기계적 성질이 떨어진다.

> 후진법은 열 이용율이 좋고 용접속도가 빠르며 변형이 적고 비드모양이 나쁘다.

ANSWER 23.㉰ 24.㉮ 25.㉯ 26.㉯ 27.㉱

28 용접결함의 종류 중 구조상의 결함에 속하지 않는 것은?

㉮ 변형
㉯ 융합불량
㉰ 슬래그 섞임
㉱ 기공

> 해설 ① 치수상 결함 : 변형, 치수 및 형상불량
> ② 구조상 불량 : 언더컷, 오버랩, 융합불량, 용입불량
> ③ 성질상 불량 : 기계적 화확적불량

29 가스 용접에서 역류, 역화가 일어나는 원인이 아닌 것은?

㉮ 토치를 부주의하게 취급하였을 때
㉯ 아세틸렌의 압력이 과대할 때
㉰ 팁 구멍이 막혔을 때
㉱ 팁이 과열되었을 때

> 해설 역화는 산소 압력이 과대할 때 일어난다.

30 아세틸렌가스는 매우 타기 쉬운 기체이므로 화기 또는 불꽃을 접근시키는 일은 위험하다. 자연 발화온도는 몇 °C 정도인가?

㉮ 250 ~ 300 °C
㉯ 300 ~ 397 °C
㉰ 406 ~ 408 °C
㉱ 500 ~ 505 °C

> 해설 아세틸렌은 406 ~ 408 °C에서 자연발화하고 505 ~ 515 °C에서 폭발위험이 있다.

31 두꺼운 판의 양쪽에 수냉 동판을 대고 용융 슬래그 속에서 아크를 발생시킨 후 용융 슬래그의 전기 저항열을 이용하여 용접하는 방법은?

㉮ 서브머지드 아크용접
㉯ 불활성가스 아크용접
㉰ 일렉트로 슬래그 용접
㉱ 전자비임 용접

32 용접작업을 할 때 발생할 화재 및 폭발 방지에 대한사항을 설명한 것으로 틀린 것은?

㉮ 화재를 진화하기 위하여 방화 설비를 설치할 것.
㉯ 용접 작업 부근에 점화원을 두지 않도록 할 것
㉰ 배관 및 기기에서 가스 누출이 되지 않도록 할 것.
㉱ 가연성 가스는 항상 옆으로 뉘어서 보관할 것.

ANSWER 28.㉮ 29.㉯ 30.㉰ 31.㉰ 32.㉱

33 산소는 대기 중의 공기 속에 약 몇 % 함유되어 있는가?
㉮ 11% ㉯ 21%
㉰ 31% ㉱ 41%

34 정격전류 200A, 전격 사용율 50%인 아크 용접기로써 실제 아크 전압 30V, 아크 전류 150A로 용접을 수행한다고 가정하면 허용사용률은 얼마인가?
㉮ 약 70% ㉯ 약 80%
㉰ 약 90% ㉱ 약 100%

해설 허용사용률 = ((정격2차전류)²/(실제용접전류)²)×정격사용율
           = ((200)²/(150)²)×0.5 = 90%

35 자동아크 용접법 중의 하나로서 그림과 같은 원리로 이루어지는 용접법은?

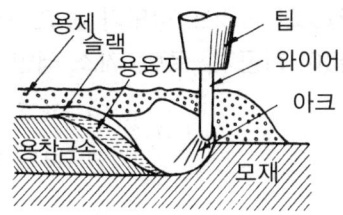

㉮ 전자빔용접 ㉯ 서브머지드 아크용접
㉰ 테르밋용접 ㉱ 불활성가스 아크용접

36 탄소량 0.2% 이하인 용접재료의 적당한 예열온도는?
㉮ 90℃ 이하 ㉯ 90 ~ 150℃
㉰ 150 ~ 260℃ ㉱ 260 ~ 420℃

37 강(steel)의 고온 가공성을 나쁘게 하며, 적열 취성의 원인이 되는 것은?
㉮ 유황 ㉯ 인
㉰ 규소 ㉱ 수소

해설 적열취성 원인 : 황, 청열취성 원인 : 인, 상온취성 원인 : 인

ANSWER 33. ㉯ 34. ㉰ 35. ㉯ 36. ㉮ 37. ㉮

38 용해시 흡수한 산소를 인(P)으로 탈산하여 산소를 0.01%이하로 한 것이며, 고온에서 수소 취성이 없고 용접성이 좋아 가스관, 열교환관 등으로 사용되는 구리는?
㉮ 탈산구리 ㉯ 정련구리
㉰ 전기구리 ㉱ 무산소구리

해설 구리 중 산소를 인으로 탈산한 동이 인탈산 동이며 정련구리는 0.02~0.04% 정도의 산소를 함유하고 있으므로 이는 전기 및 열전도율을 저해 하므로 탈산하여 없앤다.

39 기계적 성질이 우수하여 피스톤, 실린더 헤드 등과 같은 내열 기관의 고온 부품에 사용되며, Cu(4%), Ni(2%), Mg(1.5%)이 함유된 주물용 알루미늄 합금은?
㉮ Y합금 ㉯ 실루민
㉰ 라우탈 ㉱ 알민

40 물리적으로 융점(1670℃)과 전기저항이 높고, 열팽창계수와 열전도율이 적으며, 기계적으로는 고온에서 비강도와 크리프 강도가 높고, 스테인리스강보다 내식성이 우수하며, 고온 산화가 거의 없어 항공기, 로켓, 가스 터빈 등의 재료에 주로 사용되는 것은?
㉮ 니켈계 합금 ㉯ 마그네슘계 합금
㉰ 주석계 합금 ㉱ 티탄계 합금

41 주철의 용접시 주의 사항이 아닌 것은?
㉮ 직선 비드로 하고 지나치게 용입을 깊게 하지 않는다.
㉯ 용접봉은 가능한 가는 지름의 것을 사용한다.
㉰ 가열되어 있을 때에 피닝을 하여 변형을 줄이는 것이 좋다.
㉱ 예열과 후열은 실시하지 않는다.

해설 주철 용접시는 균열과 응력의 제거를 위해 예열과 후열을 실시한다.

42 탄소강에서 헤어크랙의 원인이 되는 것은?
㉮ 산소 ㉯ 수소
㉰ 질소 ㉱ 탄소

ANSWER ▶ 38.㉮ 39.㉮ 40.㉱ 41.㉱ 42.㉯

43 고온에서 증발에 의해서 황동표면으로부터 아연(Zn)이 없어지는 현상은?
㉮ 고온 탈아연 ㉯ 자연 균열
㉰ 탈아연부식 ㉱ 부식

44 탄소강에 니켈이나 크롬 등을 첨가하여 대기중이나 수중 또는 산에 잘 견디는 내식성을 부여한 합금강으로 불수강이라고도 하는 것은?
㉮ 미하나이트강 ㉯ 주강
㉰ 스테인리스강 ㉱ 탄소공구강

45 강재를 용접한 후에 용접부의 열 응력을 제거하기 위한 풀림 열처리는?
㉮ 항온 풀림 ㉯ 응력제거 풀림
㉰ 구상화 풀림 ㉱ 연화 풀림

> 해설 응력제거풀림이란 단조, 주조, 압연, 용접 및 열처리에서 생긴 열응력과 내부응력을 제거하기 위해 실시하는 풀림작업

46 보통 주철의 인장강도는 다음 중 어느 것인가?
㉮ 98 ~ 196MPa(12~20Kg$_f$/mm^2)
㉯ 240 ~ 250MPa(20~30Kg$_f$/mm^2)
㉰ 340 ~ 350MPa(30~40Kg$_f$/mm^2)
㉱ 440 ~ 640MPa(40~50Kg$_f$/mm^2)

47 구리 및 구리합금 용접 시 사용되는 용제가 아닌 것은?
㉮ 붕사 ㉯ 붕산
㉰ 플로오르화 나트륨 ㉱ 염화칼륨

> 해설 염화칼륨은 알루미늄의 용제이다.

48 니켈(Ni)과 크롬(Cr)합금 중 15~20% Cr의 합금으로 높은 전기저항, 내산성, 내열성을 가진 합금은?
㉮ 인바(Invar) ㉯ 엘린바(Elinvar)
㉰ 니크롬(Nichrome) ㉱ 퍼멀로이(Permalloy)

ANSWER ▶ 43. ㉮ 44. ㉰ 45. ㉯ 46. ㉮ 47. ㉱ 48. ㉰

49 탄소강 중에 함유된 성분 중 규소에 관한 설명으로 틀린 것은?

㉮ 연신율과 충격값을 감소시킨다.
㉯ 인장강도, 탄성한계, 경도를 상승시킨다.
㉰ 결정립을 조대화 시키고 가공성을 해친다.
㉱ 강의 담금질 효과를 증대시켜 경화능이 커진다.

해설 • 규소의 영향
① 탈산제 ② 연신율, 충격값 저하 ③ 결정립 조대화
④ 인장강도, 경도증가 ⑤ 주조성증가 단접성 감소

50 산소-아세틸렌 화염으로 담금질성이 있는 강재를 사용하여 원하는 표면만을 경화시키는 방법은?

㉮ 화염 경화법   ㉯ 질화법
㉰ 고주파 경화법   ㉱ 가스 침탄법

51 구조물의 부재 등은 절단할 곳의 전후를 끊어서 90° 회전하여 그 사이에 단면 형상을 표시하는 단면도는?

㉮ 부분 단면도   ㉯ 한쪽 단면도
㉰ 한쪽 단면도   ㉱ 조합 단면도

52 제3각법으로 정투상한 보기와 같은 정면도와 우측면도에 가장 적합한 평면도는?

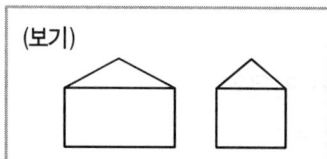

53 선의 용도 및 종류에서 가는 1점 쇄선의 용도가 아닌 것은?

㉮ 중심선   ㉯ 기준선
㉰ 피치선   ㉱ 지시선

 49. ㉱ 50. ㉮ 51. ㉰ 52. ㉰ 53. ㉱

54 도면 부품란에 재료의 기입이 SM45C로 기입되어 있을때, 재료 명은?
㉮ 용접구조용 압연강재 ㉯ 탄소 주강품
㉰ 기계구조용 탄소강재 ㉱ 회주철품

55 보기와 같은 치수선은 다음 중 어느 것을 표시하는가?

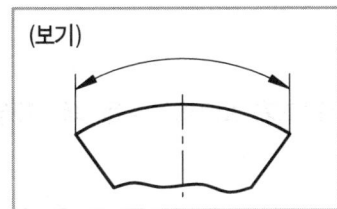

㉮ 호의 치수
㉯ 현의 치수
㉰ 현의 각도
㉱ 호의 각도

56 다음 중 용접부의 방사선 투과시험인 비파괴 시험법의 기호인 것은?
㉮ PT ㉯ RT
㉰ MT ㉱ CT

해설 RT : 방사선투과시험, UT : 초음파탐상시험, MT : 자분탐상시험
PT : 침투탐상시험, ET : 와류탐상시험, LT : 누설시험

57 보기와 같은 용접 기호에서 a5는 무엇을 의미하는가?

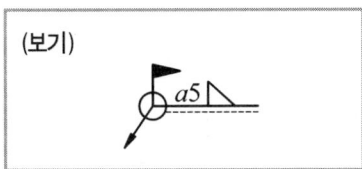

㉮ 다듬질 방법의 보조 기호
㉯ 점 용접부의 용접 수가 5개
㉰ 필렛 용접 목 두께가 5mm
㉱ 루트 간격이 5mm

58 보기와 같은 제3각 정투상도에 가장 적합한 입체도는?

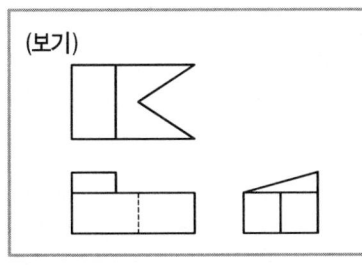

㉮ 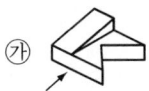 ㉯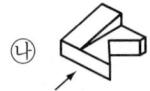

㉰ 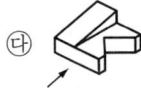 ㉱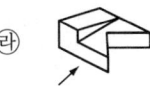

ANSWER 54. ㉰ 55. ㉮ 56. ㉯ 57. ㉰ 58. ㉮

59 보기 입체도에서 화살표 방향으로 본 정면도로 알맞은 투상도는?

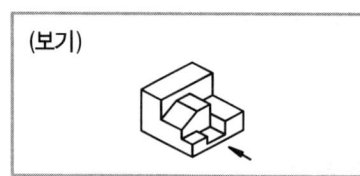

㉮ 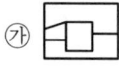 ㉯

㉰  ㉱

60 절단된 원추를 3각법으로 정투상한 정면도와 평면도가 보기와 같을 때, 가장 적합한 전개도 형상은? (단, 철판의 두께와 치수는 무시함)

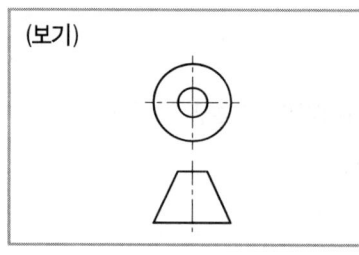

㉮  ㉯

㉰ 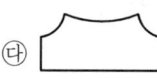 ㉱

A·N·S·W·E·R 59. ㉯ 60. ㉮

제4회 CBT기출복원문제

01 팁 끝이 모재에 닿는 순간 순간적으로 팁 끝이 막혀 팁 속에서 폭발음이 나면서 불꽃이 꺼졌다가 다시 나타나는 현상을 무엇이라 하는가?

㉮ 역화 ㉯ 인화
㉰ 역류 ㉱ 폭발

• 역화 : 팁 끝이 모재에 닿는 순간 팁 끝이 막혀 팁 속에서 폭발음이 나면서 불꽃이 꺼졌다가 다시 나타나는 현상
• 역류 : 산소압력이 아세틸렌보다 높을 때 고압의 산소가 밖으로 흐르지 못하고 아세틸렌 쪽으로 흘러가는 현상

02 이산화탄소 아크용접의 저전류 영역(약 200A 미만)에서 팁과 모재간의 거리는 약 몇 mm정도가 가장 적합한가?

㉮ 5 ~ 10 ㉯ 10 ~ 15
㉰ 15 ~ 20 ㉱ 20 ~ 25

03 가스용접에서 용제(flux)를 사용하는 이유는?

㉮ 산화작용 및 질화작용을 도와 용착금속의 조직을 미세화 하기 위해
㉯ 모재의 용융온도를 낮게 하여 가스 소비량을 적게 하기 위해
㉰ 용접봉의 용융속도를 느리게 하여 용접봉 소모를 적게 하기 위해
㉱ 용접 중 금속의 산화물과 비금속 개재물을 용해하여 용착금속의 성질을 양호하게 하기 위해

용제의 역할 : 모재 표면의 산화물의 용융온도가 모재 용융온도보다 높아 용접성을 저해하므로 표면의 산화물을 제거할 목적으로 사용한다.

ANSWER 1. ㉮ 2. ㉯ 3. ㉱

04 용접순서를 결정하는 사항으로 틀린 것은?
   ㉮ 같은 평면 안에 많은 이음이 있을 때에는 수축은 되도록 자유단으로 보낸다.
   ㉯ 중심에 대하여 항상 대칭으로 용접을 진행시킨다.
   ㉰ 수축이 작은 이음을 먼저 용접하고 큰 이음을 뒤에 용접 한다.
   ㉱ 용접물의 중립축에 대하여 용접으로 인한 수축력 모멘트의 합이 0 이 되도록 한다.

05 용접봉 지름 1.0~1.6mm, 용접 전류 30~45[A]의 아크 용접에 사용하는 차광유리의 차광도 번호는?
   ㉮ 7   ㉯ 10   ㉰ 12   ㉱ 14

   해설 • 봉의 지름 대비 차광도 번호
      지름 1.0~1.6 : 7번, 1.2~2.0 : 8번, 1.6~2.6 : 9번, 2.6~3.2 : 10번

06 자동금속 아크 용접법으로 모재의 이음 표면에 미세한 입상 모양의 용제를 공급하고, 용제속에 연속적으로 전극와이어를 송급 하여 모재 및 전극와이어를 용융시켜 대기로부터 용접부를 보호 하면서 하는 용접법은?
   ㉮ 불활성가스 아크용접   ㉯ 이산화탄소 아크용접
   ㉰ 서브머지드 아크용접   ㉱ 일렉트로 슬래그용접

07 반자동 용접(CO_2용접)에서 용접전류와 전압을 높일 때의 특성 설명으로 옳은 것은?
   ㉮ 용접전류가 높아지면 용착율과 용입이 감소한다.
   ㉯ 아크전압이 높아지면 비드가 좁아진다.
   ㉰ 용접전류가 높아지면 와이어의 용융속도가 느려진다.
   ㉱ 아크전압이 지나치게 높아지면 기포가 발생한다.

08 용접법의 분류에서 압접에 해당되는 것은?
   ㉮ 유도가열용접   ㉯ 전자빔용접
   ㉰ 일렉트로슬래그용접   ㉱ MIG용접

   해설 압접에는 전기저항용접, 마찰용접, 초음파용접, 유도 가열용접 등이 포함

ANSWER 4.㉰ 5.㉮ 6.㉰ 7.㉱ 8.㉮

09 탄산가스 아크 용접의 특징설명으로 틀린 것은?

㉮ 용착금속의 기계적 성질이 우수하다.
㉯ 가시 아크이므로 시공이 편리하다.
㉰ 아르곤 가스에 비하여 가스 가격이 저렴하다.
㉱ 용입이 얕고 잔류밀도가 매우 낮다.

해설 탄산가스 아크 용접은 전류밀도가 커서 용입이 깊고 용접속도가 매우 빠르다.

10 용접결함과 그 원인을 조합한 것이다. 틀린 것은?

㉮ 변형 - 홈 각도 과대
㉯ 기공 - 강재에 부착되어 있는 기름
㉰ 용입부족 - 전류과대
㉱ 슬래그섞임 - 전층의 슬래그 제거 불완전

해설 용입부족은 전류가 낮을때, 용접속도가 빠를때, 홈각도가 좁을 때 생긴다.

11 전극봉을 직접 용가재로 사용하지 않는 것은?

㉮ CO_2 가스 아크용접　　㉯ TIG용접
㉰ 서브머지드 아크 용접　　㉱ 피복 아크 용접

12 다음 용해 아세틸렌 취급시 주의 사항으로 잘못 설명된 것은?

㉮ 저장 장소는 통풍이 잘 되어야 한다.
㉯ 용기밸브를 열 때는 전용 핸들로 $\frac{1}{4} \sim \frac{1}{2}$ 회전만 시킨다.
㉰ 가스 사용 후에는 반드시 약간의 잔압 0.1[kg_f/cm^2]을 남겨 두어야 한다.
㉱ 용기는 40℃ 이상에서 보관한다.

해설 아세틸렌용기는 40℃ 이하의 온도에서 보관한다.

13 산소의 일반적인 성질에 대한 설명으로 틀린 것은?

㉮ 무미, 무색, 무취의 기체이다.
㉯ 스스로 연소하여 가연성가스라고 한다.
㉰ 금, 백금, 수은 등을 제외한 모든 원소와 화합시 산화물을 만든다.
㉱ 액체 산소는 보통 연한 청색을 띤다.

해설 산소는 무색, 무취, 무미의 가스로 스스로는 타지 않고 남이 타는 걸 도와주는 지연성(조연성) 가스다.

ANSWER ▶ 9. ㉱　10. ㉰　11. ㉯　12. ㉱　13. ㉯

14 규격이 AW300인 교류 아크 용접기의 정격 2차 전류 범위는?
㉮ 0 ~ 300[A]   ㉯ 20 ~ 330[A]
㉰ 60 ~ 330[A]   ㉱ 120 ~ 430[A]

15 피복 아크 용접에서 그림과 같은 방법으로 아크를 발생시키는 것은?

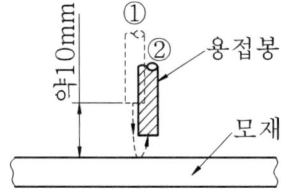

㉮ 긁는법
㉯ 찍는법
㉰ 접선법
㉱ 원주법

16 가스 가우징이나 치핑에 비교한 아크 에어 가우징의 장점이 아닌 것은?
㉮ 작업 능률이 2~3배 높다.   ㉯ 장비 조작이 용이하다.
㉰ 가우징 작업시 소음이 심하다.   ㉱ 활용 범위가 넓다.

17 TIG용접에서 직류 정극성으로 용접할 때 전극 선단의 각도가 다음 중 몇 도 정도이면 가장 적합한가?
㉮ 5 ~ 10°   ㉯ 10 ~ 20°
㉰ 30 ~ 50°   ㉱ 60 ~ 70°

해설 직류 정극성일때 모재 +, 용접봉에 -로 연결하며 30~50°로 뾰족하니 갈아야 전류밀도가 커져 용접이 잘된다.

18 전격 방지 대책에 대한 설명 중 틀린 것은?
㉮ 용접기의 내부에 함부로 손을 대지 않는다.
㉯ 홀더나 용접봉은 절대로 맨손으로 취급하지 않는다.
㉰ 가죽장갑, 앞치마, 발 덮개 등 규정된 보호구를 반드시 착용한다.
㉱ 땀, 물 등에 의해 습기 찬 작업복, 장갑, 구두 등을 착용하여도 이상 없다.

해설 용접시에는 감전의 위험으로 벗어나기 위해 습기찬 장갑이나 작업복은 입지 않는다.

ANSWER ▶ 14. ㉰ 15. ㉯ 16. ㉰ 17. ㉰ 18. ㉱

19 스파크에 대해서 가장 주의해야 할 가스는?

㉮ LPG ㉯ CO_2
㉰ He ㉱ O_2

> 해설 스파크에 주의해야할 가스는 가연성가스를 주의해야하며 LPG는 가연성가스이기 때문에 주의해야한다.

20 피복아크 용접봉은 피복제가 연소한 후 생성된 물질이 용접부를 어떻게 보호하느냐에 따라 세 가지로 분류한다. 적합하지 않은 것은?

㉮ 가스 발생식 ㉯ 합금 첨가식
㉰ 슬래그 생성식 ㉱ 반가스 발생식

21 주로 모재 및 용접부의 연성과 결함의 유무를 조사하기 위한 시험 방법은?

㉮ 인장시험 ㉯ 굽힘시험
㉰ 피로시험 ㉱ 충격시험

> 해설 굽힘 시험은 파괴 시험으로써 용접부의 연성과 결함의 유무를 조사한다.

22 용접기의 특성 중 부하전류가 증가하면 단자전압이 저하하는 특성은?

㉮ 정전압 특성 ㉯ 상승 특성
㉰ 수하 특성 ㉱ 자기제어 특성

23 TIG 용접에서 텅스텐 전극봉은 가스노즐의 끝에서부터 몇 mm정도 돌출시키는가?

㉮ 1 ~ 2 ㉯ 3 ~ 6 ㉰ 7 ~ 9 ㉱ 10 ~ 12

24 아크 에어 가우징에 가장 적합한 홀더 전원은?

㉮ DCRP
㉯ DCSP
㉰ DCRP, DCSP 모두 좋다.
㉱ 대전류의 DCSP가 가장 좋다.

> 해설 가스절단은 대부분 정극성을 사용하는데 아크에어가우징과 미그절단은 직류역극성(DCRP)을 사용한다.

ANSWER 19. ㉮ 20. ㉯ 21. ㉯ 22. ㉰ 23. ㉯ 24. ㉮

25 저항용접의 종류가 아닌 것은?
㉮ 스폿 용접　　　　　　　　㉯ 심 용접
㉰ 업셋 맞대기 용접　　　　　㉱ 초음파 용접

26 수중 절단 작업을 할 때에는 예열 가스의 양을 공기 중에서 몇 배로 하는가?
㉮ 0.5~1배　　㉯ 1.5~2배　　㉰ 4~8배　　㉱ 8~16배

27 주철의 용접이 곤란한 이유 중 틀린 것은?
㉮ 수축이 많고 균열이 일어나기 쉽다.
㉯ 일산화탄소가 발생하여 용착금속에 기공이 생기기 쉽다.
㉰ 모재와 같은 용접봉이면 급냉 시켜도 좋다.
㉱ 불순물 함유시 모재와 친화력이 떨어진다.

해설 주철을 급냉시 취성이 생기므로 급냉은 피해야한다.

28 산소용기를 취급할 때 주의사항으로 맞는 것은?
㉮ 넘어지지 않도록 눕혀서 보관한다.
㉯ 햇빛이 잘 드는 옥외에 보관한다.
㉰ 누설시험은 비눗물로 한다.
㉱ 밸브는 녹슬지 않도록 기름을 칠해둔다.

해설 산소용기는 세워서 보관하며 그늘진 곳에 보관하고 누설시험은 비눗물로 한다.

29 고압식 토치는 아세틸렌가스의 사용 압력이 몇 kg_f/cm^2 이상인가?
㉮ 0.07　　　　㉯ 1　　　　㉰ 1.3　　　　㉱ 2

30 용접변형과 잔류응력을 경감시키는 방법을 틀리게 설명한 것은?
㉮ 용접 전 변형 방지책으로는 역변형법을 쓴다.
㉯ 용접시공에 의한 경감법으로는 대칭법, 후진법, 스킵법 등이 쓰인다.
㉰ 모재의 열전도를 억제하여 변형을 방지하는 방법으로는 도열법을 쓴다.
㉱ 용접 금속부의 변형과 응력을 제거하는 방법으로는 담금질을 한다.

ANSWER 25. ㉱　26. ㉰　27. ㉰　28. ㉰　29. ㉰　30. ㉱

31 아세톤은 각종 액체에 잘 용해된다. 15℃ 15기압에서 아세톤 2ℓ에 아세틸렌 몇 ℓ 정도가 용해되는가?

㉮ 150ℓ   ㉯ 225ℓ   ㉰ 375ℓ   ㉱ 750ℓ

> 해설: 아세틸렌은 아세톤에 25배 용해하므로 15×2×25 = 750ℓ

32 고주파 펄스 TIG용접기의 장점 설명으로 틀린 것은?
㉮ 전극봉의 소모가 적어 수명이 길다.
㉯ 20A 이하의 저전류에서 아크의 발생이 안정되고 0.5mm 이하의 박판용접도 가능하다.
㉰ 콘택트 팁에서 통전되므로 와이어 중에 저항열이 적게 발생되어 고전류 사용이 가능하다.
㉱ 좁은 홈의 용접에서 아크의 교란상태가 발생되지 않아 안정된 상태의 용융지가 형성된다.

33 잔류응력을 경감시키기 위한 다음 설명 중 틀린 것은?
㉮ 적당한 용착법과 용접순서를 선정할 것.
㉯ 용착금속의 양(量)을 될 수 있는 대로 증가시킬 것.
㉰ 적당한 포지셔너(Positioner)를 이용할 것.
㉱ 예열을 이용할 것.

> 해설: 용접부에 용착량이 증가하면 열 영향부가 커져 잔류응력이 증가 한다.

34 가스 용접 작업을 하려 한다. 연강판의 두께가 6mm라고 할 때 용접봉의 지름으로 가장 적당한 것은?

㉮ 2.0mm   ㉯ 2.6mm   ㉰ 3.2mm   ㉱ 4.0mm

35 다음 그림에서 루트 간격(root opening)을 표시하는 것은?

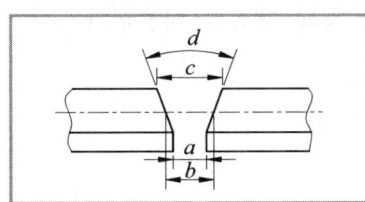

㉮ a   ㉯ b
㉰ c   ㉱ d

ANSWER ▶ 31. ㉱ 32. ㉰ 33. ㉯ 34. ㉱ 35. ㉮

36 탄소강에 12%–14% Cr 을 첨가한 합금강은?
   ㉮ 크롬-니켈계 스테인리스강   ㉯ 상화 스테인리스강
   ㉰ 질화 스테인리스강   ㉱ 크롬계 스테인리스강

37 내식성 알루미늄 합금에서 부식균열을 방지하는 효과가 있는 원소는?
   ㉮ 구리   ㉯ 니켈
   ㉰ 철   ㉱ 크롬

   해설 크롬은 내식성을 증가시키고 부식균열을 방지한다.

38 7 : 3황동에 주석을 1%정도 첨가하여 탈 아연 부식을 억제하고 내식성 및 내해수성을 증대시킨 특수 황동은?
   ㉮ 쾌삭황동   ㉯ 네이벌황동
   ㉰ 애드미럴티황동   ㉱ 강력황동

   해설 네이벌황동 : 6:4 황도+Sn 1%,   에드미럴티황동 : 7:3 황동+Sn 1%

39 알루미늄의 특성을 설명한 것 중 틀린 것은?
   ㉮ 가볍고 내식성이 좋다.   ㉯ 전기 및 열의 전도성이 좋다.
   ㉰ 해수에서도 부식되지 않는다.   ㉱ 상온 및 고온 가공이 쉽다.

40 보통 주철의 일반적인 주요성분 중에 속하지 않는 원소는?
   ㉮ 규소   ㉯ 아연
   ㉰ 망간   ㉱ 탄소

41 청동에 관한 설명으로 틀린 것은?
   ㉮ 넓은 의미에서는 황동 이외의 구리 합금을 말한다.
   ㉯ 부식에 잘 견디므로 밸브, 선박용 판, 동상 등의 재료로 사용된다.
   ㉰ 좁은 의미로는 구리-아연의 합금이다.
   ㉱ 황동보다 내식성과 내마모성이 좋다.

   해설 청동 = 구리+주석, 황동 = 구리+아연

ANSWER ▶ 36. ㉱ 37. ㉱ 38. ㉰ 39. ㉰ 40. ㉯ 41. ㉰

42 프레스 성형성이 우수하고 표면이 미려하며, 치수가 정확하므로 제관, 차량, 냉장고, 전기기기 등의 제조 및 건설 분야의 소재로 가장 많이 쓰이는 탄소강은?
㉮ 냉간 압연 강판　　　　㉯ 열간 압연 강판
㉰ 일반 구조용 압연강　　㉱ 탄소 공구강

43 알루미늄 합금이 아닌 것은?
㉮ 실루민　　　　㉯ Y합금
㉰ 초두랄루민　　㉱ 모넬메탈

　해설　모넬메탈은 Ni+Fe+Cu 합금이다.

44 주철의 일반적인 보수용접 방법이 아닌 것은?
㉮ 덧살 올림법　　㉯ 스터드 법
㉰ 비녀장 법　　　㉱ 버터링 법

45 탄소 공구강의 구비조건으로 틀린 것은?
㉮ 상온 및 고온경도가 낮아야 한다.
㉯ 내마모성이 커야 한다.
㉰ 가공이 용이하고, 가격이 싸야 한다.
㉱ 열처리가 쉬워야 한다.

　해설　공구강은 상온 및 고온 경도가 높아야 공구강으로서 성능을 발휘한다.

46 다음 중 화학적인 표면 경화법이 아닌 것은?
㉮ 침탄법　　　　㉯ 화염경화법
㉰ 금속침투법　　㉱ 질화법

　해설　화염경화법은 산소+아세틸렌 불꽃으로 표면만 경화하므로 화학적 방법에 속하지 않는다.

47 다음 냉각액 중 강을 담금질 할 때 정지상태에서 냉각 효과가 가장 빠른 것은?
㉮ 기름　　㉯ 소금물
㉰ 물　　　㉱ 비눗물

ANSWER 42.㉮　43.㉱　44.㉮　45.㉮　46.㉯　47.㉯

48 니켈강은 니켈에 소량의 탄소를 함유한 강으로 가열 후 공기 중에 방치하여도 담금질 효과를 나타내는데 이 와 같은 현상을 무엇이라 하는가?

㉮ 기경성(air hardening) ㉯ 수경성(water hardening)
㉰ 유경성(oil hardening) ㉱ 고경성(solid hardening)

49 세라다이징 이라는 금속 침투법은 어떤 금속을 침투 시키는가?

㉮ Zn ㉯ Cr
㉰ Al ㉱ B

해설 세라다이징 : Zn침투   크로마이징 : Cr침투
      칼로나이징 : Al침투   실리코나이징 : Si침투

50 오스테나이트계 스테인리스강에 대한 설명 중 틀린 것은?

㉮ 스테인리스강 중 내식성이 가장 높다.
㉯ 비자성이다.
㉰ 용접이 비교적 잘 되며, 가공성이 좋다.
㉱ 염산, 염소가스, 황산 등에 강하다.

51 도면에서 비례척이 아님을 나타내는 기호는?

㉮ NS ㉯ NPS
㉰ NT ㉱ PQ

해설 치수와 비례하지 않을 때는 치수 밑에 밑줄을 긋거나 비례척이아님 또는 NS등 문자 기입한다.

52 보기와 같이 제3각법으로 정투상한 도면의 입체도로 가장 적합한 것은?

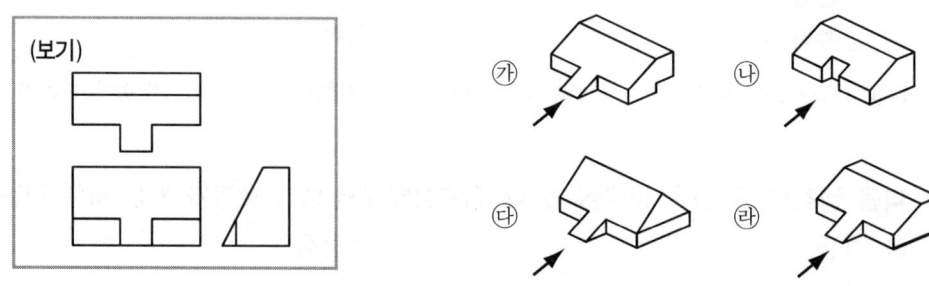

ANSWER 48.㉮ 49.㉮ 50.㉱ 51.㉮ 52.㉱

53 보기의 제 3각 정투상도에 가장 접합한 입체도는?

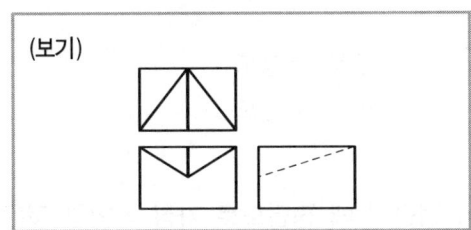
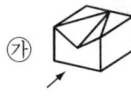 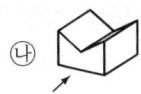
 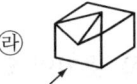

54 보기 도면에서 A ~ D 선의 용도에 의한 명칭으로 틀린 것은?

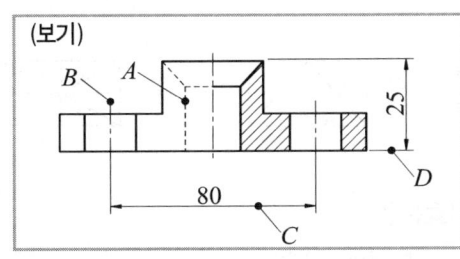

㉮ A : 숨은선
㉯ B : 중심선
㉰ C : 치수선
㉱ D : 지시선

55 KS 재료기호 중 기계 구조용 탄소강재의 기호는?

㉮ SM 35 C ㉯ SS 490 B
㉰ SF 340 A ㉱ STKM 20 A

56 제3각법으로 정투상한 보기와 같은 각뿔의 전개도 형상으로 적절한 것은?

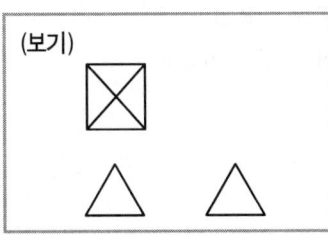
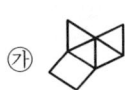 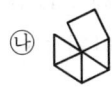
 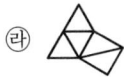

ANSWER ▶ 53. ㉮ 54. ㉱ 55. ㉮ 56. ㉮

57 경사면부가 있는 대상물에서 그 경사면의 실형을 나타낼 필요가 있는 경우에 그리는 투상도로 가장 적합한 것은?

㉮ 보조 투상도 ㉯ 부분 투상도
㉰ 국부 투상도 ㉱ 회전 투상도

58 다음 보기의 입체도에서 화살표 방향이 정면일 때 평면도로 가장 적합한 것은?
(단, 밑면의 홈은 모두 관통하는 홈임)

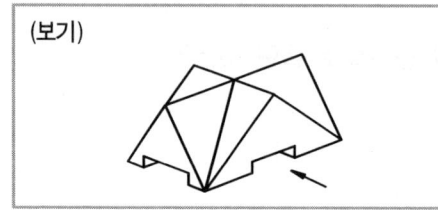

59 다음 용접기호 중에서 병렬연속 용접기호는?

60 치수 기입법에서 지름, 반지름, 구의 지름 및 반지름, 모따기, 두께 등을 표시할 때 사용되는 보조 기호로 잘못된 것은?

㉮ 두께 : D 6 ㉯ 반지름 : R 3
㉰ 모따기 : C 3 ㉱ 구의 지름 : Sφ6

해설 판 두께는 t 로 표시한다.

ANSWER ▶ 57. ㉮ 58. ㉱ 59. ㉰ 60. ㉮

제5회 CBT기출복원문제

01 피복아크 용접용 기구가 아닌 것은?
㉮ 용접 홀더
㉯ 토치 라이터
㉰ 케이블 커넥터
㉱ 접지 클램프

> 용접용 기구는 용접기, 케이블 컨넥터, 접지케이블, 전극케이블, 홀더 등이 있다.

02 강괴 절단시 가장 적당한 방법은?
㉮ 분말 절단법
㉯ 탄소 아크 절단법
㉰ 산소창 절단법
㉱ 겹치기 절단법

03 아세틸렌이 충전되어 있는 병의 무게가 64kg이었고, 사용 후 공병의 무게가 61kg이었다면 이때 사용된 아세틸렌이 양은 몇 리터인가? (단, 아세틸렌의 용적은 905리터임)
㉮ 348
㉯ 450
㉰ 1044
㉱ 2715

> 아세틸렌 양은 병의 무게차 × 아세틸렌 용적이므로 (64−61)×905 = 2715

04 피복제에 습기가 있는 용접봉으로 용접하였을 때 직접적으로 나타나는 현상이 아닌 것은?
㉮ 용접부에 기포가 생기기 쉽다.
㉯ 용접부에 균열이 생기기 쉽다.
㉰ 용락이 생기기 쉽다.
㉱ 용접부에 피트가 생기기 쉽다.

ANSWER 1.㉯ 2.㉰ 3.㉱ 4.㉰

05 가스절단 장치에 관한 설명으로 틀린 것은?
   ㉮ 프랑스식 절단 토치의 팁은 동심형이다.
   ㉯ 중압식 절단 토치는 아세틸렌가스 압력이 보통 0.07kgf/cm²이하에서 사용된다.
   ㉰ 독일식 절단 토치의 팁은 이심형이다.
   ㉱ 산소나 아세틸렌 용기내의 압력이 고압이므로 그 조정을 위해 압력 조정기가 필요하다.

06 수중 절단시 고압에서 사용이 가능하고 수중 절단 중 기포 발생이 적어 가장 널리 사용되는 연료 가스는?
   ㉮ 수소   ㉯ 질소
   ㉰ 부탄   ㉱ 벤젠

07 피복아크 용접에서 직류 정극성의 성질로서 옳은 것은?
   ㉮ 용접봉의 용융속도가 빠르므로 모재의 용입이 깊게 된다.
   ㉯ 용접봉의 용융속도가 빠르므로 모재의 용입이 얕게 된다.
   ㉰ 모재쪽의 용융속도가 빠르므로 모재의 용입이 깊게 된다.
   ㉱ 모재쪽의 용융속도가 빠르므로 모재의 용입이 얕게 된다.

   해설 정극성은 모재를 +로 연결하고 용접봉으로 연결한 방식으로
        ① 모재의 용입이 깊고 ② 봉의 녹음이 느리고 ③ 비드폭이 좁다.

08 교류 아크 용접기의 네임 플레이트(name plate)에 사용률이 40%로 나타나 있다면 그 의미는?
   ㉮ 용접작업 준비시간
   ㉯ 아크를 발생시킨 용접 작업시간
   ㉰ 전체 용접시간
   ㉱ 용접기가 쉬는 시간

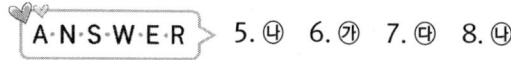
ANSWER ▶ 5. ㉯ 6. ㉮ 7. ㉰ 8. ㉯

09 산소용기를 취급할 때의 주의 사항 중 옳지 않은 것은?
㉮ 연소할 염려가 있는 기름이나 먼지를 피해야 한다.
㉯ 산소병은 안전하게 직사광선 아래 두어야 한다.
㉰ 산소용기는 화기로부터 멀리 두어야 한다.
㉱ 산소 누설 시험에는 비눗물을 사용한다.

10 홈 가공에 관한 설명 중 옳지 않은 것은?
㉮ 능률적인 면에서 용입이 허용되는 한 홈 각도는 작게 하고 용착 금속량도 적게 하는 것이 좋다.
㉯ 용접균열이라는 관점에서 루트 간격은 클수록 좋다.
㉰ 자동용접의 홈 정도는 손 용접보다 정밀한 가공이 필요하다.
㉱ 피복아크용접에서의 홈 각도는 54~70° 정도가 적합하다.

해설 용접균열의 관점에서 루트간격은 좁을수록 좋고 루트반지름은 클수록 좋다.

11 용접부의 표면이 좋고 나쁨을 검사하는 것으로 가장 많이 사용하며 간편하고, 경제적인 검사방법은?
㉮ 자분검사   ㉯ 외관검사
㉰ 초음파검사   ㉱ 침투검사

12 용접결합과 그 원인을 조사한 것 중 틀린 것은?
㉮ 오버랩 – 운봉법 불량
㉯ 균열 – 모재의 유황 함유량 과다
㉰ 슬랙섞임 – 용접이음 설계의 부적당
㉱ 언더컷 – 용접전류가 너무 낮을 때

해설 선상조직은 용착금속의 냉각속도가 빠를때 생기며 재질이 불량한때 발생한다.

13 크레이터(crater)처리 미숙으로 일어나는 결함이 아닌 것은?
㉮ 수축될 때 균열이 생기기 쉽다.   ㉯ 파손이나 부식이 원인이 된다.
㉰ 슬랙의 섞임이 되기 쉽다.   ㉱ 용접봉의 단락 원인이 된다.

ANSWER 9. ㉯ 10. ㉯ 11. ㉯ 12. ㉱ 13. ㉱

14 다음 중 알곤 용기를 나타내는 색깔은?
  ㉮ 황색   ㉯ 녹색
  ㉰ 회색   ㉱ 흰색

15 불활성 가스 아크 용접에서 티그(TIG)용접의 전극봉은?
  ㉮ 니켈   ㉯ 탄소강
  ㉰ 텅스텐   ㉱ 저합금강

  > 티그 용접의 전극봉은 텅스텐을 사용하며 텅스텐은 금속 중에서 가장 용융온도가 높고 용융 온도가 3400℃이다.

16 잔류응력을 완화 시켜주는 방법이 아닌 것은?
  ㉮ 응력제거 어닐링   ㉯ 저온응력 완화법
  ㉰ 기계적응력 완화법   ㉱ 케이블 커넥터법

17 용접결함 중 균열의 보수방법으로 가장 옳은 방법은?
  ㉮ 작은 지름의 용접봉으로 재용접 한다.
  ㉯ 굵은 지름의 용접봉으로 재용접 한다.
  ㉰ 전류를 높게 하여 재용접 한다.
  ㉱ 전지구멍을 뚫어 균열부분은 홈을 판 후 재 용접 한다.

  > 용접결함 보수 방법으로는 균열의 촉진을 방지하기 위해 균열의 끝부분에 정지 구멍을 뚫고 재 용접한다.

18 용접설계상 주의사항으로 틀린 것은?
  ㉮ 부재 및 이음은 될 수 있는 대로 조립작업, 용접 및 검사를 하기 쉽도록 한다.
  ㉯ 부재 및 이음은 단면적의 급격한 변화를 피하고 응력집중을 받지 않도록 한다.
  ㉰ 용접이음은 가능한 한 많게 하고 용접선을 집중시키며, 용착량도 많게 한다.
  ㉱ 용접은 될 수 있는 한 아래보기 자세로 하도록 한다.

  > 용접이음은 가능한 적게하고 용접이음부가 한곳에 집중하지 않도록 하고 수축은 자유단을 보낸다.

ANSWER 14. ㉰ 15. ㉰ 16. ㉱ 17. ㉱ 18. ㉰

19 용접은 여러 가지 용도로 다양하게 이용이 되고 있다. 다음 중 용접의 용도만으로 묶어진 것은?
㉮ 교량, 항공기, 컨테이너, 농기구
㉯ 철탑, 배관, 조선, 시멘트관 접합
㉰ 농기구, 교량, 철도차량, 시멘트관 접합
㉱ 철탑, 건물, 철도차량, 시멘트관 접합

20 용접작업의 경비를 절감시키기 위한 유의사항 중 잘못된 것은?
㉮ 용접봉의 적절한 선정
㉯ 용접사의 작업능률 향상
㉰ 용접지그를 사용하여 위보기 자세 시공
㉱ 고정구를 사용하여 능률향상

21 산소-아세틸렌가스 절단과 비교한, 산소-프로판 가스절단의 특징이 아닌 것은?
㉮ 절단면 윗모서리가 잘 녹지 않는다.
㉯ 슬래그 제거가 쉽다.
㉰ 포갬 절단시에는 아세틸렌보다 절단속도가 느리다.
㉱ 후판 절단시에는 아세틸렌보다 절단속도가 빠르다.

> 해설 • 산소-프로판 절단의 특징
> ① 절단면이 곱다. ② 포갬 절단시 아세틸렌보다 속도가 빠르다.
> ③ 산소소비량이 많다.

22 용접법 중 모재를 용융하지 않고 모재의 용융점보다 낮은 금속을 녹여 접합부에 넣어 표면장력으로 접합시키는 방법은?
㉮ 융접   ㉯ 압접
㉰ 납땜   ㉱ 단접

> 해설 납땜은 두 모재를 녹이지 않고 접하는 방법이며 모재 상호간 틈새에 작용하는 모세관 현상에 의해 접합하는 방법이다.

ANSWER ▶ 19.㉮ 20.㉰ 21.㉰ 22.㉰

23 보호 안경이 필요 없는 작업은?
㉮ 탁상 그라인더 작업 ㉯ 디스크 그라인더 작업
㉰ 수동가스 절단작업 ㉱ 금긋기 작업

24 MIG 용접시 와이어 송급 방식의 종류가 아닌 것은?
㉮ 풀(pull) 방식 ㉯ 푸쉬(push) 방식
㉰ 푸쉬 풀(push-pull) 방식 ㉱ 푸쉬 언더(push-under) 방식

25 구리의 용접에서 TIG 용접법에 대한 설명 중 틀린 것은?
㉮ 판 두께 6mm 이하에 많이 사용한다.
㉯ 전극으로는 토륨이 들어있는 텅스텐봉을 사용한다.
㉰ 전극은 직류 정극성 (DCSP)을 사용한다.
㉱ 예열온도는 100~200℃ 정도로 한다.

해설 구리용접에서 예열온도는 500℃ 정도 사용한다.

26 용접할 때 발생한 변형을 교정하는 방법들 중, 가열 할 때 발생 되는 열응력을 이용하여 소성변형을 일으켜 변형을 교정하는 방법은?
㉮ 가열 후 해머로 두드리는 방법
㉯ 롤러에 거는 방법
㉰ 박판에 대한 점 수축법
㉱ 피닝법

해설 • 변형 고정법은 피닝법
① 절단하여 성형 후 재 용접하는 방법 ② 가열 후 해머질하는 방법
③ 형재에 의한 직선 수축법 ④ 박판에 의한 점 수축법

27 용접결함에서 피트(pit)가 발생하는 원인이 아닌 것은?
㉮ 모재 가운데 탄소, 망간 등의 합금원소가 많을 때
㉯ 습기가 많거나 기름, 녹, 페인트가 묻었을 때
㉰ 모재를 예열하고 용접하였을 때
㉱ 모재 가운데 황 함유량이 많을 때

ANSWER 23.㉱ 24.㉱ 25.㉱ 26.㉰ 27.㉰

28 용접 지그 선택의 기준이 아닌 것은?
㉮ 물체를 튼튼하게 고정 시킬 크기와 힘이 있어야 할 것.
㉯ 용접위치를 유리한 용접자세로 쉽게 움직일 수 있을 것.
㉰ 물체의 고정과 분해가 용이해야 하며 청소에 편리할 것.
㉱ 변형이 쉽게 되는 구조로 제작 될 것.

29 모재의 산화물을 없애고 기포나 슬래그가 생기는 것을 방지하기 위하여 용제를 사용하는데, 연강의 가스 용접에 적당한 용제는?
㉮ 탄산나트륨   ㉯ 붕사
㉰ 붕산   ㉱ 일반적으로 사용하지 않음

해설 연강은 산화물의 용융온도가 모재 용융온도 보다 낮아서 용제를 사용하지 않는다.

30 아크절단의 종류에 해당하는 것은?
㉮ 철분 절단   ㉯ 수중 절단
㉰ 스카핑   ㉱ 아크 에어 가우징

해설 • 아크절단 종류
아크 에어 가우징이 사용되며 철, 비철금속 어느 경우도 사용된다.

31 균열에 대한 감수성이 좋아서 두꺼운 판, 구조물이 첫 층 용접 혹은 구속도가 큰 구조물과 고장력강 및 탄소나 황이 함유량이 많은 강의 용접에 가장 적합한 용접봉은?
㉮ 일미나이트계(E4301)   ㉯ 고셀룰로스계(E4311)
㉰ 고산화티탄계(E4313)   ㉱ 저수소계(E4316)

32 용접 전 꼭 확인해야 할 사항이 아닌 것은?
㉮ 예열 후열의 필요성 여부를 검토한다.
㉯ 용접전류, 용접순서, 용접조건을 미리 정해둔다.
㉰ 양호한 용접성을 얻기 위해서 용접부에 물을 분무 한다.
㉱ 이음부에 페인트, 기름, 녹 등의 불순물을 제거한다.

ANSWER 28. ㉱ 29. ㉱ 30. ㉱ 31. ㉱ 32. ㉰

33 연강용 피복용접봉에서 피복제의 역할 중 틀린 것은?
㉮ 아크를 안정하게 한다.
㉯ 스패터링을 많게 한다.
㉰ 전기절연작용을 한다.
㉱ 용착금속의 탈산정련 작용을 한다.

> • 피복제의 역할
> ① 아크를 안정되게 한다. ② 전기 절연 작용을 한다. ③ 용적을 미세화 한다.
> ④ 산화 질화를 방지한다. ⑤ 합금 원소를 첨가한다.

34 전기 저항용접에 속하지 않는 것은?
㉮ 테르밋 용접   ㉯ 점 용접
㉰ 프로젝션 용접   ㉱ 심 용접

> 테르밋 용접은 용접의 분류에서 융접 중 특수용접에 속한다.

35 전격의 방지대책으로 적합하지 않는 것은?
㉮ 용접기의 내부는 수시로 열어서 점검하거나 청소한다.
㉯ 홀더나 용접봉은 절대로 맨손으로 취급하지 않는다.
㉰ 절연 홀더의 절연부분이 파손되면 즉시 보수 하거나 교체한다.
㉱ 땀, 물 등에 의해 습기찬 작업복, 장갑, 구두 등은 착용하지 않는다.

36 탄소강이 표준상태에서 탄소의 양이 증가하면 기계적 성질은 어떻게 되는가?
㉮ 인장강도, 경도 및 연신율이 모두 감소한다.
㉯ 인장강도, 경도 및 연신율이 모두 증가한다.
㉰ 인장강도와 연신율은 증가하나 경도는 감소한다.
㉱ 인장강도와 경도는 증가하나 연신율은 감소한다.

37 알루미늄(Al)의 성질에 관한 설명으로 틀린 것은?
㉮ 비중이 가벼운 경금속이다.
㉯ 전기 및 열의 전도율이 구리보다 좋다.
㉰ 상온 및 고온에서 가공이 용이하다.
㉱ 공기 중에서 표면에 Al_2O_3의 얇은 막이 생겨 내식성이 좋다.

ANSWER ▶ 33.㉯ 34.㉮ 35.㉮ 36.㉱ 37.㉯

38 구리합금 중에서 가장 높은 강도와 경도를 가진 청동은?

㉮ 규소청동　　　　　　　㉯ 니켈청동
㉰ 베릴륨청동　　　　　　㉱ 망간청동

해설 구리합금에서 베릴륨이 첨가되면 높은 경도와 강도를 유지하게 된다.

39 황동에서 탈아연 부식의 방지책이 아닌 것은?

㉮ 아연(Zn) 30% 이하의 α 황동을 사용한다.
㉯ 아연(Zn) 30% 이상의 β 황동을 사용한다.
㉰ 0.1~0.5%의 안티몬(Sb)을 첨가한다.
㉱ 1% 정도의 주석(Sn)을 첨가한다.

해설 탈아연 부식된 부분은 다공질이 되어 강도를 감소하므로 현상을 막기 위해선 주석, 안티몬 등을 넣거나 알파황동 등을 첨가한다.

40 담금질된 강의 경도를 증가시키고 시효변형을 방지하기 위한 목적으로 0℃이하의 온도에서 처리하는 것은?

㉮ 풀림처리　　　　　　　㉯ 심냉처리
㉰ 불림처리　　　　　　　㉱ 항온열처리

해설 심냉처리란 담금질된 강의 강도로 증가시키기 위해 0℃ 이하의 온도에서 처리하는 열처리를 말한다.

41 용접할 부위에 황(S)의 분포 여부를 알아보기 위해 설퍼 프린트 하고자 한다. 이 때 사용할 시약은?

㉮ H_2SO_4　　　　　　　㉯ KCN
㉰ 피크린산 알콜　　　　　㉱ 질산 알콜

42 열팽창 계수가 높으며 케이블의 피복, 활자 합금용, 방사선 물질의 보호재로 사용되는 것은?

㉮ 금　　　　　　　　　　㉯ 크롬
㉰ 구리　　　　　　　　　㉱ 납

ANSWER ▶ 38. ㉰　39. ㉯　40. ㉯　41. ㉮　42. ㉱

43 다음 중 연성이 가장 큰 재료는?
㉮ 순철
㉯ 탄소강
㉰ 경강
㉱ 주철

44 탄소강의 일반(기본) 열처리방법을 나타낸 것이다. 틀린 것은?
㉮ 불림
㉯ 뜨임
㉰ 담금질
㉱ 침탄

해설 탄소강의 일반적인 열처리로는 담금질, 뜨임, 불림, 풀림 등이 있다.

45 다음 중 주철의 성장을 방지하는 방법이 아닌 것은?
㉮ 흑연의 미세화로서 조직을 치밀하게 한다.
㉯ 편상흑연을 구상흑연화 시킨다.
㉰ 반복 가열 냉각에 의한 균열처리를 한다.
㉱ 탄소 및 규소의 양을 적게 한다.

46 현재 많이 사용되고 있는 오스테나이트게 스테인리스강의 대표적인 화학적 조성으로 맞는 것은?
㉮ 13% Cr
㉯ 13% Ni
㉰ 18% Cr, 8% Ni
㉱ 18% Ni, 8% Cr

47 6.4황동에 철을 1~2% 정도 첨가한 합금으로 강도가 크고 내식성이 좋은 황동은?
㉮ 델타메탈
㉯ 네이벌 황동
㉰ 망간황동
㉱ 망가닌

48 다음 중 가공용 알루미늄 합금이 아닌 것은?
㉮ 두랄루민(duralumin)
㉯ 알드레이(aldrey)
㉰ 알민(almin)
㉱ 라우탈(lautal)

ANSWER ▶ 43. ㉮ 44. ㉱ 45. ㉰ 46. ㉰ 47. ㉮ 48. ㉱

49 주강과 주철의 비교 설명으로 잘못된 것은?

㉮ 주강은 주철에 비해 수축율이 크다.
㉯ 주강은 주철에 비해 용융점이 높다.
㉰ 주강은 주철에 비해 기계적 성질이 우수하다.
㉱ 주강은 주철보다 용접에 의한 보수가 어렵다.

해설 주철은 용융상태에서 유동성이 커지므로 용접이 어렵다.

50 보통 주철에 0.4 ~ 1%정도 함유되며, 화학성분 중 흑연화를 방해하여 백주철화를 촉진하고, 황(S)의 해를 감소시키는 것은?

㉮ 수소(H) ㉯ 구리(Cu)
㉰ 알루미늄(Al) ㉱ 망간(Mn)

해설 망간은 탈황제로 작용하며 황과 화합하여 황화망간이 되어 용해시 금속 표면에 떠오르며 황의 해를 감소한다.

51 다음 중 물체의 일부분의 생략 또는 단면의 경계를 나타내는 선으로 불규칙한 파형의 가는 실선인 것은?

㉮ 파단선 ㉯ 지시선
㉰ 가상선 ㉱ 절단선

52 보기와 같은 도면이 나타내는 단면은 어느 단면도에 해당하는가?

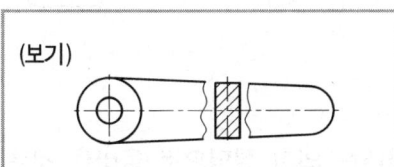

㉮ 한쪽 단면도
㉯ 회전도시 단면도
㉰ 예각 단면도
㉱ 돈단면도(전단면도)

ANSWER 49.㉱ 50.㉱ 51.㉮ 52.㉯

53 다음 중 호의 길이 42mm를 나타낸 것은?

㉮ 　　㉯

㉰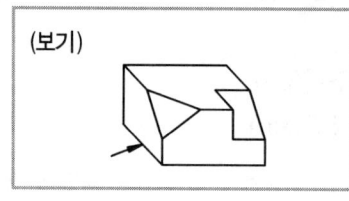

54 보기 입체도의 화살표방향을 정면으로 제3각법으로 제도한 것으로 맞는 것은?

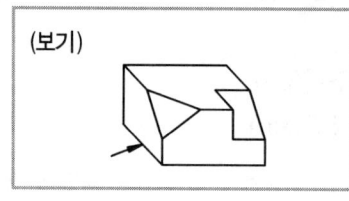

㉮ 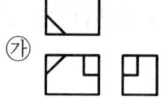　㉯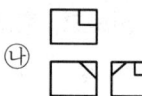

㉰ 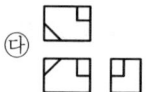　㉱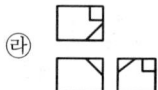

55 보기 입체도에서 화살표가 지시한 면이 정면일 경우 정면도 가장 적합한 것은?

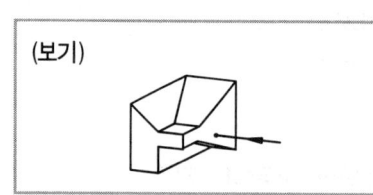

㉮ 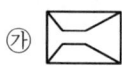　㉯

㉰ 　㉱

56 보기 용접 기호 중 화살표 표시 가 나타내는 의미 설명으로 올바른 것은?

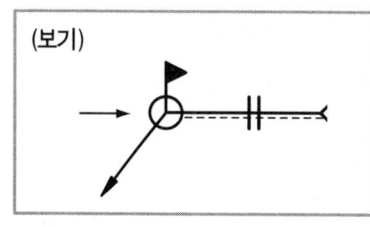

㉮ 전둘레 필렛 용접
㉯ 현장 필렛 용접
㉰ 전둘레 현장 용접
㉱ 현장 점 용접

ANSWER ▶ 53.㉱　54.㉱　55.㉰　56.㉰

57 제도, 용지의 크기는 한국산업규격에 따라 사용하고 있다. 일반적으로 큰 도면을 접을 경우 다음 중 어느 크기로 접어야 하는가?

㉮ A2　　㉯ A3　　㉰ A4　　㉱ A5

　용지의 A4크기는 297 × 210이며 용지를 접을 때의 크기이다.

58 그림과 같이 외경은 550mm, 두께가 6mm, 높이는 900mm 인 원통을 만들려고 할 때, 소요되는 철판의 크기로 다음 중 가장 적합한 것은? (양쪽 마구리는 없는 상태이며 이음매 부위는 고려하지 않음)

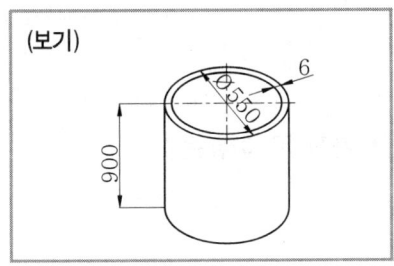

㉮ 900 × 1709
㉯ 900 × 1749
㉰ 900 × 1765
㉱ 900 × 1800

59 보기와 같이 입체도의 화살표 방향이 정면일 때, 우측면도로 가장 적합한 것은?

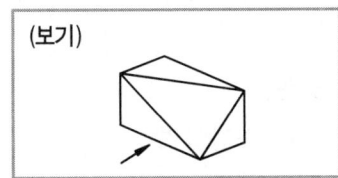

60 배관설비 도면에서 보기와 같은 관 이음의 도시 기호가 의미하는 것은?

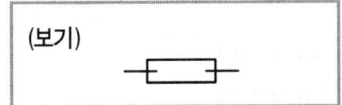

㉮ 신축관 이음
㉯ 하프 커플링
㉰ 슬루스 밸브
㉱ 플렉시블 커플링

A·N·S·W·E·R　57. ㉰　58. ㉮　59. ㉱　60. ㉮

제6회 CBT기출복원문제

01 산소의 성질에 관한 설명으로 틀린 것은?
㉮ 다른 물질의 연소를 돕는 조연성 기체이다.
㉯ 아세틸렌과 혼합 연소시켜 용접, 가스절단에 사용한다.
㉰ 산소자체가 연소하는 성질이 있다.
㉱ 무색, 무취, 무미의 기체이다.

02 스테인레스(stainless)강의 가스 절단이 곤란한 가장 큰 이유는?
㉮ 산화물이 모재보다 고용융점이기 때문에
㉯ 탄소 함량의 영향을 많이 받기 때문에
㉰ 적열 상태가 되지 않기 때문에
㉱ 내부식성이 강하기 때문에

> 해설 스테인레스강이 절단이 어려운 이유는 절단 중에 생기는 산화크롬이 모재의 용융점보다 높아 유동성이 나쁜 슬래그가 절단 표면을 덮어서 산소와 모재의 반응을 저해하기 때문

03 산소용기에 각인되어 있는 사항의 설명으로 틀린 것은?
㉮ TP : 내압시험압력 ㉯ FP : 최고충전압력
㉰ V : 내용적 ㉱ W : 제조번호

> 해설 W는 용기의 중량이다

04 직류 역극성을 사용하는 것은?
㉮ 아크 에어 가우징 ㉯ 탄소 아크절단
㉰ 금속 아크절단 ㉱ 산소 아크절단

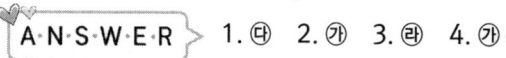 1. ㉰ 2. ㉮ 3. ㉱ 4. ㉮

05 용접부의 잔류응력을 경감시키기 위해서 가스 불꽃으로 용접선 나비의 60~130mm에 걸쳐서 150℃~200℃정도로 가열 후 수냉시키는 잔류응력 경감법을 무엇이라 하는가?
  ㉮ 노내 풀림법
  ㉯ 국부 풀림법
  ㉰ 저온응력 완화법
  ㉱ 기계적응력 완화법

06 금속산화물이 알루미늄에 의하여 산소를 빼앗기는 반응에 의해 생성되는 열을 이용하여 금속을 접합하는 용접 방법은?
  ㉮ 일렉트로슬래그 용접
  ㉯ 테르밋 용접
  ㉰ 불활성가스 금속 아크 용접
  ㉱ 저항 용접

  [해설] 테르밋 용접이란 산화철분말과 알루미늄분말이 테르밋 반응에 의한 화학적 반응을 이용하여 용접한다.

07 아크용접에서 정극성과 비교한 역극성의 특징은?
  ㉮ 모재의 용입이 깊다.
  ㉯ 용접봉의 녹음이 빠르다.
  ㉰ 비드 폭이 좁다.
  ㉱ 후판 용접에 주로 사용된다.

  [해설] • 역극성의 특징
    ① 용입이 얇다. ② 봉의 녹음이 빠르다. ③ 비드폭이 넓다.

08 용해 아세틸렌의 장점 중 틀린 것은?
  ㉮ 운반이 쉽고, 발생기 및 부속장치가 필요없다.
  ㉯ 용기를 뉘어서 사용해도 된다.
  ㉰ 순도가 높고 좋은 용접을 할 수 있다.
  ㉱ 아세틸렌의 손실이 대단히 적다.

09 전기 저항 열을 이용한 납땜 방법은?
  ㉮ 가스 납땜
  ㉯ 유도 가열 납땜
  ㉰ 노내 납땜
  ㉱ 저항 납땜

  [해설] 저항납땜이란 전류를 흘려 저항발열을 이용하여 접합하는 방법

ANSWER 5.㉰ 6.㉯ 7.㉯ 8.㉯ 9.㉱

10 서브머지드 아크용접의 특징이 아닌 것은?
㉮ 용접설비가 상당히 비싸다.
㉯ 아크가 보이지 않으므로 용접부의 적부를 확인하기가 곤란하다.
㉰ 용접 길이가 짧을 때 능률적이며, 수평 및 위보기 자세 용접에 주로 이용된다.
㉱ 용입이 크므로 용접 홈의 정밀도가 좋아야 한다.

11 연강용 아크 용접봉과 피복제 계통이 잘못 짝지어진 것은?
㉮ E4316 - 저수소계 ㉯ E4311 - 고셀룰로스계
㉰ E4327 - 철분저수소계 ㉱ E4303 - 라임티타니아계

해설 E4327 : 철분산화철계

12 피복 아크 용접에서 기공 발생의 원인이 되는 것은?
㉮ 용접봉이 건조하였을 때 ㉯ 용접봉에 습기가 있었을 때
㉰ 용접봉이 굵었을 때 ㉱ 용접봉이 가늘었을 때

해설 용접시 기공의 발생은 용접봉이나 모재가 습할 때 생긴다.
습할때는 기공이 발생하고 균열이 발생한다.

13 프랑스식 팁 100번은 몇 mm 연강 판의 용접에 적당한가?
㉮ 1~1.5 ㉯ 10~20 ㉰ 5~7 ㉱ 8~9

14 프로판 가스 저장실의 통풍용 환기 구멍이 아래쪽에 위치하는 가장 큰 이유는?
㉮ 가스를 조절하기 쉬우므로 ㉯ 공기보다 무거우므로
㉰ 구멍 뚫기가 쉬으므로 ㉱ 물이 잘 빠지게 하기 위하여

15 피복제의 주된 역할로 틀린 것은?
㉮ 아크를 안정하게 한다.
㉯ 스패터링(spattering)을 많게 한다.
㉰ 모재 표면의 산화물을 제거 한다.
㉱ 슬래그 제거를 쉽게 하고, 파형이 고운 비드를 만든다.

ANSWER 10 ㉰ 11 ㉰ 12 ㉯ 13 ㉮ 14 ㉯ 15 ㉯

16 가스용접에 전진법과 비교한 후진법(back hand method)의 특징 설명에 해당되지 않는 것은?
- ㉮ 두꺼운 판의 용접에 적합하다.
- ㉯ 용접 속도가 빠르다.
- ㉰ 용접 변형이 크다.
- ㉱ 소요 홈의 각도가 작다.

해설 • 후진법특징
① 열 이용율이 좋다.   ② 용접속도가 빠르다.
③ 용접변형이 적다.   ④ 홈각도가 작다.

17 가스용접에 사용되는 연료가스와 화학식이 잘못 연결된 것은?
- ㉮ 아세틸렌 - C_2H_2
- ㉯ 프로판 - C_2H_8
- ㉰ 메탄 - C_4H_{10}
- ㉱ 수소 - H_2

해설 메탄 : CH_4

18 가스 용접의 불꽃 온도 중 가장 낮은 것은?
- ㉮ 산소 - 아세틸렌 용접
- ㉯ 산소 - 프로판 용접
- ㉰ 산소 - 수소 용접
- ㉱ 산소 - 메탄 용접

해설 • 가스용접불꽃온도 순서
아세틸렌 > 수소 > 프로판 > 메탄

19 용접 작업시 전격방지를 위한 주의사항 중 틀린 것은?
- ㉮ 캡타이어 케이블의 피복상태, 용접기의 접지상태를 확실하게 점검할 것.
- ㉯ 기름기가 묻었거나 젖은 보호구와 복장은 입지 말 것.
- ㉰ 좁은 장소의 작업에서는 신체를 노출시키지 말 것.
- ㉱ 개로 전압이 높은 교류 용접기를 사용할 것.

20 용제(flux)가 필요한 용접?
- ㉮ MIG 용접
- ㉯ TIG 용접
- ㉰ 원자 수소 용접
- ㉱ 서브머지드 용접

ANSWER 16. ㉰ 17. ㉰ 18. ㉱ 19. ㉱ 20. ㉱

21 용접기의 AW - 300이란 표시가 있다. 여기서 300은 무엇을 말하는가?
　㉮ 2차 최대 전류　　　　　㉯ 최고 2차 무부하 전압
　㉰ 정격 사용률　　　　　　㉱ 정격 2차 전류

22 용접의 일반적인 특징을 설명한 것 중 틀린 것은?
　㉮ 제품의 성능과 수명이 향상되며 이종 재료도 용접이 가능하다.
　㉯ 재료의 두께에 제한이 없다.
　㉰ 보수와 수리가 어렵고 제작비가 많이 든다.
　㉱ 작업공정이 단축되며 경제적이다.
　해설 용접기는 보수 및 수리가 쉬워야한다.

23 피복아크 용접봉의 용융속도는 어느 식으로 결정되는가?
　㉮ 아크 전류 × 용접봉쪽 전압강하
　㉯ 아크 전류 × 모재쪽 전압강하
　㉰ 아크 전압 × 용접봉쪽 전압강하
　㉱ 아크 전압 × 모재쪽 전압강하

24 용접금속의 구조상의 결함이 아닌 것은?
　㉮ 변형　　　　　　　　　㉯ 가공
　㉰ 언더컷　　　　　　　　㉱ 균열
　해설 구조상결함은 언더컷, 오버랩, 융합불량, 기공, 용입 불량

25 모재의 홈 가공을 V형으로 했을 경우 엔드탭(end-tap)은 어떤 조건으로 하는 것이 가장 좋은가?
　㉮ I형 홈 가공으로 한다.　　　㉯ V형 홈 가공으로 한다.
　㉰ X형 홈 가공으로 한다.　　　㉱ 홈 가공이 필요 없다.

26 다음 용접법의 분류 중 압접에 해당하는 것은?
　㉮ 테르밋 용접　　　　　㉯ 전자 빔 용접
　㉰ 유도가열 용접　　　　㉱ 탄산가스 아크 용접

ANSWER 21. ㉱　22. ㉰　23. ㉮　24. ㉮　25. ㉯　26. ㉰

27 납땜할 때 염산이 피복에 튀었을 경우의 조치로 옳은 것은?

㉮ 빨리 물로 세척한다.
㉯ 외상이 나타나지 않는 한 그대로 둔다.
㉰ 손으로 문질러 둔다.
㉱ 머큐로크롬을 바른다.

해설 알칼리나 산에 노출되었을 때는 다른 성분을 사용하여 씻으려고 하지 말고 깨끗한 물로 씻어냄으로써 희석할 수 있다.

28 강재 표면의 홈이나 개재물, 탈탄층 등을 제거하기 위하여 될 수 있는 대로 얇게, 그리고 타원형 모양으로 표면을 깎아내는 가공법은?

㉮ 스카핑 ㉯ 가스 가우징
㉰ 선삭   ㉱ 천공

해설 스카핑은 표면의 탈탄층을 제거하는 것이며 가우징은 용접뒷면 따내기 홈파기 등의 작업을 한다.

29 피복아크 용접에서 과대전류, 용접봉 운봉각도의 부적합, 용접속도가 부적당할 때, 아크길이가 길 때 일어나며, 모재와 비드경계부분에 페인 홈으로 나타나는 표면결함은?

㉮ 스패터   ㉯ 언더 컷
㉰ 슬랙 섞임 ㉱ 오버 랩

30 마찰 용접의 장점이 아닌 것은?

㉮ 용접작업 시간이 짧아 작업 능률이 높다.
㉯ 이종금속의 접합이 가능하다.
㉰ 피용접물의 형상치수, 길이, 무게의 제한이 없다.
㉱ 치수의 정밀도가 높고, 재료가 절약된다.

31 아크 용접봉의 피복제 중에서 아크 안정성분은?

㉮ 산화티탄 ㉯ 붕사
㉰ 페로망간 ㉱ 니켈

해설 아크안정제는 규산나트륨, 규산칼륨, 산화티탄, 석회석 등이 있다.

ANSWER 27. ㉮ 28. ㉮ 29. ㉯ 30. ㉰ 31. ㉮

32 용접제품을 파괴치 않고 육안검사가 가능한 결함은?
- ㉮ 라미네이션
- ㉯ 피트
- ㉰ 기공
- ㉱ 은점

> 내부결함은 은점, 기공, 라미테이션 이며 외부결함은 언더컷, 오버랩, 피트 등이 있다.

33 용접기의 아크 발생을 8분간하고 2분간 쉬었다면, 사용률은 몇 % 인가?
- ㉮ 25
- ㉯ 40
- ㉰ 65
- ㉱ 80

34 다음 중 산소 용기 취급에 대한 설명이 잘못된 것은?
- ㉮ 산소용기 밸브, 조정기 등은 기름천으로 잘 닦는다.
- ㉯ 산소용기 운반시에는 충격을 주어서는 않된다.
- ㉰ 산소 밸브 개폐는 천천히 해야 한다.
- ㉱ 가스 누설의 점검을 수시로 한다.

> 용기 및 밸브 조정기 등에 기름이 부착하면 폭발염려가 있으므로 주의한다.

35 가스절단에서 양호한 절단면을 얻기 위한 조건으로 틀린 것은?
- ㉮ 드래그(drag)가 가능한 클 것.
- ㉯ 경제적인 절단이 이루어질 것.
- ㉰ 슬래그 이탈이 양호 할 것.
- ㉱ 절단면의 표면의 각이 예리할 것.

36 Al – Mg계 합금이며 내식성 알루미늄 합금의 대표적인 것으로 강도와 인성이 좋은 재료는?
- ㉮ Y합금
- ㉯ 하이드로날륨
- ㉰ 두랄루민
- ㉱ 실루민

ANSWER ▶ 32. ㉯ 33. ㉱ 34. ㉮ 35. ㉮ 36. ㉯

37 일반적으로 보통 주철은 어떤 형태의 주철인가?

㉮ 칠드주철　　㉯ 가단주철　　㉰ 합금주철　　㉱ 회주철

해설) 보통주철은 탄소를 1.7~6.67% 함유하며 회주철을 말한다.

38 고장력강 용접 시 주의사항 중 틀린 것은?

㉮ 용접봉은 저수소계를 사용할 것.
㉯ 용접 개시 전에 이음부 내부 또는 용접부분을 청소할 것.
㉰ 아크 길이는 가능한 길게 유지할 것.
㉱ 위빙 폭을 크게 하지 말 것.

39 오스테나이트계 스테인리스강의 성분은?

㉮ Ni 18% + Cr 8%　　㉯ W 18% + Ni 8%
㉰ Cr 18% + Ni 8%　　㉱ Ni 18% + W 8%

40 공석강의 탄소(C)함량은 얼마인가?

㉮ 0.02%　　㉯ 0.77%　　㉰ 2.11%　　㉱ 6.68%

해설) 공석강은 탄소함유량을 0.77%를 기준하여 이하는 아공석강 이상은 과공석강이다.

41 주철용접에 관한 설명을 옳지 않은 것은?

㉮ 주철 속에 기름, 흙, 모래 등이 있는 경우에 용착이 양호하고 모재와의 친화력이 좋다.
㉯ 주철은 연강에 비하여 여리며, 수축이 많이 균열이 생기기 쉽다.
㉰ 주철은 급냉에 의한 백선화로 기계가공이 곤란하다.
㉱ 일산화탄소 가스가 발생하여 용착 금속에 가공이 생기기 쉽다.

42 알루미늄 합금 용접시 청정작용이 잘 되는 것은?

㉮ Ar 가스 사용, DCSP　　㉯ He 가스 사용, DCSP
㉰ Ar 가스 사용, ACHF　　㉱ He 가스 사용, ACHF

해설) 알루미늄 용접시 청정작용은 TIG용접으로 Ar가스를 사용하며 전원은 교류고주파 또는 직류역극성을 사용한다.

ANSWER ▶ 37.㉱　38.㉰　39.㉰　40.㉯　41.㉮　42.㉰

43 다음 중 용접성이 가장 좋은 금속은?
  ㉮ 주철
  ㉯ 주강
  ㉰ 저탄소강
  ㉱ 고탄소강

  해설 금속의 용접성은 탄소함유량이 적으면 양호해진다.

44 일반구조용 강재의 용접응력 제거를 위해 노내 및 국부 풀림의 유지온도로 적당한 것은?
  ㉮ 852 ± 25℃
  ㉯ 625 ± 25℃
  ㉰ 525 ± 25℃
  ㉱ 325 ± 25℃

45 백동 또는 양은이라고도 하며 7 : 3 황동에서 10~20%의 Ni을 첨가한 것으로 전기 저항체, 밸브, 코크, 광학기계 부품 등에 사용되는 구리합금은?
  ㉮ 양백
  ㉯ 문쯔메탈
  ㉰ 톰백
  ㉱ 쾌삭황동

46 일반적으로 스테인리스강의 종류에 해당되는 것은?
  ㉮ 비자성 스테인리스강
  ㉯ 영구자석 스테인리스강
  ㉰ 페라이트계 스테인리스강
  ㉱ 풀라티나이트 스테인리스강

47 구리에 관한 설명으로 틀린 것은?
  ㉮ 전기 및 열의 전도율이 높은 편이다.
  ㉯ 전연성이 매우 크므로 상온가공이 용이하다.
  ㉰ 화학적 저항력이 적어서 부식이 쉽다.
  ㉱ 아름다운 광택과 귀금속적 성질이 우수하다.

  해설 구리는 화학적 저항력이 커서 내부식성이 강하다.

48 용접금속에 수소가 잔류하면 헤어크랙(hear crack)의 원인이 된다. 용접시 수소의 흡수가 가장 많은 강은?
  ㉮ 저탄소킬드강
  ㉯ 세미킬드강
  ㉰ 고탄소 림드강
  ㉱ 림드강

ANSWER 43. ㉰ 44. ㉯ 45. ㉮ 46. ㉰ 47. ㉰ 48. ㉮

49 다음 중 비중이 가장 높은 금속은?

㉮ 크롬 ㉯ 바나듐
㉰ 망간 ㉱ 구리

해설 • 비중
크롬 : 7.2, 바나듐 : 6.2, 망간 : 7.4, 구리 : 8.9

50 일반적으로 주철의 장점이 아닌 것은?

㉮ 압축강도가 크다. ㉯ 담금질성이 우수하다.
㉰ 내마모성이 우수하다. ㉱ 주조성이 우수하다.

51 큰 도면을 접을 때에 일반적으로 얼마의 크기로 접는 것을 원칙으로 하는가?

㉮ A5 ㉯ A4
㉰ A3 ㉱ A2

52 용접부 비파괴 시험 기호 중 지분탐상 시험 기호는?

㉮ VT ㉯ RT
㉰ JT ㉱ MT

53 보기와 같은 제3각 투상도에서 누락된 우측면도로 가장 적합한 것은?

ANSWER 49. ㉱ 50. ㉯ 51. ㉯ 52. ㉱ 53. ㉯

54 보기 입체도의 화살표 방향을 정면으로 할 때 우측면도로 적합한 투상은?

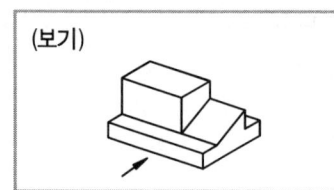

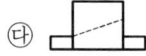 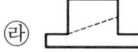

55 도면에 2가지 이상이 같은 장소에 겹쳐 나타내게 될 경우 다음 중에서 우선순위가 가장 높은 것은?

㉮ 숨은선   ㉯ 외형선
㉰ 절단선   ㉱ 중심선

• 선의 우선순위
  외형선 : 은선 : 절단선 : 중심선

56 보기와 같은 KS용접 기호의 해독으로 틀린 것은?

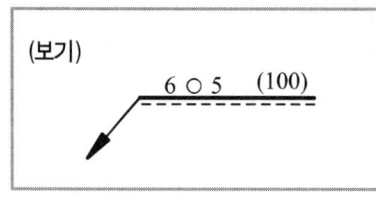

㉮ 화살표 반대쪽 스폿 용접
㉯ 스폿부의 지름 6mm
㉰ 용접부의 개수(용접 수) 5개
㉱ 스폿 용접한 간격은 100mm

57 보기 입체도에서 화살표 쪽을 정면도로 한다면 평면도를 올바르게 나타낸 것은?
(단, 평면도상에서 상하, 좌우방향의 형상은 대칭이다.)

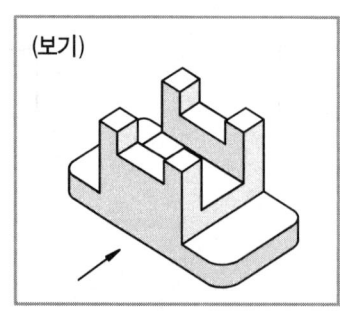
㉮ 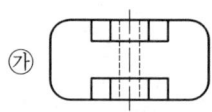   ㉯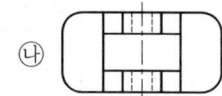
㉰ 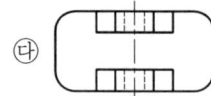   ㉱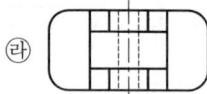

ANSWER ▶ 54. ㉱   55. ㉯   56. ㉮   57. ㉯

58 다음 중 호의 길이 치수 표시로 가장 적합한 것은?

㉮    ㉯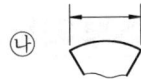

㉰    ㉱

해설 가는 호를 표시, 나는 현을 표시, 라는 각도표시

59 용접부의 보조기호에서 제거 가능한 덮개판을 사용하는 경우의 표시 기호는?
㉮ M ㉯ P
㉰ MR ㉱ PR

60 다음 투상도법 중 제1각법과 제3각법이 속하는 투상도법은?
㉮ 정투상법 ㉯ 등각 투상법
㉰ 사투상법 ㉱ 부등각 투상법

제7회 CBT기출복원문제

01 피복아크용접봉의 피복 배합제 성분 중 아크안정제로 첨가하는 성분은?
㉮ 붕산   ㉯ 산화티탄
㉰ 알루미나   ㉱ 마그네슘

02 산소 – 아세틸렌가스 용접의 장점이 아닌 것은?
㉮ 가열시 열량 조절이 쉽다.
㉯ 전원설비가 없는 곳에서도 설치할 수 있다.
㉰ 피복아크용접보다 유해광선이 적다.
㉱ 피복아크용접보다 열효율이 높다.

> • 산소–아세틸렌용접의 장점
> ① 용접기 운반이 자유롭다.   ② 유해광선이 적다.
> ③ 열량조절이 쉽다.   ④ 용접금속의 응용 범위가 넓다.
> * 열효율은 아크용접에 비해 낮다.

03 산소, 아세틸렌 용접에서 후진법과 비교한 전진법의 설명으로 틀린 것은?
㉮ 열 이용률이 나쁘다.   ㉯ 용접변형이 작다.
㉰ 용접속도가 느리다.   ㉱ 산화의 정도가 심하다.

> • 전진법의 특징
> ① 열 이용율이 나쁘다.   ② 용접속도가 느리다.
> ③ 홈의 각도가 크다.   ④ 용접변형이 크다.

04 아크용접을 할 때 아크열에 의하여 녹은 쇳물 부분을 무엇이라 하는가?
㉮ 용입   ㉯ 용착
㉰ 용융지   ㉱ 용적

ANSWER ▶ 1. ㉯ 2. ㉱ 3. ㉯ 4. ㉰

05 다음의 절단법 중에서 직류 역극성을 사용하여 주로 절단하는 방법은?
  ㉮ MIG 절단
  ㉯ 탄소 아크 절단
  ㉰ 산소 아크 절단
  ㉱ 금속 아크 절단

  해설 직류역극성은 알곤 가스를 사용할 때 청정작용이 생기는 현상으로 MIG용접에서 발생한다.

06 가변압식 가스용접 토치에서 팁의 능력에 대한 설명으로 옳은 것은?
  ㉮ 매 시간당 소비되는 아세틸렌가스의 양
  ㉯ 매 시간당 소비되는 산소의 양
  ㉰ 매 분당 소비되는 아세틸렌가스의 양
  ㉱ 매 분당 소비되는 산소의 양

07 직류 피복아크 용접기와 비교한 교류 피복아크 용접기의 설명으로 맞는 것은?
  ㉮ 무부하 전압이 낮다.
  ㉯ 아크의 안정성이 우수하다.
  ㉰ 아크 쏠림이 거의 없다.
  ㉱ 전격의 위험이 적다.

08 용접봉의 용접 이행형식이 아닌 것은?
  ㉮ 단락형
  ㉯ 글로뷸러형
  ㉰ 스프레이형
  ㉱ 가포화리액터형

09 연강판 두께 4.4mm 의 모재를 가스용접 할 때 가장 적당한 가스 용접봉의 지름은 몇 mm 인가?
  ㉮ 1.0   ㉯ 1.6   ㉰ 2.0   ㉱ 3.2

  해설 • 용접봉의 지름 $D = (T/2)+1$, $D = (4.4/2)+1 = 3.2$

10 가연성 가스가 가져야 할 성질 중 맞지 않는 것은?
  ㉮ 불꽃의 온도가 높을 것.
  ㉯ 용융금속과 화학반응을 일으키지 않을 것.
  ㉰ 연소속도가 느릴 것.
  ㉱ 발열량이 클 것.

ANSWER 5.㉮ 6.㉮ 7.㉰ 8.㉱ 9.㉱ 10.㉰

해설 • 가연성가스의 조건
① 연소속도가 빠를 것.
② 불꽃온도가 높을 것
③ 발열량이 클 것.
④ 용융금속과 화학 반응을 일으키지 않을 것.

11 가스절단에서 양호한 가스절단면을 얻기 위한 조건으로 틀린 것은?
㉮ 절단면이 깨끗할 것.
㉯ 드래그가 가능한 한 작을 것.
㉰ 절단면 표면의 각이 예리할 것.
㉱ 슬래그의 이탈성이 나쁠 것.

12 일반적인 아세틸렌 용기의 호칭 크기로 틀린 것은?
㉮ 20ℓ
㉯ 30ℓ
㉰ 40ℓ
㉱ 50ℓ

13 직류 아크 용접기에 대한 설명으로 맞는 것은?
㉮ 발전형과 정류기형이 있다.
㉯ 구조가 간단하고 보수도 용이하다.
㉰ 누설자속에 의하여 전류를 조정한다.
㉱ 용접변압기의 리액터스에 의하여 수하특성을 얻는다.

14 용접작업의 주요 구성 요소로 거리가 가장 먼 것은?
㉮ 열원
㉯ 용가재
㉰ 용접 모재
㉱ 용접부 검사장치

해설 용접작업의 주요 구성 요소로는 에너지원인 열원, 용접봉인 용가재 재료인 모재 등이 있다.

15 다음 용접법의 분류 중 아크 용접에 해당하지 않는 것은?
㉮ 서브머지드 아크용접
㉯ 불활성 가스 아크용접
㉰ 스터드 용접
㉱ 일렉트로 슬래그 용접

해설 일렉트로 슬래그 용접은 특수용접으로 분리된다.

ANSWER ▶ 11. ㉱ 12. ㉮ 13. ㉮ 14. ㉱ 15. ㉱

16 다음 수동절단 작업 요령 중 틀리게 설명한 것은?
㉮ 절단토치의 밸브를 자유롭게 열고 닫을 수 있도록 가볍게 쥔다.
㉯ 토치의 진행속도가 늦으면 절단면 윗 모서리가 녹아서 둥글게 되므로 적당한 속도로 진행한다.
㉰ 토치가 과열되었을 때는 아세틸렌 밸브를 열고 물에 식혀서 사용한다.
㉱ 절단시 필요할 경우 지그나 가이드를 이용하는 것이 좋다.

17 교류아크 용접기에서 안정한 아크를 얻기 위하여 상용 주파의 아크 전류에 고전압의 고주파를 중첩시키는 방법으로 아크발생과 용접작업을 쉽게 할 수 있도록 하는 부속장치는?
㉮ 전격 방지 장치 ㉯ 고주파 발생장치
㉰ 원격제어장치 ㉱ 핫 스타트장치

18 구리 합금의 용접에 대한 설명으로 잘못된 것은?
㉮ 구리에 비해 예열온도가 낮아도 된다.
㉯ 비교적 루트 간격과 홈 각도를 크게 한다.
㉰ 가접은 가능한 줄인다.
㉱ 용제 중 붕사는 황동, 알루미늄청동, 규소청동 등의 용접에 사용된다.

   해설 구리용접은 가접을 가능한 많이 하여 변형을 줄인다.

19 다음 중 풀림의 목적이 아닌 것은?
㉮ 결정립을 미세화 시킨다.
㉯ 가공경화 현상을 해소 시킨다.
㉰ 경도를 높이고 조직을 치밀하게 만든다.
㉱ 내부응력을 제거한다.

   해설 풀림의 목적은 재질의 연화 및 내부응력을 제거하기 위함이며 경도의 향상은 담금질처리로 한다.

20 다음 재료에서 용융점이 가장 높은 재료는?
㉮ Mg ㉯ W
㉰ Pb ㉱ Fe

ANSWER 16. ㉰ 17. ㉯ 18. ㉰ 19. ㉰ 20. ㉯

21 다음 중 철강의 탄소 함유량에 따라 대분류한 것은?
㉮ 순철, 강, 주철 ㉯ 순철, 주강, 주철
㉰ 선철, 강, 주철 ㉱ 선철, 합금강, 주물

22 다음 중 합금의 물리적 성질이 아닌 것은?
㉮ 비중 ㉯ 열팽창계수
㉰ 강도 ㉱ 용융잠열

> 물리적 성질은 비중, 열팽창계수, 열전도율, 전기전도율, 용융잠열 등이 있고 강도는 기계적 성질이다.

23 오스테나이트계 스테인리스강의 용접시 유의해야 할 사항이다. 잘못된 것은?
㉮ 예열을 하지 말아야 한다.
㉯ 짧은 아크길이를 유지한다.
㉰ 층간온도가 320℃ 이상을 넘어서는 안 된다.
㉱ 탄소강보다 10~20% 높은 전류로 용접을 한다.

> 오스테나이트계 스테인레스강을 용접시에는 낮은 전류로 용접하여 용접 입열을 최대한 억제한다.

24 아크용접에서 고탄소강의 용접에 균열을 방지하는 방법이 아닌 것은?
㉮ 용접시 200℃ 이상의 예열이 필요하다.
㉯ 용접 직후에는 650℃ 이상의 후열처리 한다.
㉰ 일반적으로 용접봉은 일미나이트계를 사용한다.
㉱ 용접 후 급냉을 피하여야 한다.

> 고탄소강의 용접에서 균열을 방지하기 위한 방법으로는
> ① 저수소계 용접봉을 사용한다. ② 예열, 후열을 한다.
> ③ 용접 후 급냉을 피한다.

25 다음 용접재료 중 비자성체이며, Cr 18% − Ni 8%의 18-8스테인리스강을 다른 용어로 표현한 것은?
㉮ 페라이트계 스테인리스강 ㉯ 마텐자이트계 스테인리스강
㉰ 오스테나이트계 스테인리스강 ㉱ 석출경화형 스테인리스강

ANSWER 21. ㉮ 22. ㉰ 23. ㉱ 24. ㉰ 25. ㉰

26 조질 고장력강의 용접에 대해 재료의 성질 및 용접법이 잘못된 것은?

㉮ 조질 고장력강이란 일반 고장력강보다 높은 항복점, 인장강도를 얻기 위해 담금질, 뜨임 열처리한 것이다.
㉯ 얇은 판에 대하여는 저항 용접도 가능하다.
㉰ 용접균열을 피하기 위해 용접입열을 최대한 적게 하는 것이 좋다.
㉱ 용접봉은 티탄을 주성분으로 망간, 크롬, 몰리브덴을 소량 첨가한 용접봉이 사용되고 있다.

27 소재표면에 스텔라이트나 경합금 등을 용접 또는 압접으로 용착시키는 표면 경화법을 무엇이라고 하는가?

㉮ 숏 피닝   ㉯ 고주파 경화법
㉰ 화염 경화법   ㉱ 하드 페이싱

28 다음 알루미늄에 대한 설명 중 틀린 것은?

㉮ 전기 및 열의 전도율이 매우 떨어진다.
㉯ 경금속에 속한다.
㉰ 융점이 660℃ 정도이다.
㉱ 산화피막 때문에 대기 중에서 부식이 안 되나 해수와 산 알칼리에는 부식이 된다.

해설 알루미늄은 전기 및 열전도율이 우수하고 융점이 660℃이며 대기 중에 쉽게 산화되지 않고 황산, 묽은 질산, 인산에는 침식되며 염산에는 침식이 빨리 진행된다.

29 다음 용접법 중 저항용접이 아닌 것은?

㉮ 스폿용접   ㉯ 심용접
㉰ 프로젝션용접   ㉱ 스터드용접

해설 스터드 용접은 아크용접에 속한다.

30 언더컷의 방지 대책으로 옳은 것은?

㉮ 루트 간격을 크게 한다.   ㉯ 용접속도를 빠르게 한다.
㉰ 짧은 아크길이를 유지한다.   ㉱ 높은 전류를 사용한다.

해설 • 언더컷 방지법
① 전류를 낮게 한다. ② 아크 길이를 짧게 한다. ③ 용접 속도를 느리게 한다.

ANSWER 26. ㉱ 27. ㉱ 28. ㉮ 29. ㉱ 30. ㉰

31 볼트나 환봉 등을 피스톤형 홀더에 끼우고 모재와 환봉사이에서 순간적으로 아크를 발생시켜 용접하는 방법은?
㉮ 전자빔용접　　　㉯ 스터드 용접
㉰ 폭발 용접　　　㉱ 원자수소 용접

32 다음 용접법 중 용접봉을 용제 속에 넣고 아크를 일으켜 용접하는 것은?
㉮ 원자수소 용접　　　㉯ 서브머지드 아크 용접
㉰ 불활성 가스 아크 용접　　　㉱ 이산화탄소 아크 용접

33 불활성 가스 금속아크용접에 관한 설명으로 틀린 것은?
㉮ 박판용접(3mm 이하)에 적당하다.
㉯ 피복아크용접에 비해 용착효율이 높아 고능률적이다.
㉰ TIG 용접에 비해 전류밀도가 높아 용융속도가 빠르다.
㉱ CO_2용접에 비해 스패터 발생이 적어 비교적 아름답고 깨끗한 비드를 얻을 수 있다.

34 용접의 일종으로서 아크열이 아닌 와이어와 용융 슬래그사이에 통전된 전류의 저항 열을 이용하여 용접을 하는 것은?
㉮ 테르밋용접　　　㉯ 전자빔용접
㉰ 초음파용접　　　㉱ 일렉트로 슬래그용접

35 서브머지드 아크 용접에서 맞대기 용접 이음시 받침쇠가 없을 경우 루트간격은 몇 mm 이하가 가장 적당한가?
㉮ 0.8　　　㉯ 1.5
㉰ 2.0　　　㉱ 2.5

36 다음 용접부의 시험법 중 비파괴 시험법에 해당하는 것은?
㉮ 경도시험　　　㉯ 누설시험
㉰ 부식시험　　　㉱ 피로시험

해설 경도시험, 부식시험, 피로시험은 파괴 검사이다.

ANSWER ▶ 31.㉯　32.㉯　33.㉮　34.㉱　35.㉮　36.㉯

37 다음 용접법 중 비소모식 아크 용접법은?

㉮ 불활성 가스 텅스텐 아크 용접
㉯ 서브머지드 아크 용접
㉰ 논 가스 아크 용접
㉱ 피복 금속 아크 용접

> 불활성가스 텅스텐 아크 용접은 텅스턴봉을 전극으로 용가재를 아크로 용해하면서 용접하며 텅스턴은 거의 소모하지 않으므로 비소모식 아크 용접이라 한다.

38 다음 용접 작업 중 안전과 가장 거리가 먼 것은?

㉮ 가스 누출이 없는 토치나 호스를 사용한다.
㉯ 좁은 장소에서 작업할 때 항상 환기에 신경 쓴다.
㉰ 우천시 옥외 작업을 금한다.
㉱ 가스 누설 검사는 화기로 확인한다.

39 피복아크 용접작업에 대한 안전사항으로 적합하지 않은 것은?

㉮ 저압전기는 어느 작업이든 안심할 수 있다.
㉯ 퓨즈는 규정된 대로 알맞은 것을 끼운다.
㉰ 전선이나 코드의 접속부는 절연물로서 완전히 피복하여 둔다.
㉱ 용접기 내부에 함부로 손을 대지 않는다.

40 CO_2 가스 아크용접의 보호 가스 설비에서 히터장치가 필요한 가장 중요한 이유는?

㉮ 액체가스가 기체로 변하면서 열을 흡수하기 때문에 조정기의 동결을 막기 위하여
㉯ 기체가스를 냉각하여 아크를 안정하게 하기 위하여
㉰ 동절기의 용접시 용접부의 결함방지와 안전을 위하여
㉱ 용접부의 다공성을 방지하기 위하여 가스를 예열하여 산화를 방지하기 위하여

> 액체가스가 기화하면서 주위의 열을 흡수하기 때문에 압력조정기가 동결될 수 있기 때문에 히터를 사용한다.

ANSWER ▶ 37. ㉮ 38. ㉱ 39. ㉮ 40. ㉮

41 불활성가스 텅스텐 아크용접에서 전자 방사능력이 현저하게 뛰어나고 아크발생이 용이하며 불순물 부착이 적고 전극의 소모가 적어 직류정극성에는 좋으나 교류에는 좋지 않은 것으로 주로 강, 스테인리스강, 동합금 용접에 사용되는 전극봉은?

㉮ 순 텅스텐 전극봉 ㉯ 토륨 텅스텐 전극봉
㉰ 니켈 텅스텐 전극봉 ㉱ 지르코늄 텅스텐 전극봉

42 이산화탄소 아크 용접시 이산화탄소의 농도가 몇 %일 때 두통이나 뇌빈혈을 일으키는가?

㉮ 3 ~ 4 ㉯ 15 ~ 16
㉰ 33 ~ 34 ㉱ 55 ~ 56

해설 • CO_2농도에 따른 인체의 영향
3 ~ 4% : 두통, 15% 이상 : 위험, 30% 이상 : 생명위험

43 납땜시 용제가 갖추어야 할 조건이 아닌 것은?

㉮ 모재의 불순물 등을 제거하고 유동성이 좋을 것.
㉯ 청정한 금속면의 산화를 쉽게 할 것.
㉰ 땜납의 표면장력에 맞추어 모재와의 친화도를 높일 것.
㉱ 납땜 후 슬래그 제거가 용이할 것.

해설 • 납땜이 구비조건
① 모재와 친화력이 있을 것. ② 모재보다 용융점이 낮을 것.
③ 납땜 후 슬래그 제거가 용이할 것. ④ 유동성이 좋을 것.

44 맞대기 용접 이음에서 모재의 인장강도는 45kg$_f$/mm^2 이며 용접 시험편의 인장강도가 47kg$_f$/mm^2 일 때 이음효율은 약 몇 % 인가?

㉮ 104 ㉯ 96
㉰ 60 ㉱ 69

해설 이음효율 = (용접시편의 인장강도/모재의 인장강도)×100 = (47/44×100) = 104

ANSWER 41. ㉯ 42. ㉮ 43. ㉯ 44. ㉮

45 다음 여러 작업에 대한 행동 중에서 가장 안전한 것은?
㉮ 용접장갑을 끼고 중량물을 운반하였다.
㉯ 면장갑을 끼고 그라인더 가공을 하였다.
㉰ 아크 발생 중 전류를 올렸다.
㉱ 맨손으로 해머작업을 하였다.

46 용착법의 설명으로 틀린 것은?
㉮ $\underrightarrow{1}\underrightarrow{2}\underrightarrow{3}\underrightarrow{4}\underrightarrow{5}$: 전진법
㉯ $\underrightarrow{5}\underrightarrow{4}\underrightarrow{3}\underrightarrow{2}\underrightarrow{1}$: 후퇴법
㉰ $\underleftarrow{4}\underleftarrow{2}\underleftarrow{1}\underleftarrow{3}$: 대칭법
㉱ $\underrightarrow{1}\underrightarrow{2}\underrightarrow{5}\underrightarrow{3}\underrightarrow{4}$: 스킵법

47 용접부에 은점을 일으키는 주요 원소는?
㉮ 수소   ㉯ 인
㉰ 산소   ㉱ 탄소

해설 수소는 헤어크랙 및 은점의 원인이 된다.

48 용접부의 파괴시험에서 샤르피식 시험기로 사용하는 시험기는?
㉮ 경도시험   ㉯ 피로시험
㉰ 굽힘시험   ㉱ 충격시험

해설 충격시험은 인성과 취성을 알기 위한 것으로 샤르피식과 아이조드식이 있다.

49 연소 한계의 설명을 가장 올바르게 정의한 것은?
㉮ 착화온도의 상한과 하한
㉯ 물질이 탈 수 있는 최저온도
㉰ 완전연소가 될 때의 산소 공급 한계
㉱ 연소에 필요한 가연성 기체와 공기 또는 산소와의 혼합가스 농도 범위

ANSWER ▶ 45. ㉱ 46. ㉱ 47. ㉮ 48. ㉱ 49. ㉱

50 용접 후 잔류응력이 있는 제품에 하중을 주어 용접부에 약간의 소성 변형을 일으키게 한 다음 하중을 제거하는 잔류응력 경감 방법은?

㉮ 노내 풀림법   ㉯ 기계적 응력 완화법
㉰ 저온 응력 완화법   ㉱ 국부 풀림법

> 기계적 응력 완화법은 용접부에 하중을 주어 약간의 소성변형 주므로써 응력을 제거한다.

51 아래 입체도를 3각법으로 정투상한 보기의 도면에 관한 설명으로 올바른 것은?

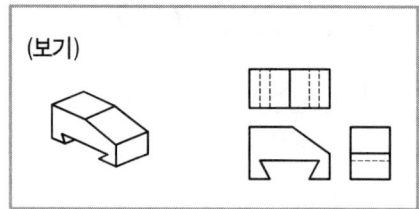

㉮ 정면도만 틀림
㉯ 평면도만 틀림
㉰ 우측면도만 틀림
㉱ 모두 올바름

52 물체의 필요한 곳을 임의의 일부분에서 파단하여 부분적으로 내부의 모양을 표시한 단면은?

㉮ 온 단면   ㉯ 부분 단면
㉰ 한쪽 단면   ㉱ 회전 단면

53 다음 기호 중 용접구조용 압연 강재의 KS 재료 기호는?

㉮ SB   ㉯ SPP
㉰ PWR   ㉱ SM400C

> PWR : 피아노선재, SM400C : 용접구조용 압연강재
> SPP : 배관용 탄소강 강관

54 보기 도면에서 A 부분의 치수 값은?

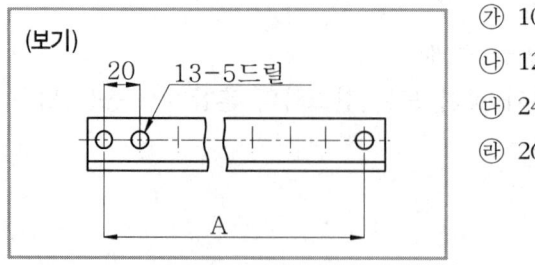

㉮ 100
㉯ 120
㉰ 240
㉱ 260

ANSWER ▶ 50.㉯ 51.㉱ 52.㉯ 53.㉱ 54.㉰

55 보기의 KS 용접 보조기호를 올바르게 해독한 것은?

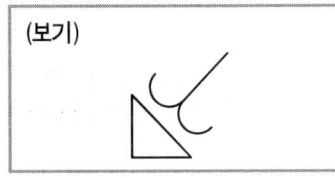

㉮ 필렛 용접 중앙부를 볼록하게 다듬질
㉯ 필렛 용접 끝단부를 매끄럽게 다듬질
㉰ 필렛 용접 끝단부에 영구적인 덮개 판을 사용
㉱ 필렛 용접 중앙부에 제거 가능한 덮개 판을 사용

56 보기 입체도에서 화살표 방향이 정면일 때 우측면도는?

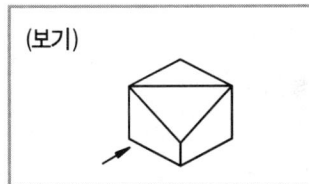   ㉮ 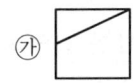   ㉯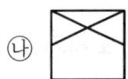

㉰ 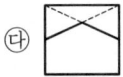   ㉱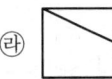

57 용기 모양의 대상물 도면에서 아주 굵은 실선을 외형선으로 표시하고 치수 표시가 ∅ nt 34로 표시된 경우 올바르게 해독한 것은?

㉮ 도면에서 int 로 표시된 부분의 두께 치수
㉯ 화살표로 지시된 부분의 폭 방향 치수가 φ34mm
㉰ 화살표로 지시된 부분의 안쪽 치수가 φ34mm
㉱ 도면에서 int 로 표시된 부분만 인치단위 치수

ANSWER   55. ㉯   56. ㉮   57. ㉰

58 아래 KS 용접기호를 올바르게 해독한 것은?

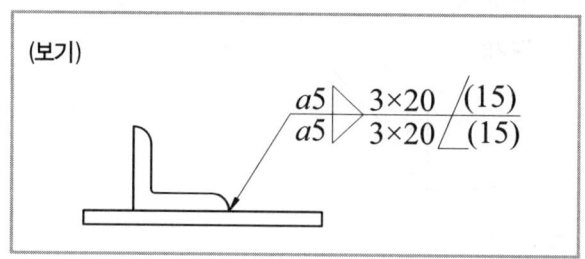

㉮ 용접피치는 20mm
㉯ 전체 용접길이는 600mm
㉰ 화살표쪽의 목 두께는 5mm
㉱ 지그재그 용접, 화살표 반대쪽의 용접부 길이 15mm

59 배관 도시기호 중 체크밸브를 나타내는 것은?

㉮  ㉯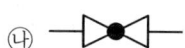

㉰ 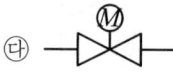 ㉱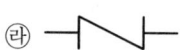

60 보기 그림은 투상법의 기호이다. 몇 각법을 나타내는 기호인가?

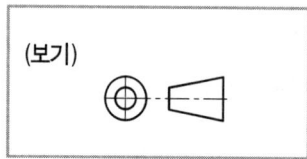

㉮ 제1각법
㉯ 제2각법
㉰ 제3각법
㉱ 제4각법

제8회 CBT기출복원문제

01 가스 용접봉의 채색 표시로 틀린 것은?
㉮ GA 46 – 적색   ㉯ GA 43 – 청색
㉰ GB 35 – 자색   ㉱ GB 46 – 녹색

해설 GB 46 : 백색

02 가스용접에서 전진법과 비교한 후진법의 설명으로 맞는 것은?
㉮ 열 이용률이 나쁘다.
㉯ 용접속도가 느리다.
㉰ 용접변형이 크다.
㉱ 두꺼운 판의 용접에 적합하다.

03 아크 쏠림을 방지하는 방법 중 맞는 것은?
㉮ 직류 전원을 사용한다.
㉯ 용접봉의 끝을 아크 쏠림 반대 방향으로 기울인다.
㉰ 아크 길이를 길게 유지한다.
㉱ 긴 용접에는 전진법으로 용착한다.

해설 • 아크쏠림을 방지하기 위한 방법
① 용접봉 끝을 아크쏠림 반대 방향으로 기울인다.
② 아크를 짧게 한다.
③ 교류용접을 사용한다.
④ 긴 용접은 후퇴법을 사용한다.

04 수동 아크용접기가 갖추어야 할 용접기 특성은?
㉮ 수하 특성과 상승 특성   ㉯ 정전류 특성과 상승 특성
㉰ 정전류 특성과 정전압 특성   ㉱ 수하 특성과 정전류 특성

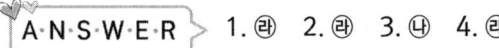
1. ㉱   2. ㉱   3. ㉯   4. ㉱

05 산소용기의 각인에 포함되지 않는 사항은?
- ㉮ 내압시험압력
- ㉯ 최고충전압력
- ㉰ 내용적
- ㉱ 용기의 도색 색체

해설 • 산소용기 각인에 포함되는 사항은
용기제작자의 명칭, 충전가스 명칭, 용기제조자의 용기 번호 및 제조번호, 내용적, 용기 중량, 내압시험 연월일, 용기내압시험압력, 최고충전압력

06 아크 발생 초기에 용접봉과 모재가 냉각되어 있어 입열이 부족하면 아크가 불안정하기 때문에 아크 초기만 용접전류를 특별히 크게 해 주는 장치는?
- ㉮ 전격방지 장치
- ㉯ 원격제어 장치
- ㉰ 핫 스타트 장치
- ㉱ 고주파발생 장치

07 교류용접기의 규격은 무엇으로 정하는가?
- ㉮ 입력 정격 전압
- ㉯ 입력 소모 전압
- ㉰ 정격 1차 전류
- ㉱ 정격 2차 전류

08 다음 중 야금학적 접합법이 아닌 것은?
- ㉮ 확관법
- ㉯ 용접
- ㉰ 압접
- ㉱ 압땜

해설 확관법은 기계적 접합이다.

09 산소와 아세틸렌가스의 불꽃의 종류가 아닌 것은?
- ㉮ 탄화불꽃
- ㉯ 산화 불꽃
- ㉰ 혼합불꽃
- ㉱ 중성불꽃

해설 산소, 아세틸렌 불꽃의 종류는 탄화불꽃, 중성불꽃, 산화불꽃 등이 있다.

10 피복 아크 용접에서 직류 정극성(DCSP)을 사용하는 경우 모재와 용접봉의 열 분배율은?
- ㉮ 모재 70%, 용접봉 30%
- ㉯ 모재 30%, 용접봉 70%
- ㉰ 모재 60%, 용접봉 40%
- ㉱ 모재 40%, 용접봉 60%

ANSWER 5.㉱ 6.㉰ 7.㉱ 8.㉮ 9.㉰ 10.㉮

11 아크용접에서 피복제의 역할이 아닌 것은?

㉮ 용적(globule)을 미세화하고, 용착효율을 높인다.
㉯ 용착금속의 응고와 냉각속도를 빠르게 한다.
㉰ 많은 경우에 피복제는 전기 절연작용을 한다.
㉱ 용착 금속에 적당한 합금원소를 첨가한다.

해설 • 피복제의 역할
① 용착금속의 냉각속도를 느리게 한다.
② 전기 절연작용을 한다.
③ 용적을 미세화하고 용착 효율을 높인다.
④ 용접부에 적당한 합금원소를 첨가한다.

12 연강판 두께가 25.4mm 일 때 표준 드래그 길이로 가장 적합한 것은?

㉮ 2.4mm   ㉯ 5.2mm
㉰ 10.2mm ㉱ 25.4mm

13 프로판 가스의 성질 중 틀린 것은?

㉮ 연소할 때 필요한 산소의 양은 1:1 정도다.
㉯ 폭발한계가 좁아 안전도가 높고 관리가 쉽다.
㉰ 액화가 용이하여 용기에 충전이 쉽고 수송이 편리다.
㉱ 상온에서 기체 상태이고 무색, 투명하며 약간의 냄새가 난다.

해설 연소시 프로판과 산소량은 1 : 4.5

14 수중 절단 시 가장 많이 사용되는 가스는?

㉮ 아세틸렌 ㉯ 프로판
㉰ 수소   ㉱ 벤젠

15 다음 아크 절단법 중 텅스텐 전극과 모재 사이에 아크를 발생시켜 모재를 용융하여 절단하는 방법으로 알루미늄, 마그네슘, 구리 및 구리합금, 스테인리스강 등의 금속재료의 절단에만 이용되는 절단법은?

㉮ 티그 절단   ㉯ 미그 절단
㉰ 플라즈마 절단 ㉱ 금속아크 절단

ANSWER 11. ㉯ 12. ㉯ 13. ㉮ 14. ㉰ 15. ㉮

16 보기와 같이 연강용 피복아크 용접봉을 표시하였다. 설명으로 틀린 것은?

(보기) E 4 3 1 6

㉮ E : 피복 아크 용접봉
㉯ 43 : 용착 금속의 최저 인장강도
㉰ 16 : 피복제의 계통 표시
㉱ E4316 : 일미나이트계

해설 E4316 : 저수소계

17 가변압식 토치의 팁번호가 400번을 사용하여 중성불꽃으로 1시간 동안 용접할 때, 아세틸렌가스의 소비량은 몇 리터인가?

㉮ 400 ㉯ 800
㉰ 1600 ㉱ 2400

해설 가변압식 팁 번호는 1시간당 아세틸렌 소모량을 L로 표시하며 팁 번호가 400이면 1시간당 아세틸렌을 400리터 소모한다.

18 알루미늄은 공기 중에서 산화하나 내부로 침투하지 못한다. 그 이유는?

㉮ 내부에 산화알루미늄이 생성되기 때문
㉯ 내부에 산화철이 생성되기 때문
㉰ 표면에 산화알루미늄이 생성되기 때문
㉱ 표면에 산화철이 생성되기 때문

19 저융점 합금은 다음 중 어느 금속의 용융점보다 낮은 합금의 총칭인가?

㉮ Cu ㉯ Zn
㉰ Mg ㉱ Sn

해설 저융점 합금이란 주석을 기준하여 주석보다 용융점이 낮은 합금을 말한다.

20 합금강에서 강에 타탄(Ti)을 약간 첨가하였을 때 얻는 효과로 가장 적합한 것은?

㉮ 담금질 성질 개선 ㉯ 고온강도 개선
㉰ 결정입자 미세화 ㉱ 경화능 향상

ANSWER ▶ 16.㉱ 17.㉮ 18.㉰ 19.㉱ 20.㉰

21 용접성이 가장 좋은 스테인리스강은?
㉮ 마텐자이트계   ㉯ 오스테나이트계
㉰ 페라이트계   ㉱ 시멘타이트계

> 해설 스테인레스강은 마텐자이트계, 오스테나이트계, 페라이트계가 있으며 그중 가장 용접성이 좋은 것은 오트테나이트계다.

22 아크 용접시 고탄소강의 용접 균열을 방지하는 방법이 아닌 것은?
㉮ 용접 전류를 낮춘다.   ㉯ 용접속도를 느리게 한다.
㉰ 예열 및 후열을 한다.   ㉱ 급랭경화 처리를 한다.

23 금속의 표면에 스텔라이트나 경합금 등을 융접 또는 압접으로 융착 시키는 것은?
㉮ 숏 피닝   ㉯ 하드 페이싱
㉰ 샌드 블라스트   ㉱ 화염 경화법

24 소재를 일정온도(A_3)에 가열한 후 공냉시켜 표준화 하는 열처리 방법은?
㉮ 불림   ㉯ 풀림
㉰ 담금질   ㉱ 뜨임

> 해설 담금질 : 조직의 경도증가, 불림 : 조직의 표준화,
> 뜨임 : 조직에 인성증가, 풀림 : 조직의 연화

25 구리합금의 가스 용접시 사용되는 용제로 가장 적합한 것은?
㉮ 사용하지 않는다.   ㉯ 붕사, 중탄산나트륨
㉰ 붕사, 염화리튬   ㉱ 염화리튬, 염화칼륨

26 다음 중에서 합금 주강에 해당 되지 않는 것은?
㉮ 니켈 주강   ㉯ 망간 주강
㉰ 크롬 주강   ㉱ 납 주강

> 해설 납주강이란 없다.

ANSWER 21.㉯ 22.㉱ 23.㉯ 24.㉮ 25.㉰ 26.㉱

27 용접시 층간온도를 반드시 지켜야 할 용접재료는?
  ㉮ 저탄소강   ㉯ 중탄소강
  ㉰ 고탄소강   ㉱ 순철

28 오스테나이트 스테인리스강 용접시 유의해야 할 사항으로 틀린 것은?
  ㉮ 짧은 아크 길이를 유지한다.
  ㉯ 아크를 중단하기 전에 크레이터 처리를 한다.
  ㉰ 낮은 전류값으로 용접하여 용접입열을 억제한다.
  ㉱ 용접하기 전에 예열을 하여야 한다.

29 일명 유니언 멜트 용접법이라고도 불리며 아크가 용제속에 잠겨 있어 밖에서는 보이지 않는 용접법은?
  ㉮ 불활성 가스 텅스텐 아크 용접
  ㉯ 일렉트로 슬래그 용접
  ㉰ 서브머지드 아크 용접
  ㉱ 이산화탄소 아크 용접

  해설 서브머지드 아크용접이란 잠호 용접이라고도 하며 아크가 플럭스에 잠겨 보이지 않는다. 일명 유니온 멜트 용접이라고도 한다.

30 TIG용접의 전극봉에서 전극의 조건으로 잘못된 것은?
  ㉮ 고용융점의 금속   ㉯ 전자방출이 잘 되는 금속
  ㉰ 전기 저항률이 높은 금속   ㉱ 열전도성이 좋은 금속

  해설 TIG 용접시 전극의 조건으로 전기 저항률이 낮아야 전류의 흐름이 원활해진다.

31 공장 내에 안전표지판을 설치하는 가장 주된 이유는?
  ㉮ 능동적인 작업을 위하여
  ㉯ 통행을 통제하기 위하여
  ㉰ 사고방지 및 안전을 위하여
  ㉱ 공장 내의 환경 정리를 위하여

ANSWER ▶ 27. ㉰ 28. ㉱ 29. ㉰ 30. ㉰ 31. ㉰

32 용접부의 시험 및 검사의 분류에서 수소 시험은 무슨 시험에 속하는가?
- ㉮ 기계적 시험
- ㉯ 낙하 시험
- ㉰ 화학적 시험
- ㉱ 압력 시험

33 TIG용접에 사용하는 토륨 텅스텐 전극봉에는 몇 %의 토륨이 함유되어 있는가?
- ㉮ 4 ~ 5%
- ㉯ 1 ~ 2%
- ㉰ 0.3 ~ 0.8%
- ㉱ 6 ~ 7%

34 불활성 가스 금속아크용접에 관한 설명으로 틀린 것은?
- ㉮ 박판용접(3mm이하)에 적당하다.
- ㉯ 피복아크용접에 비해 용착효율이 높아 고능률 적이다.
- ㉰ TIG용접에 비해 전류밀도가 높아 용융속도가 빠르다.
- ㉱ CO_2용접에 비해 스패터 발생이 적어 비교적 아름답고 깨끗한 비드를 얻을 수 있다.

해설 불활성가스 아크 용접의 대표적인 것은 TIG용접과 MIG용접이 있고 TIG용접은 3mm 이하의 판에 사용하고 MIG용접은 3mm 이상의 판용접에 사용한다.

35 전기 용접기의 설치장소로 가장 적당한 곳은?
- ㉮ 진동이나 충격을 받는 장소
- ㉯ 유해한 부식성 가스가 있는 장소
- ㉰ 먼지가 대단히 많은 장소
- ㉱ 주위 온도가 12℃인 장소

36 아크의 길이가 너무 길 때 발생하는 현상이 아닌 것은?
- ㉮ 용융금속이 산화 및 질화되기 쉽다.
- ㉯ 용입이 나빠진다.
- ㉰ 아크가 불안정하다.
- ㉱ 열량이 대단히 작아진다.

해설 아크가 길어지면 전압이 올라가며 열량이 커진다.

32. ㉰ 33. ㉯ 34. ㉮ 35. ㉱ 36. ㉱

37 이산화탄소 아크용접의 솔리드와이어 용접봉에 대한 설명으로 YGA-50W-1.2 -20 에서 "50"이 뜻하는 것은?
　㉮ 용접봉의 무게　　　　　　㉯ 용착금속의 최소 인장강도
　㉰ 용접와이어　　　　　　　 ㉱ 가스실드 아크용접

38 가연물의 자연발화를 방지하는 방법을 설명한 것 중 틀린 것은?
　㉮ 공기의 유통이 잘 되게 할 것.
　㉯ 가연물의 열 축적이 용이하지 않도록 할 것.
　㉰ 공기와 접촉면적을 크게 할 것.
　㉱ 저장실의 온도를 낮게 유지할 것.

39 아크를 보호하고 집중시키기 위하여 도기로 만든 페룰 이라는 기구를 사용하는 용접은?
　㉮ 스터드 용접　　　　　　　㉯ 테르밋 용접
　㉰ 전자빔 용접　　　　　　　㉱ 플라즈마 용접

40 시험편의 노치부를 액체 질소로 냉각하고 반대쪽을 가스 불꽃으로 가열하여 거의 직선적인 온도구배를 주고, 시험편의 양 끝에 하중을 가한 상태로 노치부에 충격을 가하여 균열 상태를 알아보는 시험법은?
　㉮ 노치 충격 시험　　　　　 ㉯ T형 용접 균열 시험
　㉰ 로버트슨 시험　　　　　　㉱ 슬릿형 용접 균열 시험

41 모재를 용융하지 않고 모재보다는 낮은 융점을 가지는 금속의 첨가제를 용융시켜 접합하는 방법은?
　㉮ 융접　　　　　　　　　　　㉯ 압접
　㉰ 납땜　　　　　　　　　　　㉱ 단접

　해설　① 융접 : 접합하려는 두 모재의 접합부를 가열하여 모재만으로 또는 모재와 용가재를 융합시켜 접합
　　　② 압접 : 이음부를 가열하여 큰 소성 변형을 주어 접합하는 방법
　　　③ 납땜 : 모재를 용융하지 않고 모재보다 낮은 융점을 가진 첨가재를 사용하여 용접하는 방법

ANSWER 37.㉯　38.㉰　39.㉮　40.㉰　41.㉰

42 용접결함이 언더컷일 경우 그 보수방법으로 가장 적당한 것은?

㉮ 정지구멍을 뚫고 재 용접한다.
㉯ 홈을 만들어 용접한다.
㉰ 가는 용접봉을 사용하여 보수한다.
㉱ 결함부분을 절단하여 재 용접한다.

해설 언더컷의 보수는 가는 용접봉을 사용하여 움푹 파인 곳을 메워가며 보수한다.

43 기밀, 수밀을 필요로 하는 탱크의 용접이나 배관용 탄소강관의 관 제작 이음용접에 가장 적합한 접합법은?

㉮ 심 용접
㉯ 스폿 용접
㉰ 업셋 용접
㉱ 플래시 용접

해설 심 용접은 기밀, 수밀을 필요로 하는 곳의 용접으로 관 제작 등의 용접에 용이하다.

44 용접에서 X형 맞대기 이음을 나타내는 것은?

㉮
㉯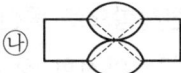
㉰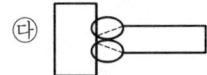
㉱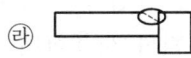

45 용접 작업 전 예열을 하는 목적으로 틀린 것은?

㉮ 금속 중의 수소를 방출시켜 균열을 방지
㉯ 용접부의 수축 변형 및 잔류 응력을 경감
㉰ 용접 금속 및 열 영향부의 연성 또는 인성을 향상
㉱ 고탄소강이나 합금강 열 영향부의 경도를 높게 함

해설 고탄소강의 용접전 예열은 용접부의 균열을 방지할 목적으로 시행 한다.

ANSWER 42. ㉰ 43. ㉮ 44. ㉯ 45. ㉱

46 맞대기 용접 이음에서 최대 인장하중이 800 kgf 이고, 판 두께가 5 mm, 용접선의 길이가 20cm 일 때 용착금속의 인장강도는 얼마인가?

㉮ $0.8 kg_f/mm^2$
㉯ $8 kg_f/mm^2$
㉰ $8 \times 10^4 kg_f/mm^2$
㉱ $8 \times 10^5 kg_f/mm^2$

해설 인장강도 = 인장하중/단면적 = (800/5×20×10) = 0.8

47 아세틸렌, 수소 등의 가연성 가스와 산소를 혼합시켜 그 연소열을 이용하여 용접하는 것은?

㉮ 탄산가스 아크 용접
㉯ 가스 용접
㉰ 불활성 가스 아크 용접
㉱ 서브머지드 아크 용접

48 일렉트로 가스 아크용접에 주로 사용하는 실드 가스는?

㉮ 아르곤 ㉯ CO_2 ㉰ 질소 ㉱ 헬륨

49 가스용접 작업의 안전사항으로 틀린 것은?

㉮ 가연성 물질이 없는 안전한 장소를 선택한다.
㉯ 기름이 묻어 있는 잡업복을 착용해서는 안 된다.
㉰ 아세틸렌병은 세워서 사용하며 충격을 주면 안 된다.
㉱ 차광안경을 착용해서는 안 된다.

해설 가스 용접시 차광안경을 착용 하므로써 가시광선으로부터 눈을 보호한다.

50 다음 중 용착법의 설명으로 잘못된 것은?

㉮ 한 부분에 대해 몇 층을 용접하다가 다음 부분의 층으로 연속시켜 용접하는 것이 스킵법이다.
㉯ 잔류응력이 다소 적게 발생하고 용접 진행 방향과 용착방향이 서로 반대가 되는 방법이 후진법이다.
㉰ 각 층마다 전체의 길이를 용접하면서 다층용접을 하는 방식이 덧살 올림법이다.
㉱ 한 개의 용접봉으로 살을 붙일만한 길이를 구분해서 홈을 한 부분씩 여러 층으로 쌓아 올린 다음 다른 부분으로 진행하는 용접방법이 전진 블록법이다.

ANSWER ▷ 46. ㉮ 47. ㉯ 48. ㉯ 49. ㉱ 50. ㉮

51 제3각법에 의한 정투산도에서 배면도의 위치는?

㉮ 정면도의 위 ㉯ 좌측면도의 좌측
㉰ 정면도의 아래 ㉱ 우측면도의 우측

☞ 우측면도 : 정면도우측, 좌측면도 : 정면도좌측, 평면도 : 정면도위
   정면도 : 정면도아래,   배면도 : 우측면도옆

52 기계제도에서 표제란과 부품란이 있을 때 표제란에 기입할 사항들로만 묶인 것은?

㉮ 도번, 도명, 척도, 투상법 ㉯ 도명, 도번, 재질, 수량
㉰ 품번, 품명, 척도, 투상법 ㉱ 품번, 품명, 재질, 수량

53 보기 입체도의 각 3각법 정투상도로 가장 적합한 것은?

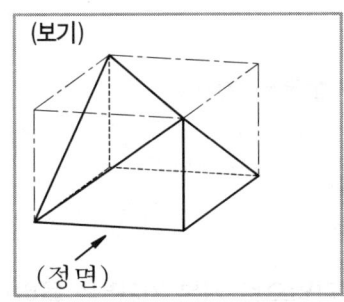

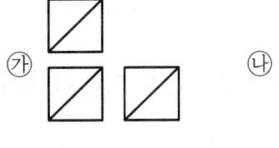

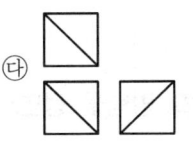 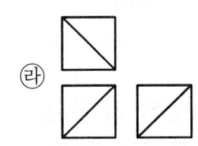

54 보기 도면의 드릴가공 설명으로 올바른 것은?

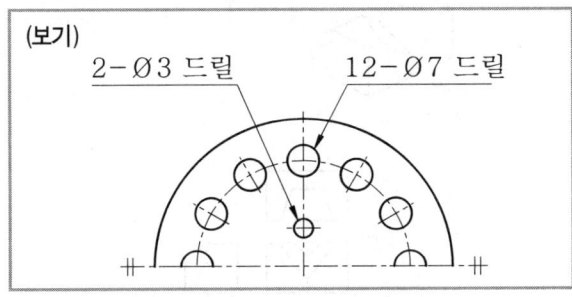

㉮ 지름 7mm 구멍이 12개
㉯ 지름 12mm 구멍이 12개
㉰ 지름 12mm 깊이는 7mm
㉱ 지름 2mm의 구멍을 수평 중심점을 대칭으로 하여 3mm의 간격으로 가공

A·N·S·W·E·R 51. ㉱ 52. ㉮ 53. ㉯ 54. ㉮

55 기계제도에서 가상선의 용도가 아닌 것은?
㉮ 인접부분을 참고로 표시하는 데 사용
㉯ 도시된 단면의 앞쪽에 있는 부분을 표시하는 데 사용
㉰ 가동하는 부분을 이동한계의 위치로 표시하는 데 사용
㉱ 부분 단면도를 그릴 경우 절단위치를 표시하는데 사용

56 보기와 같은 용접 기호 및 보조기호의 설명으로 올바른 것은?

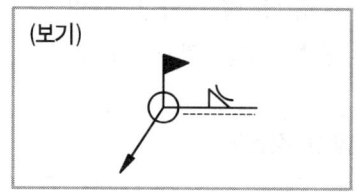

㉮ 필릿 용접으로 凸 (블록)형 다듬질
㉯ V영접으로 凸 (블록)형 다듬질
㉰ 양면 V 용접으로 凹 (오목)형 다듬질
㉱ 필릿 용접으로 凹 (오목)형 다듬질

57 기계제도 도면에서 치수 기입시 사용되는 기호가 잘못된 것은?
㉮ C20 ㉯ R30
㉰ S40 ㉱ □10

58 보기 입체도를 화살표 방향을 정면으로 보고 제 3각법으로 기본 3도면을 올바르게 정투상한 것은?

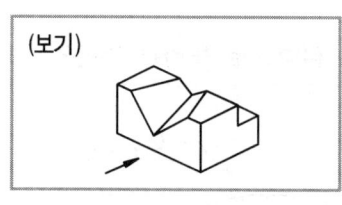

㉮ 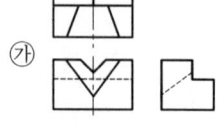 ㉯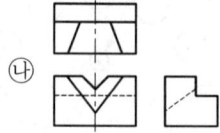

㉰ 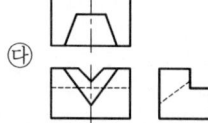 ㉱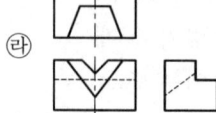

ANSWER ▶ 55.㉱ 56.㉱ 57.㉰ 58.㉯

59 보기 원추를 전개하였을 경우 전개면의 꼭지각이 180°가 되려면 D의 치수는 얼마가 되어야 하는가?

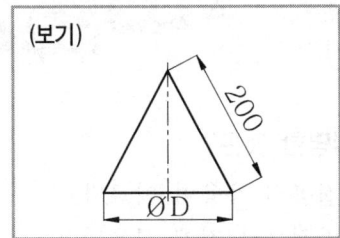

㉮ □□ 100
㉯ □□ 120
㉰ □□ 150
㉱ □□ 200

60 배관도에서 유체의 종류와 글자 기호를 나타내는 것 중에서 틀린 것은?
㉮ 공기 : A   ㉯ 가스 : G
㉰ 유류 : O   ㉱ 수증기 : V

해설 수증기 : W

ANSWER 59. ㉱ 60. ㉱

제9회 CBT기출복원문제

01 직류아크용접에서 직류정극성의 특징 중 옳게 설명한 것은?
㉮ 비드폭이 넓어진다.
㉯ 용접봉의 용융이 빠르다.
㉰ 모재의 용입이 깊다.
㉱ 일반적으로 적게 사용된다.

해설 • 직류 정극성 특징
① 모재의 용입이 깊다. ② 봉의 녹음이 느리다. ③ 비드폭이 좁다.

02 용접용 2차측 케이블의 유연성을 확보하기 위하여 주로 사용하는 캡 타이어 전선에 대한 설명으로 옳은 것은?
㉮ 가는 구리선을 여러 개로 꼬아 얇은 종이로 감싸고 그 위에 니켈피복을 한 것.
㉯ 가는 알미늄선을 여러 개로 꼬아 튼튼한 종이로 감싸고 그 위에 고무 피복을 한 것.
㉰ 가는 구리선을 여러 개로 꼬아 튼튼한 종이로 감싸고 그 위에 고무 피복을 한 것.
㉱ 가는 알미늄선을 여개로 꼬아 얇은 종이로 감싸고 그 위에 고무 피복을 한 것.

03 용접구조물이 리벳구조물에 비하여 나쁜점 이라고 할 수 없는 것은?
㉮ 품질검사곤란
㉯ 작업공정의 단축
㉰ 열 영향에 의한 재질변화
㉱ 잔류응력의 발생

해설 • 용접구조물의 단점
① 품질검사곤란 ② 용접부 변질 ③ 잔류응력발생
작업공정 단축은 장점임

04 가스절단 토치 형식 중 절단팁이 동심형에 해당하는 형식은?
㉮ 영국식
㉯ 미국식
㉰ 독일식
㉱ 프랑스식

1. ㉰ 2. ㉰ 3. ㉯ 4. ㉱

05 연강용 피복아크 용접봉의 용접기호 E4327중 "7"이 뜻하는 것은?
㉮ 피복제의 계통   ㉯ 용접모재
㉰ 용착금속의 최저 인장강도   ㉱ 전기용접봉의 뜻

06 절단용 산소 중의 불순물이 증가되면 나타나는 결과가 아닌 것은?
㉮ 절단속도가 늦어진다.
㉯ 산소의 소비량이 적어진다.
㉰ 절단 개시시간이 길어진다.
㉱ 절단 홈의 폭이 넓어진다.

> 해설 절단 중 불순물 증가와 산소 소비량과는 별개임

07 수중 절단작업에 주로 사용되는 가스는?
㉮ 아세틸렌 가스   ㉯ 프로판 가스
㉰ 벤젠   ㉱ 수소

08 가스용접에서 충전가스의 용도를 표시한 색으로 틀린 것은?
㉮ 산소 - 녹색   ㉯ 프로판 - 흰색
㉰ 탄소가스 - 청색   ㉱ 아세틸렌 - 황색

> 해설 프로판-회색

09 탄소 아크절단에 압축 공기를 병용한 방법은?
㉮ 산소창 절단   ㉯ 아크에어 가우징
㉰ 스카핑   ㉱ 플라즈마 절단

10 산소-아세틸렌가스 불꽃의 종류 중 불꽃온도가 가장 높은 것은?
㉮ 탄화 불꽃   ㉯ 중성 불꽃
㉰ 산화 불꽃   ㉱ 환원 불꽃

ANSWER 5.㉮ 6.㉯ 7.㉱ 8.㉯ 9.㉯ 10.㉰

11 피복 아크 용접봉에서 피복제의 역할로 틀린 것은?
㉮ 아크를 안정시킴 ㉯ 전기 절연 작용을 함
㉰ 슬래그 제거가 쉬움 ㉱ 냉각속도를 빠르게 함

> • 피복제의 역할
> ① 아크안정. ② 용착금속의 냉각속도를 느리게. ③ 전기절연작용.
> ④ 점성이 가벼운 슬래그를 만듦으로 슬래그 제거가 용이

12 용접기의 사용률이 40%인 경우 아크 시간과 휴식시간을 합한 전체 시간은 10분을 기준으로 했을 때 아크 발생시간은 몇 분인가?
㉮ 4 ㉯ 6
㉰ 8 ㉱ 10

> 사용율은 10분 기준으로 40%인 경우 4분 용접하고 6분 쉰다는 개념

13 용접법을 크게 융접, 압접, 납땜으로 분류할 때, 압접에 해당 되는 것은?
㉮ 전자빔용접 ㉯ 초음파용접
㉰ 원자수소용접 ㉱ 일렉트로슬래그용접

14 가스용접이나 절단에 사용되는 가연성가스의 구비조건 중 틀린 것은?
㉮ 불꽃의 온도가 높을 것.
㉯ 발열량이 클 것.
㉰ 연소속도가 느릴 것.
㉱ 용융금속과 화학반응이 일어나지 않을 것.

15 연강용 가스용접봉의 특성에서 응력을 제거한 것을 나타내는 기호는?
㉮ GA ㉯ GB
㉰ SR ㉱ NSR

> NSR – 응력제거하지 않는 상태. SR – 응력제거 풀림은 한 상태

ANSWER 11. ㉱ 12. ㉮ 13. ㉯ 14. ㉰ 15. ㉰

16 연강을 가스 용접할 때 사용하는 용제는?

㉮ 염화나트륨 ㉯ 붕사
㉰ 중탄산소다 + 탄산소다 ㉱ 사용하지 않는다.

해설 연강은 산화물의 용융온도가 모재의 용융온도 보다 낮아서 용제를 사용할 필요가 없다.

17 피복아크용접에서 아크길이에 대한 설명이다. 옳지 않은 것은?

㉮ 아크전압은 아크길이에 비례한다.
㉯ 일반적으로 아크길이는 보통 심선의 지름의 2배 정도인 6~8mm 정도이다.
㉰ 아크길이가 너무 길면 아크가 불안전하고 용입 불량의 원인이 된다.
㉱ 양호한 용접을 하려면 가능한 짧은 아크(short arc)를 사용하여야 한다.

18 탄소의 함유량이 약 0.2~0.5% 정도인 주강은?

㉮ 저탄소 주강 ㉯ 중탄소 주강
㉰ 고탄소 주강 ㉱ 합금 주강

19 비중이 2.7, 용융온도가 660℃ 이며 가볍고 내식성 및 가공성이 좋아 주물, 다이캐스팅, 전선 등에 쓰이는 비철 금속 재료는?

㉮ 구리(Cu) ㉯ 니켈(Ni)
㉰ 마그네슘(Mg) ㉱ 알루미늄(Al)

20 펄라이트 바탕에 흑연이 미세하고 고르게 분포되어 있으며 내마멸성이 요구되는 피스톤 링 등 자동차 부품에 많이 쓰이는 주철은?

㉮ 미하나이트 주철 ㉯ 구상 흑연주철
㉰ 고합금 주철 ㉱ 가단주철

해설 미하나이트주철은 흑연의 형상을 미세 균일하게 하기 위하여 Si, Si-Ca분말을 첨가하여 흑연의 핵 형성을 촉진 하는 것으로 접종에 의해 만들어진다.

ANSWER 16. ㉱ 17. ㉯ 18. ㉯ 19. ㉱ 20. ㉮

21 18-8 스테인리스강에서 18-8이 의미하는 것은 무엇인가?

㉮ 몰리브덴이 18%, 크롬이 8% 함유 되어 있다.
㉯ 크롬이 18%, 몰리브덴이 8%함유 되어 있다.
㉰ 크롬이 18%, 니켈이 8%함유 되어 있다.
㉱ 니켈이 18%, 크롬이 8% 함유 되어 있다.

22 일반적인 연강의 탄소 함유량은 얼마인가?

㉮ 1.0% ~ 1.4%
㉯ 0.13% ~ 0.2%
㉰ 1.5% ~ 1.9%
㉱ 2.0% ~ 3.0%

23 철강재료를 강화 및 경화시킬 목적으로 물 또는 기름속에 급랭하는 방법은?

㉮ 불림
㉯ 풀림
㉰ 담금질
㉱ 뜨임

해설 ① 담금질 : 경도증가 ② 뜨임 : 강인성부여
③ 불림 : 조직의 균일화 및 표준화 ④ 풀림 : 재료의 연화

24 오스테나이트계 스테인리스강은 용접시 냉각되면서 고온 균열이 발생하는데 그 원인이 아닌 것은?

㉮ 크레이터 처리를 하지 않았을 때
㉯ 아크 길이를 짧게 했을 때
㉰ 모재가 오염되어 있을 때
㉱ 구속력이 가해진 상태에서 용접할 때

25 3~4% Ni, 1% Si를 첨가한 구리합금으로 강도와 전기 전도율이 좋은 것은?

㉮ 켈멧(kelmet)
㉯ 암즈(arms)
㉰ 네이벌(naval)황동
㉱ 코슨(corson)합금

ANSWER 21. ㉰ 22. ㉯ 23. ㉰ 24. ㉯ 25. ㉱

26 순철의자기 변태점은?
㉮ A_1 ㉯ A_2
㉰ A_3 ㉱ A_4

> 순철의 자기 변태점 : A_2변태점이며 온도는 768도이다.

27 강의 표면에 질소를 침투하여 확산시키는 질화법에 대한 설명으로 틀린 것은?
㉮ 높은 표면 경도를 얻을 수 있다.
㉯ 처리 시간이 길다.
㉰ 내식성이 저하 된다.
㉱ 내마멸성이 커진다.

> 질화법 : 암모니아 가스를 이용하여 질화하는 방법이며 특징으로는 내식성 내마멸성이 증가하고 높은 경도를 얻을 수 있다.

28 다음은 구리 및 구리합금의 용접성에 관한 설명이다. 틀린 것은?
㉮ 용접 후 응고 수축시 변형이 생기기 쉽다.
㉯ 충분한 용입을 얻기 위해서는 예열을 해야 한다.
㉰ 구리는 연강에 비해 열전도도와 열팽창계수가 낮다.
㉱ 구리합금은 과열에 의한 아연 증발로 중독을 일으키기 쉽다.

29 탄산가스 아크 용접의 특징 설명으로 틀린 것은?
㉮ 용착금속의 기계적 성질이 우수하다.
㉯ 가시 아크이므로 시공이 편리하다.
㉰ 아르곤 가스에 비하여 가스 가격이 저렴하다.
㉱ 용입이 얕고 전류밀도가 매우 낮다.

30 이산화탄소 아크용접에서 용접전류는 용입을 결정하는 가장 큰 요인이다. 아크전압은 무엇을 결정하는 가장 중요한 요인인가?
㉮ 용착 금속량 ㉯ 비드형상
㉰ 용입 ㉱ 용접결함

> 아크 전압이 너무 높으면 비드의 윤곽이 똑바르지 못하다.

ANSWER 26.㉯ 27.㉰ 28.㉰ 29.㉱ 30.㉯

31 아크 길이가 길 때, 발생하는 현상이 아닌 것은?
㉮ 스패터의 발생이 많다.
㉯ 용착금속의 재질이 불량해진다.
㉰ 오버랩이 생긴다.
㉱ 비드의 외관이 불량해진다.

해설 오버랩은 전류가 낮을때, 용접속도가 느릴때 생긴다.

32 하중의 방향에 따른 필릿 용접 이음의 구분이 아닌 것은?
㉮ 전면 필릿 용접   ㉯ 측면 필릿 용접
㉰ 경사 필릿 용접   ㉱ 슬롯 필릿 용접

33 보수용접에 관한 설명 중 잘못된 것은?
㉮ 보수용접이란 마멸된 기계 부품에 덧살 올림 용접을 하고 재생, 수리하는 것을 말한다.
㉯ 차축 등이 마멸되었을 때는 내마멸 용접을 하여 보수한다.
㉰ 덧살 올림의 경우에 용접봉을 사용하지 않고, 용융된 금속을 고속기류에 의해 불어 붙이는 용사 용접이 사용되기도 한다.
㉱ 서브머지드 아크 용접에서는 덧살 올림 용접이 전혀 이용되지 않는다.

34 미그(MiG)용접 제어장치의 기능으로 아크가 처음 발생되기 전 보호 가스를 흐르게 하여 아크를 안정되게 하고 결함발생을 방지하기 위한 것은?
㉮ 스타트 시간   ㉯ 가스 지연유출 시간
㉰ 번 잭 시간   ㉱ 예비가스 유출 시간

35 TiG 용접에서 청정작용이 가장 잘 발생하는 용접하는 용접전원은?
㉮ 직류 역극성일 때 ㉯ 직류 정극성일 때
㉰ 교류 정극성일 때 ㉱ 극성에 관계없음

해설 청정작용과 관계하는 전원은 교류고주파 또는 직류역극성이다.

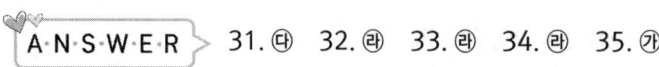
ANSWER 31. ㉰ 32. ㉱ 33. ㉱ 34. ㉱ 35. ㉮

36 플래시 버트 용접 과정의 3단계는?
  ㉮ 예열, 프래시, 업셋
  ㉯ 업셋, 플래시, 후열
  ㉰ 예열, 검사, 플래시
  ㉱ 업셋, 예열, 후열

37 아크열이 아닌 와이어와 용융슬래그 사이에 통전된 전류의 저항열을 이용하는 방법은?
  ㉮ 저항용접
  ㉯ 태르밋용접
  ㉰ 서브머지드 아크용접
  ㉱ 일렉트로 슬래그용접

[해설]
- 테르밋용접 : 미세한 알루미늄 분말과 산화철분말을 혼합한 테르밋제에 과산화바륨과 마그네슘의 혼합분말로 테르밋 반응이라고하는 화학반응에 의해 발열을 이용하여 용접
- 일렉트로 슬래그용접 : 와이어와 용융슬래그 사이에 통전된 전류의 저항열로 용접

38 논 가스 아크 용접(Non gas arc welding)의 장점에 대한 설명으로 틀린 것은?
  ㉮ 아크의 빛과 열이 강렬하다.
  ㉯ 용접장치가 간단하며 운반이 편리하다.
  ㉰ 바람이 있는 옥외에서도 작업이 가능하다.
  ㉱ 피복 가스 용접봉의 저수소계와 같이 수소의 발생이 적다.

39 은, 구리, 아연이 주성분으로 된 합금이며 인장강도, 전연성 등의 성질이 우수하여 구리, 구리합금, 철강, 스테인리스강 등에 사용되는 납은?
  ㉮ 마그네슘납
  ㉯ 인동납
  ㉰ 은납
  ㉱ 알루미늄납

40 방화, 금지, 정지, 고도의 위험을 표시하는 안전색은?
  ㉮ 적색
  ㉯ 녹색
  ㉰ 청색
  ㉱ 백색

[해설]
- 적색 : 방화금지, 녹색 : 안전지도, 청색 : 주의 수리중, 백색 : 주의표시

ANSWER 36. ㉮ 37. ㉱ 38. ㉮ 39. ㉰ 40. ㉮

41 금속의 비파괴 검사 방법이 아닌 것은?
㉮ 방사선 투과 시험
㉯ 초음파 시험
㉰ 로크웰 경도 시험
㉱ 음향 시험

해설 로크웰경도 시험은 파괴검사이다.

42 용입불량의 방지대책으로 틀린 것은?
㉮ 용접봉의 선택을 잘한다.
㉯ 적정 용접전류를 선택한다.
㉰ 용접속도를 빠르지 않게 하다.
㉱ 루트 간격 및 홈 각도를 적게 한다.

해설 용입불량을 방지하기 위해선 루트간격 및 홈의 각도를 크게 한다.

43 서브머지드 아크용접의 기공 발생 원인으로 맞는 것은?
㉮ 용접속도 과대
㉯ 적정전압 유지
㉰ 용제의 양호한 건조
㉱ 가용접부의 표면, 이면 슬래그 제거

44 용접 작업시 주의 사항을 설명한 것으로 틀린 것은?
㉮ 화재를 진화하기 위하여 방화 설비를 설치할 것.
㉯ 용접 작업 부근에 점화원을 두지 않도록 할 것.
㉰ 배관 및 기기에서 가스 누출이 되지 않도록 할 것.
㉱ 가연성 가스는 항상 옆으로 뉘어서 보관할 것.

해설 가연성 가스 통은 항상 세워서 보관한다.

45 가스 용접시 주의 사항으로 틀린 것은?
㉮ 반드시 보호안경을 착용한다.
㉯ 산소호스와 아세틸렌호스는 색깔 구분이 없이 사용한다.
㉰ 불필요한 긴 호수를 사용하지 말아야 한다.
㉱ 용기 가까운 곳에서는 인화물질을 사용을 금한다.

해설 산소호스는 녹색 아세틸렌호스는 적색을 구분하여 사용한다.

ANSWER ▶ 41. ㉰ 42. ㉱ 43. ㉮ 44. ㉱ 45. ㉯

46 이음 홈 형상 중에서 동일한 판 두께에 대하여 가장 변형이 적게 설계된 것은?
㉮ I형 ㉯ V형
㉰ U형 ㉱ X형

47 TiG용접 토치의 형태에 따른 종류가 아닌 것은?
㉮ T형 토치 ㉯ Y형 토치
㉰ 직선형 토치 ㉱ 플렉시블형 토치

48 용접부를 예열하는 목적의 설명으로 틀린 것은?
㉮ 용접 작업에 의한 수축 변형을 증가 시킨다.
㉯ 용접부의 냉각 속도를 느리게 하여 결함을 방지 한다.
㉰ 열영향부의 균열을 방지한다.
㉱ 용접 작업성을 개선한다.

해설 용접부예열의 목적은 변형을 방지하기 위함이며 후열은 응력을 제거하기 위함이다.

49 부식 시험은 어느 시험법에 속하는가?
㉮ 금속학적 시험 ㉯ 화학적 시험
㉰ 기계적 시험 ㉱ 야금학적 시험

50 전기용접 작업시 전격에 관한 주의사항으로 틀린 것은?
㉮ 무부하 전압이 필요 이상으로 높은 용접기는 사용하지 않는다.
㉯ 낮은 전압에서는 주의하지 않아도 되며, 피부에 적은 습기는 용접하는데 지장이 없다.
㉰ 작업종료시 또는 장시간 작업을 중지 할 때는 반드시 용접기의 스위치를 끄도록 한다.
㉱ 전격을 받은 사람을 발견했을 때는 즉시 스위치를 꺼야 한다.

ANSWER 46.㉱ 47.㉯ 48.㉮ 49.㉯ 50.㉯

51 보기와 같은 단면도의 명칭으로 가장 적합한 것은?

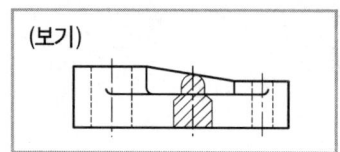

㉮ 가상단면도
㉯ 회전도시단면도
㉰ 보조투상단면도
㉱ 곡면단면도

52 보기와 같은 입체도를 화살표 방향에서 본 투상도를 올바르게 도시된 것은?

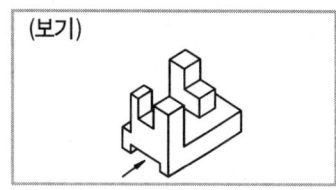

㉮ 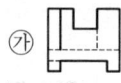   ㉯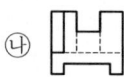
㉰    ㉱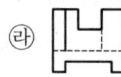

53 보기와 같은 판금 제품인 원통을 정면에서 진원인 구멍1개를 제작하려고 한다. 전개한 현도 판의 진원 구멍부분형상으로 가장 적합한 것은?

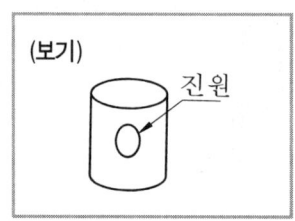

㉮ 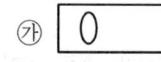   ㉯
㉰    ㉱

54 배관설비도의 계기 표시 기호 중에서 유량계를 나타내는 글자 기호는?

㉮ T   ㉯ P   ㉰ F   ㉱ V

해설 T : 온도계, P : 압력계, F : 유량계

55 구멍의 표시방법에서 도면의 치수 리벳 구멍 치수 기입이 '13 - 20드릴'로 표시되었을 때 올바른 해독은?

㉮ 리벳의 피치는 20mm
㉯ 드릴 구멍의 총수는 13개
㉰ 드릴 구멍의 피치는 20mm
㉱ 드릴 구멍의 피치 길이의 합은 23×24mm

ANSWER ▶ 51.㉯ 52.㉱ 53.㉱ 54.㉰ 55.㉯

56 보기 용접도시 기호를 올바르게 해독한 것은?

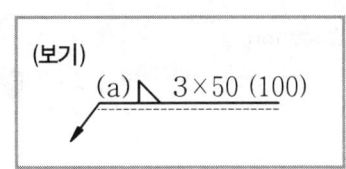

㉮ V형 용접
㉯ 용접 피치 50mm
㉰ 용접 목두께 5mm
㉱ 용접길이 100mm

57 다음 그림에서 현의 치수기입이 올바르게 된 것은?

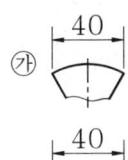

58 보기와 같은 제3각법의 정투상도에 가장 적합한 입체도는?

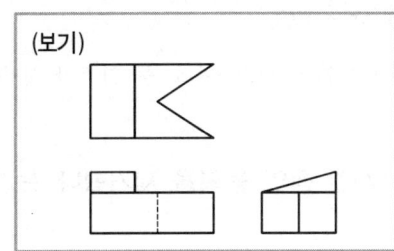

㉮    ㉯

㉰    ㉱

59 도면에서 표제란의 투상법란에 보기와 같은 투상법 기호로 표시되는 경우는 몇 각법 기호인가?

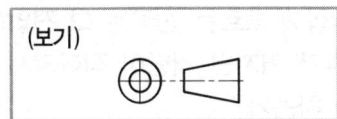

㉮ 1각법   ㉯ 2각법
㉰ 3각법   ㉱ 4각법

60 용도에 의한 명칭에서 선의 굵기가 모두 가는 실선인 것은?
㉮ 치수선, 치수보조선, 지시선
㉯ 중심선, 지시선, 숨은선
㉰ 외형선, 치수보조선, 해칭선
㉱ 기준선, 피치선, 수준면선

해설 • 외형선 : 굵은실선   숨은선 : 파선   기준선 : 가는일점 쇄선

ANSWER ▶ 56. ㉰ 57. ㉮ 58. ㉮ 59. ㉰ 60. ㉮

제10회 CBT기출복원문제

01 피복 아크 용접봉은 사용하기 전에 편심 상태를 확인한 후 사용하여야 한다. 이때 편심율은 몇 % 정도이어야 하는가?
㉮ 3% 이내   ㉯ 5% 이내
㉰ 3% 이상   ㉱ 5% 이상

해설 편심율은 용접봉의 심선을 감싸고 있는 피복제와의 동심도를 말한다.

02 텅스텐 아크 절단은 특수한 TIG 절단토치를 사용한 절단법이다. 주로 사용되는 작동 가스는?
㉮ Ar + C_2H_2 ㉯ Ar + H_2
㉰ Ar + O_2 ㉱ Ar + CO_2

해설 텅스텐 아크 절단에 주로 사용하는 가스는 알곤+수소, 질소+수소 등 가스가 사용된다.

03 연강용 가스 용접봉에서 "625 ± 25℃에서 1시간 동안 응력을 제거했다."는 영문자 표시에 해당 되는 것은?
㉮ NSR   ㉯ GB
㉰ SR   ㉱ GA

04 일반적인 전기회로는 옴의 법칙에 의해 동일한 저항에 흐르는 전류는 그 전압에 비례하지만 낮은 전류에서 아크의 경우는 반대로 전류가 커지면 저항이 작아져서 전압도 낮아지는데 이러한 현상을 아크의 무슨 특성이라 하는가?
㉮ 전압회복특성   ㉯ 절연회복특성
㉰ 부저항특성   ㉱ 자기제어특성

ANSWER 1.㉮ 2.㉯ 3.㉰ 4.㉰

05 가스 절단에서 고속 분출을 얻는데 가장 적합한 다이버젠트 노즐은 보통의 팁에 비하여 산소 소비량이 같을 때 절단 속도를 몇 % 정도 증가시킬 수 있는가?
   ㉮ 5 ~ 10%
   ㉯ 10 ~ 15%
   ㉰ 20 ~ 25%
   ㉱ 30 ~ 35%

06 가스 용접에서 압력 조정기의 압력 전달 순서가 바르게 된 것은?
   ㉮ 브로동관 < 링크 < 섹터기어 < 피니언
   ㉯ 브로동관 < 피니언 < 링크 < 섹터기어
   ㉰ 브로동관 < 링크 < 피니언 < 섹터기어
   ㉱ 브로동관 < 피니언 < 섹터기어 < 링크

07 직류 및 교류 아크 용접에서 용입의 깊이를 바른 순서로 나타낸 것은?
   ㉮ 직류 정극성 > 교류 > 직류 역극성
   ㉯ 직류 역극성 > 교류 > 직류 정극성
   ㉰ 직류 정극성 > 직류 역극성 > 교류
   ㉱ 직류 역극성 > 직류 정극성 > 교류

08 가스 용접을 피복금속 아크 용접과 비교 할 때의 단점 설명으로 옳은 것은?
   ㉮ 가열할 때 열량조절이 비교적 어렵다.
   ㉯ 아크 용접에 비해 유해광선의 발생이 많다.
   ㉰ 전원 설비가 없는 곳에서는 쉽게 설치 할 수 없다.
   ㉱ 폭발의 위험이 크고 금속이 탄화 및 산화될 가능성이 많다.

   해설 • 가스용접단점
      ① 폭발 위험이 크다. ② 용접 속도가 느리다. ③ 산화우려가 많다.

09 양극 전압 강하 V_A, 음극 전압 강하 V_k 아크 기둥 전압강하 V_p 라고 할 때에 아크 전압 V_a의 올바른 관계식은?
   ㉮ $V_a = V_A + V_k - V_p$
   ㉯ $V_a = V_k + V_p - V_A$
   ㉰ $V_a = V_A - V_k - V_p$
   ㉱ $V_a = V_k + V_p + V_A$

ANSWER ▶ 5.㉰ 6.㉮ 7.㉮ 8.㉱ 9.㉱

10 각종 금속의 가스 용접시 사용하는 용제들 중 주철 용접에 사용하는 용제들만 짝지어 진 것은?

㉮ 붕사 - 염화리듐
㉯ 탄산나트륨 - 붕사 - 중탄산나트륨
㉰ 염화리듐 - 중탄산나트륨
㉱ 규산칼륨 - 붕사 - 중탄산나트륨

11 A는 병 전체 무게 (빈병의 무게 + 아세틸렌가스의 무게)이고, B는 빈병의 무게이며, 또한 15℃ 1기압에서의 아세틸렌가스 용적을 905 리터라고 할 때, 용해 아세틸렌가스의 양인 C (리터)를 계산하는 식은?

㉮ C = 905(B - A) ㉯ C = 905+(B-A)
㉰ C = 905(A - B) ㉱ C = 905+(A-B)

해설 아세틸렌 양 C = 905(A-B)L, 여기서 A = 용기전체의 무게, B = 빈병의 무게

12 다른 접합법과 비교한 용접이음의 장점이 아닌 것은?

㉮ 품질 검사가 용이하다.
㉯ 이종재료를 접합할 수 있다.
㉰ 작업의 자동화가 쉽다.
㉱ 복잡한 구조물의 제작이 쉽다.

해설 용접은 용착부가 밖으로 들어나지 않으므로 품질검사가 곤란하다.

13 100A 이상 300A 미만의 피복금속 아크 용접시, 차광유리의 차광도 번호가 가장 적당한 것은?

㉮ 4 ~ 5번   ㉯ 8 ~ 9번
㉰ 10 ~ 12번   ㉱ 15 ~ 16번

해설 • 차광번호
100 ~ 200A : 10번, 150 ~ 250A : 11번, 200 ~ 400A : 12번

ANSWER 10 ㉯ 11 ㉰ 12 ㉮ 13 ㉰

14 아크 절단법으로 고체, 액체, 기체 이외의 제4의 물질 상태로 알려지고 있으며, 아크 방전에 있어 양극 사이에서 강한 빛을 발하는 부분을 열원으로 하여 절단하는 방법으로, 금속재료는 물론 비금속 절단에도 사용되는 것은?
㉮ 플라스마 아크절단
㉯ MIG 절단
㉰ 탄소 아크절단
㉱ TIG 절단

15 가스용접에 사용되는 산소의 성질을 설명한 것으로 잘못된 것은?
㉮ 산소 자체는 타지 않는다.
㉯ 성질은 무색, 무취, 무미의 기체이다.
㉰ 액체산소는 일반적으로 연한 청색을 띤다.
㉱ 다른 물질의 연소를 도와주는 가연성 가스이다.

16 피복금속 아크 용접봉의 내균열성이 좋은 정도는?
㉮ 피복제의 염기성이 높을수록 양호하다.
㉯ 피복제의 산성이 높을수록 양호하다.
㉰ 피복제의 산성이 낮을수록 양호하다.
㉱ 피복제의 염기성이 낮을수록 양호하다.

17 전기 아크 용접기로서 구비해야 할 조건 중 잘못 된 것은?
㉮ 구조 및 취급이 간편해야 한다.
㉯ 전류조정이 용이하고 일정하게 전류가 흘러야 한다.
㉰ 아크 발생과 유지가 용이하고 아크가 안정되어야 한다.
㉱ 용접기가 빨리 가열되어 아크 안정을 유지해야 한다.

해설 • 용접기 구비조건
① 구조가 간편하고 취급이 용이할 것.
② 역율과 효율이 좋을 것.
③ 아크발생이 용이하고 아크가 안정될 것.
④ 일정하게 전류가 흐를 것.

ANSWER ▶ 14. ㉮ 15. ㉱ 16. ㉮ 17. ㉱

18 금속조직에서 펄라이트 중의 층상 시멘타이트가 그대로 존재하면 기계가공성이 나빠지기 때문에 A₁ 변태점 부근온도(650~700°C)에서 일정시간 가열 후 서냉시켜 가공성을 양호하게 하는 방법은?

㉮ 마템퍼 ㉯ 저온뜨임
㉰ 담금질 ㉱ 구상화 풀림

19 다음 그래프는 금속의 기계적 성질과 냉간가공도의 관계를 나타낸 것이다. ( ) 안에 들어갈 성질로 옳은 것은?

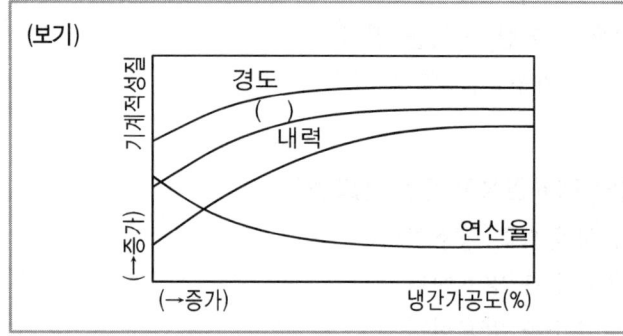

㉮ 연성
㉯ 전성
㉰ 인장강도
㉱ 단면수축율

20 탄소강에 함유된 구리(Cu)의 영향으로 틀린 것은?

㉮ Ar₁변태점을 저하시킨다.
㉯ 강도, 경도, 탄성환도를 증가시킨다.
㉰ 내식성을 저하시킨다.
㉱ 다량 함유하면 압연시 균열의 원인이 되기도 한다.

해설 구리의 합금은 내식성을 향상시킨다.

21 크롬-몰리브덴강은 니켈-크롬강에 0.15 ~ 0.3%의 몰리브덴을 첨가한 것이다. 이는 어떠한 성질 개선하기 위한 것인가?

㉮ 연삭성 ㉯ 뜨임취성
㉰ 항온성 ㉱ 흑연화 성질

ANSWER 18. ㉱ 19. ㉰ 20. ㉰ 21. ㉯

22 다음 중 알루미늄 합금의 가스 용접법으로 틀린 것은?

㉮ 용접 중에 사용되는 용제는 염화리튬 15%, 염화칼륨 45%, 염화나트륨 30%, 플루오르화칼륨 7%, 황산칼륨 3% 이다.
㉯ 200~400℃의 예열을 한다.
㉰ 얇은 판의 용접시에는 변형을 막기 위하여 스킵법과 같은 용접방법을 채택하도록 한다.
㉱ 용접을 느린 속도로 진행하는 것이 좋다.

> 해설 알루미늄의 용융온도는 660℃로 용융온도가 1539℃인 철보다 현저히 낮으므로 용접시 철보다 빠른 속도로 진행해야한다.

23 가스 침탄법의 특징으로 틀린 것은?

㉮ 침탄온도, 기체혼합비 등의 조절로 균일한 침탄층을 얻을 수 있다.
㉯ 열효율이 좋고 온도를 임의로 조절할수 있다.
㉰ 대량생산에는 부적합하다.
㉱ 침탄 후 직접 담금질이 가능하다.

24 용탕의 유동성을 좋게 하고 합금의 경도 및 강도를 증가시키며 내마모성과 탄성을 개선시키기 위해 청동의 용해 주조시 탈산제로 사용하는 P를 합금 중에 0.05%~0.5% 정도 남게 하여 만든 특수청동은?

㉮ 켈밋
㉯ 배빗메탈
㉰ 암즈청동
㉱ 인청동

25 주기율표의 제 4, 5, 6족 금속의 탄화물을 철족 결합금속으로 접합, 증착한 합금으로 WC-Co계, WC-TiC-Co계 등으로 나뉘는 합금은?

㉮ 시효경화합금
㉯ 세라믹스공구
㉰ 주조경질합금
㉱ 소결초경합금

26 비중이 7.14이고 비철 금속 중에서 알루미늄, 구리 다음으로 많이 생산되며, 황동과 다이캐스팅용 합금에 많이 이용되는 원소는?

㉮ 은
㉯ 티탄
㉰ 아연
㉱ 규소

ANSWER ▶ 22.㉱ 23.㉰ 24.㉱ 25.㉱ 26.㉰

27 다음 중 스테인리스강의 분류에 해당하지 않는 것은?
㉮ 페라이트계 ㉯ 오스테나이트계
㉰ 석출경화계 ㉱ 레데뷰라이트계

> 해설 스테인레스강은 오스테나이트계, 페라이트계, 마텐자이트계, 석출경화계 등이 있다.

28 다음 중 주강에 대한 일반적인 설명으로 틀린 것은?
㉮ 주철에 비하면 용융점이 800℃ 전후의 저온이다.
㉯ 주철에 비하여 기계적 성질이 월등히 우수하다.
㉰ 주조상태로는 조직이 거칠고 취성이 있다.
㉱ 주강 제품에는 기포 등이 생기기 쉬우므로 제강작업에는 다량의 탈산제를 사용함에 따라 Mn이나 Ni의 함유량이 많아진다.

29 두꺼운 판의 양쪽에 수냉동판을 대고 용융 슬래그 속에서 아크를 발생시킨 후 용융 슬래그의 전기 저항열을 이용하여 용접하는 방법은?
㉮ 서브머지드 아크용접 ㉯ 불활성가스 아크용접
㉰ 일렉트로 슬래그 용접 ㉱ 전자빔 용접

30 시험편을 인장 파단시켜 항복점(또는 내력), 인장강도, 연신율, 단면 수축율 등을 조사하는 시험법은?
㉮ 경도시험 ㉯ 굽힘시험
㉰ 충격시험 ㉱ 인장시험

> 해설 ① 경도시험 : 압입하여 나타나는 압흔을 통해 경도 측정
> ② 굽힙시험 : 재료를 굽힘 후 표면에 나타나는 균열 측정
> ③ 충격시험 : 시험편에 충격적인 하중을 가해 파괴시 충격치를 구해 측정

31 TIG 용접에서 토치는 수냉식, 공랭식 2종류가 있다. 이중 공랭식 토치에 사용되는 용접전류의 크기는?
㉮ 200A이하 ㉯ 300A이하
㉰ 400A이하 ㉱ 500A이하

> 해설 TIG토치는 용접전류를 200A를 기준으로 이상은 수냉식 이하는 공랭식이다.

ANSWER 27. ㉱ 28. ㉮ 29. ㉰ 30. ㉱ 31. ㉮

32 감전의 위험으로부터 용접 작업자를 보호하기 위해 교류용접기에 설치하는 것은?
㉮ 고주파 발생 장치   ㉯ 전격 방지 장치
㉰ 원격 제어 장치   ㉱ 시간 제어장치

33 다음 그림과 같이 용접부의 비드 끝과 모재표면 경계부에서 균열이 발생하였다. A는 무슨 균열이라고 하는가?

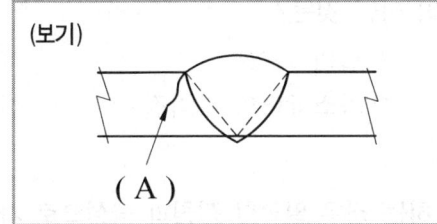

㉮ 토우균열
㉯ 라멜라테어
㉰ 비드 밑 균열
㉱ 비드 종균열

34 심(seam) 용접법에서 용접전류의 통전 방법이 아닌 것은?
㉮ 직·별렬 통전법   ㉯ 단속 통전법
㉰ 연속 통전법   ㉱ 맥동 통전법

해설 심용접 통전방범은 뜀(단속)통전법, 연속통전법, 맥동통전법등 이있다.

35 서브머지드 아크용접용 재료 중 와이어의 표면에 구리를 도금한 이유에 해당 되지 않는 것은?
㉮ 콘택트 팁과의 전기적 접촉을 좋게 한다.
㉯ 와이어에 녹이 발생하는 것을 방지한다.
㉰ 전류의 통전에 효과를 높게 한다.
㉱ 용착금속의 강도를 높게 한다.

해설 와이어 표면에 구리도금은 녹스는 걸 방지하고 전류의 통전이나 전류접촉을 양호하게 하는 것이며 용착금속의 강도와는 상관이 없다.

ANSWER 32.㉯ 33.㉮ 34.㉮ 35.㉱

36 용접변형과 잔류응력을 경감시키는 방법을 틀리게 설명한 것은?
- ㉮ 용접 전 변형 방지책으로는 역변형법을 쓴다.
- ㉯ 용접시공에 의한 잔류응력 경감법으로는 대칭법, 후진법, 스킵법 등이 쓰인다.
- ㉰ 모재의 열전도를 억제하여 변형을 방지하는 방법으로는 도열법을 쓴다.
- ㉱ 용접 금속부의 변형과 응력을 제거하는 방법으로는 담금질을 한다.

37 가스용접에서 역화가 생기는 주요 원인이 아닌 것은?
- ㉮ 팁의 막힘
- ㉯ 팁의 과열
- ㉰ 가스용기의 형태와 크기
- ㉱ 가스압력의 부적절

38 알루미늄을 TIG 용접법으로 접합하고자 하는 경우 필요한 전원과 극성으로 가장 적합한 것은?
- ㉮ 직류 정극성
- ㉯ 직류 역극성
- ㉰ 교류 저주파
- ㉱ 교류 고주파

> 해설 알루미늄 용접은 청정작용에 의해 표면의 산화막을 제거하며 용접전원으로는 교류고주파 또는 직류역극성이 등이 사용된다.

39 방사선 투과검사의 특징 설명으로 틀린 것은?
- ㉮ 모든 용접 재질에 적용할 수 있다.
- ㉯ 모재가 두꺼워지면 검사가 곤란하다.
- ㉰ 내부 결함 검출에 용이하다.
- ㉱ 검사의 신뢰성이 높다.

40 다음 중 가연성가스로 스파크 등에 의한 화재에 대하여 가장 주의해야 할 가스는?
- ㉮ LPG
- ㉯ CO_2
- ㉰ He
- ㉱ O_2

41 납땜법의 종류가 아닌 것은?
- ㉮ 인두 납땜
- ㉯ 가스 납땜
- ㉰ 초경납땜
- ㉱ 노내 납땜

ANSWER 36. ㉱ 37. ㉰ 38. ㉱ 39. ㉯ 40. ㉮ 41. ㉰

42 용접 시험편에서 P = 하중, D = 재료의 지름, A = 재료의 최초 단면적일 때 인장강도를 구하는 식으로 옳은 것은?

㉮ $\dfrac{P}{\pi D}$ ㉯ $\dfrac{P}{A}$

㉰ $\dfrac{P}{A_2}$ ㉱ $\dfrac{A}{P}$

43 용접에서 예열하는 목적이 아닌 것은?

㉮ 수소의 방출을 용이 하게 하여 저온균열을 방지한다.
㉯ 열영향부와 용착 금속의 연성을 방지하고 경화를 증가시킨다.
㉰ 용접부의 기계적 성질을 향상시키고 경화조직의 석출을 방지시킨다.
㉱ 온도분포가 완만하게 되어 열응력의 감소로 변형과 잔류응력의 발생을 적게 한다.

해설 용접전 예열의 궁극적 목적은 균열을 방지하기 위함이며 경화 증가와는 상관이 없다.

44 피복금속 아크 용접에서 아크를 중단시켰을 때 비드의 끝에 약간 움푹 들어간 부분이 생기는데 이것을 무엇이라 하는가?

㉮ 스패터 ㉯ 크레이터
㉰ 오버랩 ㉱ 슬랙섞임

해설 크레이터가 생기는 이유는 용접시 아크가 모재로부터 멀어지면 전압이 상승하는데 전압이 상승하면 아크힘이 강해지므로 아크를 멀리할 때 밀어내는 힘이 강해져 모재 부위가 움푹 들어가게 된다.

45 이산화탄소 아크용접에 대한 설명으로 틀린 것은?

㉮ 비용극식 용접방법이다.
㉯ 가시 아크이므로 시공이 편리하다.
㉰ 전류밀도가 높아 용입이 깊다.
㉱ 용제를 사용하지 않아 슬래그 혼입이 없다.

46 MIG 용접의 특징 설명으로 옳은 것은?

㉮ 바람의 영향을 받지 않아 방풍대책이 필요 없다.
㉯ 피복금속 아크 용접에 비해 용착효율이 높아 고 능률적이다.
㉰ 각종 금속용접이 불가능하다.
㉱ 전류밀도가 낮아 용접속도가 느리다.

ANSWER 42.㉯ 43.㉯ 44.㉯ 45.㉮ 46.㉯

47 플라즈마 아크 용접에 적합한 모재로 짝지어진 것이 아닌 것은?
- ㉮ 스테인리스강 – 탄소강
- ㉯ 티탄 – 니켈 합금
- ㉰ 티탄 – 구리
- ㉱ 텅스텐 – 백금

48 여러 용접자세 중에서 용접능률이 가장 좋은 아래보기자세로 용접할 수 있도록 위치조정이 가능한 기구는?
- ㉮ 포지셔너
- ㉯ C – 클램프
- ㉰ 역변형용 지그
- ㉱ 용접 게이지

해설 포지셔너란 용접시 작업자가 용접의 능률을 높이기 위해 위치선정이 가능하도록 제작된 용접용 도구이다.

49 탄산가스 아크 용접법으로 주로 하는 금속은?
- ㉮ 알루미늄
- ㉯ 구리와 동합금
- ㉰ 스테인리스강
- ㉱ 연강

해설 탄산가스 용접으로 주로 사용하는 금속은 연강이며 연강 용접시 알곤가스를 사용하면 기포가 생기는 경향이 있다.

50 KS규격에 의한 안전색채에 관한 각각의 표시사항으로 옳은 것은?
- ㉮ 적색 : 고도의 위험
- ㉯ 황색 : 안전
- ㉰ 청색 : 방사능
- ㉱ 황적색 : 피난

해설 안전표시색상 적색 : 위험, 황색 : 주의, 청색 : 주의 수리 중

51 기계제도에서 폭이 50mm, 두께가 7mm인 등변 ㄱ형강(Angle)의 치수를 바르게 나타낸 것은?
- ㉮ L7 × 50 × 50
- ㉯ L × 7 × 50 × 50
- ㉰ L50 × 50 × 7
- ㉱ L–50 × 50 × 7

ANSWER ▶ 47.㉱ 48.㉮ 49.㉱ 50.㉮ 51.㉰

52 보기 도면은 정면도이다. 이 정면도의 평면도로 가장 적합한 투상은?

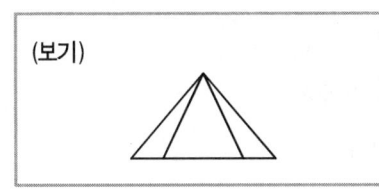 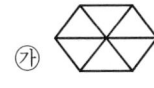 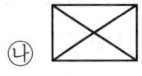

53 기계제도에서 용도에 의한 명칭이 가는2점 쇄선을 사용하는 선은?
㉮ 숨은선 ㉯ 기준선
㉰ 피치선 ㉱ 가상선

54 다음과 같은 배관의 등각 투상도(isometric drawing)를 평면도로 나타낸 것은?

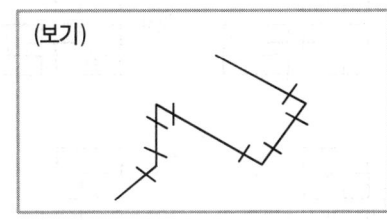 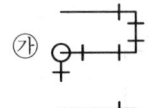 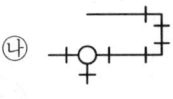

55 일반적인 판금 전개도법의 3가지 종류가 아닌 것은?
㉮ 삼각형법 ㉯ 평행선법
㉰ 방사선법 ㉱ 상관선법

56 기계제도의 치수 보조 기호 중에서 S⌀ 는 무엇을 나타내는 기호인가?
㉮ 구의 지름 ㉯ 원통의 지름
㉰ 판의 두께 ㉱ 원호의 길이

ANSWER ▶ 52. ㉮ 53. ㉱ 54. ㉮ 55. ㉱ 56. ㉮

57 기계나 장치 등의 실체를 보고 프리핸드 (freehand)로 그린 도면을 의미하는 용어로 가장 적합한 것은?

㉮ 입체도   ㉯ 투시도
㉰ 평면도   ㉱ 스케치도

해설 스케치도는 3각법으로 그리며 프리핸드로 그린다.

58 도면에서 척도의 표시가 "NS"로 표시된 것은 무엇을 의미 하는가?

㉮ 배척   ㉯ 나사의 척도
㉰ 축척   ㉱ 비례척이 아닌 것

59 보기 입체도에서 화살표 방향이 정면일 때 제3각 정투상도는?

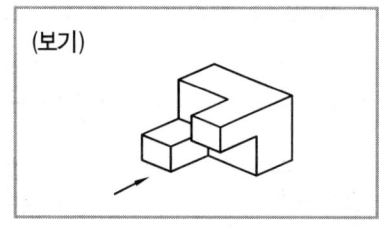

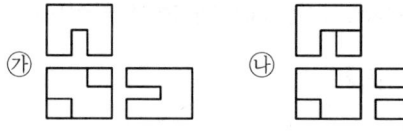

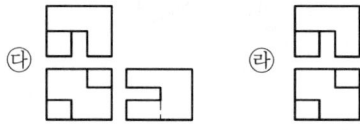

60 보기와 같은 용접 기호의 해독으로 가장 적합한 것은?

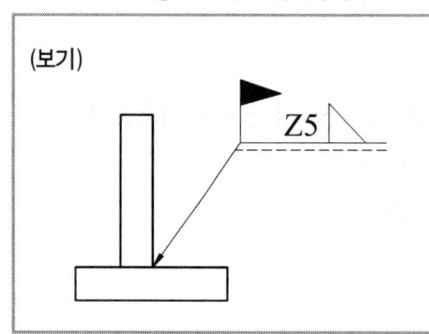

㉮ 필릿단속 공장용접
㉯ 필릿연속 현장용접
㉰ 필릿단속 현장용접
㉱ 필릿연속 공장용접

ANSWER ▶ 57. ㉱ 58. ㉱ 59. ㉱ 60. ㉯

제11회 CBT기출복원문제

01 가스 절단에서 절단하고자 하는 판의 두께가 25.4mm 일 때, 표준 드래그의 길이는?

㉮ 2.4mm ㉯ 5.2mm
㉰ 6.4mm ㉱ 7.2mm

해설 두께 대비 드래그 길이는
두께 12.7mm : 2.4, 두께 25.4mm : 5.2, 두께 51mm : 5.6

02 35℃에서 150kgf/cm²으로 압축하여 내부용적 40.7리터의 산소 용기에 충전하였을 때, 용기 속의 산소량은 몇 리터인가?

㉮ 4470 ㉯ 5291
㉰ 6105 ㉱ 7000

해설 용기속의 산소량 L = 용기압력×용기내부용적 그러므로 $150 \times 40.7 = 6105$

03 가스 용접에서 역류, 역화가 일어나는 원인이 아닌 것은?

㉮ 팁과 모재가 접촉하였을 때
㉯ 아세틸렌의 압력이 과대할 때
㉰ 팁 구멍이 막혔을 때
㉱ 팁이 과열되었을 때

04 피복금속 아크 용접에서 피복봉을 사용하는 용제가 아닌 것은?

㉮ 전력 소비량을 경제적으로 하기 위하여
㉯ 용접시간을 단축하기 위하여
㉰ 용접기의 과부하를 방지하고 수명을 길게 하기 위하여
㉱ 아크의 안정성을 높이기 위하여

ANSWER 1. ㉯ 2. ㉰ 3. ㉯ 4. ㉱

05 용해 아세틸렌의 장점 중 틀린 것은?
   ㉮ 운반이 쉽고, 발생기 및 부속기구가 필요 없다.
   ㉯ 용기를 눕혀서 사용해도 된다.
   ㉰ 순도가 높으므로 불순물에 의해 용접부의 강도가 저하 되는 일이 없다.
   ㉱ 폭발의 위험성이 적고 안정성이 높다.
   해설 가스용기는 보관시 세워서 보관을 원칙으로 한다.

06 아크 용접기는 용접 작업에 적당하도록 어떠한 원리로 제작되어 있는가?
   ㉮ 고전압, 작은 전류가 흐른다.
   ㉯ 저전압, 대전류가 흐른다.
   ㉰ 고전압, 대전류가 흐른다.
   ㉱ 저전압, 작은 전류가 흐른다.

07 스카핑 작업의 설명으로 틀린 것은?
   ㉮ 용접부 결함, 뒤 따내기, 용접홈의 가공 등에 적합
   ㉯ 강재표면의 개재물, 탈산층 등을 제거하기 위하여 사용한다.
   ㉰ 스카핑 토치는 가우징 토치에 비하여 능력이 크다.
   ㉱ 팁은 슬로우 다이버전트형이다.
   해설 스카핑은 강재표면의 탈탄층등 표면을 얇고 넓게 깍는 작업이며, 가우징은 용접결함부의 제거 절단 구멍뚫기 홈가공 등을 한다.

08 직류 아크의 특성 중에서 전극물질이 일정할 때 아크길이가 길어지면 아크 기둥의 전압은 어떻게 변하는가?
   ㉮ 변동 없다.   ㉯ 낮아진다.
   ㉰ 높아진다.   ㉱ 높아졌다 낮아진다.

09 탄소 아크 절단에 압축공기를 병용하여 전극 홀더의 구멍에서 탄소 전극봉에 나란히 분출하는 고속의 공기를 분출 시켜 용융금속을 불어내어 홈을 파는 방법은?
   ㉮ 금속 아크 절단   ㉯ 아크 에어 가우징
   ㉰ 플라스마 아크 절단   ㉱ 불활성가스 아크 절단

ANSWER ▶ 5.㉯ 6.㉯ 7.㉮ 8.㉰ 9.㉯

10 가스용접 작업에서 후진법에 비교한 전직법의 특징 설명으로 맞는 것은?

㉮ 용접 변형이 작다.
㉯ 용접 속도가 빠르다.
㉰ 비드 모양이 보기 좋다.
㉱ 용착 금속의 조직이 미세하다.

해설 • 전진법의 특징
① 열 이용율이 나쁘다.   ② 용접속도가 느리다.
③ 비드가 매끈하다.   ④ 용접변형이 크다.

11 용접법의 분류에서 아크 용접에 해당하지 않은 것은?

㉮ 유도가열용접   ㉯ 피복금속용접
㉰ 서브머지드용접   ㉱ 이산화탄소용접

12 케이블과 클램프 및 클램프와 용접물의 각 접속되어야 한다. 만일 접속이 나쁠 때 발생되는 현상이 아닌 것은?

㉮ 접속부에서 열이 과도하게 발생한다.
㉯ 접속부를 손상시킨다.
㉰ 아크가 불안정하다.
㉱ 전력이 절약된다.

13 산소-아세틸렌가스 용접에서 주철에 사용하는 용제가 아닌 것은?

㉮ 붕사   ㉯ 탄산나트륨
㉰ 중탄산나트륨   ㉱ 염화나트륨

해설 염화나트륨은 알루미늄 용접의 용제이다.

14 직류 아크 용접의 설명 중 올바른 것은?

㉮ 용접봉을 양극, 모재를 음극에 연결하는 경우를 정극성이라고 한다.
㉯ 역극성은 용입이 깊다.
㉰ 역극성은 두꺼운 판의 용접에 적합하다.
㉱ 정극성은 용접 비드의 폭이 좁다.

ANSWER 10. ㉰ 11. ㉮ 12. ㉱ 13. ㉱ 14. ㉱

15 피복금속 아크 용접에서 "모재 일부가 녹은 쇳물부분"을 의미하는 것은?
㉮ 슬래그 ㉯ 용융지
㉰ 용입부 ㉱ 용착부

해설 녹은 쇳물 부분을 용융지, 모재가 녹아 들어간 깊이를 용입, 용접봉이 용융지에 녹아들간 것을 용착 이라한다.

16 다음 피복아크 용접봉의 피복제(flux) 연소시 용접부 보호방식에 속하지 않는 것은?
㉮ 가스 발생식 ㉯ 슬래그 생성식
㉰ 반가스 발생식 ㉱ 반슬래그 생성식

17 폭발 위험성이 가장 큰 산소와 아세틸렌의 혼합비(%)는?
㉮ 40 : 60 ㉯ 15 : 85
㉰ 60 : 40 ㉱ 85 : 15

해설 산소와 아세틸렌의 혼합 비율이 85 : 15일 때 가장 폭발위험이 크다.

18 구리(Cu)의 특징을 설명한 것으로 틀린 것은?
㉮ 전기 및 열의 전도성이 우수하다.
㉯ 유연하고 전연성이 좋아 가공이 용이하다.
㉰ 화학적 저항력이 작아서 부식이 쉽다.
㉱ 아름다운 광택과 귀금속적 성질이 우수하다.

해설 구리는 강력한 산화막을 형성하기 때문에 부식성이 강하다.

19 스테인리스강 피복 아크 용접봉의 피복제용으로 짝지어진 것은?
㉮ 철분계, 라임계 ㉯ 흑연계, 고산화 티탄계
㉰ 티탄계, 라임계 ㉱ 고셀루로스계, 특수계

ANSWER 15. ㉯ 16. ㉱ 17. ㉱ 18. ㉰ 19. ㉰

20 재료의 내, 외부에 열처리 효과의 차이가 생기는 현상을 질량효과라고 한다. 이것은 강의 담금질성에 의해 영향을 받는데 이 담금질성을 개선시키는 효과가 있는 원소는?
㉮ Pb   ㉯ Zn
㉰ C   ㉱ B

21 알루미늄합금 중 Y합금에 대한 설명으로 틀린 것은?
㉮ 시효 경화성이 있어 금형 주물에 사용된다.
㉯ Y합금은 공랭실린더 헤드 등에 많이 이용된다.
㉰ 알루미늄에 규소를 첨가하여 주조성과 절삭성을 향상시킨 것이다.
㉱ Y합금은 내연기관 피스톤 등 고온부품에 사용된다.

해설 Y합금은 알루미늄+구리+마그네슘+니켈로 구성되어있다.

22 주철과 비교한 주강의 특성을 설명한 것이다. 틀린 것은?
㉮ 주철에 비해 기계적 성질이 우수하다.
㉯ 주철에 비해 용접에 의한 보수가 어렵다.
㉰ 주철로서는 강도가 부족한 부분에 사용한다.
㉱ 주철에 비해 응용 온도가 높아 주조하기가 어렵다.

23 일반적으로 주철이라 함은 어떤 주철을 가리키는가?
㉮ 회주철   ㉯ 백주철
㉰ 반주철   ㉱ 합금주철

해설 주철은 탄소함유량이 1.7~6.67% 함유하며 일반적으로 회주철을 말한다.

24 탄소강 용접시 탄소 (C)량에 따른 예열 온도로 맞지 않은 것은?
㉮ 탄소량 0.2%이하는 예열온도가 90℃ 이하
㉯ 탄소량 0.20~0.30% 일 때 예열온도 90~150℃
㉰ 탄소량 0.30~0.45% 일 때 예열온도 150~260℃
㉱ 탄소량 0.45~0.80% 일 때 예열온도 430~820℃

ANSWER 20. ㉱ 21. ㉰ 22. ㉯ 23. ㉮ 24. ㉱

25 탄소강에서 망간(Mn)의 영향을 설명한 것으로 틀린 것은?
  ㉮ 강의 점성을 감소시킨다.
  ㉯ 주조성을 좋게 하며 S의 해를 감소시킨다.
  ㉰ 강의 담금질 효과를 증대시켜 경화능이 커진다.
  ㉱ 고온에서 결정립 성장을 억제 시킨다.

26 다음 순금속 중 열전도율이 가장 높은 것은?
  ㉮ 은(Ag)   ㉯ 금(Au)
  ㉰ 알루미늄(Al)   ㉱ 주석(Sn)

  해설 순금속의 열전도율이 가장 높은 것은 은이다.

27 표면 경화법에 해당하지 않는 것은?
  ㉮ 침탄법   ㉯ 질화법
  ㉰ 화염경화법   ㉱ 풀림법

  해설 표면경화법의 종류는 침탄법, 질화법, 금속침투법, 화염경화법 등이 있다.

28 일반적으로 저용융점 합금은 몇 도보다 낮은 융점을 가진 합금인가?
  ㉮ 210℃   ㉯ 450℃
  ㉰ 232℃   ㉱ 710℃

29 서브머지드 아크 용접에서 다전극 방식에 의한 용접장치의 분류 중 두 개의 와이어를 독립된 전원(교류 또는 직류)에 접속하여 용접선에 따라 전극의 간격을 10~30mm 정도로 하여 2개의 전극와이어를 동시에 녹게 함으로써 한꺼번에 많은 양의 용착금속을 얻을 수 있는 용접법은?
  ㉮ 탠덤식   ㉯ 횡 병열식
  ㉰ 횡 직열식   ㉱ 유니언식

ANSWER ▷ 25.㉮ 26.㉮ 27.㉱ 28.㉰ 29.㉮

30 용접물을 정반에 고정시키거나 보강재를 이용하거나 또는 일시적인 보조판을 붙이는 것으로 변형을 방지하는 법은?
㉮ 구속법 ㉯ 점가열법
㉰ 역변형법 ㉱ 도열법

31 펄스 TIG용접기의 특징 설명으로 틀린 것은?
㉮ 저주파 펄스용접기와 고주파 펄스용접기가 있다.
㉯ 직류용접기에 펄스 발생 회로를 추가 한다.
㉰ 전극봉의 소모가 많은 것이 단점이다.
㉱ 20A 이하의 저전류에서 아크의 발생이 안정하다.

32 불활성 가스 아크 용접에 주는 사용되는 가스는?
㉮ CO_2 ㉯ Ce
㉰ Ar ㉱ C_2H_2

🌟 불활성가스란 알곤이나 헬륨같이 고온에서도 금속과 반응이 잘 일어나지 않는 가스를 말한다.

33 용접구조물의 용접순서에 대한 설명으로 잘못된 것은?
㉮ 수축이 큰 이음을 가능한 한 먼저 용접한다.
㉯ 용접물은 중심에 대하여 비대칭으로 용접한다.
㉰ 동일 평면 안에 많은 이음이 있을 때 수축은 자유단으로 보낸다.
㉱ 중립축에 대하여 수축력 모멘트의 합이 0이 되도록 한다.

🌟 용접은 대칭으로 용접을 해 나가야 변형을 줄일 수 있다.

34 다음 중 용접 작업에서 전류 밀도가 가장 높은 용접법은?
㉮ 피복금속 아크용접
㉯ 산소-아세틸렌 용접
㉰ 불활성 가스 금속 아크용접
㉱ 불활성 가스 텅스텐 아크용접

ANSWER ▶ 30. ㉮ 31. ㉰ 32. ㉰ 33. ㉯ 34. ㉰

35
볼트나 환봉을 피스톤형의 홀더에 끼우고 모재와 볼트사이에 순간적으로 아크를 발생시켜 용접하는 방법은?

㉮ 서브머지드 아크 용접 ㉯ 스터드 용접
㉰ 테르밋 용접 ㉱ 불활성가스 아크용접

36
아크 용접시 전격을 예방하는 방법으로 틀린 것은?

㉮ 전격방지기를 부착한다.
㉯ 용접홀더에 맨손으로 용접봉을 갈아 끼운다.
㉰ 용접기 내부에 함부로 손을 대지 않는다.
㉱ 절연성이 좋은 장갑을 사용한다.

> 해설 전격방지기는 용접시 감전으로부터 작업자를 보호하기 위함이며 용접시 전격예방으론 습기찬 장갑을 사용하지 말아야하며 맨손으로 용접하지 않는다.

37
CO_2가스 아크용접에서 수평 필릿 용접의 경우 아크 전압이 너무 높을 때 나타나는 현상이 아닌 것은?

㉮ 웨브측에 언더컷이 나오기 쉽다.
㉯ 비드는 평평하여 양호하다.
㉰ 스패터가 부착되기 쉽다.
㉱ 전체적으로 볼록 비드가 된다.

38
두께가 다른 판을 맞대기 용접한 그림 중 응력집중이 가장 적게 발생하는 것은?

㉮    ㉯

㉰ 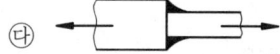   ㉱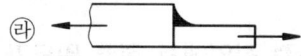

39 필릿 용접에서는 용접선의 방향과 응력의 방향이 이루는 각도에 따라 분류한다. 그림과 같은 필릿 용접은?

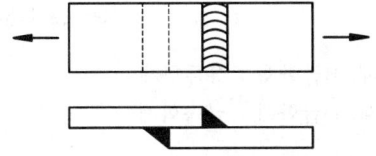

㉮ 측면필릿 용접 ㉯ 경사필릿 용접
㉰ 전면필릿 용접 ㉱ T형필릿 용접

40 일렉트로 가스 아크 용접에 주로 사용되는 가스는?
㉮ Ar 가스 ㉯ He 가스
㉰ H_2 가스 ㉱ CO_2 가스

41 점 용접 조건의 3대 요소가 아닌 것은?
㉮ 통전 시간 ㉯ 전류의 세기
㉰ 가압력 ㉱ 고유저항

해설 저항용접의 3대 조건은 용접전류, 통전시간, 가압력 등이 있다.

42 가스 용접시 안전사항으로 적당하지 않는 것은?
㉮ 호스 접속부는 호스밴드로 조이고 비눗물 등으로 누설여부를 검사한다.
㉯ 호스는 길지 않게 하며 용접이 끝났을 때는 용기 밸브를 잠근다.
㉰ 작업자 눈을 보호하기 위해 적당한 차광유리를 사용한다.
㉱ 압축 산소병은 60℃ 이하 온도에서 보관하고 태양이 비치는 곳에 둔다.

해설 가스용기는 40℃ 이하의 그늘진 곳에서 보관한다.

43 용접부의검사법 중 기계적 시험이 아닌 것은?
㉮ 인장시험 ㉯ 부식시험
㉰ 굽힘시험 ㉱ 피로시험

해설 부식시험은 화학적 시험방법이다.

ANSWER ▶ 39. ㉰ 40. ㉱ 41. ㉱ 42. ㉱ 43. ㉯

44 B급 화재는 어느 경우의 화재인가?
㉮ 일반 화재   ㉯ 유류화재
㉰ 전기화재   ㉱ 금속화재

해설 A급화재 : 유류화재, B급화재 : 유류화재
C급화재 : 전기화재, D급화재 : 금속화재

45 용접 후 인장 또는 굴곡시험으로 파단시켜을 때 은점을 발견할 수 있는데 이 은점을 없애는 방법은?
㉮ 수소 함유량이 많은 용접봉을 사용한다.
㉯ 용접 후 실온으로 수개월간 방치한다.
㉰ 용접부를 염산으로 세척한다.
㉱ 용접부를 망치로 두드린다.

46 용접전류가 적정전류보다 낮을 때 발생되기 쉬운 용접결함으로만 짝지어진 것은?
㉮ 용입 불량, 오버랩   ㉯ 언더컷, 오버랩
㉰ 피트, 언더컷   ㉱ 비드 균열, 언더컷

47 납땜에 관한 설명 중 맞는 것은?
㉮ 경납땜은 주로 납과 주석의 합금용제를 많이 사용한다.
㉯ 연납땜은 450℃이상에서 하는 작업이다.
㉰ 납땜은 금속 사이에 융점이 낮은 별개의 금속인 땜납을 용융 첨가하여 접합한다.
㉱ 은납의 주성분은 은, 납, 탄소 등의 합금이다.

48 초음파 탐상법의 특징 설명으로 틀린 것은?
㉮ 초음파의 투과 능력이 작아 얇은 판의 검사에 적합하다.
㉯ 결합의 위치와 크기를 비교적 정확히 알 수 있다.
㉰ 검사 시험체의 한 면에서도 검사가 가능하다.
㉱ 감도가 높으므로 미세한 결함을 검출할 수 있다.

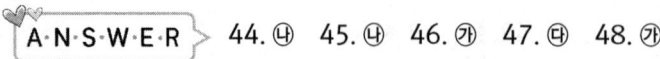
44.㉯ 45.㉯ 46.㉮ 47.㉰ 48.㉮

49 CO₂가스 아크 용접의 종류 중 "용제가 들어있는 와이어 CO₂법"이 아닌 것은?
- ㉮ NCG법
- ㉯ 퓨즈(fuse)아크법
- ㉰ 풀(pull)법
- ㉱ 아코스(arcos)아크법

해설 CO₂ 용접에서 용제가 들어가는 와이어법은 아코스 아크법, 퓨즈 아크법, 유니언 아크법, NCG법

50 아크 용접작업에 대한 설명 중 옳은 것은?
- ㉮ 아크 빛 등 용접 재해 요소가 되지 않는다.
- ㉯ 교류 용접기를 사용할 때에는 반드시 비피복 용접봉을 사용한다.
- ㉰ 가죽 장갑은 감전의 위험이 크므로 면장갑을 착용한다.
- ㉱ 아크 발생 도중에는 용접전류를 조정하지 않는다.

해설 용접도중에는 용접전류를 조정하면 기기의 손상을 가져오므로 정지 후 조정해야한다.

51 일반적인 판금 전개도법의 3가지 종류가 아닌 것은?
- ㉮ 평행선법
- ㉯ 방사선법
- ㉰ 삼각형법
- ㉱ 반지름법

52 배관 도시기호 중 체크밸브는?
- ㉮ ─▷◁─
- ㉯ ─△─
- ㉰ △(위쪽 화살표)
- ㉱ ─▷◁─

53 물체의 보이지 않는 부분을 표시하는데 사용되는 선은?
- ㉮ 지그재그 실선
- ㉯ 1점 쇄선
- ㉰ 2점 쇄선
- ㉱ 가는 파선 또는 굵은 파선

ANSWER 49. ㉰ 50. ㉱ 51. ㉱ 52. ㉯ 53. ㉱

54 보기 입체도의 화살표 방향 투상도로 가장 적합한 것은?

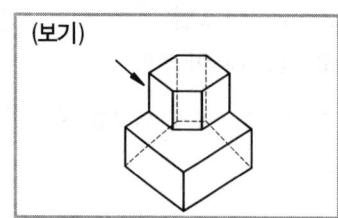

㉮ 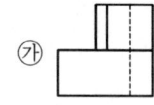　㉯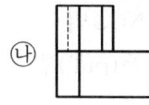

㉰ 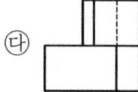　㉱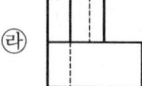

55 대칭형의 물체는 보기와 같이 조합하여 그릴 수 있다. 무슨 단면도라고 하는가?

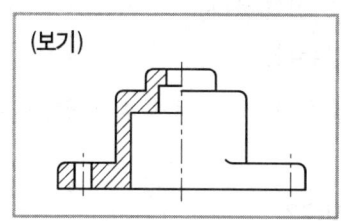

㉮ 온 단면도
㉯ 한쪽 단면도
㉰ 부분 단면도
㉱ 회전도시 단면도

56 보기와 같이 제3각법으로 그린 정투상도의 입체도로 적합한 것은?

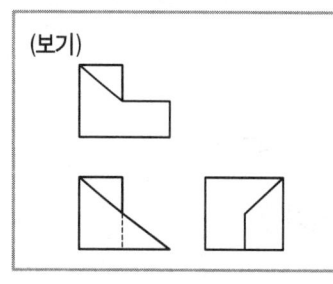

㉮ 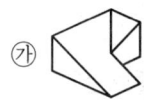　㉯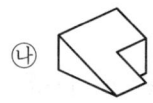

㉰ 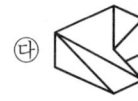　㉱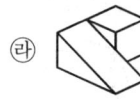

57 보기와 같은 용접기호의 용접부 표면의 현상은?

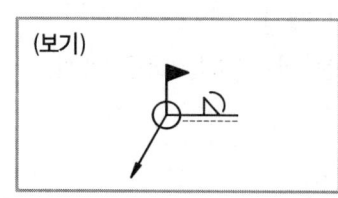

㉮ 평면
㉯ 凸 (볼록)형
㉰ 凹 (오목)형
㉱ 끝단부를 매끄럽게 함

ANSWER ▶ 54.㉱ 55.㉯ 56.㉮ 57.㉯

58 도면의 척도 값 중 축소되어 그려지는 것은?
- ㉮ 10 : 1
- ㉯ $\sqrt{2}$: 1
- ㉰ 1 : 1
- ㉱ 1 : 2

해설 현척 : 1:1, 배척 : 2:1, 축척 : 1:2

59 KS 재료기호 S M 10C 에서 10C는 무엇을 뜻하는가?
- ㉮ 제작 방법
- ㉯ 종별 번호
- ㉰ 탄소함유량
- ㉱ 최저인장강도

60 보기 도면의 드릴가공에 대한 설명으로 올바른 것은?

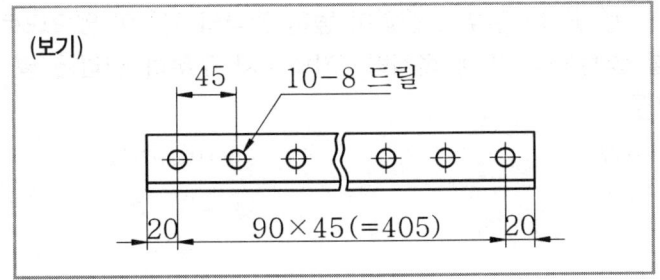

- ㉮ 형강 양단에서 20mm 띄운 후 405mm의 사이에 45mm피치로 지름 8mm의 구멍을 10개 가공
- ㉯ 형강 양단에서 20mm 띄어서 45mm 피치로 지름 8mm,깊이 10mm, 구멍을 9개 가공
- ㉰ 형강 양단에서 20mm 띄어서 9mm의 피치로 지름 8mm, 깊이 10mm의 45개 가공
- ㉱ 형강 양단에서 20mm 띄어서 좌단은 다시 45mm 띄어서 9mm의 피치로 405mm의 사이에 지름 8mm 깊이 10mm의 구멍을 45개 가공

ANSWER 58. ㉱ 59. ㉰ 60. ㉮

제12회 CBT기출복원문제

01 야금적 접합법의 종류에 속하는 것은?
㉮ 납땜 이음 ㉯ 볼트 이음
㉰ 코터 이음 ㉱ 리벳 이음

> 해설 야금적 접합이란 용접, 압접, 납땜의 분류에 속하는 걸 말하며 볼트이음, 코터이음, 리벳이음 은 기계적 접합이다.

02 교류 아크 용접기는 무부하 전압이 높아 전격의 위험이 있으므로 안전을 위하여 전격 방지기를 설치한다. 이때 전격방지기의 2차 무부하 전압은 몇 V 이하로 하는 것이 적당한가?
㉮ 80V ~ 90V ㉯ 60V ~ 70V
㉰ 40V ~ 50V ㉱ 20V ~ 30V

03 일반 피복금속아크 용접에서 용접봉의 용융 속도와 관계가 있는 것은?
㉮ 용접 속도 ㉯ 아크 길이
㉰ 아크 전류 ㉱ 용접봉 길이

> 해설 용접전류는 전류가 상승하면 온도가 상승한다. 두꺼운판 용접에는 용접 전류를 높이는건 이 때문이다. 그러므로 전류가 높아지면 용접속도가 빨라진다.

04 주철이나 비철금속은 가스절단이 용이하지 않으므로 철분 또는 용제를 연속적으로 절단용 산소에 공급하여 그 산화열 또는 용제의 화학작용을 이용한 절단 방법은?
㉮ 분말절단 ㉯ 산소창 절단
㉰ 탄소아크절단 ㉱ 스카핑

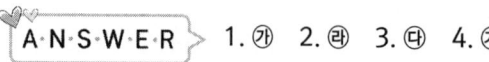
1. ㉮ 2. ㉱ 3. ㉰ 4. ㉮

05 청색의 겉불꽃에 둘러싸인 무광의 불꽃이므로 육안으로는 불꽃 조절이 어렵고, 납땜이나 수중 절단의 예열 불꽃으로 사용되는 것은?
㉮ 천연가스 불꽃 ㉯ 산소-수소 불꽃
㉰ 도시가스 불꽃 ㉱ 산소-아세틸렌 불꽃

해설 수중용접이나 절단에 사용하는 가스는 산소+수소 가스이다.

06 고속분출을 얻는 데 적합하고 보통의 팁에 비하여 산소의 소비량이 같을 때, 절단 속도를 20~25% 증가 시킬 수 있는 절단 팁은?
㉮ 다이버젼트형 팁 ㉯ 직선형 팁
㉰ 산소-LP용 팁 ㉱ 보통형 팁

07 피복금속 아크 용접에서 아크 안정제에 속하는 피복제는?
㉮ 산화티탄 ㉯ 탄산마그네슘
㉰ 페로망간 ㉱ 알루미늄

08 직류발전형 아크 용접기의 특징을 올바르게 나타낸 것은?
㉮ 완전한 직류 전원을 얻는다.
㉯ 직류를 얻는데 소음이 없다.
㉰ 고장이 비교적 적다.
㉱ 보수와 점검이 용이하다.

해설 • 직류발전형 아크 용접기 특성
① 완전한 직류전원을 얻는다. ② 고장과 소음이 나기 쉽다.
③ 보수 점검이 어렵다. ④ 값이 고가이다.

09 용접기의 구비조건으로 잘못 설명된 것은?
㉮ 구조 및 취급이 간단해야 한다.
㉯ 전류조정이 용이하고 일정하게 전류가 흘러야 한다.
㉰ 아크발생 및 유지가 용이하고 아크가 안정되어야 한다.
㉱ 사용중에 온도 상승이 커야 한다.

5. ㉯ 6. ㉮ 7. ㉮ 8. ㉮ 9. ㉱

10 가스용접봉 표시 GA46에서 46의 의미는?

㉮ 용접봉의 재질
㉯ 용접봉의 규격
㉰ 용접봉의 종류
㉱ 용착금속의 최소 인장강도

11 용접용 산소용기 취급상의 주의 사항 중 틀린 것은?

㉮ 용기 운반시 충격을 주어서는 안된다.
㉯ 통풍이 잘되고 직사광선이 잘 드는 곳에 보관한다.
㉰ 밸브의 개폐는 조용히 해야 한다.
㉱ 가연성 물질이 있는 곳에는 용기를 보관하지 말아야 한다.

해설 산소용기는 통풍이 잘되고 그늘진 곳에 보관한다.

12 가스절단 장치에 관한 설명으로 틀린 것은?

㉮ 프랑스식 절단 토치의 팁은 동심형이다.
㉯ 중압식 절단 토치는 아세틸렌가스 압력이 보통 $0.07 kg_f/cm^2$ 이하에서 사용된다.
㉰ 독일식 절단 토치의 팁은 이심형이다.
㉱ 산소나 아세틸렌 용기 내의 압력이 고압이므로 그 조정을 위해 압력 조정기가 필요하다.

13 피복아크 용접봉 중 고산화티탄계를 나타내는 용접봉은?

㉮ E4301
㉯ E4311
㉰ E4313
㉱ E4316

해설 E4301 : 일미나이트계, E4311 : 고셀룰로스계
 E4313 : 고산화티탄계 E4316 : 저수소계

14 기계적 이음과 비교한 용접 이음의 장점으로 틀린 것은?

㉮ 기밀성이 우수하다.
㉯ 재료의 변형이 없다.
㉰ 이음 효율이 높다.
㉱ 재료두께의 제한이 없다.

해설 • 용접이음의 특징
① 기밀성이 우수하다. ② 잔류응력과 변형이 심하다. ③ 이음효율이 높다.
④ 두꺼운 재료도 용접이 가능하다.

ANSWER 10. ㉱ 11. ㉯ 12. ㉯ 13. ㉰ 14. ㉯

15 35℃에서 120kgf/cm²으로 압축하여 충전한 용기속의 산소량이 5604 리터라면 내부 용적은 몇 리터로 계산되는가?
- ㉮ 0.02
- ㉯ 58.84
- ㉰ 67.25
- ㉱ 46.7

해설 내부용적 $V = L/P$ 그러므로 5604/120 = 46.7

16 가스 가우징에 의한 홈 가공을 할 때 가장 적당한 홈의 깊이에 대한 나비의 비는 얼마인가?
- ㉮ 1 : (2~3)
- ㉯ 1 : (5~7)
- ㉰ (2~3) : 1
- ㉱ (5~7) : 1

17 가스 용접에서 전진법과 비교한 후진법의 특징 설명으로 옳은 것은?
- ㉮ 용접속도가 느리다.
- ㉯ 홈 각도가 크다.
- ㉰ 용접가능 판 두께가 두껍다.
- ㉱ 용접변형이 크다.

18 설퍼 프린트시 강판에 황(S)이 많은 곳의 인화지 색깔은 어떻게 변하는가?
- ㉮ 흑색으로
- ㉯ 청색으로
- ㉰ 적색으로
- ㉱ 녹색으로

19 합금 주철의 합금 원소들 중에서 흑연화를 촉진시키는 원소는?
- ㉮ Cr
- ㉯ Mo
- ㉰ V
- ㉱ Ni

해설 주철의 흑연화 촉진제는 Si, Ni, Ti, Al

20 탄소강의 담금질 중 고온의 오스테나이트 영역에서 소재를 냉각하면 냉각 속도의 차에 따라 마텐자이트, 트루스타이트 솔바이트, 오스테나이트 등의 조직으로 변태 되는데 이들 조직 중에서 강도와 경도가 가장 높은 것은?
- ㉮ 마텐자이트
- ㉯ 트루스타이트
- ㉰ 솔바이트
- ㉱ 오스테나이트

ANSWER 15. ㉱ 16. ㉮ 17. ㉰ 18. ㉮ 19. ㉱ 20. ㉮

21 합금 공구강에 첨가하는 원소로서 담금질 효과를 증대시키는 원소는?
- ㉮ Pt
- ㉯ Cr
- ㉰ A
- ㉱ Zr

22 마그네슘의 성질에 대한 설명 중 잘못된 것은?
- ㉮ 비중은 1.74이다.
- ㉯ 비강도가 Al(알루미늄)합금보다 우수하다.
- ㉰ 면심입방 격자이며, 냉간가공이 가능하다.
- ㉱ 구상흑연 주철의 첨가제로 사용한다.

  해설 마그네슘은 조밀육방격자이다.

23 주성분은 Al-Si-Cu-Mg-Ni로 열팽창 계수 및 비중이 작고 내마멸성이 커 피스톤용으로 사용되는 내열용 알루미늄 합금은?
- ㉮ 실루민
- ㉯ Lo-Ex합금
- ㉰ 하이드로날륨
- ㉱ 라우탈

24 스테인리스강 중 내식성이 가장 높고 비자성체인 것은?
- ㉮ 마텐자이트계
- ㉯ 페라이트계
- ㉰ 펄라이트계
- ㉱ 오스테나이트계

  해설 스테인레스강은 오스테나이트계, 페라이트계, 마텐자이트계가 있으며, 이중 가장 비자성체는 오스테나이트계다.

25 강자성체만으로 구성된 것은?
- ㉮ 철 - 니켈 - 코발트
- ㉯ 금 - 구리 - 철
- ㉰ 철 - 구리 망간
- ㉱ 백금 - 금 - 알루미늄

  해설 강자성체란 자석에 강하게 끌리는 성질이며 속하는 금속은 Fe, Ni, Co등이 있다.

26 하드필드강은 어느 주강에 해당 되는가?
- ㉮ 망간(Mn) 주강
- ㉯ 크롬(Cr) 주강
- ㉰ 니켈(Ni) 주강
- ㉱ 니켈(Ni)-크롬(Cr) 주강

ANSWER 21. ㉯ 22. ㉰ 23. ㉯ 24. ㉱ 25. ㉮ 26. ㉮

27 철강 표면에 Al을 침투시키는 금속 침투법은?

㉮ 세라라이징 ㉯ 칼로라이징
㉰ 실리코나이징 ㉱ 크로마이징

> 세라다이징 : Zn침투, 크로마이징 : Cr침투, 실리코나이징 : Si침투
> 칼로나이징 : Al침투, 보로나이징 : B침투

28 모넬메탈(Monel metal)의 종류 중 유황(S)을 넣어 강도는 희생시키고 쾌삭성을 개선한 것은?

㉮ KR − Monel ㉯ K − Monel
㉰ R − Monel ㉱ H − Monel

29 용접할 때 발생한 변형을 교정하는 방법 중 틀린 것은?

㉮ 형재(形材)에 대한 직선 수축법
㉯ 박판에 대한 점 수축법
㉰ 박판에 대하여 가열 후 압력을 가하고 공냉하는 방법
㉱ 롤러에 거는 방법

30 서브머지드 아크 용접의 특징 설명으로 틀린 것은?

㉮ 개선각을 작게 하여 용접 패스 수를 줄일 수 있다.
㉯ 용접 중 아크가 안 보이므로 용접부의 확인이 곤란하다.
㉰ 용접선이 구부러지거나 짧아도 능률적이다.
㉱ 용접설비비가 고가이다.

31 CO_2 가스아크 용접에서 용극식의 솔리드와이어 혼합 가스법으로 맞는 것은?

㉮ CO_2 + C법 ㉯ CO_2 + CO + Ar법
㉰ CO_2 + CO + O_2법 ㉱ CO_2 + Ar법

> CO_2가스 아크용접에서 솔리드와이어 혼합 가스법으로 사용하는 가스는
> CO_2 − O_2, CO_2 − Ar, CO_2 − Ar − O_2 등이 있다.

ANSWER 27. ㉯ 28. ㉰ 29. ㉰ 30. ㉰ 31. ㉱

32 전기용접기를 설치해도 되는 장소는?
　㉮ 먼지가 매우 많고 옥외의 비바람이 치는 곳.
　㉯ 수증기 또는 습도가 높은 곳.
　㉰ 폭발성 가스가 존재하지 않는 곳.
　㉱ 진동이나 충격을 받는 곳.

33 이산화탄소(CO_2)가스 아크 용접용 와이어 중 탈산제, 아크 안정제 등 합금원소가 포함되어 있어 양호한 용착금속을 얻을 수 있으며, 아크도 안정되어 스패터가 적고 비드 외관도 아름다운 것은?
　㉮ 혼합 솔리드 와이어　　㉯ 복합 와이어
　㉰ 솔리드 와이어　　　　㉱ 특수 와이어

34 초음파 탐상법에 속하지 않는 것은?
　㉮ 투과법　　　　　　　㉯ 펄스반사법
　㉰ 공진법　　　　　　　㉱ 맥동법

　　해설 음파 탐상법에 속하는 것은 투과법, 펄스반사법, 공진법 등이 있다.

35 저온균열이 일어나기 쉬운 재료에 용접 전에 균열을 방지할 목적으로 피용접물의 전체 또는 이음부 부근의 온도를 올리는 것을 무엇이라고 하는가?
　㉮ 잠열　　　　　　　　㉯ 예열
　㉰ 후열　　　　　　　　㉱ 발열

36 불활성가스 텅스텐 아크 용접의 직류정극성에 관한 설명이 맞는 것은?
　㉮ 직류 역극성보다 청정작용의 효과가 가장 크다.
　㉯ 직류 역극성보다 용입이 깊다.
　㉰ 직류 역극성보다 비드폭이 넓다.
　㉱ 직류 역극성에 비하여 지름이 큰 전극이 필요하다.

ANSWER ▶ 32.㉰　33.㉯　34.㉱　35.㉯　36.㉯

37 점 용접의 종류가 아닌 것은?
㉮ 맥동 점용접   ㉯ 인터랙 점용접
㉰ 직렬식 점용접   ㉱ 원판식 점용접

38 서브머지드 아크용접기에서 다전극 방식에 의한 분류에 속하지 않는 것은?
㉮ 푸시 풀식   ㉯ 텐덤식
㉰ 횡병렬식   ㉱ 횡직렬식

39 필릿 용접의 경우 루트 간격의 양에 따라 보수 방법이 다른데 간각이 4.5mm이상일 때 보수하는 방법으로 옳은 것은 무엇인가?
㉮ 각장(목길이) 대로 용접한다.
㉯ 각장(목길이)을 증가시킬 필요가 있다.
㉰ 루트 간격대로 용접한다.
㉱ 라이너를 넣는다.

> 해설) 보수용접에서 루트간격이 1.5mm이하는 그대로 용접하고 간격이 1.5~4.5mm 일 때는 넓어진 만큼 다리길이를 증가 할 필요가 있고 4.5mm이상 일 때는 라이너를 넣는다.

40 용접부 외부에서 주어지는 열량을 용접 입열이라 한다. 용접 입열이 충분하지 못하여 발생하는 결함은?
㉮ 용융 불량   ㉯ 언더컷
㉰ 균열   ㉱ 변형

41 용접작업에서 안전에 대해 설명한 것 중 틀린 것은?
㉮ 높은 곳에서 용접 작업할 경우 추락, 낙하 등의 위험이 있으므로 항상 안전벨트와 안전모를 착용한다.
㉯ 용접 작업중에 여러 가지 유해 가스가 발생하기 때문에 통풍 또는 환기 장치가 필요하다.
㉰ 가연성의 분진, 화약류 등 위험물이 있는 곳에서는 용접을 해서는 안된다.
㉱ 가스 용접은 강한 빛이 나오지 않기 때문에 보안경을 착용하지 않아도 된다.

ANSWER 37. ㉱ 38. ㉮ 39. ㉱ 40. ㉮ 41. ㉱

42 안전모의 착용에 대한 설명으로 틀린 것은?

㉮ 턱조리개는 반드시 조이도록 할 것.
㉯ 작업에 적합한 안전모를 사용할 것.
㉰ 안전모는 작업자 공용으로 사용할 것.
㉱ 머리상부와 안전모 내부의 상단과의 간격은 25mm 이상 유지하도록 조절하여 쓸 것.

> 해설 안전모는 각자 머리의 규격에 맞는 걸 사용한다.

43 산화하기 쉬운 알루미늄을 용접할 경우에 가장 적당한 용접법은?

㉮ 서브머지드 아크용접　　㉯ 불활성가스 아크용접
㉰ CO_2 아크용접　　㉱ 전기저항 용접

> 해설 산화하기 쉬운 금속은 불활성가스를 사용하여 산소와의 접촉을 피하면서 용접해야 산화를 방지할 수 있다.

44 연납땜의 대표적인 것으로 흡착작용은 무엇의 함유량에 의해 좌우되는가?

㉮ 주석　　㉯ 아연
㉰ 송진　　㉱ 붕사

45 파장이 같은 빛을 렌즈로 집광하면 매우 작은 점으로 집중이 가능하고 높은 에너지로 집속하면 높은 열을 얻을 수 있다. 이것을 열원으로 하여 용접하는 방법은?

㉮ 레이저 용접　　㉯ 일렉트로 슬래그 용접
㉰ 테르밋 용접　　㉱ 플라즈마 아크 용접

46 용접할 때 발생하는 변형과 잔류응력을 경감하는데 사용되는 방법 중 틀린 것은?

㉮ 용접 전 변형 방지책으로는 억제법, 역 변형법을 쓴다.
㉯ 모재의 열전도를 억제하여 변형을 방지하는 방법으로는 전진법을 쓴다.
㉰ 용접 금속부의 변형과 응력을 경감하는 방법으로는 피닝법을 쓴다.
㉱ 용접 시공에 의한 경감법으로는 대칭법, 후진법, 스킵법 등을 쓴다.

ANSWER ▶ 42. ㉰　43. ㉯　44. ㉮　45. ㉮　46. ㉯

47 용접부 검사법 중 기계적 시험법이 아닌 것은?
㉮ 굽힘 시험   ㉯ 경도 시험
㉰ 인장 시험   ㉱ 부식 시험

해설 부식시험은 화학적 시험 방법이다.

48 다음 보기와 같은 용착법은?

[보기]
1 → 4 → 2 → 5 → 3 →

㉮ 대칭법   ㉯ 전진법
㉰ 후진법   ㉱ 비석법

49 용접작업에서 아르곤(Ar) 용기를 나타내는 색깔은?
㉮ 황색   ㉯ 녹색
㉰ 회색   ㉱ 흰색

해설 아르곤용기 : 회색, 산소 : 녹색, 수소 : 주황색, 아세틸렌 : 황색

50 가스 절단기 및 토치의 취급상 주의 사항으로 틀린 것은?
㉮ 가스가 분출되는 상태로 토치를 방치하지 않는다.
㉯ 토치의 작동이 불량할 때는 분해하여 기름을 발라야 한다.
㉰ 점화가 불량할 때에는 고장을 수리 점검한 후 사용한다.
㉱ 조정용 나사를 너무 세게 조이지 않는다.

51 구의 반지름을 나타내는 치수 보조 기호는?
㉮ SØ   ㉯ R
㉰ SR   ㉱ Ø

52 기계구조용 탄소 강관의 KS 재료 기호는?
㉮ SPC   ㉯ SPS
㉰ SWP   ㉱ STKM

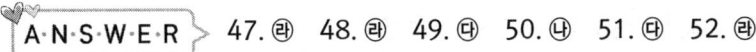
47. ㉱ 48. ㉱ 49. ㉰ 50. ㉯ 51. ㉰ 52. ㉱

53 실물을 보고 프리핸드로 그린 도면으로 필요한 사항을 기입하여 완성한 도면인 것은?

㉮ 스케치도 ㉯ 상세도
㉰ 부분조립도 ㉱ 트레이스도

해설 스케치도는 3각법으로 그리며 프리핸드로 그린다.

54 보기와 같은 3각법으로 정투상한 정면도와 우측면도에 가장 적합한 평면도는?

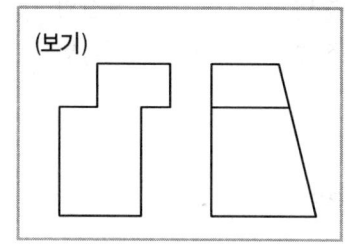
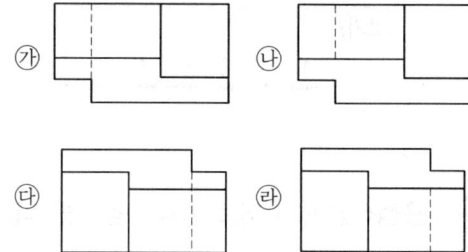

55 도면에 리벳의 호칭이 "KS B 1102 보일러용 둥근 머리리벳 13×30 SV 400"로 표시된 경우 올바른 해독은?

㉮ 리벳의 수량 13개 ㉯ 리벳의 길이 30 mm
㉰ 최대 인장강도 400 kPa ㉱ 리벳의 호칭 지름 30 mm

56 기계제도에서 사용하는 파단선의 설명으로 올바른 것은?

㉮ 가는 1점 쇄선이다.
㉯ 불규칙한 파형의 가는 실선이다.
㉰ 굵기는 외형선과 같다.
㉱ 아주 굵은 실선으로 그린다.

57 한쪽단면(반단면) 표시법에 대한 설명으로 올바른 것은?

㉮ 대칭형의 물체를 중심선을 경계로 하여 외형도의 절반과 단면도의 절반을 조합하여 표시한 것이다.
㉯ 부품도의 중앙 부위 전후를 절단하여, 단면을 90° 회전시켜 표시한 것이다.
㉰ 도형 전체가 단면으로 표시된 것이다.
㉱ 물체의 필요한 부분만 단면으로 표시한 것이다.

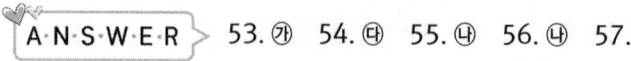 53. ㉮ 54. ㉰ 55. ㉯ 56. ㉯ 57. ㉮

58 공작물을 1:5의 척도로 그리려고 하는데 실제길이는 50mm 이다. 도면에 공작물의 길이를 얼마의 크기로 그려야 하는가?

㉮ 10 mm ㉯ 25 mm
㉰ 50 mm ㉱ 100 mm

해설 배척 : 1:1, 축척 : 1:2, 배척 : 2:1

59 보기 입체도에서 화살표 방향을 정면으로 제3각법으로 그린 정투상도는?

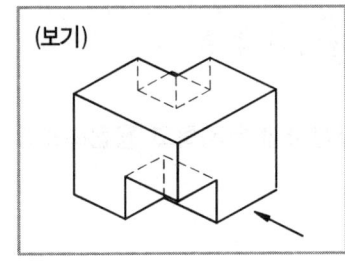
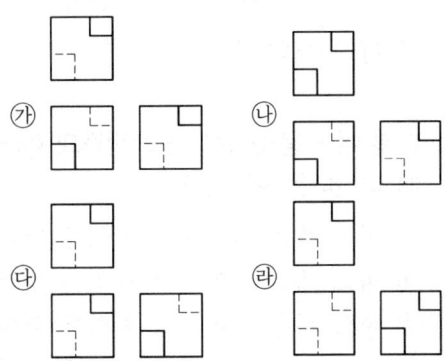

60 보기와 같이 도시된 용접기호에서 │MR│ 해독으로 올바른 것은?

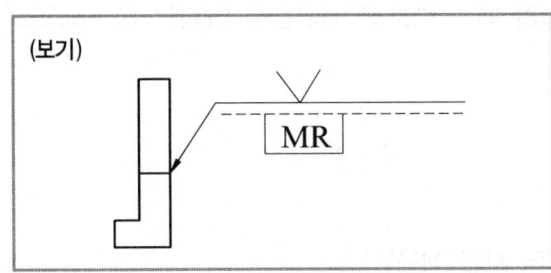

㉮ 화살표 쪽은 방사선 시험이다.
㉯ 화살표 반대쪽은 육안검사이다.
㉰ 제거 가능한 덮개 판을 사용한다.
㉱ 영구적인 덮개 판을 사용하여 용접한다.

ANSWER 58. ㉮ 59. ㉮ 60. ㉰

제13회 CBT기출복원문제

01 가스절단면의 표준 드래그의 길이는 얼마정도로 하는가?

㉮ 판 두께의 $\frac{1}{2}$ ㉯ 판 두께의 $\frac{1}{3}$

㉰ 판 두께의 $\frac{1}{5}$ ㉱ 판 두께의 $\frac{1}{7}$

02 피복 아크 용접에서 아크 전류와 아크 전압을 일정하게 유지하고 용접속도를 증가시킬 때 나타나는 현상은?

㉮ 비드 폭은 넓어지고 용입은 얕아진다.
㉯ 비드 폭은 좁아지고 용입은 깊어진다.
㉰ 비드 폭은 좁아지고 용입은 얕아진다.
㉱ 비드 폭은 넓어지고 용입은 깊어진다.

해설 전류와 전압이 일정할 때 속도가 느리면 비드폭이 넓어지고 속도가 빠르면 비드폭이 좁아진다. 용입은 속도가 빨라지면 모재에 받는 열의 영향이 적어 용입은 얕아진다.

03 가스 용접 작업에서 보통 작업할 때 압력조정기의 산소 압력은 몇 kg_f/cm^2 이하이어야 하는가?

㉮ 5~6   ㉯ 3~4
㉰ 1~2   ㉱ 0.1~0.3

04 가스용접에서 산소용 고무호스의 사용 색은?

㉮ 노랑   ㉯ 흑색
㉰ 흰색   ㉱ 적색

해설 산소용 고무호스 색은 흑색 또는 녹색, 아세틸렌용은 적색 또는 황색

ANSWER ▶ 1.㉰ 2.㉰ 3.㉯ 4.㉯

05 가변압식 팁 번호가 200일 때 10시간 동안 표준 불꽃으로 용접할 경우 아세틸렌의 소비량은 몇 리터 인가?
   ㉮ 20
   ㉯ 200
   ㉰ 2000
   ㉱ 20000

   해설 가변압식 팁 번호는 1시간당 아세틸렌 소모량을(L)로 표시한다.
   팁 번호 100은 아세틸렌 소모량이 시간당 100L다. 그러므로 팁번호가 200일때 10시간 사용했으면 200×10=2000L

06 가스용접에서 전진법과 비교한 후진법의 설명으로 맞는 것은?
   ㉮ 열 이용률이 나쁘다.
   ㉯ 용접속도가 느리다.
   ㉰ 용접변형이 크다.
   ㉱ 두꺼운 판의 용접에 적합하다.

   해설 후진법은 열 이용률이 좋아 두꺼운판 용접에 적당하다.

07 가스용접에서 주로 사용되는 산소의 성질에 대해서 설명한 것 중 옳은 것은?
   ㉮ 다른 원소와 화합시 산화물 생성을 방지한다.
   ㉯ 다른 물질의 연소를 도와주는 조연성 기체이다.
   ㉰ 유색, 유취, 유미의 기체이다.
   ㉱ 공기보다 가볍다.

08 용접 중에 아크를 중단시키면 중단된 부분이 오목하거나 납작하게 파진모습으로 남게 되는 것은?
   ㉮ 언더컷
   ㉯ 크레이터
   ㉰ 피트
   ㉱ 오버랩

   해설 아크용접에서 중단시 용접부가 오목하게 들어가는 부분을 크레이터라하며 이 현상은 중단시 아크가 모재에서 멀어질때 전압이 증가하여 아크가 모재부를 불러내므로 생기는 현상으로 용접 끝자락에서 아크를 바로 떼지 말고 뒤로 밀치면서 아크를 중단하면 방지할 수 있다.

ANSWER 5.㉰ 6.㉱ 7.㉯ 8.㉯

09 일반적으로 모재의 두께가 1mm이상일 때 용접봉의 지름을 결정하는 방법으로 사용되는 식은? (단, D : 용접봉의 지름(mm), T : 판 두께(mm))

㉮ $D = \dfrac{1}{2} + T$ ㉯ $D = \dfrac{2}{1} + T$

㉰ $D = \dfrac{2}{T} + 1$ ㉱ $D = \dfrac{T}{2} + 1$

10 직류아크 용접에서 용접봉을 용접기의 음(−)극에, 모재를 양(+)극에 연결한 경우의 극성은?

㉮ 직류 정극성 ㉯ 직류 역극성
㉰ 용극성 ㉱ 비용극성

11 1차 입력이 22kVA, 전원 전압을 220V의 전기를 사용 할 때 퓨즈용량(A)은?

㉮ 1000 ㉯ 100
㉰ 10 ㉱ 1

> 퓨즈용량 = 입력/전압 = (22×1000/220) = 100 여기서, 22kVA = 22000V

12 피복 아크 용접봉에서 피복제의 역할 중 틀린 것은?

㉮ 중성 또는 환원성 분위기로 용착금속을 보호한다.
㉯ 용착금속의 급랭을 방지한다.
㉰ 모재 표면의 탈산 정련 작용을 방지한다.
㉱ 용착금속의 탈산 정련 작용을 한다.

13 강재 표면의 흠이나 개재물, 탈탄층 등을 제거하기 위하여 얇고 타원형 모양으로 깎아내는 가공법은?

㉮ 산소창 절단 ㉯ 스카핑
㉰ 탄소아크 절단 ㉱ 가우징

> 스카핑과 가우징의 차이점은 스카핑은 강재 표면의 탈탄층 또는 흠을 제거하는 작업이며 가우징은 용접부의 홈파기 구멍 뚫기 등이다.

ANSWER ▶ 9.㉱ 10.㉮ 11.㉯ 12.㉱ 13.㉯

14 리벳이음에 비교한 용접이음의 특징 설명으로 틀린 것은?
- ㉮ 수밀, 기밀, 유밀이 우수하다.
- ㉯ 품질검사가 간단하다.
- ㉰ 응력집중이 생기기 쉽다.
- ㉱ 저온 취성이 생길 우려가 있다.

15 저수소계 용접봉은 사용하기 전 몇 ℃에서 몇 시간 정도 건조시켜 사용해야 하는가?
- ㉮ 100℃ ~ 150℃ 30시간
- ㉯ 150℃ ~ 250℃ 1시간
- ㉰ 300℃ ~ 350℃ 1 ~ 2시간
- ㉱ 450℃ ~ 550℃ 3시간

  해설 용접봉 건조에서 보통용접봉은 70~100℃에서 30분~1시간 건조하고 저수소계는 300~350℃에서 1 ~ 2시간 건조한다.

16 아크절단의 종류에 해당하는 것은?
- ㉮ 철분 절단
- ㉯ 수중 절단
- ㉰ 스카핑
- ㉱ 아크 에어 가우징

17 용접기의 규격 AW500의 설명 중 맞는 것은?
- ㉮ AW은 직류 아크 용접기라는 뜻이다.
- ㉯ 500은 정격 2차 전류의 값이다.
- ㉰ AW은 용접기의 사용율을 말한다.
- ㉱ 500은 용접기의 무부하 전압 값이다.

  해설 용접기 규격에서 AW500 이란 교류용접기로써 정격 2차 전류가 500A란 뜻이다.

18 탄소강에서 자성이 있으며 전성과 연성이 크고 연하며 거의 순철에 가까운 조직은?
- ㉮ 마르텐사이트
- ㉯ 페라이트
- ㉰ 오스테나이트
- ㉱ 시멘타이트

19 알루미늄 합금, 구리합금 용접에서 예열온도로 가장 적합한 것은?
- ㉮ 200℃ ~ 400℃
- ㉯ 100℃ ~ 200℃
- ㉰ 60℃ ~ 100℃
- ㉱ 20℃ ~ 50℃

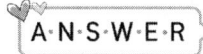 14. ㉯ 15. ㉰ 16. ㉱ 17. ㉯ 18. ㉯ 19. ㉮

20 니켈-구리 합금이 아닌 것은?
㉮ 큐프로니켈　　㉯ 콘스탄탄
㉰ 모넬메탈　　㉱ 문쯔메탈

🌟해설 문쯔메탈은 황동에서 6:4황동을 말한다.

21 철계 주조재의 기계적 성질 중 인장강도가 가장 높은 주철은?
㉮ 보통주철　　㉯ 백심가단주철
㉰ 고급주철　　㉱ 구상흑연주철

22 내열성 알루미늄합금으로 실린더헤드, 피스톤 등에 사용되는 것은?
㉮ 알민　　㉯ Y합금
㉰ 하이드로날륨　　㉱ 알드레이

🌟해설 Y합금은 내열용 알루미늄합금으로 Al + Cu + Mg + Ni합금으로 이루어져 있다.

23 마그네슘합금에 속하지 않는 것은?
㉮ 다우메탈　　㉯ 엘렉트론
㉰ 미쉬메탈　　㉱ 화이트메탈

🌟해설 화이트메탈은 베어링에 사용하는 합금으로 주로 주석과 납으로 이루어져있다.

24 금속표면에 내식성과 내산성을 높이기 위해 다른 금속을 침투 확산시키는 방법으로 종류와 침투제가 바르게 연결된 것은?
㉮ 세라다이징 - Mn　　㉯ 크로마이징 - Cr
㉰ 칼로라이징 - Fe　　㉱ 실리코나이징 - C

🌟해설 세라다이징 - Zn, 크로마이징 - Cr, 칼로나이징 - Al, 실리코나이징 - Si

25 제강법 중 쇳물속으로 또는 산소(O_2)를 불어 넣어 불순물을 제거하는 방법으로 연료를 사용하지 않는 것은?
㉮ 평로 제강법　　㉯ 아크 전기로 제강법
㉰ 전로 제강법　　㉱ 유도 전기로 제강법

ANSWER 20. ㉱ 21. ㉱ 22. ㉯ 23. ㉱ 24. ㉯ 25. ㉰

26 오스테나이트계 스테인리스강을 용접하여 사용 중에 용접부에서 녹이 발생하였다. 이를 방지하기 위한 방법이 아닌 것은?
- ㉮ Ti, V, Nb 등이 첨가된 재료를 사용한다.
- ㉯ 저탄소의 재료를 선택한다.
- ㉰ 용체화처리 후 사용한다.
- ㉱ 크롬탄화물을 형성토록 시효처리한다.

27 킬드강을 제조할 때 사용하는 탈산제는?
- ㉮ C, Fe – Mn
- ㉯ C, Al
- ㉰ Fe – Mn, S
- ㉱ Fe – Si, Al

28 풀림 열처리의 목적으로 틀린 것은?
- ㉮ 내부의 응력 증가
- ㉯ 조직의 균일화
- ㉰ 가스 및 불순물 방출
- ㉱ 조직의 미세화

해설 풀림처리의 목적은 내부응력제거와 조직을 균일화하기 위함이다.

29 텅스텐 전극과 모재 사이에 아크를 발생시켜 모재를 용융하여 절단하는 방법은?
- ㉮ 티그절단
- ㉯ 미그절단
- ㉰ 플라즈마절단
- ㉱ 산소아크절단

30 TIG용접에서 직류 정극성으로 용접할 때 전극선단의 각도가 가장 적합한 것은?
- ㉮ 5 ~ 10°
- ㉯ 10 ~ 20°
- ㉰ 30 ~ 50°
- ㉱ 60 ~ 70°

31 이산화탄소의 성질이 아닌 것은?
- ㉮ 색, 냄새가 없다.
- ㉯ 대기 중에서 기체로 존재한다.
- ㉰ 상온에서도 쉽게 액화한다.
- ㉱ 공기보다 가볍다.

해설 이산화탄소 비중은 1.529로써 공기보다 무겁다.

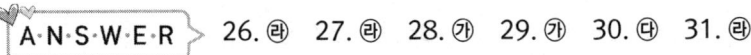
26. ㉱ 27. ㉱ 28. ㉮ 29. ㉮ 30. ㉰ 31. ㉱

32 피복금속 아크용접에 비해 서브머지드 아크용접의 특징설명으로 옳은 것은?
㉮ 용접장비의 가격이 싸다.
㉯ 용접속도가 느리므로 저능률의 용접이 된다.
㉰ 비드외관이 거칠다.
㉱ 용접선이 구부러지거나 짧으면 비능률적이다.

33 서브머지드 아크 용접시, 받침쇠를 사용하지 않을 경우 루트 간격이 몇 mm이하로 하여야 하는가?
㉮ 0.2
㉯ 0.4
㉰ 0.6
㉱ 0.8

해설 서브머지드 용접에서 루트간격이 0.8mm 이상이 되면 용락이 생기고 용접 불능으로 된다.

34 저항용접의 3요소가 아닌 것은?
㉮ 가압력
㉯ 통전시간
㉰ 통전전압
㉱ 전류의 세기

35 기체나 액체 연료를 토치나 버너로 연소시켜 그 불꽃을 이용하여 납땜하는 것은?
㉮ 유도가열납땜
㉯ 담금납땜
㉰ 가스납땜
㉱ 저항납땜

36 수평 필렛 용접시 목의 두께는 각장(다리길이)의 약 몇 %정도가 적당한가?
㉮ 50
㉯ 160
㉰ 70
㉱ 180

37 샤르피식의 시험기를 사용하는 시험 방법은?
㉮ 경도시험
㉯ 충격시험
㉰ 인장강도
㉱ 피로시험

해설 샤르피식 시험기는 충격시험기로써 샤르피 충격시험과 아이조드 충격시험이 있고, 샤르피 충격시험은 시험편을 수평으로 지지하고 충격을 주는 방법이며, 아이조드 충격시험은 시험편의 한 끝을 수직으로 고정하고 충격을 주는 시험이다.

ANSWER 32.㉱ 33.㉱ 34.㉰ 35.㉰ 36.㉰ 37.㉯

38 비드 및 균열은 비드의 바로 밑 용융선을 따라 열 영향부에 생기는 균열로 고 탄소강이나 합금강 같은 재료를 용접할 때 생기는데, 그 원인으로 맞는 것은?
- ㉮ 탄산 가스
- ㉯ 수소 가스
- ㉰ 헬륨 가스
- ㉱ 아르곤 가스

39 용접 전 꼭 확인해야 할 사항이 틀린 것은?
- ㉮ 예열·후열의 필요성을 검토한다.
- ㉯ 용접전류, 용접순서, 용접조건을 미리 선정한다.
- ㉰ 양호한 용접성을 얻기 위해서 용접부에 물로 분무한다.
- ㉱ 이음부에 페인트, 기름, 녹 등의 불순물이 없는지 확인 후 제거한다.

해설 용접부에 가장 문제가 되는 것은 수분이다. 수분은 용접부에 기공과 균열을 일으킨다.

40 용접할 때 변형과 잔류응력을 경감시키는 방법으로 틀린 것은?
- ㉮ 용접 전 변형 방지책으로 억제법, 역변형법을 쓴다.
- ㉯ 용접시공에 의한 경감법으로는 대칭법, 후진법, 스킵법 등을 쓴다.
- ㉰ 모재의 열전도를 억제하여 변형을 방지하는 방법으로는 도열법을 쓴다.
- ㉱ 용접 금속부의 변형과 응력을 제거하는 방법으로는 담금질을 한다.

해설 용접부의 변형과 응력을 제거하기 위해선 풀림처리 한다.

41 용접부에 오버랩의 결함이 생겼을 때, 가장 올바른 보수방법은?
- ㉮ 작은 지름의 용접봉을 사용하여 용접한다.
- ㉯ 결함 부분을 깎아내고 재용접한다.
- ㉰ 드릴로 정지구멍을 뚫고 재용접한다.
- ㉱ 결함부분을 절단한 후 덧붙임 용접을 한다.

42 용접부의 완성검사에 사용되는 비파괴 시험이 아닌 것은?
- ㉮ 방사선 투과시험
- ㉯ 형광 침투시험
- ㉰ 자기 탐상법
- ㉱ 현미경 조직 시험

해설 현미경 조직시험은 파괴시험이다.

ANSWER ▶ 38.㉯ 39.㉰ 40.㉱ 41.㉯ 42.㉱

43 응급처치의 3대 요소가 아닌 것은?
㉮ 상처보호 ㉯ 쇼크방지
㉰ 기도유지 ㉱ 응급후송

44 용접 작업시 주의 사항으로 거리가 먼 것은?
㉮ 좁은 장소 및 탱크 내에서의 용접은 충분히 환기한 후에 작업한다.
㉯ 훼손된 케이블은 용접작업 종료 후에 절연 테이프로 보수한다.
㉰ 전격방지기가 설치된 용접기를 사용하여 작업한다.
㉱ 안전모, 안전화 등 보호장구를 착용한 후 작업한다.

45 가스 용접작업에 관한 안전사항으로서 틀린 것은?
㉮ 산소 및 아세틸렌병 등 빈병은 섞어서 보관한다.
㉯ 호스의 누설 시험시에는 비눗물을 사용한다.
㉰ 용접시 토치의 끝을 긁어서 오물을 털지 않는다.
㉱ 아세틸렌병 가까이에서는 흡연하지 않는다.

해설 가연성가스와 지연성가스는 각각 보관함에 따로 보관한다.

46 용접부의 형상에 따른 필릿 용접의 종류가 아닌 것은?
㉮ 연속 필릿 ㉯ 단속 필릿
㉰ 경사 필릿 ㉱ 단속지그재그 필릿

47 화재 및 폭발의 방지 조치로 틀린 것은?
㉮ 대기 중에 가연성 가스를 방출시키지 말 것.
㉯ 필요한 곳에 화재진화를 위한 방화설비를 설치할 것.
㉰ 용접작업 부근에 점화원을 둘 것.
㉱ 배관에서 가연성 증기의 누출 여부를 철저히 점검할 것.

해설 용접 작업시 부근 5m이내에는 가연성물질을 두지 않는다.

ANSWER 43.㉱ 44.㉯ 45.㉮ 46.㉰ 47.㉰

48 스터드 용접에서 페룰의 역할이 아닌 것은?
㉮ 용융금속의 탈산방지   ㉯ 용융금속의 유출방지
㉰ 용착부의 오염방지   ㉱ 용접사의 눈을 아크로부터 보호

49 일렉트로 슬래그 용접법에 사용되는 용제(flux)의 주성분이 아닌 것은?
㉮ 산화규소   ㉯ 산화망간
㉰ 산화알루미늄   ㉱ 산화티탄

50 불활성 가스 금속 아크(MIG)용접에서 주로 사용되는 가스는?
㉮ CO   ㉯ Ar
㉰ O_2 ㉱ H

> MIG용접에 사용하는 가스는 Ar가스를 사용하는데 그 이유는 Ar가스에는 청정작용이 있어서 MIG 용접시 모재표면의 강한 산화막을 제거하는데 사용한다.

51 도면에서 표제란과 부품란으로 구분할 때, 부품란에 기입할 사항이 아닌 것은?
㉮ 품명   ㉯ 재질
㉰ 수량   ㉱ 척도

52 기계제도에서 대상물의 보이는 부분의 외형을 나타내는 선의 종류는?
㉮ 가는 실선   ㉯ 굵은 파선
㉰ 굵은 실선   ㉱ 가는 일점 쇄선

53 보기 입체도의 화살표 방향이 정면일 때 평면도로 적합한 것은?

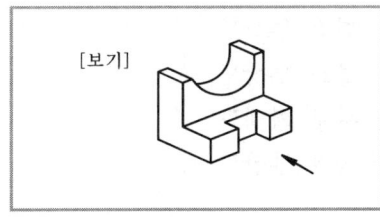
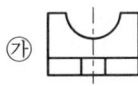 ㉮   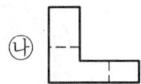 ㉯
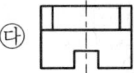 ㉰   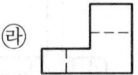 ㉱

ANSWER ▶ 48. ㉮ 49. ㉱ 50. ㉯ 51. ㉱ 52. ㉰ 53. ㉰

54 기계제도에서 도면에 치수를 기입하는 방법에 대한 설명으로 틀린 것은?

㉮ 길이는 원칙으로 mm의 단위로 기입하고, 단위 기호는 붙이지 않는다.
㉯ 치수의 자릿수가 많을 경우 세 자리마다 콤마를 붙인다.
㉰ 관련 치수는 되도록 한 곳에 모아서 기입한다.
㉱ 치수는 되도록 주 투상도에 집중하여 기입한다.

해설 치수를 기입시 숫자가 많더라도 세 자리마다 콤마를 찍지 않는다.

55 보기 도면의 "□40"에서 치수 보조기호인 "□"가 뜻하는 것은?

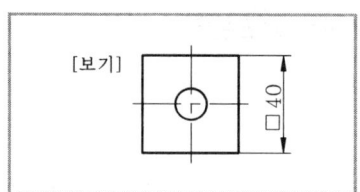

㉮ 정사각형의 변
㉯ 이론적으로 정확한 치수
㉰ 판의 두께
㉱ 참고치수

56 절단된 원추를 3각법으로 정투상한 정면도와 평면도가 보기와 같을 때, 가장 적합한 전개도 형상은?

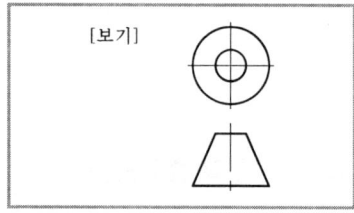  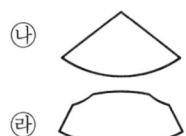

57 물체의 구멍, 홈 등 특정 부분만의 모양을 도시하는 것으로 그림과 같이 그려진 투상도의 명칭은?

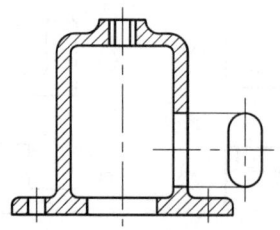

㉮ 회전 투상도
㉯ 보조 투상도
㉰ 부분 확대도
㉱ 국부 투상도

ANSWER ▶ 54.㉯ 55.㉮ 56.㉮ 57.㉱

58 보기와 같은 KS용접기호 해독으로 올바른 것은?

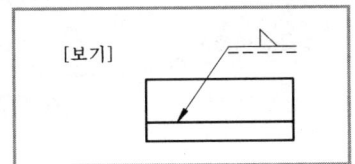

㉮ 화살표 쪽에 용접
㉯ 화살표 반대쪽에 용접
㉰ V홈에 단속 용접
㉱ 작업자 편한 쪽에 용접

해설 기선 위쪽에 기호가 있으면 화살표 반대쪽 용접이지만 기선 아래에 점선이 있으면 위쪽에 기호가 기입되었어도 화살표 쪽 용접으로 작업한다.

59 나사의 단면도에서 수나사와 암나사의 골 밑(골지름)은 어떤 선으로 도시하는가?

㉮ 굵은 실선
㉯ 가는 1점 쇄선
㉰ 가는 파선
㉱ 가는 실선

60 열간 성형리벳의 호칭법 표시 방법으로 옳은 것은?

㉮ (종류) (호칭지름) × (길이) (재료)
㉯ (종류) (호칭지름) (길이) × (재료)
㉰ (종류) × (호칭지름) (길이) − (재료)
㉱ (종류) (호칭지름) (길이) − (재료)

ANSWER 58. ㉮ 59. ㉱ 60. ㉮

제14회 CBT기출복원문제

01 가스용접에서 용제(flux)를 사용하는 이유는?
㉮ 산화작용 및 질화작용을 도와 용착금속의 조직을 미세화 하기 위해
㉯ 모재의 용융온도를 낮게 하여 가스 소비량을 적게 하기 위해
㉰ 용접봉의 용융속도를 낮게 하여 가스 소비량을 적게 하기 위해
㉱ 용접 중에 생기는 금속의 산화물 또는 비금속 개재물을 용해하여 용착금속의 성질을 양호하게 하기 위해

02 전격방지기는 아크를 끊음과 동시에 자동적으로 릴레이가 차단되어 용접기의 2차 무부하 전압을 몇 V이하로 유지 시키는가?
㉮ 20 ~ 30V   ㉯ 35 ~ 45V
㉰ 50 ~ 60V   ㉱ 65 ~ 75V

03 LP가스의 특성 설명으로 가장 관계가 없는 것은?
㉮ 연소시 많은 공기가 필요하다.
㉯ 연소시 발열량이 크다.
㉰ 액화하기 어렵고 수송이 편리하다.
㉱ 안전도가 높고 관리가 쉽다.

> 해설) LP가스는 액화가스로써 영하의 온도에서 쉽게 액화하여 보관이 용이하여 수송이 편리하다.

04 피복 아크 용접에서 전기가 없는 곳에서 사용할 수 있는 용접기는?
㉮ 정류형 직류 아크 용접기
㉯ 엔진구동형 용접기
㉰ AC – DC 아크용접기
㉱ 가포화리액터형 교류 아크 용접기

> 해설) 엔진구동형 용접기는 자체 엔진구동에 의해 전류를 조달하므로 전기가 없는 곳에서 용접이 가능하다.

ANSWER ▶ 1.㉱ 2.㉮ 3.㉰ 4.㉯

05 수동 아크 용접기의 특성으로 옳은 것은?
㉮ 수하 특성인 동시에 정전압 특성
㉯ 상승 특성인 동시에 정전류 특성
㉰ 수하 특성인 동시에 정전류 특성
㉱ 복합 특성인 동시에 정전압 특성

06 가스 용접에서 탄화불꽃의 설명과 관련이 가장 적은 것은?
㉮ 표준불꽃이다.
㉯ 아세틸렌 과잉불꽃이다.
㉰ 속불꽃과 겉불꽃 사이에 밝은 백색의 제3불꽃이 있다.
㉱ 산화작용이 일어나지 않는다.

해설 탄화불꽃이란 산소에 비해 아세틸렌 과잉불꽃 이므로 산화작용이 일어나지 않는다.

07 가스 용접시 토치의 팁이 막혔을 때 조치 방법으로 가장 올바른 것은?
㉮ 팁 클리너를 사용한다.　　㉯ 내화벽돌 위에 가볍게 문지른다.
㉰ 철판 위에 가볍게 문지른다.　　㉱ 줄칼로 부착물을 제거한다.

해설 팁 크리너는 구멍이 커지지 않도록 팁 구멍보다 지름이 작은 것을 사용하며 팁 재질보다 연한 것을 사용한다.

08 가스절단과 비슷한 토치를 사용하여 강재의 표면에 U형, h형의 용접홈을 가공하기 위한 가공법은?
㉮ 산소 창절단　　㉯ 선삭
㉰ 가스 가우징　　㉱ 천공

09 용접기의 아크 발생을 8분간하고 2분간 쉬었다면, 사용률은 몇 % 인가?
㉮ 25　　㉯ 40
㉰ 65　　㉱ 80

해설 사용율의 정의는 사용율 80%다 하면 10분을 기준으로 8분 용접하고 2분 쉰다는 개념이다.

ANSWER ▶ 5.㉰　6.㉮　7.㉮　8.㉰　9.㉱

10 다음 중 피복제의 역할이 아닌 것은?

㉮ 용적을 굵게 하여 스패터의 발생을 많게 한다.
㉯ 중성 또는 환원성 분위기를 만들어 질화, 산화 등의 해를 방지한다.
㉰ 용착금속의 탈산 정련 작용을 한다.
㉱ 아크를 안정하게 한다.

11 금속과 금속을 충분히 접근시키면 그들 사이에 원자간의 인력이 작용하여 서로 결합한다. 이 결합을 이루기 위해서는 원자들을 몇 cm정도 까지 접근시켜야 하는가?

㉮ $1 Å = 10^{-7} cm$　　　㉯ $1 Å = 10^{-8} cm$
㉰ $1 Å = 10^{-6} cm$　　　㉱ $1 Å = 10^{-9} cm$

> 해설　거리의 개념으로 1억분의 1cm의 거리를 뜻한다.

12 연강판의 두께가 6mm인 경우 사용할 가스용접봉의 지름은 몇 mm인가?

㉮ 1.0　　　㉯ 1.6
㉰ 2.6　　　㉱ 4.0

> 해설　용접봉의 지름 $= \dfrac{T}{2}+1 = \dfrac{6}{2}+1 = 4 mm$

13 단위 시간당 소비된 용접봉의 길이 또는 무게로 나타내는 것은?

㉮ 용접속도　　　㉯ 용융속도
㉰ 용착속도　　　㉱ 용접전류

14 용접기의 전원 스위치를 넣기 전 점검사항 중 가장 관계가 먼 것은?

㉮ 용접기의 케이스에 접지선이 연결되어 있는지 점검한다.
㉯ 회전부나 마찰부에 윤활유가 알맞게 주유되어 있는지 점검한다.
㉰ 케이블이 손상된 곳은 은박테이프로 감아 보호를 하여 사용한다.
㉱ 홀더의 파손여부를 점검하고 작업장 주위의 작업위험요소가 없는지 확인한다.

> 해설　은박은 전기의 도체이기 때문에 절연되지 않아 위험하다.

ANSWER 　10. ㉮　11. ㉯　12. ㉱　13. ㉯　14. ㉰

15 산소용기의 각인에 포함되지 않는 사항은?
㉮ 내압시험압력 ㉯ 최고충전압력
㉰ 내용적 ㉱ 용기의 도색 색체

16 산소 – 프로판 가스용접 작업에서 산소와 프로판 가스의 최적 혼합비는?
㉮ 프로판 1 : 산소 2.5 ㉯ 프로판 1 : 산소 4.5
㉰ 프로판 2.5 : 산소 1 ㉱ 프로판 4.5 : 산소 1

17 산소 아크 절단을 가스 절단과 비교할 때 장점이 아닌 것은?
㉮ 변형이 적다. ㉯ 절단속도가 빠르다.
㉰ 수중 해체 작업에 이용된다. ㉱ 절단면이 정밀하다.

18 구리판의 전기 저항용접이 어려운 이유로 가장 적절한 것은?
㉮ 용융점이 높기 때문이다.
㉯ 열전도도와 열팽창 계수가 높기 때문이다.
㉰ 표면에 산화막이 형성되어 있기 때문이다.
㉱ 비자성체로 되어 있기 때문이다.

해설 구리판은 열전도가 크기 때문에 저항열의 발생이 어렵다. 그러므로 저항용접이 어려운 이유 중의 하나다.

19 스테인리스 강을 금속 조직학상으로 분류할 때 속하지 않는 것은?
㉮ 페라이트계 ㉯ 펄라이트계
㉰ 마텐자이트계 ㉱ 오스테나이트계

해설 스테인레스강은 조직학상 페라이트계, 오스테나이트계, 마텐자이트계로 나눈다.

20 니켈과 구리합금으로 온도측정용, 전기저항선으로 쓰이는 합금은?
㉮ 콘스탄탄(constantan) ㉯ 니켈로이(nickalloy)
㉰ 퍼멀로이(permalloy) ㉱ 플래티나이트(platinite)

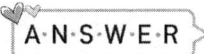 15. ㉱ 16. ㉯ 17. ㉱ 18. ㉯ 19. ㉯ 20. ㉮

21 탄소강 중에 함유되어 있는 대표적인 5대 원소는?

㉮ Mn, S, P, H_2, Si
㉯ C, P, S, Si, Mn
㉰ Si, C, Ni, Cr, Mo
㉱ P, S, Si, Ni, O_2

22 불림(normalizing)에 의해서 얻는 조직으로 가장 관계가 있는 것은?

㉮ 일반조직
㉯ 표준조직
㉰ 유심조직
㉱ 항온열처리조직

💡 불림작업은 소준이라고도 하며 조직의 균일화 또는 표준화 하는 작업이다.

23 질화용 강으로 만들기 위하여 중탄소강에 합금 원소를 첨가시키는데, 질화를 촉진시켜 주기 위해서 첨가하는 합금원소가 아닌 것은?

㉮ 니켈(Ni)
㉯ 알루미늄(Al)
㉰ 크롬(Cr)
㉱ 몰리브덴(Mo)

24 면심입방격자(FCC)에 속하는 금속이 아닌 것은?

㉮ Cr(크롬)
㉯ Cu(구리)
㉰ Pb(납)
㉱ Ni(니켈)

💡 크롬은 체심입방격자 이다.

25 보통 주철에 합금원소를 첨가하여 강도, 내마모성, 내열성 등의 성질을 개량한 주철을 무엇이라고 하는가?

㉮ 고급주철 또는 크롬주철이라고 한다.
㉯ 흑엽주철 또는 강력주철이라고 한다.
㉰ 합금주철 또는 특수주철이라고 한다.
㉱ 회주철 또는 가단주철이라고 한다.

A·N·S·W·E·R 21. ㉯ 22. ㉯ 23. ㉮ 24. ㉮ 25. ㉰

26 저탄소강에 18%의 크롬(Cr)과 8%의 니켈(Ni)이 합금된 18-8형 스테인리스강의 조직은?
- ㉮ 페라이트(ferrite)
- ㉯ 마텐자이트(martensite)
- ㉰ 오스테나이트(austenite)
- ㉱ 펄라이트(pearlite)

> 오스테나이트 스테인레스강 이란 18-8스테인레스강 이라고도 하며 크롬 18%+니켈 8% 함유한 강을 말한다.

27 Cr 10~11%, Co 26~58%, Ni 10~16%와 Fe의 합금으로 온도변화에 대한 탄성율이 극히 적어 기상관측용 기구의 부품에 주로 사용되는 강은?
- ㉮ 초인바(superinvar)
- ㉯ 엘린바(elinvar)
- ㉰ 인바(invar)
- ㉱ 코엘린바(coelinvar)

28 금속표면에 스텔라이트나 경합금 등의 금속을 용착시켜 표면 경화층을 만드는 법은?
- ㉮ 하드 페이싱
- ㉯ 고주파 경화법
- ㉰ 숏 피닝
- ㉱ 화염 경화법

29 아크 용접기의 사용에 대한 설명으로 틀린 것은?
- ㉮ 전격방지기가 부착된 용접기를 사용한다.
- ㉯ 용접기 케이스는 접지(earth)를 확실히 해 둔다.
- ㉰ 무부하 전압이 높은 용접기를 사용한다.
- ㉱ 사용률을 초과하여 사용하지 않는다.

> 무부한 전압이 높을수록 감전위험이 크기 때문에 85~95V이하로 규정하고 있다.

30 불활성가스 금속아크 용접의 용적이행 방식 중 용융이행 상태는 아크기류 중에서 용가재가 고속으로 용융, 미입자의 용적으로 분사되어 모재에 용착되는 용적이행은?
- ㉮ 용락 이행
- ㉯ 단락 이행
- ㉰ 스프레이 이행
- ㉱ 글로뷸러 이행

ANSWER ▶ 26. ㉰ 27. ㉱ 28. ㉮ 29. ㉰ 30. ㉰

31 일반적으로 연납땜과 경납땜의 구분온도는 몇 ℃ 인가?
- ㉮ 350
- ㉯ 450
- ㉰ 550
- ㉱ 650

해설 납땜에서 연납땜과 경납땜의 기준 온도는 450℃를 기준 한다. 450℃ 이상과 이하에서 용접봉이 녹는 온도의 기준이다.

32 심 용접에서 사용하는 통전 방법이 아닌 것은?
- ㉮ 포일 통전법
- ㉯ 단속 통전법
- ㉰ 연속 통전법
- ㉱ 맥동 통전법

33 아세틸렌(C_2H_2)가스의 폭발성에 해당 되지 않는 것은?
- ㉮ 406~408℃가 되면 자연발화 한다.
- ㉯ 마찰·진동·충격 등의 외력이 작용하면 폭발위험이 있다.
- ㉰ 은·수은 등과 접촉하면 이들과 화합하여 120℃ 부근에서 폭발성이 있는 화합물을 생성한다.
- ㉱ 아세틸렌 85%, 산소 15% 부근에서 가장 폭발위험이 크다.

해설 산소 85%, 아세틸렌 15% 범위에서 가장 폭발 위험이 크다.

34 용접부의 시험법 중 기계적 시험법이 아닌 것은?
- ㉮ 인장시험
- ㉯ 경도시험
- ㉰ 굽힘시험
- ㉱ 현미경시험

해설 현미경시험은 금속학적 시험이다.

35 사람이 몸에 얼마 이상의 전류가 흐르면 심장마비를 일으켜 사망할 위험이 있는가?
- ㉮ 50mA 이상
- ㉯ 30mA 이상
- ㉰ 20mA 이상
- ㉱ 10mA 이상

36 용제(flux)가 필요한 용접법은?
- ㉮ MIG 용접
- ㉯ 원자수소 용접
- ㉰ CO_2 용접
- ㉱ 서브머지드 아크 용접

ANSWER 31.㉯ 32.㉮ 33.㉱ 34.㉱ 35.㉮ 36.㉱

37 용접 전 꼭 확인해야 할 사항이 아닌 것은?

㉮ 예열, 후열의 필요성 여부를 검토한다.
㉯ 용접전류, 용접순서, 용접조건을 미리 정해둔다.
㉰ 사용재료 및 용접 후의 모재의 변형 등은 몰라도 된다.
㉱ 이음부에 페인트, 기름, 녹 등의 불순물을 제거한다.

> 용접전 확인사항으로 용접후의 변형을 대비해야하며 예열과 후열, 고정법과 역변형법 등으로 변형을 방지할 수 있다.

38 내식성을 필요로 하며 고도의 기밀, 유밀을 필요로 하는 내압용기 제작에 가장 적당한 용접법은?

㉮ 아크 스터드 용접
㉯ 일렉트로 슬래그 용접
㉰ 원자수소 아크 용접
㉱ 아크 점 용접

39 피복 아크 용접에서 용입 불량의 방지대책으로 틀린 것은?

㉮ 용접봉의 선택을 잘한다.
㉯ 적정 용접전류를 선택한다.
㉰ 용접 속도를 빠르지 않게 한다.
㉱ 루트 간격 및 홈 각도를 적게 한다.

> 루트간격과 홈 각도를 작게 하면 용입 불량이 생기므로 적정 각도를 유지해야 양호한 용입을 얻을 수 있다.

40 모재의 홈 가공을 U형으로 했을 경우 엔드탭(end-tap)은 어떤 조건으로 하는 것이 가장 좋은가?

㉮ I형 홈 가공으로 한다.
㉯ X형 홈 가공으로 한다.
㉰ U형 홈 가공으로 한다.
㉱ 홈 가공이 필요 없다.

> 엔드탭이란 용접의 시점과 끝점이 용접성이 저하하므로 같은 재질을 가용접하여 용접 후 잘라 버리는 것을 말한다.

37. ㉰ 38. ㉰ 39. ㉱ 40. ㉰

41 모재의 열팽창 계수에 따른 용접성에 대한 설명으로 옳은 것은?
㉮ 열팽창 계수가 작을수록 용접하기 쉽다.
㉯ 열팽창 계수가 높을수록 용접하기 쉽다.
㉰ 열팽창 계수와는 관련이 없다.
㉱ 열팽창 계수가 높을수록 용접 후 급냉해도 무방하다.

42 반자동 CO_2 가스 아크 편면(one side)용접시 뒷댐 재료로 가장 많이 사용 되는 것은?
㉮ 세라믹 제품 ㉯ CO_2 가스
㉰ 테프론 테이프 ㉱ 알루미늄 판재

   해설 뒷댐 재질은 용융온도가 모재보다 높고 열전도율이 작아야 한다.

43 피복아크 용접에서 스패터가 많이 발생하는 원인과 가장 관계가 없는 것은?
㉮ 굵은 용접봉을 사용한다. ㉯ 전류가 너무 높다.
㉰ 아크길이가 너무 길다. ㉱ 수분이 많은 봉을 사용한다.

   해설 스패터의 발생은 아크를 모재에서 멀리하던가 아니면 전류가 높을 때 발생한다.

44 맞대기 이음에서 판두께 10mm, 용접선의 길이 200mm, 하중 9000kgf에 대한 인장응력(σ)은?
㉮ $4.5 kg_f/mm^2$ ㉯ $3.5 kg_f/mm^2$
㉰ $2.5 kg_f/mm^2$ ㉱ $1.5 kg_f/mm^2$

   해설 인장응력 $= \dfrac{A}{W} = \dfrac{9000}{(10 \times 200)} = 4.5$

45 일렉트로 슬래그 용접법의 장점(長點)이 아닌 것은?
㉮ 용접시간이 단축되어 능률적이고 경제적이다.
㉯ 후판 강재 용접에 적합하다.
㉰ 특별한 홈 가공이 필요로 하지 않는다.
㉱ 냉각속도가 빠르고 고온균열이 발생한다.

ANSWER 41.㉮ 42.㉮ 43.㉮ 44.㉮ 45.㉱

46 용제나 와이어가 분리되어 공급되고 아크가 용제 속에서 일어나며 잠호 용접이라 불리는 용접은?

㉮ MIG 용접 ㉯ 일렉트로 용접
㉰ 서브머지드 아크용접 ㉱ 시임 용접

47 MIG 알루미늄 용접을 그 용적 이행 형태에 따라 분류할 때 해당 되지 않는 용접법은?

㉮ 단락 아크용접 ㉯ 스프레이 아크용접
㉰ 서브머지드 아크용접 ㉱ 시임용접

48 용접부의 시험법 중 비파괴 시험법에 해당하는 것은?

㉮ 경도시험 ㉯ 누설시험
㉰ 부식시험 ㉱ 피로시험

> 해설 경도시험 – 기계적시험, 부식시험 – 화학적시험
> 피로시험 – 기계적시험으로 모두 파괴시험이다.

49 TIG용접 및 MIG용접에 사용되는 불활성가스로 가장 적합한 것은?

㉮ 수소가스 ㉯ 아르곤가스
㉰ 산소가스 ㉱ 질소가스

> 해설 Ar가스는 청정작용이 있어 Tig용접이나 Mig용접에 사용한다.

50 일반적으로 가스 폭발을 방지하기 위한 예방대책 중 제일 먼저 조치를 취하여야 할 것은?

㉮ 방화수 준비 ㉯ 가스누설의 방지
㉰ 착화의 원인 제거 ㉱ 배관의 강도 증가

> 해설 가스폭발을 방지하기 위해선 맨 먼저 누설을 차단해야한다.
> 가스화재시 제일먼저 해야 할 일은 가스 메인밸브를 닫는 것이다.

ANSWER 46. ㉰ 47. ㉱ 48. ㉯ 49. ㉯ 50. ㉯

51 보기는 제3각법의 정투상도로 나타낸 정면도 우측면도이다. 평면도로 가장 적합한 것은?

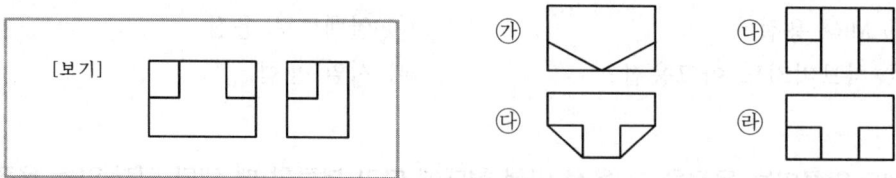

52 대칭형 물체의 1/4을 잘라내어 물체의 바깥과 안쪽을 동시에 나타내는 방법은?
㉮ 온단면도　　　　　　㉯ 한쪽 단면도
㉰ 회전도시 단면도　　　㉱ 계단 단면도

53 치수기입의 원칙에 대한 설명으로 맞는 것은?
㉮ 중요한 치수는 중복하여 기입한다.
㉯ 치수는 되도록 주 투상도에 집중 기입한다.
㉰ 계산하여 구한 치수는 되도록 식을 같이 기입한다.
㉱ 치수 중 참고 치수에 대하여는 네모 상자 안에 치수수치를 기입한다.

54 기하 공차의 기호 중에서 원통도 공차는?
㉮ ◎　　　　　　㉯ ⊕
㉰ 　　　　　　㉱ ═

55 파이프의 접속 표시를 나타낸 것이다. 관이 접속하지 않을 때의 상태는 어느 것인가?

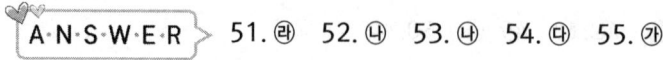

56 보기와 같은 KS 용접기호 설명으로 올바른 것은?

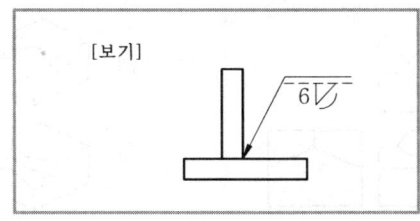

㉮ 화살표 반대쪽 필릿용접으로 용접부의 표면 모양은 볼록하게 한다.
㉯ 화살표 반대쪽 필릿용접으로 용접부의 표면 모양은 오목하게 한다.
㉰ 화살표쪽 필릿용접으로 용접부의 표면 모양은 볼록하게 한다.
㉱ 화살표쪽 필릿용접으로 용접부의 표면 모양은 오목하게 한다.

57 다음 그림과 같이 나사산의 각도가 30° 또는 29°인 나사명칭으로 가장 적합한 것은?

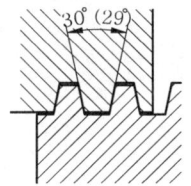

㉮ 삼각나사
㉯ 사각나사
㉰ 사다리꼴나사
㉱ 톱니나사

58 그림과 같은 원뿔의 높이가 40mm, 밑면의 지름이 ψ 60mm일 때, 빗변 (①)의 길이는 얼마인가?

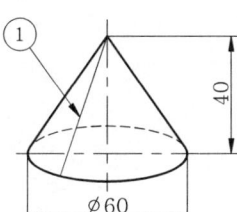

㉮ 43mm
㉯ 46mm
㉰ 50mm
㉱ 60mm

ANSWER ▶ 56. ㉮ 57. ㉰ 58. ㉰

59 보기와 같이 제3각법으로 나타낸 정투상도에 대한 입체도로 적합한 것은?

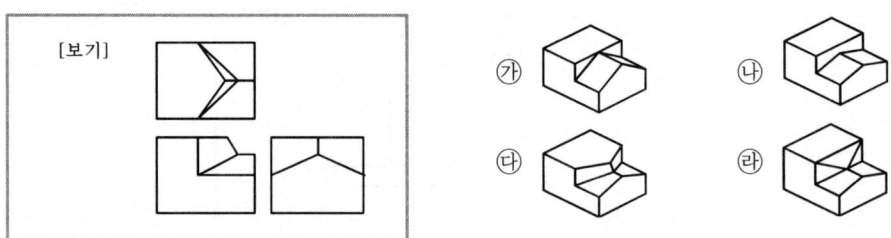

60 도면에서 표제란에 표시된 NS의 뜻으로 옳은 것은?
㉮ 스케치도가 아님을 표시
㉯ 1 : 1 척도를 표시
㉰ 비례척이 아님을 표시
㉱ 도면의 종류 표시

제15회 CBT기출복원문제

01 스카핑(scarfing)의 사용목적으로 옳은 것은?

㉮ 용접결함부의 제거, 용접 홈의 준비 및 절단, 구멍뚫기 등에 사용된다.
㉯ 침몰선의 해체나 교량의 개조, 항만과 방파제공사 등에 사용된다.
㉰ 용접부분의 뒷면 또는 U형, H형의 용접 홈을 가공하기 위해 둥근 홈을 파는데 사용된다.
㉱ 강재표면의 홈이나 개재물, 탄탄층 등을 얇게 깎아 내는데 사용된다.

02 산소-아세틸렌가스를 용접할 때 사용하는 산소압력조정기의 취급에 관한 설명 중 틀린 것은?

㉮ 산소용기에 산소압력 조정기를 설치할 때 압력 조정기 설치구에 있는 먼지를 털어 내고 연결한다.
㉯ 산소압력 조정기 설치구 나사부나 조정기의 각 부에 그리스를 발라 잘 조립되도록 한다.
㉰ 산소압력 조정기를 견고하게 설치한 후 가스 누설여부를 비눗물로 점검한다.
㉱ 산소압력 조정기의 압력 지시계가 잘 보이도록 설치하며 유리가 파손되지 않도록 주의한다.

해설 산소압력 조정기 설치구 나사부나 조정기 각부에 그리스를 발라 조립하면 스파크 발생시 화재의 위험 때문에 그리스는 바르지 않는다.

03 피복 아크 용접에서 아크 길이에 대한 설명으로 틀린 것은?

㉮ 아크 전압은 아크 길이에 비례한다.
㉯ 일반적으로 아크 길이는 보통 심선의 지름의 2배정도인 10~15mm정도 이다.
㉰ 아크 길이가 너무 길면 아크가 불안전하고 용입 불량의 원인이 된다.
㉱ 양호한 용접을 하려면 가능한 짧은 아크를 사용하여야 한다.

해설 피복아크 용접에서 아크의 길이는 심선의 직경과 같은 간격을 유지하는게 가장 이상적이다.

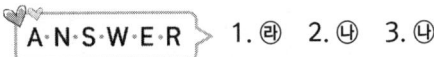 1. ㉱ 2. ㉯ 3. ㉯

04 산소-아세틸렌가스 용접의 장점 설명으로 틀린 것은?
㉮ 용접기의 운반이 비교적 자유롭다.
㉯ 아크용접에 비해서 유해광선의 발생이 적다.
㉰ 열의 집중성이 좋아서 용접이 효율적이다.
㉱ 가열할 때 열량조절이 비교적 자유롭다.

해설 산소-아세틸렌 용접은 열의 집중 밀도가 낮아서 용접이 효율적이지 못하다.

05 연강판 두께 6.0mm를 가스 용접하려고 할 때 가장 적당한 용접봉의 지름을 계산하면 몇 mm인가?
㉮ 1.6
㉯ 2.6
㉰ 4.0
㉱ 5.0

해설 용접봉의지름 $= \dfrac{T}{2}+1 = \dfrac{6}{2}+1 = 4$

06 피복 금속 아크 용접봉의 내균열성이 좋은 정도는?
㉮ 피복제의 염기성이 높을수록 양호하다.
㉯ 피복제의 산성이 높을수록 양호하다.
㉰ 피복제의 산성이 낮을수록 양호하다.
㉱ 피복제의 염기성이 낮을수록 양호하다.

07 정류기형 직류 아크 용접기의 종류가 아닌 것은?
㉮ 리액턴스 정류기(reactance rectifier)
㉯ 셀렌 정류기(selenium rectifier)
㉰ 실리콘 정류기(silicon rectifier)
㉱ 게르마늄 정류기(germanium rectifier)

ANSWER 4. ㉰ 5. ㉰ 6. ㉮ 7. ㉮

08 용접기의 사용률(duty cycle)을 구하는 공식으로 맞는 것은?

㉮ 사용률 $= \dfrac{\text{아크발생시간}}{\text{아크발생시간} + \text{휴식시간}} \times 100$

㉯ 사용률 $= \dfrac{\text{휴식시간}}{\text{아크발생시간} + \text{휴식시간}} \times 100$

㉰ 사용률 $= \dfrac{\text{아크발생시간}}{\text{아크발생시간} - \text{휴식시간}} \times 100$

㉱ 사용률 $= \dfrac{\text{휴식시간}}{\text{아크발생시간} - \text{휴식시간}} \times 100$

09 산화티탄(TiO_2)을 약 30% 이상 함유한 슬래그 생성계로 피복이 다른 용접봉에 비하여 두꺼운 것이 특징이며 작업성이 양호하여 전자세 용접에 사용하는 용접봉은?

㉮ 철분 산화철계(E4327)   ㉯ 고셀룰로스계(E4311)
㉰ 라임티타니아계(E4303)   ㉱ 일미나이트계(E4301)

> 해설: 철분 산화철계 – 철분을 약 50%함유하며 수평 필릿 및 아래보기 자세용접에 사용
> 고셀룰로스계 – 셀룰로스를 20 ~ 30%함유하며 수직 또는 위보기 자세에 사용
> 일미나이트계 – 일미나이트를 30% 이상 함유했으며 전자세 용접에 사용한다.

10 가스 절단시 예열 현상이 약할 때 일어나는 현상으로 틀린 것은?

㉮ 드래그가 증가한다.
㉯ 절단면이 거칠어진다.
㉰ 역화를 일으키기 쉽다.
㉱ 절단속도가 느려지고, 절단이 중단되기 쉽다.

11 아세틸렌은 액체에 잘 용해되며 석유에는 2배, 알콜에는 6배가 용해된다. 아세톤에는 몇 배가 용해되는가?

㉮ 12   ㉯ 20
㉰ 25   ㉱ 50

ANSWER ▶ 8. ㉮ 9. ㉰ 10. ㉯ 11. ㉰

12 33.7리터의 산소 용기에 150kg$_f$/cm^{2}으로 산소를 충전하여 대기 중에서 환산하면, 산소는 몇 리터인가?

㉮ 5055 ㉯ 6066
㉰ 7077 ㉱ 8088

해설 150기압으로 충전하였으므로 33.7×150 = 5055리터

13 용접봉 지름이 9mm정도이고, 용접전류가 400(A)이상인 탄소 아크용접에 가장 적합한 차광유리의 차광도 번호는?

㉮ 18 ㉯ 14
㉰ 10 ㉱ 6

해설 전류가 400A이하는 차광도 번호가 13번 400A이상은 14번임

14 용접의 장점이 아닌 것은?

㉮ 유밀, 수밀, 기밀성이 우수하다.   ㉯ 용접의 자동화가 용이하다.
㉰ 품질검사와 보수가 용이하다.   ㉱ 재료의 두께에 제한이 없다.

15 용접을 크게 분류할 때 융접에 해당 되지 않는 것은?

㉮ 테르밋 용접   ㉯ 일렉트로 슬래그 용접
㉰ 전자 빔 용접   ㉱ 초음파 용접

해설 초음파 용접은 압접에 해당된다.

16 가스 절단 작업시의 표준 드레그 길이는 일반적으로 모재두께의 몇 %정도인가?

㉮ 5   ㉯ 10   ㉰ 20   ㉱ 25

17 가스용접 시 용접부의 시공 상태에 대한 설명으로 틀린 것은?

㉮ 용접부에는 청결을 유지해야 한다.
㉯ 용접부의 개선면이 일직선으로 정교해야 한다.
㉰ 용접부에는 노치부분이 없어야 양호한 용접성을 얻을 수 있다.
㉱ 용접부에는 기름, 먼지, 녹 등이 있어도 높은 열로 태우고 녹여주기 때문에 관계없다.

A·N·S·W·E·R 12. ㉮ 13. ㉯ 14. ㉰ 15. ㉱ 16. ㉰ 17. ㉱

18 강재 부품에 내마모성이 좋은 금속을 융착함으로써 경질 표면층을 얻는 표면경화 방법은?
㉮ 쇼트피닝   ㉯ 칼로라이징
㉰ 크로마이징   ㉱ 하드페이싱

19 양은의 주요 성분 원소로 옳은 것은?
㉮ Cu – Zn – Ni   ㉯ Cu – Zn – Fe
㉰ Cu – Sn – Zn   ㉱ Cu – Sn – Pb

20 주철 용접시 주의사항으로 옳은 것은?
㉮ 균열의 보수는 균열의 연장을 방지하기 위하여 균열의 끝에 작은 구멍을 뚫는다.
㉯ 비드의 배치는 가능한 길게 해서 단시간에 끝내도록 한다.
㉰ 가열되어 있을 때 피닝 작업을 하여 변형을 줄이는 것이 좋다.
㉱ 용접봉은 되도록 가는 지름의 것을 사용한다.

해설 주철 용접시 주의사항으로 비드 배치는 짧게 해서 여러번 조작으로 완료 한다.

21 금속의 공통적 특성이 아닌 것은?
㉮ 상온에서 고체이며 결정체이다.(단, Hg은 제외)
㉯ 열과 전기의 양도체이다.
㉰ 비중이 크고 금속적 광택을 갖는다.
㉱ 소성변형이 없어 가공하기가 쉽다.

해설 금속은 소성가공이 가능하고 전성 및 연성이 풍부하다.

22 질량의 대소에 따라 담금질 효과가 다른 현상을 질량효과라고 한다. 탄소강에 니켈, 크롬, 망간 등을 첨가하면 질량효과는 어떻게 변하는가?
㉮ 질량효과가 커진다.
㉯ 질량효과가 작아진다.
㉰ 질량효과는 작아지지 않는다.
㉱ 질량효과가 작아지다가 커진다.

ANSWER ▶ 18. ㉱ 19. ㉮ 20. ㉯ 21. ㉱ 22. ㉯

23 알루미늄-구리-규소계 합금으로 규소에 의해 주조성을 개선하고 구리에 의해 피삭성을 좋게 한 합금은?
　㉮ 라우탈(lautal)　　　　㉯ 알민(almin)
　㉰ 실루민(silumin)　　　㉱ 알크래드(alcled)

24 온도 변화에 따라 열팽창계수, 탄성계수 등이 변하지 않는 불변강의 종류가 아닌 것은?
　㉮ 인바(invar)　　　　㉯ 당가로이(tungaloy)
　㉰ 엘린바(elinvar)　　㉱ 페라이트계

　[해설] 불변강의 종류로는 인바, 초인바, 엘린바, 플래티나이트, 퍼멀로이 등이 있다.

25 용융점이 낮고 주조성 및 기계적 성질도 우수하므로 대부분 다이캐스팅이나 금형주물용으로 사용되는 합금은?
　㉮ 납합금　　　　㉯ 아연합금
　㉰ 시멘타이트계　㉱ 페라이트계

26 스테인리스강을 조직상으로 분류한 것 중 틀린 것은?
　㉮ 오스테나이트계　㉯ 마텐자이트계
　㉰ 시멘타이트계　　㉱ 페라이트계

　[해설] 스테인레스강은 조직상으로 오스테나이트계, 마텐자이트계, 페라이트계 등이 있다.

27 가스 용접작업시 일반적으로 용제(flux)를 사용하지 않는 것은?
　㉮ 주철　　　㉯ 알루미늄
　㉰ 연강　　　㉱ 구리합금

　[해설] 연강은 표면의 산화막의 용융점이 모재의 용융점보다 낮아 용제가 필요 없다.

28 용강을 주형에 주입하여 만들고, 용융점이 높고 수축율이 크며, 주조 후에는 완전풀림을 실시해야 하는 것은?
　㉮ 구리　　　㉯ 주철
　㉰ 연강　　　㉱ 주강

ANSWER ▶ 23. ㉮　24. ㉯　25. ㉯　26. ㉰　27. ㉰　28. ㉱

29 플라즈마 아크용접에서 매우 적은 양의 수소(H_2)를 혼입하여도 용접부가 악화 될 위험성이 있는 조직은?
㉮ 티탄 ㉯ 연강
㉰ 니켈합금 ㉱ 알루미늄

30 자동 금속 아크 용접법으로 모재의 이음표면에 미세한 입상모양의 용제를 공급하고, 용제 속에 연속적으로 전극와이어를 송급하면서 모재 및 전극 와이어를 용융시켜 용접부를 대기로부터 보호하면서 용접하는 것은?
㉮ 불활성가스 아크 용접 ㉯ 탄산가스 아크 용접
㉰ 서브머지드 아크 용접 ㉱ 일렉트로 슬래그 용접

해설 서브머지드 아크 용접은 잠호용접이라고도 하며 용접부를 대기로부터 보호하기 때문에 용접 불꽃이 밖으로 보이지 않는다.

31 일렉트로 가스 아크 용접의 특징 설명으로 틀린 것은?
㉮ 판 두께에 관계없이 단층으로 상진 용접하며 판 두께가 두꺼울수록 경제적이다.
㉯ 용접 홈의 기계가공이 필요하며 가스절단 그대로 용접할 수 있다.
㉰ 용접장치가 복잡하고 취급이 어려우며 고도의 숙련을 요구한다.
㉱ 정확한 조립이 요구되며 이동용 냉각 동판에 급수장치가 필요하다.

32 점용접의 3대 요소에 해당하지 않는 것은?
㉮ 용접 전류 ㉯ 전극 가압력
㉰ 용접 전압 ㉱ 통전시간

해설 저항용접은 대전류로 용접이 이루어지기 때문에 전압과는 관계가 없다.

33 용접부의 시험법 중 기계적 시험법에 해당하는 것은?
㉮ 파면 시험 ㉯ 육안 조직시험
㉰ 현미경 조직시험 ㉱ 피로 시험

해설 파면시험, 육안조직시험, 현미경조직시험은 금속학적 시험이다.

ANSWER 29.㉮ 30.㉰ 31.㉯ 32.㉰ 33.㉱

34 제품의 한쪽 또는 양쪽에 돌기를 만들어 이 부분에 용접 전류를 집중시켜 압접하는 방법은?
㉮ 프로젝션 용접 ㉯ 점 용접
㉰ 전자 빔 용접 ㉱ 심 용접

해설 저항용접에는 크게 점 용접법, 심 용접법, 프로젝션 용접법, 업셋 용접법, 플래시 용접 등이 있다.

35 현미경 시험용 부식제 중 알루미늄 및 그 합금용에 사용되는 것은?
㉮ 초산 알코올액 ㉯ 수산화칼륨액
㉰ 연화철액 ㉱ 피크린산

36 열적 핀치 효과와 자기적 핀치 효과를 이용하는 용접은?
㉮ 초음파 용접 ㉯ 고주파 용접
㉰ 레이저 용접 ㉱ 플라즈마 아크용접

37 볼트나 환봉 등을 피스톤형의 홀더에 끼우고 모재와 환봉사이에 순차적으로 아크를 발생시켜 용접하는 방법은?
㉮ 전자빔 용접 ㉯ 스터드 용접
㉰ 폭발 용접 ㉱ 원자수소 용접

38 용접결함과 그 원인을 조사한 것 중 틀린 것은?
㉮ 오버랩 – 부적절한 운봉법을 사용했을 때
㉯ 피트 – 모재 가운데 황 함유량이 과다할 때
㉰ 슬래그 섞임 – 운봉속도가 느릴 때
㉱ 언더컷 – 용접전류가 너무 낮을 때

해설 언더컷은 용접전류가 높을때 발생한다.

39 용접 후 처리에서 잔류 응력 제거방법이 아닌 것은?
㉮ 케이블 커넥터법 ㉯ 저온 응력 완화법
㉰ 피닝법 ㉱ 기계적 응력 완화법

ANSWER 34. ㉮ 35. ㉯ 36. ㉱ 37. ㉯ 38. ㉱ 39. ㉮

40 연소의 3요소에 해당하는 것으로 맞는 것은?
- ㉮ 가연물, 산소, 정촉매
- ㉯ 가연물, 빛, 탄산가스
- ㉰ 가연물, 산소, 점화원
- ㉱ 가연물, 산소, 공기

41 한 부분의 몇 층을 용접하다가 이것을 다음 부분의 층으로 연속시켜 전체가 계단형태의 단계를 이루도록 하는 용착법은?
- ㉮ 스킵법
- ㉯ 빌드업법
- ㉰ 케스케이드법
- ㉱ 전진 블록법

42 용접부의 검사법 중 비파괴시험으로 비드외간, 언더컷, 오버랩, 용입불량, 표면균열 등의 검사에 가장 적합한 것은?
- ㉮ 부식 검사
- ㉯ 침투 검사
- ㉰ 초음파 검사
- ㉱ 외관 검사

  해설 부식검사 : 화학적시험
  침투검사, 초음파검사 : 비파괴검사의 일종

43 방사선 투과검사의 특징설명으로 틀린 것은?
- ㉮ 모든 용접 재질에 적용할 수 있다.
- ㉯ 모재가 두꺼워지면 검사가 곤란하다.
- ㉰ 내부결함 검출에 용이하다.
- ㉱ 검사의 신뢰성이 높다.

  해설 방사선 투과검사는 비파괴검사 중 가장 신뢰도가 높으며 모재가 두꺼워도 검사가 가능하다.

44 불활성 가스 텅스텐 아크용접에서 불활성가스로 사용되는 것은?
- ㉮ 프로판
- ㉯ 수소
- ㉰ 아르곤
- ㉱ 아세틸렌

ANSWER ▶ 40. ㉰ 41. ㉰ 42. ㉱ 43. ㉯ 44. ㉰

45 용접부의 균열 중 모재의 재질결함으로서 강괴일 때 기포가 압연되어 생기는 것으로 설퍼밴드와 같은 층상으로 편재해 있어 강재내부에 노치를 형성하는 균열은?
㉮ 라미네이션(lamination)균열 ㉯ 루트(root)균열
㉰ 응력제거풀림(stress relief)균열 ㉱ 크레이터(ctater)균열

> 해설 모재의 결함으로 층상을 이루는 것을 라미네이션이라 하고 층상이 부풀어 올라오는 것을 브리스터라 한다.

46 산소와 아세틸렌 용기의 취급 설명으로 맞는 것은?
㉮ 산소병은 40℃ 이하 온도에서 보관한다.
㉯ 직사광선이 잘 드는 곳에 보관한다.
㉰ 산소병 내에 다른 가스를 혼합해도 상관없다.
㉱ 아세틸렌병은 안전상 눕혀서 사용한다.

47 전기용접 작업 전에 감전의 방지를 위해 반드시 확인할 사항으로 가장 거리가 먼 것은?
㉮ 케이블의 파손여부 ㉯ 홀더의 절연상태
㉰ 용접기의 접지상태 ㉱ 작업자의 환기상태

> 해설 작업장의 환기상태와 감전과는 상관이 없다.

48 납땜에서 연납땜과 경납땜을 구분하는 기준온도는?
㉮ 300℃ ㉯ 350℃
㉰ 400℃ ㉱ 450℃

49 용접 설계시 일반적인 주의사항으로 가장 거리가 먼 것은?
㉮ 용접에 적합한 구조로 한다.
㉯ 용접하기 쉽도록 한다.
㉰ 결함이 생기기 쉬운 용접방법은 피한다.
㉱ 용접이음이 한 곳으로 집중되도록 한다.

> 해설 용접이음은 한 곳을 집중하지 말고 분산시켜서 수축력 모멘트의 합이 "0"이 되도록 한다.

ANSWER ▶ 45. ㉮ 46. ㉮ 47. ㉱ 48. ㉱ 49. ㉱

50 불활성 가스 금속 아크 용접의 제어장치로서 크레이터처리 기능에 의해 낮아진 전류가 줄어들면서 아크가 끊어지는 기능으로 이면용접부위가 녹아내리는 것을 방지하는 것은?
  ㉮ 예비가스 유출시간 ㉯ 스타트 시간
  ㉰ 크레이터 충전시간 ㉱ 버언 백 시간

51 보기와 같은 판금제품인 원통을 정면에서 진원인 구멍 1개를 제작하려고 한다. 전개한 현도 판의 진원구멍부분 형상으로 가장 적합한 것은?

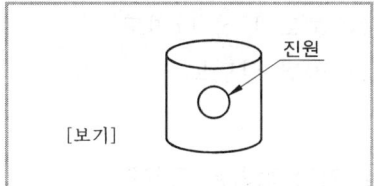

52 보기와 같은 배관설비의 등각투상도(isometric drawing)의 평면도로 가장 적합한 것은?

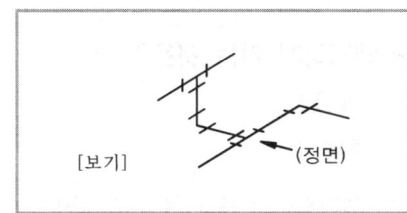

53 제3각법으로 정투상한 보기와 같은 각뿔의 전개도현상으로 적합한 것은?

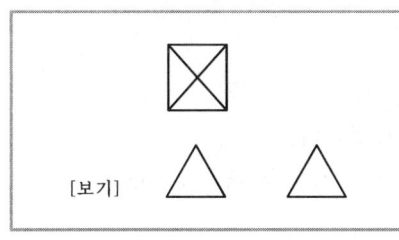

ANSWER 50. ㉱ 51. ㉱ 52. ㉮ 53. ㉮

54 도면 부품란에 "SM 45C"로 기입되어 있을 때 어떤 재료를 의미 하는가?
㉮ 탄소 주강품
㉯ 용접용 스테인리스 강재
㉰ 회주철품
㉱ 기계구조용 탄소강재

55 보기와 같은 단면도의 명칭으로 가장 적합한 것은?

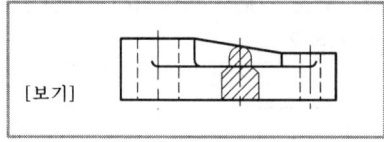

㉮ 가상 단면도
㉯ 회전도시 단면도
㉰ 보조 투상 단면도
㉱ 곡면 단면도

56 그림과 같은 입체도의 화살표 방향투상도로 가장 적합한 것은?

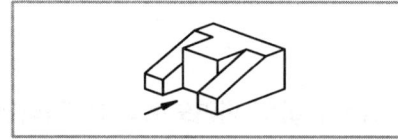

57 굵은 실선 또는 가는 실선을 사용하는 선에 해당하지 않는 것은?
㉮ 외형선
㉯ 파단선
㉰ 절단선
㉱ 치수선

해설: 절단선은 가는 1점 쇄선과 선의 끝 및 방향이 변화되는 부분을 굵게 한 선이 조합된 선

58 기계제작 부품도면의 윤곽선 오른쪽 아래구석의 안쪽에 위치하는 표제란을 가장 올바르게 설명한 것은?
㉮ 품번, 품명, 재질, 주석 등을 기재한다.
㉯ 제작이 필요한 기술적인 사항을 기재한다.
㉰ 제조 공정별 처리방법 사용공구 등을 기재한다.
㉱ 도번, 도명, 제도 및 검도 등 관련자 서명, 척도 등을 기재한다.

ANSWER ▶ 54. ㉱ 55. ㉯ 56. ㉯ 57. ㉰ 58. ㉱

59 보기와 같은 입체도에서 화살표 방향이 정면일 경우 좌측면도로 가장 적합한 것은?

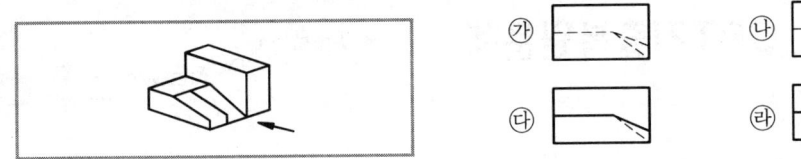

60 보기와 같은 KS 용접기호의 설명으로 틀린 것은?

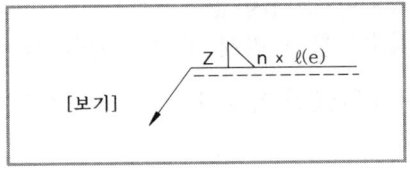

㉮ Z : 용접부 목 길이 ㉯ n : 용접부의 개수
㉰ l : 용접부의 길이 ㉱ e : 용입 바닥까지의 최소 거리

ANSWER 59. ㉰ 60. ㉱

제16회 CBT기출복원문제

01 피복아크 용접봉의 피복재의 주된 역할로 옳은 것은?

㉮ 스패터의 발생을 많게 한다.
㉯ 용착금속에 필요한 합금원소를 제거한다.
㉰ 모재표면에 산화물이 생기지 않게 한다.
㉱ 용착금속의 냉각속도를 느리게 하여 급랭을 방지한다.

해설 피복제의 역할은 스패터링을 적게 하고, 용착금속에 필요한 성분을 첨가하며 모재표면의 산화물생성을 방지한다.

02 저압식 토치의 아세틸렌 사용압력은 발생기식의 경우 몇 kgf/cm² 이하의 압력으로 사용하여야 하는가?

㉮ 0.3　　㉯ 0.07　　㉰ 0.17　　㉱ 0.4

03 가스용접봉을 선택하는 공식으로 다음 중 맞는 것은? (단, D : 용접봉지름[mm], T : 판두께[mm]이다.)

㉮ $D=\dfrac{T}{2}+1$　　㉯ $D=\dfrac{T}{2}+2$

㉰ $D=\dfrac{T}{2}-2$　　㉱ $D=\dfrac{T}{2}-1$

04 직류아크 용접기와 비교하여 교류아크 용접기에 대한 설명으로 가장 올바른 것은?

㉮ 무부하 전압이 높고 감전의 위험이 많다.
㉯ 구조가 복잡하고 극성변화가 가능하다.
㉰ 자기쏠림 방지가 불가능하다.
㉱ 아크가 비교적 안정적이다.

해설 교류아크 용접기의 특성
1. 아크가 불안정하다.　　2. 취급이 쉽고 고장이 적으며 보수가 용이하다.
3. 값이 싸다.　　4. 무부하 전압이 직류보다 높아 감전 위험이 크다.
5. 역률이 낮고 효율이 나쁘다.

ANSWER 1. ㉱　2. ㉯　3. ㉮　4. ㉮

05 산소용기의 내용적이 33.7ℓ 인 용기에 120kg$_f$/cm^{2}이 충전되어 있을 때, 대기압 환산 용적은 몇 ℓ 인가?

㉮ 2803 ㉯ 4044
㉰ 404400 ㉱ 3560

해설 환산용적 = 33.7×120 = 4044

06 가스 절단시 산소 대 프로판가스의 혼합비로 적당한 것은?

㉮ 2.0 : 1 ㉯ 4.5 : 1
㉰ 3.0 : 1 ㉱ 3.5 : 1

07 피복제의 계통에 따른 용접봉의 종류를 표시한 것이다. 틀린 것은?

㉮ 일미나이트계 – E4301 ㉯ 라임티타니아계 – E4303
㉰ 철분산화티탄계 – E4324 ㉱ 고산화티탄계 – E4316

해설 고산화티탄계 – E4313

08 아크에어 가우징에 사용되는 전극봉은?

㉮ 피복 금속봉 ㉯ 탄소 전극봉
㉰ 텅스텐 전극봉 ㉱ 플라즈마 전극봉

09 용접에 사용되지 않는 열원은?

㉮ 기계적 에너지 ㉯ 전기 에너지
㉰ 위치 에너지 ㉱ 가스 에너지

10 산소와 아세틸렌을 1:1로 혼합하여 연소시킬 때 생성되는 불꽃이 아닌 것은?

㉮ 불꽃심 ㉯ 속불꽃
㉰ 겉불꽃 ㉱ 산화불꽃

해설 산화불꽃은 산소 과잉 일 때 생성되는 불꽃이다.

ANSWER ▶ 5.㉯ 6.㉯ 7.㉱ 8.㉯ 9.㉰ 10.㉱

11 작업자 사이에 현장(노천)에서 다른 사람에게 유해광선의 해(害)를 끼치지 않게 하기 위해서 여러 사람이 공동으로 용접작업을 할 때 설치해야 하는 것은?
㉮ 차광막 ㉯ 경계통로
㉰ 환기장치 ㉱ 집진장치

　해설　용접시 차광막을 설치함으로써 상대방의 작업에 지장을 주지 않고 작업을 할 수 있다.

12 강재 표면의 흠이나 개재물, 탈탄층 등을 제거하기 위해 얇고, 타원형 모양으로 표면을 깎아내는 가공법은?
㉮ 가스 가우징(gas gouging)
㉯ 너깃(nugget)
㉰ 스카핑(scarfing)
㉱ 아크 에어 가우징(arc air gouging)

13 용접기의 특성 중에서 MIG 또는 CO_2 용접 등에 적합한 특성으로 일명 CP특성이라고도 하는 특성은?
㉮ 상승특성 ㉯ 정전류특성
㉰ 수하특성 ㉱ 정전압특성

14 프로판 가스의 성질에 대한 설명으로 틀린 것은?
㉮ 쉽게 기화하여 발열량이 낮다.
㉯ 액화하기 쉽고 용기에 넣어 수송이 편리하다.
㉰ 온도 변화에 따른 팽창률이 크고 물에 잘 녹지 않는다.
㉱ 상온에서는 기체상태이고 무색, 투명하고 약간의 냄새가 난다.

　해설　프로판 가스의 특징으로는 발열량이 크다.

15 연강용 피복아크용접의 간접 작업성에 해당하는 것은?
㉮ 아크발생 ㉯ 스패터 제거의 난이도
㉰ 용접봉 용융상태 ㉱ 슬래그 상태

ANSWER 11. ㉮ 12. ㉰ 13. ㉱ 14. ㉮ 15. ㉯

16 가스용접 작업에서 후진법이 전진법보다 더 좋은 점이 아닌 것은?
   ㉮ 열 이용률이 좋다.   ㉯ 용접속도가 빠르다.
   ㉰ 얇은 판의 용접에 적당하다.   ㉱ 용접변형이 작다.

17 직류아크용접기로 두께가 15mm이고, 길이가 5m인 고장력 강판을 용접하는 도중에 아크가 용접봉 방향에서 한쪽으로 쏠리었다. 이러한 현상을 방지하는 방법 중 틀리게 설명한 것은?
   ㉮ 용접봉 끝을 아크쏠림 반대 방향으로 기울일 것.
   ㉯ 용량이 더 큰 직류용접기로 교체할 것.
   ㉰ 용접부가 긴 경우에는 후퇴 용접법으로 할 것.
   ㉱ 이음의 처음과 끝에 엔드 탭을 이용할 것.

   해설 아크쏠림 방지책
   1. 아크를 짧게 한다.
   2. 모재와 같은 재료 조각을 용접선에 연장하도록 가용접한다.
   3. 교류용접기를 사용한다.
   4. 긴 용접에는 후퇴법을 사용한다.
   5. 접지점을 용접부 보다 멀리한다.

18 주조시 주형에 냉금을 삽입하여 주물표면을 급냉 시키므로서 백선화하고 경도를 증가시킨 내마모성 주철에 해당되는 것은?
   ㉮ 보통 주철   ㉯ 고급 주철
   ㉰ 합금 주철   ㉱ 칠드 주철

19 구리의 성질에 관한 설명으로 틀린 것은?
   ㉮ 전기 및 열의 전도율이 높은 편이다.
   ㉯ 전연성이 좋아 가공이 용이하다.
   ㉰ 화학적 저항력이 적어서 부식이 쉽다.
   ㉱ 아름다운 광택과 귀금속적 성질이 우수하다.

   해설 구리는 화학적 저항력이 커서 부식이 쉽게 되지 않는다.

ANSWER 16. ㉰   17. ㉯   18. ㉱   19. ㉰

20 일반적으로 철강을 크게 순철, 강, 주철로 대별할 때 기준이 되는 함유원소는?

㉮ Si ㉯ Mn
㉰ P ㉱ C

해설 철은 탄소 함유량에 따라 순철, 강, 주철 등으로 구분된다.

21 강을 표준상태로 하기 위하여 가공조직의 균일화, 결정립의 미세화, 기계적 성질의 향상을 목적으로 소재를 A3나 Acm보다 30~50℃ 정도 높은 온도로 가열한 후 공냉하는 열처리 방법은?

㉮ 불림 ㉯ 심냉
㉰ 담금질 ㉱ 뜨임

해설 불림작업을 소준이라고도 하며 조직의 균일화, 또는 표준화하기 위한 작업이다.

22 청백색의 조밀육방격자금속이며, 비중이 7.1, 용융점이 420℃인 금속명은?

㉮ P ㉯ Pb
㉰ Sn ㉱ Zn

23 탄소강에 특수원료를 첨가한 합금강(alloy steel)에서 특수원소의 역할로 적당하지 않은 것은?

㉮ 오스테나이트의 입자 조정
㉯ 변태속도의 변화
㉰ 소성 가공성의 개량
㉱ 황 등의 원소 첨가

해설 황은 취성의 원인이 되므로 제거해야 한다.

24 오스테나이트계 스테인리스강의 대표적인 화학적 조성으로 맞는 것은?

㉮ 13%, 16%Ni ㉯ 13%, 16%Cri
㉰ 13%, 8%Cr ㉱ 18%, 8%Ni

해설 오스테나이트 스테인레스강은 18-8 스테인레스강 이라고도 하며 Cr18% Ni8%가 함유된 강이다.

A·N·S·W·E·R 20. ㉱ 21. ㉮ 22. ㉱ 23. ㉱ 24. ㉱

25 Al-Si계 합금의 조대한 공정조직을 미세화하기 위하여 나트륨(Na), 가성소다(NaOH), 알칼리염류 등을 합금용탕에 첨가하여 10~15분간 유지하는 처리를 무엇이라 하는가?

㉮ T6 처리 ㉯ 응력제거 풀림처리
㉰ 개량 처리 ㉱ 폴링 처리

26 다음 그래프는 금속의 기계적 성질과 냉간가공도의 관계를 나타낸 것이다. ( )안에 들어갈 성질로 옳은 것은?

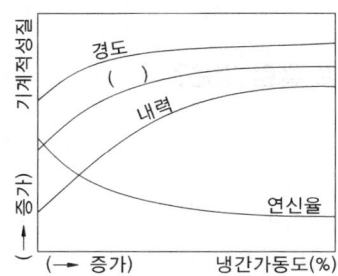

㉮ 연성
㉯ 전성
㉰ 인장강도
㉱ 단면수축율

27 연강재 표면에 스텔라이트(stellite)나 경합금을 용착시켜 표면경화 시키는 방법은?

㉮ 브레이징(brazing)
㉯ 숏 피닝(shot peening)
㉰ 하드 페이싱(hard facing)
㉱ 질화법(nitriding)

28 주상의 설명으로 틀린 것은?

㉮ 일반적으로 주강의 탄소함량은 0.1~0.6% 정도이다.
㉯ 기포, 기공 등이 생기기 쉬우므로 제강 작업시 다량의 탈산제가 필요하다.
㉰ 주조상태로는 취성이 있어 이것을 억제하기 위하여 A_{C3}보다 60~90℃ 높게 가열하여 저온 풀림처리를 한다.
㉱ 주철로서는 강도가 부족 되는 곳에 사용된다.

ANSWER ▶ 25. ㉰ 26. ㉰ 27. ㉰ 28. ㉰

29 용접부의 결함 중 오버랩의 발생 원인으로 가장 거리가 먼 것은?

㉮ 용접전류가 너무 낮을 때
㉯ 운봉 및 봉의 유지 각도가 불량할 때
㉰ 모재에 황 함유량이 많을 때
㉱ 용접봉의 선택이 잘못 되었을 때

> 해설 오버랩의 원인
> 1. 전류가 너무 낮을 때   2. 용접속도가 너무 느릴 때
> 3. 운봉방향이 나쁠 때 이며 황의 함량과는 무관하다.

30 납땜에 사용되는 용제가 갖추어야 할 조건으로 틀린 것은?

㉮ 청정한 금속면의 산화를 방지할 것.
㉯ 납땜 후 슬래그의 제거가 용이할 것.
㉰ 전기 저항 납땜에 사용되는 것은 부도체 일 것.
㉱ 모재나 땜납에 대한 부식 작용이 최소한 일 것.

> 해설 납땜 용제는 전도체 일 것.

31 용접 중에 아크를 중단시키면 중단된 부분이 오목하거나 납작하게 파진 모습으로 남는 것을 무엇이라고 하는가?

㉮ 오버 랩   ㉯ 언더 컷
㉰ 은점   ㉱ 크레이터

32 X형 홈과 같이 양면용접이 가능한 경우에 용착 금속의 양과 패스 수를 줄일 목적으로 사용되며 모재가 두꺼울수록 유리한 홈의 형상은?

㉮ I형 홈   ㉯ V형 홈
㉰ U형 홈   ㉱ H형 홈

> 해설 모재가 두꺼운 순서대로 홈의 모양은 H형-U형-V형-I형

33 열전도율이 다음 중 가장 큰 금속은?

㉮ 구리   ㉯ 알루미늄
㉰ 스테인리스강   ㉱ 연강

> 해설 열전도율의 순서 : 은-구리-금-알루미늄

ANSWER ▶ 29. ㉰ 30. ㉰ 31. ㉱ 32. ㉱ 33. ㉮

34 10^{-4}mmHg 이상의 높은 진공실속에서 음극으로부터 방출된 전자를 고전압으로 가속시켜, 피 용접물과의 충돌에 의한 에너지로 용접을 행하는 방법은?
㉮ 레이저(laser)용접
㉯ 플라즈마(plasma)용접
㉰ 일렉트론 빔(electron beam)용접
㉱ 논 가스(non gas)용접

35 이산화탄소 가스 아크용접의 결함에서 아크가 불안정할 때의 원인으로 틀린 것은?
㉮ 팁이 마모되어 있다.
㉯ 와이어 송급이 불안정하다.
㉰ 팁과 모재간 거리가 길다.
㉱ 이음 형상이 나쁘다.

36 서브머지드 아크 용접에서 맞대기 용접 이음시 받침쇠가 없을 경우 루트간격은 몇 mm이하가 가장 적당한가?
㉮ 0.8
㉯ 1.5
㉰ 2.0
㉱ 2.5

🔍 해설 서브머지드 용접에서 용락의 방지를 위해 받침쇠가 없을 때는 루트간격을 0.8mm 이하를 유지한다.

37 아크 용접의 재해라 볼 수 없는 것은?
㉮ 아크 광선에 의한 전안염
㉯ 스패터 비산으로 인한 화상
㉰ 역화로 인한 화재
㉱ 전격에 의한 감전

🔍 해설 역화로 인한 화재는 가스 용접시 재해이다.

38 전기용접시의 누전시 조치사항으로 가장 알맞은 것은?
㉮ 전원 스위치를 내리고 누전된 부분을 절연시킨 후 계속 용접하여도 된다.
㉯ 전압이 낮을 때에는 계속 용접하여도 된다.
㉰ 용접기를 만지지 않으면 계속 용접하여도 된다.
㉱ 전원만 바꾸면 계속 용접하여도 된다.

39 서브머지드 아크 용접에서 연강용 와이어 중 저망간계의 망간함유량은 얼마인가?
㉮ 0.5% 이하
㉯ 0.6 ~ 0.7%
㉰ 0.8 ~ 0.9%
㉱ 1 ~ 1.5%

ANSWER 34. ㉰ 35. ㉱ 36. ㉮ 37. ㉰ 38. ㉮ 39. ㉮

40 무색, 무취, 무미와 독성이 없고 공기 중에 약 0.94(%)정도를 포함하는 불활성 가스는?
㉮ 헬륨(He) ㉯ 아르곤(Ar)
㉰ 네온(Ne) ㉱ 크립톤(Kr)

> 해설 공간에는 질소 78%, 산소 21%, 알곤 0.9%, 이산화탄소 0.03%를 함유하고 있다.

41 대상물에 감마선(γ-선), 엑스선(X-선)을 투과시켜 필름에 나타나는 상으로 결함을 판별하는 비파괴 검사법은?
㉮ 초음파 탐상검사 ㉯ 침투 탐상검사
㉰ 와류 탐상검사 ㉱ 방사선 투과검사

42 산업안전보건법 시행규칙상 안전을 표시하는 색채 중 특정행위의 기시 및 사실을 고지 등을 나타내는 색은?
㉮ 노란색 ㉯ 녹색
㉰ 파란색 ㉱ 흰색

43 미그(MIG)용접 제어장치의 기능으로 아크가 처음 발생되기 전 보호가스를 흐르게 하여 아크를 안정되게 하여 결함발생을 방지하는 것은?
㉮ 스타트 시간 ㉯ 가스지연 유출시간
㉰ 버언 백 시간 ㉱ 예비가스 유출시간

> 해설 미그용접에서 예비 가스유출시간이란 아크가 처음 발생하기 전 보호가스를 흐르게 함으로써 아크를 안정되게 하여 결함을 방지한다.

44 용접선 양측을 일정 속도로 이동하는 가스 불꽃에 의해 용접선 나비의 60~150mm에 설쳐서 150~200℃정도로 가열 후 수냉 시키는 잔류응력 제거법은?
㉮ 노내 풀림법 ㉯ 국부 풀림법
㉰ 저온응력 완화법 ㉱ 기계적응력 완화법

ANSWER 40.㉯ 41.㉱ 42.㉰ 43.㉱ 44.㉰

45 불활성가스 아크 용접법에 관한 설명으로 틀린 것은?

㉮ 불활성가스 아크용접은 용접의 품질이 우수하고 전자세용접이 가능하다.
㉯ 텅스텐 아크용접(TIG)시 역극성으로 아르곤가스를 이용하면 청정작용이 있다.
㉰ 금속 아크용접(MIG)은 교류 정전압 특성을 이용하므로 스패터가 많다.
㉱ 금속 아크용접(MIG)은 전극이 녹는 용극식 아크용접으로 와이어가 아크열에 의해 선단으로부터 녹아서 용적이 되면서 모재로 이행해 나간다.

46 용접법 중 전원이 필요하지 않은 용접법은?

㉮ 플래시 용접법 ㉯ 프로젝션 용접법
㉰ 테르밋 용접법 ㉱ 일렉트로 슬래그 용접법

> 테르밋용접이란 미세한 알루미늄 분말과 산화철분말을 혼합한 테르밋제에 과산화바륨과 마그네슘의 혼합물로써 테르밋 반응이라 부르는 화학반응에 의해 발열을 이용한 용접법으로 전원이 필요치 않다.

47 어떤 물질이 산소와 화합하여 완전 연소할 때 생기는 열량은?

㉮ 생성열 ㉯ 연소열
㉰ 분해열 ㉱ 발생열

48 와전류 탐상 검사의 장점이 아닌 것은?

㉮ 결함의 크기, 두께 및 재질의 변화 등을 동시에 검사할 수 있다.
㉯ 결함지시가 모니터에 전기적 신호로 나타나므로 기록보존과 재생이 용이하다.
㉰ 검사체의 표면으로부터 깊은 내부결함 및 강자성 금속도 탐상이 가능하다.
㉱ 표면부결함의 탐상감도가 우수하며 고온에서의 검사 및 얇고 가는 소재와 구멍의 내부 등을 검사할 수 있다.

49 이산화탄소 가스아크용접의 특징으로 적당하지 않은 것은?

㉮ 용착금속의 기계적 및 금속학적 성질이 우수하다.
㉯ 피복아크용접처럼 피복아크용접봉을 갈아 끼우는 시간이 필요 없으므로 용접작업시간을 길게 할 수 있다.
㉰ 전류밀도가 높아 용입이 깊고 용접속도를 빠르게 할 수 있다.
㉱ 모든 재질에 적용이 가능하다.

ANSWER 45. ㉰ 46. ㉰ 47. ㉯ 48. ㉰ 49. ㉱

50 점용접의 3요소에 대하여 설명한 것 중 맞는 것은?

㉮ 용접전류, 가압력, 통전시간 ㉯ 가압력, 용접전압, 통전시간
㉰ 용접전류, 용접전압, 가압력 ㉱ 용접전류, 용접전압, 통전시간

해설 점용접의 3대 요소 : 용접전류, 통전시간, 가압력

51 그림과 같이 외형도에 있어서 파단선을 경계로 필요로 하는 요소의 일부만을 단면으로 표시하는 단면도는?

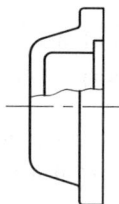

㉮ 온 단면도
㉯ 부분 단면도
㉰ 한쪽 단면도
㉱ 회전 단면도

52 도면의 긴 쪽 길이를 가로방향으로 한 X형 용지에서 표제란의 위치로 가장 적당한 것은?

㉮ 오른쪽 중앙 ㉯ 왼쪽 위
㉰ 오른쪽 아래 ㉱ 왼쪽 아래

53 그림과 같이 철판에 구멍이 뚫려있는 도면의 설명으로 올바른 것은?

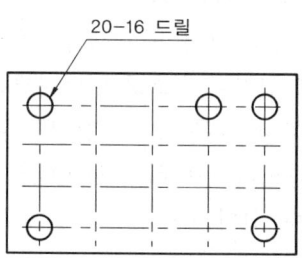

㉮ 구멍지름 16mm, 구멍수량 20개
㉯ 구멍지름 20mm, 구멍수량 16개
㉰ 구멍지름 16mm, 구멍수량 5개
㉱ 구멍지름 20mm, 구멍수량 5개

ANSWER 50. ㉮ 51. ㉯ 52. ㉰ 53. ㉮

54 그림과 같은 입체도의 화살표 방향이 정면일 경우 저면도로 가장 적당한 것은?

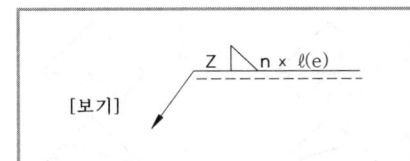

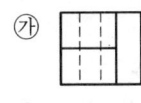

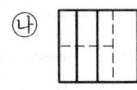

55 치수기입법에서 지름, 반지름, 구의 지름 및 반지름, 모따기, 두께 등을 표시할 때 사용되는 보조기호로 잘못된 것은?

㉮ 두께 : $D6$ ㉯ 반지름 : $R3$
㉰ 모따기 : $C3$ ㉱ 구의 지름 : $S\phi 6$

해설 두께의 기호는 $t6$으로 표시한다.

56 전개도법의 종류 중 주로 각기둥이나 원기둥의 전개에 가장 많이 이용되는 방법은?

㉮ 삼각형을 이용한 전개도법   ㉯ 방사선을 이용한 전개도법
㉰ 평행선을 이용한 전개도법   ㉱ 사각형을 이용한 전개도법

해설 평행전개도법은 직각기둥이나 직원기둥을 직 평면위에 전개하는 방법으로 모서리와 직선 면소에 직각방향으로 전개한다.

57 그림과 같은 용접도시기호의 설명으로 올바른 것은?

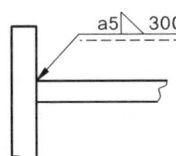

㉮ 홈 깊이 5mm
㉯ 목 길이 5mm
㉰ 목 두께 5mm
㉱ 루트 간격 5mm

58 도면에 2가지 이상의 선이 같은 장소에 겹치어 나타내게 될 경우 우선순위가 가장 높은 것은?

㉮ 숨은선   ㉯ 외형선
㉰ 절단선   ㉱ 중심선

ANSWER 54. ㉯ 55. ㉮ 56. ㉰ 57. ㉰ 58. ㉯

59 그림과 같은 입체도에서 화살표방향이 정면일 경우 평면도로 가장 적당한 것은?

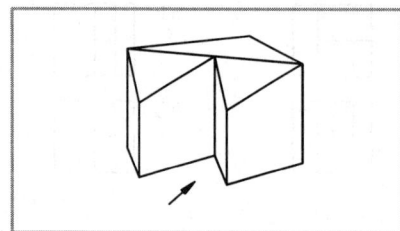

㉮ 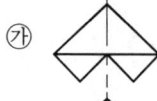   ㉯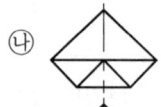

㉰    ㉱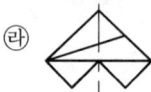

60 배관 도시기호 중 글로우브 밸브인 것은?

제17회 CBT기출복원문제

01 용접 순서를 결정하는 기준이 잘못 설명된 것은?

㉮ 용접 구조물이 조립되어 감에 따라 용접 작업이 불가능한 곳이 발생하지 않도록 한다.
㉯ 용접물 중심에 대하여 항상 대칭으로 용접한다.
㉰ 수축이 작은 이음을 먼저 용접한 후 수축이 큰 이음을 뒤에 한다.
㉱ 용접 구조물의 중립축에 대한 수축 모멘트의 합이 0이 되도록 한다.

> 용접 이음 순서
> 1. 수축이 큰 이음을 먼저 하고, 작은 이음을 나중에 한다.
> 2. 용접물 중심에 대하여 항상 대칭으로 용접한다.
> ※ 금속에 열이 전달되면 수축에 의한 변형이 생기므로 중립축에 대한 변형량을 좌우 생각하며 용접을 하여야 한다.

02 CO_2 아크 용접에서 가장 두꺼운 판에 사용되는 용접 홈은?

㉮ I 형 ㉯ V 형
㉰ H 형 ㉱ J 형

> 판 두께에 따라서 I 형 → V 형 → X 형 → U 형 → H 형 순으로 모양이 변한다.

03 가스 절단 작업시 유의할 사항으로 틀린 것은?

㉮ 호스가 꼬여 있는지 확인한다.
㉯ 가스 절단에 알맞은 보호구를 착용한다.
㉰ 절단부가 예리하고 날카로우므로 상처를 입지 않도록 주의한다.
㉱ 절단 진행 중에 시선은 절단면을 떠나도 된다.

04 연강재의 용접 이음부에 대한 충격 하중이 작용할 때 안전율은?

㉮ 3 ㉯ 5
㉰ 8 ㉱ 12

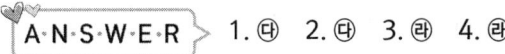
1. ㉰ 2. ㉰ 3. ㉱ 4. ㉱

05 융점 450℃ 이상의 땜납재인 경납에 속하지 않는 것은?
㉮ 주석 – 납　㉯ 황동납　㉰ 인동납　㉱ 은납

> 납땜에서 경납과 연납 구분은 용융 온도가 450°를 기준으로 한다.
> 주석 – 납은 용융 온도가 230~320° 부근으로 연납땜에 속한다.

06 불활성 가스 금속 아크 용접(MIG)법에서 가장 많이 사용되는 것으로 용가재가 고속으로 용융되어 미립자의 용적으로 분사되어 모재로 옮겨가는 이행 방식은?
㉮ 단락 이행　㉯ 입상 이행
㉰ 펄스아크 이행　㉱ 스프레이 이행

07 서브머지드 아크 용접의 장점에 해당되지 않는 것은?
㉮ 용접 속도가 수동 용접보다 빠르고 능률이 높다.
㉯ 개선각을 작게 하여 용접 패스 수를 줄일 수 있다.
㉰ 콘택트 팁에서 통전되므로 와이어 중에 저항열이 적게 발생되어 고전류 사용이 가능하다.
㉱ 용접 진행 상태의 좋고 나쁨을 육안으로 확인할 수 있다.

> 서브머지드 아크 용접은 잠호 용접으로 아크가 플럭스에 숨어서 용접이 진행되므로 용접 진행 상태를 육안으로 파악할 수 없다.

08 용접 균열에서 저온 균열은 일반적으로 몇 ℃ 이하에서 발생하는 균열을 말하는가?
㉮ 200~300℃ 이하　㉯ 300~400℃ 이하
㉰ 400~500℃ 이하　㉱ 500~600℃ 이하

09 전기 저항 점 용접법에 대한 설명으로 틀린 것은?
㉮ 인터랙 점 용접이란 용접점의 부분에 직접 2개의 전극을 물리지 않고 용접 전류가 피용접물의 일부를 통하여 다른 곳으로 전달하는 방식이다.
㉯ 단극식 점 용접이란 전극이 1쌍으로 1개의 점 용접부를 만드는 것이다.
㉰ 맥동 점 용접은 사이클 단위를 몇 번이고 전류를 연속하여 통전하며 용접 속도 향상 및 용접 변형 방지에 좋다.
㉱ 직렬식 점 용접이란 1개의 전류 회로에 2개 이상의 용접점을 만드는 방법으로 전류 손실이 많아 전류를 증가시켜야 한다.

ANSWER 5.㉮　6.㉱　7.㉱　8.㉮　9.㉰

> **해설** 맥동 점 용접은 전류가 직류에 교류가 겹쳐져서 맥이 뛰는 듯이 시간과 더불어 크게 혹은 작게 흐르는 전류를 말한다.

10 아크 용접 작업중 허용 전류가 20~50(mA) 일 때 인체에 미치는 영향으로 맞는 것은?
㉮ 고통을 느끼고 가까운 근육이 저려서 움직이지 않는다.
㉯ 고통을 느끼고 강한 근육 수축이 일어나며 호흡이 곤란하다.
㉰ 고통을 수반한 쇼크를 느낀다.
㉱ 순간적으로 사망할 위험이 있다.

11 용접선이 응력의 방향과 대략 직각인 필릿 용접은?
㉮ 전면 필릿 용접　　㉯ 측면 필릿 용접
㉰ 경사 필릿 용접　　㉱ 뒷면 필릿 용접

12 용접부의 결함 검사법에서 초음파 탐상법의 종류에 해당되지 않는 것은?
㉮ 스테레오법　　㉯ 투과법
㉰ 펄스반사법　　㉱ 공진법

13 테르밋 용접의 특징에 대한 설명 중 틀린 것은?
㉮ 용접 작업이 단순하다.
㉯ 용접 시간이 길고 용접 후 변형이 크다.
㉰ 용접 기구가 간단하고 작업 장소의 이동이 쉽다.
㉱ 전기가 필요 없다.
> **해설** 테르밋 용접은 알루미늄 분말과 산화철 분말을 혼합한 테르밋제에 과산화바륨과 마그네슘의 혼합 분말로 화학 반응에 의한 발열을 이용한 용접법이며 용접 시간이 짧고 변형이 작다.

14 볼트나 환봉을 피스톤형의 홀더에 끼우고 모재와 볼트 사이에 순간적으로 아크를 발생 시켜 용접하는 방법은?
㉮ 서브머지드 아크 용접　　㉯ 스터드 용접
㉰ 테르밋 용접　　㉱ 불활성 가스 아크 용접

ANSWER ▶ 10. ㉯　11. ㉮　12. ㉮　13. ㉯　14. ㉯

15 용접부의 시험 및 검사의 분류에서 충격 시험은 무슨 시험에 속하는가?
㉮ 기계적 시험   ㉯ 낙하 시험
㉰ 화학적 시험   ㉱ 압력 시험

해설 충격 시험은 기계적 시험에 속하며 낙하 시험, 화학적 시험, 압력 시험은 기계적 시험과 같이 파괴 시험의 분류에 속한다.

16 TIG 용접에서 교류(AC), 직류 정극성(DCSP), 직류 역극성(DCRP) 의 용입 깊이를 비교한 것 중 옳은 것은?
㉮ DCSP < AC < DCRP   ㉯ AC < DCSP < DCRP
㉰ AC < DCRP < DCSP   ㉱ DCRP < AC < DCSP

17 전격의 방지 대책에 대한 설명 중 틀린 것은?
㉮ 땀, 물 등에 의해 습기찬 작업복, 장갑, 구두 등을 착용해도 된다.
㉯ 홀더나 용접봉은 절대로 맨손으로 취급하지 않는다.
㉰ 용접기의 내부에 함부로 손을 대지 않는다.
㉱ 절연 홀더의 절연 부분이 노출·파손되면 곧 보수하거나 교체한다.

18 두께가 3.2 mm 인 박판을 탄산가스 아크 용접법으로 맞대기 용접을 하고자 한다. 용접 전류 100 A 를 사용할 때, 이에 적합한 아크 전압(V) 의 조정 범위는 어느 정도인가?
㉮ 10 ~ 13(V)   ㉯ 18 ~ 21(V)
㉰ 23 ~ 26(V)   ㉱ 28 ~ 31(V)

해설 박판의 아크 전압 조정범위(V)
0.04 × 전류 +15.5 ± 1.5 = 0.04 × 100 +15.5 ± 1.5 =18 ~ 21

19 용접 결함이 오버랩일 경우 그 보수 방법으로 가장 적당한 것은?
㉮ 정지 구멍을 뚫고 재 용접한다.
㉯ 일부분을 깎아내고 재 용접한다.
㉰ 가는 용접봉을 사용하여 재 용접한다.
㉱ 결함 부분을 절단하여 재 용접한다.

20 불활성 가스 텅스텐 아크 용접에 주로 사용되는 가스는?
- ㉮ He, Ar
- ㉯ Ne, Lo
- ㉰ Rn, Lu
- ㉱ Co, Xe

21 용접봉의 습기가 원인이 되어 발생하는 결함으로 가장 적절한 것은?
- ㉮ 선상 조직
- ㉯ 기공
- ㉰ 용입 불량
- ㉱ 슬래그 섞임

해설 용접봉에 습기가 있으면 헤어 크랙과 기공을 유발한다.

22 안전모의 내부 수직 거리로 가장 적당한 것은?
- ㉮ 25 mm 이상 50 mm 미만일 것
- ㉯ 15 mm 이상 40 mm 미만일 것
- ㉰ 10 mm 미만일 것
- ㉱ 20 mm 미만일 것

23 가스 용접에서 전진법과 비교한 후진법의 특징 설명으로 옳은 것은?
- ㉮ 용접 속도가 느리다.
- ㉯ 홈 각도가 크다.
- ㉰ 용접 가공 판 두께가 두껍다.
- ㉱ 용접 변형이 크다.

해설 후진법은 좌에서 우로 토치가 진행되는 방향이며 판 두께가 두껍고, 열 이용율이 좋으며 용접 속도가 빠르다.

24 특수 절단 및 가스 가공 방법이 아닌 것은?
- ㉮ 수중 절단
- ㉯ 스카핑
- ㉰ 치핑
- ㉱ 가스 가우징

ANSWER ▶ 20. ㉮ 21. ㉯ 22. ㉮ 23. ㉰ 24. ㉰

25 가스 용접시 모재의 두께가 3.2 mm 일 때 용접봉의 지름(mm) 으로 가장 적당한 것은?
㉮ 1.2 ㉯ 2.6
㉰ 3.5 ㉱ 4.0

> 모재 두께가 2.5 mm~ 6 mm 일 때 용접봉의 지름은 1.6 mm ~ 3.2 mm 이다.

26 교류 아크 용접기에 비해 직류 아크 용접기에 관한 설명으로 올바른 것은?
㉮ 구조가 간단하다.
㉯ 아크 안정성이 떨어진다.
㉰ 감전의 위험이 많다.
㉱ 극성의 변화가 가능하다.

27 가연성 가스의 종류 중 불꽃의 온도가 가장 높은 것은?
㉮ 아세틸렌 ㉯ 수소
㉰ 프로판 ㉱ 메탄

> 불꽃 온도
> • 아세틸렌 : 3430℃
> • 수소 : 2900℃
> • 메탄 : 2700℃
> • 프로판 : 2820℃

28 헬멧이나 핸드 실드의 차광 유리 앞에 보호 유리를 끼우는 가장 타당한 이유는?
㉮ 시력을 보호하기 위하여
㉯ 가시광선을 차단하기 위하여
㉰ 적외선을 차단하기 위하여
㉱ 차광 유리를 보호하기 위하여

29 내용적 33.7 L의 산소병에 150kgf/cm² 의 압력이 게이지에 표시되었다면 산소병에 들어 있는 산소량은 몇 L인가?
㉮ 3400 ㉯ 5055
㉰ 4700 ㉱ 4800

> 산소량 : 압력 × 용적 = 150 × 33.7 = 5055

ANSWER 25. ㉯ 26. ㉱ 27. ㉮ 28. ㉱ 29. ㉯

30 산소 – 아세틸렌가스로 두께가 25 mm 이하인 연강판을 산소 절단 할 때 차광번호로 가장 적합한 것은?
- ㉮ 10 ~ 12
- ㉯ 7 ~ 8
- ㉰ 3 ~ 4
- ㉱ 12 ~ 14

31 용극식 용접법으로 용접봉과 모재 사이에 발생하는 아크의 열을 이용하여 용접하는 것은?
- ㉮ 피복 아크 용접
- ㉯ 플라스마 아크 용접
- ㉰ 테르밋 용접
- ㉱ 이산화탄소 아크 용접

32 아크 에어 가우징의 작업 능률은 치핑이나, 그라인딩 또는 가스 가우징보다 몇 배 정도 높은가?
- ㉮ 10 ~ 12 배
- ㉯ 8 ~ 9 배
- ㉰ 5 ~ 6 배
- ㉱ 2 ~ 3 배

33 피복 아크 용접봉의 용접부 보호 방식에 의한 분류에 속하지 않는 것은?
- ㉮ 슬래그 발생식
- ㉯ 가스 발생식
- ㉰ 아크 발생식
- ㉱ 반가스 발생식

34 교류 전원이 없는 옥외 장소에서 사용하는데 가장 적합한 직류 아크 용접기는?
- ㉮ 정류기형
- ㉯ 가동 철심형
- ㉰ 엔진 구동형
- ㉱ 전동 발전형

35 가스 절단에서 절단용 산소 중에 불순물이 증가하면 나타나는 결과가 아닌 것은?
- ㉮ 절단면이 거칠어진다.
- ㉯ 절단 속도가 늦어진다.
- ㉰ 슬래그의 이탈성이 나빠진다.
- ㉱ 산소의 소비량이 적어진다.

> 해설 절단용 산소 중에 불순물이 증가하면 절단이 어려워지므로 산소 소비량이 증가한다.

ANSWER ▶ 30. ㉰ 31. ㉮ 32. ㉱ 33. ㉰ 34. ㉰ 35. ㉱

36 용접 열원에서 기계적 에너지를 사용하는 용접법은?
㉮ 초음파 용접   ㉯ 고주파 용접
㉰ 전자빔 용접   ㉱ 레이저빔 용접

37 피복 아크 용접 작업에서 아크 길이 및 아크 전압에 관한 설명으로 틀린 것은?
㉮ 품질 좋은 용접을 하려면 원칙적으로 짧은 아크를 사용해야 한다.
㉯ 아크 길이가 너무 길면 아크가 불안정하고, 용융 금속이 산화 및 질화되기 어렵다.
㉰ 아크 길이는 보통 용접봉 심선의 지름 정도이나 일반적인 아크의 길이는 3 mm 정도이다.
㉱ 아크 전압은 아크 길이에 비례한다.

해설 아크 길이가 너무 길면 아크 중에 산소나 질소가 스며들기 때문에 용접부가 산화나 질화되기 쉽다.

38 아세틸렌은 각종 액체에 잘 용해된다. 그러면 1기압 아세톤 2L 에는 몇 L의 아세틸렌이 용해되는가?
㉮ 2   ㉯ 10
㉰ 25   ㉱ 50

39 피복 아크 용접봉의 용융 속도를 결정하는 식은?
㉮ 용융 속도 = 아크 전류 × 용접봉 쪽 전압 강하
㉯ 용융 속도 = 아크 전류 × 모재 쪽 전압 강하
㉰ 용융 속도 = 아크 전압 × 용접봉 쪽 전압 강하
㉱ 용융 속도 = 아크 전압 × 모재 쪽 전압 강하

40 주로 전자기 재료로 사용되는 Ni – Fe 합금이 아닌 것은?
㉮ 인바   ㉯ 슈퍼인바
㉰ 콘스탄탄   ㉱ 플라티나이트

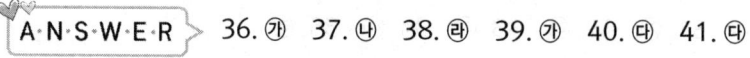
ANSWER 36.㉮ 37.㉯ 38.㉱ 39.㉮ 40.㉰ 41.㉰

41 구리와 구리 합금이 다른 금속에 비하여 우수한 점이 아닌 것은?

㉮ 전기 및 열 전도율이 높다.
㉯ 연하고 전연성이 좋아 가공하기 쉽다.
㉰ 철강보다 비중이 낮아 가볍다.
㉱ 철강에 비해 내식성이 좋다.

해설 철의 비중 : 7.87   구리 비중 : 8.96

42 두랄루민(duralumin) 의 성분 재료로 맞는 것은?

㉮ Al, Cu, Mg, Mn   ㉯ Al, Cu, Fe, Si
㉰ Al, Fe, Si, Mg   ㉱ Al, Cu, Mn, Pb

43 주강의 특성을 설명한 것으로 틀린 것은?

㉮ 유동성이 나쁘다.
㉯ 주조시의 수축이 적다.
㉰ 고온 인장 강도가 낮다.
㉱ 표피 및 그 인접 부위의 품질이 양호하다.

44 마그네슘 합금의 성질 및 특징을 나타낸 것으로 적당하지 않은 것은?

㉮ 비강도가 크고, 냉간 가공이 거의 불가능하다.
㉯ 인장강도, 연신율, 충격값이 두랄루민보다 적다.
㉰ 피절삭성이 좋으며, 부품의 무게 경감에 큰 효과가 있다.
㉱ 바닷물에 접촉하여도 침식되지 않는다.

해설 마그네슘은 해수에 대단히 약하다.

45 기본 열처리 방법의 목적을 설명한 것으로 틀린 것은?

㉮ 담금질 – 급냉시켜 재질을 경화시킨다.
㉯ 풀림 – 재질을 연하고 균일화하게 한다.
㉰ 뜨임 – 담금질된 것에 취성을 부여한다.
㉱ 불림 – 소재를 일정 온도에서 가열 후, 공냉시켜 표준화 한다.

해설 뜨임 처리는 금속에 인성을 부여한다.

ANSWER ▶ 42.㉮ 43.㉯ 44.㉱ 45.㉰

46 산소 – 아세틸렌가스를 사용하여 담금질성이 있는 강재의 표면만을 경화시키는 방법은?
㉮ 화염 경화법
㉯ 질화법
㉰ 고주파 경화법
㉱ 가스 침탄법

47 가단주철은 주조성이 우수한 백선주물을 만들고 열처리함으로써 강인한 조직과 단조를 가능케 한 주철인데 그 종류가 아닌 것은?
㉮ 백심 가단주철
㉯ 펄라이트 가단주철
㉰ 특수 가단주철
㉱ 오스테나이트 가단주철

> 해설 오스테나이트계 스테인레스강이며 가단주철은 없다.

48 오스테나이트계 스테인리스강 용접시 유의해야 할 사항이 아닌 것은?
㉮ 아크를 중단하기 전에 크레이터 처리를 한다.
㉯ 아크 길이를 길게 유지한다.
㉰ 낮은 전류로 용접하여 용접 입열을 억제한다.
㉱ 용접봉은 가급적 모재의 재질과 동일한 것을 사용한다.

> 해설 오스테나이트계 스테인레스강 용접시 아크 길이를 길게 하면 아크 온도가 올라가므로 열팽창율이 증가하므로 긴 아크는 피한다.

49 탄소 공구강 및 일반 공구 재료의 구비 조건 중 틀린 것은?
㉮ 상온 및 고온 경도가 클 것
㉯ 내마모성이 클 것
㉰ 강인성 및 내충격성이 작을 것
㉱ 가공 및 열처리성이 양호할 것

50 냉간 가공의 특징을 설명한 것으로 틀린 것은?
㉮ 제품의 표면이 미려하다.
㉯ 제품의 치수 정도가 좋다.
㉰ 가공 경화에 의한 강도가 낮아진다.
㉱ 가공 공수가 적어 가공비가 적게 든다.

ANSWER ▶ 46. ㉮ 47. ㉱ 48. ㉯ 49. ㉰ 50. ㉰

51 3개의 좌표축의 투상이 서로 120°가 되는 축 측 투상으로 평면, 측면, 정면을 하나의 투상면 위에 동시에 볼 수 있도록 그려진 투상법은?
㉮ 등각 투상법 ㉯ 국부 투상법
㉰ 정 투상법   ㉱ 경사 투상법

52 용접부의 보조 기호에서 제거 가능한 이면 판재를 사용하는 경우의 표시 기호는?
㉮ M   ㉯ P
㉰ MR   ㉱ PR

53 기계 제도에서 사용하는 선의 용도에 따라 사용하는 선의 종류가 틀린 것은?
㉮ 외형선 : 가는 실선   ㉯ 피치선 : 가는 1점 쇄선
㉰ 중심선 : 가는 1점 쇄선   ㉱ 숨은선 : 가는 파선 또는 굵은 파선

해설 외형선은 굵은 실선을 사용한다.

54 그림과 같은 입체도의 화살표 방향이 정면일 때 3각법으로 올바르게 투상한 것은?

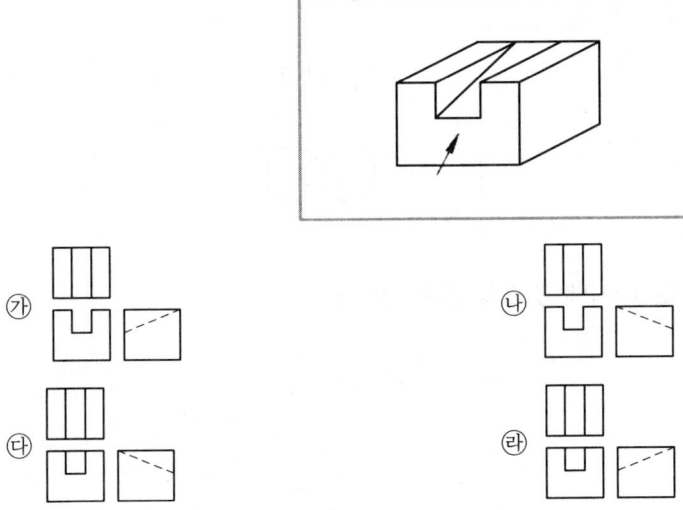

ANSWER ▶ 51. ㉮ 52. ㉰ 53. ㉮ 54. ㉱

55 도면에서 표제란의 투상법란에 그림과 같은 투상법 기호로 표시되는 경우는 몇 각법 기호인가?

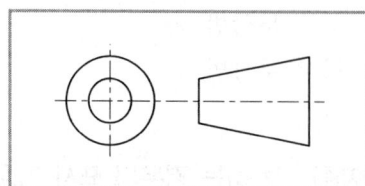

㉮ 1 각법
㉯ 2 각법
㉰ 3 각법
㉱ 4 각법

56 다음 중 머리부를 포함한 리벳의 전체 길이로 리벳 호칭 길이를 나타내는 것은?
㉮ 얇은 납작머리 리벳 ㉯ 접시머리 리벳
㉰ 둥근머리 리벳 ㉱ 냄비머리 리벳

57 보기 입체도에서 화살표 방향 투상도로 적합한 것은?

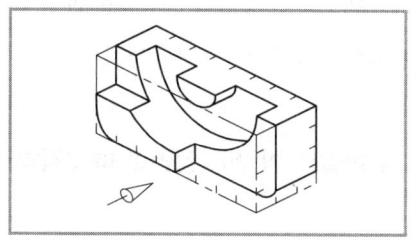

㉮ 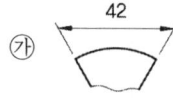 ㉯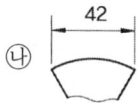

㉰  ㉱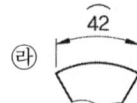

58 원호의 길이 42 mm를 나타낸 것으로 옳은 것은?

ANSWER 55. ㉰ 56. ㉯ 57. ㉰ 58. ㉱

59 그림과 같은 용접 도시 기호를 올바르게 해석한 것은?

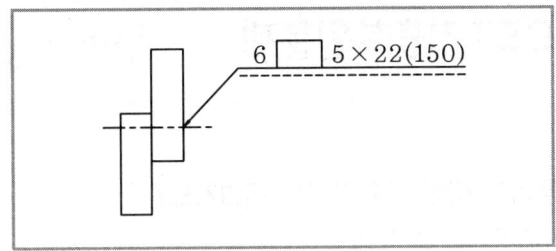

㉮ 슬롯 용접의 용접 수 22
㉯ 슬롯의 너비 6 mm, 용접 길이 22 mm
㉰ 슬롯 용접 루트 간격 6 mm, 폭 150 mm
㉱ 슬롯의 너비 5 mm, 피치 22 mm

60 모서리나 중심축에 평행선을 그어 전개하는 방법으로 주로 각기둥이나 원기둥을 전개하는데 가장 적합한 전개 도법의 종류는?

㉮ 삼각형을 이용한 전개 도법
㉯ 평행선을 이용한 전개 도법
㉰ 방사선을 이용한 전개 도법
㉱ 사다리꼴을 이용한 전개 도법

ANSWER 59. ㉯   60. ㉯

제18회 CBT기출복원문제

01 귀마개를 착용하고 작업하면 안되는 작업자는?
㉮ 조선소의 용접 및 취부 작업자
㉯ 자동차 조립 공장의 조립 작업자
㉰ 판금 작업장의 타출 판금 작업자
㉱ 강재 하역장의 크레인 신호자

🔍 강재 하역시 크레인 신호자가 귀마개를 하면 소리를 들을 수가 없어 위험하다.

02 서비머지드 아크 용접의 용제 중 흡습성이 가장 높은 것은?
㉮ 용제형　　　　　　㉯ 혼성형
㉰ 용융형　　　　　　㉱ 소결형

03 한 개의 용접봉을 살을 붙일만한 길이로 구분해서, 홈을 한 부분씩 여러 층으로 쌓아올린 다음 다른 부분으로 진행하는 용착법은?
㉮ 스킵법　　　　　　㉯ 빌드업법
㉰ 전진 블록법　　　　㉱ 케스케이드법

04 티그(TIG) 용접에서 텅스텐 전극봉의 고정을 위한 장치는?
㉮ 콜릿 척　　　　　　㉯ 와이어 릴
㉰ 프레임　　　　　　㉱ 가스 세이버

05 피복 아크 용접부 결함의 종류인 스패터의 발생 원인으로 가장 거리가 먼 것은?
㉮ 운봉 속도가 느릴 때
㉯ 전류가 높을 때
㉰ 수분이 많은 용접봉을 사용했을 때
㉱ 아크 길이가 너무 길 때

🔍 스패터 발생을 방지하기 위해선 아크 길이와 운봉법을 적당히 해야 한다.

ANSWER　1. ㉱　2. ㉱　3. ㉰　4. ㉮　5. ㉮

06 고장력강 용접 시 주의사항 중 틀린 것은?
  ㉮ 용접봉은 저수소계를 사용할 것.
  ㉯ 용접 개시 전에 이음부 내부 또는 용접부분을 청소할 것.
  ㉰ 아크 길이는 가능한 길게 유지할 것.
  ㉱ 위빙 폭을 크게 하지 말 것.

07 판 두께가 보통 6mm 이하인 경우에 사용되고 루트 간격을 좁게 하면 용착 금속의 양도 적어져서 경제적인 면에서는 우수하나 두께가 두꺼워지면 완전 용입이 어려운 용접 이음은?
  ㉮ I 형   ㉯ V 형   ㉰ U 형   ㉱ X 형

  해설 I 형 맞대기 용접에서 두께가 두꺼워지고 루트 간격이 좁아지면 개선각이 없는 상태이므로 용입이 불량해진다.

08 MIG 용접시 사용하는 차광 유리의 차광도 번호로 가장 알맞은 것은?
  ㉮ 2~3   ㉯ 5~6
  ㉰ 12~13   ㉱ 18~20

09 다음 그림 중에서 용접 열량의 냉각 속도가 가장 큰 것은?

  ㉮ 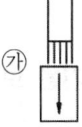 ㉯ 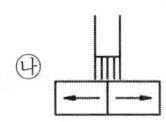 ㉰ 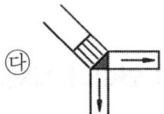 ㉱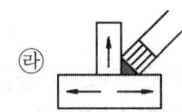

  해설 냉각 속도는 열흐름의 방향이 많을 때 흐름이 빠르며 방향의 수가 같을 때는 두꺼운 모재가 심하다.

10 피복 아크 용접 작업에 대한 안전 사항으로 가장 적합하지 않은 것은?
  ㉮ 저압 전기는 어느 작업이든 안심할 수 있다.
  ㉯ 퓨즈는 규정된 대로 알맞은 것을 끼운다.
  ㉰ 전선이나 코드의 접속부는 절연물로서 완전히 피복하여 둔다.
  ㉱ 용접기 내부에 함부로 손을 대지 않는다.

ANSWER ▶ 6. ㉰ 7. ㉮ 8. ㉰ 9. ㉱ 10. ㉮

11 가스 용접 작업할 때 주의하여야 할 안전사항 중 틀린 것은?

㉮ 가스 용접을 할 때는 면장갑을 낀다.
㉯ 작업자의 눈을 보호하기 위하여 차광 유리가 부착된 보안경을 착용한다.
㉰ 납이나 아연 합금 또는 도금 재료를 가스 용접시 중독될 우려가 있으므로 주의하여야 한다.
㉱ 가스 용접 작업은 가연성 물질이 없는 안전한 장소를 선택한다.

해설 가스 용접시에는 손을 보호하기 위해 가죽 장갑을 낀다.

12 서브머지드 아크 용접에 대한 설명으로 틀린 것은?

㉮ 가시 용접으로 용접시 용착부를 육안으로 식별이 가능하다.
㉯ 용융 속도와 용착 속도가 빠르며 용입이 깊다.
㉰ 용착 금속의 기계적 성질이 우수하다.
㉱ 비드 외관이 아름답다.

해설 서브머지드 용접은 잠호 용접으로 아크가 플럭스에 숨어서 용접하므로 아크를 육안으로 식별할 수 없다.

13 용접 결함 종류 중 성질상 결함에 해당되지 않는 것은?

㉮ 인장 강도 부족   ㉯ 표면 결함
㉰ 항복 강도 부족   ㉱ 내식성의 불량

14 보호 가스의 공급 없이 와이어 자체에서 발생한 가스에 의해 아크 분위기를 보호하는 용접 방법은?

㉮ 일렉트로 슬래그 용접   ㉯ 플라즈마 용접
㉰ 논 가스 아크 용접   ㉱ 테르밋 용접

15 불활성 가스 텅스텐 아크 용접을 설명한 것 중 틀린 것은?

㉮ 직류 역극성에서는 청정 작용이 있다.
㉯ 알루미늄과 마그네슘의 용접에 적합하다.
㉰ 텅스텐을 소모하지 않는 비용극식이라고 한다.
㉱ 잠호 용접법이라고 한다.

해설 잠호 용접에 속하는 용접은 서브 머지드 용접이다.

ANSWER ▶ 11. ㉮ 12. ㉮ 13. ㉯ 14. ㉰ 15. ㉱

16 강판 용접 중 산화철을 환원시키기 위해 탈산제를 사용하는데 다음 반응식 중 맞는 것은?

㉮ $FeO + Mn \rightleftarrows Fe + MnO$
㉯ $FeO + Mg \rightleftarrows Fe + MgO_2$
㉰ $FeO + Al \rightleftarrows Fe + Al_2O_3$
㉱ $FeO + Ti \rightleftarrows Fe + TiO_2$

17 프로젝션 용접의 용접 요구 조건에 대한 설명으로 틀린 것은?

㉮ 전류가 통한 후에 가압력에 견딜 수 있을 것
㉯ 상대 판이 충분히 가열될 때까지 녹지 않을 것
㉰ 성형시 일부에 전단 부분이 생기지 않을 것
㉱ 성형에 의한 변형이 없고 용접 후 양면의 밀착이 양호 할 것

18 연납용 용제로만 구성되어 있는 것은?

㉮ 붕사, 붕산, 염화아연
㉯ 염화아연, 염산, 염화암모늄
㉰ 불화물, 알칼리, 염산
㉱ 붕산염, 염화암모늄, 붕사

19 탄산가스 아크 용접의 종류에 해당되지 않는 것은?

㉮ NCG 법
㉯ 테르밋 아크법
㉰ 유니언 아크법
㉱ 퓨즈 아크법

해설 테르밋 용접은 특수 용접의 분류에 속한다.

20 MIG 용접의 기본적인 특징이 아닌 것은?

㉮ 아크가 안정 되므로 박판(3mm 이하) 용접에 적합하다.
㉯ TIG 용접에 비해 전류 밀도가 높다.
㉰ 피복 아크 용접에 비해 용착 효율이 높다.
㉱ 바람의 영향을 받기 쉬우므로 방풍 대책이 필요하다.

해설 TIG 용접은 박판 용접에 적당하고 MIG 용접은 후판 용접에 적당하다.

ANSWER ▷ 16. ㉮ 17. ㉮ 18. ㉯ 19. ㉯ 20. ㉮

21 수냉 동판을 용접부의 양면에 부착하고 용융된 슬래그 속에서 전극 와이어를 연속적으로 송급하여 용융 슬래그 내를 흐르는 저항 열에 의하여 전극 와이어 및 모재를 용융 접합시키는 용접법은?
  ㉮ 초음파 용접
  ㉯ 플라즈마 제트 용접법
  ㉰ 일렉트로 가스 용접
  ㉱ 일렉트로 슬래그 용접

22 모재 및 용접부에 대한 연성과 결합의 유무를 조사하기 위하여 시행하는 시험법은?
  ㉮ 경도 시험
  ㉯ 피로 시험
  ㉰ 굽힘 시험
  ㉱ 충격 시험

23 피복제의 주된 역할로 틀린 것은?
  ㉮ 아크를 안정되게 하고, 전기 절연 작용을 한다.
  ㉯ 스패터링(spattering)을 많게 한다.
  ㉰ 모재 표면의 산화물을 제거하고 양호한 용접부를 만든다.
  ㉱ 슬래그 제거를 쉽게 하고, 파형이 고운 비드를 만든다.

24 리벳 이음에 비교한 용접 이음의 특징을 열거한 것 중 틀린 것은?
  ㉮ 구조가 복잡하다.
  ㉯ 유밀, 기밀, 수밀이 우수하다.
  ㉰ 공정의 수가 절감된다.
  ㉱ 이음 효율이 높다.

25 35℃에서 150 기압으로 압축하여 내부 용적 40.7 리터의 산소 용기에 충전하였을 때, 용기속의 산소량은 몇 리터인가?
  ㉮ 4105
  ㉯ 5210
  ㉰ 6150
  ㉱ 7210

  해설 산소량 = 산소 압력 × 용기 용적 = 150 × 40.7 = 6105

ANSWER ▶ 21.㉱ 22.㉰ 23.㉯ 24.㉮ 25.㉰

26 주철이나 비철 금속은 가스 절단이 용이하지 않으므로 철분 또는 용제를 연속적으로 절단용 산소에 공급하여 그 산화열 또는 용제의 화학 작용을 이용한 절단 방법은?
㉮ 분말 절단
㉯ 산소창 절단
㉰ 탄소아크 절단
㉱ 스카핑

27 가연성 가스가 가져야 할 성질 중 맞지 않는 것은?
㉮ 불꽃의 온도가 높을 것
㉯ 용융 금속과 화학 반응을 일으키지 않을 것
㉰ 연소 속도가 느릴 것
㉱ 발열량이 클 것

28 용접법의 분류에서 압접에 해당되는 것은?
㉮ 유도 가열 용접
㉯ 전자 빔 용접
㉰ 일렉트로 슬래그 용접
㉱ MIG 용접

29 피복 아크 용접 중 3.2mm의 용접봉으로 용접할 때 일반적인 아크 길이로 가장 적당한 것은?
㉮ 6mm
㉯ 3mm
㉰ 7mm
㉱ 5mm

> 해설 일반적으로 아크 용접의 아크 길이는 심선의 직경과 같이 한다.

30 폭발 위험성이 가장 큰 산소와 아세틸렌의 혼합비(%)는? (단, 산소 : 아세틸렌)
㉮ 40 : 60
㉯ 15 : 85
㉰ 60 : 40
㉱ 85 : 15

31 가스 절단 토치 형식 중 절단 팁이 동심형에 해당하는 형식은?
㉮ 영국식
㉯ 미국식
㉰ 독일식
㉱ 프랑스식

> 해설 절단팁 – ① 동심형 : 프랑스식 ② 이심형 : 독일식

ANSWER 26. ㉮ 27. ㉰ 28. ㉮ 29. ㉯ 30. ㉱ 31. ㉱

32 가스 용접에서 용제를 사용하는 주된 이유로 적합하지 않는 것은?

㉮ 재료 표면의 산화물을 제거한다.
㉯ 용융 금속의 산화·질화를 감소하게 한다.
㉰ 청정 작용으로 용착을 돕는다.
㉱ 용접봉 심선의 유해 성분을 제거한다.

> 금속은 표면에 산화막을 형성하고 있다. 산화막은 대개 모재의 용융 온도보다 높은 용융 온도를 유지하기 때문에 초기 용접에 어려움을 느낀다. 용제는 이 산화막을 제거하므로 용접을 원활히 하는게 목적이다.

33 케이블과 클램프 및 클램프와 용접물의 각 접속부는 잘 접속되어야 한다. 만일 접속이 나쁠 때 발생되는 현상이 아닌 것은?

㉮ 접속부에서 열이 과도하게 발생한다.
㉯ 접속부를 손상시킨다.
㉰ 아크가 불안정하다.
㉱ 전력이 절약된다.

34 연강용 가스 용접봉을 선택할 때 고려해야 할 사항으로 틀린 것은?

㉮ 모재와 같은 재질일 것
㉯ 기계적 성질에 나쁜 영향을 주지 않을 것
㉰ 용융 온도가 모재와 동일하지 않을 것
㉱ 용접봉의 재질 중에 불순물을 포함하고 있지 않을 것

> 용접봉은 모재와 동질을 사용해야 하며 용융 온도가 같아야 한다.

35 직류 아크 용접시 정극성으로 용접할 때의 특징이 아닌 것은?

㉮ 박판, 주철, 합금강, 비철금속의 용접에 이용된다.
㉯ 용접봉의 녹음이 느리다.
㉰ 비드 폭이 좁다.
㉱ 모재의 용입이 깊다.

32. ㉱ 33. ㉱ 34. ㉰ 35. ㉮

36 용접 용어에 대한 정의를 설명한 것으로 틀린 것은?
㉮ 모재 : 용접 또는 절단되는 금속
㉯ 다공성 : 용착금속 중 기공의 밀집한 정도
㉰ 용락 : 모재가 녹은 깊이
㉱ 용가재 : 용착부를 만들기 위하여 녹여서 첨가하는 금속

37 아크 에어 가우징은 가스 가우징이나 치핑에 비하여 여러 가지 특징이 있다. 그 설명으로 틀린 것은?
㉮ 작업 능률이 높다.
㉯ 모재에 악영향을 주지 않는다.
㉰ 작업 방법이 비교적 용이하다.
㉱ 소음이 크고 응용 범위가 좋다.

38 직류 아크 용접기와 비교한 교류 아크 용접기의 특징을 올바르게 나타낸 것은?
㉮ 아크의 안정성이 약간 떨어진다.
㉯ 값이 비싸고 취급이 어렵다.
㉰ 고장이 많아 보수가 어렵다.
㉱ 무부하 전압이 낮아 전격의 위험이 적다.

해설 직류 용접기는 교류 용접기보다 아크가 안정된다.

39 가스 절단 작업을 할 때, 생기는 드래그는 보통 판 두께의 몇 %를 표준으로 하는가?
㉮ 5 ㉯ 10
㉰ 15 ㉱ 20

40 다음 순금속 중 열전도율이 가장 높은 것은?
㉮ 은(Ag) ㉯ 금(Au)
㉰ 알루미늄(Al) ㉱ 주석(Sn)

해설 열전도율 순서 : 은 → 구리 → 금 → 알루미늄 → 마그네슘 순이다.

ANSWER 36. ㉰ 37. ㉱ 38. ㉮ 39. ㉱ 40. ㉮

41 탄소강이 황(S)을 많이 함유하게 되면 고온에서 메짐이 나타나는 현상을 무엇이라 하는가?
㉮ 적열 메짐
㉯ 청열 메짐
㉰ 저온 메짐
㉱ 충격 메짐

42 황동에 생기는 자연 균열의 방지법으로 가장 적합한 것은?
㉮ 도료나 아연 도금을 실시한다.
㉯ 황동판에 전기를 흐르게 한다.
㉰ 황동에 약간의 철을 합금시킨다.
㉱ 수증기를 제거한다.

43 보통 주강에 3% 이하의 Cr을 첨가하여 강도와 내마멸성을 증가시켜 분쇄기계, 석유화학 공업용 기계부품 등에 사용되는 합금 주강은?
㉮ Ni 주강
㉯ Cr 주강
㉰ Mn 주강
㉱ Ni – Cr 주강

44 다음 중 고온 경도가 가장 좋은 것은?
㉮ WC – TiC – Co 계 초경합금
㉯ 고속도강
㉰ 탄소 공구강
㉱ 합금 공구강

45 베어링에 사용되는 대표적인 구리 합금으로 70% Cu – 30% Pb 합금은?
㉮ 켈밋(kelmet)
㉯ 배빗메탈(babbit metal)
㉰ 다우메탈(dow metal)
㉱ 톰백(tombac)

> 켈밋은 베어링 합금으로 마찰 계수가 작고 열전도율이 우수하여 고온, 고압에서 강도가 우수하여 자동차, 항공기의 주베어링용, 발전기용에 사용한다.

46 오스테나이트계 스테인리스강의 용접시 유의해야 할 사항으로 틀린 것은?
㉮ 층간 온도가 320℃ 이상을 넘어서지 않도록 한다.
㉯ 낮은 전류값으로 용접하여 용접 입열을 억제한다.
㉰ 아크를 중단하기 전에 크레이터 처리를 한다.
㉱ 아크 길이를 길게 유지한다.

A·N·S·W·E·R 41. ㉮ 42. ㉮ 43. ㉯ 44. ㉮ 45. ㉮ 46. ㉱

47 게이지용 강이 구비해야 할 특성에 대한 설명으로 틀린 것은?
㉮ 담금질에 의한 변형 및 균열이 적어야 한다.
㉯ 장시간 경과해도 치수의 변화가 적어야 한다.
㉰ 내마모성이 크고 내식성이 우수해야 한다.
㉱ 담금질 응력 및 열팽창 계수가 커야 한다.

해설 게이지강은 불변강으로 열에 대한 팽창이 적어야 기준자가 될 수 있다..

48 고급 주철의 바탕은 어떤 조직으로 이루어 졌는가?
㉮ 펄라이트   ㉯ 시멘타이트
㉰ 페라이트   ㉱ 오스테나이트

49 표면 경화 처리에서 침탄법의 설명으로 맞는 것은?
㉮ 고체침탄법, 액체침탄법, 기체침탄법이 있다.
㉯ 침탄 후 열처리가 필요하다.
㉰ 침탄 후 수정이 불가능하다.
㉱ 표면 경화 시간이 길다.

50 담금질한 강에 뜨임을 하는 주된 목적은?
㉮ 재질에 인성을 갖게 하려고
㉯ 조대화 된 조직을 정상화 하려고
㉰ 재질을 더욱 더 단단하게 하려고
㉱ 재질의 화학 성분을 보충하기 위해서

해설 뜨임은 강에 인성을 부여하기 위한 조작이다.

51 가는 2점 쇄선을 사용하는 가상선의 용도가 아닌 것은?
㉮ 단면도의 절단된 부분을 나타내는 것
㉯ 가공 전·후의 형상을 나타내는 것
㉰ 인접 부분을 참고로 나타내는 것
㉱ 가동 부분을 이동 중의 특정한 위치 또는 이동한계의 위치로 표시하는 것

47. ㉱ 48. ㉮ 49. ㉯ 50. ㉮ 51. ㉮

52 보기와 같이 제3각법으로 나타낸 정투상도에 대한 입체도로 적합한 것은?

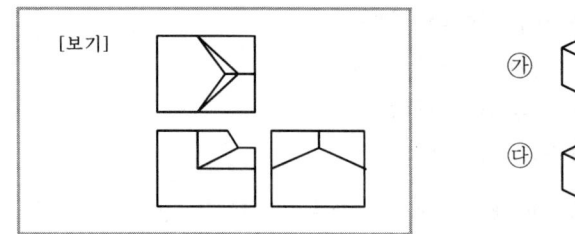
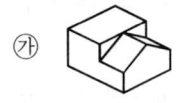
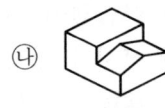
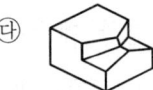
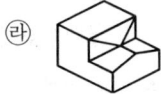

53 대칭형의 물체는 보기와 같이 조합하여 그릴 수 있다. 무슨 단면도라고 하는가?

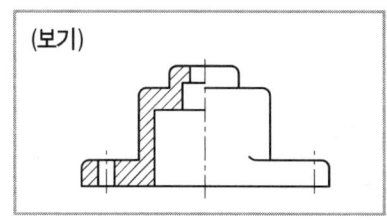

㉮ 온 단면도
㉯ 한쪽 단면도
㉰ 부분 단면도
㉱ 회전도시 단면도

54 보기와 같이 도시된 용접기호에서 ｜MR｜ 해독으로 올바른 것은?

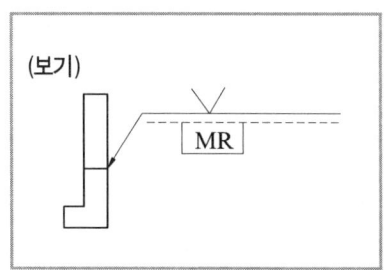

㉮ 화살표 쪽은 방사선 시험이다.
㉯ 화살표 반대쪽은 육안검사이다.
㉰ 제거 가능한 덮개 판을 사용한다.
㉱ 영구적인 덮개 판을 사용하여 용접한다.

55 필릿 용접에서는 용접선의 방향과 응력의 방향이 이루는 각도에 따라 분류한다. 그림과 같은 필릿 용접은?

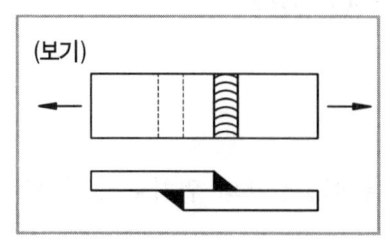

㉮ 측면필릿 용접
㉯ 경사필릿 용접
㉰ 전면필릿 용접
㉱ T형필릿 용접

ANSWER ▶ 52. ㉱   53. ㉯   54. ㉰   55. ㉰

56 도면의 척도 값 중 실제 형상을 축소하여 그리는 것은?
- ㉮ 100 : 1
- ㉯ $\sqrt{2}$: 1
- ㉰ 1 : 2
- ㉱ 1 : 2

57 보기 입체도에서 화살표 방향으로 본 정면도로 알맞은 투상도는?

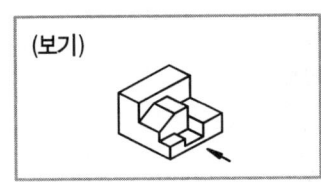

58 치수 보조기호 중 지름을 표시하는 기호는?
- ㉮ D
- ㉯ ϕ
- ㉰ R
- ㉱ SR

59 보기 입체도에서 화살표 방향이 정면일 때 우측면도는?

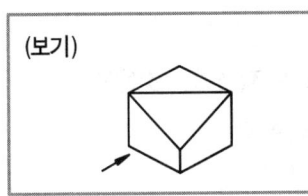

60 제3각법에 대한 설명 중 틀린 것은?
- ㉮ 평면도는 배면도의 위에 배치된다.
- ㉯ 저면도는 정면도의 아래에 배치된다.
- ㉰ 정면도 위쪽에 평면도가 배치된다.
- ㉱ 우측 면도는 정면도의 우측에 배치된다.

ANSWER 56. ㉱ 57. ㉯ 58. ㉯ 59. ㉮ 60. ㉮

제19회 CBT기출복원문제

01 일반적으로 많이 사용되는 용접변형 방지법이 아닌 것은?
㉮ 비녀장법 ㉯ 억제법
㉰ 도열법   ㉱ 역변형법

02 크레이터처리 미숙으로 일어나는 결함이 아닌 것은?
㉮ 냉각 중에 균열이 생기기 쉽다.
㉯ 파손이나 부식의 원인이 된다.
㉰ 불순물과 편석이 남게 된다.
㉱ 용접봉의 단락 원인이 된다.

> 크레이터는 용접의 끝나는 부분에 아크가 멀어짐으로서 전압이 상승하여 끝부분이 움푹 들어가는 현상으로 용접봉의 단락과는 아무런 상관이 없다.

03 불활성 가스 텅스텐 아크 용접의 상품 명칭에 해당 되지 않는 것은?
㉮ 헬리아크   ㉯ 아르곤아크
㉰ 헬리웰드   ㉱ 필러아크

04 금속재료 시험법과 시험목적을 설명한 것으로 틀린 것은?
㉮ 인장시험 : 인장강도, 항복점, 연신율 계산
㉯ 경도시험 : 외력에 대한 저항의 크기 측정
㉰ 굽힘시험 : 피로한도 값 측정
㉱ 충격시험 : 인성과 취성의 정도 조사

> 굽힘시험은 표면에 나타난 균열과 불연속적인 결함을 파악하기 위한 시험이다.

ANSWER ▶ 1. ㉮ 2. ㉱ 3. ㉱ 4. ㉰

05 맞대기 용접 이음에서 최대 인장하중이 800kgf이고, 판 두께가 5mm, 용접선의 길이가 20cm 일 때 용착금속의 인장강도는 몇 kg_f/mm^2인가?

㉮ 0.8 ㉯ 8
㉰ 80 ㉱ 800

해설 인장강도 = $\dfrac{하중}{단면적} = \dfrac{800}{5} \times 200 = 0.8$(여기서 20cm = 200mm임)

06 가스용접에서 매니폴드를 설치할 경우 고려할 사항으로 틀린 것은?

㉮ 순간 최소사용량
㉯ 가스용기를 교환하는 주기
㉰ 필요한 가스용기의 수
㉱ 사용량에 적합한 압력 조정기 및 안전기

07 이산화탄소 가스 아크 용접에서 아크 전압이 높을 때 비드 형상으로 맞는 것은?

㉮ 비드가 넓어지고 납작해진다. ㉯ 비드가 좁아지고 납작해진다.
㉰ 비드가 넓어지고 볼록해진다. ㉱ 비드가 좁아지고 볼록해진다.

해설 이산화탄소용접에서 전압이 높아질 때 현상으로는 전압이 높아지면 아크 세기가 커지므로 모재가 용융이 빨라지고 비드가 넓어지고, 납작해진다.

08 서브머지드 아크용접 장치의 구성 부분이 아닌 것은?

㉮ 수냉동판 ㉯ 콘택드 팁
㉰ 주행대차 ㉱ 가이드 레일

09 탄산가스 아크 용접법으로 주로 용접하는 금속은?

㉮ 연강 ㉯ 구리와 동합금
㉰ 스테인리스강 ㉱ 알루미늄

10 저항용접의 종류 중에서 맞대기 용접이 아닌 것은?

㉮ 프로젝션 용접 ㉯ 업셋 용접
㉰ 플래시 버트 용접 ㉱ 퍼커션 용접

해설 프로젝션용접은 돌기용접으로 여러 점의 용접을 한번에 용접할 때 편리하며 시간도 절약한다.

ANSWER 5. ㉮ 6. ㉮ 7. ㉮ 8. ㉮ 9. ㉮ 10. ㉮

11 용착법의 설명으로 틀린 것은?

㉮ 한 부분에 대해 몇 층을 용접하다가 다음 부분의 층으로 연속시켜 용접하는 것이 스킵법이다.
㉯ 잔류응력이 다소 적게 발생하고 용접 진행 방향과 용착 방향이 서로 반대가 되는 방법이 후진법이다.
㉰ 각 층마다 전체의 길이를 용접하면서 다층용접을 하는 방식이 덧살 올림법이다.
㉱ 한 개의 용접봉으로 살을 붙일만한 길이로 구분해서 홈을 한 부분씩 여러 층으로 쌓아 올린다음 다른 부분으로 진행하는 용접방법이 전진 블록법이다.

해설 한부분에 대해 몇 층을 용접하였다가 다음 부분의 층으로 연속시켜 용접하는 것은 캐스케이드법이다.

12 용접작업 중 전격방지 대책으로 틀린 것은?

㉮ 용접기의 내부에 함부로 손을 대지 않는다.
㉯ 홀더의 절연부분이 파손되면 보수하거나 교체한다.
㉰ 숙련공은 가죽장갑, 앞치마 등 보호구를 착용하지 않아도 된다.
㉱ 용접 작업이 끝났을 때는 반드시 스위치를 차단한다.

해설 용접시 안전도구는 작업자의 숙련도와 상관없이 필수 품목이다.

13 MIG 용접에서 와이어 송급 방식이 아닌 것은?

㉮ 푸시방식 ㉯ 풀방식
㉰ 푸시 – 풀방식 ㉱ 포운방식

14 일렉트로 가스 아크 용접에 주로 사용하는 실드 가스는?

㉮ 아르곤 가스 ㉯ CO_2 가스
㉰ 프로판 가스 ㉱ 헬륨 가스

15 이산화탄소 가스 아크 용접에서 용착속도에 따른 내용 중 틀린 것은?

㉮ 와이어 용융속도는 아크전류에 거의 정비례하며 증가한다.
㉯ 용접속도가 빠르면 모재의 입열이 감소한다.
㉰ 용착률은 일반적으로 아크전압이 높은 쪽이 좋다.
㉱ 와이어 용융속도는 와이어의 지름과는 거의 관계가 없다.

ANSWER 11.㉮ 12.㉰ 13.㉱ 14.㉯ 15.㉰

16 용접 결함에서 치수상 결함에 속하는 것은?
- ㉮ 가공
- ㉯ 슬래그 섞임
- ㉰ 변형
- ㉱ 용접균열

해설 변형은 제작상의 결함에 속한다.

17 용융 슬래그 속에서 전극 와이어를 연속적으로 공급하여 주로 용융 슬래그의 저항열에 의하여 와이어와 모재를 용융시키는 용접은?
- ㉮ 원자 수소 용접
- ㉯ 일렉트로 슬래그 용접
- ㉰ 테르밋 용접
- ㉱ 플라스마 아크 용접

18 연납땜의 용제가 아닌 것은?
- ㉮ 붕산
- ㉯ 염화아연
- ㉰ 염산
- ㉱ 염화암모늄

해설 붕산은 구리합금에 사용하는 용제이다.

19 응급처치 구명 4단계에 해당되지 않는 것은?
- ㉮ 기도유지
- ㉯ 상처보호
- ㉰ 환자의 이송
- ㉱ 지혈

20 다음 그림에서 루트 간격을 표시하는 것은?

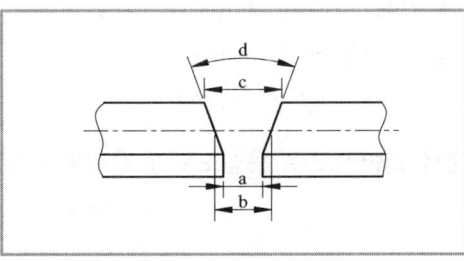

- ㉮ a
- ㉯ b
- ㉰ c
- ㉱ d

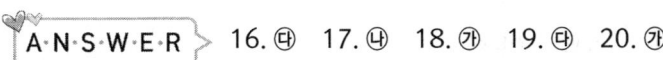

ANSWER 16. ㉰ 17. ㉯ 18. ㉮ 19. ㉰ 20. ㉮

21 가스용접 시 안전조치로 적절하지 않은 것은?

㉮ 가스의 누설검사는 필요할 때만 체크하고 점검은 수도물로 한다.
㉯ 가스용접 장치는 화기로부터 5m 이상 떨어진 곳에 설치해야 한다.
㉰ 산소병 밸브, 압력조정기, 도관, 연결부위는 기름 묻은 천으로 닦아서는 안된다.
㉱ 인화성 액체 용기의 용접을 할 때는 증기 열탕 물로 완전히 세척 후 통풍구멍을 개방하고 작업한다.

해설 가스누설은 비눗물로 검사한다.

22 플라스마 아크 용접에 사용되는 가스가 아닌 것은?

㉮ 헬륨　　　　　　　　　㉯ 수소
㉰ 아르곤　　　　　　　　㉱ 암모니아

23 가스 용접에서 전진법와 비교한 후진법의 특성을 설명한 것으로 틀린 것은?

㉮ 열 이용율이 좋다.　　　㉯ 용접속도가 빠르다.
㉰ 용접 변형이 작다.　　　㉱ 산화정도가 심하다.

해설 산화의 정도는 전진법이 심하다.

24 용접이음에 대한 특성 설명 중 옳은 것은?

㉮ 복잡한 구조물 제작이 어렵다.
㉯ 기밀, 수밀, 유밀성이 나쁘다.
㉰ 변형의 우려가 없어 시공이 용이하다.
㉱ 이음 효율이 높고 성능이 우수하다.

25 피복 아크 용접에서 일반적으로 용접모재에 흡수되는 열량은 용접 입열의 몇 %인가?

㉮ 40 ~ 50%　　　　　　㉯ 50 ~ 60%
㉰ 75 ~ 85%　　　　　　㉱ 90 ~ 100%

ANSWER ▶ 21. ㉮　22. ㉱　23. ㉱　24. ㉱　25. ㉰

26 아크 용접기의 구비조건으로 틀린 것은?
- ㉮ 구조 및 취급이 간단해야 한다.
- ㉯ 용접 중 온도상승이 커야 한다.
- ㉰ 아크발생 및 유지가 용이하고 아크가 안정되어야 한다.
- ㉱ 역률 및 효율이 좋아야 한다.

27 직류 아크 용접의 정극성에 대한 결선상태가 맞는 것은?
- ㉮ 용접봉(−), 모재(+)
- ㉯ 용접봉(+), 모재(−)
- ㉰ 용접봉(−), 모재(−)
- ㉱ 용접봉(+), 모재(+)

> 해설 정극성은 모재에 +, 용접봉에 − 상태를 말하며 역극성은 모재에 −, 용접봉에 + 상태를 말한다.

28 용접홀더 종류 중 용접봉을 집는 부분을 제외하고는 모두 절연되어 있어 안전 홀더라고도 하는 것은?
- ㉮ A형
- ㉯ B형
- ㉰ C형
- ㉱ D형

29 가스 용접에 사용되는 연료가스의 일반적 성질 중 틀린 것은?
- ㉮ 불꽃의 온도가 높아야 한다.
- ㉯ 연소속도가 늦어야 한다.
- ㉰ 발열량이 커야 한다.
- ㉱ 용융금속과 화학반응을 일으키지 말아야 한다.

30 피복 금속 아크 용접봉에서 피복제의 주된 역할에 대한 설명으로 틀린 것은?
- ㉮ 아크를 안정시키고, 스패터의 발생을 적게 한다.
- ㉯ 산화성 분위기로 대기 중의 산화, 질화 등의 해를 방지한다.
- ㉰ 용착금속의 탈산 정련 작용을 한다.
- ㉱ 전기 절연 작용을 한다.

31 수중 가스 절단에서 주로 사용하는 가스는?
- ㉮ 아세틸렌 가스
- ㉯ 도시 가스
- ㉰ 프로판 가스
- ㉱ 수소 가스

ANSWER ▶ 26. ㉯ 27. ㉮ 28. ㉮ 29. ㉯ 30. ㉯ 31. ㉱

> **해설** 수소가스는 바닷물 20m이상 수중에 들어가도 폭발 위험이 없으며 낮은 온도에서도 쉽게 액화되지 않는다.

32 탄소 아크 절단에 주로 사용되는 용접전원은?
㉮ 직류정극성 ㉯ 직류역극성
㉰ 용극성   ㉱ 교류역극성

33 가스절단 속도와 절단산소의 순도에 관한 설명으로 옳은 것은?
㉮ 절단속도는 절단산소의 압력이 높고, 산소소비량이 많을수록 정비례하여 증가한다.
㉯ 절단속도는 모재의 온도가 낮을수록 고속절단이 가능하다.
㉰ 산소 중에 불순물이 증가되면 절단속도가 빨라진다.
㉱ 산소의 순도(99% 이상)가 높으면 절단속도가 느리다.

34 산소용기의 취급상 주의할 점이 아닌 것은?
㉮ 운반 중에 충격을 주지 말 것
㉯ 그늘진 곳을 피하여 직사광선이 드는 곳에 둘 것
㉰ 산소 누설시험에는 비눗물을 사용할 것
㉱ 산소용기의 운반 시 밸브를 닫고 캡을 씌워서 이동할 것

> **해설** 가스용기는 직사광선을 피하고 40℃ 이하에서 보관한다.

35 연강용 피복 아크 용접봉의 심선에 대한 설명으로 옳지 않은 것은?
㉮ 주로 저탄소 림드강이 사용된다.
㉯ 탄소함량이 많은 것으로 사용한다.
㉰ 황(S)이나 인(P)등의 불순물을 적게 함유한다.
㉱ 규소의 양을 적게 하여 제조한다.

36 부탄가스의 화학 기호로 맞는 것은?
㉮ C_4H_{10} ㉯ C_3H_6
㉰ C_5H_{12} ㉱ C_2H_6

ANSWER 32. ㉮ 33. ㉮ 34. ㉯ 35. ㉯ 36. ㉮

37 가변압식 토치의 팁 번호가 400번을 사용하여 중성불꽃으로 1시간 동안 용접할 때, 아세틸렌가스의 소비량은 몇 L인가?

㉮ 400   ㉯ 800
㉰ 1600   ㉱ 2400

해설 가변압식 토치는 팁번호가 100이면 시간당 아세틸렌 소모량이 100L이다.

38 연강판 두께 4.4mm의 모재를 가스용접 할 때 가장 적당한 가스 용접봉의 지름은 몇 mm인가?

㉮ 1.0   ㉯ 1.6
㉰ 2.0   ㉱ 3.2

해설 용접봉의 지름 $= T + \dfrac{1}{2} = 4.4 + \dfrac{1}{2}$이므로 가장 3.2mm 용접봉에 근사함

39 2개의 모재에 압력을 가해 접촉시킨 다음 접촉면에 상대운동을 시켜 접촉면에서 발생하는 열을 이용하여 이음 압접하는 용접법을 무엇이라 하는가?

㉮ 초음파 용접   ㉯ 냉간압접
㉰ 마찰용접   ㉱ 아크용접

40 인장강도 70kg$_f$/mm^2 이상 용착금속에서는 다층 용접하면 용접한 층이 다음 층에 의하여 뜨임이 된다. 이때 어떤 변화가 생기는가?

㉮ 뜨임 취화   ㉯ 뜨임 연화
㉰ 뜨임 조밀화   ㉱ 뜨임 연성

41 순철의 동소체가 아닌 것은?

㉮ α철   ㉯ β철
㉰ γ철   ㉱ δ철

42 실용금속 중 밀도가 유연하며, 윤활성이 좋고 내식성이 우수하며, 방사선의 투과도가 낮은 것이 특징인 금속은?

㉮ 니켈(Ni)   ㉯ 아연(Zn)
㉰ 구리(Cu)   ㉱ 납(Pb)

ANSWER 37. ㉮ 38. ㉱ 39. ㉰ 40. ㉮ 41. ㉯ 42. ㉱

43 화염 경화법의 장점이 아닌 것은?
㉮ 국부적인 담금질이 가능하다.
㉯ 일반 담금질법에 비해 담금질 변형이 적다.
㉰ 부품의 크기나 형상에 제한이 없다.
㉱ 가열온도의 조절이 쉽다.

해설 화염 경화법은 설비비는 저렴하지만 가열온도 조절이 어렵다.

44 탄소강에 함유된 구리(Cu)의 영향으로 틀린 것은?
㉮ Ar_1 변태점을 저하시킨다.
㉯ 강도, 경도, 탄성한도를 증가시킨다.
㉰ 내식성을 저하시킨다.
㉱ 다량 함유하면 강재압연 시 균열의 원인이 되기도 한다.

45 스테인리스강의 내식성 향상을 위해 첨가하는 가장 효과적인 원소는?
㉮ Zn   ㉯ Sn
㉰ Cr   ㉱ Mg

46 구리, 마그네슘, 망간, 알루미늄으로 조성된 고강도 알루미늄 합금은?
㉮ 실루민   ㉯ Y합금
㉰ 두랄루민   ㉱ 포금

47 강괴를 용강의 탈산정도에 따라 분류할 때 해당되지 않는 것은?
㉮ 킬드강   ㉯ 세미킬드강
㉰ 정련강   ㉱ 림드강

48 주철조직 중 흑연의 형상이 아닌 것은?
㉮ 공정상 흑연   ㉯ 편상 흑연
㉰ 침삼 흑연   ㉱ 괴상 흑연

ANSWER 43. ㉱ 44. ㉰ 45. ㉰ 46. ㉰ 47. ㉰ 48. ㉰

49 구리의 일반적인 성질 설명으로 틀린 것은?

㉮ 체심입방정(BCC) 구조로서 성형성과 단조성이 나쁘다.
㉯ 화학적 저항력이 커서 부식되지 않는다.
㉰ 내산화성, 내수성, 내염수성의 특성이 있다.
㉱ 전기 및 열의 전도성이 우수하다.

해설 구리는 면심입방격자이다.

50 용접용 고장력강에 해당되지 않는 것은?

㉮ 망간(실리콘)강 ㉯ 몰리브덴 함유강
㉰ 인 함유강 ㉱ 주강

51 그림과 같이 제 3각법으로 정투상한 도면의 입체도로 가장 적합한 것은?

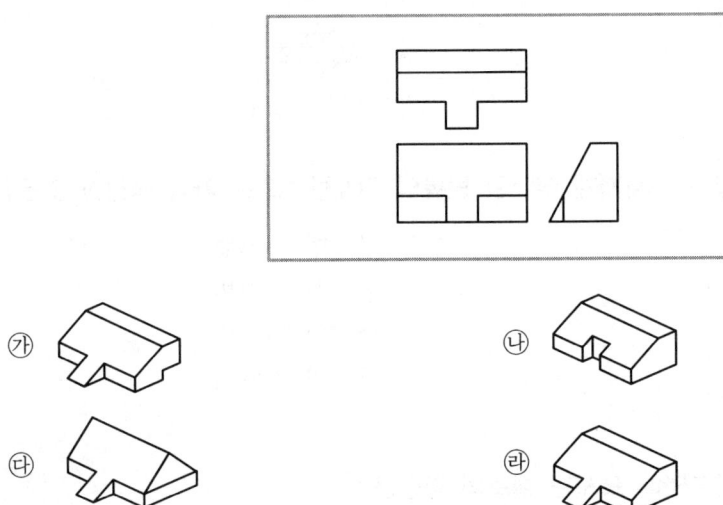

A·N·S·W·E·R 49. ㉮ 50. ㉱ 51. ㉱

52 그림의 입체도에서 화살표 방향을 정면으로 하여 3각법으로 정투상한 도면으로 가장 적합한 것은?

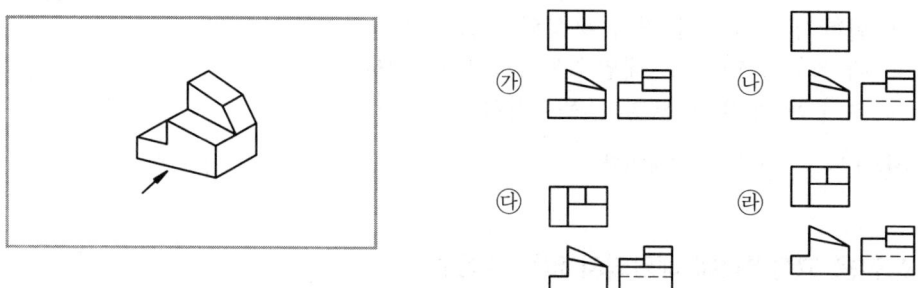

53 리벳 이음(Rivet Joint) 단면의 표시법으로 가장 올바르게 투상된 것은?

54 위쪽이 보기와 같이 경사지게 절단된 원통의 전개방법으로 가장 적당한 것은?

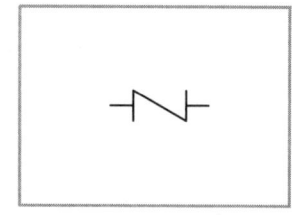

㉮ 삼각형 전개법
㉯ 방사선 전개법
㉰ 평행선 전개법
㉱ 사변형 전개법

55 보기와 같은 배관도면에 표시된 밸브의 명칭은?

㉮ 체크밸브
㉯ 이스케이프 밸브
㉰ 슬루스 밸브
㉱ 리프트 밸브

ANSWER 52. ㉰ 53. ㉱ 54. ㉰ 55. ㉮

56 KS 재료기호 SM10C 에서 10C는 무엇을 뜻하는가?
- ㉮ 제작방법
- ㉯ 종별 번호
- ㉰ 탄소함유량
- ㉱ 최저인장강도

57 그림의 도면에서 리벳의 개수는?

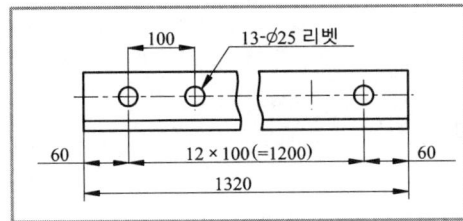

- ㉮ 12개
- ㉯ 13개
- ㉰ 25개
- ㉱ 100개

> 도면에서 12 × 100의 뜻은 100mm 간격으로 12개가 있다는 뜻이므로 12개 간격의 홀과 맨 시작과 끝에 홀이 있으므로 1개 홀을 추가해야 하므로 13개의 홀이 된다.

58 도면용으로 사용하는 A2 용지의 크기로 맞는 것은? (단, 길이단위는 mm이다.)
- ㉮ 841 × 1189
- ㉯ 594 × 841
- ㉰ 420 × 594
- ㉱ 270 × 420

59 보기와 같이 도시된 용접부 형상을 표시한 KS 용접기호의 명칭으로 올바른 것은?

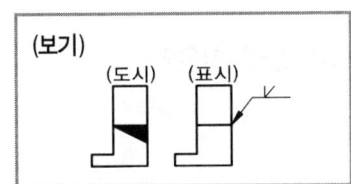

- ㉮ 일면 개선형 맞대기 용접
- ㉯ V형 맞대기 용접
- ㉰ 플랜지형 맞대기 용접
- ㉱ J형이음 맞대기 용접

60 물체에 인접하는 부분을 참고로 도시할 경우에 사용하는 선은?
- ㉮ 가는 실선
- ㉯ 가는 파선
- ㉰ 가는 1점 쇄선
- ㉱ 가는 2점 쇄선

ANSWER 56. ㉰ 57. ㉯ 58. ㉰ 59. ㉮ 60. ㉱

제20회 CBT기출복원문제

01 산소절단시 예열불꽃이 너무 강한경우 나타나는 현상으로 틀린 것은?
㉮ 드래그가 증가한다.
㉯ 절단면이 거칠게 된다.
㉰ 슬래그 중의 철 성분의 박리가 어렵게 된다.
㉱ 절단모서리가 둥글게 된다.

> **해설** 산소절단에서 드래그란 절단홈의 하부일수록 슬래그의 방해와 산소의 오염, 산소속도의 저하로 인하여 산화 작용이 늦어지기 때문에 발생하는 라인을 말하며 예열불꽃의 세기와는 관계없다.

02 수동가스 절단기에서 저압식 절단토치는 아세틸렌가스압력이 보통 몇 kg_f/cm^2 이하에서 사용되는가?
㉮ 0.07 ㉯ 0.40 ㉰ 0.70 ㉱ 1.40

> **해설** ① 저압식 토치 압력 : 0.07미만
> ② 중압식 토치 압력 : 0.07~1.3
> ③ 고압식 토치 압력 : $1.3kg/mm^2$ 이상

03 피복아크 용접에서 아크쏠림 현상에 대한 설명으로 틀린 것은?
㉮ 직류를 사용할 경우 발생한다.
㉯ 교류를 사용할 경우 발생한다.
㉰ 용접봉에 아크가 한쪽으로 쏠리는 현상이다.
㉱ 짧은 아크를 사용하면 아크쏠림 현상을 방지할 수 있다.

04 직류 및 교류아크 용접에서 용입의 깊이를 바른 순서로 나타낸 것은?
㉮ 직류 정극성 > 교류 > 직류 역극성
㉯ 직류 역극성 > 교류 > 직류 정극성
㉰ 직류 정극성 > 직류 역극성 > 교류
㉱ 직류 역극성 > 직류 정극성 > 교류

ANSWER 1.㉮ 2.㉮ 3.㉯ 4.㉮

05 가스용접에서 탄화불꽃의 설명과 관련이 가장 적은 것은?

㉮ 표준불꽃이다.
㉯ 아세틸렌 과잉불꽃이다.
㉰ 속불꽃과 겉불꽃 사이에 밝은 백색의 제 3불꽃이 있다.
㉱ 산화작용이 일어나지 않는다.

해설 ① 산화불꽃 : 산소 과잉불꽃
② 탄화불꽃 : 아세틸렌 과잉불꽃

06 중공의 피복용접봉과 모재와의 사이에 아크를 발생시키고 이 아크열을 이용하여 절단하는 방법은?

㉮ 산소 아크절단 ㉯ 플라스마 제트절단
㉰ 산소창 절단   ㉱ 스카핑

07 산소창 절단방법으로 절단할 수 없는 것은?

㉮ 알루미늄 판   ㉯ 암석의 천공
㉰ 두꺼운 강판의 절단 ㉱ 강괴의 절단

해설 산소창 절단은 주로 후판의 절단, 주강 슬래그 덩어리, 암석등의 구멍을 뚫을때 사용하며 비철금속절단은 어렵다.

08 용접에 대한 장점 설명으로 틀린 것은?

㉮ 이음의 효율이 높고 기밀, 수밀이 우수하다.
㉯ 재료의 두께에 제한이 없다.
㉰ 응력이 분산되어 노치부에 균열이 생기지 않는다.
㉱ 재료가 절약되고 작업공정 단축으로 경제적이다.

09 KS에서 연강용 가스용접봉의 용착금속의 기계적 성질에서 시험편의 처리에 사용한 기호 중 「용접 후 열처리를 한 것」을 나타내는 기호는?

㉮ P   ㉯ A
㉰ GA   ㉱ GP

ANSWER ▶ 5.㉮ 6.㉮ 7.㉮ 8.㉰ 9.㉮

10 연강용 피복아크 용접봉의 종류와 피복제 계통이 잘못 연결된 것은?

㉮ E4301 : 일루미나이트계 ㉯ E4303 : 라임티타니아계
㉰ E4316 : 저소수계 ㉱ E4340 : 철분산화철계

해설 E4340의 피복제 계통은 특수계이다.

11 산소병 내용적이 40.7 리터인 용기에 100kg$_f$/cm^{2}로 충전되어 있다면 프랑스식 팁 100번을 사용하여 표준불꽃으로 약 몇 시간까지 용접이 가능한가?

㉮ 약 16시간 ㉯ 약 22시간
㉰ 약 31시간 ㉱ 약 40시간

해설 표준불꽃 용접시간에서 100번 팁의 정의는 1시간당 100L의 가스를 사용한다는 뜻이므로
용접시간 = $(40.7 \times \frac{100}{100})$ = 40.7시간

12 다음 중 용착부 용어를 올바르게 설명한 것은?

㉮ 용접금속 및 그 근처를 포함한 부분의 총칭
㉯ 용접작업에 의하여 용가재로부터 모재에 용착한 금속
㉰ 용접부 안에서 용접하는 동안에 용융 응고한 부분
㉱ 슬래그가 용융지에 녹아 들어가는 것

13 가스용접에서 압력조정기의 압력 전달순서가 올바르게 된 것은?

㉮ 부르동관 → 링크 → 섹터기어 → 피니언
㉯ 부르동관 → 피니언 → 링크 → 섹터기어
㉰ 부르동관 → 링크 → 피니언 → 섹터기어
㉱ 부르동관 → 피니언 → 섹터기어 → 링크

14 피복 금속 아크 용접봉에서 피복제의 역할이 아닌 것은?

㉮ 아크를 안정시키고 용착금속을 보호한다.
㉯ 아크길이를 조정하고 냉각속도를 빠르게 한다.
㉰ 슬래그 제거를 쉽게 하고, 파형이 고운 비드를 만든다.
㉱ 용융금속의 용적(globule)을 미세화하고 용착효율을 높인다.

해설 피복제 역할 중 중요한 것은 냉각속도를 느리게 함으로써 용접 부의 급열 급냉을 방지한다.

ANSWER 10. ㉱ 11. ㉱ 12. ㉰ 13. ㉮ 14. ㉯

15 용접용 안전보호구에 해당 되지 않는 것은?
  ㉮ 치핑해머
  ㉯ 용접헬멧
  ㉰ 핸드실드
  ㉱ 용접장갑

16 가스 절단면의 표준드래그의 길이는 얼마 정도로 하는가?
  ㉮ 판두께의 $\frac{1}{2}$
  ㉯ 판두께의 $\frac{1}{3}$
  ㉰ 판두께의 $\frac{1}{5}$
  ㉱ 판두께의 $\frac{1}{7}$

17 아크 용접기의 구비조건으로 틀린 것은?
  ㉮ 구조 및 취급이 간단해야 한다.
  ㉯ 전류조정이 용이하고 일정한 전류가 흘러야 한다.
  ㉰ 아크발생 및 유지가 용이하고 아크가 안정 되어야 한다.
  ㉱ 효율이 높고, 역률은 낮아야 한다.

18 철계 주조재의 기계적 성질 중 인장강도가 가장 낮은 주철은?
  ㉮ 구상흑연주철
  ㉯ 가단주철
  ㉰ 고급주철
  ㉱ 보통주철

  해설 주철은 일반적으로 압축강도가 크고 인장강도가 낮다. 보통주철을 제외한 구상흑연주철, 가단주철, 고급주철은 외부적 처리에 의해 인장강도를 높인 주철이다.

19 특수주강을 제조하기 위하여 첨가하는 금속으로 맞는 것은?
  ㉮ Ni, Zn, Mo, Cu
  ㉯ Si, Mn, Co, Cu
  ㉰ Ni, Si, Mo, Cu
  ㉱ Ni, Mn, Mo, Cr

20 황동의 조성으로 맞는 것은?
  ㉮ 구리 + 아연
  ㉯ 구리 + 주석
  ㉰ 구리 + 납
  ㉱ 구리 + 망간

  해설 • 황동 = 구리+아연
  • 청동 = 구리+주석

ANSWER 15. ㉮ 16. ㉰ 17. ㉱ 18. ㉱ 19. ㉱ 20. ㉮

21 다음 금속재료 중 피복 아크 용접이 가장 어려운 재료는?

㉮ 탄소강　　　　　　　　㉯ 주철
㉰ 주강　　　　　　　　　㉱ 티탄

22 금속표면에 내식성과 내산성을 높이기 위해 다른 금속을 침투 확산시키는 방법으로 종류와 침투제가 바르게 연결된 것은?

㉮ 세라다이징 – Mn　　　　㉯ 크로마이징 – Cr
㉰ 칼로라이징 – Fe　　　　㉱ 실리코나이징 – C

해설 • 세라다이징: Zn　　　　• 칼로나이징: Al
　　 • 실리코나이징: Si

23 고강도 알루미늄 합금으로 대표적인 시효 경화성 알루미늄 합금명은?

㉮ 두랄루민(duralumin)　　　㉯ 양은(nickel silver)
㉰ 델라 메탈(delta metal)　　㉱ 실루민(silumin)

24 다음 중 주로 입계부식에 의해서 손상을 입는 것은?

㉮ 황동　　　　　　　　　㉯ 18-8 스테인리스강
㉰ 청동　　　　　　　　　㉱ 다이스강

25 다음 중 탄소강의 표준조직이 아닌 것은?

㉮ 페라이트　㉯ 펄라이트　㉰ 시멘타이트　㉱ 마텐자이트

해설 마텐자이트 조직은 열처리 조직이다.

26 주강에 대한 설명으로 틀린 것은?

㉮ 주철에 비해 기계적 성질이 우수하고, 용접에 의한 보수가 용이하다.
㉯ 주철에 비해 강도는 작으나 용융점이 낮고 유동성이 커서 주조성이 좋다.
㉰ 주조조직 개선과 재질 균일화를 위해 풀림처리를 한다.
㉱ 탄소 함유량에 따라 저탄소 주강, 고탄소 주강, 중탄소 주강으로 분류한다.

해설 탄소강에 탄소가 증가 할수록 용융점이 낮아지고 유동성이 증가하므로 주조성이 증가한다. 주강은 주철보다 탄소함량이 작으므로 주조성이 주철보다 좋다는 말은 맞지 않다.

ANSWER ▶ 21.㉱ 22.㉯ 23.㉮ 24.㉯ 25.㉱ 26.㉯

27 금속을 가열한 다음 급속히 냉각시켜 재질을 경화시키는 열처리 방법은?
㉮ 불림 ㉯ 풀림
㉰ 담금질 ㉱ 뜨임

28 탄소강에서 물리적 성질의 변화를 탄소 함유량에 따라 표시한 것으로 올바른 것은?
㉮ 내식성은 탄소가 증가 할수록 증가한다.
㉯ 탄소강에 소량의 구리(Cu)가 첨가되면 내식성은 현저하게 좋아진다.
㉰ 전기저항, 항자력은 탄소강의 증가에 의해 감소한다.
㉱ 비중, 열팽창 계수는 탄소량의 증가에 따라 증가한다.

29 피복금속 아크 용접에서 용접전류가 낮을 때 발생하는 것은?
㉮ 오버랩 ㉯ 기공
㉰ 균열 ㉱ 언더컷

> 해설 전류가 낮으면 오버랩이 발생하고 높으면 언더컷이 발생한다.

30 전기용접 작업 시 감전으로 인한 재해의 원인에 대한 설명으로 틀린 것은?
㉮ 1차 측과 2차 측의 케이블의 피복 손상부에 접촉 되었을 경우
㉯ 피 용접물에 붙어있는 용접봉을 떼려다 몸에 접촉되었을 경우
㉰ 용접기기의 보수 중에 입출력 단자가 절연된 곳에 접촉 되었을 경우
㉱ 용접작업 중 홀더에 용접봉을 물릴 때나, 홀더가 신체에 접촉되었을 경우

31 다음 그림과 같은 용접순서의 용착법을 무엇이라고 하는가?

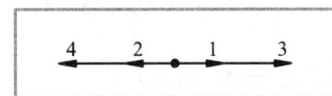

㉮ 전진법 ㉯ 후진법
㉰ 대칭법 ㉱ 비석법

ANSWER ▶ 27. ㉰ 28. ㉯ 29. ㉮ 30. ㉰ 31. ㉰

32 CO₂ 가스 아크용접 시 작업장의 이산화탄소 농도가 3~4% 일 때 인체에 일어나는 현상으로 가장 적절한 것은?

㉮ 두통 및 뇌빈혈을 일으킨다.   ㉯ 위험상태가 된다.
㉰ 치사량이 된다.   ㉱ 아무렇지도 않다.

> 해설 CO_2 농도가 3~4%는 두통 및 뇌빈혈을 일으키고 15% 이상이면 위험하며 30% 이상이면 사망한다.

33 전기 저항 용접이 아닌 것은?

㉮ TIG 용접   ㉯ 점용접   ㉰ 프로젝션용접   ㉱ 플래시용접

34 피복 아크 용접 시 발생하는 기공의 방지대책으로 올바르지 않은 것은?

㉮ 이음의 표면을 깨끗이 한다.
㉯ 건조한 저소수계 용접봉을 사용한다.
㉰ 용접속도를 빠르게 하고, 가장 높은 전류를 사용한다.
㉱ 위빙을 하여 열량을 늘리거나 예열을 한다.

35 용접성 시험 중 노치취성 시험방법이 아닌 것은?

㉮ 샤르피 충격시험   ㉯ 슈나트 시험
㉰ 카안인열 시험   ㉱ 코머렐 시험

36 원자와 분자의 유도방사현상을 이용한 빛에너지를 이용하여 모재의 열 변형이 거의 없고 이종금속의 용접이 가능하며 미세하고 정밀한 용접을 비접촉식 용접방식으로 할 수 있는 용접법은?

㉮ 전자빔 용접법   ㉯ 플라스마 용접법
㉰ 레이저 용접법   ㉱ 초음파 용접법

37 화재 및 폭발의 방지책에 관한 사항으로 틀린 것은?

㉮ 인화성 액체의 반응 또는 취급은 폭발범위 이외의 농도로 한다.
㉯ 필요한 곳에 화재를 진화하기 위한 방화설비를 설치한다.
㉰ 정전에 대비하여 예비전원을 설치한다.
㉱ 배관 또는 기기에서 가연성 가스는 대기 중에 방출시킨다.

> 해설 가연성가스란 불에 붙는 가스이므로 대기 중에 방출하면 안된다.

ANSWER 32.㉮ 33.㉮ 34.㉰ 35.㉱ 36.㉰ 37.㉱

38 초음파 탐상법에 속하지 않는 것은?

㉮ 펄스반사법　㉯ 투과법　㉰ 공진법　㉱ 관통법

39 용접작업에서 안전에 대해 설명한 것 중 틀린 것은?

㉮ 높은 곳에서 용접작업 할 경우 추락, 낙하 등의 위험이 있으므로 항상 안전벨트와 안전모를 착용한다.
㉯ 용접작업 중에 여러 가지 유해 가스가 발생하기 때문에 통풍 또는 환기 장치가 필요하다.
㉰ 가연성의 분진, 화약류 등 위험물이 있는 곳에서는 용접을 해서는 안된다.
㉱ 가스용접은 강한 빛이 나오지 않기 때문에 보안경을 착용하지 않아도 된다.

40 다음 그림과 같이 용접부의 비드 끝과 모재표면 경계부에서 균열이 발생하였다. A는 무슨 균열이라고 하는가?

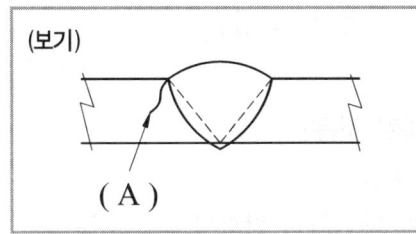

㉮ 토우균열
㉯ 라멜라테어
㉰ 비드 밑 균열
㉱ 비드 종 균열

41 제품을 용접한 후 일부분에 언더컷이 발생하였을 때 보수 방법으로 가장 적당한 것은?

㉮ 결함의 일부분을 깎아내고 재 용접한다.
㉯ 홈을 만들어 용접한다.
㉰ 결함부분을 절단하고 재 용접한다.
㉱ 가는 용접봉을 사용하여 보수한다.

해설　보수용접에서 언더컷일 때는 작은 지름의 용접봉을 사용하고 오버랩일 때는 오버랩의 일부분만 깎아내고 재 용접한다.

42 플라스마 아크 용접장치에서 아크 플라스마의 냉각가스로 쓰이는 것은?

㉮ 아르곤 + 수소의 혼합가스　　㉯ 아르곤 + 산소의 혼합가스
㉰ 아르곤 + 아세틸렌의 혼합가스　㉱ 아르곤 + 공기의 혼합가스

ANSWER　38. ㉱　39. ㉱　40. ㉮　41. ㉱　42. ㉮

43 맞대기용접 이음에서 모재의 인장강도는 $45kg_f/mm^2$ 이며, 용접 시험면의 인장강도가 $47kg_f/mm^2$ 일 때 이음효율은 약 몇 %인가 ?
㉮ 104 ㉯ 96
㉰ 60 ㉱ 69

해설 • 이음효율 = (시험편인장강도/모재인장강도)×100 = 104%

44 이산화탄소 아크 용접의 보호가스 설비에서 저전류 영역의 가스유량은 약 몇 L/min 정도가 좋은가?
㉮ 1 ~ 5 ㉯ 6 ~ 9
㉰ 10 ~ 15 ㉱ 20 ~ 25

45 CO_2 가스 아크용접은 어떤 금속의 용접에 가장 적당한가?
㉮ 연강 ㉯ 알루미늄
㉰ 스테인리스강 ㉱ 동과 그 합금

46 서브머지드 아크 용접의 특징 설명으로 틀린 것은?
㉮ 개선각을 작게 하여 용접 패스 수를 줄일 수 있다.
㉯ 용접 중 아크가 안 보이므로 용접부의 확인이 곤란하다.
㉰ 용접선이 구부러지거나 짧아도 능률적이다.
㉱ 유해광선이나 퓸(fume)등이 적게 발생되어 작업환경이 깨끗하다.

해설 서브머지드 아크 용접은 직선의 다량 용접에 효율이 크고 곡선에는 효율이 떨어진다.

47 불활성가스 금속아크 용접의 용적이행 방식 중 용융이행 상태는 아크기류 중에서 용가재가 고속으로 용융, 미입자의 용적으로 분사되어 모재에 용착되는 용적이행은?
㉮ 용락 이행 ㉯ 단락 이행
㉰ 스프레이 이행 ㉱ 글로뷸러 이행

48 TIG 용접 시 사용되는 전극봉의 재료로 가장 적합한 금속은?
㉮ 연강 ㉯ 구리
㉰ 텅스텐 ㉱ 탄소

ANSWER ▶ 43.㉮ 44.㉰ 45.㉮ 46.㉰ 47.㉰ 48.㉰

49 불활성 가스 금속 아크(MIG) 용접의 특징이 아닌 것은?

㉮ 아크 자기제어 특성이 있다.
㉯ 정전압 특성, 상승특성이 있는 직류용접기이다.
㉰ 반자동 또는 전자동 용접기로 속도가 빠르다.
㉱ 전류밀도가 낮아 3mm 이하 얇은 판 용접에 능률적이다.

해설 MIG용접은 전류밀도가 커서 3mm이상 모재 용접에 적당하다.

50 연납 땜에 사용되는 납은?

㉮ 주석 납   ㉯ 황동 납
㉰ 인동 납   ㉱ 양은 납

51 제3각법으로 정투상한 보기 도면에 적합한 입체도는?

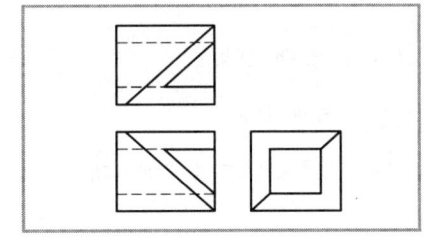

52 배관도시기호에서 안전밸브에 해당하는 것은?

ANSWER 49.㉱ 50.㉮ 51.㉯ 52.㉰

53 I 형강의 치수가 I A×B×C-D 로 나타나 있다면 A, B, C, D 의 대상이 지칭하는 것으로 올바른 것은?

㉮ A = 형강 높이 ㉯ B = 웨브 두께
㉰ C = 형강 길이 ㉱ D = 형강 폭

54 전개도법에서 꼭지점을 도면에서 찾을 수 있는 원뿔의 전개에 가장 적합한 것은?

㉮ 평행선 전개법 ㉯ 방사선 전개법
㉰ 삼각형 전개법 ㉱ 사각형 전개법

55 도면의 척도란에 5 : 1 로 표시되었을 때 의미로 올바른 설명은?

㉮ 축척으로 도면의 형상 크기는 실물의 $\frac{1}{5}$배이다.
㉯ 축척으로 도면의 형상 크기는 실물의 5배이다.
㉰ 배척으로 도면의 형상 크기는 실물의 $\frac{1}{5}$배이다.
㉱ 배척으로 도면의 형상 크기는 실물의 5배이다.

해설 5 : 1같이 앞 숫자가 크면 배척, 1 : 5같이 뒷 숫자가 크면 축척이다.

56 보기와 같은 KS 용접기호 도시방법의 기호 설명이 잘못된 것은?

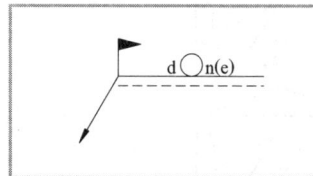

㉮ ▶ : 현장용접
㉯ d : 끝단까지 거리
㉰ n : 스폿 용접수
㉱ (e) : 용접부의 간격

57 제3각법에 의한 정투상도에서 배면도의 위치는?

㉮ 정면도의 위 ㉯ 좌측면도의 좌측
㉰ 정면도의 아래 ㉱ 우측면도의 우측

ANSWER ▶ 53.㉮ 54.㉯ 55.㉱ 56.㉯ 57.㉱

58 치수 보조기호에 대한 설명으로 틀린 것은?
- ㉮ φ : 참고치수
- ㉯ □ : 정사각형의 변
- ㉰ R : 반지름
- ㉱ SR : 구의 반지름

해설 φ은 지름기호이다.

59 곡면과 곡면, 또는 곡면과 평면 등과 같이 두 입체가 만나서 생기는 경계선을 나타내는 용어로 가장 적합한 것은?
- ㉮ 전개선
- ㉯ 상관선
- ㉰ 현도선
- ㉱ 입체선

60 그림과 같은 입체도에서 화살표 쪽을 정면도로 한다면 평면도를 올바르게 나타낸 것은?
(단, 평면도상에서 상하, 좌우방향의 형상은 대칭이다.)

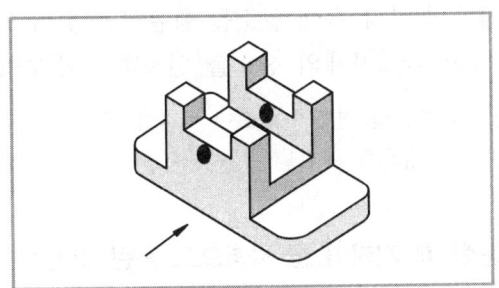

ANSWER 58. ㉮ 59. ㉯ 60. ㉯

제21회 CBT기출복원문제

01 다음 중 확산연소를 올바르게 설명한 것은?

㉮ 수소, 메탄, 프로판 등과 같은 가연성가스가 버너 등에서 공기 중으로 유출해서 연소하는 경우이다.
㉯ 알콜, 에테르 등 인화성 액체의 연소에서처럼 액체의 증발에 의해서 생긴 증기가 착화하여 화염을 발화하는 경우이다.
㉰ 목재, 석탄, 종이 등의 고체 가연물 또는 지방유와 같이 고비점(高沸點)의 액체가 연물이 연소하는 경우이다.
㉱ 화약처럼 그 물질 자체의 분자 속에 산소를 함유하고 있어 연소 시 공기 중의 산소를 필요로 하지 않고 물질자체의 산소를 연소하는 경우이다.

해설 기체연소에는 확산연소와 예혼합 연소가 있으며 예혼합 연소는 연료가 혼합기 내에서 미리 산소와 혼합하여 연소장치 밖으로 화염을 내는 연소

02 피복아크 용접기를 사용할 때 지켜야 할 사항으로 틀린 것은?

㉮ 정격이상으로 사용하면 과열되어 소손이 생긴다.
㉯ 탭 전환은 반드시 아크를 중지시킨 후에 시행한다.
㉰ 1차측 탭은 2차측 무부하 전압을 높이거나 용접전류를 올리는데 사용한다.
㉱ 2차측 단자의 한쪽과 용접기 케이스는 반드시 접지를 확실히 해야 한다.

해설 1차 측은 용접기에 사용하는 전선을 전원에서 용접기까지 연결하는 것을 말하며 용접전류를 올리는 것 하고는 무관하다.

03 서브머지드 아크 용접에서 누설방지 비드를 배치하는 이유로 맞는 것은?

㉮ 용접 공정수를 줄이기 위하여
㉯ 크랙을 방지하기 위하여
㉰ 용접변형을 방지하기 위하여
㉱ 용락을 방지하기 위하여

1. ㉮ 2. ㉰ 3. ㉱

04 용접의 변 끝을 따라 모재가 파여지고 용착 금속이 채워지지 않고 홈으로 남아있는 부분을 무엇이라고 하는가?
㉮ 언더컷   ㉯ 피트   ㉰ 슬래그   ㉱ 오버랩

> 일반적으로 언더컷이 생성되는 이유로는 전류가 높거나, 아크가 길 때, 용접속도가 너무 빠를 때 일어난다.

05 CO_2 가스 아크 용접용 토치구조에 속하지 않은 것은?
㉮ 스프링 라이너   ㉯ 가스 디퓨즈
㉰ 가스 캡   ㉱ 노즐

06 맞대기 용접에서 판 두께가 대략 6mm 이하의 경우에 사용되는 홈의 형상은?
㉮ I형   ㉯ X형   ㉰ U형   ㉱ H형

> 가장 두꺼운 판에는 H형이 적당하다.

07 침투 탐상법의 장점으로 틀린 것은?
㉮ 국부적 시험이 가능하다.
㉯ 미세한 균열도 탐상이 가능하다.
㉰ 주변환경 특히 온도에 둔감해 제약을 받지 않는다.
㉱ 철, 비철, 플라스틱, 세라믹 등 거의 모든 제품에 적용이 용이하다.

08 피복아크 용접 결함의 종류에 따른 원인과 대책이 바르게 묶인 것은?
㉮ 기공 : 용착부가 급냉되었을 때 - 예열 및 후열을 한다.
㉯ 슬래그 섞임 : 운봉속도가 빠를 때 - 운봉에 주의한다.
㉰ 용입 불량 : 용접전류가 높을 때 - 전류를 약하게 한다.
㉱ 언더컷 : 용접전류가 낮을 때 - 전류를 높게 한다.

09 원판상의 롤러 전극 사이에 용접할 2장의 판을 두고 가압통전해 전극을 회전시키면서 연속으로 용접하는 것은?
㉮ 퍼커션 용접   ㉯ 프로젝션 용접
㉰ 심 용접   ㉱ 업셋 용접

ANSWER 4. ㉮ 5. ㉰ 6. ㉮ 7. ㉰ 8. ㉮ 9. ㉰

해설 일반적으로 시임용접은 연결 용접이라 하며 전극이 회전하며 연속 용접이 이루어지므로 주로 기밀을 유지할 때 사용한다.

10 용접작업용 충전가스인 아르곤(Ar)용기를 나타내는 색깔은?
㉮ 황색　　㉯ 녹색　　㉰ 회색　　㉱ 흰색

11 플라스마 아크 용접에서 매우 적은 양의 수소(H2)를 혼입하여도 용접부가 악화될 위험성이 있는 재질은?
㉮ 티탄　　　　　　　　㉯ 연강
㉰ 니켈합금　　　　　　㉱ 알루미늄

12 CO_2 가스 아크 용접의 특징을 설명한 것으로 틀린 것은?
㉮ 전류밀도가 높아 용입이 깊고 용접속도를 빠르게 할 수 있다.
㉯ 박판(0.8mm)용접은 단락이행 용접법에 의해 가능하며, 전자세 용접도 가능하다.
㉰ 적용재질은 거의 모든 재질이 가능하며, 이종(異種)재질의 용접이 가능하다.
㉱ 가시 아크이므로 용융지의 상태를 보면서 용접할 수 있어 용접진행의 양(良)·부(不) 판단이 가능하다.

해설 용접에는 크게 융접, 압접, 납땜이 있는데 CO_2용접은 융접이며 융접으로는 이종재질은 용접이 곤란하며 납땜 (브레이징)용접으로는 가능하다.

13 가스용접 작업 시 주의사항으로 틀린 것은?
㉮ 반드시 보호안경을 착용한다.
㉯ 산소호스와 아세틸렌호스는 색깔 구분 없이 사용한다.
㉰ 불필요한 긴 호스를 사용하지 말아야 한다.
㉱ 용기 가까운 곳에서는 인화물질의 사용을 금한다.

14 TIG 용접에서 가스노즐의 크기는 가스분출 구멍의 크기로 정해진다. 보통 몇 mm의 크기가 주로 사용되는가?
㉮ 1 ~ 3　　　　　　　㉯ 4 ~ 13
㉰ 14 ~ 20　　　　　　㉱ 21 ~ 27

ANSWER ▶ 10. ㉰　11. ㉮　12. ㉰　13. ㉯　14. ㉯

15 다음 중 테르밋제의 점화제가 아닌 것은?
㉮ 과산화바륨 ㉯ 망간
㉰ 알루미늄 ㉱ 마그네슘

16 용접부의 시험법 중 기계적 시험법이 아닌 것은?
㉮ 굽힘 시험 ㉯ 경도 시험
㉰ 인장 시험 ㉱ 부식 시험

해설 부식시험은 화학적 시험에 속한다.

17 안전·보건표지의 색채, 색도기준 및 용도에서 비상구 및 피난소, 사람 또는 차량의 통행표지에 사용되는 색채는?
㉮ 빨간색 ㉯ 노란색 ㉰ 녹색 ㉱ 흰색

18 TIG 용접에서 모재 (-)이고 전극이 (+)인 극성은?
㉮ 정극성 ㉯ 역극성 ㉰ 반극성 ㉱ 양극성

해설 정극성 : 모재(+) 용접봉(-), 역극성 : 모재(-) 용접봉(+)

19 피복금속 아크 용접에서 가접을 할 때 본 용접보다 지름이 약간 가는 용접봉을 사용하게 되는 이유로 가장 적합한 것은?
㉮ 용접봉의 소비량을 줄이기 위하여 ㉯ 가접 모양을 좋게 하기 위하여
㉰ 변형량을 줄이기 위하여 ㉱ 충분한 용입이 되게 하기 위하여

해설 가접시는 본 용접과 같은 기량을 가진 사람이 용접하며 본 용접보다 약간 가는 용접봉을 사용한다.

20 용접조건이 같은 경우에 박판과 후판의 열 영향에 대한 설명으로 올바른 것은?
㉮ 박판 쪽 열영향부의 폭이 넓어진다.
㉯ 후판 쪽 열영향부의 폭이 넓어진다.
㉰ 박판, 후판 똑같이 열영향부의 폭은 넓어진다.
㉱ 박판, 후판 똑같이 열영향부의 폭은 좁아진다.

ANSWER 15. ㉯ 16. ㉱ 17. ㉰ 18. ㉯ 19. ㉱ 20. ㉮

21 접합하고자 하는 모재에 구멍을 뚫고 그 구멍으로부터 용접하여 다른 한쪽 모재와 접합하는 용접방법은?
㉮ 필릿용접 ㉯ 플러그용접
㉰ 초음파용접 ㉱ 고주파용접

22 구리가 주성분이며 소량의 은, 인을 포함하여 전기 및 열전도도가 뛰어나므로 구리나 구리합금의 납땜에 적합한 것은?
㉮ 양은납 ㉯ 인동납
㉰ 금납 ㉱ 내열납

23 아크가 용접봉 방향에서 한쪽으로 쏠리는 현상인 아크쏠림에 대한 방지대책으로 맞는 것은?
㉮ 직류용접기를 사용한다.
㉯ 접지점을 용접부에 가까이 한다.
㉰ 용접봉 끝을 아크쏠림 반대방향으로 기울인다.
㉱ 아크 길이를 길게 한다.

> 해설 아크쏠림 방지책으로는 아크를 짧게 한다. 교류용접을 사용한다. 모재와 같은 재료조각을 용접선에 연장하도록 가용접한다. 접지점을 용접부보다 멀리한다. 용접봉 끝을 아크쏠림 반대방향으로 기울인다.

24 U형, H형의 용접 홈을 가공하기 위하여 슬로우 다이버전트로 설계된 팁을 사용하여 깊은 홈을 파내는 가공법은?
㉮ 치핑 ㉯ 슬랙절단
㉰ 가스가우징 ㉱ 아크에어가우징

25 가스 절단 작업시의 표준 드래그 길이는 일반적으로 모재 두께의 몇 % 정도인가?
㉮ 5 ㉯ 10
㉰ 20 ㉱ 25

ANSWER ▶ 21. ㉯ 22. ㉯ 23. ㉰ 24. ㉰ 25. ㉰

26 A는 병 전체 무게(빈병의 무게+아세틸렌가스의 무게)이고, B는 빈병의 무게이며, 또한 15℃ 1기압에서의 아세틸렌가스 용적을 905 리터라고 할 때, 용해 아세틸렌가스의 양 C(리터)를 계산하는 식은?

㉮ $C=905(B-A)$ ㉯ $C=905+(B-A)$
㉰ $C=905(A-B)$ ㉱ $C=905+(A-B)$

27 가스용접에서 모재의 두께가 8mm 일 경우 적당한 가스 용접봉의 지름(mm)은?
(단, 계산식으로 구한다.)

㉮ 2.0 ㉯ 3.0 ㉰ 4.0 ㉱ 5.0

해설 가스 용접봉 지름 = (T/2)+1 = (8/2)+1 = 5

28 1차측 입력이 24kVA인 용접기의 전원이 200V일 때, 가장 적합한 퓨즈의 용량은?

㉮ 100A ㉯ 120A
㉰ 150A ㉱ 240A

해설 퓨즈용량 = 1차 입력(KVA)/전원전압(V) = 입력/전원 = 24000/200 = 120A

29 산소-아세틸렌의 불꽃에서 속불꽃과 겉불꽃 사이에 백색의 제3의 불꽃 즉 아세틸렌 페더라고도 하는 불꽃의 가장 올바른 명칭은?

㉮ 탄화 불꽃 ㉯ 중성 불꽃
㉰ 산화 불꽃 ㉱ 백색 불꽃

30 피복 아크 용접봉에서 피복제의 주된 역할이 아닌 것은?

㉮ 용융금속의 용적을 미세화하여 용착효율을 높인다.
㉯ 용착금속의 응고와 냉각속도를 빠르게 한다.
㉰ 스패터의 발생을 적게 하고 전기 절연작용을 한다.
㉱ 용착금속에 적당한 합금원소를 첨가한다.

해설 피복제는 용착금속의 냉각속도를 느리게 하여 용접부의 급냉을 방지한다.

ANSWER 26. ㉰ 27. ㉱ 28. ㉯ 29. ㉮ 30. ㉯

31 아크용접기의 구비조건에 대한 설명으로 틀린 것은?
㉮ 구조 및 취급이 간단해야 한다.
㉯ 전류조정이 용이하고 일정하게 전류가 흘러야 한다.
㉰ 아크 발생 및 유지가 용이하고 아크가 안정되어야 한다.
㉱ 사용 중에 온도 상승이 커야 한다.

32 아세틸렌(C_2H_2)의 성질로 맞지 않는 것은?
㉮ 매우 불안전한 기체이므로 공기 중에서 폭발위험성이 매우 크다.
㉯ 비중이 1.906으로 공기보다 무겁다.
㉰ 순수한 것은 무색, 무취의 기체이다.
㉱ 구리, 은, 수은과 접촉하면 폭발성 화합물을 만든다.

해설 아세틸렌 비중은 0.906으로 공기보다 가볍다.

33 재료의 접합방법은 기계적 접합과 야금적 접합으로 분류하는데 야금적 접합에 속하지 않는 것은?
㉮ 리벳   ㉯ 융접
㉰ 압접   ㉱ 납땜

해설 리벳이음은 기계적 접합방법이다.

34 연강용 피복 아크 용접봉 심선의 화학성분 중 강의 성질을 좋게 하고, 균열이 생기는 것을 방지하는 것은?
㉮ 탄소   ㉯ 망간
㉰ 인   ㉱ 황

35 기계적 이음과 비교한 용접 이음의 장점으로 틀린 것은?
㉮ 기밀성이 우수하다.   ㉯ 재료의 변형이 없다.
㉰ 이음 효율이 높다.   ㉱ 재료두께의 제한이 없다.

해설 용접은 순간적으로 고온이 작용하여 용융하고 급히 냉각되므로 잔류응력이 발생하여 변형이 심하다.

ANSWER ▶ 31.㉱ 32.㉯ 33.㉮ 34.㉯ 35.㉯

36 가스용접 작업에서 후진법에 비교한 전진법의 특징설명으로 맞는 것은?
㉮ 용접 변형이 작다.
㉯ 용접 속도가 빠르다.
㉰ 산화의 정도가 심하다.
㉱ 용착 금속의 조직이 미세하다.

37 표준 불꽃에서 프랑스식 가스용접 토치의 용량은?
㉮ 1시간에 소비하는 아세틸렌가스의 양
㉯ 1분에 소비하는 아세틸렌가스의 양
㉰ 1시간에 소비하는 산소가스의 양
㉱ 1분에 소비하는 산소가스의 양

38 피복 아크 용접에 관한 설명 중 틀린 것은?
㉮ 피복 아크 용접은 가스용접보다 두꺼운 판의 용접에 사용한다.
㉯ 피복 아크 용접에서 교류보다 직류의 아크가 안정되어 있다.
㉰ 직류 전류에서 60~75%가 음극에서 열이 발생한다.
㉱ 피복 아크 용접이 가스 용접보다 온도가 높다.

> 해설 직류아크에서는 전체발열량의 60~70%가 양극측에서 발생하는데 이유는 음전기를 띤 전자가 음극에서 출발하여 고속으로 달려가 양극에 충돌하기 때문이다.

39 가스 절단 시 산소 대 프로판 가스의 혼합비로 적당한 것은?
㉮ 2.0 : 1   ㉯ 4.5 : 1
㉰ 3.0 : 1   ㉱ 3.5 : 1

40 온도 변화에 따라 열팽창계수, 탄성계수 등이 변하지 않는 불변강의 종류가 아닌 것은?
㉮ 인바(invar)
㉯ 텅갈로이(tungalloy)
㉰ 엘린바(elinvar)
㉱ 플라티나이트(platinite)

ANSWER 36. ㉰ 37. ㉮ 38. ㉰ 39. ㉯ 40. ㉯

41 연강재 표면에 스텔라이트(Stellite)나 경합금을 용착시켜 표면경화 시키는 방법은?
㉮ 브레이징(brazing)
㉯ 숏 피닝(shot peening)
㉰ 하드 페이싱(hard facing)
㉱ 질화법(nitriding)

42 고탄소강의 탄소 함유량으로 가장 적당한 것은?
㉮ 0.35 ~ 0.45%C ㉯ 0.25 ~ 0.35%C
㉰ 0.45 ~ 1.7%C   ㉱ 1.7 ~ 2.5%C

43 온도의 상승에도 강도를 잃지 않는 재료로서 복잡한 모양의 성형가공도 용이하므로 항공기, 미사일 등의 기계부품으로 사용되어지는 PH형 스테인리스강은?
㉮ 페라이트계 스테인리스강
㉯ 마텐자이트계 스테인리스강
㉰ 오스테나이트계 스테인리스강
㉱ 석출 경화형 스테인리스강

44 아연을 약 40% 첨가한 황동으로 고온가공 하여 상온에서 완성하며, 열교환기, 열간 단조품, 탄피 등에 사용되고 탈 아연 부식을 일으키기 쉬운 것은?
㉮ 알브락   ㉯ 니켈황동
㉰ 문츠메탈   ㉱ 애드미럴티황동

45 스프링강을 830~860℃에서 담금질하고 450~570℃에서 뜨임처리 하였다. 이 때 얻어지는 조직은?
㉮ 마텐자이트   ㉯ 트루스타이트
㉰ 소르바이트   ㉱ 시멘타이트

ANSWER 41.㉰ 42.㉰ 43.㉱ 44.㉰ 45.㉰

46 오스테나이트계 스테인리스강의 입계부식 방지방법이 아닌 것은?

㉮ 탄소량을 감소하여 Cr4C 탄화물의 발생을 저지시킨다.
㉯ Ti, Nb 등의 안정화 원소를 첨가한다.
㉰ 고온으로 가열한 후 Cr 탄화물을 오스테나이트조직 중에 용체화하여 급냉 시킨다.
㉱ 풀림 처리와 같은 열처리를 한다.

47 Al–Mg 합금으로 내해수성, 내식성, 연신율이 우수하여 선박용 부품, 조리용기구, 화학용 부품에 사용되는 Al합금은?

㉮ Y합금　　　　　　　　㉯ 두랄루민
㉰ 라우탈　　　　　　　　㉱ 하이드로날륨

48 금속의 변태에서 자기변태(Magnetic transformation)에 대한 설명으로 틀린 것은?

㉮ 철의 자기변태점은 910℃이다.
㉯ 격자의 배열변화는 없고 자성변화만을 가져오는 변태이다.
㉰ 자기변태가 일어나는 온도를 자기변태점이라 하고 이온도를 큐리점이라 한다.
㉱ 강자성 금속을 가열하면 어느 온도에서 자성의 성질이 급감한다.

해설 철의 자기변태점은 768℃이다.

49 가단주철(malleable cast iron)의 종류가 아닌 것은?

㉮ 백심가단 주철
㉯ 흑심가단 주철
㉰ 레데뷰라이트가단 주철
㉱ 펄라이트가단 주철

50 열팽창 계수가 높으며 케이블의 피복, 활자 합금용, 방사선 물질의 보호재로 사용되는 것은?

㉮ 금　　　㉯ 크롬　　　㉰ 구리　　　㉱ 납

ANSWER ▶ 46.㉱　47.㉱　48.㉮　49.㉰　50.㉱

51 도면에서 반드시 표제란에 기입해야 하는 항목이 아닌 것은?

㉮ 도명   ㉯ 척도
㉰ 투상법   ㉱ 재질

52 단면도에서 단면한 부분에 등간격의 경사된 선을 사용하지 아니하고 연필 혹은 색연필로 외형선 안쪽을 색칠한 것을 무엇이라 하는가?

㉮ 해칭   ㉯ 스케치
㉰ 코킹   ㉱ 스머징

> 해설 단면도에서 단면 부위를 해칭선을 그을 수 있고 스머징을 할 수 있다.
> 해칭선은 45°경사로 일정간격으로 선을 긋는 것이며 스머징을 작업시간을 줄이기 위해 색연필을 사용하여 외형선 안쪽에 색칠하는 것을 말한다.

53 다음 그림의 치수 기입에 대한 설명으로 틀린 것은?

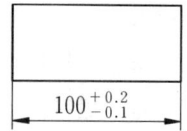

㉮ 기준 치수는 100이다.
㉯ 공차는 0.1이다.
㉰ 최대 허용치수는 100.2이다.
㉱ 최소 허용치수는 99.9이다.

> 해설 공차는 −0.1~+0.2이므로 공차는 0.3이다.

54 대상물이 보이지 않는 부분의 모양을 표시할 때에 사용되는 선의 종류는?

㉮ 가는 파선
㉯ 가는 2점 쇄선
㉰ 가는 실선
㉱ 가는 1점 쇄선

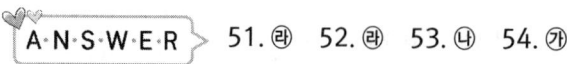
51. ㉱ 52. ㉱ 53. ㉯ 54. ㉮

55 그림과 같이 제3각법으로 정투상한 각뿔의 전개도 형상으로 적합한 것은?

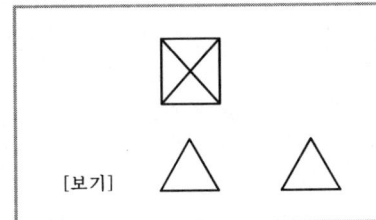

㉮ 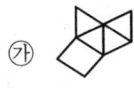　㉯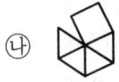

㉰ 　㉱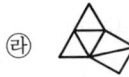

56 그림과 같은 원추를 전개하였을 경우 전개면의 꼭지각이 180°가 되려면 ⌀D의 치수는 얼마가 되어야 하는가?

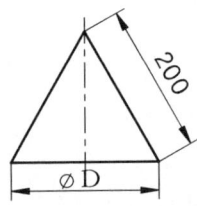

㉮ ⌀100　㉯ ⌀120　㉰ ⌀150　㉱ ⌀200

57 그림과 같은 정투상도에 해당하는 입체도는? (단, 화살표 방향이 정면이다.)

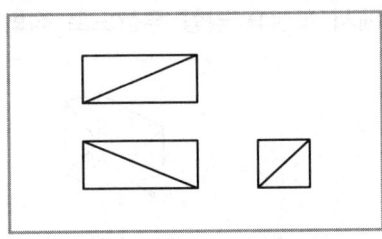

㉮ 　㉯

㉰ 　㉱

ANSWER ▶ 55.㉮　56.㉱　57.㉰

58 다음 배관도 중 "P"가 의미하는 것은?

㉮ 온도계
㉯ 압력계
㉰ 유량계
㉱ 핀구멍

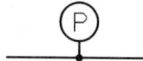

59 그림과 같은 용접기호를 바르게 해독한 것은?

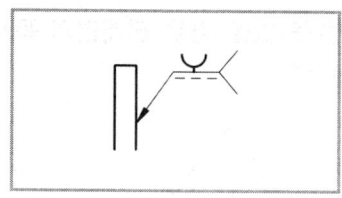

㉮ U형 맞대기용접, 화살표쪽 용접
㉯ V형 맞대기용접, 화살표쪽 용접
㉰ U형 맞대기용접, 화살표 반대쪽 용접
㉱ V형 맞대기용접, 화살표 반대쪽 용접

해설 기선 아래쪽에 점선일 들어가면 반대로 생각하면 된다.

60 그림과 같은 입체도에서 화살표 방향 투상도로 적합한 것은?

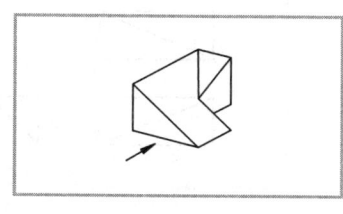

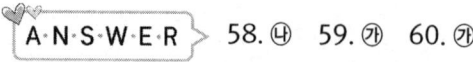

ANSWER ▶ 58.㉯ 59.㉮ 60.㉮

제22회 CBT기출복원문제

01 CO_2 용접결함 중 기공의 방지책에 관한 설명으로 틀린 것은?
㉮ 오염, 녹, 페인트 등을 제거한다.
㉯ 산소의 압력을 높인다.
㉰ 순도가 높은 CO_2가스를 사용한다.
㉱ 노즐에 부착되어 있는 스패터를 제거한 후 용접한다.

02 변형교정 방법 중 외력만으로 소성 변형을 일으키게 하여 변형을 교정하는 방법은?
㉮ 박판에 대한 점 수축법
㉯ 형재에 대한 직선 수축법
㉰ 가열 후 헤머링 하는 방법
㉱ 롤러에 거는 방법

03 다음 중 침투 탐상 검사의 장점이 아닌 것은?
㉮ 시험방법이 간단하다.
㉯ 제품의 크기, 형상 등에 크게 구애를 받지 않는다.
㉰ 검사원의 경험과 지식에 따라 크게 좌우된다.
㉱ 미세한 균열도 탐상이 가능하다.

해설 검사원의 경험과 지식에 따라 좌우된다는 것은 단점에 속한다.

04 연강용 피복 금속 아크 용접봉의 작업성 중 직접 작업성이 아닌 것은?
㉮ 아크 상태   ㉯ 용접봉 용융상태
㉰ 부착 슬래그의 박리성   ㉱ 스패터

해설 박리성이란 얇게 쪼개지는 성질을 말한다.

ANSWER 1.㉯ 2.㉱ 3.㉰ 4.㉰

05 아크 용접의 재해라 볼 수 있는 것은?
   ㉮ 아크 광선에 의한 전안염
   ㉯ 스패터 비산으로 인한 화상
   ㉰ 역화로 인한 화재
   ㉱ 전격에 의한 감전

   해설 역화로 인한 화재는 가스용접에서 발생한다.

06 형틀 굽힘(굴곡)시험을 할 때 시험편을 보통 몇 도까지 굽히는가?
   ㉮ 120°   ㉯ 180°
   ㉰ 240°   ㉱ 300°

07 TIG용접으로 스테인리스강을 용접하려고 한다. 가장 적합한 전원 극성으로 맞는 것은?
   ㉮ 교류전원   ㉯ 직류역극성
   ㉰ 직류정극성   ㉱ 고주파 교류전원

08 피복 아크 용접에서 용접의 단위길이 1cm 당 발생하는 전기적 열에너지 H(J/cm)를 구하는 식은? (단, E : 아크전압[V], I : 아크전류[A], V : 용접속도[cm/min]이다.)
   ㉮ $H = \dfrac{V}{60EI}$ ㉯ $H = \dfrac{60V}{EI}$
   ㉰ $H = \dfrac{60E}{VI}$ ㉱ $H = \dfrac{60EI}{V}$

09 CO_2 가스 아크 용접에서 용접전류를 높게 할 때의 사항을 열거한 것 중 옳은 것은?
   ㉮ 용착율과 용입이 감소한다.
   ㉯ 와이어의 녹아내림이 빨라진다.
   ㉰ 용접 입열이 작아진다.
   ㉱ 와이어의 송급 속도가 늦어진다.

   해설 전류를 높이면 와이어 속독 빨라지고 용접온도가 상승하므로 와이어 녹아내림이 빨라진다.

ANSWER ▶ 5.㉰ 6.㉯ 7.㉰ 8.㉱ 9.㉯

10 용접용 로봇 설치장소에 관한 설명으로 틀린 것은?
㉮ 로봇 팔을 최소로 줄인 경로장소를 선택한다.
㉯ 로봇 움직임이 충분히 보이는 장소를 선택한다.
㉰ 로봇 케이블 등이 사람 발에 걸리지 않도록 설치한다.
㉱ 로봇 팔이 제어판넬, 조작 판넬 등에 닿지 않는 장소를 선택한다.

11 TIG용접에서 직류 정극성으로 용접할 때 전극 선단의 각도가 가장 적합한 것은?
㉮ 5 ~ 10° ㉯ 10 ~ 20°
㉰ 30 ~ 50° ㉱ 60 ~ 70°

12 각 층마다 전체길이를 용접하면서 쌓아 올리는 방법으로서 이종 금속 등에 의하여 새로운 기계적 성질을 얻고자 할 때 이용되는 것은?
㉮ 맞대기 용접 ㉯ 필릿 용접
㉰ 플러그 용접 ㉱ 덧살 올림 용접

13 이산화탄소 가스 아크 용접에서 CO_2 가스가 인체에 미치는 영향 중 위험한 상태가 되는 CO_2(체적 %)량은?
㉮ 0.1 이상 ㉯ 3 이상
㉰ 8 이상 ㉱ 15 이상

> **해설** 이산화탄소 농도는 3~4%가 되면 두통이나 뇌빈혈을 일으키고 15%이상이면 위험하며 30%이상이면 치사량이 된다.

14 납땜의 가열 방법에서 가열원으로 사용하는 것이 아닌 것은?
㉮ 가스 ㉯ 저항열
㉰ 고주파전류 ㉱ 감마선

15 다음 중 불연성 물질이 아닌 것은?
㉮ 일산화탄소(CO) ㉯ 이산화탄소(CO_2)
㉰ 질소(N_2) ㉱ 네온(Ne)

ANSWER 10. ㉮ 11. ㉰ 12. ㉱ 13. ㉱ 14. ㉱ 15. ㉮

16 전기 저항용접에 속하지 않는 것은?
   ㉮ 테르밋 용접　　　　　　　㉯ 점 용접
   ㉰ 프로젝션 용접　　　　　　㉱ 심 용접

17 연강의 인장시험에서 하중 100N, 시험편의 최초 단면적이 20mm²일 때 응력은 몇 N/mm²인가?
   ㉮ 5　　　㉯ 10　　　㉰ 15　　　㉱ 20

   해설 응력 = 하중/단면적 = 100/20 = 5

18 탄산가스를 이용한 용극식 용접에서 용강 중에 산화철(FeO)을 감소시켜 기포를 방지하기 위해 와이어에 첨가하는 원소는?
   ㉮ C, Na　　　　　　　　　㉯ Si, Mn
   ㉰ Mg, Ca　　　　　　　　㉱ S, P

19 불활성가스 금속 아크 용접에서 가스 공급계통의 확인 순서로 가장 적합한 것은?
   ㉮ 용기 → 감압밸브 → 유량계 → 제어장치 → 용접토치
   ㉯ 용기 → 유량계 → 감압밸브 → 제어장치 → 용접토치
   ㉰ 감압밸브 → 용기 → 유량계 → 제어장치 → 용접토치
   ㉱ 용기 → 제어장치 → 감압밸브 → 유량계 → 용접토치

20 다음 중 특히 두꺼운 판을 맞대기 용접에 의해 충분한 용입을 얻으려고 할 때 가장 적합한 홈의 형상은?
   ㉮ H형　　　㉯ V형　　　㉰ K형　　　㉱ I형

21 서브머지드 아크 용접기로 스테인리스강 용접, 덧살 붙임 용접, 조선의 대판계(大板繼) 용접할 때 사용하는 용접용 용제(flux)는?
   ㉮ 용융형 용제　　　　　　　㉯ 혼성형 용제
   ㉰ 소결형 용제　　　　　　　㉱ 혼합형 용제

ANSWER   16. ㉮　17. ㉮　18. ㉯　19. ㉮　20. ㉮　21. ㉰

22 레일 및 선박의 프레임 등 비교적 큰 단면적을 가진 주조나 단조품의 맞대기 용접과 보수 용접에 용이한 용접은?
  ㉮ 테르밋 용접   ㉯ MIG 용접
  ㉰ TIG 용접   ㉱ 브레이징

23 용접에 의한 이음을 리벳이음과 비교했을 때, 용접 이음의 장점이 아닌 것은?
  ㉮ 이음구조가 간단하다.
  ㉯ 판 두께에 제한을 거의 받지 않는다.
  ㉰ 용접 모재의 재질에 대한 영향이 작다.
  ㉱ 기밀성과 수밀성을 얻을 수 있다.

  해설 용접이음은 순간적으로 고온의 열이 전달되어 용융되므로 용접부의 변형이 심하다.

24 피복 배합제의 성분 중 탈산제로 사용되지 않는 것은?
  ㉮ 규소철   ㉯ 망간철
  ㉰ 알루미늄 ㉱ 유황

25 아크에어 가우징에 대한 설명으로 틀린 것은?
  ㉮ 가스 가우징에 비해 2~3배 작업능률이 좋다.
  ㉯ 용접 현장에서 결함부제거, 용접 홈의 준비 및 가공 등에 이용된다.
  ㉰ 탄소강 등 철제품에만 사용한다.
  ㉱ 탄소아크 절단에 압축공기를 같이 사용하는 방법이다.

  해설 아크에어가우징은 비용이 싸고 철, 비철 어느 경우도 사용 가능하다.

26 가스용접에서 산소 용기 취급에 대한 설명이 잘못된 것은?
  ㉮ 산소용기 밸브, 조정기 등은 기름천으로 잘 닦는다.
  ㉯ 산소용기 운반 시에는 충격을 주어서는 안 된다.
  ㉰ 산소 밸브의 개폐는 천천히 해야 한다.
  ㉱ 가스 누설의 점검은 비눗물로 한다.

  해설 산소 용기 밸브, 조정기 등은 혹시 밸브나 열고 닫을 때 스파크가 발생하면 화재의 염려 때문에 기름천으로 닦지 않는다.

ANSWER 22. ㉮ 23. ㉰ 24. ㉱ 25. ㉰ 26. ㉮

27 가스 용접봉을 선택하는 공식으로 맞는 것은?
(단, D : 용접봉지름[mm], T : 판 두께[mm]이다.)

㉮ $D=\dfrac{T}{2}+1$ ㉯ $D=\dfrac{T}{2}+2$

㉰ $D=\dfrac{T}{2}-2$ ㉱ $D=\dfrac{T}{2}-1$

28 교류 아크 용접기는 무부하 전압이 높아 전격의 위험이 있으므로 안전을 위하여 전격방지기를 설치한다. 이때 전격방직의 2차 무부하 전압은 몇 V 범위로 유지하는 것이 적당한가?

㉮ 80V ~ 90V 이하   ㉯ 60V ~ 70V 이하
㉰ 40V ~ 50V 이하   ㉱ 20V ~ 30V 이하

29 가스 용접봉 선택의 조건에 들지 않는 것은?

㉮ 모재와 같은 재질일 것
㉯ 불순물이 포함되어 있지 않을 것
㉰ 용융 온도가 모재보다 낮을 것
㉱ 기계적 성질에 나쁜 영향을 주지 않을 것

30 가스용접의 특징 설명으로 틀린 것은?

㉮ 가열시 열량조절이 비교적 자유롭다.
㉯ 피복금속 아크 용접에 비해 후판 용접에 적당하다.
㉰ 전원 설비가 없는 곳에서도 쉽게 설치할 수 있다.
㉱ 피복금속 아크 용접에 비해 유해광선의 발생이 적다.

해설 가스용접은 박판용접에 적당하며 후판과 박판의 기준은 6mm를 기준으로 한다.

31 가스절단 시 예열불꽃이 강할 때 생기는 현상은?

㉮ 절단면이 거칠어진다.   ㉯ 드래그가 증가한다.
㉰ 절단속도가 늦어진다.   ㉱ 절단이 중단되기 쉽다.

 27. ㉮ 28. ㉱ 29. ㉰ 30. ㉯ 31. ㉮

32 아크 용접기의 사용률에서 아크시간과 휴식시간을 합한 전체시간은 몇 분을 기준으로 하는가?

㉮ 60분   ㉯ 30분   ㉰ 10분   ㉱ 5분

> 해설 사용율은 10분을 기준하며 사용율이 40%이면 6분 용접하고 4분을 쉰다는 뜻이다.

33 가스절단의 예열불꽃의 역할에 대한 설명으로 틀린 것은?

㉮ 절단산소 운동량 유지
㉯ 절단산소 순도 저하방지
㉰ 절단개시 발화점 온도가열
㉱ 절단재의 표면스케일 등의 박리성 저하

34 전류밀도가 클 때 가장 잘 나타나는 것으로 아크 전류가 일정할 때 아크 전압이 높아지면 용접봉의 용융 속도가 늦어지고, 아크 전압이 낮아지면 용융속도가 빨리지는 특성은?

㉮ 부특성
㉯ 절연 회복 특성
㉰ 전압 회복 특성
㉱ 아크길이 자기제어 특성

35 침몰선의 해체나 교량의 개조 시 사용되는 수중 절단법에서 가장 많이 사용되는 연료가스는?

㉮ 아세톤   ㉯ 에틸렌
㉰ 수소   ㉱ 질소

36 산소에 대한 설명으로 틀린 것은?

㉮ 무색, 무취, 무미이다.
㉯ 물의 전기분해로도 제조한다.
㉰ 가연성 가스이다.
㉱ 액체 산소는 보통 연한 청색을 띤다.

> 해설 산소는 남이 연소 하는걸 도와주고 스스로는 타지 않는 지연성 가스다.

ANSWER 32. ㉰ 33. ㉱ 34. ㉱ 35. ㉰ 36. ㉰

37 저수소계 용접봉의 건조온도에 대하여 올바르게 설명한 것은?
  ㉮ 건조로 속의 온도가 100℃ 가열 되었을 때부터의 2~4 시간 정도 건조 시킨다.
  ㉯ 건조로 속의 온도가 200℃일 때 용접봉을 넣은 다음부터 30분 정도 건조 시킨다.
  ㉰ 건조로 속에 들어있는 용접봉의 온도가 300~350℃에 도달한 시간부터 1~2시간 정도 건조 시킨다.
  ㉱ 건조로 속에 들어있는 용접봉의 온도가 100~200℃에 도달한 시간부터 2~3시간 정도 건조 시킨다.

38 직류 아크 용접을 할 때 극성 선택에 고려되어야 할 사항으로 거리가 먼 것은?
  ㉮ 용접봉 심선의 재질   ㉯ 피복제의 종류
  ㉰ 용접이음의 모양   ㉱ 용접 지그

39 가스용접 작업에서 양호한 용접부를 얻기 위해 갖추어야 할 조건과 가장 거리가 먼 것은?
  ㉮ 기름, 녹 등을 용접 전에 제거하여 결함을 방지한다.
  ㉯ 모재의 표면이 균일하면 과열의 흔적은 있어도 된다.
  ㉰ 용착 금속의 용입 상태가 균일해야 한다.
  ㉱ 용접부에 첨가된 금속의 성질이 양호해야 한다.

40 고급주철의 바탕 조직으로 맞는 것은?
  ㉮ 페라이트 조직   ㉯ 펄라이트 조직
  ㉰ 오스테나이트 조직   ㉱ 공정 조직

41 탄소강에 니켈이나 크롬 등을 첨가하여 대기 중이나 수중 또는 산에 잘 견디는 내식성을 부여한 합금강으로 불수강이라고도 하는 것은?
  ㉮ 고속도강   ㉯ 주강
  ㉰ 스테인리스강   ㉱ 탄소공구강

ANSWER ▶ 37.㉰ 38.㉱ 39.㉯ 40.㉯ 41.㉰

42 금속의 공통적 특성에 대한 설명으로 틀린 것은?

㉮ 소성변형이 있어 가공이 쉽다.
㉯ 일반적으로 비중이 작다.
㉰ 금속특유의 광택을 갖는다.
㉱ 열과 전기의 양도체이다.

> 해설 일반적으로 금속은 비중이 크고 비중 4.5를 기준으로 높으면 중금속 낮으면 경금속이라 한다.

43 Cu-Ni-Si계 합금으로 강도와 전기 전도율이 좋아 주로 통신선, 전화선 등에 쓰이는 것은?

㉮ 코로손(Corson) 합금
㉯ 알드레이(Aldrey) 합금
㉰ 네이벌(Naval) 황동
㉱ 두랄루민(Duralumin) 합금

44 피복 아크 용접에서 용접성이 가장 우수한 용접재료로 적당한 것은?

㉮ 주철
㉯ 저탄소강
㉰ 고탄소강
㉱ 니켈강

45 다음 중 담금질과 가장 관계가 깊은 것은?

㉮ 변태점
㉯ 금속간 화합물
㉰ 열전대
㉱ 고용체

46 오스테나이트계 스테인리스강을 용접하여 사용 중에 용접부에서 녹아 발생하였다. 이를 방지하기 위한 방법이 아닌 것은?

㉮ Ti, V, Nb 등이 첨가된 재료를 사용한다.
㉯ 저탄소의 재료를 선택한다.
㉰ 용체화처리 후 사용한다.
㉱ 크롬탄화물을 형성토록 시효처리 한다.

47 강의 표면에 질소를 침투시켜 경화시키는 표면경화법은?

㉮ 침탄법
㉯ 질화법
㉰ 고주파담금질
㉱ 방전경화법

ANSWER 42.㉯ 43.㉮ 44.㉯ 45.㉮ 46.㉱ 47.㉯

48 색깔이 아름답고 연성이 크며, 금색에 가까워서 장식 등에 많이 사용하는 황동은?
㉮ 톰백　　　　　　　　　　㉯ 문쯔메탈
㉰ 포금　　　　　　　　　　㉱ 청동

49 주석청동 중에 Pb를 3~28% 정도를 첨가한 것으로 그 조직 중에 Pb가 거의 고용되지 않고 입계 정재하여 윤활성이 좋으므로 베어링, 패킹 재료 등에 사용되는 것은?
㉮ 압연용 청동　　　　　　㉯ 연 청동
㉰ 미술용 청동　　　　　　㉱ 베어링용 청동

50 합금강에 첨가하는 원소 중 고온강도 개선, 인성 향상과 저온 취성을 방지해 주는 원소는?
㉮ Mo　　　㉯ Al　　　㉰ Cu　　　㉱ Ti

51 그림과 같은 도면의 설명으로 가장 올바른 것은?

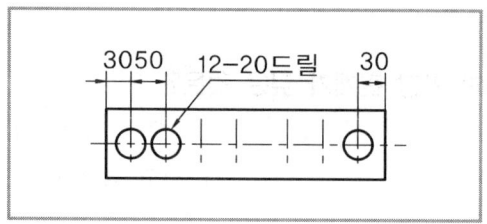

㉮ 전체길이는 660mm이다.
㉯ 드릴 가공 구멍의 지름은 12mm이다.
㉰ 드릴 가공 구멍의 수는 12개이다.
㉱ 드릴 가공 구멍의 피치는 30mm이다.

> 전체길이는 = (50×11)+60 = 610, 드릴가공 구멍의 지름은 20mm, 드릴 가공 구멍의 피치는 50mm

52 가공 방법의 보조기호 중에서 연삭에 해당하는 것은?
㉮ C　　　　　　　　　　　㉯ G
㉰ F　　　　　　　　　　　㉱ M

ANSWER 48.㉮　49.㉯　50.㉮　51.㉰　52.㉯

53 배관도에서 유체의 종류와 문자 기호를 나타내는 것 중 틀린 것은?
- ㉮ 공기 : A
- ㉯ 연료 가스 : G
- ㉰ 연료유 또는 냉동기유 : O
- ㉱ 증기 : W

해설 증기는 S

54 보기 입체도의 정면도로 가장 적합한 투상은?

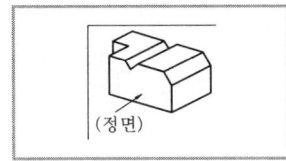

   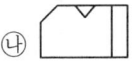

55 원호의 반지름이 커서 그 중심위치를 나타낼 필요가 있을 경우, 지면 등의 제약이 있을 때는 그 반지름의 치수선을 구부려서 표시할 수 있다. 이 때 치수선의 표시방법으로 맞은 것은?
- ㉮ 치수선에 화살표가 붙은 부분은 정확한 중심 위치를 향하도록 한다.
- ㉯ 중심점에서 연결된 치수선의 방향은 정확히 화살표로 향한다.
- ㉰ 치수선의 방향은 중심에 관계없이 보기 좋게 긋는다.
- ㉱ 중심점의 위치는 원호의 실제 중심위치에 있어야 한다.

56 전개도법의 종류 중 주로 각기둥이나 원기둥의 전개에 가장 많이 이용되는 방법은?
- ㉮ 삼각형을 이용한 전개도법
- ㉯ 방사선을 이용한 전개도법
- ㉰ 평행선을 이용한 전개도법
- ㉱ 사각형을 이용한 전개도법

ANSWER ▶ 53. ㉱ 54. ㉰ 55. ㉮ 56. ㉰

57 보기와 같이 제3각법으로 정투상도를 작도할 때 누락된 평면도로 적합한 것은?

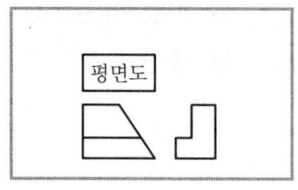

㉮ ㉯
㉰ ㉱

58 그림은 투상법의 기호이다. 몇 각법을 나타내는 기호인가?

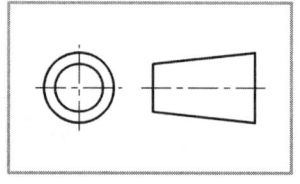

㉮ 제1각법 ㉯ 제2각법
㉰ 제3각법 ㉱ 제4각법

59 치수선, 치수보조선, 지시선, 회전단면선으로 사용되는 선의 종류는?
㉮ 가는 파선 ㉯ 가는 1점 쇄선
㉰ 가는 실선 ㉱ 가는 2점 쇄선

60 제1각법에서 좌측면도는 정면도를 기준으로 어느 쪽에 배치되는가?
㉮ 좌측 ㉯ 우측
㉰ 위 ㉱ 아래

ANSWER ▶ 57. ㉱ 58. ㉰ 59. ㉰ 60. ㉯

제23회 CBT기출복원문제

01 용접구조물의 제작도면에 사용하는 보조기호 중 RT는 비파과시험 중 무엇을 뜻하는가?
㉮ 초음파탐상시험 ㉯ 자기분말탐상시험
㉰ 침투탐상시험 ㉱ 방사선투과시험

02 CO_2 가스 아크 용접의 보호가스 설비에서 히터장치가 필요한 가장 중요한 이유는?
㉮ 액체가스가 기체로 변하면서 열을 흡수하기 때문에 조정기의 동결을 막기 위하여
㉯ 기체가스를 냉각하여 아크를 안정하게 하기 위하여
㉰ 동절기의 용접 시 용접부의 결함방지와 안전을 위하여
㉱ 용접부의 다공성을 방지하기 위하여 가스를 예열하여 산화를 방지하기 위하여

03 용접작업의 경비를 절감시키기 위한 유의사항 중 틀린 것은?
㉮ 용접봉의 적절한 선정
㉯ 용접사의 작업능률의 향상
㉰ 용접지그를 사용하여 위보기 자세의 시공
㉱ 고정구를 사용하여 능률향상

04 용접 지그를 사용하여 용접했을 때 얻을 수 있는 장점이 아닌 것은?
㉮ 구속력을 크게 하면 잔류 응력이나 균열을 막을 수 있다.
㉯ 동일 제품을 대량 생산 할 수 있다.
㉰ 제품의 정밀도와 신뢰성을 높일 수 있다.
㉱ 작업을 용이하게 하고 용접 능률을 높인다.

해설 용접지그를 사용하면 변형은 방지되나 내부의 응력의 변화가 커진다.

ANSWER 1. ㉱ 2. ㉮ 3. ㉰ 4. ㉮

05 피복 아크 용접용 기구 중 홀더(holder)에 관한 사항 중 옳지 않은 것은?
- ㉮ 용접봉을 고정하고 용접전류를 용접케이블을 통하여 용접봉 쪽으로 전달하는 기구이다.
- ㉯ 홀더 자신은 전기저항과 용접봉을 고정시키는 조(jaw) 부분의 접촉저항에 의한 발열이 되지 않아야 한다.
- ㉰ 홀더가 400호이라면 정격 2차 전류가 400[A]임을 의미한다.
- ㉱ 손잡이 이외의 부분까지 절연체로 감싸서 전격의 위험을 줄이고 온도 상승에도 견딜 수 있는 일명 안전홀더 즉 B형을 선택하여 사용한다.

06 용접 시 구조물을 고정시켜줄 지그의 선택기준으로 잘못된 것은?
- ㉮ 물체의 고정과 탈부착이 복잡해야 한다.
- ㉯ 변형을 막아줄 만큼 견고하게 잡아 줄 수 있어야 한다.
- ㉰ 용접 위치를 유리한 용접 자세로 쉽게 움직일 수 있어야 한다.
- ㉱ 물체를 튼튼하게 고정시켜줄 크기와 힘이 있어야 한다.

07 CO_2 가스 아크 용접에서 솔리드 와이어에 비교한 복합 와이어의 특징을 설명한 것으로 틀린 것은?
- ㉮ 양호한 용착금속을 얻을 수 있다.
- ㉯ 스패터가 많다.
- ㉰ 아크가 안정된다.
- ㉱ 비드 외관이 깨끗하며 아름답다.

08 MIG용접에서 사용되는 와이어 송급 장치의 종류가 아닌 것은?
- ㉮ 푸시방식(Push type)
- ㉯ 풀방식(Pull type)
- ㉰ 펄스방식(Pulse type)
- ㉱ 푸시풀방식(Push-pull type)

5. ㉱ 6. ㉮ 7. ㉯ 8. ㉰

09 침투 탐상 검사법의 장점이 아닌 것은?
㉮ 시험 방법이 간단하다.
㉯ 고도의 숙련이 요구되지 않는다.
㉰ 검사체의 표면이 침투제와 반응하여 손상되는 제품도 탐상할 수 있다.
㉱ 제품의 크기, 형상 등에 크게 구애 받지 않는다.

10 가스용접 토치의 취급상 주의사항으로 틀린 것은?
㉮ 토치를 작업장 바닥이나 흙속에 방치하지 않는다.
㉯ 팁을 바꿔 끼울 때는 반드시 양쪽밸브를 모두 열고 난 다음 행한다.
㉰ 토치를 망치 등 다른 용도로 사용해서는 안된다.
㉱ 작업 중 발생하기 쉬운 역류, 역화, 인화에 항상 주의하여야 한다.

해설 자동화용접은 공정수를 늘리면 생산성이 떨어지므로 공정수를 줄여야한다.

11 다음 중 발화성 물질이 아닌 것은?
㉮ 카바이드   ㉯ 금속나트륨
㉰ 황린   ㉱ 질산에텔

12 철강계통의 레일, 차축 용접과 보수에 이용되는 테르밋 용접법의 특징 설명으로 틀린 것은?
㉮ 용접작업이 단순하다.
㉯ 용접용 기구가 간단하고 설비비가 싸다.
㉰ 용접시간이 길고 용접 후 변형이 크다.
㉱ 전력이 필요 없다.

13 철강에 주로 사용되는 부식액이 아닌 것은?
㉮ 염산 1 : 물 1의 용액
㉯ 염산 3.8 : 황산 1.2 : 물 5.0의 액
㉰ 수산 1 : 물 1.5의 액
㉱ 초산 1 : 물 3의 액

ANSWER 9.㉰ 10.㉯ 11.㉱ 12.㉰ 13.㉰

14 용접의 결함과 원인을 각각 짝지은 것 중 틀린 것은?
  ㉮ 언더컷 : 용접전류가 너무 높을 때
  ㉯ 오버랩 : 용접전류가 너무 낮을 때
  ㉰ 용입불량 : 이음설계가 불량할 때
  ㉱ 기공 : 저수소계 용접봉을 사용했을 때

  해설 기공의 발생은 아크분위기 속에 수소, 산소, 습기가 많을 때 생성된다.

15 연납의 대표적인 것으로 주석 40%, 납 60%의 합금으로 땜납으로서의 가치가 가장 큰 땜납은?
  ㉮ 저융접 땜납   ㉯ 주석 – 납
  ㉰ 납 – 카드뮴납   ㉱ 납 – 은납

16 스터드 용접에서 페룰의 역할이 아닌 것은?
  ㉮ 용융금속의 탈산방지
  ㉯ 용융금속의 유출방지
  ㉰ 용착부의 오염방지
  ㉱ 용접사의 눈을 아크로부터 보호

17 점용접의 3대 요소가 아닌 것은?
  ㉮ 전극모양   ㉯ 통전시간
  ㉰ 가압력   ㉱ 전류세기

18 TIG 용접에서 전극봉이 어느 한쪽의 끝부분에서 식별용 색을 칠하여야 한다. 순 텅스텐 전극봉의 색은?
  ㉮ 황색   ㉯ 적색   ㉰ 녹색   ㉱ 회색

19 용접부의 형상에 따른 필릿 용접의 종류가 아닌 것은?
  ㉮ 연속 필릿   ㉯ 단속 필릿
  ㉰ 경사 필릿   ㉱ 단속지그재그 필릿

ANSWER ▶ 14. ㉱ 15. ㉯ 16. ㉮ 17. ㉮ 18. ㉰ 19. ㉰

20 서브머지드 아크 용접의 현상 조립용 간이 백킹법 중 철분 충진제의 사용목적으로 틀린 것은?
㉮ 홈의 정밀도를 보충해 준다.
㉯ 양호한 이면 비드를 형성시킨다.
㉰ 슬래그와 용융금속의 선행을 방지한다.
㉱ 아크를 안정시키고 용착량을 적게 한다.

21 용접 자동화의 장점을 설명한 것으로 틀린 것은?
㉮ 생산성 증가 및 품질을 향상시킨다.
㉯ 용접조건에 따른 공정을 늘일 수 있다.
㉰ 일정한 전류 값을 유지할 수 있다.
㉱ 용접와이어의 손실을 줄일 수 있다.

22 스테인리스강을 TiG 용접 시 보호가스 유량에 관한 사항으로 옳은 것은?
㉮ 용접 시 아크 보호능력을 최대한으로 하기 위하여 가능한 가스 유량을 크게 하는 것이 좋다.
㉯ 낮은 유속에서도 우수한 보호작용을 하고 박판용접에서 용락의 가능성이 적으며, 안정적인 아크를 얻을 수 있는 헬륨(He)을 사용하는 것이 좋다.
㉰ 가스 유량이 과다하게 유출되는 경우에는 가스 흐름에 난류현상이 생겨 아크가 불안정해지고 용접금속의 품질이 나빠진다.
㉱ 양호한 용접 품질을 얻기 위해 79.5% 정도의 순도를 가진 보호가스를 사용하면 된다.

23 다음 중 용접 전류를 결정하는 요소와 가장 관련이 적은 것은?
㉮ 판(모재) 두께   ㉯ 용접봉의 지름
㉰ 아크 길이   ㉱ 이음의 모양(형상)

ANSWER 20. ㉱ 21. ㉯ 22. ㉰ 23. ㉰

24 연강용 가스 용접봉은 인이나 황 등의 유해성분이 극히 적은 저탄소강이 사용되는데. 연강용 가스용접봉에 함유된 성분 중 규소(Si)가 미치는 영향은?
㉮ 강의 강도를 증가시키거나 연신율, 굽힘성 등이 감소된다.
㉯ 기공은 막을 수 있으나 강도가 떨어진다.
㉰ 강에 취성을 주며 가연성을 잃게 한다.
㉱ 용접부의 저항력을 감소시키고 기공발생의 원인이 된다.

25 피복 아크 용접용 기구에 해당되지 않는 것은?
㉮ 주행 대차   ㉯ 용접봉 홀더
㉰ 접지 클램프   ㉱ 전극 케이블

26 산소용기의 내용적이 33.7 리터인 용기에 120kgf/cm^{2}이 충전되어 있을 때, 대기압 환산용적은 몇 리터인가?
㉮ 2803   ㉯ 4044   ㉰ 40440   ㉱ 28030
해설 환산용적은 = 33.7 × 120 = 4044

27 무부하 전압이 높아 전격위험이 크고 코일의 감긴 수에 따라 전류를 조정하는 교류용접기의 종류로 맞는 것은?
㉮ 탭전환형   ㉯ 가동코일형
㉰ 가동철심형   ㉱ 가포화리액터형

28 다음 중 아크 절단의 종류에 속하지 않는 것은?
㉮ 탄소아크 절단   ㉯ 플라스마 제트 절단
㉰ 스카핑   ㉱ 아크에어 가우징
해설 스카핑은 강재 표면의 탈탄층 또는 홈을 제거하기 위해 사용한다.

29 200V용 아크 용접기의 1차 압력이 150kVA일 때, 퓨즈의 용량은 얼마[A]가 적당한가?
㉮ 65[A]   ㉯ 75[A]   ㉰ 90[A]   ㉱ 100[A]
해설 퓨즈용량 = 1차입력(KVA)/전원전압(V) = 15000/200 = 75

ANSWER 24. ㉯ 25. ㉮ 26. ㉯ 27. ㉮ 28. ㉰ 29. ㉯

30 아세틸렌가스가 산소와 반응하여 완전완소 할 때 생성되는 물질은?
- ㉮ CO, H_2O
- ㉯ CO_2, H_2O
- ㉰ CO, H_2
- ㉱ CO_2, H_2

31 가스용접에서 프로판 가스의 성질 중 틀린 것은?
- ㉮ 연소할 때 필요한 산소의 양은 1 : 1 정도이다.
- ㉯ 폭발한계가 좁아 다른 가스에 비해 안전도가 높고 관리가 쉽다.
- ㉰ 액화가 용이하여 용기에 충전이 쉽고 수송이 편리하다.
- ㉱ 상온에서 기체 상태이고 무색, 투명하며 약간의 냄새가 난다.

해설 프로판 : 산소 비율은 1 : 4.5

32 가스절단에서 예열불꽃이 약할 때 나타나는 현상이 아닌 것은?
- ㉮ 드래그가 증가한다.
- ㉯ 절단이 중단되기 쉽다.
- ㉰ 절단속도가 늦어진다.
- ㉱ 슬래그 중의 철 성분의 박리가 어려워진다.

33 가스용접에서 전진법과 비교한 후진법의 설명으로 맞는 것은?
- ㉮ 열이용률이 나쁘다.
- ㉯ 용접속도가 느리다.
- ㉰ 용접변형이 크다.
- ㉱ 두꺼운 판의 용접에 적합하다.

34 피복제 중의 산화티탄을 약 35% 정도 포함하였고 슬래그의 박리성이 좋아 비드의 표면이 고우며 작업성이 우수한 특징을 지닌 연강용 피복 아크 용접봉은?
- ㉮ E4301
- ㉯ E4311
- ㉰ E4313
- ㉱ E4316

ANSWER 30. ㉯ 31. ㉮ 32. ㉱ 33. ㉱ 34. ㉰

35 직류 아크 용접의 설명 중 올바른 것은?
㉮ 용접봉을 양극, 모재를 음극에 연결하는 경우를 정극성이라고 한다.
㉯ 역극성은 용입이 깊다.
㉰ 역극성은 두꺼운 판의 용접에 적합하다.
㉱ 정극성은 용접 비드의 폭이 좁다.

36 다음 중 용접의 장점에 대한 설명으로 옳은 것은?
㉮ 기밀, 수밀, 유밀성이 좋지 않다.
㉯ 두께의 제한이 없다.
㉰ 작업이 비교적 적합하다.
㉱ 보수와 수리가 곤란하다.

37 가스가공에서 강제 표면의 홈, 탈탄층 등의 결함을 제거하기 위해 얇게 그리고 타원형 모양으로 표면을 깎아내는 가공법은?
㉮ 가스 가우징 ㉯ 분말절단
㉰ 산소창 절단 ㉱ 스카핑

38 고셀룰로오스계 용접봉에 대한 설명으로 틀린 것은?
㉮ 비드표면이 거칠고 스패터가 많은 것이 결점이다.
㉯ 피복제 중 셀룰로오스가 20~30% 정도 포함되어 있다.
㉰ 고셀룰로오스계는 E4311로 표시한다.
㉱ 슬래그 생성계에 비해 용접잔류를 10~15% 높게 사용한다.

39 직류 용접에서 아크쏠림(Arc blow)에 대한 설명으로 틀린 것은?
㉮ 아크쏠림의 방지대책으로는 용접봉 끝을 아크쏠림 방향으로 기우린다.
㉯ 자기불림(Magnetic blow)이라고도 한다.
㉰ 용접 전류에 의해 아크 주위에 발생하는 자장이 용접에 대해서 비대칭으로 나타나는 현상이다.
㉱ 용접봉에 아크가 한 쪽으로 쏠리는 현상이다.

해설 아크쏠림을 방지하기 위해선 용접봉 끝을 아크쏠림 반대방향으로 기울인다.

ANSWER ▶ 35. ㉱ 36. ㉯ 37. ㉱ 38. ㉱ 39. ㉮

40 구조용 부분품이나 제지용 롤러 등에 이용되며 열처리에 의하여 니켈-크롬주강에 비교될 수 있을 정도의 기계적 성질을 가지고 있는 저망간 주강의 조직은?
㉮ 마텐자이트 ㉯ 펄라이트
㉰ 페라이트 ㉱ 시멘타이트

41 철강의 열처리에서 열처리 방식에 따른 종류가 아닌 것은?
㉮ 계단 열처리 ㉯ 항온 열처리
㉰ 표면경화 열처리 ㉱ 내부경화 열처리

42 다음 중 강도가 가장 높고 피고한도, 내열성, 내식성이 우수하여 베어링, 고급 스프링의 재료로 이용되는 것은?
㉮ 쿠니얼 브론즈 ㉯ 콜슨 합금
㉰ 베릴륨 청동 ㉱ 인청동

43 탄소강의 용도에서 내마모성과 경도를 동시에 요구하는 경우 적당한 탄소 함유량은?
㉮ 0.05 ~ 0.3%C ㉯ 0.3 ~ 0.45%C
㉰ 0.45 ~ 0.65%C ㉱ 0.65 ~ 1.2%C

44 주철 중에 유황이 함유되어 있을 때 미치는 영향 중 틀린 것은?
㉮ 유동성을 해치므로 주조를 곤란하게 하고 정밀한 주물을 만들기 어렵게 한다.
㉯ 주조 시 수축율을 크게 하므로 기공을 만들기 쉽다.
㉰ 흑연의 생성을 방해하며, 고온취성을 일으킨다.
㉱ 주조응력을 작게 하고, 균열발생을 저지한다.

해설 황이 함유되면 적열취성의 원인이 되고 가공 시 균열을 일으킨다.

45 일반적으로 성분 금속이 합금(Alloy)이 되면 나타나는 특징이 아닌 것은?
㉮ 기계적 성질이 개선된다.
㉯ 전기저항이 감소하고 열전도율이 높아진다.
㉰ 용융점이 낮아진다.
㉱ 내마멸성이 좋아진다.

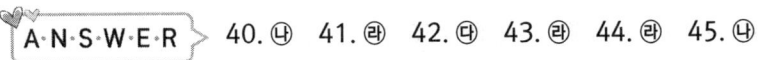

40. ㉯ 41. ㉱ 42. ㉰ 43. ㉱ 44. ㉱ 45. ㉯

46 알루미늄에 대한 설명으로 틀린 것은?
- ㉮ 내식성과 가공성이 우수하다.
- ㉯ 전기와 열의 전도도가 낮다.
- ㉰ 비중이 작아 가볍다.
- ㉱ 주조가 용이하다.

해설 알루미늄은 전기와 열전도율이 높다.

47 마그네슘 합금이 구조재료로서 갖는 특성에 해당하지 않는 것은?
- ㉮ 비강도(강도/중량)가 작아서 항공우주용 재료로서 매우 유리하다.
- ㉯ 기계가공성이 좋고 아름다운 절삭면이 얻어진다.
- ㉰ 소성가공성이 낮아져 상온변형은 곤란하다.
- ㉱ 주조시의 생산성이 좋다.

48 다음 중 화학적인 표면 경화법이 아닌 것은?
- ㉮ 침탄법
- ㉯ 화염경화법
- ㉰ 금속침투법
- ㉱ 질화법

해설 화학적표면경화 – 침탄법, 질화법, 금속침투법
물리적표면경화 – 화염경화법, 고주파경화법

49 연강보다 열전도율은 작고 열팽창계수는 1.5배 정도이며 염산, 황산 등에 약하고 결정 입계 부식이 발생하기 쉬운 스테인리스강은?
- ㉮ 페라이트계
- ㉯ 시멘라이트계
- ㉰ 오스테나이트계
- ㉱ 마텐자이트계

50 다음 가공법 중 소성가공이 아닌 것은?
- ㉮ 선반가공
- ㉯ 압연가공
- ㉰ 단조가공
- ㉱ 인발가공

ANSWER ▶ 46.㉯ 47.㉮ 48.㉯ 49.㉰ 50.㉮

51 다음 입체도의 화살표 방향의 투상도로 가장 적합한 것은?

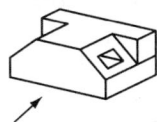

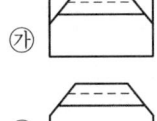
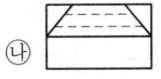
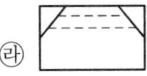

52 SS400로 표시된 KS 재료기호의 400은 어떤 의미인가?
㉮ 재질번호　　㉯ 재질 등급
㉰ 최저 인장강도　　㉱ 탄소 함유량

53 그림과 같은 외형도에 있어서 파단선을 경계로 필요로 하는 요소의 일부만을 단면으로 표시하는 단면도는?

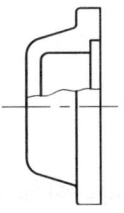

㉮ 온 단면도
㉯ 부분 단면도
㉰ 한쪽 단면도
㉱ 회전 도시 단면도

54 다음 그림에서 축 끝에 도시된 센터 구멍 기호가 뜻하는 것은?
㉮ 센터 구멍이 남아 있어도 좋다.
㉯ 센터 구멍이 남아 있어서는 안된다.
㉰ 센터 구멍을 반드시 남겨둔다.
㉱ 센터 구멍의 크기에 관계없이 가공한다.

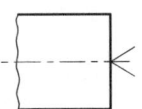

ANSWER 51. ㉱ 52. ㉰ 53. ㉯ 54. ㉰

55 그림과 같은 부등변 ㄱ형강의 치수 표시로 가장 적합한 것은?

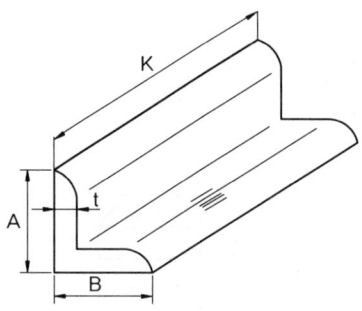

㉮ L A×B×t−K ㉯ L B×t×A−K
㉰ L K−t×A×B ㉱ L K−A×t×B

56 제시된 물체를 도형 생략법을 적용해서 나타내려고 한다. 적용방법이 옳은 것은? (단, 물체에 뚫린 구멍의 크기는 같고 간격은 6mm로 일정하다.)

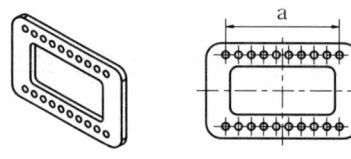

㉮ 치수 a는 10×6(=60)으로 기입할 수 있다.
㉯ 대칭기호를 사용하여 도형을 $\frac{1}{2}$로 나타낼 수 있다.
㉰ 구멍은 반복 도형 생략법으로 나타낼 수 없다.
㉱ 구멍의 크기가 동일하더라도 각각의 치수를 모두 나타내어야 한다.

57 전체 둘레 현장 용접의 보조기호로 맞는 것은?

㉮ ○   ㉯ ⊙
㉰ ⚑   ㉱ ⚐

58 선의 종류와 명칭이 바르게 짝지어진 것은?

㉮ 가는 실선 − 중심선   ㉯ 굵은 실선 − 외형선
㉰ 가는 파선 − 지시선   ㉱ 굵은 1점 쇄선 −수준면선

ANSWER ▶ 55.㉮ 56.㉯ 57.㉱ 58.㉯

59 그림과 같은 입체의 화살표 방향 투상도로 가장 적합한 것은?

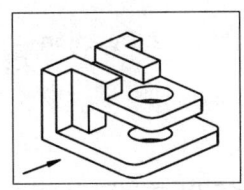

㉮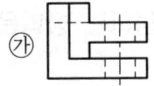
㉯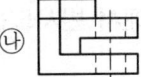
㉰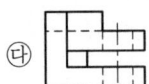
㉱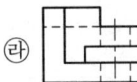

60 밸브 표시 기호에 대한 밸브 명칭이 틀린 것은?

㉮ ◁ : 슬루스 밸브   ㉯ ⋈ : 3방향 밸브
㉰ ⋈ : 버터플라이 밸브   ㉱ ⋈ : 볼 밸브

해설 ㉮는 앵글밸브의 표시이다.

ANSWER 59. ㉱ 60. ㉮

제24회 CBT기출복원문제

01 초음파 탐상법에서 일반적으로 널리 사용되며 초음파의 펄스를 시험체의 한쪽 면으로부터 송신하여 그 결함에서 반사되는 반사파의 형태로 결함을 판정하는 방법은?
㉮ 투과법 ㉯ 공진법
㉰ 침투법 ㉱ 펄스반사법

02 TIG용접에서 아크발생이 용이하며 전극의 소모가 적어 직류 정극성에는 좋으나 교류에는 좋지 않은 것으로 주로 강, 스테인리스강, 동합금 용접에 사용되는 전극봉은?
㉮ 토륨 텅스텐 전극봉
㉯ 순 텅스텐 전극봉
㉰ 니켈 텅스텐 전극봉
㉱ 지르코늄 텅스텐 전극봉

03 주물제품을 용접한 후 용접에 의한 잔류응력을 최소화하기 위한 조치 방법으로 틀린 것은?
㉮ 주물을 단열재로 덮는다.
㉯ 주물을 토치로 후열처리 한다.
㉰ 주물을 로(爐)에 옮긴다.
㉱ 주물을 급냉 시켜 조직을 완화시킨다.

해설 급냉시키면 온도차에 따른 수축으로 응력이 더 발생한다.

04 물체와의 가벼운 충돌 또는 부딪침으로 인하여 생기는 손상으로 충격을 받은 부위가 부어오르고 통증이 발생되며 일반적으로 피부 표면에 창상이 없는 상처를 뜻하는 것은?
㉮ 찰과상 ㉯ 타박상
㉰ 화상   ㉱ 출혈

ANSWER 1.㉱ 2.㉮ 3.㉱ 4.㉯

05 다음 용접법 중 저항용접이 아닌 것은?
   ㉮ 스폿용접　　　　　　㉯ 심용접
   ㉰ 프로젝션용접　　　　㉱ 스터드용접

06 다음 중 서브머지드 아크 용접을 다른 명칭으로 불리우는 것에 속하지 않는 것은?
   ㉮ 잠호 용접　　　　　　㉯ 유니언 멜트 용접
   ㉰ 불가시(不可視) 아크 용접　㉱ 헬리 아크 용접

07 용접부 검사방법에서 비드의 모양, 언더컷 및 오버랩, 표면균열 등을 검사하는 것은?
   ㉮ 침투검사　　　　　　㉯ 누수검사
   ㉰ 외관검사　　　　　　㉱ 형광검사

08 아래 그림과 같이 용접 길이를 짧게 나누어 간격을 두면서 용접하는 방법은?

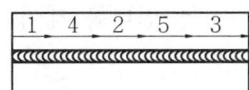

   ㉮ 전진법　　　　　　　㉯ 후진법
   ㉰ 대칭법　　　　　　　㉱ 스킵법

09 TIG용접의 단점에 해당되지 않는 것은?
   ㉮ 불활성 가스와 TIG 용접기의 가격이 비싸 운영비와 설치비가 많이 소요된다.
   ㉯ 바람의 영향으로 용접부 보호 작용에 방해가 되므로 방풍대책이 필요하다.
   ㉰ 후판 용접에서는 다른 아크 용접에 비해 능률이 떨어진다.
   ㉱ 모든 용접자세가 불가능하며 박판용접에 비효율적이다.

   해설 TIG용접은 모든 자세의 용접이 가능하며 박판용접에 효율적이다.

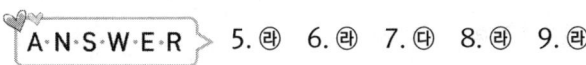 5. ㉱　6. ㉱　7. ㉰　8. ㉱　9. ㉱

10 이산화탄소 가스 아크 용접에 대한 설명으로 틀린 것은?
- ㉮ 비용극식 용접방법이다.
- ㉯ 가시 아크이므로 시공이 편리하다.
- ㉰ 전류밀도가 높아 용입이 깊다.
- ㉱ 용제를 사용하지 않아 슬래그 혼입이 없다.

　이산화탄소 용접은 자동으로 와이어가 공급되는 용극식 용접법이다.

11 두꺼운 판의 양쪽에 수냉동판을 대고 용융 슬래그 속에서 아크를 발생시킨 후 용융 슬래그의 전기 저항열을 이용하여 용접하는 방법은?
- ㉮ 서브머지드 아크 용접
- ㉯ 불활성가스 아크 용접
- ㉰ 일렉트로 슬래그 용접
- ㉱ 전자빔 용접

12 자동제어의 종류 중 미리 정해놓은 순서에 따라 제어의 각 단계를 차례로 행하는 제어는?
- ㉮ 시퀀스 제어
- ㉯ 피드백 제어
- ㉰ 동작 제어
- ㉱ 인터록 제어

13 용접작업 시 주의사항을 설명한 것으로 틀린 것은?
- ㉮ 화재를 진화하기 위하여 방화 설비를 설치할 것
- ㉯ 용접 작업 부근에 점화원을 두지 않도록 할 것
- ㉰ 배관 및 기기에서 가스누출이 되지 않도록 할 것
- ㉱ 가연성 가스는 항상 옆으로 뉘어서 보관할 것

　가연성가스는 보관시 항상 세워서 보관한다.

14 모재의 열 변형이 거의 없으며, 이종 금속의 용접이 가능하고 정밀한 용접을 할 수 있으며, 비접촉식 방식으로 모재에 손상을 주지 않는 용접은?
- ㉮ 레이저 용접
- ㉯ 테르밋 용접
- ㉰ 스터드 용접
- ㉱ 플라스마 제트 아크 용접

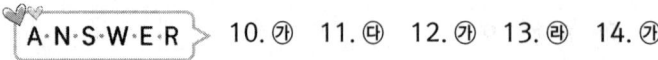
10. ㉮　11. ㉰　12. ㉮　13. ㉱　14. ㉮

15 용접이음부에 예열하는 목적을 설명한 것 중 맞지 않는 것은?

㉮ 모재의 열 영향부와 용착금속의 연화를 방지하고, 경화를 증가시킨다.
㉯ 수소의 방출을 용이하게 하여 저온균열을 방지한다.
㉰ 용접부의 기계적 성질을 향상시키고, 경화조직의 석출을 방지시킨다.
㉱ 온도분포가 완만하게 되어 열응력의 감소로 변형과 잔류응력의 발생을 적게 한다.

해설 예열의 큰목적은 변형을 방지하기 위함이며 연화와 경화와는 관계가 없다.

16 MIG 용접 시 와이어 송급방식의 종류가 아닌 것은?

㉮ 풀 방식
㉯ 푸시 방식
㉰ 푸시 풀 방식
㉱ 푸시 언더 방식

17 가스메탈아크용접(GMAW)에서 보호가스를 아르곤(Ar)가스와 CO_2가스 또는 산소(O_2)를 소량 혼합하여 용접하는 방식을 무엇이라 하는가?

㉮ MIG 용접
㉯ FCA 용접
㉰ TIG 용접
㉱ MAG 용접

18 피복 아크 용접봉으로 강판의 판 두께에 따라 맞대기 용접의 적용하는 개선 홈 형식 중 가장 적합하지 않는 것은?

㉮ I형 : 판 두께 6.0mm 정도 까지 적용
㉯ V형 : 판 두께 6.0~20mm 정도 적용
㉰ ✓형 : 판 두께 50mm 까지 적용
㉱ X형 : 판 두께 10~40mm 정도 적용

19 이산화탄소 가스 아크 용접의 결함에서 아크가 불안정 할 때의 원인으로 가장 거리가 먼 것은?

㉮ 팁이 마모되어 있다.
㉯ 와이어 송급이 불안정하다.
㉰ 팁과 모재간 거리가 길다.
㉱ 이음 형상이 나쁘다.

ANSWER ▶ 15. ㉮ 16. ㉱ 17. ㉱ 18. ㉰ 19. ㉱

20 다음 중 용접기를 설치해도 되는 장소로 가장 적합한 것은?

㉮ 옥외의 비바람이 치는 장소
㉯ 진동이나 충격을 받는 장소
㉰ 유해한 부식성 가스가 존재하는 장소
㉱ 주위온도가 10℃ 정도인 장소

21 두께가 다른 판을 맞대기 용접할 때 응력집중이 가장 적게 발생하는 것은?

해설 용접부의 응력집중은 한곳의 용접보다는 두곳의 용접일때 응력이 분산이 쉽고 홈을 내지않고 용접할 때보다는 홈을 내어 깊이 용접할 때 응력분산이 쉬어진다.

22 안전모의 일반구조에 대한 설명으로 틀린 것은?

㉮ 안전모는 모체, 착장체 및 턱끈을 가질 것
㉯ 착장체의 구조는 착용자의 머리부위에 균등한 힘이 분배되도록 할 것
㉰ 안전모의 내부수직거리는 25mm 이상 50mm 미만일 것
㉱ 착장체의 머리고정대는 착용자의 머리부위에 고정하도록 조정할 수 없을 것

23 피복제 중에 석회석이나 형석을 주성분으로 한 피복제를 사용한 것으로서 용착금속 중의 수소량이 다른 용접봉에 비해서 1/10정도로 적은 용접봉은?

㉮ E4301　　　　　　　　　㉯ E4311
㉰ E4316　　　　　　　　　㉱ E4327

24 헬멧이나 핸드실드의 차광유리 앞에 보호유리를 끼우는 가장 타당한 이유는?

㉮ 시력을 보호하기 위하여
㉯ 가시광선을 차단하기 위하여
㉰ 적외선을 차단하기 위하여
㉱ 차광유리를 보호하기 위하여

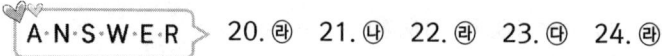

25 아크전류가 200A, 아크전압이 25V, 용접속도가 15cm/min인 경우 용접 길이 1cm당 발생하는 전기적 에너지는?
㉮ 10000(J/cm)   ㉯ 15000(J/cm)
㉰ 20000(J/cm)   ㉱ 25000(J/cm)

26 가스절단 시 양호한 절단면을 얻기 위한 조건이 아닌 것은?
㉮ 드래그가 가능한 작을 것   ㉯ 절단면이 충분히 평활할 것
㉰ 슬래그의 이탈이 양호할 것   ㉱ 드래그의 홈이 높고 노치가 있을 것

27 용접의 장점 중 맞는 것은?
㉮ 저온 취성이 생길 우려가 많다.
㉯ 재질의 변형 및 잔류 응력이 존재한다.
㉰ 용접사의 기량에 따라 용접결과가 좌우된다.
㉱ 기밀, 수밀, 유밀성이 우수하다.

28 용접법 중 융접법에 속하지 않는 것은?
㉮ 스터드 용접   ㉯ 산소 아세틸렌 용접
㉰ 일렉트로 슬래그 용접   ㉱ 초음파 용접

해설 초음파용접은 압접에 속한다.

29 산소-아세틸렌가스 불꽃의 종류 중 불꽃온도가 가장 높은 것은?
㉮ 탄화 불꽃   ㉯ 중성 불꽃
㉰ 산화 불꽃   ㉱ 아세틸렌 불꽃

해설 가스용접에서 일반적으로 산소량이 올라가면 온도가 상승한다.

30 가포화 리액터형 교류 아크 용접기의 설명으로 잘못된 것은?
㉮ 미세한 전류조정이 가능하여 가장 많이 사용된다.
㉯ 조작이 간단하고 원격제어가 된다.
㉰ 가변 저항의 변화로 용접전류를 조정한다.
㉱ 전기적 전류 조정으로 소음이 거의 없다.

ANSWER 25.㉰ 26.㉱ 27.㉱ 28.㉱ 29.㉰ 30.㉮

31 가스용접 시 토치의 팁이 막혔을 때 조치 방법으로 가장 올바른 것은?

㉮ 팁 클리너를 사용한다.
㉯ 내화벽돌 위에 가볍게 문지른다.
㉰ 철판 위에 가볍게 문지른다.
㉱ 줄칼로 부착물을 제거한다.

32 35℃에서 150kgf/cm² 으로 압축하여 내부용적 45.7리터의 산소 용기에 충전하였을 때, 용기속의 산소량은 몇 리터인가?

㉮ 6855   ㉯ 5250
㉰ 6105   ㉱ 7005

해설 용기산소량 = 내용적 × 충전압력 = 4507 × 150 = 6855

33 산소 아크 절단을 올바르게 설명한 것은?

㉮ 아크 플라스마의 성질을 이용한 절단법
㉯ 속이 빈 피복 용접봉과 모재 사이에 아크를 발생시켜 절단하는 방법
㉰ 강관을 사용하여 절단산소를 보내서 절단하는 방법
㉱ 금속전극에 큰 전류를 흐르게 하여 절단하는 방법

34 아세틸렌가스의 성질에 대한 설명으로 틀린 것은?

㉮ 15℃, 1kgf/cm² 에서의 아세틸렌 1L의 무게는 1.176g으로 산소보다 무겁다.
㉯ 산소와 적당히 혼합하여 연소시키면 3000~3500℃의 높은 열을 낸다.
㉰ 아세틸렌가스는 산소와 혼합되면 폭발성이 증가된다.
㉱ 각종 액체에 잘 용해되며 아세톤에 25배가 용해된다.

35 산소-아세틸렌 가스절단에 비교한 산소-프로판 가스 절단의 특징을 설명한 것으로 옳지 않은 것은?

㉮ 점화하기 쉽다.
㉯ 절단면이 미세하여 깨끗하다.
㉰ 후판절단 시 속도가 빠르다.
㉱ 포갬 절단속도가 빠르다.

A·N·S·W·E·R   31. ㉮ 32. ㉮ 33. ㉯ 34. ㉮ 35. ㉮

36 텅스텐 아크 절단은 특수한 TIG 절단토치를 사용한 절단법이다. 주로 사용되는 작동 가스는?
㉮ Ar+C₂H₂
㉯ Ar+H₂
㉰ Ar+O₂
㉱ Ar+CO₂

37 직류 아크용접기의 종류가 아닌 것은?
㉮ 엔진 구동형
㉯ 전동 발전형
㉰ 정류기형
㉱ 가동 철심형

38 연강용 가스 용접봉에서 "625±25℃에서 1시간 동안 응력을 제거했다"는 영문자 표시에 해당 되는 것은?
㉮ NSR ㉯ GB ㉰ SR ㉱ GA

39 가스용접 시 용접부의 시공 상태에 대한 설명으로 틀린 것은?
㉮ 용접부에는 노치 부분이 있어야 양호한 용접성을 얻을 수 있다.
㉯ 용접부에는 기름, 먼지, 녹 등을 완전히 제거하여야 한다.
㉰ 용접부에는 청결을 유지해야 한다.
㉱ 용접부의 개선 면이 일직선으로 정교해야 한다.

40 스테인리스강 중에서 내식성이 가장 높고 비자성인 것은?
㉮ 페라이트계
㉯ 시멘타이트계
㉰ 마텐자이트계
㉱ 오스테나이트계

41 열전도율이 가장 큰 것부터 작은 것의 순으로 옳게 나열한 것은?
㉮ Cu → Al → Ag → Au
㉯ Ag → Cu → Au → Al
㉰ Cu → Ag → Al → Au
㉱ Ag → Cu → Al → Au

42 구상흑연주철의 조직에 따른 분류가 아닌 것은?
㉮ 페라이트형
㉯ 펄라이트형
㉰ 시멘타이트형
㉱ 트루스타이트형

ANSWER ▶ 36. ㉯ 37. ㉱ 38. ㉰ 39. ㉮ 40. ㉱ 41. ㉯ 42. ㉱

43 금속 표면에 알루미늄을 침투시켜 내식성을 증가시키는 것은?
㉮ 칼로라이징 ㉯ 크로마이징
㉰ 세라다이징 ㉱ 실리코라이징

해설 크로마이징 – Cr침투, 세라다이징 – Zn침투, 실리코나이징 – Si침투
칼로나이징 – Al침투, 보로나이징 – B침투

44 침입형 고용체에 용해되는 원소가 아닌 것은?
㉮ B(붕소) ㉯ C(탄소)
㉰ N(질소) ㉱ F(불소)

45 구리에 3~4% Ni, 약 1%의 Si가 함유된 합금으로 인장강도와 도전율이 높아 통신선, 전화선으로 사용되는 구리–니켈–규소 합금은?
㉮ 콜슨(corson)합금
㉯ 켈밋(kelmit)합금
㉰ 포금(gunmetal)
㉱ CTG 합금

46 주강의 성능별 분류 중 내식용 강은 어떤 원소를 첨가한 것인가?
㉮ Cr, Ni ㉯ Mn, V
㉰ P, S   ㉱ W, Ti

47 열처리 방법 중 강을 오스테나이트 조직의 영역으로 가열한 후 급냉 하는 것은?
㉮ 염산법 ㉯ 수산법
㉰ 황산법 ㉱ 크롬산법

48 알루미늄 표면에 산화물계 피막을 만들어 부식을 방지하는 알루미늄 방식법에 속하지 않는 것은?
㉮ 염산법 ㉯ 수산법
㉰ 황산법 ㉱ 크롬산법

ANSWER 43. ㉮ 44. ㉱ 45. ㉮ 46. ㉮ 47. ㉯ 48. ㉮

49 합금강에 영향을 끼치는 주요 합금 원소가 아닌 것은?
- ㉮ 흑연
- ㉯ 니켈
- ㉰ 크롬
- ㉱ 망간

50 탄소강의 Fe-C계 평형상태도에서 탄소량이 0.86% 정도이며, γ고용체에서 α고용체와 Fe_3C가 동시에 석출하여 펄라이트를 생성하는 점은?
- ㉮ 공정점
- ㉯ 자기변태점
- ㉰ 포정점
- ㉱ 공석점

51 그림과 같은 용접 도시기호의 명칭은?

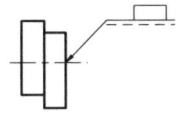

- ㉮ 필릿 용접
- ㉯ 플러그 용접
- ㉰ 스폿 용접
- ㉱ 프로젝션 용접

52 도면에서 2종류 이상의 선이 같은 장소에 겹치게 될 경우에 다음 중 가장 우선되는 것은?
- ㉮ 중심선
- ㉯ 절단선
- ㉰ 외형선
- ㉱ 숨은선

53 도면에 SS330으로 표시된 기계재료의 의미로 가장 적합한 설명은?
- ㉮ 합금 공구강으로, 최저인장강도는 $330N/mm^2$
- ㉯ 일반구조용 압연강재로, 최저인장강도는 $330N/mm^2$
- ㉰ 열간압연 스테인리스 강관으로, 탄소 함유량은 0.33%
- ㉱ 압력배관용 탄소강재로, 탄소 함유량은 0.33%

ANSWER ▶ 49.㉮ 50.㉱ 51.㉯ 52.㉰ 53.㉯

54 그림의 투상도는 평면도와 정면도가 똑같이 나타나는 물체의 평면도와 정면도이다. 우측면도로 가장 적합한 것은?

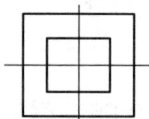

㉮ ⌐｜　　　　　㉯ ◣

㉰ ◸　　　　　㉱ ◜

55 다음 제3각 정투상도에 해당하는 입체도는?

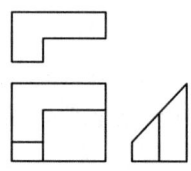

㉮ [도형]　　㉯ [도형]

㉰ [도형]　　㉱ [도형]

56 배관 제도 시 유체의 종류에 따른 기호 표기가 틀린 것은?

㉮ 공기 : A　　㉯ 연료 가스 : G
㉰ 온수 : H　　㉱ 증기 : W

 증기 – S

ANSWER ▶ 54.㉯　55.㉮　56.㉱

57 제3각 정투상도에서 저면도의 배치 위치로 옳은 것은?
- ㉮ 정면도의 아래쪽
- ㉯ 정면도의 오른쪽
- ㉰ 정면도의 윗쪽
- ㉱ 정면도의 왼쪽

58 도면에서 도면번호, 도면명칭, 기업(소속단체)명, 책임자 서명 등의 내용이 기입되어 있는 곳은?
- ㉮ 부품란
- ㉯ 표제란
- ㉰ 도면의 구역
- ㉱ 중심 마크

59 판금 제품을 만드는데 필요한 도면으로 입체의 표면을 한 평면 위에 펼쳐서 그리는 도면은?
- ㉮ 회전 평면도
- ㉯ 전개도
- ㉰ 보조 투상도
- ㉱ 사투상도

60 리벳의 종류 중 호칭길이를 나타낼 때 머리부의 전체를 포함하여 표시하는 것은?
- ㉮ 둥근머리 리벳
- ㉯ 냄비머리 리벳
- ㉰ 얇은 납작머리 리벳
- ㉱ 접시머리 리벳

ANSWER ▶ 57. ㉮ 58. ㉯ 59. ㉯ 60. ㉱

제25회 CBT기출복원문제

01. 서브머지드 아크 용접에 사용되는 용접용 용제 중 용융형 용제에 대한 설명으로 옳은 것은?
    ㉮ 화학적 균일성이 양호하다.
    ㉯ 미용융 용제는 다시 사용이 불가능하다.
    ㉰ 흡수성이 거의 없으므로 재건조가 불필요하다.
    ㉱ 용융 시 분해되거나 산화되는 원소를 첨가할 수 있다.

02. 피복 아크 용접 결함 중 용착 금속의 냉각 속도가 빠르거나, 모재의 재질이 불량 할 때 일어나기 쉬운 결함으로 가장 적당한 것은?
    ㉮ 용입 불량   ㉯ 언더컷
    ㉰ 오버랩   ㉱ 선상조직

    • 선상조직 : 냉각속도가 빠르거나 재질이 불량할 때
    • 용입불량 : 전류가 낮을때나 홈 각도가 좁을 때
    • 오버랩 : 전류가 낮을때나 용접 속도가 느릴 때
    • 언더컷 : 전류가 높을때나 아크가 길 때

03. 다음 중 CO_2 가스 아크 용접시 작업장의 이산화탄소 체적 농도가 3~4%일 때 인체에 일어나는 현상으로 가장 적절한 것은?
    ㉮ 두통 및 뇌빈혈을 일으킨다.   ㉯ 위험상태가 된다.
    ㉰ 치사량이 된다.   ㉱ 아무렇지도 않다.

04. 다음 중 일반적으로 모재의 용융선 근처의 열영향부에서 발생되는 균열이며 고탄소강이나 저합금강을 용접할 때 용접열에 의한 열영향부의 경화와 변태응력 및 용착금속 속의 확산성 수소에 의해 발생되는 균열은?
    ㉮ 비드 밑 균열   ㉯ 루트 균열
    ㉰ 설퍼 균열   ㉱ 크레이터 균열

ANSWER ▶ 1. ㉰ 2. ㉱ 3. ㉮ 4. ㉮

05 다음 중 용접 결함에서 구조상 결함에 속하는 것은?
- ㉮ 기공
- ㉯ 인장강도의 부족
- ㉰ 변형
- ㉱ 화학적 성질 부족

해설 용접결함의 종류
1) 치수상결함 : 변형, 치수불량, 형상불량
2) 구조상결함 : 기공 및 피트,은점, 슬래그 섞임, 용입 불량, 융합 불량 언더컷, 오버랩, 균열, 선상 조직
3) 성질상 결함 : 기계적 불량(인장, 피로, 강도, 경도, 연성 등)
  화학적 불량 (성분 부적당, 부식)

06 다음 중 이산화탄소 아크용접의 특징에 대한 설명으로 틀린 것은?
- ㉮ 전류밀도가 높아 용입이 깊다.
- ㉯ 자동 또는 반자동 용접은 불가능하다.
- ㉰ 용착금속의 기계적, 금속학적 성질이 우수하다.
- ㉱ 가시 아크이므로 용융지의 상태를 보면서 용접할 수 있어 시공이 편리하다.

해설 이산화탄소 용접은 자동 또는 반자동 용접이 가능하다.

07 다음 중 응급처치의 구명 4단계에 속하지 않는 것은?
- ㉮ 쇼크방지
- ㉯ 지혈
- ㉰ 상처보호
- ㉱ 균형유지

해설 응급처치 구명 4단계 : 쇼크방지, 기도유지, 지혈, 상처보호

08 다음 중 저탄소강의 용접에 관한 설명으로 틀린 것은?
- ㉮ 용접균열의 발생 위험이 크기 때문에 용접이 비교적 어렵고, 용접법의 적용에 제한이 있다.
- ㉯ 피복 아크용접의 경우 피복아크 용접봉은 모재와 강도 수준이 비슷한 것을 선정하는 것이 바람직하다.
- ㉰ 판의 두께가 두껍고 구속이 큰 경우에는 저수소계 계통의 용접봉이 사용된다.
- ㉱ 두께가 두꺼운 강재일 경우 적절한 예열을 할 필요가 있다.

해설 저탄소강은 고탄소강에 비해 용접균열의 발생이 적어 용접이 쉽다.

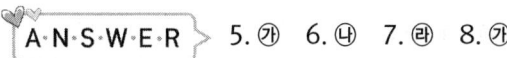
5. ㉮ 6. ㉯ 7. ㉱ 8. ㉮

09 아크 용접 작업 중 감전이 되었을 때 전류가 몇 mA 이상이 인체에 흐르면 심장마비를 일으켜 순간적으로 사망할 위험이 있는가?
- ㉮ 5
- ㉯ 10
- ㉰ 15
- ㉱ 50

10 다음 중 급열, 급냉에 의한 열응력이나 변형, 균열을 방지하기 위해 용접 전에 실시하는 작업은?
- ㉮ 예열
- ㉯ 청소
- ㉰ 가공
- ㉱ 후열

11 다음 중 MIG 용접시 와이어 송급 방식의 종류가 아닌 것은?
- ㉮ 풀(pull)방식
- ㉯ 푸시 오버(push-over)방식
- ㉰ 푸시 풀(push-pull)방식
- ㉱ 푸시(push)방식

해설 MIG용접의 와이어 송급방식에는 푸시식, 푸시풀식, 풀식 방법이 있다.

12 다음 중 홈 가공에 관한 설명으로 옳지 않은 것은?
- ㉮ 능률적인 면에서 용입이 허용되는 한 홈 각도는 작게 하고 용착 금속량도 적게 하는 것이 좋다.
- ㉯ 용접균열이라는 관점에서 루트 간격은 클수록 좋다.
- ㉰ 자동용접의 홈 정도는 손 용접보다 정밀한 가공이 필요하다.
- ㉱ 홈 가공의 정밀도는 용접능률과 이음의 성능에 큰 영향을 끼친다.

13 다음 중 용접시공에 있어 각 변형의 방지 대책으로 틀린 것은?
- ㉮ 구속지그를 활용한다.
- ㉯ 용접속도를 느리게 한다.
- ㉰ 역변형의 시공법을 활용한다.
- ㉱ 개선 각도는 작업에 지장이 없는 한도 내에서 작게 하는 것이 좋다.

해설 용접에서 용접 속도를 필요 이상 느리게 하면 열응력 증가로 변형이 커진다.

ANSWER 9. ㉱ 10. ㉮ 11. ㉯ 12. ㉯ 13. ㉯

14 맞대기 이음에서 판 두께가 6mm, 용접선의 길이가 120mm, 하중 7000kgf에 대한 인장응력은 약 얼마인가?
  - ㉮ 9.7 kgf/mm^2
  - ㉯ 8.5 kgf/mm^2
  - ㉰ 9.1 kgf/mm^2
  - ㉱ 7.6 kgf/mm^2

  해설 인장응력 = 하중/단면적 = 7000/(6×120) = 9.7

15 다음 중 무색, 무취, 무미와 독성이 없고, 공기 중에 약 0.94% 정도를 포함하는 불활성 가스는?
  - ㉮ 헬륨(He)
  - ㉯ 아르곤(Ar)
  - ㉰ 네온(Ne)
  - ㉱ 크립톤(Kr)

16 다음 중 기밀, 수밀을 필요로 하는 탱크의 용접이나 배관용 탄소 강관의 관 제작 이음 용접에 가장 적합한 접합법은?
  - ㉮ 심용접
  - ㉯ 스폿 용접
  - ㉰ 업셋 용접
  - ㉱ 플래시 용접

17 용접부의 시험법 중 기계적 시험법에 해당하는 것은?
  - ㉮ 부식 시험
  - ㉯ 육안조직 시험
  - ㉰ 현미경 조직 시험
  - ㉱ 피로시험

  해설 기계적 시험 : 인장시험, 굽힘시험, 경도시험, 크리프시험, 충격시험, 피로시험

18 다음 중 겹치기 저항 용접에 있어서 접합부에 나타나는 용융 응고된 금속 부분을 무엇이라 하는가?
  - ㉮ 용융지
  - ㉯ 너깃
  - ㉰ 크레이터
  - ㉱ 언더컷

19 다음 중 금속 산화물과 정제된 고체 알루미늄 파우더의 혼합 때 발생하는 과정에서 용접열이 얻어지고, 용융된 금속이 용가제로 되는 발열 반응으로 형성된 점화를 이용한 용접법은?
  - ㉮ 플라스마 아크 용접
  - ㉯ 테르밋 용접
  - ㉰ 플래시 버트 용접
  - ㉱ 프로젝션 용접

ANSWER ▶ 14. ㉮ 15. ㉯ 16. ㉮ 17. ㉱ 18. ㉯ 19. ㉯

20 다음 중 제2도 화상에 관한 설명으로 가장 적절한 것은?

㉮ 피부가 붉게 되고 따끔거리는 통증을 수반하는 화상으로 피부층 중의 가장 바깥 층인 표피의 손상만 가져온 화상

㉯ 표피와 진피 모두 영향을 미친 화상으로 피부가 빨갛게 되며 통증과 부어오름이 생기는 화상

㉰ 표피와 진피, 하피까지 영향을 미쳐서 검게 되거나 반투명 백색이 되고 피부 표면 아래 혈관을 응고시키는 현상

㉱ 표피와 진피조직이 탄화되어 검게 변한 경우이며 피하의 근육, 힘줄, 신경 또는 골조직까지 손상을 받는 화상

해설 1도 화상 : 피부가 붉게되고 쑥쑥 아픈 정도
 2도 화상 : 피부가 빨갛게 되고 물집이 생긴 정도
 3도 화상 : 피하조직이 생활력 상실정도

21 다음 중 복합와이어 CO_2가스 아크 용접법이 아닌 것은?

㉮ 아코스 아크법   ㉯ 유니언 아크법
㉰ NCG법   ㉱ SYG법

22 일반적으로 모재에 흡수되는 열량은 용접 입열의 몇 % 정도가 되는가?

㉮ 약 35~45% 정도   ㉯ 약 45~55% 정도
㉰ 약 75~85% 정도   ㉱ 약 95~99% 정도

23 다음 중 속이 빈 피복 봉을 사용하여 절단속도가 빨라 철강구조물 해체, 특히 수중 해체 작업에 이용되는 절단 방법은?

㉮ 산소 아크절단   ㉯ 금속 아크절단
㉰ 탄소 아크절단   ㉱ 플라즈마 아크절단

24 가스용접 할 모재의 두께가 3.2mm 일 때 사용할 가스 용접봉의 지름을 계산식에 의해 구하면 몇 mm 정도가 가장 적당한가?

㉮ 1.3   ㉯ 1.6   ㉰ 2.6   ㉱ 3.2

해설 가스용접봉지름 = (T/2)+1 = (3.2/2)+1 = 2.6

ANSWER 20.㉯ 21.㉱ 22.㉰ 23.㉮ 24.㉰

25 다음 중 고셀룰로오스계 연강용 피복 아크 용접봉에 관한 설명으로 틀린 것은?
㉮ 슬래그가 적어 좁은 홈의 용접에 좋다.
㉯ 가스 실드에 의한 아크 분위기가 환원성이므로 용착 금속의 기계적 성질이 양호하다.
㉰ 수직 상진, 하진 및 위보기 자세 용접에서 우수한 작업성을 나타낸다.
㉱ 사용전류는 슬래그 실드계 용접봉에 비해 10~15% 높게 사용한다.

26 다음 중 교류 아크 용접기의 종류별 특성으로 가변저항의 변화를 이용하여 용접 전류를 조정하는 형식은?
㉮ 탭전환형
㉯ 가동코일형
㉰ 가동철심형
㉱ 가포화리액터형

27 다음 중 가스절단에서 절단용 산소의 순도가 저하되거나 불순물이 증가되면 나타나는 현상으로 볼 수 없는 것은?
㉮ 절단속도가 빨라진다.
㉯ 절단면이 거칠어진다.
㉰ 산소의 소비량이 많아진다.
㉱ 슬래그의 이탈성이 나빠진다.

　해설　가스절단에서 산소의 순도가 낮아지면 절단 속도가 느려진다.

28 가변압식의 팁 번호가 200일 때 10시간 동안 표준불꽃으로 용접할 경우 아세틸렌가스의 소비량은 몇 리터 인가?
㉮ 20
㉯ 200
㉰ 2000
㉱ 20000

　해설　가변압식 팁은 번호가 200이다는 것은 시간당 200L의 아세틸렌가스를 소모한다는 뜻이므로 200×10시간은 2000L가 된다.

29 다음 중 피복 아크 용접 회로의 주요 구성요소로 볼 수 없는 것은?
㉮ 접지케이블
㉯ 전극케이블
㉰ 용접봉 홀더
㉱ 콘덴싱 유닛

ANSWER 25. ㉱ 26. ㉱ 27. ㉮ 28. ㉰ 29. ㉱

30 다음 중 산소 및 아세틸렌 용기의 취급방법으로 적절하지 않는 것은?
  ㉮ 산소용기의 밸브, 조정기, 도관, 취부구는 반드시 기름이 묻은 천으로 깨끗이 닦아야 한다.
  ㉯ 산소용기의 운반 시는 충격을 주어서는 안 된다.
  ㉰ 산소용기 내에 다른 가스를 혼합하면 안 되며, 산소 용기는 직사광선을 피해야 한다.
  ㉱ 아세틸렌 용기는 세워서 사용하며 병에 충격을 주어서는 안 된다.

31 다음 중 기계적 압력, 마찰, 진동에 의한 열을 이용하는 용접방식이 아닌 것은?
  ㉮ 마찰 압접   ㉯ 피복 아크 용접
  ㉰ 초음파 용접   ㉱ 냉간 압접

32 금속과 금속을 충분히 접근시키면 그들 사이에 원자 간의 인력이 작용하여 서로 결합한다. 다음 중 이러한 결합을 이루기 위해서는 원자들을 몇 도 정도 까지 접근시켜야 하는가?
  ㉮ 10^{-6}승   ㉯ 10^{-7}승
  ㉰ 10^{-8}승   ㉱ 10^{-9}승

33 다음 중 두께 20 mm인 강판을 가스 절단하였을 때 드래그(drag)의 길이가 5 mm 이었다면 드래그 양은 몇 % 인가?
  ㉮ 4.0%   ㉯ 20%
  ㉰ 25%   ㉱ 100%

  해설 드래그양 = 드래그길이/판두께 = 5/20 = 25%

34 다음 중 가스 용접에서 용제를 사용하는 주된 이유로 적합하지 않은 것은?
  ㉮ 재료표면의 산화물을 제거한다.
  ㉯ 용융금속의 산화, 질화를 감소하게 한다.
  ㉰ 청정작용으로 용착을 돕는다.
  ㉱ 용접봉 심선의 유해성분을 제거한다.

ANSWER ▶ 30. ㉮ 31. ㉯ 32. ㉰ 33. ㉰ 34. ㉱

35 다음 중 아크가 발생하는 초기에 용접봉과 모재가 냉각되어 있어 아크가 불안정하기 때문에 아크발생을 쉽게 하기 위하여 아크 초기에만 용접전류를 특별히 크게 하는 장치는?
㉮ 핫스타트장치
㉯ 고주파발생장치
㉰ 원격제어장치
㉱ 전격방지장치

36 다음 중 용접봉의 용적이 용융금속의 이행형식에 따른 분류가 아닌 것은?
㉮ 스프레이형
㉯ 글로뷸러형
㉰ 가스발생형
㉱ 단락형

37 아세틸렌은 각종 액체에 잘 용해되는데 벤젠에서는 몇 배의 아세틸렌가스를 용해하는가?
㉮ 4
㉯ 14
㉰ 6
㉱ 25

38 다음 중 토치를 이용하여 용접부분의 뒷면을 따내거나 강재의 표면 결함을 제거 하며 U형, H형의 용접 홈을 가공하기 위하여 깊은 홈을 파내는 가공법은?
㉮ 산소창 절단
㉯ 가스 가우징
㉰ 분말 절단
㉱ 스카핑

39 다음 중 아크의 길이가 너무 길었을 때 일어나는 현상과 가장 거리가 먼 것은?
㉮ 아크가 불안정하다.
㉯ 스패터가 감소한다.
㉰ 산화 및 질화가 일어나기 쉽다.
㉱ 열의 집중 불량, 용입 불량의 우려가 있다.

해설 아크용접의 아크길이가 길어지면 전류가 상승하고 스패터가 많아진다.

ANSWER ▶ 35. ㉮ 36. ㉰ 37. ㉮ 38. ㉯ 39. ㉯

40 다음 중 보통 주강에 3% 이하의 Cr을 첨가하여 강도와 내마멸성을 증가시켜 분쇄기계, 석유화학 공업용 기계부품 등에 사용 되는 합금 주강은?
㉮ Ni 주강
㉯ Cr 주강
㉰ Mn 주강
㉱ Ni-Cr 주강

41 다음의 담금질 조직 중 경도가 가장 높은 것은?
㉮ 마텐자이트
㉯ 오스테나이트
㉰ 트루스타이트
㉱ 솔바이트

42 다음 중 비중은 4.5 정도이며 가볍고 강하며 열에 잘 견디고 내식성이 강한 특징을 가지고 있으며 융점이 1670℃ 정도로 높고 스테인리스강보다도 우수한 내식성 때문에 600℃ 까지 고온 산화가 거의 없는 비철금속은?
㉮ 티타늄(Ti)
㉯ 아연(Zn)
㉰ 크롬(Cr)
㉱ 마그네슘(Mg)

43 다음 중 일반적으로 순금속이 합금에 비해 가지고 있는 우수한 성질로 가장 적절한 것은?
㉮ 주조성이 우수하다.
㉯ 전기전도도가 우수하다.
㉰ 압축강도가 우수하다.
㉱ 경도 및 강도가 우수하다.

해설 순금속이 합금이 되면 순수성이 떨어지므로 전기전도 및 열전도가 떨어진다.

44 다음 중 표면경화법의 종류에 속하지 않는 것은?
㉮ 고주파담금질
㉯ 침탄법
㉰ 질화법
㉱ 풀림법

45 다음 중 용해시 흡수한 산소를 인(P)으로 탈산하여 산소를 0.01%이하로 한 동(copper)은?
㉮ 전기동
㉯ 정련동
㉰ 탈산동
㉱ 무산소동

A·N·S·W·E·R 40.㉯ 41.㉮ 42.㉮ 43.㉯ 44.㉱ 45.㉰

46 탄소강에는 탄소 이외에 여러 가지 원소에 의해 성질이 변하는데 다음 중 적열취성의 원인이 되는 원소는?
㉮ Mn
㉯ Si
㉰ S
㉱ Al

> 해설 적열취성의 원인 : S, 상온취성의 원인 : P

47 알루미늄 합금의 종류 중 Y합금의 주요 성분으로 옳은 것은?
㉮ Al – Si
㉯ Al – Mg
㉰ Al – Cu – Ni – Mg
㉱ Zn – Si – Ni – Cu – Mg

> 해설 Y합금 : Al+Cu+Mg+Ni
> 듀랄루민 : Al+Cu+Mg+Mn

48 다음 중 펄라이트 조직으로 1~2%의 Mn, 0.2~1%의 C로 인장강도가 440~863MPa 이며, 연신율은 13~34%이고, 건축, 토목, 교량재 등 일반 구조용으로 쓰이는 망간(Mn)강은?
㉮ 듀콜(ducol)강
㉯ 크로만실(chromansil)
㉰ 크로마이징
㉱ 하드필드(hardfield)강

49 다음 중 일반적으로 스테인리스강의 종류가 아닌 것은?
㉮ 크롬 스테인리스강
㉯ 크롬 – 인 스테인리스강
㉰ 크롬 – 망간 스테인리스강
㉱ 크롬 – 니켈 스테인리스강

50 다음 중 용융상태의 주철에 마그네슘, 세륨, 칼슘 등을 첨가한 것은?
㉮ 칠드 주철
㉯ 가단 주철
㉰ 구상흑연 주철
㉱ 고크롬 주철

ANSWER ▶ 46. ㉰ 47. ㉰ 48. ㉮ 49. ㉯ 50. ㉰

51 다음 그림은 몇 각법 투상 기호인가?

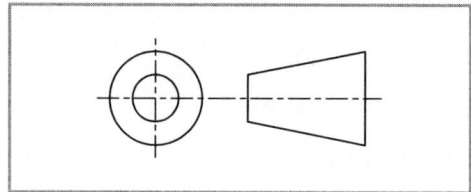

㉮ 제1각법 ㉯ 제2각법
㉰ 제3각법 ㉱ 제4각법

52 관의 끝부분의 표시방법에서 용접식 캡을 나타내는 것은?

㉮    ㉯

㉰    ㉱

53 그림과 같은 도면에서 A 부의 길이는 얼마인가?

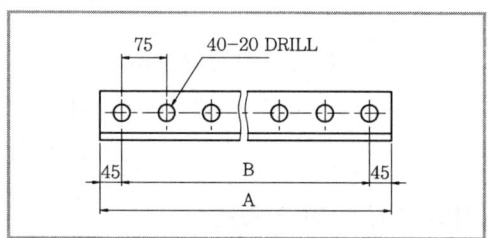

㉮ 3000 mm   ㉯ 3015 mm
㉰ 3090 mm   ㉱ 3185 mm

해설 A = 75 × (40 − 1) + 45 + 45 = 3015

A·N·S·W·E·R 51. ㉰ 52. ㉰ 53. ㉯

54 그림과 같은 심 용접 이음에 대한 용접 기호 표시 설명 중 틀린 것은?

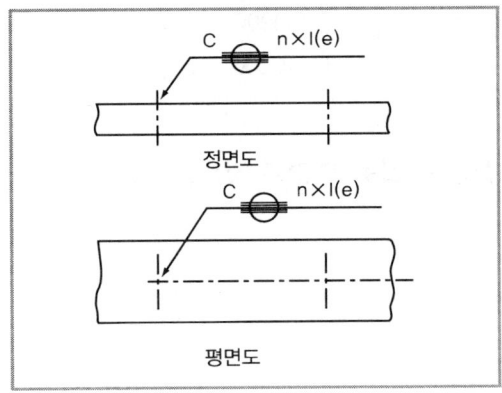

㉮ C : 용접부의 너비 ㉯ n : 용접부의 수
㉰ l : 용접 길이 ㉱ € : 용접부의 깊이

55 그림과 같이 입체도의 화살표 방향이 정면일 때, 우측면도로 가장 적합한 것은?

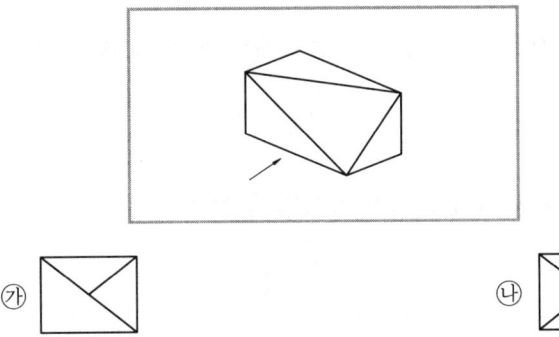

㉮  ㉯
㉰ ㉱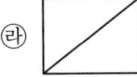

56 그림과 같이 물체의 구멍, 홈 등 특정 부분만의 모양을 도시하는 것을 목적으로 하는 투상도의 명칭은?

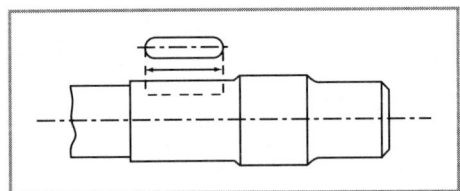

㉮ 회전 투상도
㉯ 보조 투상도
㉰ 부분 확대도
㉱ 국부 투상도

ANSWER ▶ 54. ㉱ 55. ㉱ 56. ㉱

57 기계 재료 표시 기호 중 칼줄, 벌줄 등에 쓰이는 탄소 공구강 강재의 KS 재료기호는?
㉮ HBsC1   ㉯ SM20C
㉰ STC140   ㉱ GC200

58 치수에 사용하는 기호와 그 설명이 잘못 연결된 것은?
㉮ 정사각형의 변 － □
㉯ 구의 반지름 － R
㉰ 지름 － ∅
㉱ 45°모떼기 － C

59 가는 2점 쇄선을 사용하는 가상선의 용도가 아닌 것은?
㉮ 단면도의 절단된 부분을 나타내는 것
㉯ 가공 전, 후의 형상을 나타내는 것
㉰ 인접부분을 참고로 나타내는 것
㉱ 가동 부분을 이동 중의 특정한 위치 또는 이동한계의 위치로 표시하는 것

해설 단면도의 절단된 부분은 해칭선으로 표시한다.

60 전개도 작성 시 평행선법으로 사용하기에 가장 적합한 형상은?

㉮ 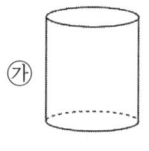   ㉯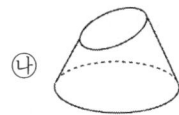

㉰ 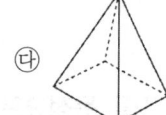   ㉱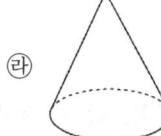

ANSWER ▶ 57.㉰ 58.㉯ 59.㉮ 60.㉮

제26회 CBT기출복원문제

01 다음 중 직류 아크 용접에서 직류정극성의 특징을 올바르게 설명한 것은?
㉮ 비드 폭이 넓어진다.　　㉯ 모재의 용입이 얕다.
㉰ 모재의 용입이 깊다.　　㉱ 용접봉의 용융이 빠르다.

02 다음 중 산소용기의 각인 사항에 포함되지 않는 것은?
㉮ 내용적　　㉯ 내압시험압력
㉰ 가스충전일시　　㉱ 용기의 번호

> 해설 산소용기의 각인 사항에 표시사항 : 용기제작자명칭, 용기제조자명칭, 내용적, 용기중량, 내압시험년월일, 용기내압시험압력, 최고충전압력.

03 다음 중 표준불꽃(산소와 아세틸렌 1 : 1 혼합)의 구성 요소를 표현한 것으로 틀린 것은?
㉮ 불꽃심　　㉯ 속불꽃
㉰ 겉불꽃　　㉱ 환원불꽃

> 해설 환원불꽃이란 아세틸렌 과잉 불꽃을 뜻한다.

04 산소 · 아세틸렌가스 용접할 때 가스용접봉 지름을 결정 하려고 하는데, 일반적으로 모재의 두께가 1mm 이상일 때 다음 중 가스용접봉의 지름을 결정하는 식은? (단, D는 가스용접봉의 지름[mm], T는 판 두께[mm]를 의미한다)
㉮ $D=\dfrac{T}{5}+4$　　㉯ $D=\dfrac{T}{4}+3$
㉰ $D=\dfrac{T}{3}+2$　　㉱ $D=\dfrac{T}{2}+1$

05 다음 중 피복 아크 용접봉의 피복제가 연소한 후 생성된 물질이 용접부를 보호하는 형식에 따라 분류한 것에 해당 되지 않는 것은?
㉮ 반가스 발생식　　㉯ 스프레이 형식
㉰ 슬래그 생성식　　㉱ 가스 발생식

ANSWER 1.㉰　2.㉰　3.㉱　4.㉱　5.㉯

06 피복 아크 용접봉은 염기도(basicity)가 높을수록 내균열성은 좋으나 작업성이 저하되는데 다음 중 염기도 크기를 순서대로 올바르게 나열한 것은?
㉮ E4311 < E4301 < E4316　　㉯ E4316 < E4301 < E4311
㉰ E4301 < E4316 < E4311　　㉱ E4316 < E4311 < E4301

07 다음 중 용접작업 전 준비를 위한 점검사항과 가장 거리가 먼 것은?
㉮ 보호구의 착용 여부　　㉯ 용접봉의 건조 여부
㉰ 용접설비의 점검　　㉱ 용접결함의 파악

해설 용접결함의 유무 파악은 용접후 검사 사항이다.

08 다음 중 기계적 이음과 비교한 용접 이음의 장점이 아닌 것은?
㉮ 공정수가 절감된다.
㉯ 재료를 절약할 수 있다.
㉰ 성능과 수명이 향상된다.
㉱ 모재의 재질변화에 대한 영향이 적다.

해설 용접은 짧은 시간에 고온의 가열로 이루어지는 작업으로 재질의 변화가 심하다.

09 다음 중 산소·아세틸렌 용접에서 후진법과 비교한 전진법의 설명으로 틀린 것은?
㉮ 열 이용률이 나쁘다.　　㉯ 용접변형이 작다.
㉰ 용접속도가 느리다.　　㉱ 산화의 정도가 심하다.

10 다음 중 아크 길이에 따라 전압이 변동하여도 아크 전류는 거의 변하지 않는 특성은?
㉮ 정전류 특성　　㉯ 아크의 부특성
㉰ 정격사용률 특성　　㉱ 개로전압 특성

11 다음 중 핫스타트(Hot start)장치의 사용시 장점으로 볼 수 없는 것은?
㉮ 기공(blow hole)을 방지한다.
㉯ 비드 모양을 개선한다.
㉰ 아크 발생은 어렵지만 용착금속 성질은 양호해 진다.
㉱ 아크 발생 초기의 용입을 양호하게 한다.

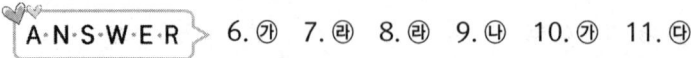
6. ㉮　7. ㉱　8. ㉱　9. ㉯　10. ㉮　11. ㉰

12 다음 중 가스용접 및 절단용 아세틸렌가스가 갖추어야할 성질로 틀린 것은?
㉮ 연소속도가 늦어야 한다.
㉯ 연소 발열량이 커야 한다.
㉰ 불꽃의 온도가 높아야 한다.
㉱ 용융금속과 화학반응이 일어나지 않아야 한다.

13 다음 중 교류아크 용접기의 네임 플레이드(name plate)에 사용률이 40%로 나타나 있다면 그 의미로 가장 적절한 것은?
㉮ 용접작업 준비시간이 전체 시간의 40% 정도이다
㉯ 용접시의 아크 발생시간이 전체의 40% 정도이다.
㉰ 용접기가 쉬는 시간이 전체의 40% 정도이다.
㉱ 용접시의 아크를 발생시키지 않고 쉬는 시간이 전체의 40% 정도이다.

14 다음 중 용접 용어에서 경사 각도를 갖도록 절단하는 것을 무엇이라 하는가? (단, 판재에 맞대기 용접 홈을 만들기 위함이다.)
㉮ 헬리컬(helical) 절단   ㉯ 베벨(bevel) 절단
㉰ 수퍼(super) 절단   ㉱ 워엄(worm) 절단

15 다음 중 가스 용접기의 압력조정기가 갖추어야 할 점으로 틀린 것은?
㉮ 조정 압력과 사용 압력의 차이가 작을 것
㉯ 동작이 예민하고 빙결 되지 않을 것
㉰ 가스의 방출량이 많더라도 흐르는 양이 안정될 것
㉱ 조정 압력이 용기 내의 가스량 변화에 따라 유동성이 있을 것

> 해설 압력조정기는 용기내 가스량의 변화에도 변화가 없어야한다.

16 다음 중 수중절단시 고압에서 사용이 가능하고 수중절단시 기포 발생이 적어 가장 널리 사용되는 연료 가스는?
㉮ 수소   ㉯ 질소   ㉰ 부탄   ㉱ 벤젠

> 해설 수소가스는 영하의 온도에서 쉽게 액화하지 않고 수중 깊은 곳에서도 폭발의 염려가 없으므로 수중 절단시 가연성가스로 사용한다.

ANSWER 12. ㉮ 13. ㉯ 14. ㉯ 15. ㉱ 16. ㉮

17 다음 중 아크 에어 가우징 장치에 해당하지 않는 것은?
㉮ 가우징 토치 ㉯ 용접기(전원)
㉰ 텅스텐 전극 ㉱ 압축공기(콤프레셔)

18 SCr이나 SNC 강은 용접열로 인하여 뜨임취성이 발생 되는데 다음 중 뜨임 취성을 방지하기 위해 첨가하는 원소는?
㉮ Mo   ㉯ Ni   ㉰ Cr   ㉱ Ti

19 다음 중 강은 온도가 높아지면 전연성이 커지나 200~300℃ 부근에서 메짐(취성)이 나타나는데 이를 무엇이라고 하는가?
㉮ 고온메짐 ㉯ 청열메짐
㉰ 적열메짐 ㉱ 뜨임메짐

20 다음 중 구조용 합금강에 대하여 풀림 처리를 하는 이유와 가장 거리가 먼 것은?
㉮ 가공 후의 잔류응력제거
㉯ 재질의 경화를 목적으로 할 때
㉰ 합금 원소 및 불순 원소의 확산에 의한 조직의 균일화
㉱ 압연·단조에 의한 가공 경화로 냉간 소성가공이 곤란한 경우

해설 풀림처리는 재질의 연화 및 응력제거의 목적이 있다.

21 Cu 합금 중 7 : 3 황동의 주요 성분비율을 바르게 나타낸 것은?
㉮ Cu : 30%, Al : 70%
㉯ Cu : 30%, Zn : 70%
㉰ Cu : 70%, Al : 30%
㉱ Cu : 70%, Zn : 30%

22 다음중 주철의 종류가 아닌 것은?
㉮ 보통주철 ㉯ 고급주철
㉰ 합금주철 ㉱ 진백주철

ANSWER ▶ 17. ㉰ 18. ㉮ 19. ㉯ 20. ㉯ 21. ㉱ 22. ㉱

23 다음 중 비철 금속에서 나타나는 시효경화(석출 경화) 현상에 관한 설명으로 옳은 것은?
- ㉮ 담금질된 재료를 160도 정도로 가열하여 시효경화를 촉진시키는 것을 자연시효라 한다.
- ㉯ 공랭 실린더 헤드 및 피스톤 등에 사용되는 Y합금은 시효경화성이 없는 합금이다.
- ㉰ 시효경화의 원인은 고용체의 용해도가 온도의 변화에 따라 심하게 변화하는 것에 기인한다.
- ㉱ 석출경화가 일어나지 않는 합금의 대표적인 것은 구리-알루미늄계의 두랄루민이다.

24 다음 중 스테인리스강의 종류에 속하지 않는 것은?
- ㉮ 페라이트계 스테인리스강
- ㉯ 마텐자이트계 스테인스강
- ㉰ 석출경화형 스테인리스강
- ㉱ 레데뷰라이트계 스테인리스강

25 금속 침투법 중 세라다이징은 무슨 금속을 침투시킨 것을 말하는가?
- ㉮ Zn
- ㉯ Cr
- ㉰ Al
- ㉱ B

해설 크로마이징-Cr, 세라다이징-Zn, 실리코나이징-Si, 칼로나이징-Al, 보로나이징-B

26 탄소강 주강품 종류 중 "SC 360"이라는 기호에서 "360"이 나타내는 의미로 옳은 것은?
- ㉮ 인장강도 (N/mm^2)
- ㉯ 압축강도 (N/mm^2)
- ㉰ 열팽창계수
- ㉱ 탄소함유량 (%)

27 탄소강의 담금질 효과는 냉각액과 밀접한 관계가 있는데 정지상태의 물의 냉각 속도를 1로 했을 때 다음 중 냉각 속도가 가장 빠른 것은?
- ㉮ 소금물
- ㉯ 공기
- ㉰ 합성유
- ㉱ 광물유

28 다음 중 정련된 용강을 노 내에서 Fe-Mn, Fe-Si, Al 등으로 완전 탈산시킨 강은?
- ㉮ 킬드강
- ㉯ 세미킬드강
- ㉰ 림드강
- ㉱ 캡드강

 23. ㉰ 24. ㉱ 25. ㉮ 26. ㉮ 27. ㉮ 28. ㉮

29 다음 중 용접용 지그 선택의 기준으로 적절하지 않은 것은?
㉮ 물체를 튼튼하게 고정 시켜 줄 크기와 힘이 있을 것
㉯ 변형을 막아줄 만큼 견고하게 잡아줄 수 있을 것
㉰ 물품의 고정과 분해가 어렵고 청소가 편리 할 것
㉱ 용접 위치를 유리한 용접자세로 쉽게 움직일 수 있을 것

30 다음 중 각 층마다 전체 길이를 용접하면서 쌓아 올리는 방법으로써 능률이 좋지만 한랭 시나 구속이 클 때, 판 두께가 두꺼울 때 첫 층에서 균열이 생길 우려가 있는 용착법은?
㉮ 대칭법
㉯ 블록법
㉰ 덧살올림법
㉱ 캐스케이드법

31 다음 중 CO_2 가스 아크 용접에서 가장 적합한 금속은?
㉮ 연강
㉯ 알루미늄
㉰ 스테인리스강
㉱ 동과 그 합금

해설 연강을 제외한 일반 비철금속은 표면의 강한 산화막 때문에 CO_2용접기로는 용접이 어렵다. 알곤용접기의 알곤가스에는 청정작용이란게 있어서 용접시 비철금속의 두터운 산화막을 깎아 내는 기능이 있어 비철 금속은 알곤용접으로 용접이 가능하다.

32 다음 중 용접 작업시 감전재해의 예방대책으로 틀린 것은?
㉮ 용접작업 중 용접봉 끝부분이 충전부에 접촉되지 않도록 한다.
㉯ 파손된 용접홀더는 신품으로 교체하여 사용한다.
㉰ 피복이 손상된 용접 홀더선은 절연 테이프로 수리한 후 사용한다.
㉱ 본체와 연결부는 비절연 테이프로 감아서 사용한다.

해설 감전을 방지하기 위해선 용접기 본체와 연결부는 절연테이프를 사용한다.

33 다음 중 용착금속의 인장강도 55Kgf/mm² 에 안전율이 6이라면 이음의 허용응력은 약 몇 Kgf/mm²인가?
㉮ 330
㉯ 92
㉰ 9.2
㉱ 33

해설 허용응력＝인장강도/안전율＝55/6 = 9.2

ANSWER 29.㉰ 30.㉰ 31.㉮ 32.㉱ 33.㉰

34 다음 중 불활성 가스 아크 용접의 장점이 아닌 것은?
㉮ 아크가 안정되고 스패터가 적다.
㉯ 열 집중성이 좋아 고능률적이다.
㉰ 피복제나 용제가 필요 없다.
㉱ 청정작용이 없어 산화막이 약한 금속의 용접이 가능하다.

35 산업용 로봇의 작업안전수칙 중 사용상 안전지침에 대한 설명으로 틀린 것은?
㉮ 일시적으로 로봇이 움직이지 않는다고 속단하지 않는다.
㉯ 한 동작을 반복한다고 해서 그 동작만 반복한다고 가정 하지 않는다.
㉰ 안전장치의 작동상태는 작업시작 전 1회만 점검한다.
㉱ 방호울 또는 방책 등을 개방시 로봇의 정지 상태를 확인하여야 한다.

36 다음 중 KS에서 규정한 방사선 투과시험 필름 판독에서 제1종 결함에 해당하는 것은?
㉮ 노치 및 이와 유사한 결함
㉯ 슬래그 혼입 및 이와 유사한 결함
㉰ 갈라짐 및 이와 유사한 결함
㉱ 둥근 블로홀 및 이와 유사한 결함

37 다음 중 열영향부의 기계적 성질에 대한 설명으로 틀린 것은?
㉮ 강의 열영향부는 본드로부터 원모재 쪽으로 멀어질수록 최고가열온도가 높게 되고, 냉각속도는 빠르게 된다.
㉯ 본드에 가까운 조립부는 담금질 경화 때문에 강도가 증가한다.
㉰ 최고경도가 높을수록 열영향부가 취약하게 된다.
㉱ 담금질 경화성이 없는 오스테나이트계 스테인리스강에서는 최고경도를 나타내지 않고, 오히려 조립부는 연약하게 된다.

> **해설** 강의 열영향부는 원모재 쪽에서 가까울수록 최고 가열온도가 높아지고 냉각속도가 빨라져 열응력 발생이 많아진다.

ANSWER ▷ 34. ㉱ 35. ㉰ 36. ㉱ 37. ㉮

38 다음 중 TIG 용접에서 나타나는 용접부의 결함으로 볼 수 없는 것은?
㉮ 균열(crack)
㉯ 기공(porosity)
㉰ 슬래그 혼입(slag inclusion)
㉱ 비금속 개재물(nonmetallic inclusion)

> TIG용접으로 알루미늄 용접시 직류역극성에는 청정작용이 있어 알루미늄 표면의 강한 산화막을 제거하므로 쉽게 용접이 가능하다.

39 다음중 CO_2 용접 토치의 부속품에 해당하지 않는 것은?
㉮ 오리피스(orifice) ㉯ 디퓨즈(difuse)
㉰ 콜릿(collet) ㉱ 콘택트 팁(contact tip)

> 콜릿은 알곤용접의 부속품임.

40 다음 중 높은 진공 속에서 충격열을 이용하여 용융하는 용접법은?
㉮ 펄스 용접 ㉯ 퍼커션 용접
㉰ 전자빔 용접 ㉱ 고주파 용접

41 다음 중 서브머지드 아크 용접에서 용접헤드에 속하지 않는 것은?
㉮ 용제 호퍼 ㉯ 와이어 송급장치
㉰ 불활성가스 공급장치 ㉱ 제어장치 콘택트 팁

42 다음 중 불활성 가스 금속 아크 용접 장치에 있어 제어장치의 기능과 가장 거리가 먼 것은?
㉮ 예비가스 유출시간 (preflow time)
㉯ 크레이터 충전 시간 (crate fill time)
㉰ 가스지연 유출시간 (post flow time)
㉱ 스파크 시간 (spark time)

ANSWER ▶ 38.㉰ 39.㉰ 40.㉯ 41.㉰ 42.㉱

43 다음 중 가스절단 작업시 주의하여야 할 사항으로 틀린 것은?

㉮ 호스가 꼬여 있는지 확인한다.
㉯ 가스절단에 알맞은 보호구를 착용한다.
㉰ 절단진행 중 시선은 주위의 먼 부분을 향한다.
㉱ 절단부는 예리하고 날카로우므로 주의해야 한다.

44 다음 중 용접 흄이나 가스의 중독을 방지하기 위한 방법과 가장 거리가 먼 것은?

㉮ 작업 중 발생하는 흄이나 가스는 흡입되지 않도록 방독마스크나 방진마스크를 착용한다.
㉯ 밀폐된 곳에서의 용접 작업시에는 강제 순환기식 환기장치나 압축공기를 분출시키면서 작업한다.
㉰ 밀폐된 장소에서는 혼자서 작업하지 말고 반드시 관리자의 관리 하에 작업하여야 한다.
㉱ 작업시 불편함을 느낄 경우 보호구는 착용하지 않아도 된다.

45 다음 중 아크 용접에서 아크를 중단시켰을 때, 중단된 부분이 납작하게 파여진 모습으로 남는 부분을 무엇이라 하는가?

㉮ 스패터　　　　　　　　㉯ 오버랩
㉰ 슬래그 섞임　　　　　　㉱ 크레이터

> 해설 아크용접에서 용접을 중단시킬때는 끝부분이 움푹들어간 모양을 크레이터라 하는데 이는 용접중단시 아크가 멀어질때 전류가 상승하므로 아크가 밀어내는 힘이 커짐으로 끝부분이 움푹 들어간다.

46 다음 중 일렉트로 슬래그 용접에 관한 설명으로 틀린 것은?

㉮ 수직 상진으로 단층 용접을 하는 방식이다.
㉯ 용접 전원으로는 정전압형의 교류가 적합하다.
㉰ 용융 금속의 용착량이 100%가 되는 용접 방법이다.
㉱ 높은 아크열을 이용하여 효율적으로 용접하는 방식이다.

ANSWER ▶ 43.㉰　44.㉱　45.㉱　46.㉱

47 다음 중 TIG 용접기로 알루미늄을 용접할 때 직류 역극성을 사용하는 가장 중요한 이유는?

㉮ 전극이 심하게 가열되지 않으므로 전극의 소모가 적기 때문이다.
㉯ 산화막을 제거하는 청정작용이 이루어지기 때문이다.
㉰ 비드 폭이 좁고, 모재의 용입이 깊어지기 때문이다.
㉱ 전자가 모재에 강하게 충돌하므로 깊은 용입을 얻을 수 있기 때문이다.

48 다음 중 연납의 특성에 관한 설명으로 틀린 것은?

㉮ 연납땜에 사용하는 용가제를 말한다.
㉯ 주석−납계 합금이 가장 많이 사용된다.
㉰ 기계적 강도가 낮으므로 강도를 필요로 하는 부분에는 적당하지 않다.
㉱ 은납, 황동납 등이 이에 속하고 물리적 강도가 크게 요구될 때 사용된다.

49 다음 중 플라즈마(plasma)아크 용접의 특징으로 볼 수 없는 것은?

㉮ 용접속도가 빠르므로 가스의 보호가 불충분하다.
㉯ 용접부의 금속학적, 기계적 성질이 좋으며 변형도 적다.
㉰ 무부하 전압이 일반 아크 용접기의 2~5배 정도 높다.
㉱ 핀치 효과에 의해 전류 밀도가 작아지므로 용입이 얕고 비드 폭이 넓어진다.

50 다음 중 용접방법과 시공방법을 개선하여 비용을 절감하는 방법에 대한 설명으로 틀린 것은?

㉮ 적당한 아크길이와 용접 전류를 유지한다.
㉯ 피복 아크 용접을 할 경우 가능한 한 용접봉이 긴 것을 사용한다.
㉰ 사용 가능한 용접방법 중 용착속도가 최대인 것을 사용한다.
㉱ 모든 용접에 안전을 고려하여 과도한 덧살 용접을 한다.

> 해설 용접은 용접살이 두툼하게 되었다고 좋은 용접이 아니며 얇고 강하게 붙어 있을때 가장 좋은 용접이다. 과도한 덧살 용접은 사람으로 말하면 뼈는 가늘게 되었는데 살이 많이 쩌있는 것과 같은 결과이다.

ANSWER 47. ㉯ 48. ㉱ 49. ㉱ 50. ㉱

51 선의 종류별 용도가 잘못 짝지어진 것은?

㉮ 가는 실선 – 치수 보조선
㉯ 굵은 1점 쇄선 – 특수 지정선
㉰ 가는 1점 쇄선 – 피치선
㉱ 가는 2점 쇄선 – 중심선

해설 가는 2점 쇄선 : 가상선 또는 무게 중심선에 사용한다.

52 다음 도면에서 드릴 구멍의 위치에 관한 설명으로 맞는 것은?

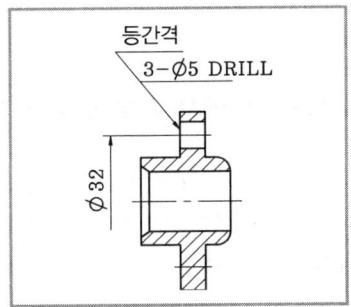

㉮ 90° 간격으로 배열되어 있다.
㉯ 120° 간격으로 배열되어 있다.
㉰ 150° 간격으로 배열되어 있다.
㉱ 임의의 위치에 적당하게 배열되어 있다.

53 도면의 긴 쪽 길이를 가로방향으로 한 X형 용지에서 표제란의 위치로 가장 적당한 것은?

㉮ 오른쪽 중앙   ㉯ 왼쪽 위
㉰ 오른쪽 아래   ㉱ 왼쪽 아래

54 용접부의 보조기호에서 제거 가능한 이면 판재를 사용하는 경우의 표시 기호는?

㉮ M   ㉯ P
㉰ MR   ㉱ PR

ANSWER 51. ㉱ 52. ㉯ 53. ㉰ 54. ㉰

55 수나사 기호 "M52 X 2"에서 수나사의 바깥지름은 몇 mm인가?
  ㉮ 2
  ㉯ 50
  ㉰ 104
  ㉱ 52

56 축에 반달 키가 조립되어 있는 단면도에 대해서 가장 올바르게 표현한 것은?

  ㉮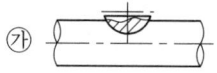
  ㉯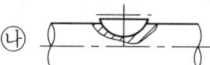
  ㉰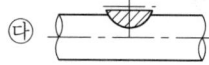
  ㉱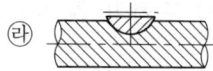

57 보기와 같은 용접기호 도시방법에서 기호 설명이 잘못된 것은?

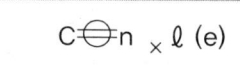

  ㉮ C : 용접부의 반지름
  ㉯ ℓ : 용접부의 길이
  ㉰ n : 용접부의 개수
  ㉱ ⊖ : 심(seam)용접을 의미

58 그림과 같이 잘린 원뿔의 전개도가 가장 올바른 것은?

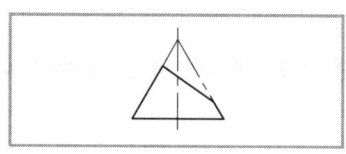

ANSWER 55.㉱ 56.㉯ 57.㉮ 58.㉰

59 제3각법에 대하여 설명한 것으로 틀린 것은?

㉮ 평면도는 정면도의 상부에 도시한다.
㉯ 좌측면도는 정면도의 좌측에 도시한다.
㉰ 우측면도는 평면도의 우측에 도시한다.
㉱ 저면도는 정면도 밑에 도시한다.

60 그림과 같은 제 3각법 정투상도에 가장 적합한 입체도는?

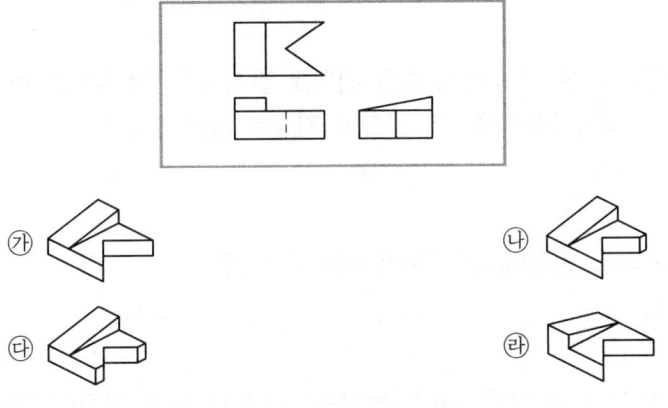

A·N·S·W·E·R 59. ㉰ 60. ㉮

제27회 CBT기출복원문제

01 다음 중 플라즈마 아크 용접에 적합한 모재로 짝지어진 것이 아닌 것은?
⑦ 텅스텐 – 백금 ④ 티탄 – 니켈 합금
④ 티탄 – 구리 ④ 스테인리스강 – 탄소강

02 다음 중 물체의 낙하 또는 비래 및 추락에 의한 위험을 방지 또는 경감하고, 머리부위 감전에 의한 위험을 방지하기 위한 용도의 안전모 기호로 옳은 것은?
⑦ AB ④ AE ④ AG ④ ABE

03 다음 중 일렉트로 가스 아크 용접에 주로 사용되는 가스는?
⑦ Ar ④ CO_2 ④ H_2 ④ He

04 은, 구리, 아연이 주성분으로 된 합금이며 인장강도, 전연성 등의 성질이 우수하여 구리, 구리합금, 철강, 스테인리스강 등에 사용되는 납은?
⑦ 마그네슘납 ④ 인동납
④ 은납 ④ 알루미늄납

05 와이어 돌출길이는 콘택트 팁 선단으로부터 와이어 선단부분까지의 길이를 의미하는데 와이어를 이용한 용접법에서는 용접결과에 미치는 영향으로 매우 중요한 인자이다. 다음 중 CO_2 용접에서 와이어 돌출길이가 길어질 경우의 설명으로 틀린 것은?

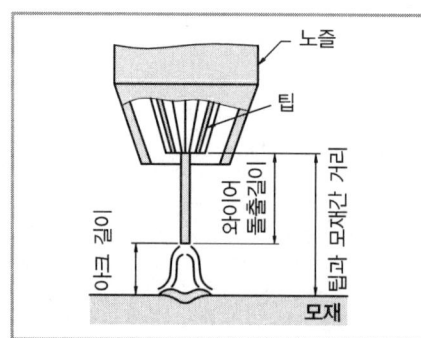

⑦ 전기저항열이 증가된다.
④ 용착보호가 커진다.
④ 보호효과가 나빠진다.
④ 용착효율이 작아진다.

ANSWER 1. ⑦ 2. ④ 3. ④ 4. ④ 5. ④

06 다음 중 안전보건관리책임자는 상시 근로자가 몇 명 이상을 사용하는 사업에 선임하여야 하는가?
㉮ 10명
㉯ 50명
㉰ 100명
㉱ 300명

07 정하중에 대한 용접이음에서 응력을 계산하기 위한 치수선정에 있어 목두께가 서로 다른 부재의 경우 적용하는 목두께로 옳은 것은?
㉮ 얇은 쪽 부재의 두께
㉯ 두꺼운 쪽 부재의 두께
㉰ 얇은 쪽과 두꺼운 쪽의 평균 두께
㉱ 두꺼운 쪽과 얇은 쪽 부재의 차이값

해설 정하중에 대한 응력계산시 목두께가 다를때는 얇은 쪽으로 기준으로 치수를 선정해야 안전하다.

08 다음 중 서브머지드 아크 용접에서 기공의 발생 원인과 가장 거리가 먼 것은?
㉮ 용제의 건조불량
㉯ 용접속도의 과대
㉰ 용접부의 구속이 심할 때
㉱ 용제 중에 불순물의 혼입

09 다음 중 용접결함의 분류에 있어 치수상의 결함으로 볼 수 없는 것은?
㉮ 스트레인 변형
㉯ 용접부 크기의 부적당
㉰ 용접부 형상의 부적당
㉱ 비금속 개재물의 혼입

10 다음 중 서브머지드 아크 용접의 장점에 해당되지 않는 것은?
㉮ 용입이 깊다.
㉯ 비드 외관이 아름답다.
㉰ 용융속도 및 용착속도가 빠르다.
㉱ 개선각을 크게 하여 용접 패스 수를 줄일 수 있다.

해설 서브머지드 아크 용접은 용입이 깊으므로 용접홈의 크기가 작아도 상관 없으며 용접 재료의 소비가 적고 용접변형이나 잔류응력이 작다.

ANSWER ▶ 6.㉰ 7.㉮ 8.㉰ 9.㉱ 10.㉱

11 용접에 의한 수축 변형의 방지법 중 비틀림 변형 방지법으로 적절하지 않은 것은?

㉮ 지그를 활용하며, 집중 용접을 피한다.
㉯ 표면 덧붙이를 필요 이상 주지 않는다.
㉰ 가공 및 정밀도에 주의하며, 조립 및 이음의 맞춤을 정확히 한다.
㉱ 용접 순서는 구속이 없는 자유단에서부터 구속이 큰 부분으로 진행한다.

> **해설** 수축변형방지하기 위한 용접순서
> 1. 같은 평면 안에 많은 이음이 있을 때는 수축은 가능한 자유단으로 보낸다.
> 2. 용접물 중심에 대하여 대칭으로 용접한다.
> 3. 수축이 큰 이음을 먼저 용접하고 수축이 작은 이음을 나중에 한다.

12 다음 중 CO_2 가스 아크 용접의 자기쏠림 현상을 방지하는 대책으로 틀린 것은?

㉮ 가스 유량을 조절한다.   ㉯ 어스의 위치를 변경한다.
㉰ 용접부의 틈을 적게 한다.   ㉱ 엔드 탭을 부착한다.

13 불활성 가스를 이용한 용가재인 전극 와이어를 송급 장치에 의해 연속적으로 내어 아크를 발생시키는 소모식 또는 용극식용접 방식을 무엇이라 하는가?

㉮ TIG용접   ㉯ MIG용접
㉰ CO_2용접   ㉱ MAG용접

14 다음 중 전기설비화재에 적용이 불가능한 소화기는?

㉮ 포 소화기   ㉯ 이산화탄소 소화기
㉰ 무상강화액 소화기   ㉱ 할로겐화합물 소화기

> **해설** 포 소화기는 일반화재 및 기름화재에 적합하다.

15 다음 중 가스용접 작업 시 안전사항으로 틀린 것은?

㉮ 주위에는 가연성 물질이 없어야 한다.
㉯ 기름이 묻어 있는 작업복은 착용해서는 안 된다.
㉰ 아세틸렌용기는 세워서 사용하여야 한다.
㉱ 차광용보안경은 착용하지 않도록 한다.

A·N·S·W·E·R 11. ㉱ 12. ㉮ 13. ㉯ 14. ㉮ 15. ㉱

16 다음 중 비파괴 검사 기호와 명칭이 올바르게 표현된 것은?

㉮ MT : 방사선 투과검사
㉯ PT : 침투 탐상검사
㉰ RT : 초음파 탐상검사
㉱ UT : 와전류 탐상검사

해설 MT : 자기분말탐상시험, RT : 방사선투과시험, UT : 초음파탐상시험

17 연강용 피복아크용접봉의 종류를 나타내는 기호가 다음과 같은 경우 밑줄 친 43이 나타내는 의미로 옳은 것은?

$$E\underline{43}16$$

㉮ 피복제 계통
㉯ 용착금속의 최소 인장강도의 수준
㉰ 피복 아크 용접봉
㉱ 사용 전류의 종류

해설 E4316에서 E : 전기용접의뜻, 43 : 전용착금속의 최소인장강도Kg/mm^2
1 : 용접자세, 6 : 피복제의 종류

18 다음 중 용접선 방향의 인장 응력을 완화시키는 저온응력 완화법을 올바르게 설명한 것은?

㉮ 500℃에서 10℃씩 온도가 내려가면서 풀림 처리하는 방법
㉯ 500℃로 가열한 후 압력을 걸고 수냉시키는 방법
㉰ 용접선 양측의 정속으로 이동하는 가스 불꽃에 의하여 너비 약 150mm에 걸쳐서 150~200℃로 가열한 다음 수냉하는 방법
㉱ 용접선의 좌우 양측에 각각 250mm의 범위를 625℃에서 1시간 가열하여 공랭시키는 방법

19 다음 중 극히 짧은 지름의 용접물을 접합 하는데 사용하고 축전된 직류를 전원으로 사용하며 일명 충돌 용접이라고도 하는 전기저항 용접법은?

㉮ 업셋 용접
㉯ 플래시 버트용접
㉰ 퍼커션 용접
㉱ 심 용접

ANSWER ▶ 16. ㉯ 17. ㉯ 18. ㉰ 19. ㉰

20 다음 중 불활성 가스 금속 아크(MIG) 용접에서 주로 사용되는 가스는?
  ㉮ Ar
  ㉯ CO
  ㉰ O_2
  ㉱ H

21 두께가 3.2mm 인 박판을 CO_2 가스 아크 용접법으로 맞대기용접을 하고자 한다. 용접전류 100A를 사용할 때, 이에 가장 적합한 아크 전압(V)의 조정 범위는?
  ㉮ 10 ~ 13(V)
  ㉯ 18 ~ 21(V)
  ㉰ 23 ~ 26(V)
  ㉱ 28 ~ 31(V)

22 다음 중 용접부의 파괴시험에서 샤르피식 시험기로 사용하는 시험방법은?
  ㉮ 경도시험
  ㉯ 충격시험
  ㉰ 굽힘시험
  ㉱ 피로시험

23 다음 중 직류 아크용접기의 종류별 특성으로 옳은 것은?
  ㉮ 발전형은 보수와 점검이 어렵다.
  ㉯ 발전형은 교류를 정류하므로 완전한 직류를 얻지 못한다.
  ㉰ 정류기형은 회전을 하므로 고장 나기가 쉽고 소음이 난다.
  ㉱ 정류기형은 옥외나 교류전원이 없는 장소에서 사용한다.

24 다음 중 산소-프로판가스 절단에서 혼합비의 비율로 가장 적절한 것은? (단, 표시는 산소 : 프로판으로 나타낸다.)
  ㉮ 2 : 1
  ㉯ 3 : 1
  ㉰ 4.5 : 1
  ㉱ 9 : 1

25 아세틸렌 과잉 불꽃이라 하며 속불꽃과 겉불꽃 사이에 백색의 제3의 불꽃 즉 아세틸렌 페더가 있는 불꽃은?
  ㉮ 탄화 불꽃
  ㉯ 산화 불꽃
  ㉰ 아세틸렌 불꽃
  ㉱ 중성 불꽃

  해설 산화불꽃 : 산소과잉불꽃, 탄화불꽃 : 아세틸렌과잉불꽃

ANSWER ▶ 20. ㉮ 21. ㉯ 22. ㉯ 23. ㉮ 24. ㉰ 25. ㉮

26 다음 중 가스 용접봉을 선택할 때 고려할 사항과 가장 거리가 먼 것은?
   ㉮ 가능한 한 모재와 같은 재질이어야 하며 모재에 충분한 강도를 줄 수 있을 것
   ㉯ 기계적 성질에 나쁜 영향을 주지 않아야 하며 용융온도가 모재와 동일할 것
   ㉰ 용접봉의 재질 중에 불순물을 포함하고 있지 않을 것
   ㉱ 강도를 증가시키기 위하여 탄소함유량이 풍부한 고탄소강을 사용할 것

   해설 용접에서 고탄소강일수록 용융 상태에서 유동성이 커지므로 작업성이 떨어져 용접이 어려워진다.

27 다음 중 모재와 용접기를 케이블로 연결할 때 모재에 접속하는 것은?
   ㉮ 용접 홀더   ㉯ 케이블 커넥터
   ㉰ 접지 클램프   ㉱ 케이블 러그

28 다음 중 아크 용접기에 전격방지기를 설치하는 가장 큰 이유로 옳은 것은?
   ㉮ 용접기의 효율을 높이기 위하여
   ㉯ 용접기의 역률을 높이기 위하여
   ㉰ 작업자를 감전 재해로부터 보호하기 위하여
   ㉱ 용접기의 연속 사용시 과열을 방지하기 위하여

29 다음 중 가스용접에 사용되는 아세틸렌가스에 관한 설명으로 옳은 것은?
   ㉮ 206~208℃ 정도가 되면 자연발화 한다.
   ㉯ 아세틸렌가스 15%, 산소 85% 부근에서 위험하다.
   ㉰ 구리, 은 등과 접촉하면 250℃ 부근에서 폭발성을 갖는다.
   ㉱ 아세틸렌가스는 물에 대해 같은 양으로 알콜에 2배정도 용해된다.

30 가스용접을 하기 전 용기의 무게는 57kg 이었다. 용접 후 무게가 55kg 이었다면 이때 사용한 용해아세틸렌 가스의 양은 몇 L 인가? (단, 15℃, 1기압 하에서 아세틸렌가스 1kg의 용적은 905L이다)
   ㉮ 905   ㉯ 1810
   ㉰ 2715   ㉱ 3620

   해설 가스양 = (57−55) × 905 = 1810

ANSWER ▶ 26. ㉱ 27. ㉰ 28. ㉰ 29. ㉯ 30. ㉯

31 다음 중 아세틸렌가스의 도관으로 사용할 경우 폭발성 화합물을 생성하게 되는 것은?
㉮ 순구리관 ㉯ 스테인리스강관
㉰ 알루미늄합금관 ㉱ 탄소강관

32 스카핑 속도는 냉간재와 열간재에 따라 다른데 다음 중 냉간재의 속도로 가장 적합한 것은?
㉮ 1 ~ 3 m/min ㉯ 5 ~ 7 m/min
㉰ 10 ~ 15 m/min ㉱ 20 ~ 25 m/min

33 피복아크용접작업에서 용접봉을 용접 진행 방향으로 70 ~ 80°기울이고, 좌우에 대하여 90°가 되게 하며, 주로 박판 용접 및 홈 용접의 이면 비드 형성에 사용하는 운봉법은?
㉮ 직선 비드 ㉯ 원형 비드
㉰ 반달형 비드 ㉱ 삼각형 비드

34 다음 중 아크용접기의 특성에 관한 설명으로 옳은 것은?
㉮ 부하 전류가 증가하면 단자전압이 증가하는 특성을 수하 특성이라 한다.
㉯ 수하 특성 중에서도 전원 특성 곡선에 있어서 작동점 부근의경사가 완만한 것을 정전류 특성이라 한다.
㉰ 부하 전류가 증가할 때 단자 전압이 감소하는 특성을 상승 특성이라 한다.
㉱ 상승 특성은 직류 용접기에서 사용되는 것으로 아크의 자기 제어 능력이 있다는 점에서 정전압 특성과 같다.

35 AW-300, 무부하 전압 80V, 아크 전압 20V인 교류용접기를 사용할 때, 다음 중 역률과 효율을 올바르게 구한 것은? (단, 내부손실을 4kW라 한다.)
㉮ 역률 : 80.0%, 효율 : 20.6% ㉯ 역률 : 20.6%, 효율 : 80.0%
㉰ 역률 : 60.0%, 효율 : 41.7% ㉱ 역률 : 41.7%, 효율 : 60.0%

> 해설 소비전력=아크출력+내부손실 6kw+4k=10kw
> 전원입력=무부하전압×정격2차전류 80×300=24kVA
> 아크출력=아크전압×정격2차전류 300×20=6KW
> 효율=(6/10)×100=60%, 역률=(10/24)×100=41.6

ANSWER 31.㉮ 32.㉯ 33.㉮ 34.㉱ 35.㉱

36 다음 중 피복아크 용접봉의 피복제 역할에 관한 설명으로 틀린 것은?

㉮ 아크를 안정시킨다.
㉯ 용착 금속의 냉각속도를 느리게 한다.
㉰ 용융금속의 용적을 미세화하고 용착효율을 높인다.
㉱ 용융점이 높은 적당한 점성의 무거운 슬래그를 만든다.

해설 슬래그가 가벼워야 용접시 기공 또는 불순물이 쉽게 밖으로 배출되며 열전도율이 작아진다.

37 연강용 피복 아크 용접봉의 종류 중 피복제의 계통은 산화티탄계로, 피복제 중에 산화티탄(TiO₂)이 약 35% 정도 포함되어 있으며, 일반 경구조물의 용접에 많이 사용되는 용접봉의 기호는?

㉮ E4301   ㉯ E4303
㉰ E4313   ㉱ E4316

해설 E4301 : 연강제 구조물 압력용기, E4303 : 전자세 용접에 적합,
E4316 : 두꺼운판의 1층용접 또는 구속도가 큰 구조물 용접에 적합.

38 다음 중 금속 아크 절단법에 관한 설명으로 틀린 것은?

㉮ 전원은 직류 정극성이 적합하다.
㉯ 피복제는 발열량이 적고 탄화성이 풍부하다.
㉰ 절단면은 가스 절단면에 비하여 거칠다.
㉱ 담금질 경화성이 강한 재료의 절단부는 기계 가공이 곤란하다.

39 다음 중 가스용접에서 용제를 사용하는 가장 중요한 이유로 옳은 것은?

㉮ 침탄이나 질화를 돕기 위하여
㉯ 용접봉 용융속도를 느리게 하기 위하여
㉰ 용융온도가 높은 슬래그를 만들기 위하여
㉱ 용접 중에 생기는 금속의 산화물을 용해하기 위하여

40 다음 중 물리적 표면경화법에 속하는 것은?

㉮ 고주파 경화법   ㉯ 가스 침탄법
㉰ 질화법   ㉱ 고체 침탄법

ANSWER 36. ㉱ 37. ㉰ 38. ㉯ 39. ㉱ 40. ㉮

41 다음 중 알루미늄에 관한 설명으로 틀린 것은?
㉮ 경금속에 속한다.
㉯ 전기 및 열전도율이 매우 나쁘다.
㉰ 비중이 2.7 정도, 용융점은 660℃ 정도이다.
㉱ 산화피막의 보호 작용 때문에 내식성이 좋다.

> 해설 전기 및 열전도율 순서 : 은-구리-금-알루미늄-마그네슘-아연 순으로 알루미늄은 열 및 전기전도율이 양호하다.

42 다음 중 오스테나이트계 스테인리스강에 관한 설명으로 틀린 것은?
㉮ 염산, 염소가스 등에 강하다.
㉯ 결정입계 부식이 발생하기 쉽다.
㉰ 소성가공이나 절삭가공이 곤란하다.
㉱ 18-8계의 경우 일반적으로 비자성체이다.

43 다음 중 주강의 특성에 관한 설명으로 틀린 것은?
㉮ 유동성이 나쁘다.
㉯ 주조시의 수축이 적다.
㉰ 고온 인장강도가 낮다.
㉱ 표피 및 그 인접부위의 품질이 양호하다.

44 다음 중 황동의 종류가 아닌 것은?
㉮ 톰백   ㉯ 문쯔메탈
㉰ 포금   ㉱ 델타메탈

> 해설 포금은 청동의 종류에 속한다.

45 다음 중 Fe-Si 또는 Ca-Si 등의 접종제로 접종 처리하여 흑연을 미세화하고 바탕조직을 펄라이트 조직화하여 강도와 인성을 높인 주철은?
㉮ 백주철   ㉯ 칠드주철
㉰ 미하나이트주철   ㉱ 흑심가단주철

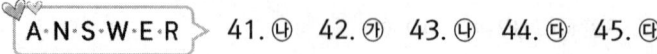
41.㉯ 42.㉮ 43.㉯ 44.㉰ 45.㉰

46 니켈강은 니켈에 소량의 탄소를 함유한 강으로 가열 후 공기 중에 방치하여도 담금질 효과를 나타내는 데 이와 같은 현상을 무엇이라 하는가?
- ㉮ 고경성
- ㉯ 수경성
- ㉰ 유경성
- ㉱ 자경성

47 다음 중 Mg-Al-Zn 계 합금의 대표적인 것은?
- ㉮ 알민
- ㉯ 다우메탈
- ㉰ 라우탈
- ㉱ 엘렉트론

48 다음 중 탄소강에 망간(Mn)을 함유시킬 때 미치는 영향으로 틀린 것은?
- ㉮ 고온에서 결정립 성장을 억제시킨다.
- ㉯ 주조성을 좋게 하며 황(S)의 해를 감소시킨다.
- ㉰ 강의 담금질 효과를 감소시켜 경화능이 감소진다.
- ㉱ 강의 연신율을 많이 감소시키지 않고 강도, 경도, 인성을 증대시킨다.

49 다음 중 철강 재료의 기초적인 열처리 4가지에 해당하지 않는 것은?
- ㉮ annealing
- ㉯ normalizing
- ㉰ tempering
- ㉱ creeping

> 금속의 열처리 4가지로는 어니얼링(풀림), 퀜칭(담금질), 템퍼링(뜨임), 노말라이징(불림) 4가지가 있다.

50 용접용 재료를 인장 시험한 결과 [그림]과 같은 응력-변형선도를 얻었다. 다음 중 D점에 해당하는 내용으로 옳은 것은?

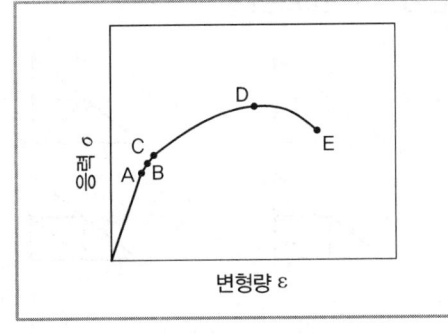

- ㉮ 비례한도점
- ㉯ 최대하중점
- ㉰ 파단점
- ㉱ 항복점

ANSWER ▷ 46. ㉱ 47. ㉱ 48. ㉰ 49. ㉱ 50. ㉯

51 그림과 같은 도면에서 "A"의 길이는 얼마인가?

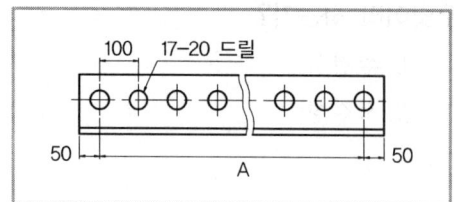

㉮ 1500mm
㉯ 1600mm
㉰ 1700mm
㉱ 1800mm

해설 길이 = (17−1) × 100 = 1600

52 그림과 같이 이면용접에 해당하는 용접기호는?

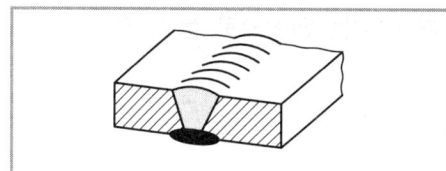

㉮    ㉯

㉰ ⌣   ㉱ Ұ

53 패킹, 박판, 형강 등 얇은 물체의 단면 표시를 할 경우 실제치수와 관계없이 하나의 선으로 표시할 수 있는데, 이 때 사용되는 선은 다음 중 무엇인가?
㉮ 극히 굵은 실선
㉯ 가는 파선
㉰ 가는 실선
㉱ 극히 굵은 1점 쇄선

54 기계제도에서 도면 작성 시 반드시 기입해야 할 것은?
㉮ 비교눈금   ㉯ 윤곽선   ㉰ 구분기호   ㉱ 재단마크

55 그림과 같은 평면도와 정면도에 가장 적합한 우측면도는?

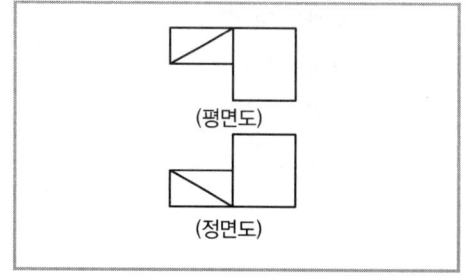

㉮ 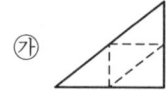   ㉯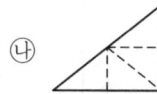

㉰    ㉱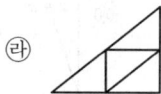

ANSWER ▶ 51.㉯ 52.㉰ 53.㉮ 54.㉯ 55.㉮

56 그림과 같은 ㄱ 형강을 올바르게 나타낸 치수 표시법은? (단, 두께는 5mm 이고, 형강 길이는 L이다.)

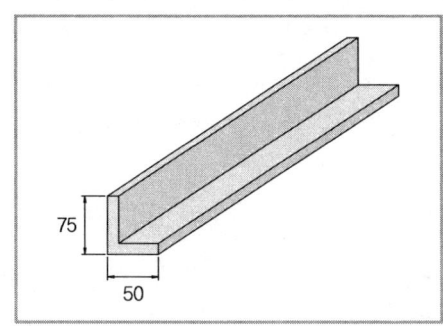

㉮ L75 × 50 × 5 − L
㉯ L75 × 50 × 5 + L .
㉰ L75 × 50 × 5 × L
㉱ L75 × 50 − 5 − L

57 그림과 같은 입체도에서 화살표 방향이 정면일 때 정면도로 가장 적합한 것은?

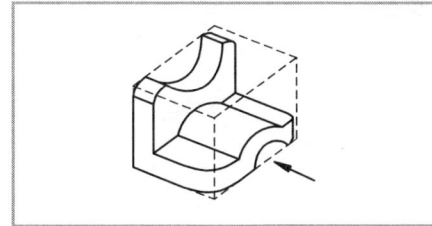

58 그림과 같이 기계 도면 작성 시 가공에 사용하는 공구 등의 모양을 나타낼 필요가 있을 때 사용하는 선으로 올바른 것은?

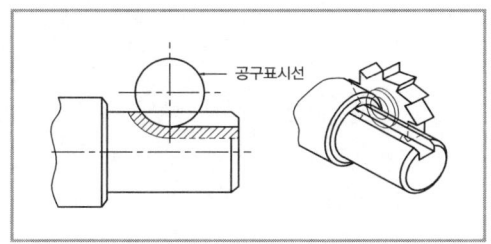

㉮ 가는 실선
㉯ 가는 1점 쇄선
㉰ 가는 2점 쇄선
㉱ 가는 파선

ANSWER 56. ㉮ 57. ㉯ 58. ㉰

59 다음 배관 도면에 없는 배관 요소는?

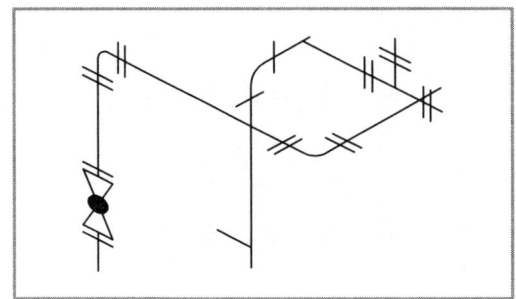

㉮ 티 ㉯ 엘보
㉰ 플랜지 이음 ㉱ 나비 밸브

60 기계재료 기호 SM 35C의 설명으로 틀린 것은?
㉮ S는 강을 뜻한다.
㉯ C는 탄소를 뜻한다.
㉰ 35는 최저인장강도를 뜻한다.
㉱ SM은 기계 구조용 탄소강을 뜻한다.

제28회 CBT기출복원문제

01 다음 중 가스 용접용 용제(flux)에 대한 설명으로 옳은 것은?

㉮ 용제는 용융 온도가 높은 슬래그를 생성한다.
㉯ 용제의 융점은 모재의 융점보다 높은 것이 좋다.
㉰ 용착금속의 표면에 떠올라 용착금속의 성질을 불량하게 한다.
㉱ 용제는 용접 중에 생기는 금속의 산화물 또는 비금속 개재물을 용해한다.

02 다음 중 저압식 토치의 아세틸렌 사용압력은 발생기식의 경우 몇 kg_f/cm^2 이하의 압력으로 사용하여야 하는가?

㉮ 0.07
㉯ 0.17
㉰ 0.3
㉱ 0.4

03 다음 중 텅스텐 아크 절단이 곤란한 금속은?

㉮ 경합금
㉯ 동합금
㉰ 비철금속
㉱ 비금속

> 금속과 비금속으로 구분되며 금속은 철과 비철로 구분된다. 철은 Fe+C로만 이루어졌으며 그 외 모든 금속은 비철이라한다. 금속이 아닌 모든 것들을 비금속이라하며 텅스턴아크로 비금속 절단은 불가하다.

04 다음 중 연강용 피복 아크 용접봉의 종류에 있어 E4313에 해당하는 피복제 계통은?

㉮ 저수소계
㉯ 일미나이트계
㉰ 고셀룰로스계
㉱ 고산화티탄계

05 액화탄산가스 1kg이 완전히 기화되면 상온 1기압에서 약 몇 L가 되겠는가?

㉮ 318L
㉯ 400L
㉰ 510L
㉱ 650L

ANSWER 1.㉱ 2.㉮ 3.㉱ 4.㉱ 5.㉰

06 다음 중 용접봉을 용접기의 음극(-)에, 모재를 양(+)극에 연결한 경우를 무슨 극성이라고 하는가?
- ㉮ 직류 역극성
- ㉯ 교류 정극성
- ㉰ 직류 정극성
- ㉱ 교류 역극성

07 다음 중 가스 절단시 예열 불꽃이 강할 때 생기는 현상이 아닌 것은?
- ㉮ 드래그가 증가한다.
- ㉯ 절단면이 거칠어진다.
- ㉰ 모서리가 용융되어 둥글게 된다.
- ㉱ 슬래그 중의 철 성분의 박리가 어려워진다.

08 다음 중 용접기의 특성에 있어 수하특성의 역할로 가장 적합한 것은?
- ㉮ 열량의 증가
- ㉯ 아크의 안정
- ㉰ 아크전압의 상승
- ㉱ 저항의 감소

해설 수하특성이란 : 부하 전류가 증가하면 단자 전압이 저하 하는 특성으로서 피복 아크 용접에 필요한 특성이다. 아크를 안정시키기 위해 요청되며 아크 용접 전원의 현저한 특징이다.

09 다음 중 가스 절단에 있어 양호한 절단면을 얻기 위한 조건으로 옳은 것은?
- ㉮ 드래그가 가능한 한 클 것
- ㉯ 절단면 표면의 각이 예리할 것
- ㉰ 슬래그 이탈이 이루어지지 않을 것
- ㉱ 절단면이 평활하여 드래그의 홈이 깊을 것

10 다음 중 용접의 단점과 가장 거리가 먼 것은?
- ㉮ 잔류 응력이 발생할 수 있다.
- ㉯ 이종(異種)재료의 접합이 불가능하다.
- ㉰ 열에 의한 변형과 수축이 발생할 수 있다.
- ㉱ 작업자의 능력에 따라 품질이 좌우한다.

해설 용접은 납땜의 원리를 이용하여 이종 금속도 접합이 가능하다.

ANSWER 6.㉰ 7.㉮ 8.㉯ 9.㉯ 10.㉯

11 직류 아크 용접시에 발생되는 아크 쏠림(arc-blow)이 일어날 때 볼 수 있는 현상으로 이음의 한쪽 부재만이 녹고 다른 부재가 녹지 않아 용입불량, 슬래그 혼입 등의 결함이 발생할 때 조치사항으로 가장 적절한 것은?

㉮ 긴 아크를 사용한다.
㉯ 용접 전류를 하강시킨다.
㉰ 용접봉 끝을 아크 쏠림 방향으로 기울인다.
㉱ 접지 지점을 바꾸고, 용접 지점과의 거리를 멀리 한다.

12 다음 중 가스용접에서 전진법과 비교한 후진법(back hand method)의 특징으로 틀린 것은?

㉮ 용접 변형이 크다.
㉯ 용접 속도가 빠르다.
㉰ 소요 홈의 각도가 작다.
㉱ 두꺼운 판의 용접에 적합하다.

13 다음 중 절단 작업과 관계가 가장 적은 것은?

㉮ 산소창 절단
㉯ 아크 에어 가우징
㉰ 크레이터
㉱ 분말 절단

해설 크레이터는 아크용접에서 발생한다.

14 다음 중 포갬 절단(stack cutting)에 관한 설명으로 틀린 것은?

㉮ 예열 불꽃으로 산소-아세틸렌 불꽃보다 산소-프로판 불꽃이 적합하다.
㉯ 절단시 판과 판 사이에는 산화물이나 불순물을 깨끗이 제거하여야 한다.
㉰ 판과 판 사이의 틈새는 0.1mm 이상으로 포개어 압착 시킨 후 절단하여야 한다.
㉱ 6mm 이하의 비교적 얇은 판을 작업 능률을 높이기 위하여 여러 장 겹쳐 놓고 한 번에 절단하는 방법을 말한다.

15 AW-250, 무부하전압 80V, 아크전압 20V인 교류 용접기를 사용할 때 역률과 효율은 각각 얼마인가? (단, 내부손실은 4kW이다)

㉮ 역률 : 45%, 효율 : 56%
㉯ 역률 : 48%, 효율 : 69%
㉰ 역률 : 54%, 효율 : 80%
㉱ 역률 : 69%, 효율 : 72%

해설 아크출력 = 아크전압×정격2차전류 = 20×250 = 5KW
소비전력 = 아크출력+내부손실 = 5KW+4KW = 9KW
전원입력 = 무부하전압×정격2차전류 = 80×250 = 20KVA
효율 = 5/9 = 56%, 역율 = (9/20) = 45%

ANSWER 11. ㉱ 12. ㉮ 13. ㉰ 14. ㉰ 15. ㉮

16 다음 중 아크 용접봉 피복제의 역할로 옳은 것은?
㉮ 스패터의 발생을 증가시킨다.
㉯ 용착 금속에 적당한 합금원소를 첨가한다.
㉰ 용착 금속의 응고와 냉각속도를 빠르게 한다.
㉱ 대기 중으로부터 산화, 질화 등을 활성화시킨다.

17 다음 중 아크가 발생하는 초기에만 용접 전류를 특별히 많게 할 목적으로 사용되는 아크 용접기의 부속기구는?
㉮ 변압기 (transformer)
㉯ 핫 스타트(hot start) 장치
㉰ 전격방지장치 (voltage reducing device)
㉱ 원격제어장치(remote control equipment)

18 강괴의 종류 중 탄소 함류량이 0.3% 이상이고, 재질이 균일하며, 기계적 성질 및 방향성이 좋아 합금강, 단조용강, 침탄강의 원재료로 사용되나 수축관이 생긴 부분이 산화되어 가공시 압착되지 않아 잘라내야 하는 것은?
㉮ 킬드 강괴   ㉯ 세미킬드 강괴
㉰ 림드 강괴   ㉱ 캡트 강괴

19 다음 중 알루미늄 합금에 있어 두랄루민의 첨가 성분으로 가장 많이 함유된 원소는?
㉮ Mn   ㉯ Cu
㉰ Mg   ㉱ Zn

20 다음 중 일명 포금(gun metel)이라고 불리는 청동의 주요 성분으로 옳은 것은?
㉮ 8 ~ 12% Sn에 1 ~ 2% Zn 함유
㉯ 2 ~ 5% Sn에 15 ~ 20% Zn 함유
㉰ 5 ~ 10% Sn에 10 ~ 15% Zn 함유
㉱ 15 ~ 20% Sn에 5 ~ 8% Zn 함유

ANSWER 16.㉯ 17.㉯ 18.㉮ 19.㉯ 20.㉮

21 다음 중 탄소강에서의 잔류응력 제거 방법으로 가장 적절한 것은?

㉮ 재료를 앞뒤로 반복하여 굽힌다.
㉯ 재료의 취약부분에 드릴로 구멍을 낸다.
㉰ 재료를 일정 온도에서 일정 시간 유지 후 서냉시킨다.
㉱ 일정한 온도로 금속을 가열한 후 기름에 급랭시킨다.

> **해설** 잔류응력을 제거하기 위해선 응력받은 금속을 일정온도로 가열후 서서히 냉각하면 잔류응력이 제거되는데 서서히 냉각하는게 중요하다.

22 담금질 강의 경도를 증가시키고 시효변형을 방지하기 위한 목적으로 하는 심랭처리(subzero treatment)는 몇 ℃의 온도에서 처리하는 것을 말하는가?

㉮ 0℃ 이하
㉯ 300℃ 이하
㉰ 600℃ 이하
㉱ 800℃ 이상

23 다음 중 항복점, 인장강도가 크고, 용접성이 우수하며, 조직은 펄라이트로, 듀콜(ducol)강 이라고도 불리는 것은?

㉮ 고망간강
㉯ 저망간강
㉰ 코발트강
㉱ 텅스텐강

24 다음 중 KS상 탄소강 주강품의 기호가 "SC360" 일 때 360이 나타내는 의미로 옳은 것은?

㉮ 연신율
㉯ 탄소함유량
㉰ 인장강도
㉱ 단면수축률

25 다음 중 스테인리스강의 분류에 해당하지 않는 것은?

㉮ 페라이트계
㉯ 마텐자이트계
㉰ 스텔라이트계
㉱ 오스테나이트계

ANSWER 21. ㉰ 22. ㉮ 23. ㉯ 24. ㉰ 25. ㉰

26 다음 중 마그네슘에 관한 설명으로 틀린 것은?
㉮ 실용금속 중 가장 가벼우며, 절삭성이 우수하다.
㉯ 조밀육방격자를 가지며, 고온에서 발화하기 쉽다.
㉰ 냉간가공이 거의 불가능하여 일정 온도에서 가공한다.
㉱ 내식성이 우수하여 바닷물에 접촉하여도 침식되지 않는다.

해설 마그네슘은 피절삭성은 좋으나 해수에 대단히 약하며 수소를 방출한다.

27 다음 중 보통주철의 일반적인 주요 성분에 속하지 않는 것은?
㉮ 규소   ㉯ 아연
㉰ 망간   ㉱ 탄소

해설 주철에 일반적인 주요 성분은: C, Si, Mn, S, P등이 있다.

28 다음 중 금속 표면에 스텔라이트나 경합금 등의 금속을 용착시켜 표면 경화층을 만드는 방법을 무엇이라 하는가?
㉮ 숏 피닝   ㉯ 고주파 경화법
㉰ 화염 경화법   ㉱ 하드 페이싱

29 용접시에 발생한 변형을 교정하는 방법 중 가열을 통하여 변형을 교정하는 방법에 있어 가장 적절한 가열온도는?
㉮ 1200℃ 이상   ㉯ 800~900℃
㉰ 500~600℃   ㉱ 300℃ 이하

30 다음 중 일반적으로 MIG 용접에 주로 사용되는 전원은?
㉮ 교류 역극성   ㉯ 직류 역극성
㉰ 교류 정극성   ㉱ 직류 정극성

해설 일반적으로 MIG용접에서 전원은 교류고주파 또는 직류역극성을 사용해야 청정작용이 발생하여 비철금속의 용접을 쉽게 할 수 있다.

ANSWER 26.㉱ 27.㉯ 28.㉱ 29.㉰ 30.㉯

31 다음 중 정지구멍(Stop Hole)을 뚫어 결함부분을 깍아내고 재용접해야 하는 결함은?
㉮ 균열
㉯ 언더컷
㉰ 오버랩
㉱ 용입부족

32 다음 중 열적핀치효과와 자기적핀치효과를 이용하는 용접은?
㉮ 초음파 용접
㉯ 고주파 용접
㉰ 레이저 용접
㉱ 플라즈마 아크 용접

33 다음 중 CO_2 가스 아크 용접의 장점으로 틀린 것은?
㉮ 용착 금속의 기계적 성질이 우수하다.
㉯ 슬래그 혼입이 없고, 용접 후 처리가 간단하다.
㉰ 전류밀도가 높아 용입이 깊고 용접 속도가 빠르다.
㉱ 풍속 2m/s 이상의 바람에도 영향을 받지 않는다.

> 해설 CO_2용접은 풍속 3m/sec 이상 에서는 가스의 날림으로 용접이 어렵다.

34 다음 중 귀마개를 착용하고 작업하면 안 되는 작업자는?
㉮ 조선소의 용접 및 취부작업자
㉯ 자동차 조립공장의 조립작업자
㉰ 강재 하역장의 크레인 신호자
㉱ 판금작업장의 타출 판금작업자

35 용접조립 순서는 용접 순서 및 용접 작업의 특성을 고려하여 계획하며, 불필요한 잔류응역이 남지 않도록 미리 검토하여 조립 순서를 결정하여야 하는데, 다음 중 용접 구조물을 조립하는 순서에서 고려하여야 할 사항과 가장 거리가 먼 것은?
㉮ 가능한 구속 용접을 실시한다.
㉯ 가접용 정반이나 지그를 적절히 선택한다.
㉰ 구조물의 형상을 고정하고 지지할 수 있어야 한다.
㉱ 용접 이음의 형상을 고려하여 적절한 용접법을 선택한다.

ANSWER ▶ 31. ㉮ 32. ㉱ 33. ㉱ 34. ㉰ 35. ㉮

36 다음 중 아세틸렌(C_2H_2)가스의 폭발성에 해당되지 않는 것은?
㉮ 406~408℃가 되면 자연 발화한다.
㉯ 마찰·진동·충격 등의 외력이 작용하면 폭발위험이 있다.
㉰ 아세틸렌 90%, 산소 10%의 혼합시 가장 폭발위험이 크다.
㉱ 은·수은 등과 접촉하면 이들과 화합하여 120℃ 부근 에서 폭발성이 있는 화합물을 생성한다.
　해설　아세틸렌15% 산소 85%부근에서 가장 폭발 위험이 크다.

37 다음 중 전격으로 인해 순간적으로 사망할 위험이 가장 높은 전류량(mA)은?
㉮ 5~10mA　　　　㉯ 10~20mA
㉰ 20~25mA　　　㉱ 50~100mA

38 다음 중 다층용접시 용착법의 종류에 해당하지 않는 것은?
㉮ 빌드업법　　　　㉯ 캐스케이드법
㉰ 스킵법　　　　　㉱ 전진블록법

39 다음 중 경납용 용제로 가장 적절한 것은?
㉮ 염화아연($ZnCl_2$)　　㉯ 염산(HCl)
㉰ 붕산(H_3BO_3)　　　㉱ 인산(H_3PO_4)

40 저항용접의 종류 중에서 맞대기 용접이 아닌 것은?
㉮ 업셋 용접　　　　㉯ 프로젝션 용접
㉰ 퍼커션 용접　　　㉱ 플래시 버트 용접

41 서브머지드 아크 용접에서 용접의 시점과 끝점의 결함을 방지하기 위해 모재와 홈의 형상이나 두께, 재질 등이 동일한 것을 붙이는데 이를 무엇이라 하는가?
㉮ 시험편　　　　　㉯ 백킹제
㉰ 엔드탭　　　　　㉱ 마그네틱

ANSWER ▶ 36.㉰　37.㉱　38.㉰　39.㉰　40.㉯　41.㉰

42 다음 중 주로 모재 및 용접부의 연성과 결함의 유무를 조사하기 위한 시험 방법은?
㉮ 인장시험 ㉯ 굽힘시험
㉰ 피로시험 ㉱ 충격시험

43 다음 중 용접열원을 외부로부터 가하는 것이 아니라 금속분말의 화학반응에 의한 열을 사용하여 용접하는 방식은?
㉮ 테르밋 용접 ㉯ 전기저항 용접
㉰ 잠호 용접 ㉱ 플라즈마 용접

> 테르밋용접은 알루미늄 분말과 산화철 분말을 이용하여 전기를 사용하지 않고 화학반응열을 이용하여 접합하는 방법이다.

44 다음 중 TIG용접에 사용하는 토륨 텅스텐 전극봉에는 몇 % 정도의 토륨이 함유되어 있는가?
㉮ 0.3 ~ 0.5% ㉯ 1 ~ 2%
㉰ 4 ~ 5% ㉱ 6 ~ 7%

45 필릿 용접의 경우 루트 간격의 양에 따라 보수 방법이 다른데 다음 중 간격이 1.5 ~ 4.5mm일 때의 보수하는 방법으로 가장 적합한 것은?
㉮ 라이너를 넣는다.
㉯ 규정대로 각장(목길이)으로 용접한다.
㉰ 부족한 판을 300mm 이상 잘라내서 대체한다.
㉱ 넓혀진 만큼 각장(목길이)을 증가시켜 용접한다.

46 다음 중 TIG 용접시 주로 사용되는 가스는?
㉮ CO_2 ㉯ H_2
㉰ O_2 ㉱ Ar

47 다음 중 연소의 3요소에 해당하지 않는 것은?
㉮ 가연물 ㉯ 부촉매
㉰ 산소공급원 ㉱ 점화원

ANSWER ▶ 42.㉯ 43.㉮ 44.㉯ 45.㉱ 46.㉱ 47.㉯

48 다음 중 일렉트로 가스 아크 용접의 특징으로 틀린 것은?
㉮ 판 두께가 두꺼울수록 경제적이다.
㉯ 판 두께에 관계없이 단층으로 상진 용접한다.
㉰ 용접장치가 간단하며, 취급이 쉬우며, 고도의 숙련을 요하지 않는다.
㉱ 스패터 및 가스의 발생이 적고, 용접 작업시 바람의 영향을 적게 받는다.

49 다음 중 피복아크용접에서 오버랩의 발생 원인으로 가장 적당한 것은?
㉮ 전류가 너무 적다.
㉯ 홈의 각도가 너무 좁다.
㉰ 아크의 길이가 너무 길다.
㉱ 용착 금속의 냉각속도가 너무 빠르다.

50 다음 중 용접부의 검사방법에 있어 기계적 시험법에 해당하는 것은?
㉮ 피로시험　　　　　　　　㉯ 부식시험
㉰ 누설시험　　　　　　　　㉱ 자기특성시험

해설　기계적시험 : 인장, 굽힘, 경도, 크리이프, 충격, 피로시험 등

51 기계제도에서 대상물의 보이는 부분의 겉모양을 표시하는 선의 종류는?
㉮ 가는 파선　　　　　　　　㉯ 굵은 파선
㉰ 굵은 실선　　　　　　　　㉱ 가는 실선

52 리벳의 호칭 길이를 머리부위까지 포함하여 전체 길이로 나타내는 리벳은?
㉮ 둥근머리 리벳
㉯ 냄비머리 리벳
㉰ 접시머리 리벳
㉱ 납작머리 리벳

ANSWER　48.㉱　49.㉮　50.㉮　51.㉰　52.㉰

53 배관의 끝부분 도시기호가 그림과 같을 경우 ①과 ②의 명칭이 올바르게 연결된 것은?

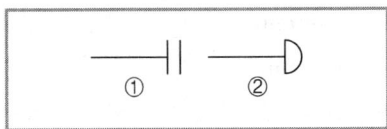

㉮ ① 블라인더 플랜지, ② 나사식 캡
㉯ ① 나사박음식 캡, ② 용접식 캡
㉰ ① 나사박음식 캡, ② 블라인더 플랜지
㉱ ① 블라인더 플랜지, ② 용접식 캡

54 플러그 용접에서 용접부 수는 4개, 간격은 70mm, 구멍의 지름은 8mm 일 경우, 그 용접기호 표시로 올바른 것은?

㉮ 4 ⊓ 8 - 70   ㉯ 8 ⊓ 4 - 70
㉰ 4 ⊓ 8 (70)   ㉱ 8 ⊓ 4 (70)

55 대상물의 일부를 파단한 경계 또는 일부를 떼어낸 경계를 표시하는데 사용하는 선은?
㉮ 가상선   ㉯ 파단선
㉰ 절단선   ㉱ 외형선

56 화살표 방향이 정면인 입체도를 3각법으로 투상한 도면으로 가장 적합한 것은?

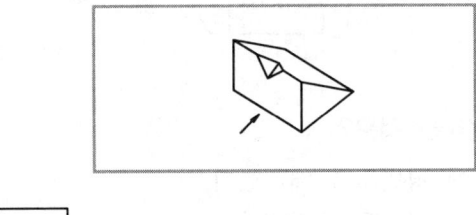

㉮ 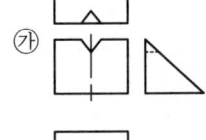   ㉯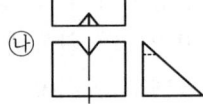

㉰ 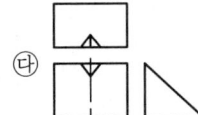   ㉱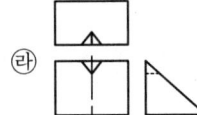

ANSWER ▶ 53.㉱ 54.㉱ 55.㉯ 56.㉯

57 도면에서 사용되는 긴 용지에 대해서 그 호칭방법과 치수 크기가 서로 맞지 않는 것은?

㉮ A3 × 3 : 420mm × 630mm
㉯ A3 × 4 : 420mm × 1189mm
㉰ A4 × 3 : 297mm × 630mm
㉱ A4 × 4 : 297mm × 841mm

58 다음 용접기호와 그 설명으로 틀린 것은?

㉮ : 볼록 필릿 용접
㉯ : 볼록 양면 V형 용접
㉰ : 평면 마감 처리한 V형 맞대기 용접
㉱ : 이면 용접이 있으며 표면 모두 평면마감 처리한 V형 맞대기 용접

59 제3각법으로 그린 각각 다른 물체의 투상도이다. 정면도, 평면도, 우측면도가 모두 올바르게 그려진 것은?

60 다음 정투상법에 관한 설명으로 올바른 것은?

㉮ 제1각법에서는 정면도의 왼쪽에 평면도를 배치한다.
㉯ 제1각법에서는 정면도의 밑에 평면도를 배치한다.
㉰ 제3각법에서는 평면도의 왼쪽에 우측면도를 배치한다.
㉱ 제3각법에서는 평면도의 위쪽에 정면도를 배치한다.

ANSWER ▶ 57. ㉮ 58. ㉮ 59. ㉰ 60. ㉯

제29회 CBT기출복원문제

01 가스용접시 안전사항으로 적당하지 않는 것은?
- ㉮ 산소병은 60℃ 이하 온도에서 보관하고 직사광선을 피하여 보관한다.
- ㉯ 호스는 길지 않게 하며 용접이 끝났을 때는 용기밸브를 잠근다.
- ㉰ 작업자 눈을 보호하기 위해 적당한 차광유리를 사용한다.
- ㉱ 호스 접속부는 호스밴드로 조이고 비눗물 등으로 누설 여부를 검사한다.

해설 산소병 및 가스병은 40℃ 이하 온도에서 보관한다.

02 맞대기 용접이음에서 모재의 인장강도는 450MPa이며, 용접 시험편의 인장강도가 470MPa일 때 이음효율은 약 몇 % 인가?
- ㉮ 104   ㉯ 96   ㉰ 60   ㉱ 69

해설 이음효율 = 시험편의 인장강도/모재의 인장강도×100

03 서브머지드 아크 용접의 용융형 용제에서 입도에 대한 설명으로 틀린 것은?
- ㉮ 용제의 입도는 발생가스의 방출상태에는 영향을 미치나, 용제의 용융성과 비드 형상에는 영향을 미치지 않는다.
- ㉯ 가는 입자일수록 높은 전류를 사용해야 한다.
- ㉰ 거친 입자의 용제에 높은 전류를 사용하면 비드가 거칠며 기공, 언더컷 등이 발생한다.
- ㉱ 가는 입자의 용제를 사용하면 비드 폭이 넓어지고 용입이 얕아진다.

04 플라즈마 아크 용접에 관한 설명 중 틀린 것은?
- ㉮ 전류밀도가 크고 용접속도가 빠르다.
- ㉯ 기계적 성질이 좋으며 변형이 적다.
- ㉰ 설비비가 적게 든다.
- ㉱ 1층으로 용접할 수 있으므로 능률적이다.

해설 프라즈마 아크용접은 능률적이고 용접속도가 빠르나 설비비가 많이든다.

ANSWER 1. ㉮ 2. ㉮ 3. ㉮ 4. ㉰

05 서브머지드 아크 용접의 용제 중 흡습성이 높아 보통 사용 전에 150~300℃에서 1시간 정도 재건조해서 사용하는 것은?
㉮ 용제형　　㉯ 혼성형　　㉰ 용융형　　㉱ 소결형

06 CO_2가스 아크 용접에서 용제가 들어있는 와이어 CO_2법의 종류에 속하지 않는 것은?
㉮ 솔리드 아크법　　㉯ 유니언 아크법
㉰ 퓨즈 아크법　　　㉱ 아코스 아크법

> CO_2아크 용접에서 용재가 들어가는 와이어법 종류는 아코스아크법, 유니언아크법, 퓨즈아크법, NCG법 등이 있다.

07 가스 절단에 따른 변형을 최소화 할 수 있는 방법이 아닌 것은?
㉮ 적당한 지그를 사용하여 절단재의 이동을 구속한다.
㉯ 절단에 의하여 변형되기 쉬운 부분을 최후까지 남겨 놓고 냉각하면서 절단한다.
㉰ 여러 개의 토치를 이용하여 평행 절단한다.
㉱ 가스 절단 직후 절단물 전체를 650℃로 가열 한 후 즉시 수냉한다.

08 MIG 용접에 사용하는 보호가스로 적합하지 않는 것은?
㉮ 순수 아르곤 가스　　㉯ 아르곤-산소 가스
㉰ 아르곤-헬륨 가스　　㉱ 아르곤-수소 가스

09 아크용접작업에 의한 직접 재해에 해당되지 않는 것은?
㉮ 감전　　㉯ 화상　　㉰ 전광성 안염　　㉱ 전도

10 다음 중 응력제거 방법에 있어 노내 풀림법에 대한 설명으로 틀린 것은?
㉮ 일반 구조용 압연강재의 노내 및 국부 풀림의 유지 온도는 725±50℃이며 유지 시간은 판 두께의 25mm에 대하여 5시간 정도이다.
㉯ 잔류응력의 제거는 어떤 한계 내에서 유지온도가 높을수록, 또 유지시간이 길수록 효과가 크다.
㉰ 보통 연강에 대하여 제품을 노 내에서 출입시키는 온도는 300℃를 넘어서는 안 된다.
㉱ 응력제거 열처리법 중에서 가장 잘 이용되고 또 효과가 큰 것은 제품 전체를 가열로 안에 넣고 적당한 온도에서 얼마동안 유지 한 다음 노 내에서 서냉하는 것이다.

ANSWER 5.㉱ 6.㉮ 7.㉱ 8.㉱ 9.㉱ 10.㉮

11 금속아크 용접시 지켜야 할 유의사항 중 적합하지 않은 것은?

㉮ 작업시의 전류는 적정하게 조절하고 정리정돈을 잘하도록 한다.
㉯ 작업을 시작하기 전에는 메인 스위치를 작동시킨 후에 용접기 스위치를 작동시킨다.
㉰ 작업이 끝나면 항상 메인 스위치를 먼저 끈 후에 용접기 스위치를 꺼야 한다.
㉱ 아크 발생시에는 항상 안전에 신경을 쓰도록 한다.

해설
- 작업을 시작할 때는 메인스위치를 켜고 다음 용접기 스위치를 켠다.
- 작업을 중지할 때는 용접기스위치를 끄고 다음에 메인스위치를 끈다.

12 가연물 중에서 착화온도가 가장 낮은 것은?

㉮ 수소(H_2)
㉯ 일산화탄소(CO)
㉰ 아세틸렌(C_2H_2)
㉱ 휘발유(gasoline)

13 일반적으로 MIG용접의 전류 밀도는 아크용접의 몇 배 정도인가?

㉮ 2~4배
㉯ 4~6배
㉰ 6~8배
㉱ 9~11배

14 미세한 알루미늄 분말과 산화철 분말을 혼합하여 과산화바륨과 알루미늄 등의 혼합분말로 된 점화제를 넣고 연소시켜 그 반응열로 용접하는 방법은?

㉮ 테르밋 용접
㉯ 전자 빔 용접
㉰ 불활성가스 아크 용접
㉱ 원자 수소 용접

해설 테르밋 용접은 미세한 알루미늄 분말과 산화철 분말을 1:3~4의 중량비로 혼합한 테르밋제에 과산화 바륨과 마그네슘의 혼합분말로 화학반응에 의해 발열 용접법이다.

15 피복아크 용접에서 용접봉을 선택할 때 고려할 사항이 아닌 것은?

㉮ 모재와 용접부의 기계적 성질
㉯ 모재와 용접부의 물리적, 화학적 안정성
㉰ 경제성을 고려
㉱ 용접기의 종류와 예열 방법

ANSWER ▶ 11. ㉰ 12. ㉱ 13. ㉰ 14. ㉮ 15. ㉱

16 용접부의 방사선 검사에서 γ선원으로 사용되지 않는 원소는?
 ㉮ 이리듐 192   ㉯ 코발트 60
 ㉰ 세슘 134   ㉱ 몰리브덴 30

17 다음 그림은 탄산가스 아크용접(CO_2 gas arc welding)에서 용접토치의 팁과 모재부분을 나타낸 것이다. d부분의 명칭을 올바르게 설명한 것은?

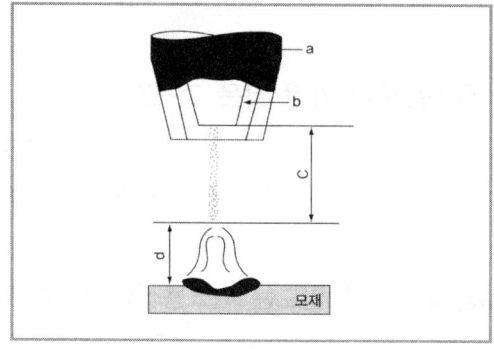

 ㉮ 팁과 모재간의 거리   ㉯ 가스 노즐과 팁간 거리
 ㉰ 와이어 돌출 길이   ㉱ 아크 길이

18 모재의 홈 가공을 U형으로 했을 경우 엔드 탭(end-tap)은 어떤 조건으로 하는 것이 가장 좋은가?
 ㉮ I형 홈 가공으로 한다.   ㉯ X형 홈 가공으로 한다.
 ㉰ U형 홈 가공으로 한다.   ㉱ 홈 가공이 필요 없다.

19 겹치기 저항용접에 있어서 접합부에 나타나는 용융 응고된 금속부분은?
 ㉮ 마크(mark)   ㉯ 스포트(spot)
 ㉰ 포인트(point)   ㉱ 너깃(nugget)

20 납땜법에 관한 설명으로 틀린 것은?
 ㉮ 비철 금속의 접합도 가능하다.   ㉯ 재료에 수축현상이 없다.
 ㉰ 땜납에는 연납과 경납이 있다.   ㉱ 모재를 녹여서 용접한다.
 해설 납땜은 모재를 녹이지 않고 모세관현상에 의해 용접한다.

ANSWER ▶ 16. ㉱ 17. ㉱ 18. ㉰ 19. ㉱ 20. ㉱

21 초음파 탐상법에 속하지 않는 것은?
   ㉮ 펄스반사법   ㉯ 투과법
   ㉰ 공진법   ㉱ 관통법

22 용접균열을 방지하기 위한 일반적인 사항으로 맞지 않는 것은?
   ㉮ 좋은 강재를 사용한다.   ㉯ 응력집중을 피한다.
   ㉰ 용접부에 노치를 만든다.   ㉱ 용접시공을 잘한다.

23 용접 입열과 관련된 설명으로 옳은 것은?
   ㉮ 아크 전류가 커지면 용접 입열은 감소한다.
   ㉯ 용접 입열이 커지면 모재가 녹지 않아 용접이 되지 않는다.
   ㉰ 용접 모재에 흡수되는 열량은 10% 정도이다.
   ㉱ 용접속도가 빠르면 용접 입열은 감소한다.

24 용접에 사용되는 가연성 가스인 수소의 폭발 범위는?
   ㉮ 4~5%   ㉯ 4~15%
   ㉰ 4~35%   ㉱ 4~75%

25 산소병의 내용적이 40.7리터인 용기에 압력이 100Kgf/cm² 충전되어 있다면 프랑스식 팁 100번을 사용하여 표준불꽃으로 약 몇 시간까지 용접이 가능한가?
   ㉮ 16시간   ㉯ 22시간
   ㉰ 31시간   ㉱ 41시간

   해설) 프랑스식 팁의 능력은 1시간당 아세틸렌 소모량으로 표시하므로
   소모시간 = (40.7 × 100) / 100 = 41시간

26 가스절단에서 전후, 좌우 및 직선 절단을 자유롭게 할 수 있는 팁은?
   ㉮ 이심형   ㉯ 동심형
   ㉰ 곡선형   ㉱ 회전형

ANSWER 21. ㉱ 22. ㉰ 23. ㉱ 24. ㉱ 25. ㉱ 26. ㉯

27 피복아크 용접봉의 피복제에 들어있는 탈산제에 모두 해당되는 것은?
㉮ 페로실리콘, 산화니켈, 소맥분
㉯ 페로티탄, 크롬, 규사
㉰ 페로실리콘, 소맥분, 목재톱밥
㉱ 알루미늄, 구리, 물유리

28 다음 중 고압가스 용기의 색상이 틀린 것은?
㉮ 산소 – 청색
㉯ 수소 – 주황색
㉰ 아르곤 – 회색
㉱ 아세틸렌 – 황색

해설 산소병 색상 공업용 – 녹색, 의료용 – 백색

29 주철 용접이 곤란하고 어려운 이유가 아닌 것은?
㉮ 예열과 후열을 필요로 한다.
㉯ 용접 후 급랭에 의한 수축, 균열이 생기기 쉽다.
㉰ 단시간 가열로 흑연이 조대화되어 용착이 양호하다.
㉱ 일산화탄소 가스 발생으로 용착금속에 기공이 생기기 쉽다.

30 가동철심형 교류 아크용접기에 관한 설명으로 틀린 것은?
㉮ 교류 아크용접기의 종류에서 현재 가장 많이 사용하고 있다.
㉯ 용접 작업 중 가동철심의 진동으로 소음이 발생할 수 있다.
㉰ 가동철심을 움직여 누설자속을 변동시켜 전류를 조정한다.
㉱ 광범위한 전류조정이 쉬우나 미세한 전류 조정은 불가능 하다.

31 가스용접 작업에서 보통작업을 할 때 압력 조정기의 산소압력은 몇 kgf/cm² 이하이어야 하는가?
㉮ 6~7
㉯ 3~4
㉰ 1~2
㉱ 0.1~0.3

32 연강판의 두께가 4.4mm인 모재를 가스 용접 할 때 가장 적합한 가스 용접봉의 지름은 몇 mm인가?
㉮ 1.0
㉯ 1.5
㉰ 2.0
㉱ 3.2

ANSWER 27. ㉰ 28. ㉮ 29. ㉰ 30. ㉱ 31. ㉯ 32. ㉱

33 용접 중 전류를 측정할 때 후크메타(클램프메타)의 측정위치로 적합한 것은?
㉮ 1차측 접지선 ㉯ 피복아크 용접봉
㉰ 1차측 케이블 ㉱ 2차측 케이블

34 가스용접에서 전진법과 후진법을 비교하여 설명 한 것으로 맞는 내용은?
㉮ 용착금속의 냉각속도는 후진법이 서냉된다.
㉯ 용접변형은 후진법이 크다.
㉰ 산화의 정도가 심한 것은 후진법이다.
㉱ 용접속도는 후진법보다 전진법이 더 빠르다.

35 피복아크 용접봉의 피복제가 연소 후 생성된 물질이 용접부를 어떻게 보호하는가에 따라 분류한 것이 아닌 것은?
㉮ 가스 발생식 ㉯ 슬래그 생성식
㉰ 구조물 발생식 ㉱ 반가스 발생식

36 다음 자기 불림(magnetic blow)은 어느 용접에서 생기는가?
㉮ 가스 용접 ㉯ 교류 아크용접
㉰ 일렉트로 슬래그 용접 ㉱ 직류 아크 용접

37 아크에어 가우징에 사용되는 압축공기에 대한 설명으로 올바른 것은?
㉮ 압축공기의 분사는 2~3kgf/cm² 정도가 좋다.
㉯ 압축공기 분사는 항상 봉의 바로 앞에서 이루어져야 효과적이다.
㉰ 약간의 압력 변동에도 작업에 영향을 미치므로 주의한다.
㉱ 압축공기가 없을 경우 긴급시에는 용기에 압축된 질소나 아르곤 가스를 사용한다.

38 다음 용접자세에서 사용되는 기호 중 틀리게 나타낸 것은?
㉮ F : 아래보기 자세 ㉯ V : 수직 자세
㉰ H : 수평 자세 ㉱ O : 전 자세

해설 용접의 전자세 : AP

ANSWER 33. ㉱ 34. ㉮ 35. ㉰ 36. ㉱ 37. ㉱ 38. ㉱

39 텅스텐 전극과 모재 사이에 아크를 발생시켜 알루미늄, 마그네슘, 구리 및 구리합금, 스테인리스강등의 절단에 사용되는 것은?
㉮ TIG절단 ㉯ MIG절단
㉰ 탄소 절단 ㉱ 산소 아크 절단

40 철강의 종류는 Fe-C 상태도의 무엇을 기준으로 하는가?
㉮ 질소함유량 ㉯ 탄소함유량
㉰ 규소함유량 ㉱ 크롬함유량

41 다음 중 알루미늄 합금이 아닌 것은?
㉮ 라우탈(lautal) ㉯ 실루민(silumin)
㉰ 두랄루민(duralumin) ㉱ 켈밋(kelmet)

해설 켈밋은 CurP 베어링합금 Cu + Pb(30~40%)으로 원심주조로 제조한다.

42 질화처리 특성에 관한 설명으로 틀린 것은?
㉮ 침탄에 비해 높은 표면 경도를 얻을 수 있다.
㉯ 고온에서 처리되어 변형이 크고 처리시간이 짧다.
㉰ 내마모성이 커진다.
㉱ 내식성이 우수하고 피로 한도가 향상된다.

43 주철의 성장 원인이 아닌 것은?
㉮ Fe_3C 흑연화에 의한 팽창
㉯ 불균일한 가열로 생기는 균열에 의한 팽창
㉰ 흡수되는 가스의 팽창으로 인해 항복되어 생기는 팽창
㉱ 고용된 원소인 Mn의 산화에 대한 팽창

해설 Mn의 산화팽창이 아니고 페라이트 중에 Si에 의한 팽창

ANSWER ▶ 39.㉮ 40.㉯ 41.㉱ 42.㉯ 43.㉱

44 Cr-Ni계 스테인리스강의 결함인 입계 부식의 방지책 중 틀린 것은?
㉮ 탄소량이 적은 강을 사용한다.
㉯ 300℃ 이하에서 가공한다.
㉰ Ti을 소량 첨가 한다.
㉱ Nb을 소량 첨가 한다.

45 구리의 물리적 성질에서 용융점은 약 몇 ℃인가?
㉮ 660℃
㉯ 1083℃
㉰ 1528℃
㉱ 3410℃

46 강을 동일한 조건에서 담금질할 경우 '질량효과(mass effect)가 적다.'의 가장 적합한 의미는?
㉮ 냉간처리가 잘된다.
㉯ 담금질 효과가 적다.
㉰ 열처리 효과가 잘된다.
㉱ 경화능이 적다.

47 알루미늄 합금, 구리 합금 용접에서 예열온도로 가장 적합한 것은?
㉮ 200 ~ 400℃
㉯ 100 ~ 200℃
㉰ 60 ~ 100℃
㉱ 20 ~ 50℃

48 탄소강의 적열취성의 원인이 되는 원소는?
㉮ S
㉯ CO_2
㉰ Si
㉱ Mn

49 주석(Sn)에 대한 설명으로 틀린 것은?
㉮ 은백색의 연한 금속으로 용융점은 232℃ 정도이다.
㉯ 독성이 없으므로 의약품, 식품 등의 튜브로 사용된다.
㉰ 고온에서 강도, 경도, 연신율이 증가된다.
㉱ 상온에서 연성이 풍부하다.

ANSWER ▶ 44.㉯ 45.㉯ 46.㉰ 47.㉮ 48.㉮ 49.㉰

50 구조용 탄소강 주물의 기호 중 연신율(%)이 가장 큰 것은?

㉮ SC 360　　　　　㉯ SC 410
㉰ SC 450　　　　　㉱ SC 480

51 다음 재료 기호 중 용접구조용 압연 강재에 속하는 것은?

㉮ SPPS 380　　　　㉯ SPCC
㉰ SCW 450　　　　㉱ SM 400C

52 그림은 제3각법으로 정투상한 정면도와 우측면도이다. 평면도로 가장 적합한 투상도는?

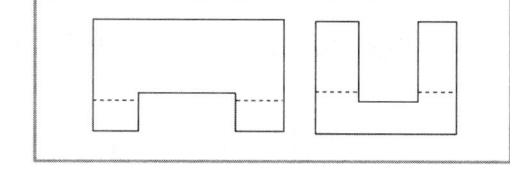

㉮ 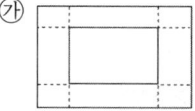　　　　㉯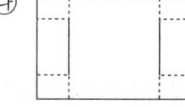

㉰ 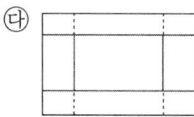　　　　㉱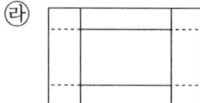

53 나사의 표시가 "M42 × 3 − 6H"로 되어 있을 때 이 나사에 대한 설명으로 틀린 것은?

㉮ 암나사 등급이 6H이다.
㉯ 호칭지름(바깥지름)은 42mm이다.
㉰ 피치는 3mm이다.
㉱ 왼 나사이다.

ANSWER ▶ 50.㉮　51.㉱　52.㉰　53.㉱

54 그림과 같이 구조물의 부재 등에서 절단 할 곳의 전후를 끊어서 90° 회전하여 그 사이에 단면형상을 표시하는 단면도는?

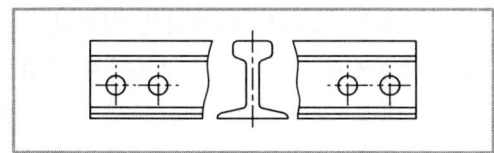

㉮ 부분 단면도 ㉯ 한쪽 단면도
㉰ 회전 도시 단면도 ㉱ 조합 단면도

55 관 끝의 표시 방법 중 용접식 캡을 나타내는 것은?

56 호의 길이 치수를 가장 적합하게 나타낸 것은?

57 도면에서 2종류 이상의 선이 같은 장소에서 중복될 경우 선의 우선순위를 옳게 나열한 것은?

㉮ 외형선 〉 숨은선 〉 절단선 〉 중심선 〉 치수 보조선
㉯ 외형선 〉 중심선 〉 절단선 〉 치수 보조선 〉 숨은선
㉰ 외형선 〉 절단선 〉 치수 보조선 〉 중심선 〉 숨은선
㉱ 외형선 〉 치수 보조선 〉 절단선 〉 숨은선 〉 중심선

ANSWER 〉 54.㉰ 55.㉱ 56.㉰ 57.㉮

58 기계제도에서 도형의 생략에 관한 설명으로 틀린 것은?

㉮ 도형이 대칭 형식인 경우에는 대칭 중심선의 한쪽 도형만을 그리고, 그 대칭 중심선의 양 끝 부분에 대칭 그림 기호를 그려서 대칭임을 나타낸다.

㉯ 대칭 중심선의 한쪽 도형을 대칭 중심선을 조금 넘는 부분까지 그려서 나타낼 수도 있으며, 이 때 중심선 양 끝에 대칭 그림 기호를 반드시 나타내야 한다.

㉰ 같은 종류, 같은 모양의 것이 다수 줄지어 있는 경우에는 실형 대신 그림기호를 피치선과 중심선과의 교점에 기입하여 나타낼 수 있다.

㉱ 축, 막대, 관과 같은 동일 단면형의 지면을 생략하기 위하여 중간 부분을 파단선으로 잘라내서 그 긴요한 부분만을 가까이 하여 도시 할 수 있다.

해설 도형의 대칭 형식인 경우엔 대칭 중심선의 한쪽 도형을 대칭 중심선의 한쪽 도형만을 그린다.

59 그림과 같은 제3각법 정투상도에서 누락된 우측면도를 가장 적합하게 투상한 것은?

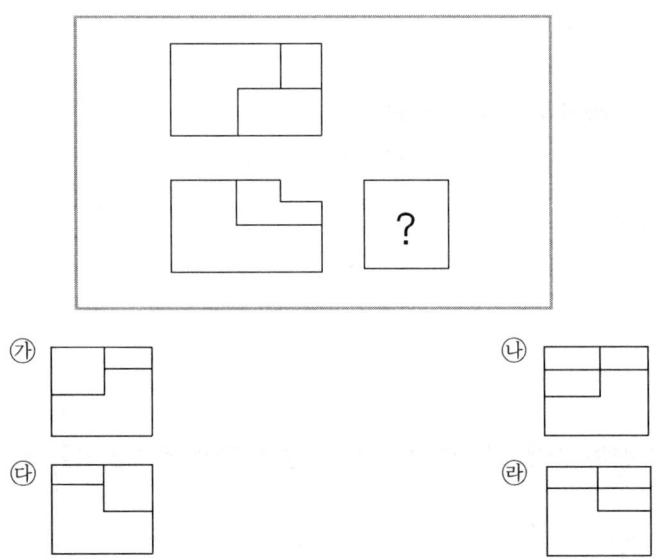

60 다음 중 필릿 용접의 기호로 옳은 것은?

제30회 CBT기출복원문제

01 구조물의 본용접 작업에 대하여 설명한 것 중 맞지 않는 것은?

㉮ 위빙 폭은 심선 지름의 2~3배 정도가 적당하다.
㉯ 용접 시단부의 기공 발생 방지 대책으로 핫 스타트(hot start)장치를 설치한다.
㉰ 용접 작업 종단에 수축공을 방지하기 위하여 아크를 빨리 끊어 크레이터를 남게 한다.
㉱ 구조물의 끝 부분이나 모서리, 구석부분과 같이 응력이 집중되는 곳에서 용접봉을 갈아 끼우는 것을 피하여 야 한다.

해설 아아크 종단에선 크레이트를 방지하기 위해 아크를 안쪽으로 밀치면서 작업을 종료한다.

02 대전류, 고속도 용접을 실시하므로 이음부의 청정(수분, 녹, 스케일 제거 등)에 특히 유의하여야 하는 용접은?

㉮ 수동 피복 아크 용접 ㉯ 반자동 이산화탄소 아크 용접
㉰ 서브머지드 아크 용접 ㉱ 가스 용접

03 CO_2 가스 아크용접시 작업장의 CO_2 가스가 몇 % 이상이면 인체에 위험한 상태가 되는가?

㉮ 1% ㉯ 4%
㉰ 10% ㉱ 15%

04 안전을 위하여 가죽 장갑을 사용할 수 있는 작업은?

㉮ 드릴링 작업 ㉯ 선반 작업
㉰ 용접 작업 ㉱ 밀링 작업

해설 장갑을 착용해선 안되는 작업은 작업부가 회전부나 구동부는 금한다.

ANSWER 1.㉰ 2.㉰ 3.㉱ 4.㉰

05 CO_2 가스 아크 용접을 보호가스와 용극방식에 의해 분류했을 때 용극식의 솔리드 와이어 혼합 가스법에 속하는 것은?
㉮ CO_2+C법
㉯ $CO_2+CO+Ar$법
㉰ CO_2+CO+O_2법
㉱ CO_2+Ar법

06 다음 중 연소를 가장 바르게 설명한 것은?
㉮ 물질이 열을 내며 탄화한다.
㉯ 물질이 탄산가스와 반응한다.
㉰ 물질이 산소와 반응하여 환원한다.
㉱ 물질이 산소와 반응하여 열과 빛을 발생한다.

07 [그림]과 같이 길이가 긴 T형 필릿 용접을 할 경우에 일어나는 용접 변형의 명칭은?

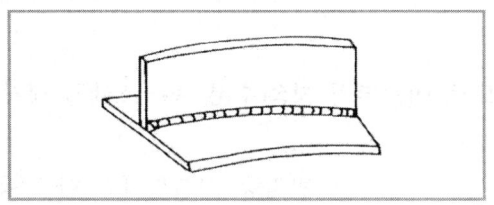

㉮ 회전 변형
㉯ 세로 굽힘 변형
㉰ 좌굴 변형
㉱ 가로 굽힘 변형

08 플라스마 아크 용접장치에서 아크 플라스마의 냉각가스로 쓰이는 것은?
㉮ 아르곤과 수소의 혼합가스
㉯ 아르곤과 산소의 혼합가스
㉰ 아르곤과 메탄의 혼합가스
㉱ 아르곤과 프로판의 혼합가스

09 용접부의 외관검사시 관찰사항이 아닌 것은?
㉮ 용입
㉯ 오버랩
㉰ 언더컷
㉱ 경도

해설 경도시험은 파괴검사의 기계적 시험법이다.

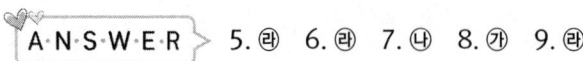
5.㉱ 6.㉱ 7.㉯ 8.㉮ 9.㉱

10 용접균열의 분류에서 발생하는 위치에 따라서 분류한 것은?
- ㉮ 용착금속 균열과 용접 열영향부 균열
- ㉯ 고온 균열과 저온 균열
- ㉰ 매크로 균열과 마이크로 균열
- ㉱ 입계 균열과 입안 균열

11 불활성가스 텅스텐 아크 용접에서 고주파 전류를 사용할 때의 이점이 아닌 것은?
- ㉮ 전극을 모재에 접촉시키지 않아도 아크 발생이 용이하다.
- ㉯ 전극을 모재에 접촉시키지 않으므로 아크가 불안정하여 아크가 끊어지기 쉽다.
- ㉰ 전극을 모재에 접촉시키지 않으므로 전극의 수명이 길다.
- ㉱ 일정한 지름의 전극에 대하여 광범위한 전류의 사용이 가능하다.

해설 불활성가스 텅스텐 용접에서 고주파를 사용하면 아크발생이 쉽고 전극 소모를 적게한다.

12 용접부 시험 중 비파괴 시험방법이 아닌 것은?
- ㉮ 초음파 시험
- ㉯ 크리프 시험
- ㉰ 침투 시험
- ㉱ 맴돌이 전류 시험

13 MIG용접에서 와이어 송급 방식이 아닌 것은?
- ㉮ 푸시 방식
- ㉯ 풀 방식
- ㉰ 푸시-풀 방식
- ㉱ 포터블 방식

14 다음 중 오스테나이트계 스테인리스강을 용접하면 냉각하면서 고온균열이 발생할 수 있는 경우는?
- ㉮ 아크길이가 너무 짧을 때
- ㉯ 크레이터 처리를 하지 않았을 때
- ㉰ 모재 표면이 청정했을 때
- ㉱ 구속력이 없는 상태에서 용접할 때

ANSWER 10. ㉮ 11. ㉯ 12. ㉯ 13. ㉱ 14. ㉯

15 다음 용착법 중에서 비석법을 나타낸 것은?

㉮ 5 → 4 → 3 → 2 → 1
㉯ 2 → 3 → 4 → 1 → 5
㉰ 1 → 4 → 2 → 5 → 3
㉱ 3 → 4 → 5 → 1 → 2

16 알루미늄을 TIG 용접법으로 접합하고자 할 경우 필요한 전원과 극성으로 가장 적합한 것은?

㉮ 직류 정극성
㉯ 직류 역극성
㉰ 교류 저주파
㉱ 교류 고주파

해설 알루미늄 용접에서 교류 고주파를 사용하는 것은 알루미늄의 산화막을 청정작용으로 표면의 불순물을 제거하여 용접을 쉽게 한다.

17 연납땜에 가장 많이 사용되는 용가재는?

㉮ 주석 납
㉯ 인동 납
㉰ 양은 납
㉱ 황동 납

18 충전가스 용기 중 암모니아 가스 용기의 도색은?

㉮ 회색
㉯ 청색
㉰ 녹색
㉱ 백색

19 다음 [그림]에서 루트 간격을 표시하는 것은?

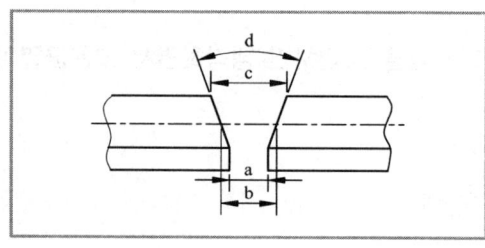

㉮ a
㉯ b
㉰ c
㉱ d

A·N·S·W·E·R 15. ㉰ 16. ㉱ 17. ㉮ 18. ㉱ 19. ㉮

20 일렉트로 가스 아크 용접에 주로 사용하는 실드 가스는?
㉮ 아르곤 가스　　㉯ CO_2 가스
㉰ 프로판 가스　　㉱ 헬륨 가스

21 이음형상에 따라 저항용접을 분류할 때 맞대기 용접에 속하는 것은?
㉮ 업셋 용접　　㉯ 스폿 용접
㉰ 심 용접　　㉱ 프로젝션 용접

22 용접기의 보수 및 점검사항 중 잘못 설명한 것은?
㉮ 습기나 먼지가 많은 장소는 용접기 설치를 피한다.
㉯ 용접기 케이스와 2차측 단자의 두쪽 모두 접지를 피한다.
㉰ 가동부분 및 냉각팬을 점검하고 주유를 한다.
㉱ 용접케이블의 파손된 부분은 절연 테이프로 감아준다.

23 교류아크 용접기의 종류에 속하지 않는 것은?
㉮ 가동 코일형　　㉯ 가동 철심형
㉰ 전동기 구동형　　㉱ 탭 전환용

해설　직류아크 용접기 : 전동구동형, 엔진구동형, 셀렌정류형, 실리콘정류형
　　　교류아크 용접기 : 가동철심형, 가동코일형, 탭전환형, 가포화리엑터형

24 용접봉에서 모재로 용융금속이 옮겨가는 용적이행 상태가 아닌 것은?
㉮ 단락형　　㉯ 스프레이형
㉰ 탭 전환형　　㉱ 글로뷸러형

25 교류와 직류 아크 용접기를 비교할 때 직류 아크 용접기의 특징이 아닌 것은?
㉮ 구조가 복잡하다.
㉯ 아크의 안정성이 우수하다.
㉰ 비피복 용접봉 사용이 가능하다.
㉱ 역률이 불량하다.

ANSWER　20. ㉯　21. ㉮　22. ㉯　23. ㉰　24. ㉰　25. ㉱

26 가스용접에서 탄화불꽃의 설명과 관련이 가장 적은 것은?
㉮ 속불꽃과 겉불꽃 사이에 밝은 백색의 제3의 불꽃이 있다.
㉯ 산화작용이 일어나지 않는다.
㉰ 아세틸렌 과잉불꽃이다.
㉱ 표준불꽃이다.

> 해설 탄화불꽃은 아세틸렌 과잉 불꽃이며 표준불꽃은 산소와 아세틸렌이 1 : 1 비율이다.

27 전기용접봉 E4301은 어느 계통인가?
㉮ 저수소계　　　　　　㉯ 고산화티탄계
㉰ 일미나이트계　　　　㉱ 라임티타니아계

28 가스 절단 작업시의 표준 드래그 길이는 일반적으로 모재 두께의 몇 % 정도인가?
㉮ 5　　　　　　　　　㉯ 10
㉰ 20　　　　　　　　　㉱ 30

29 산소용기의 표시로 용기 위부분에 각인이 찍혀있다. 잘못 표시된 것은?
㉮ 용기제작사 명칭 또는 기호　　㉯ 충전가스 명칭
㉰ 용기 중량　　　　　　　　　　㉱ 최저 충전압력

30 피복 아크 용접기의 아크 발생 시간과 휴식시간 전체가 10분이고, 아크 발생 시간이 3분일 때 이 용접기의 사용률(%)은?
㉮ 10%　　　　　　　　㉯ 20%
㉰ 30%　　　　　　　　㉱ 40%

> 해설 사용율은 10분을 기준으로 3분이면 30%, 4분이면 40%이다.

31 다음 절단법 중에서 두꺼운 판, 주강의 슬래그 덩어리, 암석의 천공 등의 절단에 이용되는 절단법은?
㉮ 산소창 절단　　　　　㉯ 수중 절단
㉰ 분말 절단　　　　　　㉱ 포갬 절단

A·N·S·W·E·R   26. ㉱   27. ㉰   28. ㉰   29. ㉱   30. ㉰   31. ㉮

32 다음 중 직류 정극성을 나타내는 기호는?
   ㉮ DCSP
   ㉯ DCCP
   ㉰ DCRP
   ㉱ DCOP

33 용접에서 직류 역극성의 설명 중 틀린 것은?
   ㉮ 모재의 용입이 깊다.
   ㉯ 봉의 녹음이 빠르다.
   ㉰ 비드 폭이 넓다.
   ㉱ 박판, 합금강, 비철금속의 용접에 사용한다.

34 피복 아크 용접봉의 피복제에 합금제로 첨가되는 것은?
   ㉮ 규산칼륨
   ㉯ 페로망간
   ㉰ 이산화망간
   ㉱ 붕사

35 100A 이상 300A 미만의 피복금속 아크 용접시, 차광유리의 차광도 번호가 가장 적합한 것은?
   ㉮ 4~5번
   ㉯ 8~9번
   ㉰ 10~12번
   ㉱ 15~16번

36 가스 절단에서 절단 속도에 영향을 미치는 요소가 아닌 것은?
   ㉮ 예열 불꽃의 세기
   ㉯ 팁과 모재의 간격
   ㉰ 역화방지기의 설치 유무
   ㉱ 모재의 재질과 두께

37 두께가 6.0 mm인 연강판을 가스용접하려고 할 때 가장 적합한 용접봉의 지름은 몇 mm 인가?
   ㉮ 1.6
   ㉯ 2.6
   ㉰ 4.0
   ㉱ 5.0

   해설 가스용접봉의 지름 = (T/2)+1 = (6/2)+1 = 4

ANSWER 32. ㉮ 33. ㉮ 34. ㉯ 35. ㉰ 36. ㉰ 37. ㉰

38 가스의 혼합비(가연성가스 : 산소)가 최적의 상태일 때 가연성 가스의 소모량이 1이면 산소의 소모량이 가장 적은 가스는?
㉮ 메탄   ㉯ 프로판
㉰ 수소   ㉱ 아세틸렌

39 가변압식 토치의 팁 번호 400번을 사용하여 표준불꽃으로 2시간 동안 용접할 때, 아세틸렌가스의 소비량은 몇 ℓ 인가?
㉮ 400   ㉯ 800
㉰ 1600   ㉱ 2400

> 해설 아세틸렌 소모량에서 400번팁은 1시간당 400L의 아세틸렌을 소모한다는 뜻임, 그러므로 400 × 2 = 800

40 두랄루민(duralumin)의 합금 성분은?
㉮ Al+Cu+Sn+Zn   ㉯ Al+Cu+Si+Mo
㉰ Al+Cu+Ni+Fe   ㉱ Al+Cu+Mg+Mn

41 탄소강에 관한 설명으로 옳은 것은?
㉮ 탄소가 많을수록 가공 변형은 어렵다.
㉯ 탄소강의 내식성은 탄소가 증가할수록 증가한다.
㉰ 아공석강에서 탄소가 많을수록 인장강도가 감소한다.
㉱ 아공석강에서 탄소가 많을수록 경도가 감소한다.

42 액체 침탄법에 사용되는 침탄제는?
㉮ 탄산바륨   ㉯ 가성소다
㉰ 시안화나트륨   ㉱ 탄산나트륨

ANSWER 38.㉰ 39.㉯ 40.㉱ 41.㉮ 42.㉰

43 다음 금속의 기계적 성질에 대한 설명 중 틀린 것은?

㉮ 탄성 : 금속에 외력을 가해 변형되었다가 외력을 제거 했을 때 원래 상태로 돌아 오는 성질

㉯ 경도 : 금속표면이 외력에 저항하는 성질, 즉 물체의 기계적인 단단함의 정도를 나타내는 것

㉰ 취성 : 강도가 크면서 연성이 없는 것, 즉, 물체가 약간의 변형에도 견디지 못하고 파괴되는 성질

㉱ 피로 : 재료에 인장과 압축하중을 오랜 시간 동안 연속적으로 되풀이 하여도 파괴되지 않는 현상

44 다이캐스팅 합금강 재료의 요구 조건에 해당되지 않는 것은?

㉮ 유동성이 좋아야 한다.
㉯ 열간 메짐성(취성)이 적어야 한다.
㉰ 금형에 대한 점착성이 좋아야 한다.
㉱ 응고수축에 대한 용탕 보급성이 좋아야 한다.

45 강을 담금질할 때 다음 냉각액 중에서 냉각효과가 가장 빠른 것은?

㉮ 기름
㉯ 공기
㉰ 물
㉱ 소금물

❋ 냉각효과 순서 : 소금물-물-기름-공기

46 주석청동 중에 납(Pb)을 3~26% 첨가한 것으로 베어링, 패킹재료 등에 널리 사용되는 것은?

㉮ 인청동
㉯ 연청동
㉰ 규소 청동
㉱ 베릴륨 청동

47 페라이트계 스테인리스강의 특징이 아닌 것은?

㉮ 표면 연마된 것은 공기나 물에 부식되지 않는다.
㉯ 질산에는 침식되나 염산에는 침식되지 않는다.
㉰ 오스테나이트계에 비하여 내산성이 낮다.
㉱ 풀림상태 또는 표면이 거친 것은 부식되기 쉽다.

ANSWER ▶ 43. ㉱ 44. ㉰ 45. ㉱ 46. ㉯ 47. ㉯

48 Mg(마그네슘)의 특성을 나타낸 것이다. 틀린 것은?
㉮ Fe, Ni 및 Cu 등의 함유에 의하여 내식성이 대단히 좋다.
㉯ 비중이 1.74로 실용금속 중에서 매우 가볍다.
㉰ 알칼리에는 견디나 산이나 열에는 약하다.
㉱ 바닷물에 대단히 약하다.

49 다음 주강에 대한 설명이다. 잘못된 것은?
㉮ 용접에 의한 보수가 용이하다.
㉯ 주철에 비해 기계적 성질이 우수하다.
㉰ 주철로서는 강도가 부족할 경우에 사용한다.
㉱ 주철에 비해 용융점이 낮고, 수축율이 크다.

> 해설 탄소강에서 탄소의 함량이 많아 질수록 용융점이 내려간다. 그러므로 주강은 주철보다 탄소량이 적으므로 용융점이 높다.

50 가볍고 강하며 내식성이 우수하나 600℃ 이상에서는 급격히 산화되어 TIG 용접시 용접 토치에 특수(Shield Gas) 장치가 반드시 필요한 금속은?
㉮ Al   ㉯ Ti
㉰ Mg   ㉱ Cu

51 그림의 형강을 올바르게 나타낸 치수 표시법은? (단, 형강 길이는 K이다.)

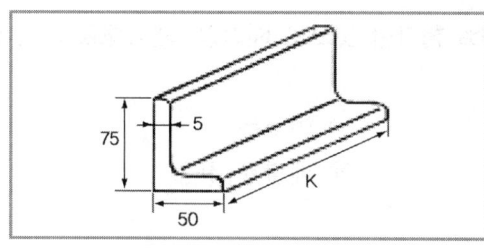

㉮ L75 × 50 × 5 × K   ㉯ L75 × 50 × 5−K
㉰ L50 × 75−5−K   ㉱ L50 × 75 × 5 × K

52 기계제도에 관한 일반사항의 설명으로 틀린 것은?

㉮ 도형의 크기와 대상물의 크기와의 사이에는 올바른 비례관계를 보유하도록 그린다. 다만, 잘못 볼 염려가 없다고 생각되는 도면은 도면의 일부 또는 전부에 대하여 이 비례 관계는 지키지 않아도 좋다.

㉯ 선의 굵기 방향의 중심은 선의 이론상 그려야 할 위치 위에 있어야 한다.

㉰ 서로 근접하여 그리는 선의 선 간격(중심거리)은 원칙적으로 평행선의 경우, 선의 굵기의 3배 이상으로 하고, 선과 선의 간격은 0.7mm 이상으로 하는 것이 좋다.

㉱ 투명한 재료로 만들어지는 대상물 또는 부분은 투상도에서 전부 투명한 것(없는 것)으로 하여 나타낸다.

53 그림과 같은 제3각 투상도에 가장 적합한 입체도는?

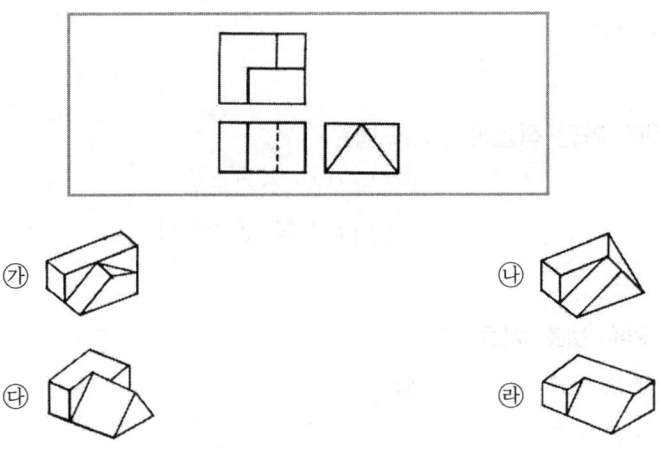

54 배관 제도 밸브 도시기호에서 일반 밸브가 닫힌 상태를 도시한 것은?

A·N·S·W·E·R 52. ㉱ 53. ㉰ 54. ㉱

55 다음 용접기호의 설명으로 옳은 것은?

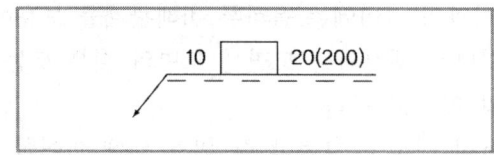

㉮ 플러그 용접을 의미한다.   ㉯ 용접부 지름은 20mm이다.
㉰ 용접부 간격은 10mm이다.   ㉱ 용접부 수는 200개이다.

56 정투상법의 제1각법과 제3각법에서 배열위치가 정면도를 기준으로 동일한 위치에 놓이는 투상도는?

㉮ 좌측면도   ㉯ 평면도   ㉰ 저면도   ㉱ 배면도

해설 배면도는 정면도 뒤쪽이다.

57 다음 중 원기둥의 전개에 가장 적합한 전개도법은?

㉮ 평행선 전개도법   ㉯ 방사선 전개도법
㉰ 삼각형 전개도법   ㉱ 역삼각형 전개도법

58 판의 두께를 나타내는 치수 보조 기호는?

㉮ C   ㉯ R   ㉰ □   ㉱ t

59 KS 재료기호 SM10C 에서 10C는 무엇을 뜻하는가?

㉮ 제작방법   ㉯ 종별 번호
㉰ 탄소함유량   ㉱ 최저인장강도

60 다음 투상도 중 표현하는 각법이 다른 하나는?

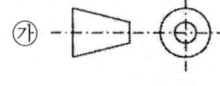   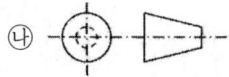

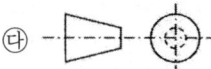   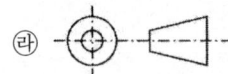

ANSWER 55.㉮ 56.㉱ 57.㉮ 58.㉱ 59.㉰ 60.㉰

제31회 CBT기출복원문제

01 텅스텐 전극봉의 종류에 해당되지 않는 것은?
- ㉮ 순 텅스텐
- ㉯ 1% 토륨 텅스텐
- ㉰ 지르코늄 텅스텐
- ㉱ 3% 토륨 텅스텐

02 다음 [그림]에 해당하는 용접이음의 종류는?

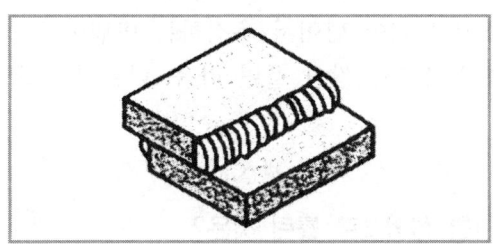

- ㉮ 겹치기 이음
- ㉯ 맞대기 이음
- ㉰ 전면 필릿 이음
- ㉱ 모서리 이음

03 용접을 로봇화할 때 그 특징의 설명으로 틀린 것은?
- ㉮ 비드의 높이, 비드 폭, 용입 등을 정확히 제어할 수 있다.
- ㉯ 아크 길이를 일정하게 유지할 수 있다.
- ㉰ 용접봉의 손실을 줄일 수 있다.
- ㉱ 생산성이 저하된다.

04 레이저 용접이 적용되는 분야 및 응용 범위에 속하지 않는 것은?
- ㉮ 우주 통신, 로켓의 추적, 광학, 계측기 등에 응용
- ㉯ 가는 선이나 작은 물체의 용접 및 박판의 용접에 적용
- ㉰ 다이아몬드의 구멍 뚫기, 절단 등에 응용
- ㉱ 용접 비드 표면의 기공 및 각종 불순물의 제거

ANSWER ▷ 1. ㉱ 2. ㉮ 3. ㉱ 4. ㉱

05 경납땜시 경납이 갖추어야할 조건으로 잘못 설명된 것은?
㉮ 기계적, 물리적, 화학적 성질이 좋아야 한다.
㉯ 접합이 튼튼하고 모재와 친화력이 있어야 한다.
㉰ 금, 은, 공예품들의 땜납에는 색조가 같아야 한다.
㉱ 용융온도가 모재보다 높고 유동성이 좋아야 한다.

🌟해설 경납땜은 모재를 녹이지 않고 용접하므로 용접봉의 녹음이 모재보다 용융온도가 낮아야 한다.

06 용착법에 대해 잘못 표현된 것은?
㉮ 후진법 : 용접 진행 방향과 용착 방향이 서로 반대가 되는 방법이다.
㉯ 대칭법 : 이음의 수축에 따른 변형이 서로 대칭되게 할 경우에 사용된다.
㉰ 스킵법 : 이음 전 길이에 대해서 뛰어 넘어서 용접하는 방법이다.
㉱ 전진법 : 홈을 한 부분씩 여러 층으로 쌓아 올린 다음, 다른 부분으로 진행하는 방법이다.

07 불활성가스 금속 아크 용접에 관한 설명으로 틀린 것은?
㉮ 바람의 영향을 받지 않으므로 방풍대책이 필요없다.
㉯ 피복아크 용접에 비해 용착효율이 높아 고능률적이다.
㉰ TIG용접에 비해 전류밀도가 높아 용융속도가 빠르다.
㉱ CO_2용접에 비해 스패터 발생이 적어 비교적 아름답고 깨끗한 비드를 얻을 수 있다.

🌟해설 불활성가스 아크용접은 3~4m/sec풍속에서는 용접이 힘들다.

08 아크 용접 작업 중 인체에 감전된 전류가 20~50mA일 때 인체에 미치는 영향으로 옳은 것은?
㉮ 고통을 느끼고 가까운 근육이 저려서 움직이지 않는다.
㉯ 고통을 느끼고 강한 근육 수축이 일어나며 호흡이 곤란하다.
㉰ 고통을 수반한 쇼크를 느낀다.
㉱ 순간적으로 사망할 위험이 있다.

ANSWER 5.㉱ 6.㉱ 7.㉮ 8.㉯

09 용접 작업시의 전격방지 대책으로 잘못된 것은?

㉮ 홀더나 용접봉은 절대로 맨손으로 취급하지 않는다.
㉯ TIG 용접시 텅스텐 전극봉을 교체할 때는 항상 전원 스위치를 차단하고 작업한다.
㉰ TIG 용접시 수냉식 토치는 과열을 방지하기 위해 냉각수 탱크에 넣어 식힌 후 작업한다.
㉱ 용접하지 않을 때에는 TIG용접의 텅스텐 전극봉을 제거하거나 노즐 뒤쪽으로 밀어 넣는다.

해설 수냉식 토치는 토치내에 수냉호스에 냉각수가 회전하며 냉각한다.

10 가스 용접에서 사용되는 아세틸렌 가스의 성질을 설명한 것 중 맞는 것은?

㉮ 비중은 1.105이다.
㉯ 15℃ 1kgf/cm²의 아세틸렌 1리터의 무게는 1.176g이다.
㉰ 각종 액체에 잘 용해되며 물에는 6배 용해된다.
㉱ 순수한 아세틸렌 가스는 악취가 난다.

11 기계적 시험법 중 동적시험방법에 해당하는 것은?

㉮ 크리프 시험 ㉯ 피로 시험
㉰ 굽힘 시험   ㉱ 인장 시험

12 서브머지드 아크 용접에서 용융형 용제의 특징에 대한 설명으로 옳은 것은?

㉮ 흡습성이 크다.
㉯ 비드 외관이 거칠다.
㉰ 용제의 화학적 균일성이 양호하다.
㉱ 용접 전류에 따라 입도의 크기는 같은 용제를 사용해야 한다.

13 용접 후열처리를 하는 목적 중 맞지 않는 것은?

㉮ 용접 후의 급냉 회피   ㉯ 응력제거 풀림 처리
㉰ 완전 풀림 처리   ㉱ 담금질에 의한 경화

해설 용접의 후처리는 용접후 응력제거 및 풀림처리 목적이 있다.

ANSWER ▶ 9. ㉰ 10. ㉯ 11. ㉯ 12. ㉰ 13. ㉱

14 중탄소강의 용접에 대하여 설명한 것 중 맞지 않는 것은?

㉮ 중탄소강을 용접할 경우에 탄소량이 증가함에 따라 800~900℃ 정도 예열을 할 필요가 있다.
㉯ 탄소량이 0.4% 이상인 중탄소강은 후열처리를 고려해야 한다.
㉰ 피복 아크 용접할 경우는 저수소계 용접봉을 선정하여 건조시켜 사용한다.
㉱ 서브머지드 아크 용접할 경우는 와이어와 플럭스 선정시 용접부 강도 수준을 충분히 고려하여야 한다.

15 용접 후 처리에서 잔류응력을 제거시켜 주는 방법이 아닌 것은?

㉮ 저온응력 완화법 ㉯ 노내 풀림법
㉰ 피닝법 ㉱ 역변형법

해설 역변형법은 용접의 변형을 방지하기 위해 용접전 변형을 예상해서 반대로 변형하여 용접후 변형이 원위치로 돌아오는 현상이다.

16 아크열이 아닌 와이어와 용융슬래그 사이에 통전된 전류의 저항열을 이용하여 용접하는 방법은?

㉮ 전자빔 용접 ㉯ 테르밋 용접
㉰ 서브머지드 아크 용접 ㉱ 일렉트로 슬래그 용접

17 솔리드 와이어 CO_2 가스 아크용접에서 CO_2 가스에 Ar가스를 혼합시 특징에 대한 설명으로 틀린 것은?

㉮ 아크가 안정된다. ㉯ 후판 용접에 주로 사용된다.
㉰ 스패터가 감소한다. ㉱ 작업성과 용접 품질이 향상된다.

18 이산화탄소 아크 용접시 이산화탄소의 농도가 몇 %가 되면 두통이나 뇌빈혈을 일으키는가?

㉮ 3~4 ㉯ 15~16
㉰ 33~34 ㉱ 55~56

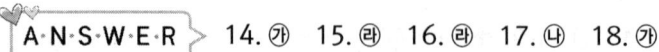
14. ㉮ 15. ㉱ 16. ㉱ 17. ㉯ 18. ㉮

19 KS규격에서 화재안전, 금지표시의 의미를 나타내는 안전색은?
㉮ 노랑 ㉯ 초록
㉰ 빨강 ㉱ 파랑

20 용접부의 연성결함을 조사하기 위하여 사용되는 시험법은?
㉮ 브리넬 시험 ㉯ 비커스 시험
㉰ 굽힘 시험 ㉱ 충격 시험

21 용접제품을 조립하다가 V홈 맞대기 이음 홈의 간격이 5mm 정도 벌어졌을 때 홈의 보수 및 용접방법으로 가장 적합한 것은?
㉮ 그대로 용접한다.
㉯ 뒷판을 대고 용접한다.
㉰ 덧살올림 용접 후 가공하여 규정 간격을 맞춘다.
㉱ 치수에 맞는 재료로 교환하여 루트 간격을 맞춘다.

22 용접결함의 종류 중 치수상의 결함에 속하는 것은?
㉮ 선상조직 ㉯ 변형
㉰ 기공 ㉱ 슬래그 잠입

23 용해 아세틸렌을 충전했을 때 용기 전체 무게가 27kgf이고 사용 후 빈 용기 무게가 24kgf이었다면 순수 아세틸렌 가스의 양은?
㉮ 2715 l ㉯ 2025 l
㉰ 1125 l ㉱ 648 l

해설 가스양 = 905(A − B) = 905(27 − 24) = 2715 L

24 다음 중 아크 에어 가우징 장치가 아닌 것은?
㉮ 수냉장치 ㉯ 전원(용접기)
㉰ 가우징 토치 ㉱ 압축공기(콤프레셔)

ANSWER 19. ㉰ 20. ㉰ 21. ㉰ 22. ㉯ 23. ㉮ 24. ㉮

25 용접전류 150A, 전압이 30V일 때 아크 출력은 몇 kw인가?
- ㉮ 4.2
- ㉯ 4.5
- ㉰ 4.8
- ㉱ 5.8

해설 아크출력 = 용접전류 × 용접전압 150 × 30 = 4500V = 4.5kw

26 교류 아크 용접기에서 가변저항을 이용하여 전류의 원격조정이 가능한 용접기는?
- ㉮ 가포화 리액터형
- ㉯ 가동 코일형
- ㉰ 탭 전환형
- ㉱ 가동 철심형

27 2개의 모재에 압력을 가해 접촉시킨 다음 접촉면에 압력을 주면서 상대운동을 시켜 접촉면에서 발생하는 열을 이용하는 용접법은?
- ㉮ 가스 압접
- ㉯ 냉간 압접
- ㉰ 마찰 용접
- ㉱ 열간 압접

28 피복 배합제 원료에 대한 역할이 올바르게 연결된 것은?
- ㉮ 페로 실리콘 : 아크 안정제
- ㉯ 페로 망간 : 탈산제
- ㉰ 페로티탄 : 고착제
- ㉱ 알루미늄 : 가스 발생제

29 가스 용접의 아래보기 자세에서 왼손에는 용접봉, 오른손에는 토치를 잡고 작업할 때 전진법을 설명한 것은?
- ㉮ 오른쪽에서 왼쪽으로 용접한다.
- ㉯ 왼쪽에서 오른쪽으로 용접한다.
- ㉰ 아래에서 위로 용접한다.
- ㉱ 위에서 아래로 용접한다.

해설 용접에서 전진법(좌진법)과 후진법(우진법)은 전진법은 우에서 좌로 후진법은 좌에서 우로 용접해간다.

30 교류아크 용접기와 비교했을 때 직류 아크 용접기의 특징을 옳게 설명한 것은?
- ㉮ 아크의 안정성이 우수하다.
- ㉯ 구조가 간단하다.
- ㉰ 극성 변화가 불가능하다.
- ㉱ 전격의 위험이 많다.

ANSWER ▶ 25.㉯ 26.㉮ 27.㉰ 28.㉯ 29.㉮ 30.㉮

31 피복아크 용접봉에서 피복제의 역할로 옳은 것은?
㉮ 재료의 급랭을 도와준다.
㉯ 산화성 분위기로 용착금속을 보호한다.
㉰ 슬래그 제거를 어렵게 한다.
㉱ 아크를 안정시킨다.

32 강재의 절단부분을 나타낸 그림이다. ①, ②, ③, ④의 명칭이 틀린 것은?

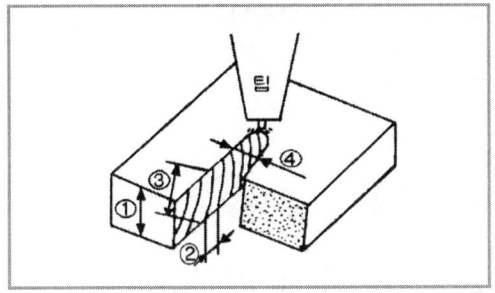

㉮ ① : 판두께　　　　　㉯ ② : 드래그
㉰ ③ : 드래그 라인　　　㉱ ④ : 피치

33 여러 사람이 공동으로 용접 작업을 할 때 다른 사람에게 유해광선의 해를 끼치지 않게 하기 위해서 설치해야 하는 것은?
㉮ 차광막　　　　　㉯ 경계통로
㉰ 환기장치　　　　㉱ 집진장치

34 플라즈마 절단에 대한 설명으로 틀린 것은?
㉮ 플라즈마는 고체, 액체, 기체 이외의 제4의 물리상태라고도 한다.
㉯ 아크 플라즈마의 온도는 약 5000℃의 열원을 가진다.
㉰ 비이행형 아크 절단은 텅스텐 전극과 수냉 노즐과의 사이에서 아크 플라즈마를 발생시키는 것이다.
㉱ 이행형 아크 절단은 텅스텐 전극과 모재 사이에서 아크 플라즈마를 발생시키는 것이다.

ANSWER ▶ 31. ㉱　32. ㉱　33. ㉮　34. ㉯

35 가스 용접에서 알루미늄을 용접하고자 할 때 일반적으로 어떤 용접봉을 사용하는가?
㉮ Al에 소량의 P를 첨가한 용접봉
㉯ Al에 소량의 S를 첨가한 용접봉
㉰ Al에 소량의 C를 첨가한 용접봉
㉱ Al에 소량의 Fe를 첨가한 용접봉

36 아세틸렌의 성질에 대한 설명으로 틀린 것은?
㉮ 산소와 적당히 혼합하여 연소하면 고온을 얻는다.
㉯ 공기보다 가볍다.
㉰ 아세톤에 25배 용해된다.
㉱ 탄화수소에서 가장 완전한 가스이다.

해설 아세틸렌은 폭발범위가 가장넓고 자가폭발하는 불안정한 가스다.

37 가스 용접에 사용되는 연료가스의 일반적 성질 중 틀린 것은?
㉮ 불꽃의 온도가 높아야 한다.
㉯ 연소속도가 늦어야 한다.
㉰ 발열량이 커야 한다.
㉱ 용융금속과 화학반응을 일으키지 말아야 한다.

38 다음 중 용접법의 분류에 속하지 않는 것은?
㉮ 융접   ㉯ 압접
㉰ 납땜   ㉱ 리벳팅

39 스테인리스강, 알루미늄 등과 같은 비철합금을 절단할 수 없는 것은?
㉮ 플라즈마 절단   ㉯ 가스 가우징
㉰ TIG 절단   ㉱ MIG 절단

40 6 : 4 황동의 내식성을 개량하기 위하여 1% 전후의 주석을 첨가한 것은?
㉮ 콜슨 합금   ㉯ 네이벌 황동
㉰ 청동   ㉱ 인청동

ANSWER ▶ 35. ㉮ 36. ㉱ 37. ㉯ 38. ㉱ 39. ㉯ 40. ㉯

41 주강에서 탄소량이 많아질수록 일어나는 성질이 아닌 것은?
㉮ 강도가 증가한다.   ㉯ 연성이 감소한다.
㉰ 충격값이 증가한다.   ㉱ 용접성이 떨어진다.

해설 탄소량이 많아지면 취성이 발생하여 충격값이 적어진다.

42 WC, TiC, TaC 등의 금속 탄화물을 Co로 소결한 것으로서 탄화물 소결공구라 하며, 일반적으로 칠드 주철, 경질 유리 등도 쉽게 절삭할 수 있는 공구강은?
㉮ 세라믹   ㉯ 고속도강
㉰ 초경합금   ㉱ 주조경질합금

43 일반적으로 구리가 강에 비해 우수한 점이 아닌 것은?
㉮ 화학적 저항력이 적어 부식이 용이
㉯ 전기 및 열의 전도성이 양호
㉰ 전연성이 풍부하고 가공이 용이
㉱ 아름다운 광택과 귀금속 성질이 우수

해설 구리는 강한 산화피막으로 화학적 저항력이 커서 부식이 어렵다.

44 소재의 표면에 강이나 주철로 된 작은 입자를 고속으로 분사시켜 표면 경도를 높이는 것은?
㉮ 쇼트 피닝   ㉯ 하드 페이싱
㉰ 화염 경화법   ㉱ 고주파 경화법

45 주철조직 중 γ 고용체와 Fe_3C의 기계적 혼합으로 생긴 공정주철로 A_1변태점 이상에서 안정적으로 존재하는 것은?
㉮ 페라이트   ㉯ 펄라이트
㉰ 시멘타이트   ㉱ 레데브라이트

ANSWER 41. ㉰   42. ㉰   43. ㉮   44. ㉮   45. ㉱

46 강의 재질을 연하고 균일하게 하기 위한 목적으로 아래 [그림]의 열처리 곡선과 같이 행하는 열처리는?

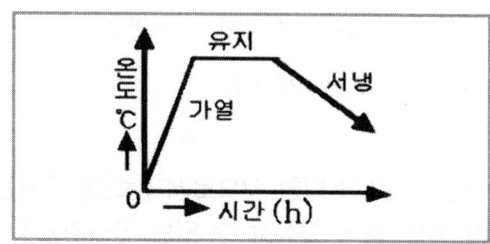

㉮ 불림 ㉯ 담금질
㉰ 풀림 ㉱ 뜨임

47 오스테나이트계 스테인리스강의 표준성분에서 크롬과 니켈의 함유량은?
㉮ 10% 크롬, 10% 니켈   ㉯ 18% 크롬, 8% 니켈
㉰ 10% 크롬, 8% 니켈   ㉱ 8% 크롬, 18% 니켈

48 순철의 자기 변태점은?
㉮ A_1 ㉯ A_2
㉰ A_3 ㉱ A_4

49 알루미늄과 그 합금에 대한 설명 중 틀린 것은?
㉮ 비중 2.7, 용융점 약 660℃이다.
㉯ 알루미늄 주물은 무게가 가벼워 자동차 산업에 많이 사용된다.
㉰ 염산이나 황산 등의 무기산에도 잘 부식되지 않는다.
㉱ 대기 중에서 내식성이 강하고 전기와 열의 좋은 전도체이다.

50 크로망실이라고도 하며 고온 단조, 용접, 열처리가 용이하여 철도용, 단조용 크랭크축, 차축 및 각종 자동차 부품 등에 널리 사용되는 구조용 강은?
㉮ Ni – Cr 강   ㉯ Ni – Cr – Mo강
㉰ Mn – Cr 강   ㉱ Cr – Mn – Si강

ANSWER ▶ 46.㉰ 47.㉯ 48.㉯ 49.㉰ 50.㉱

51 그림과 같은 입체를 화살표 방향을 정면으로 하여 제3각법으로 배면도를 투상하고자 할 때 가장 적합한 것은?

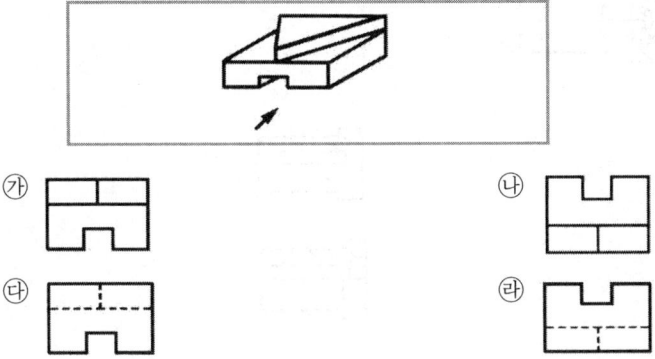

㉮ ㉯ ㉰ ㉱

52 그림과 같은 용접 기호에서 "Z3"의 설명으로 옳은 것은?

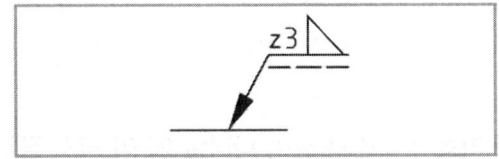

㉮ 필릿 용접부의 목 길이가 3mm이다.
㉯ 필릿 용접부의 목 두께가 3mm이다.
㉰ 용접을 위쪽으로 3군데 하라는 표시이다.
㉱ 용접을 3mm간격으로 하라는 표시이다.

53 그림과 같은 제3각법에 의한 정투상도의 입체도로 가장 적합한 것은?

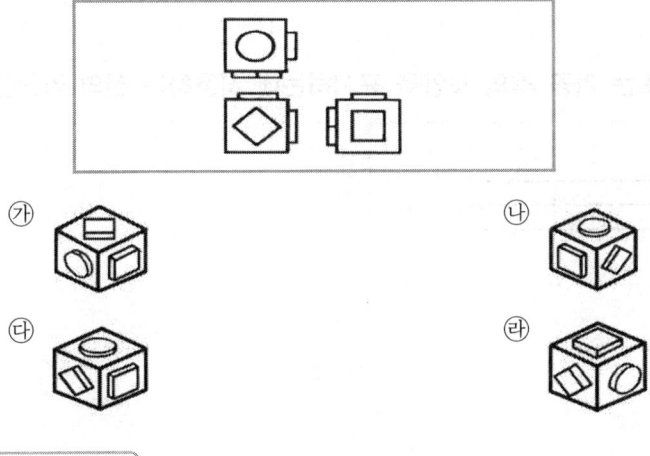

㉮ ㉯ ㉰ ㉱

ANSWER 51. ㉰ 52. ㉮ 53. ㉰

54 그림과 같은 물체를 한쪽 단면도로 나타낼 때 가장 옳은 것은?

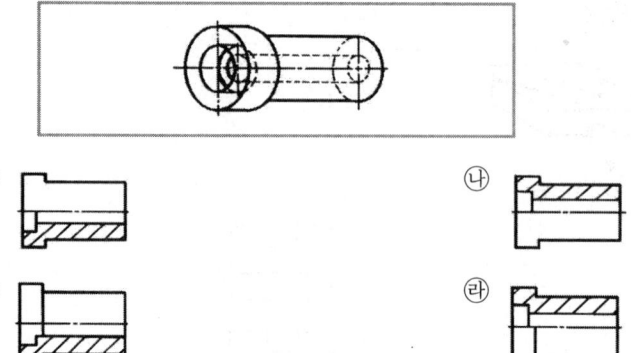

55 기계 구조용 탄소 강관의 KS 재료 기호는?
㉮ SPC ㉯ SPS
㉰ SWP ㉱ STKM

56 지지 장치를 의미하는 배관 도시 기호가 그림과 같이 나타날 때 이 지지 장치의 형식은?

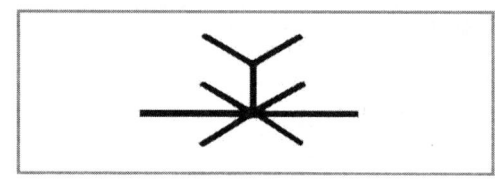

㉮ 고정식 ㉯ 가이드식
㉰ 슬라이드식 ㉱ 일반식

57 그림과 같이 가공 전 또는 가공 후의 모양을 표시하는데 사용하는 선의 명칭은?

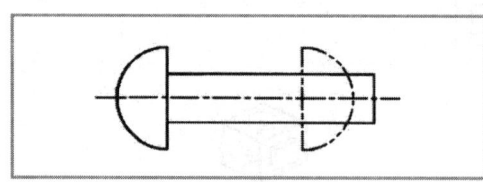

㉮ 숨은선 ㉯ 파단선
㉰ 가상선 ㉱ 절단선

A·N·S·W·E·R 54. ㉱ 55. ㉱ 56. ㉮ 57. ㉰

58 판금작업시 강판 재료를 절단하기 위하여 가장 필요한 도면은?

㉮ 조립도 ㉯ 전개도
㉰ 배관도 ㉱ 공정도

59 도면의 척도 값 중 실제 형상을 확대하여 그리는 것은?

㉮ 2 : 1 ㉯ 1 : $\sqrt{2}$
㉰ 1 : 1 ㉱ 1 : 2

60 그림에서 "□15"에 대한 설명으로 맞는 것은?

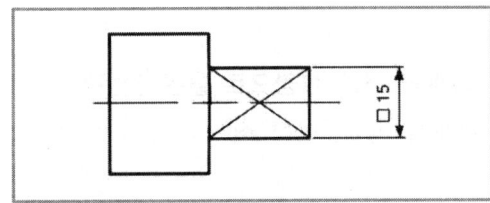

㉮ 단면적이 15인 직사각형
㉯ 한 변의 길이가 15인 정사각형
㉰ ⌀15인 원통에 평면이 있음
㉱ 이론적으로 정확한 치수가 15인 평면

ANSWER 58.㉯ 59.㉮ 60.㉯

제32회 CBT기출복원문제

01 다음 중 가스 용접에 있어 납땜의 용제가 갖추어야 할 조건으로 옳은 것은?
㉮ 청정한 금속면의 산화가 잘 이루어 질 것
㉯ 전기 저항 납땜에 사용되는 것은 부도체일 것
㉰ 용제의 유효 온도 범위와 납땜의 온도가 일치할 것
㉱ 땜납이 표면 장력과 차이를 만들고 모재와의 친화력이 낮을 것

02 다음 중 MIG 용접의 용적 이행 형태에 대한 설명으로 옳은 것은?
㉮ 용적 이행에는 단락이행, 스프레이 이행, 입상 이행이 있으며 가장 많이 사용되는 것은 입상 이행이다.
㉯ 스프레이 이행은 저전압, 저전류에서 아르곤 가스를 사용하는 경합금 용접에 주로 나타난다.
㉰ 입상 이행은 와이어보다 큰 용적으로 용융되어 이행하며 주로 CO_2가스를 사용할 때 나타난다.
㉱ 직류 정극성일 때 스패터가 적고 용입이 깊게 되며 용적 이행이 안정한 스프레이 이행이 된다.

03 다음 중 CO_2 가스 아크 용접에서 일반적으로 다공성의 원인이 되는 가스가 아닌 것은?
㉮ 산소   ㉯ 수소
㉰ 질소   ㉱ 일산화탄소

04 다음 중 CO_2 가스 아크 용접 결함에 있어 기공 발생의 원인으로 볼 수 없는 것은?
㉮ 팁이 마모되어 있다.
㉯ 용접 부위가 지저분하다.
㉰ CO_2 가스 유량이 부족하다.
㉱ 노즐과 모재간의 거리가 너무 길다.

A·N·S·W·E·R 1.㉰ 2.㉰ 3.㉮ 4.㉮

05 다음 중 연소의 3요소를 올바르게 나열한 것은?
㉮ 가연물, 산소, 공기
㉯ 가연물, 빛, 탄산가스
㉰ 가연물, 산소, 정촉매
㉱ 가연물, 산소, 점화원

06 다음 중 용접 비용을 계산하는데 있어 비용 절감 요소로 틀린 것은?
㉮ 대기 시간 최대화
㉯ 효과적인 재료 사용 계획
㉰ 합리적이고 경제적인 설계
㉱ 가공 불량에 의한 용접의 손실 최소화

해설 대기시간은 누수 시간이므로 최대한 짧게 잡아야한다.

07 TIG 용접 토치는 공랭식과 수냉식으로 분류되는데 가볍고 취급이 용이한 공랭식 토치의 경우 일반적으로 몇 A정도까지 사용하는가?
㉮ 200
㉯ 380
㉰ 450
㉱ 650

해설 TIG용접에서 용량이 200A를 기준으로 이상은 수냉식, 이하는 공랭식으로 한다.

08 다음 중 용접 작업에 있어 가용접시 주의해야 할 사항으로 옳은 것은?
㉮ 본용접보다 높은 온도로 예열을 한다.
㉯ 개선 홈 내의 가접부는 백치핑으로 완전히 제거한다.
㉰ 가접의 위치는 주로 부품의 끝 모서리에 한다.
㉱ 용접봉은 본 용접 작업시에 사용하는 것보다 두꺼운 것을 사용한다.

09 다음 중 일렉트로 슬래그 용접 이음의 종류로 볼 수 없는 것은?
㉮ 모서리 이음
㉯ 필릿 이음
㉰ T 이음
㉱ X 이음

ANSWER 5. ㉱ 6. ㉮ 7. ㉮ 8. ㉯ 9. ㉱

10 다음 중 용접용 보안면의 일반 구조에 관한 설명으로 틀린 것은?

㉮ 복사열에 노출될 수 있는 금속 부분은 단열처리 해야 한다.
㉯ 착용자와 접촉하는 보안면의 모든 부분에는 피부자극을 유발하지 않는 재질을 사용해야 한다.
㉰ 용접용 보안면의 내부 표면은 유광처리하고 보안면 내부로는 일정량 이상의 빛이 들어오도록 해야 한다.
㉱ 보안면에는 돌출 부분, 날카로운 모서리 혹은 사용도중 불편하거나 상해를 줄 수 있는 결함이 없어야 한다.

🌟해설 용접 보안면 안으로 아크빛이 들어오면 결막염을 일으키므로 빛을 완전히 차단해야 한다.

11 다음 중 서브머지드 아크 용접에 사용되는 용제에 관한 설명으로 틀린 것은?

㉮ 소결형 용제는 용융형 용제에 비하여 용제의 소모량이 적다.
㉯ 용융형 용제는 거친 입자의 것일수록 높은 전류에 사용해야 한다.
㉰ 소결형 용제는 페로 실리콘, 페로 망간 등에 의해 강력한 탈산 작용이 된다.
㉱ 용제는 용접부를 대기로부터 보호하면서 아크를 안정시키고, 야금 반응에 의하여 용착 금속의 재질을 개선하기 위해 사용한다.

12 다음 중 가스 용접 작업에 관한 안전사항으로 틀린 것은?

㉮ 아세틸렌 병 주변에서 흡연하지 않는다.
㉯ 호스의 누설 시험시에는 비눗물을 사용한다.
㉰ 산소 및 아세틸렌 병 등 빈병은 섞어서 보관한다.
㉱ 용접시 토치의 끝을 긁어서 오물을 털지 않는다.

🌟해설 가스통은 다른 종목끼리 같이 보관하면 폭발 위험이 되므로 동일 항목으로 구분하여 보관한다.

13 다음 중 전기 저항 용접에 있어 맥동 점 용접에 관한 설명으로 옳은 것은?

㉮ 1개의 전류 회로에 2개 이상의 용접점을 만드는 용접법이다.
㉯ 전극을 2개 이상으로 하여 2점 이상의 용접을 하는 용접법이다.
㉰ 점용접의 기본적인 방법으로 1쌍의 전극으로 1점의 용접부를 만드는 용접법이다.
㉱ 모재 두께가 다른 경우 전극의 과열을 피하기 위하여 사이클 단위를 몇 번이고 전류를 단속하여 용접하는 것이다.

10. ㉰   11. ㉯   12. ㉰   13. ㉱

14 다음 중 제품별 노내 및 국부 풀림의 유지 온도와 시간이 올바르게 연결된 것은?

㉮ 탄소강 주강품 : 625±25℃ 판두께 25mm에 대하여 1시간
㉯ 기계 구조용 연강재 : 725±25℃ 판두께 25mm에 대하여 1시간
㉰ 보일러용 압연강재 : 625±25℃ 판두께 25mm에 대하여 4시간
㉱ 용접 구조용 연강재 : 725±25℃ 판두께 25mm에 대하여 2시간

15 TIG용접에서 교류 전원을 사용시 모재가 (-)극이 될 때 모재 표면의 수분, 산화물 등의 불순물로 인하여 전자방출 및 전류의 흐름이 어렵고, 텅스텐 전극이 (-)극이 되는 경우에 전자가 다량으로 방출되는 등 2차 전류가 불평형하게 되는데 이러한 현상을 무엇이라 하는가?

㉮ 전극의 소손작용　　　　　㉯ 전극의 전압 상승작용
㉰ 전극의 청정작용　　　　　㉱ 전극의 정류작용

16 다음 (　) 안에 가장 적합한 내용은?

> "일렉트로 슬래그 용접은 용융 용접의 일종으로서 와이어와 용융 슬래그 사이에 (　　　)을 이용하여 용접하는 특수한 용접 방법이다"

㉮ 전자 빔열　　　　　　　　㉯ 통전된 전류의 저항열
㉰ 가스 열　　　　　　　　　㉱ 통전된 전류의 아크열

17 다음 중 가스 절단 작업시 주의사항으로 틀린 것은?

㉮ 가스 절단에 알맞은 보호구를 착용한다.
㉯ 절단 진행 중에 시선은 절단면을 떠나서는 안 된다.
㉰ 호스는 흐트러지지 않도록 정해진 꼬임 상태로 작업한다.
㉱ 가스 호스가 용융금속이나 산화물의 비산으로 인해 손상되지 않도록 한다.

해설 가스 호스가 꼬이면 가스 흐름이 원활하지 못하므로 꼬이지 않도록 사용한다.

18 다음 중 CO_2 아크 용접시 박판의 아크 전압(VO) 산출 공식으로 가장 적당한 것은? (단 I는 용접 전류 값을 의미한다)

㉮ $V_0 = 0.07 \times I + 20 \pm 5.0$　　　㉯ $V_0 = 0.05 \times I + 11.5 \pm 3.0$
㉰ $V_0 = 0.06 \times I + 40 \pm 6.0$　　　㉱ $V_0 = 0.04 \times I + 15.5 \pm 1.5$

ANSWER　14. ㉮　15. ㉱　16. ㉯　17. ㉰　18. ㉱

19 다음 중 방사선 투과 검사에 대한 설명으로 틀린 것은?
  ㉮ 내부결함 검출에 용이하다.
  ㉯ 검사 결과를 필름에 영구적으로 기록할 수 있다.
  ㉰ 라미네이션 및 미세한 표면 균열도 검출된다.
  ㉱ 방사선 투과 검사에 필요한 기구로는 투과도계, 계조계, 증감지 등이 있다.

20 다음 중 용접 결함에 있어 치수상 결함에 해당하는 것은?
  ㉮ 오버랩   ㉯ 기공   ㉰ 언더컷   ㉱ 변형

21 볼트나 환봉 등을 강판이나 형강에 직접 용접하는 방법으로 볼트나 환봉을 홀더에 끼우고 모재와 볼트 사이에 순간적으로 아크를 발생시켜 용접하는 것은?
  ㉮ 피복 아크 용접   ㉯ 스터드 용접
  ㉰ 테르밋 용접   ㉱ 전자 빔 용접

22 다음 중 용접부의 검사방법에 있어 비파괴 시험으로 비드 외관, 언더컷, 오버랩, 용입 불량, 표면 균열 등의 검사에 가장 적합한 것은?
  ㉮ 부식 검사   ㉯ 외관 검사
  ㉰ 초음파 탐상검사   ㉱ 방사선 투과검사

23 압축공기를 이용하여 가우징, 결합부위 제거, 절단 및 구멍 뚫기 등에 널리 사용되는 아크 절단 방법은?
  ㉮ 탄소 아크 절단   ㉯ 금속 아크 절단
  ㉰ 산소 아크 절단   ㉱ 아크 에어 가우징

24 가스 용접에서 산소용기 취급에 대한 설명이 잘못된 것은?
  ㉮ 산소용기 밸브, 조정기 등을 기름천으로 잘 닦는다.
  ㉯ 산소용기 운반시에는 충격을 주어서는 안 된다.
  ㉰ 산소 밸브의 개폐는 천천히 해야 한다.
  ㉱ 가스 누설의 점검은 비눗물로 한다.

  >해설 산소용기나 밸브를 기름진 천으로 닦으면 추후 스파크가 발생시 화재 또는 폭발 위험이 있으므로 주의한다.

ANSWER 19.㉰ 20.㉱ 21.㉯ 22.㉯ 23.㉱ 24.㉮

25 200V용 아크 용접기의 1차 입력이 15KVA일 때 퓨즈의 용량은 얼마(A)가 적합한가?

㉮ 65   ㉯ 75
㉰ 90   ㉱ 100

해설 퓨즈용량 = 아크입력/아크전압 = (15KVA=15000VA)/200 = 75A

26 용접법과 기계적 접합법을 비교할 때, 용접법의 장점이 아닌 것은?

㉮ 작업공정이 단축되며 경제적이다.
㉯ 기밀성, 수밀성, 유밀성이 우수하다.
㉰ 재료가 절약되고 중량이 가벼워진다.
㉱ 이음 효율이 낮다.

27 산소-아세틸렌 가스 용접의 장점이 아닌 것은?

㉮ 가열시 열량조절이 쉽다.
㉯ 전원설비가 없는 곳에서도 쉽게 설치할 수 있다.
㉰ 피복 아크 용접보다 유해광선의 발생이 적다.
㉱ 피복 아크 용접보다 일반적으로 신뢰성이 높다.

28 가변압식 가스 용접 토치에서 팁의 능력에 대한 설명으로 옳은 것은?

㉮ 매 시간당 소비되는 아세틸렌 가스의 양
㉯ 매 시간당 소비되는 산소의 양
㉰ 매 분당 소비되는 아세틸렌 가스의 양
㉱ 매 분당 소비되는 산소의 양

29 가스 용접에서 모재의 두께가 8mm일 경우 적합한 가스 용접봉의 지름(mm)은?
(단, 이론적인 계산식으로 구한다)

㉮ 2.0   ㉯ 3.0
㉰ 4.0   ㉱ 5.0

해설 용접봉 지름 = (T/2)+1 = (8/2)+1 = 5

ANSWER 25. ㉯ 26. ㉱ 27. ㉱ 28. ㉮ 29. ㉱

30 피복 아크 용접봉에 탄소량을 적게 하는 가장 큰 이유는?
   ㉮ 스패터 방지를 위하여   ㉯ 균열 방지를 위하여
   ㉰ 산화 방지를 위하여   ㉱ 기밀 유지를 위하여

31 전류 조정이 용이하고 전류 조정을 전기적으로 하기 때문에 이동부분이 없으며 가변저항을 사용함으로써 용접전류의 원격 조정이 가능한 용접기는?
   ㉮ 탭 전환형   ㉯ 가동 코일형
   ㉰ 가동 철심형   ㉱ 가포화 리액터형

32 아세틸렌은 액체에 잘 용해되며 석유에는 2배, 알콜에는 6배가 용해된다. 아세톤에는 몇 배가 용해되는가?
   ㉮ 12   ㉯ 20
   ㉰ 25   ㉱ 50

33 직류 아크 용접기에 대한 설명으로 맞는 것은?
   ㉮ 발전형과 정류기형이 있다.
   ㉯ 구조가 간단하고 보수도 용이하다.
   ㉰ 누설자속에 의하여 전류를 조정한다.
   ㉱ 용접 변압기의 리액턴스에 의해서 수하특성을 얻는다.

34 용접봉의 피복 배합제 중 탈산제로 쓰이는 가장 적합한 것은?
   ㉮ 탄산칼륨   ㉯ 페로 망간
   ㉰ 형석   ㉱ 이산화망간

35 절단부위에 철분이나 용제의 미세한 입자를 압축공기나 압축질소로 연속적으로 팁을 통하여 분출시켜 그 산화열 또는 용제의 화학작용을 이용하여 절단하는 것은?
   ㉮ 분말 절단   ㉯ 수중 절단
   ㉰ 산소창 절단   ㉱ 포갬 절단

ANSWER 30.㉯ 31.㉱ 32.㉰ 33.㉮ 34.㉯ 35.㉮

36 다음 중 아크 용접에서 아크쏠림 방지법이 아닌 것은?

㉮ 교류 용접기를 사용한다.
㉯ 접지점을 2개로 한다.
㉰ 짧은 아크를 사용한다.
㉱ 직류 용접기를 사용한다.

해설 아크용접에서 아크쏠림을 방지하기 위해선 교류용접기를 사용한다.

37 다음 중 압접에 속하지 않는 용접법은?

㉮ 스폿 용접   ㉯ 심용접
㉰ 프로젝션 용접   ㉱ 서브머지드 아크 용접

해설 서브머지아크용접은 융접에 속한다.

38 두께가 12.7mm인 연강판을 가스 절단할 때 가장 적합한 표준 드래그 길이는?

㉮ 약 2.4mm   ㉯ 약 5.2mm
㉰ 약 5.6mm   ㉱ 약 6.4mm

39 가스 용접 작업에서 양호한 용접부를 얻기 위해 갖추어야 할 조건으로 잘못된 것은?

㉮ 기름, 녹 등을 용접 전에 제거하여 결함을 방지한다.
㉯ 모재의 표면이 균일하면 과열의 흔적은 있어도 된다.
㉰ 용착 금속의 용입상태가 균일해야 한다.
㉱ 용접부에 첨가된 금속의 성질이 양호해야 한다.

40 탄소강에 니켈이나 크롬 등을 첨가하여 대기 중이나 수중 또는 산에 잘 견디는 내식성을 부여한 합금강으로 불수강이라고도 하는 것은?

㉮ 고속도강   ㉯ 주강
㉰ 스테인리스강   ㉱ 탄소공구강

41 다음 중 Cu의 용융점은 몇 ℃인가?

㉮ 1083℃   ㉯ 960℃
㉰ 1530℃   ㉱ 1455℃

ANSWER 36. ㉱ 37. ㉱ 38. ㉮ 39. ㉯ 40. ㉰ 41. ㉮

42 다음 중 철강의 탄소 함유량에 따라 대분류한 것은?
㉮ 순철, 강, 주철
㉯ 순철, 주강, 주철
㉰ 선철, 강, 주철
㉱ 선철, 합금강, 주물

43 경도가 큰 재료를 A_1 변태점 이하의 일정온도로 가열하여 인성을 증가시킬 목적으로 하는 열처리법은?
㉮ 뜨임
㉯ 풀림
㉰ 불림
㉱ 담금질

44 공구용 강재로 고탄소강을 사용하는 목적으로 가장 적합한 것은?
㉮ 경도와 내마모성을 필요로 하기 때문에
㉯ 인성과 연성이 필요하기 때문에
㉰ 피로와 충격에 견디어야 하기 때문에
㉱ 표면 경화를 할 목적으로

45 마그네슘의 성질에 대한 설명 중 잘못된 것은?
㉮ 비중은 1.74이다.
㉯ 비강도가 알루미늄합금보다 우수하다.
㉰ 면심입방격자이며 냉간가공이 우수하다.
㉱ 구상흑연 주철의 첨가제로 사용한다.

해설 마그네슘은 조밀육방격자이다.

46 탄소강의 열처리 방법 중 표면 경화 열처리에 속하는 것은?
㉮ 풀림
㉯ 담금질
㉰ 뜨임
㉱ 질화법

47 내열강의 원소로 많이 사용되는 것은?
㉮ 코발트(Co)
㉯ 크롬(Cr)
㉰ 망간(Mn)
㉱ 인(P)

ANSWER ▶ 42.㉮ 43.㉮ 44.㉮ 45.㉰ 46.㉱ 47.㉯

48 알루미늄에 약 10%까지의 마그네슘을 첨가한 합금으로 다른 주물용 알루미늄 합금에 비하여 내식성, 강도, 연신율이 우수한 것은?

㉮ 실루민 ㉯ 두랄루민 ㉰ 하이드로날륨 ㉱ Y합금

49 다음 중 탄소강에서 적열취성을 방지하기 위하여 첨가하는 원소는?

㉮ S ㉯ Mn ㉰ P ㉱ Ni

50 다음 중 용접 입열이 일정할 때 냉각속도가 가장 느린 재료는?

㉮ 연강 ㉯ 스테인리스강 ㉰ 알루미늄 ㉱ 구리

51 그림과 같은 도면의 설명으로 가장 올바른 것은?

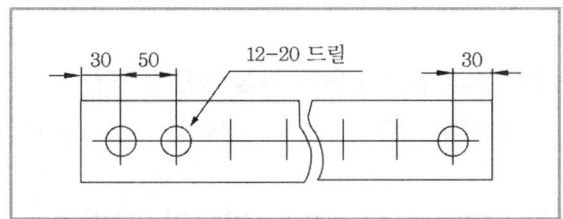

㉮ 전체 길이가 660mm이다. ㉯ 드릴 가공 구멍의 지름은 20mm이다.
㉰ 드릴 가공 구멍의 수는 20개이다. ㉱ 드릴 가공 구멍의 피치는 30mm이다.

해설 12-20드릴의 뜻은 지름 20mm로 12개의 구멍을 뚫으라는 뜻이다.

52 KS에서 기계제도에 관한 일반 사항 설명으로 틀린 것은?

㉮ 치수는 참고치수, 이론적으로 정확한 치수를 기입할 수도 있다
㉯ 도형의 크기와 대상물의 크기와의 사이에는 올바른 비례 관계를 보유하도록 그린다. 다만 잘못 볼 염려가 없다고 생각되는 도면은 도면의 일부 또는 전부에 대하여 이 비례 관계는 지키지 않아도 좋다.
㉰ 기능상의 요구, 호환성, 제작 기술 수준 등을 기본으로 불가결의 경우만 기하공차를 지시한다.
㉱ 길이 치수는 특별히 지시가 없는 한 그 대상물의 측정을 3점 측정에 따라 행한 것으로 하여 지시한다.

해설 길이 치수는 특별히 명시하지 않는 한 마무리 치수를 표시한다.

ANSWER 48. ㉰ 49. ㉯ 50. ㉯ 51. ㉯ 52. ㉱

53 일반 구조용 압연강재 SS400에서 400이 나타내는 것은?
㉮ 최저 인장 강도 ㉯ 최저 압축 강도
㉰ 평균 인장 강도 ㉱ 최대 인장 강도

54 그림의 용접 도시 기호는 어떤 용접을 나타내는가?

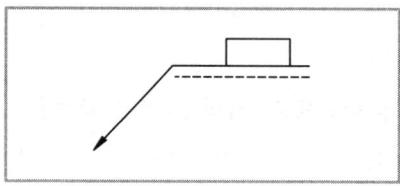

㉮ 점 용접   ㉯ 플러그 용접
㉰ 심 용접   ㉱ 가장자리 용접

55 다음 선들이 겹칠 경우 선의 우선 순위가 가장 높은 것은?
㉮ 중심선   ㉯ 치수 보조선   ㉰ 절단선   ㉱ 숨은선

56 그림과 같은 구조물의 도면에서 (A), (B)의 단면도의 명칭은?

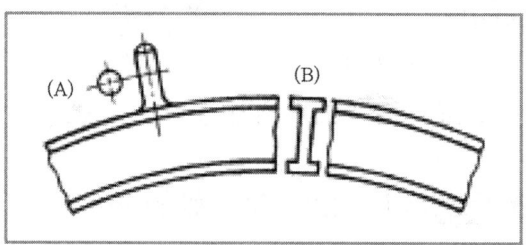

㉮ 온 단면도   ㉯ 변환 단면도
㉰ 회전도시 단면도 ㉱ 부분 단면도

57 다음 입체도의 화살표 방향을 정면으로 한다면 좌측면도로 적합한 투상도는?

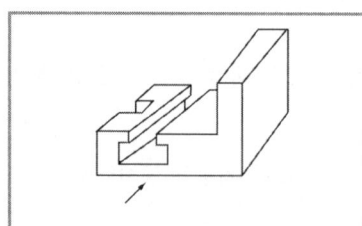

ANSWER ▶ 53.㉮ 54.㉯ 55.㉱ 56.㉰ 57.㉮

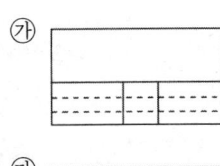
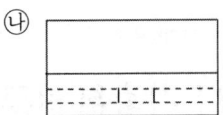
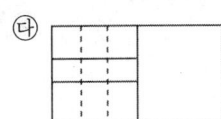
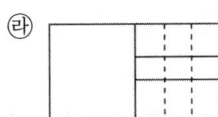

58 KS 배관 제도 밸브 도시 기호에서 ⋈ 기호의 뜻은?
㉮ 안전 밸브 ㉯ 체크 밸브
㉰ 일반 밸브 ㉱ 앵글 밸브

59 그림과 같은 제3각법 정투상도에 가장 적합한 입체도는?

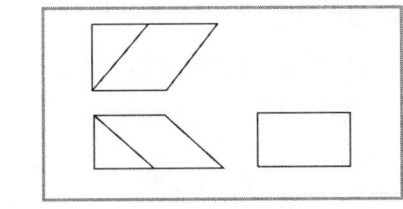

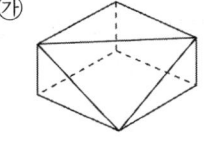
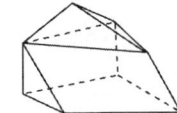
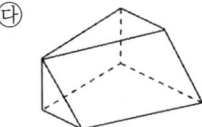
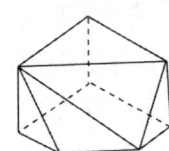

60 치수 기입이 "□20"으로 치수 앞에 정사각형이 표시 되었을 경우의 올바른 해석은?
㉮ 이론적으로 정확한 치수가 20mm이다.
㉯ 체적이 20mm³인 정육면체이다.
㉰ 면적이 20mm²인 정사각형이다.
㉱ 한변의 길이가 20mm인 정사각형이다.

ANSWER 58. ㉯ 59. ㉰ 60. ㉱

제33회 CBT기출복원문제

01 다음 중 테르밋 용접의 특징에 관한 설명으로 틀린 것은?
① 전기가 필요없다.
② 용접 작업이 단순하다.
③ 용접 시간이 길고 용접 후 변형이 크다.
④ 용접 기구가 간단하고 작업 장소의 이동이 쉽다.

해설 테르밋 용접은 답 ①, ②, ④ 외 용접시간이 짧고 용접 후 변형이 없는 게 특징이다.

02 서브머지드 아크 용접에 대한 설명으로 틀린 것은?
① 가시 용접으로 용접시 용착부를 육안으로 식별이 가능하다.
② 용융속도와 용착속도가 빠르며 용입이 깊다.
③ 용착금속의 기계적 성질이 우수하다.
④ 개선각을 작게 하여 용접 패스 수를 줄일 수 있다.

해설 서브머지드용접은 용접봉이 용제에 묻혀 아아크가 보이지 않으므로 잠호용접이라고 하기도 한다.

03 다음 중 용접 설계상 주의해야 할 사항으로 틀린 것은?
① 국부적으로 열이 집중되도록 할 것
② 용접에 적합한 구조의 설계를 할 것
③ 결함이 생기기 쉬운 용접 방법은 피할 것
④ 강도가 약한 필릿 용접은 가급적 피할 것

04 이산화탄소 아크 용접법에서 이산화탄소(CO_2)의 역할을 설명한 것 중 틀린 것은?
① 아크를 안정시킨다.
② 용융금속 주위를 산성 분위기로 만든다.
③ 용융속도를 빠르게 한다.
④ 양호한 용착금속을 얻을 수 있다.

ANSWER 01.③ 02.① 03.① 04.③

05 이산화탄소 아크 용접에 관한 설명으로 틀린 것은?
　① 팁과 모재간의 거리는 와이어의 돌출 길이에 아크 길이를 더한 것이다.
　② 와이어 돌출길이가 짧아지면 용접 와이어의 예열이 많아진다.
　③ 와이어의 돌출길이가 짧아지면 스패터가 부착되기 쉽다.
　④ 약 200A 미만의 저전류를 사용할 경우 팁과 모재간의 거리는 10~15mm 정도 유지한다.

06 강구조물 용접에서 맞대기 이음의 루트 간격의 차이에 따라 보수 용접을 하는데 보수방법으로 틀린 것은?
　① 맞대기 루트 간격 6mm 이하일 때에는 이음부의 한쪽 또는 양쪽을 덧붙임 용접한 후 절삭하여 규정 간격으로 개선 홈을 만들어 용접한다.
　② 맞대기 루트 간격 15mm 이상일 때에는 판을 전부 또는 일부(대략 300mm) 이상의 폭)을 바꾼다.
　③ 맞대기 루트 간격 6~15mm일 때에는 이음부에 두께 6mm 정도의 뒷댐판을 대고 용접한다.
　④ 맞대기 루트 간격 15mm 이상일 때에는 스크랩을 넣어서 용접한다.

　해설 맞대기 용접에서 루트간격이 15mm 이상일 때는 판의 전부 또는 일부를 대체해서 용접한다.

07 용접 시공시 발생하는 용접 변형이나 잔류응력의 발생을 줄이기 위해 용접시공 순서를 정한다. 다음 중 용접시공 순서에 대한 사항으로 틀린 것은?
　① 제품의 중심에 대하여 대칭으로 용접을 진행시킨다.
　② 같은 평면 안에 많은 이음이 있을 때에는 수축은 가능한 자유단으로 보낸다.
　③ 수축이 적은 이음을 가능한 먼저 용접하고 수축이 큰 이음을 나중에 용접한다.
　④ 리벳작업과 용접을 같이 할 때는 용접을 먼저 실시하여 용접열에 의해서 리벳의 구멍이 늘어남을 방지한다.

　해설 용접이음에서 여러 가지의 형태가 있을때는 수축이 큰이음을 먼저 용접하고 다음 순서대로 수축이 적은 이음을 용접한다.

ANSWER ▶ 05.② 06.④ 07.③

08 용접 작업시의 전격에 대한 방지 대책으로 올바르지 않은 것은?
① TIG 용접시 텅스텐 봉을 교체할 때는 전원 스위치를 차단하지 않고 해야 한다.
② 습한 장갑이나 작업복을 입고 용접하면 감전의 위험이 있으므로 주의한다.
③ 절연홀더의 절연 부분이 균열이나 파손되었으면 곧바로 보수하거나 교체한다.
④ 용접 작업이 끝났을 때나 장시간 중지할 때에는 반드시 스위치를 차단시킨다.

09 단면적이 $10cm^2$의 평판을 완전 용입 맞대기 용접한 경우의 견디는 하중은 얼마인가?
(단, 재료의 허용응력을 $1600kg_f/cm^2$로 한다.)
① $160kg_f$ ② $1600kg_f$ ③ $16000kg_f$ ④ $16kg_f$

해설 하중$(kg/mm^2) = \dfrac{허용응력}{단면적} = \dfrac{1600 \times 100}{10} = 16000kg/mm^2$

10 용접 길이가 짧거나 변형 및 잔류응력의 우려가 적은 재료를 용접할 경우 가장 능률적인 용착법은?
① 전진법   ② 후진법   ③ 비석법   ④ 대칭법

11 불활성 가스 텅스텐 아크용접(TIG)의 KS 규격이나 미국용접협회(AWS)에서 정하는 텅스텐 전극봉의 식별 색상이 황색이면 어떤 전극봉인가?
① 순텅스텐   ② 지르코늄 텅스텐
③ 1% 토륨 텅스텐   ④ 2% 토륨 텅스텐

12 서브머지드 아크 용접의 다전극 방식에 의한 분류가 아닌 것은?
① 푸시식   ② 텐덤식   ③ 횡병렬식   ④ 횡직렬식

해설 풀식·푸시식은 CO_2 용접이음에서 와이어의 송급방법이다.

13 다음 중 정지 구멍(Stop hole)을 뚫어 결함 부분을 깎아내고 재용접해야 하는 결함은?
① 균열   ② 언더컷   ③ 오버랩   ④ 용입부족

ANSWER 08.① 09.③ 10.① 11.③ 12.① 13.①

14 다음 중 비파괴 시험에 해당하는 시험은?
① 굽힘 시험
② 현미경 조직 시험
③ 파면 시험
④ 초음파 시험

15 산업용 로봇 중 직각 좌표계 로봇의 장점에 속하는 것은?
① 오프라인 프로그래밍이 용이하다.
② 로봇 주위에 접근이 가능하다.
③ 1개의 선형축과 2개의 회전축으로 이루어졌다.
④ 작은 설치공간에 큰 작업영역이다.

16 용접 후 변형 교정시 가열 온도 500~600℃, 가열 시간 약 30초, 가열 지름 20~30mm로 하여 가열한 후 즉시 수냉하는 변형 교정법을 무엇이라 하는가?
① 박판에 대한 수냉 동판법
② 박판에 대한 살수법
③ 박판에 대한 수냉 석면포법
④ 박판에 대한 점 수축법

17 용접 전의 일반적인 준비 사항이 아닌 것은?
① 사용 재료를 확인하고 작업 내용을 검토한다.
② 용접전류, 용접 순서를 미리 정해둔다.
③ 이음부에 대한 불순물을 제거한다.
④ 예열 및 후열처리를 실시한다.

18 금속간의 원자가 접합하는 인력 범위는?
① 10^{-4}cm
② 10^{-6}cm
③ 10^{-8}cm
④ 10^{-10}cm

해설 금속 원자간의 접합하는 인력의 범위는 ③번 답 외에 1A° 또는 "1cm/1억"로 표현한다.

ANSWER 14.④ 15.① 16.④ 17.④ 18.③

19 불활성 가스 금속 아크 용접(MIG)에서 크레이터 처리에 의해 낮아진 전류가 서서히 줄어들면서 아크가 끊어지는 기능으로 용접부가 녹아내리는 것을 방지하는 제어 기능은?
① 스타트 시간
② 예비 가스 유출 시간
③ 버언 백 시간
④ 크레이터 충전 시간

20 다음 중 용접용 지그 선택의 기준으로 적절하지 않은 것은?
① 물체를 튼튼하게 고정시켜 줄 크기와 힘이 있을 것
② 변형을 막아줄 만큼 견고하게 잡아줄 수 있을 것
③ 물품의 고정과 분해가 어렵고 청소가 편리할 것
④ 용접 위치를 유리한 용접 자세로 쉽게 움직일 수 있을 것

21 다음 중 용접기에서 모재를 (+)극에, 용접봉을 (-)극에 연결하는 아크 극성으로 옳은 것은?
① 직류 정극성
② 직류 역극성
③ 용극성
④ 비용극성

22 야금적 접합법의 종류에 속하는 것은?
① 납땜 이음
② 볼트 이음
③ 코터 이음
④ 리벳 이음

> **해설** 볼트이음, 코터이음, 리벳이음은 기계적접합에 속하며 납땜은 용접의 분류에 속하므로 야금학적 접합에 속한다.

23 수중 절단작업에 주로 사용되는 연료 가스는?
① 아세틸렌
② 프로판
③ 벤젠
④ 수소

> **해설** 수중절단에서 수소가스가 사용하는 이유는 수소는 수중 영하의 온도에서 쉽게 액화되지 않으며 압력에 의한 폭발이 쉽게 일어나지 않으므로 수소가스를 사용한다.

ANSWER 19.③ 20.③ 21.① 22.① 23.④

24 탄소 아크 절단에 압축 공기를 병용하여 전극 홀더의 구멍에서 탄소 전극봉에 나란히 분출하는 고속의 공기를 분출시켜 용융금속을 불어 내어 홈을 파는 방법은?
① 아크 에어 가우징
② 금속 아크 절단
③ 가스 가우징
④ 가스 스카핑

25 가스 용접시 팁 끝이 순간적으로 막혀 가스 분출이 나빠지고 혼합실까지 불꽃이 들어가는 현상을 무엇이라 하는가?
① 인화
② 역류
③ 점화
④ 역화

26 피복배합제의 종류에서 규산나트륨, 규산칼륨 등의 수용액이 주로 사용되며 심선에 피복제를 부착하는 역할을 하는 것은 무엇인가?
① 탈산제
② 고착제
③ 슬래그 생성제
④ 아크 안정제

27 판의 두께(t)가 3.2mm인 연강판을 가스용접으로 보수하고자 할 때 사용할 용접봉의 지름(mm)은?
① 1.6mm
② 2.0mm
③ 2.6mm
④ 3.0mm

해설) 용접봉지름 $D = \dfrac{T}{2} + 1 = \dfrac{3.2}{2} + 1 = 2.6mm$

28 가스 절단시 예열 불꽃의 세기가 강할 때의 설명으로 틀린 것은?
① 절단면이 거칠어진다.
② 드래그가 증가한다.
③ 슬래그 중의 철 성분의 박리가 어려워진다.
④ 모서리가 용융되어 둥글게 된다.

29 황(S)이 적은 선철을 용해하여 구상흑연주철을 제조시 주로 첨가하는 원소가 아닌 것은?
① Al
② Ca
③ Ce
④ Mg

ANSWER ▶ 24.① 25.① 26.② 27.③ 28.② 29.①

30 하드 필드(hadfield)강은 상온에서 오스테나이트 조직을 가지고 있다. Fe 및 C 이외에 주요 성분은?

① Ni   ② Mn   ③ Cr   ④ Mo

31 다음 중 아세틸렌(C_2H_2) 가스의 폭발성에 해당되지 않는 것은?

① 406~408℃가 되면 자연 발화한다.
② 마찰, 진동, 충격 등의 외력이 작용하면 폭발 위험이 있다.
③ 아세틸렌 90%, 산소 10%의 혼합시 가장 폭발 위험이 크다.
④ 은, 수은 등과 접촉하면 이들과 화합하여 120℃ 부근에서 폭발성이 있는 혼합물을 생성한다.

32 스터드 용접의 특징 중 틀린 것은?

① 긴 용접 시간으로 용접 변형이 크다.
② 용접 후의 냉각 속도가 비교적 빠르다.
③ 알루미늄, 스테인리스강 용접이 가능하다.
④ 탄소 0.2%, 망간 0.7% 이하시 균열 발생이 없다.

해설 스터드용접은 짧은 시간에 이루어지는 용접으로 변형이 적다.

33 연강용 피복 아크 용접봉 중 저수소계 용접봉을 나타내는 것은?

① E 4301   ② E 4311   ③ E 4316   ④ E 4327

해설 용접봉숫자 끝자가 6번은 저수수계용접봉으로 구분하면 된다.

34 산소 - 아세틸렌 가스 용접의 장점이 아닌 것은?

① 용접기의 운반이 비교적 자유롭다.
② 아크 용접에 비해서 유해광선의 발생이 적다.
③ 열의 집중성이 높아서 용접이 효율적이다.
④ 가열할 때 열량 조절이 비교적 자유롭다.

ANSWER ▶ 30.② 31.③ 32.① 33.③ 34.③

35 직류 피복 아크 용접기와 비교한 교류 피복 아크 용접기의 설명으로 옳은 것은?
① 무부하 전압이 낮다.
② 아크의 안정성이 우수하다.
③ 아크 쏠림이 거의 없다.
④ 전격의 위험이 적다.

36 다음 중 산소 용기의 각인 사항에 포함되지 않는 것은?
① 내용적
② 내압 시험 압력
③ 가스 충전일시
④ 용기 중량

37 정류기형 직류 아크 용접기에서 사용되는 셀렌 정류기는 80℃ 이상이면 파손되므로 주의해야 하는데 실리콘 정류기는 몇 ℃ 이상에서 파손이 되는가?
① 120℃
② 150℃
③ 80℃
④ 100℃

38 가스용접 작업시 후진법의 설명으로 옳은 것은?
① 용접속도가 빠르다.
② 열 이용률이 나쁘다.
③ 얇은 판의 용접에 적합하다.
④ 용접 변형이 크다.

39 절단의 종류 중 아크 절단에 속하지 않는 것은?
① 탄소 아크 절단
② 금속 아크 절단
③ 플라즈마 제트 절단
④ 수중 절단

40 강재의 표면에 개재물이나 탈탄층 등을 제거하기 위하여 비교적 얇고 넓게 깎아내는 가공 방법은?
① 스카핑
② 가스 가우징
③ 아크 에어 가우징
④ 워터 제트 절단

ANSWER 35.③ 36.③ 37.② 38.① 39.④ 40.①

41 그림과 같은 입체도의 제3각 정투상도로 가장 적합한 것은?

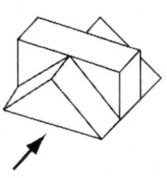

①  ② 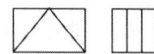 ③ 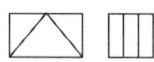 ④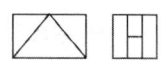

42 다음 중 저온 배관용 탄소 강관의 기호는?
① SPPS ② SPLT ③ SPHT ④ SPA

43 다음 중에서 이면 용접 기호는?
① ○ ② ∨ ③ ⌒ ④ ∨

44 다음 중 현의 치수 기입을 올바르게 나타낸 것은?

① 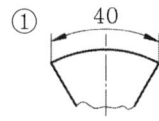 ② 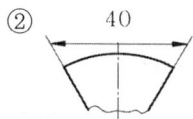 ③ 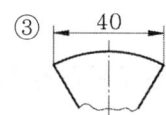 ④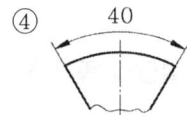

45 다음 중 대상물을 한쪽 단면도로 올바르게 나타낸 것은?

① 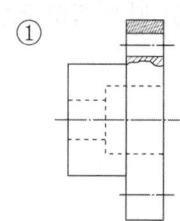 ② 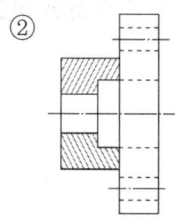 ③ 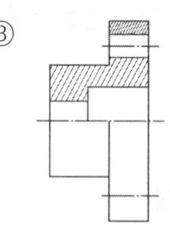 ④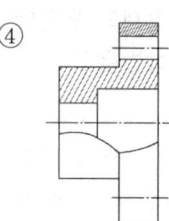

ANSWER ▶ 41.② 42.② 43.③ 44.③ 45.③

46 다음 중 도면에서 단면도의 해칭에 대한 설명으로 틀린 것은?

① 해칭선은 반드시 주된 중심선에 45°로만 경사지게 긋는다.
② 해칭선은 가는 실선으로 규칙적으로 줄을 늘어놓는 것을 말한다.
③ 단면도에 재료 등을 표시하기 위해 특수한 해칭(또는 스머징)을 할 수 있다.
④ 단면 면적이 넓을 경우에는 그 외형선에 따라 적절한 범위에 해칭(또는 스머징)을 할 수 있다.

해설 해칭을 45°로 하여 분간하기 어려울 때는 가로, 세로 기타 임의의 각도로 표시하여도 좋다.

47 배관의 간략 도시방법 중 환기계 및 배수계의 끝장치 도시방법의 평면도에서 그림과 같이 도시된 것의 명칭은?

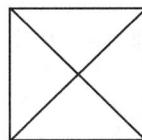

① 배수구 ② 환기관
③ 벽붙이 환기 삿갓 ④ 고정식 환기 삿갓

48 그림과 같은 입체도에서 화살표 방향에서 본 투상을 정면으로 할 때 평면도로 가장 적합한 것은?

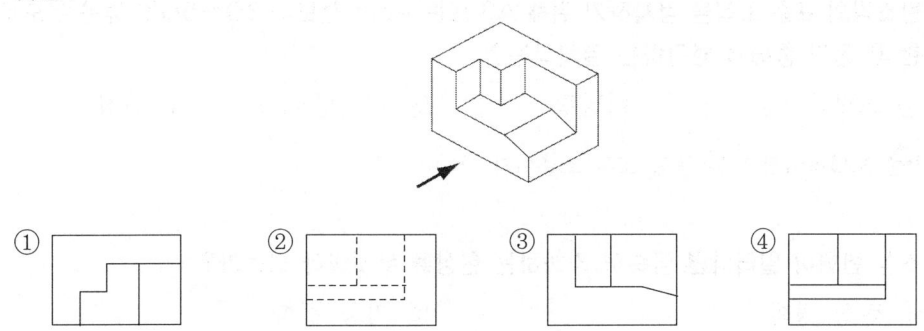

49 나사 표시가 "L 2N M50×2 - 4h"로 나타낼 때 이에 대한 설명으로 틀린 것은?

① 왼 나사이다. ② 2줄 나사이다.
③ 미터 가는 나사이다. ④ 암나사 등급이 4h이다.

ANSWER ▶ 46.① 47.④ 48.① 49.④

50 무게 중심선과 같은 선의 모양을 가진 것은?
① 가상선 ② 기준선 ③ 중심선 ④ 피치선

51 조밀 육방 격자의 결정구조로 옳게 나타낸 것은?
① FCC ② BCC ③ FOB ④ HCP

52 전극재료의 선택 조건을 설명한 것 중 틀린 것은?
① 비저항이 작아야 한다.
② Al과의 밀착성이 우수해야 한다.
③ 산화 분위기에서 내식성이 커야 한다.
④ 금속 규화물의 용융점이 웨이퍼 처리 온도보다 낮아야 한다.

53 7 : 3 황동에 주석을 1% 첨가한 것으로 전연성이 좋아 관 또는 판을 만들어 증발기, 열교환기 등에 사용되는 것은?
① 문쯔메탈 ② 네이벌 황동
③ 카트리지 브레스 ④ 애드미럴티 황동

54 탄소강의 표준 조직을 검사하기 위해 A3 또는 Acm 선보다 30~50℃ 높은 온도로 가열한 후 공기 중에서 냉각하는 열처리는?
① 노말라이징 ② 어닐링 ③ 템퍼링 ④ 퀜칭

> 해설 노말라이징 또는 불림 또는 소준이라 한다.

55 소성 변형이 일어나면 금속이 경화하는 현상을 무엇이라 하는가?
① 탄성 경화 ② 가공 경화
③ 취성 경화 ④ 자연 경화

56 납 황동은 황동에 납을 첨가하여 어떤 성질을 개선한 것인가?
① 강도 ② 절삭성
③ 내식성 ④ 전기 전도도

ANSWER ▶ 50.① 51.④ 52.④ 53.④ 54.① 54.① 55.② 56.②

57 마우러 조직도에 대한 설명으로 옳은 것은?
① 주철에서 C와 P량에 따른 주철의 조직 관계를 표시한 것이다.
② 주철에서 C와 Mn량에 따른 주철의 조직 관계를 표시한 것이다.
③ 주철에서 C와 Si량에 따른 주철의 조직 관계를 표시한 것이다.
④ 주철에서 C와 S량에 따른 주철의 조직 관계를 표시한 것이다.

58 순 구리(Cu)와 철(Fe)의 용융점은 약 몇 °C인가?
① Cu 660°C,   Fe 890°C
② Cu 1063°C, Fe 1050°C
③ Cu 1083°C, Fe 1539°C
④ Cu 1455°C, Fe 2200°C

59 게이지용 강이 갖추어야 할 성질로 틀린 것은?
① 담금질에 의한 변형이 없어야 한다.
② HRC 55 이상의 경도를 가져야 한다.
③ 열팽창 계수가 보통 강보다 커야 한다.
④ 시간에 따른 치수 변화가 없어야 한다.

해설 게이지강은 측정용강이기 때문에 열에 의한 변형이 적어야 한다.

60 그림에서 마텐자이트 변태가 가장 빠른 곳은?

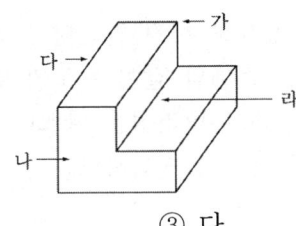

① 가   ② 나   ③ 다   ④ 라

ANSWER 57.③ 58.③ 59.③ 60.①

제34회 CBT기출복원문제

01 다음 중 용접부 검사방법에 있어 비파괴 시험에 해당하는 것은?
① 피로 시험
② 화학분석 시험
③ 용접균열 시험
④ 침투 탐상 시험

02 다음 중 불활성가스(inert gas)가 아닌 것은?
① Ar
② He
③ Ne
④ CO_2

해설 탄산가스는 아르곤 헬륨등과 같은 불활성 가스가 아니므로 고온 상태의 아크 중에서는 산화성이 크므로 보통 피복되지 않은 용접봉을 사용할 경우 용접부에는 블로우 홀 및 그 밖의 결함이 생기기 쉬우므로 이와 같은 결점을 제거하기 위하여 망간, 실리콘 등을 탈산제로 하는 망간-규소 계 와이어를 사용하든가 또는 값싼 탄산가스 산소 등의 혼합 가스를 쓰는 탄산가스 산소 아크 용접법을 사용하고 있습니다.

03 납땜에서 경납용 용제에 해당하는 것은?
① 염화아연
② 인산
③ 염산
④ 붕산

04 논 가스 아크 용접의 장점으로 틀린 것은?
① 보호 가스나 용제를 필요로 하지 않는다.
② 피복아크용접봉의 저수소계와 같이 수소의 발생이 적다.
③ 용접비드가 좋지만 슬래그 박리성은 나쁘다.
④ 용접장치가 간단하며 운반이 편리하다.

05 용접선과 하중의 방향이 평행하게 작용하는 필릿 용접은?
① 전면
② 측면
③ 경사
④ 변두리

ANSWER 01.④ 02.④ 03.④ 04.③ 05.②

06 납땜시 용제가 갖추어야 할 조건이 아닌 것은?

① 모재의 불순물 등을 제거하고 유동성이 좋을 것
② 청정한 금속면의 산화를 쉽게 할 것
③ 땜납의 표면장력에 맞추어 모재와의 친화도를 높일 것
④ 납땜 후 슬래그 제거가 용이할 것

> **해설** 용접에서 용제의 역할이 모재 표면의 불순물을 제거하는데 목적이므로 금속 표면을 산화시키면 안된다.

07 피복아크용접시 전격을 방지하는 방법으로 틀린 것은?

① 전격방지기를 부착한다.
② 용접홀더에 맨손으로 용접봉을 갈아 끼운다.
③ 용접기 내부에 함부로 손을 대지 않는다.
④ 절연성이 좋은 장갑을 사용한다.

08 맞대기이음에서 판 두께 100mm, 용접 길이 300cm, 인장하중이 9000kg$_f$일 때 인장응력은 몇 kg$_f$/cm²인가?

① 0.3   ② 3   ③ 30   ④ 300

> **해설** 인장응력(kg/cm^2) = $\dfrac{\text{하중}}{\text{단면적}}$ = $\dfrac{9000}{10 \times 300}$ = $3 kg/cm^2$
> 여기서 100mm를 10cm로 단위를 환산합니다.

09 다음은 용접 이음부의 홈의 종류이다. 박판 용접에 가장 적합한 것은?

① K형   ② H형   ③ I형   ④ V형

10 주철의 보수용접 방법에 해당되지 않는 것은?

① 스티드법   ② 비녀장법   ③ 버터링법   ④ 백킹법

ANSWER 06.② 07.② 08.② 09.③ 10.④

11 용접 작업시 안전에 관한 사항으로 틀린 것은?
① 높은 곳에서 용접작업 할 경우 추락, 낙하 등의 위험이 있으므로 항상 안전벨트와 안전모를 착용한다.
② 용접작업 중에 유해 가스가 발생하기 때문에 통풍 또는 환기 장치가 필요하다.
③ 가연성의 분진, 화학류 등 위험물이 있는 곳에서는 용접을 해서는 안 된다.
④ 가스용접은 강한 빛이 나오지 않기 때문에 보안경을 착용하지 않아도 된다.

12 다음 전기 저항 용접법 중 주로 기밀, 수밀, 유밀성을 필요로 하는 탱크의 용접 등에 가장 적합한 것은?
① 점(spot) 용접법
② 심(seam) 용접법
③ 프로젝션(projection) 용접법
④ 플래시(flash) 용접법

13 용접부의 중앙으로부터 양끝을 향해 용접해 나가는 방법으로, 이음의 수축에 의한 변형이 서로 대칭이 되게 할 경우에 사용되는 용착법을 무엇이라 하는가?
① 전진법
② 비석법
③ 케스케이드법
④ 대칭법

14 불활성 가스를 이용한 용가제인 전극 와이어를 송급장치에 의해 연속적으로 보내어 아크를 발생시키는 소모식 또는 용극식 용접 방식을 무엇이라 하는가?
① TIG 용접
② MIG 용접
③ 피복아크 용접
④ 서브머지드 아크 용접

15 용접부에 결함 발생시 보수하는 방법 중 틀린 것은?
① 기공이나 슬래그 섞임 등이 있는 경우는 깎아내고 재용접한다.
② 균열이 발생되었을 경우 균열 위에 덧살올림 용접을 한다.
③ 언더컷일 경우 가는 용접봉을 사용하여 보수한다.
④ 오버랩일 경우 일부분을 깎아내고 재용접한다.

> 해설 용접부에 균열이 발생시 보수방법으로는 균열의 끝단에 드릴로 구멍을 뚫고(스톱홀) 재용접한다.

ANSWER 11.④ 12.② 13.④ 14.② 15.②

16 용접할 때 용접 전 적당한 온도로 예열을 하면 냉각 속도를 느리게 하여 결함을 방지할 수 있다. 예열 온도 설명 중 옳은 것은?
① 고장력강의 경우는 용접 홈을 50~350℃로 예열
② 저합금강의 경우는 용접 홈을 200~500℃로 예열
③ 연강을 0℃ 이하에서 용접할 경우는 이음의 양쪽 폭 10mm 주위를 40~100℃로 예열한 후 실시해야 된다.
④ 주철의 경우는 용접 홈을 40~70℃로 예열

17 서브머지드 아크 용접에 관한 설명으로 틀린 것은?
① 장비의 가격이 고가이다.
② 홈 가공의 정밀을 요하지 않는다.
③ 불가시 용접이다.
④ 주로 아래보기 자세로 용접한다.

18 안전표지 색채 중 방사능 표지의 색상은 어느 색인가?
① 빨강 ② 노랑 ③ 자주 ④ 녹색

19 용접부의 시험에서 비파괴 검사로만 짝지어진 것은?
① 인장시험 - 외관시험
② 피로시험 - 누설시험
③ 형광시험 - 충격시험
④ 초음파시험 - 방사선 투과시험

20 용접 시공시 발생하는 용접변형이나 잔류응력 발생을 최소화하기 위하여 용접순서를 정할 때 유의사항으로 틀린 것은?
① 동일평면 내에 많은 이음이 있을 때 수축은 가능한 자유단으로 보낸다.
② 중심선에 대하여 대칭으로 용접한다.
③ 수축이 적은 이음은 가능한 먼저 용접하고, 수축이 큰 이음은 나중에 한다.
④ 리벳작업과 용접을 같이 할 때에는 용접을 먼저 한다.

해설 용접부가 여러곳 있을때는 수축이 큰 부분을 먼저 용접하고 순서대로 수축이 적은 부분을 용접한다.

ANSWER 16.① 17.② 18.② 19.④ 20.③

21 MIG 용접이나 탄산가스 아크 용접과 같이 밀도가 높은 자동이나 반자동 용접기가 갖는 특성은?
① 수하 특성과 정전압 특성
② 정전압 특성과 상승 특성
③ 수하 특성과 상승 특성
④ 맥동 전류 특성

22 CO_2 가스 아크 용접에서 아크 전압에 대한 설명으로 옳은 것은?
① 아크 전압이 높으면 비드 폭이 넓어진다.
② 아크 전압이 높으면 비드가 볼록해진다.
③ 아크 전압이 높으면 용입이 깊어진다.
④ 아크 전압이 높으면 아크길이가 짧다.

23 다음 중 가스 용접에서 산화불꽃으로 용접할 경우 가장 적합한 용접 재료는?
① 황동
② 모넬메탈
③ 알루미늄
④ 스테인리스

24 용접기의 사용률이 40%인 경우 아크시간과 휴식시간을 합한 전체시간은 10분을 기준으로 했을 때 아크 발생시간은 몇 분인가?
① 4
② 6
③ 8
④ 10

25 얇은 철판을 쌓아 포개어 놓고 한꺼번에 절단하는 방법으로 가장 적합한 것은?
① 분말 절단
② 산소창 절단
③ 포갬 절단
④ 금속아크 절단

해설 용접의 사용율을 10분을 기준으로 40%인 경우는 10분중 4분 용접하고 6분을 쉰다는 뜻이다.

21.② 22.① 23.① 24.① 25.③

26 용접봉의 용융속도는 무엇으로 표시하는가?
① 단위 시간당 소비되는 용접봉의 길이
② 단위 시간당 형성되는 비드의 길이
③ 단위 시간당 용접 입열의 길이
④ 단위 시간당 소모되는 용접 전류

27 전류조정을 전기적으로 하기 때문에 원격조정이 가능한 교류 용접기는?
① 가포화 리액터형   ② 가동 코일형
③ 가동 철심형   ④ 탭 전환형

28 35℃에서 150kgf/cm²으로 압축하여 내부 40.7리터의 산소용기에 충전하였을 때, 용기 속의 산소량은 몇 L인가?
① 4470   ② 5291   ③ 6105   ④ 7000

해설 산소량 $L = P \times V = 150 \times 40.7 = 6105L$

30 다음 중 산소-아세틸렌 용접법에서 전진법과 비교한 후진법의 설명으로 틀린 것은?
① 용접 속도가 느리다.   ② 열 이용률이 좋다.
③ 용접변형이 작다.   ④ 홈 각도가 작다.

해설 답외 후진법은 용접속도가 빠르고 비드모양이 매끈하지 못하다.

31 다음 중 가스 절단에 있어 양호한 절단면을 얻기 위한 조건으로 옳은 것은?
① 드래그가 가능한 클 것
② 절단면 표면의 각이 예리할 것
③ 슬래그 이탈이 이루어지지 않을 것
④ 절단면이 평활하며 드래그의 홈이 깊을 것

32 피복아크 용접봉의 피복배합제 성분 중 가스발생제는?
① 산화티탄   ② 규산나트륨
③ 규산칼륨   ④ 탄산바륨

ANSWER 26.① 27.① 28.③ 29.④ 30.① 31.② 32.④

33 가스절단에 대한 설명으로 옳은 것은?
① 강의 절단 원리는 예열 후 고압산소를 불어내면 강보다 용융점이 낮은 산화철이 생성되고 이때 산화철은 용융과 동시에 절단된다.
② 양호한 절단면을 얻으려면 절단면이 평활하며 드래그의 홈이 높고 노치 등이 있을수록 좋다.
③ 절단산소의 순도는 절단속도와 절단면에 영향이 없다.
④ 가스절단 중에 모래를 뿌리면서 절단하는 방법을 가스분말절단이라 한다.

34 가스용접에 사용되는 가스의 화학식을 잘못 나타낸 것은?
① 아세틸렌 : C_2H_2
② 프로판 : C_3H_8
③ 에탄 : C_4H_7
④ 부탄 : C_4H_{10}

해설 에탄화학식 - C_2H_6

35 다음 중 아크 발생 초기에 모재가 냉각되어 있어 용접입열이 부족한 관계로 아크가 불안정하기 때문에 아크 초기에만 용접전류를 특별히 크게 하는 장치를 무엇이라 하는가?
① 원격제어장치
② 핫스타트장치
③ 고주파발생장치
④ 전격방지장치

36 납땜 용제가 갖추어야 할 조건으로 틀린 것은?
① 모재의 산화 피막과 같은 불순물을 제거하고 유동성이 좋을 것
② 청정한 금속면의 산화를 방지할 것
③ 납땜 후 슬래그의 제거가 용이할 것
④ 침지 땜에 사용되는 것은 젖은 수분을 함유할 것

해설 용접시 수분은 용접부에 균열과 산화를 동반하므로 수분이 들어가면 안 된다.

37 직류 아크 용접시 정극성으로 용접할 때의 특징이 아닌 것은?
① 박판, 주철, 합금강, 비철금속의 용접에 이용된다.
② 용접봉의 녹음이 느리다.
③ 비드 폭이 좁다.
④ 모재의 용입이 깊다.

A·N·S·W·E·R 33.① 34.③ 35.② 36.④ 37.③

38 피복 아크 용접 결함 중 가공이 생기는 원인으로 틀린 것은?

① 용접 분위기 가운데 수소 또는 일산화탄소 과잉
② 용접부의 급속한 응고
③ 슬래그의 유동성이 좋고 냉각하기 쉬울 때
④ 과대 전류와 용접속도가 빠를 때

39 금속재료의 경량화와 강인화를 위하여 섬유 강화금속 복합재료가 많이 연구되고 있다. 강화섬유 중에서 비금속계로 짝지어진 것은?

① K, W
② W, Ti
③ W, Be
④ SiC, Al_2O_3

40 상자성체 금속에 해당되는 것은?

① Al　　② Fe　　③ Ni　　④ Co

41 동(Cu)합금 중에서 가장 큰 강도와 경도를 나타내며 내식성, 도전성, 내피로성 등이 우수하여 베어링, 스프링 및 전극재료 등으로 사용되는 재료는?

① 인(P) 청동
② 규소(Si) 동
③ 니켈(Ni) 청동
④ 베릴륨(Be) 동

42 고망간강으로 내마멸성과 내충격성이 우수하고 특히 인성이 우수하기 때문에 파쇄장치, 기차레일, 굴착기 등의 재료로 사용되는 것은?

① 엘린바(elinvar)
② 디디뮴(didymium)
③ 스텔라이트(stellite)
④ 하드필드(hadfield)강

43 시험편의 지름이 15mm, 최대하중이 5200kgf일 때 인장강도는?

① $16.8 kg_f/mm^2$
② $29.4 kg_f/mm^2$
③ $33.8 kg_f/mm^2$
④ $55.8 kg_f/mm^2$

인장강도 $= \dfrac{W}{A} = \dfrac{하중}{단면적} = \dfrac{5200}{\dfrac{3.14 \times 15^2}{4}} = 29.4$

ANSWER ▶ 38.③　39.④　40.①　41.④　42.④　43.②

44 다음의 금속 중 경금속에 해당하는 것은?

① Cu ② Be ③ Ni ④ Sn

45 순철의 자기변태(A_2)점 온도는 약 몇 ℃인가?

① 210℃ ② 768℃ ③ 910℃ ④ 1400℃

46 주철의 일반적인 성질을 설명한 것 중 틀린 것은?

① 용탕이 된 주철은 유동성이 좋다.
② 공정 주철의 탄소량은 4.3% 정도이다.
③ 강보다 용융 온도가 높아 복잡한 형상이라도 주조하기 어렵다.
④ 주철에 함유하는 전탄소(total carbon)는 흑연 + 화합탄소로 나타낸다.

해설 금속에 탄소함량이 올라가면 용융온도가 내려가고 액체상태에서 유동성이 증가하므로 주조성이 좋아진다.

47 포금(gun metal)에 대한 설명으로 틀린 것은?

① 내해수성이 우수하다.
② 성분은 8~12%Sn 청동에 1~2%Zn을 첨가한 합금이다.
③ 용해주조시 탈산제로 사용되는 P의 첨가량을 많이 하여 합금 중에 P를 0.05~0.5% 정도 남게 한 것이다.
④ 수압, 수증기에 잘 견디므로 선박용 재료로 널리 사용된다.

48 황동은 도가니로, 전기로 또는 반사로 등에서 용해하는데, Zn의 증발로 손실이 있기 때문에 이를 억제하기 위해서는 용탕표면에 어떤 것을 덮어주는가?

① 소금 ② 석회석 ③ 숯가루 ④ Al 분말가루

49 건축용 철골, 볼트, 리벳 등에 사용되는 것으로 연신율이 약 22%이고, 탄소함량이 약 0.15%인 강재는?

① 연강 ② 경강 ③ 최경강 ④ 탄소공구강

ANSWER ▶ 44.② 45.② 46.③ 47.③ 48.③ 49.①

50 저용융점(fusible) 합금에 대한 설명으로 틀린 것은?
① Bi를 55% 이상 함유한 합금은 응고수축을 한다.
② 용도로는 화재통보기, 압축공기용 탱크 안전밸브 등에 사용된다.
③ 33~66%Pb를 함유한 Bi 합금은 응고 후 시효 진행에 따라 팽창현상을 나타낸다.
④ 저용융점 합금은 약 250℃ 이하의 용융점을 갖는 것이며 Pb, Bi, Sn, Cd, In 등의 합금이다.

51 치수 기입 방법이 틀린 것은?

① 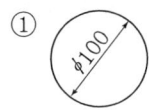 ② 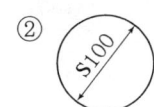 ③  ④

52 다음과 같은 배관의 등각투상도(isomrric drawing)를 평면도로 나타낸 것으로 맞는 것은?

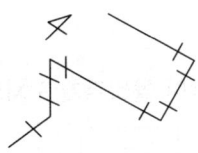

① 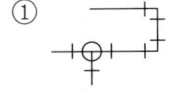 ②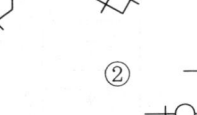

③ 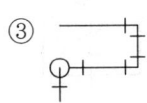 ④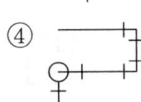

53 표제란에 표시하는 내용이 아닌 것은?
① 재질
② 척도
③ 각법
④ 제품명

ANSWER ▶ 50.① 51.② 52.④ 53.①

54 그림과 같은 용접기호의 설명으로 옳은 것은?

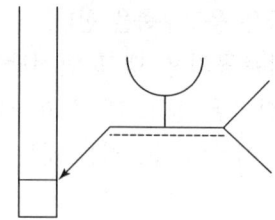

① U형 맞대기 용접, 화살표쪽 용접
② V형 맞대기 용접, 화살표쪽 용접
③ U형 맞대기 용접, 화살표 반대쪽 용접
④ V형 맞대기 용접, 화살표 반대쪽 용접

55 전기아연도금 강판 및 강대의 KS기호 중 일반용 기호는?
① SECD ② SECE ③ SEFC ④ SECC

56 보기 도면은 정면도와 우측면도만이 올바르게 도시되어 있다. 평면도로 가장 적합한 것은?

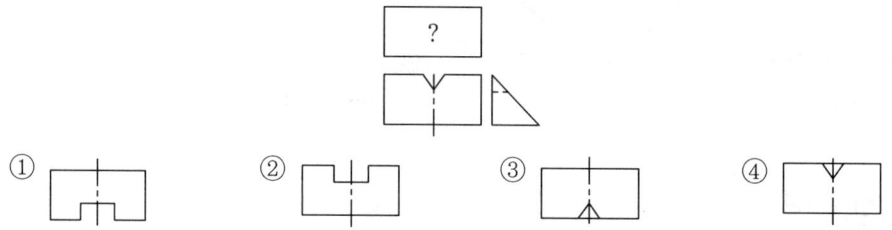

57 선의 종류와 용도에 대한 설명의 연결이 틀린 것은?
① 가는 실선 : 짧은 중심을 나타내는 선
② 가는 파선 : 보이지 않는 물체의 모양을 나타내는 선
③ 가는 1점 쇄선 : 기어의 피치원을 나타내는 선
④ 가는 2점 쇄선 : 중심이 이동한 중심궤적을 표시하는 선

해설 가는2점쇄선은 단면의 무게중심을 연결하는 선으로 사용한다.

ANSWER ▶ 54.① 55.④ 56.③ 57.④

58 그림의 입체도를 제3각법으로 올바르게 투상한 투상도는?

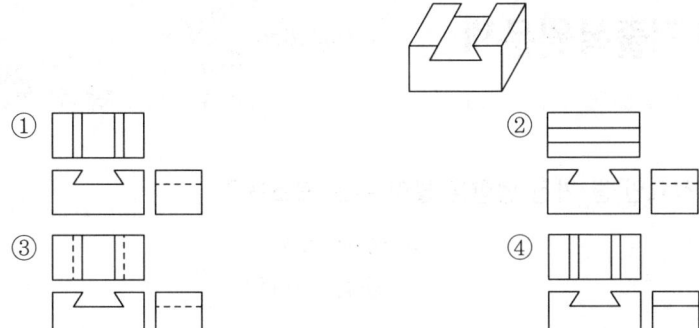

59 KS에서 규정하는 체결부품의 조립 간략 표시방법에서 구멍에 끼워 맞추기 위한 구멍, 볼트, 리벳의 기호 표시 중 공장에서 드릴 가공 및 끼워맞춤을 하는 것은?

①    ②    ③    ④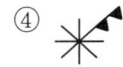

60 그림과 같은 단면도에서 "A"가 나타내는 것은?

① 바닥 표시 기호
② 대칭 도시 기호
③ 반복 도형 생략 기호
④ 한쪽 단면도 표시 기호

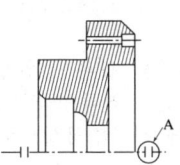

ANSWER ▶ 58.③ 59.① 60.②

제35회 CBT기출복원문제

01 용접에 있어 모든 열적요인 중 가장 영향을 많이 주는 요소는?
① 용접 입열
② 용접 재료
③ 주위 온도
④ 용접 복사열

02 사고의 원인 중 인적 사고 원인에서 선천적 원인은?
① 신체의 결함
② 무지
③ 과실
④ 미숙련

03 TIG용접에서 직류 정극성을 사용하였을 때 용접효율을 올릴 수 있는 재료는?
① 알루미늄
② 마그네슘
③ 마그네슘 주물
④ 스테인리스강

> 해설 알루미늄·마그네슘·마그네슘주물 같은 경우에는 표면의 산화막이 재질보다 너무 용용온도가 높기 때문에 청정작용이 있는 직류역극성 또는 교류고주파 전원을 사용해야하지만 스텐인레스는 심하지 않기 때문에 직류정극성으로도 용접효율을 올릴 수 있다.

04 재료의 인장 시험방법으로 알 수 없는 것은?
① 인장강도
② 단면수축율
③ 피로강도
④ 연신율

05 용접 변형 방지법의 종류에 속하지 않는 것은?
① 억제법
② 역변형법
③ 도열법
④ 취성 파괴법

06 솔리드 와이어와 같이 단단한 와이어를 사용할 경우 적합한 용접 토치 형태로 옳은 것은?
① Y형
② 커브형
③ 직선형
④ 피스톨형

ANSWER 01.① 02.① 03.④ 04.③ 05.④ 06.②

07 안전·보건표지의 색채, 색도기준 및 용도에서 색채에 따른 용도를 올바르게 나타낸 것은?
① 빨간색 : 안내
② 파란색 : 지시
③ 녹색 : 경고
④ 노란색 : 금지

08 용접금속의 구조상의 결함이 아닌 것은?
① 변형
② 기공
③ 언더컷
④ 균열

09 금속재료의 미세조직을 금속 현미경을 사용하여 광학적으로 관찰하고 분석하는 현미경시험의 진행 순서로 맞는 것은?
① 시료 채취 → 연마 → 세척 및 건조 → 부식 → 현미경 관찰
② 시료 채취 → 연마 → 부식 → 세척 및 건조 → 현미경 관찰
③ 시료 채취 → 세척 및 건조 → 연마 → 부식 → 현미경 관찰
④ 시료 채취 → 세척 및 건조 → 부식 → 연마 → 현미경 관찰

10 강판의 두께가 12mm, 폭 100mm인 평판을 V형 홈으로 맞대기 용접 이음할 때, 이음효율 n=0.8로 하면 인장력 P는?(단, 재료의 최저인장강도는 $40N/mm^2$이고, 안전율은 4로 한다.)
① 960N
② 9600N
③ 850N
④ 8600N

해설 $P(인장력) = A(단면적) \times W(인장강도) = (12 \times 100) \times \frac{40}{4} \times 효율 0.8 = 9600$

11 다음 중 텅스텐과 몰리브덴 재료 등을 용접하기에 가장 적합한 용접은?
① 전자 빔 용접
② 일렉트로 슬래그 용접
③ 탄산가스 아크 용접
④ 서브머지드 아크 용접

12 서브머지드 아크 용접시, 받침쇠를 사용하지 않을 경우 루트 간격을 몇 mm 이하로 하여야 하는가?
① 0.2
② 0.4
③ 0.6
④ 0.8

ANSWER ▶ 07.② 08.① 09.① 10.② 11.① 12.④

13 연납땜 중 내열성 땜납으로 주로 구리, 황동용에 사용되는 것은?
① 인동납   ② 황동납   ③ 납-은납   ④ 은납

14 용접부 검사법 중 기계적 시험법이 아닌 것은?
① 굽힘 시험   ② 경도 시험   ③ 인장 시험   ④ 부식 시험

15 일렉트로 가스 아크 용접의 특징 설명 중 틀린 것은?
① 판두께에 관계없이 단층으로 상진 용접한다.
② 판두께가 얇을수록 경제적이다.
③ 용접속도는 자동으로 조절된다.
④ 정확한 조립이 요구되며, 이동용 냉각 동판에 급수 장치가 필요하다.

> 해설 일렉트로가스아크 용접법은 아주 두꺼운 판의 용접이 가능하므로 판이 두꺼울 수록 효율이 커진다.

16 텅스텐 전극봉 중에서 전자 방사능력이 현저하게 뛰어난 장점이 있으며 불순물이 부착되어도 전자 방사가 잘되는 전극은?
① 순텅스텐 전극   ② 토륨 텅스텐 전극
③ 지르코늄 텅스텐 전극   ④ 마그네슘 텅스텐 전극

> 해설 텅스텐 전극봉에 토륨을 첨가하면 전자방사 능력이 현저하게 올라가 전극봉에 불순물이 부착되어도 전자 방사가 잘된다.

17 다음 중 표면 피복 용접을 올바르게 설명한 것은?
① 연강과 고장력강의 맞대기 용접을 말한다.
② 연강과 스테인리스강의 맞대기 용접을 말한다.
③ 금속 표면에 다른 종류의 금속을 용착시키는 것을 말한다.
④ 스테인리스 강관과 연강판재를 접합시 스테인리스 강판에 구멍을 뚫어 용접하는 것을 말한다.

ANSWER ▶ 13.③ 14.④ 15.② 16.② 17.③

18 산업용 용접 로봇의 기능이 아닌 것은?
① 작업 기능
② 제어 기능
③ 계측인식 기능
④ 감정 기능

19 불활성 가스 금속 아크 용접(MIG)의 용착효율을 얼마 정도인가?
① 58%
② 78%
③ 88%
④ 98%

20 다음 중 일렉트로 슬래그 용접의 특징으로 틀린 것은?
① 박판용접에는 적용할 수 없다.
② 장비 설치가 복잡하며 냉각장치가 요구된다.
③ 용접시간이 길고 장비가 저렴하다.
④ 용접 진행 중 용접부를 직접 관찰할 수 없다.

21 AW-300, 무부하 전압 80V, 아크 전압 20V인 교류 용접기를 사용할 때, 다음 중 역률과 효율을 올바르게 계산한 것은?(단, 내부 손실은 4kW라 한다.)
① 역률 : 80.0%, 효율 : 20.6%
② 역률 : 20.6%, 효율 : 80.0%
③ 역률 : 60.0&, 효율 : 41.7%
④ 역률 : 41.7%, 효율 : 60.0%

> **해설** 소비전력 = 아크출력+내부손실 = 6kW + 4kW = 10kW
> 전원입력 = 무부하전압 × 정격2차전류 = 80×300 = 24kVa
> 아크출력 = 아크전압 × 정격2차전류 = 30020 = 60 kV
> 효율 = $\left(\frac{6}{10}\right) \times 100 = 60\%$, 역률 = $\left(\frac{10}{24}\right) \times 100 = 41.6$

22 가스 용접에서 후진법에 대한 설명으로 틀린 것은?
① 전진법에 비해 용접변형이 작고 용접속도가 빠르다.
② 전진법에 비해 두꺼운 판의 용접에 적합하다.
③ 전진법에 비해 열 이용율이 좋다.
④ 전진법에 비해 산화의 정도가 심하고 용착금속 조직이 거칠다.

ANSWER 18.④ 19.④ 20.③ 21.④ 22.④

23 피복아크 용접에 관한 사항으로 아래 그림의 ( )에 들어가야 할 용어는?

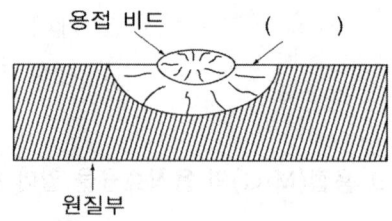

① 용락부　　② 용융지　　③ 용입부　　④ 열영향부

> 용접에서 아크가 쏟아지는 바로 옆이 열영향부로써 가장 취약한 부분이다. 용접비드 바로 옆이 열영향부이다.

24 용접봉에서 모재로 용융금속이 옮겨가는 이행형식이 아닌 것은?
① 단락형　　　　　　② 글로블러형
③ 스프레이형　　　　④ 철심형

25 직류 아크용접에서 용접봉의 용융이 늦고, 모재의 용입이 깊어지는 극성은?
① 직류 정극성　　　② 직류 역극성
③ 용극성　　　　　　④ 비용극성

26 아세틸렌 가스의 성질로 틀린 것은?
① 순수한 아세틸렌 가스는 무색 무취이다.
② 금, 백금, 수은 등을 포함한 모든 원소와 화합시 산화물을 만든다.
③ 각종 액체에 잘 용해되며, 물에는 1배, 알코올에는 6배 용해된다.
④ 산소와 적당히 혼합하여 연소시키면 높은 열을 발생한다.

27 아크 용접기에서 부하전류가 증가하여도 단자전압이 거의 일정하게 되는 특성은?
① 절연 특성　　　　② 수하 특성
③ 정전압 특성　　　④ 보존 특성

ANSWER 23.④ 24.④ 25.① 26.② 27.③

28 피복제 중에 산화티탄을 약 35% 정도 포함하였고 슬래그의 박리성이 좋아 비드의 표면이 고우며 작업성이 우수한 특징을 지닌 연강용 피복 아크 용접봉은?
① E4301　　② E4311　　③ E4313　　④ E4316

29 상률(Phase Rule)과 무관한 인자는?
① 자유도　　② 원소 종류　　③ 상의 수　　④ 성분 수

30 공석 조성율 0.80%C라고 하면, 0.2%C 강의 상온에서의 초석 페라이트와 펄라이트의 비는 약 몇 %인가?
① 초석 페라이트 75% : 펄라이트 25%
② 초석 페라이트 25% : 펄라이트 75%
③ 초석 페라이트 80% : 펄라이트 20%
④ 초석 페라이트 20% : 펄라이트 80%

31 다음 중 목재, 섬유류, 종이 등에 의한 화재의 급수에 해당하는 것은?
① A급　　② B급　　③ C급　　④ D급

해설
• A급 화재 - 일반화재　　• B급 화재 - 유류화재
• C급 화재 - 전기화재　　• D급 화재 - 금속화재

32 용접부의 시험 중 용접성 시험에 해당하지 않는 시험법은?
① 노치 취성 시험　　② 열특성 시험
③ 용접 연성 시험　　④ 용접 균열 시험

33 다음 중 가스용접의 특징으로 옳은 것은?
① 아크 용접에 비해서 불꽃의 온도가 높다.
② 아크 용접에 비해 유해광선의 발생이 많다.
③ 전원 설비가 없는 곳에서는 쉽게 설치할 수 없다.
④ 폭발의 위험이 크고 금속이 탄화 및 산화될 가능성이 많다.

ANSWER　28.③　29.②　30.①　31.①　32.②　33.④

34 산소-아세틸렌 용접에서 표준불꽃으로 연강판 두께 2mm를 60분간 용접하였더니 200L의 아세틸렌가스가 소비되었다면, 다음 중 가장 적당한 가변압식 팁의 번호는?

① 100번 ② 200번 ③ 300번 ④ 400번

> 해설 가변압식 팁의 번호는 1시간당 아세틸렌의 소모량으로 팁 번호를 정한다. 예를들어 60분간 200L의 아세틸렌이 소모되면 팁 번호는 200번이다.

35 연강용 가스 용접봉의 시험편처리 표시 기호 중 NSR의 의미는?

① 625+25℃로써 용착금속의 응력을 제거한 것
② 용착금속의 인장강도를 나타낸 것
③ 용착금속의 응력을 제거하지 않은 것
④ 연신율을 나타낸 것

36 피복 아크 용접에서 사용하는 아크 용접용 기구가 아닌 것은?

① 용접 케이블
② 접지 클램프
③ 용접 홀더
④ 팁 클리너

37 피복아크 용접봉의 피복제의 주된 역할로 옳은 것은?

① 스패터의 발생을 많게 한다.
② 용착 금속에 필요한 합금원소를 제거한다.
③ 모재 표면에 산화물이 생기게 한다.
④ 용착 금속의 냉각속도를 느리게 하여 급랭을 방지한다.

38 용접의 특징에 대한 설명으로 옳은 것은?

① 복잡한 구조물 제작이 어렵다.
② 기밀, 수밀, 유밀성이 나쁘다.
③ 변형의 우려가 없어 시공이 용이하다.
④ 용접사의 기량에 따라 용접부의 품질이 좌우된다.

ANSWER ▶ 34.② 35.③ 36.④ 37.④ 38.④

39 가스 절단에서 팁(Tip)의 백심 끝과 강판 사이의 간격으로 가장 적당한 것은?

① 0.1~0.3mm ② 0.4~1mm ③ 1.5~2mm ④ 4~5mm

40 스카핑 작업에서 냉간재의 스카핑 속도로 가장 적합한 것은?

① 1~3m/min ② 5~7m/min
③ 10~15m/min ④ 20~25m/min

41 열간 성형 리벳의 종류별 호칭길이( )를 표시한 것 중 잘못 표시된 것은?

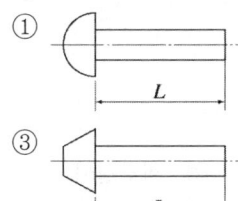
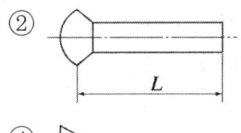
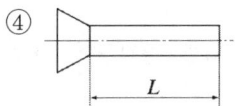

42 다음 중 배관용 탄소 강관의 재질기호는?

① SPA ② STK ③ SPP ④ STS

43 다음 그림과 같은 KS 용접 보호기호의 설명으로 옳은 것은?

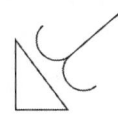

① 필릿 용접부 토우를 매끄럽게 함
② 필릿 용접 중앙부를 볼록하게 다듬질
③ 필릿 용접 끝단부에 영구적인 덮개 판을 사용
④ 필릿 용접 중앙부에 제거 가능한 덮개 판을 사용

ANSWER ▶ 39.③ 40.② 41.④ 42.③ 43.①

44 그림과 같은 정ㄷ형강의 치수 기입 방법으로 옳은 것은? (단, L은 형강의 길이를 나타낸다.)

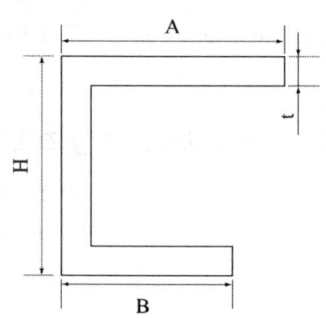

① ㄷ A × B × H × t - L
② ㄷ H × A × B × t - L
③ ㄷ B × A × H × t - L
④ ㄷ H × B × A × L - t

해설 ㄷ형강 치수기입법 - 형강높이 - 가로측 긴 쪽 - 가로측 짧은 쪽 - 두께 - 형강길이

45 도면에서 반드시 표제란에 기입해야 하는 항목으로 틀린 것은?
① 재질 ② 척도 ③ 투상법 ④ 도명

46 선의 종류와 명칭이 잘못된 것은?
① 가는 실선 - 해칭선
② 굵은 실선 - 숨은선
③ 가는 2점 쇄선 - 가상선
④ 가는 1점 쇄선 - 피치선

해설 굵은실선은 외형선에 사용한다.

47 그림과 같은 입체도에서 화살표 방향을 정면으로 할 때 평면도로 가장 적합한 것은?

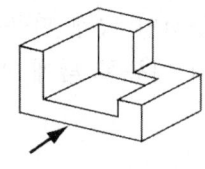

① 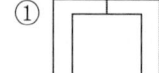 ② 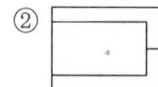 ③  ④

A·N·S·W·E·R 44.② 45.① 46.② 47.①

48 도면의 밸브 표시방법에서 안전밸브에 해당하는 것은?

① ─▷|─   ② ─▷◁─   ③ ─▷⋀◁─   ④ ─▷⊤◁─

49 제1각법과 제3각법에 대한 설명 중 틀린 것은?
① 제3각법은 평면도를 정면도의 위에 그린다.
② 제1각법은 저면도를 정면도의 아래에 그린다.
③ 제3각법의 원리는 눈 → 투상면 → 물체의 순서가 된다.
④ 제1각법에서 우측면도 정면도를 기준으로 본 위치와는 반대쪽인 좌측에 그려진다.

50 일반적으로 치수선을 표시할 때, 치수선 양 끝에 치수가 끝나는 부분임을 나타내는 형상으로 사용하는 것이 아닌 것은?

51 금속의 물리적 성질에서 자성에 관한 설명 중 틀린 것은?
① 연철(連綴)은 잔류자기는 작으나 보자력이 크다.
② 영구자석 재료는 쉽게 자기를 소실하지 않는 것이 좋다.
③ 금속을 자석에 접근시킬 때 금속에 자석의 극과 반대의 극이 생기는 금속을 상자성체라 한다.
④ 자기장의 강도가 증가하면 자화되는 강도도 증가하나 어느 정도 진행되면 포화점에 이르는 이 점을 퀴리점이라 한다.

52 다음 중 탄소강의 표준 조직이 아닌 것은?
① 페라이트   ② 펄라이트   ③ 시멘타이트   ④ 마텐자이트

53 주요 성분이 Ni-Fe 합금인 불변강의 종류가 아닌 것은?
① 인바   ② 모넬메탈   ③ 엘린바   ④ 플래티나이트

ANSWER ▶ 48.③ 49.② 50.④ 51.① 52.④ 53.②

54 탄소강 중에 함유된 규소의 일반적인 영향 중 틀린 것은?
① 경도의 상승
② 연산율의 감소
③ 용접성의 저하
④ 충격값의 증가

55 다음 중 이온화 경향이 가장 큰 것은?
① Cr
② K
③ Sn
④ H

56 실온까지 온도를 내려 다른 형상으로 변형시켰다가 다시 온도를 상승시키면 어느 일정한 온도 이상에서 원래의 형상으로 변화하는 합금은?
① 제진합금
② 방진합금
③ 비정결합금
④ 형상기억합금

57 금속에 대한 설명으로 틀린 것은?
① 리듐(Li)은 물보다 가볍다.
② 고체 상태에서 결정구조를 가진다.
③ 텅스텐(W)은 이리듐(Ir)보다 비중이 크다.
④ 일반적으로 용융점이 높은 금속은 비중도 큰 편이다.

해설 텅스턴비중은 16.6, 이리듐비중은 22.5로써 금속중 가장 높다.

58 고강도 Al 합금으로 조성이 Al-Cu-Mg-Mn인 합금은?
① 리우탈
② Y-합금
③ 두랄루민
④ 하이드로날륨

59 7 : 3 황동에 1% 내외의 Sn을 첨가하여 열교환기, 증발기 등에 사용되는 합금은?
① 코슨 황동
② 네이벌 황동
③ 애드미럴티 황동
④ 에버듀어 메탈

60 구리에 5~20%Zn을 첨가한 황동으로, 강도는 낮으나 전연성이 좋고 색깔이 금색에 가까워, 모조금이나 판 및 선 등에 사용되는 것은?
① 톰백
② 켈밋
③ 포금
④ 문쯔메탈

ANSWER ▶ 54.④ 55.② 56.④ 57.③ 58.③ 59.③ 60.①

제36회 CBT기출복원문제

01 다음 중 용접 작업 전 예열을 하는 목적으로 틀린 것은?
① 용접 작업성의 향상을 위하여
② 용접부의 수축 변형 및 잔류 응력을 경감시키기 위하여
③ 용접금속 및 열 영향부의 연성 또는 인성을 향상시키기 위하여
④ 고탄소강이나 합금강의 열 영향부 경도를 높게 하기 위하여

02 전기저항용접 중 플래시 용접 과정의 3단계를 순서대로 바르게 나타낸 것은?
① 업셋 → 플래시 → 예열
② 예열 → 업셋 → 플래시
③ 예열 → 플래시 → 업셋
④ 플래시 → 업셋 → 예열

03 다음 중 다층 용접시 적용하는 용착법이 아닌 것은?
① 빌드업법　　　　② 케스케이드법
③ 스킵법　　　　　④ 전진블록법

04 피복아크 용접시 지켜야 할 유의사항으로 적합하지 않은 것은?
① 작업시 전류는 적정하게 조절하고 정리정돈을 잘하도록 한다.
② 작업을 시작하기 전에는 메인 스위치를 작동시킨 후에 용접기 스위치를 작동시킨다.
③ 작업이 끝나면 항상 메인 스위치를 먼저 끈 후에 용접기 스위치를 꺼야 한다.
④ 아크 발생시 항상 안전에 신경을 쓰도록 한다.

해설 전원스위치를 끌때는 용접기스위치를 끄고 메인스위치는 맨 나중에 끈다.

ANSWER 01.④ 02.③ 03.③ 04.③

05 전격의 방지대책으로 적합하지 않은 것은?
① 용접기 내부는 수시로 열어서 점검하거나 청소한다.
② 홀더나 용접봉은 절대로 맨손으로 취급하지 않는다.
③ 절연 홀더의 절연부분이 파손되면 즉시 보수하거나 교체한다.
④ 땀, 물 등에 의해 습기찬 작업복, 장갑, 구두 등은 착용하지 않는다.

06 연납과 경납을 구분하는 온도는?
① 550℃ ② 450℃ ③ 350℃ ④ 250℃

07 용접 진행 방향과 용착 방향이 서로 반대가 되는 방법으로 잔류 응력은 다소 적게 발생하나 작업의 능률이 떨어지는 용착법은?
① 전진법 ② 후진법 ③ 대칭법 ④ 스킵법

08 다음 중 테르밋 용접의 특징에 관한 설명으로 틀린 것은?
① 용접 작업이 단순하다.
② 용접기구가 간단하고, 작업장소의 이동이 쉽다.
③ 용접 시간이 길고, 용접 후 변형이 크다.
④ 전기가 필요 없다.

해설 테르밋용접법은 전원이 필요없으며 용접 후 변형이 거의 없다.

09 다음 중 용접 후 잔류응력 완화법에 해당하지 않는 것은?
① 기계적 응력완화법   ② 저온응력완화법
③ 피닝법   ④ 화염경화법

ANSWER 05.① 06.② 07.② 08.③ 09.④

10 용접 지그나 고정구의 선택 기준 설명 중 틀린 것은?
① 용접하고자 하는 물체의 크기를 튼튼하게 고정시킬 수 있는 크기와 강성이 있어야 한다.
② 용접 응력을 최소화할 수 있도록 변형이 자유롭게 일어날 수 있는 구조이어야 한다.
③ 피용접물의 고정과 분해가 쉬워야 한다.
④ 용접간극을 적당히 받쳐주는 구조이어야 한다.

11 초음파 탐상법의 종류에 속하지 않는 것은?
① 투과법   ② 펄스반사법   ③ 공진법   ④ 극간법

12 용접작업 중 지켜야 할 안전사항으로 틀린 것은?
① 보호 장구를 반드시 착용하고 작업한다.
② 훼손된 케이블은 사용 후에 보수한다.
③ 도장된 탱크 안에서의 용접은 충분히 환기시킨 후 작업한다.
④ 전격 방지기가 설치된 용접기를 사용한다.

13 자동화 용접장치의 구성요소가 아닌 것은?
① 고주파 발생장치   ② 칼럼
③ 트랙   ④ 갠트리

14 CO_2 가스 아크 용접에서 기공의 발생 원인으로 틀린 것은?
① 노즐에 스패터가 부착되어 있다.
② 노즐과 모재사이의 거리가 짧다.
③ 모재가 오염(기름, 녹, 페인트)되어 있다.
④ CO_2 가스의 유량이 부족하다.

ANSWER ▶ 10.② 11.④ 12.② 13.① 14.②

15 서브머지드 아크 용접의 특징으로 틀린 것은?
① 콘택트 팁에서 통전되므로 와이어 중에 저항열이 적게 발생되어 고전류 사용이 가능하다.
② 아크가 보이지 않으므로 용접부의 적부를 확인하기가 곤란하다.
③ 용접 길이가 짧을 때 능률적이며 수평 및 위보기 자세 용접에 주로 이용된다.
④ 일반적으로 비드 외관이 아름답다.

해설 서브머지드용접법은 주로 아래보기 또는 필릿용접에 한정되어 있다.

16 주철 용접시 주의사항으로 옳은 것은?
① 용접 전류는 약간 높게 하고 운봉하여 곡선비드를 배치하며 용입을 깊게한다.
② 가스 용접시 중성불꽃 또는 산화불꽃을 사용하고 용제는 사용하지 않는다.
③ 냉각되어 있을 때 피닝작업을 하여 변형을 줄이는 것이 좋다.
④ 용접봉의 지름은 가는 것을 사용하고, 비드의 배치는 짧게 하는 것이 좋다.

17 다음 중 CO_2가스 아크 용접의 장점으로 틀린 것은?
① 용착 금속의 기계적 성질이 우수하다.
② 슬래그 혼입이 없고, 용접 후 처리가 간단하다.
③ 전류밀도가 높아 용입이 깊고, 용접속도가 빠르다.
④ 풍속 2m/s 이상의 바람에도 영향을 받지 않는다.

18 용접 홈 이음 형태 중 U형은 루트 반지름을 가능한 크게 만드는데 그 이유로 가장 알맞은 것은?
① 큰 개선각도
② 많은 용착량
③ 충분한 용입
④ 큰 변형량

19 비용극식, 비소모식 아크 용접에 속하는 것은?
① 피복아크 용접
② TIG 용접
③ 서브머지드 아크 용접
④ CO_2 용접

ANSWER 15.③ 16.④ 17.④ 18.③ 19.②

20 TIG 용접에서 직류 역극성에 대한 설명이 아닌 것은?
① 용접기의 음극에 모재를 연결한다.
② 용접기의 양극에 토치를 연결한다.
③ 비드 폭이 좁고 용입이 깊다.
④ 산화 피막을 제거하는 청정작용이 있다.

21 재료의 접합방법은 기계적 접합과 야금적 접합으로 분류하는데 야금적 접합에 속하지 않는 것은?
① 리벳   ② 용접   ③ 압접   ④ 납땜

　해설　작업 후 분해가능 한것을 기계적 접합이라 하고 분해가 불가능한 것을 야금학적 접합이라 한다.

22 피복아크 용접기를 사용하여 아크 발생을 8분간 하고 2분간 쉬었다면 용접기 사용률은 몇 %인가?
① 25   ② 40   ③ 65   ④ 80

　해설　용접기사용율을 10분을 기준으로 8분용접하고 2분 쉬었으면 효율이 80%이다.

23 다음 중 알루미늄을 가스 용접할 때 가장 적절한 용제는?
① 붕사   ② 탄산나트륨   ③ 염화나트륨   ④ 중탄산나트륨

24 아크 용접에서 아크쏠림 방지 대책으로 옳은 것은?
① 용접봉 끝을 아크쏠림 방향으로 기울인다.
② 접지점을 용접부에 가까이 한다.
③ 아크 길이를 길게 한다.
④ 직류용접 대신 교류용접을 사용한다.

25 일반적인 용접의 장점으로 옳은 것은?
① 재질 변형이 생긴다.　　② 작업 공정이 단축된다.
③ 잔류 응력이 발생한다.　④ 품질검사가 곤란하다.

ANSWER ▶ 20.③ 21.① 22.④ 23.③ 24.④ 25.②

26 용접작업을 하지 않을 때는 무부하 전압을 20~30V 이하로 유지하고 용접봉을 작업물에 접촉시키면 릴레이(relay) 작동에 의해 전압이 높아져 용접작업이 가능하게 하는 장치는?
① 아크 부스터
② 원격 제어장치
③ 전격 방지기
④ 용접봉 홀더

27 다음 중 연강용 가스용접봉의 종류인 "GA43"에서 "43"이 의미하는 것은?
① 가스 용접봉
② 용착금속의 연신율 구분
③ 용착금속의 최소 인장강도 수준
④ 용착금속의 최대 인장강도 수준

해설 GA43에서 43의 뜻은 최저인장강도가 $43kg/mm^2$ 이상이란 뜻이다.

28 피복제 중에 산화티탄(TIO_2)을 약 35% 정도 포함한 용접봉으로서 아크는 안정되고 스패터는 적으나, 고온균열(hot crack)을 일으키기 쉬운 결정이 있는 용접봉은?
① E 4301
② E 4313
③ E 4311
④ E 4316

29 알루미늄과 마그네슘의 합금으로 바닷물과 알칼리에 대한 내식성이 강하고 용접성이 매우 우수하여 주로 선박용 부품, 화학 장치용 부품 등에 쓰이는 것은?
① 실루민
② 하이드로날륨
③ 알루미늄 청동
④ 애드미럴티 황동

30 다음 금속 중 용융상태에서 응고할 때 팽창하는 것은?
① Sn
② Zn
③ Mo
④ Bi

31 다음 중 용접자세 기호로 틀린 것은?
① F
② V
③ H
④ OS

ANSWER 26.③ 27.③ 28.② 29.② 30.④ 31.④

32 전기저항용접의 발열량을 구하는 공식으로 옳은 것은?(단, H : 발열량[cal], I : 전류[A], R : 저항[Ω], t : 시간[sec]이다.)

① $H = 0.24IRt$
② $H = 0.24IR^2t$
③ $H = 0.24I^2Rt$
④ $H = 0.24IRt^2$

33 가스용접 모재의 두께가 3.2mm일 때 가장 적당한 용접봉의 지름을 계산식으로 구하면 몇 mm인가?

① 1.6 ② 2.0 ③ 2.6 ④ 3.2

해설) 용접봉지름 $D = \left(\dfrac{T}{2}\right) + 1 = \left(\dfrac{3.2}{2}\right) + 1 = 2.6$

34 가스용접에 사용되는 가연성 가스의 종류가 아닌 것은?

① 프로판 가스
② 수소 가스
③ 아세틸렌 가스
④ 산소

35 환원가스 발생 작용을 하는 피복아크 용접봉의 피복제 성분은?

① 산화티탄
② 규산나트륨
③ 탄산칼륨
④ 당밀

36 토치를 사용하여 용접부분의 뒷면을 따내거나 U형, H형으로 용접 홈을 가공하는 것으로 일명 가스 파내기라고 부르는 가공법은?

① 산소창 절단
② 선삭
③ 가스 가우징
④ 천공

37 피복아크용접에서 직류 역극성(DCRP)용접의 특징으로 옳은 것은?

① 모재의 용입이 깊다.
② 비드 폭이 좁다.
③ 봉의 용융이 느리다.
④ 박판, 주철, 고탄소강의 용접 등에 쓰인다.

ANSWER ▶ 32.③ 33.③ 34.④ 35.④ 36.③ 37.④

38 다음 중 아세틸렌가스의 관으로 사용할 경우 폭발성 화합물을 생성하게 되는 것은?
① 순구리관
② 스테인리스강관
③ 알루미늄합금관
④ 탄소강관

39 가스 절단시 예열 불꽃이 약할 때 일어나는 현상으로 틀린 것은?
① 드래그가 증가한다.
② 절단면이 거칠어진다.
③ 역화를 일으키기 쉽다.
④ 절단속도가 느려지고, 절단이 중단되기 쉽다.

40 직류아크 용접기와 비교하여 교류아크 용접기에 대한 설명으로 가장 올바른 것은?
① 무부하 전압이 높고 감전의 위험이 많다.
② 구조가 복잡하고 극성변화가 가능하다.
③ 자기쏠림 방지가 불가능하다.
④ 아크 안정성이 우수하다.

41 그림과 같은 KS 용접기호의 해석으로 올바른 것은?

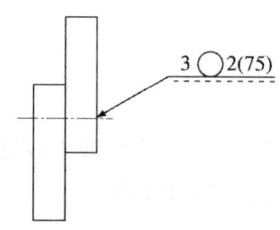

① 지름이 2mm이고 피치가 75mm인 플러그 용접이다.
② 폭이 2mm이고 피치가 75mm인 심 용접이다.
③ 용접 수는 2개이고, 피치가 75mm인 슬롯 용접이다.
④ 용접 수는 2개이고, 피치가 75mm인 스폿(점) 용접이다.

42 그림과 같은 도시기호가 나타내는 것은?

① 안전밸브
② 전동밸브
③ 스톱밸브
④ 슬루스 밸브

A·N·S·W·E·R 38.① 39.② 40.① 41.④ 42.①

43 도면의 척도 값 중 실제 형상을 확대하여 그리는 것은?

① 2 : 1   ② 1 : √2   ③ 1 : 1   ④ 1 : 2

해설 현척 = 1 : 1, 배척 = 2 : 1, 축척 = 1 : 2, 척도에서 앞 숫자가 크면 배척, 작으면 축척이다.

44 그림과 같은 입체도를 3각법으로 올바르게 도시한 것은?

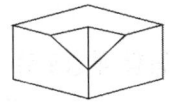

①   ②   ③  ④

45 도면에 물체를 표시하기 위한 투상에 관한 설명 중 잘못된 것은?
① 주 투상도는 대상물의 모양 및 기능을 가장 명확하게 표시하는 면을 그린다.
② 보다 명확한 설명을 위해 주 투상도를 보충하는 다른 투상도를 많이 나타낸다.
③ 특별한 이유가 없는 경우 대상물을 가로길이로 놓은 상태로 그린다.
④ 서로 관련되는 그림의 배치는 되도록 숨은선을 쓰지 않도록 한다.

46 KS 기계재료 표시기호 SS 400은 무엇을 나타내는가?

① 경도   ② 연신율   ③ 탄소 함유량   ④ 최저 인장강도

해설 SS400에서 400은 최저인장강도가 400kg/mm² 이상을 의미한다.

47 그림과 같이 기계 도면 작성시 가공에 사용하는 공구 등의 모양을 나타낼 필요가 있을 때 사용하는 선으로 올바른 것은?

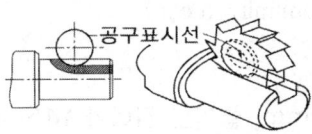

① 가는 실선   ② 가는 1점 쇄선
③ 가는 2점 쇄선   ④ 가는 파선

48 기호를 기입한 위치에서 먼 면에 카운터 싱크가 있으며, 공장에서 드릴 가공 및 현장에서 끼워맞춤을 나타내는 리벳의 기호 표시는?

① 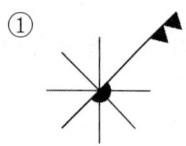 ② 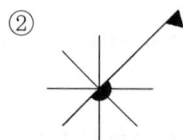 ③ 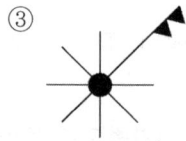 ④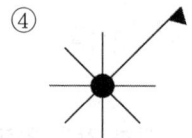

49 그림과 같은 입체도의 화살표 방향 투상도로 가장 적합한 것은?

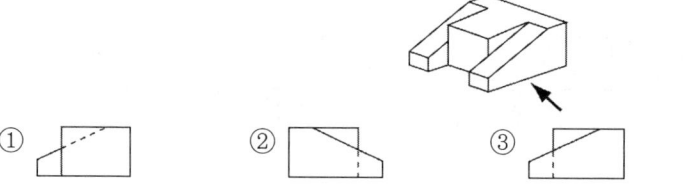

50 치수 기입의 원칙에 관한 설명 중 틀린 것은?
① 치수는 필요에 따라 기준으로 하는 점, 선 또는 면을 기준으로 하여 기입한다.
② 대상물의 기능, 제작, 조립 등을 고려하여 필요하다고 생각되는 치수를 명료하게 도면에 지시한다.
③ 치수 입력에 대해서는 중복 기입을 피한다.
④ 모든 치수에는 단위를 기입해야 한다.

51 60%Cu - 40%Zn 황동으로 복수기용 판, 볼트, 너트 등에 사용되는 합금은?
① 톰백(tombac)
② 길딩 메탈(gilding metal)
③ 문쯔 메탈(muntz metal)
④ 애드미럴티 메탈(admiralty metal)

52 시편의 표점거리가 125mm, 늘어난 길이가 145mm이었다면 연신율은?
① 16%   ② 20%   ③ 26%   ④ 30%

해설 연신율 = $\dfrac{\text{늘어난 길이} - \text{처음 길이}}{\text{처음길이}} \times 100 = \dfrac{145-125}{125} \times 100 = 16\%$

ANSWER ▶ 48.② 49.③ 50.④ 51.③ 52.①

53 주철의 유동성을 나쁘게 하는 원소는?
① Mn ② C ③ P ④ S

54 주변 온도가 변화하더라도 재료가 가지고 있는 열팽창계수나 탄성계수 등의 특정한 성질이 변하지 않는 강은?
① 쾌삭강
② 불변강
③ 강인강
④ 스테인리스강

55 열과 전기의 전도율이 가장 좋은 금속은?
① Cu ② Al ③ Ag ④ Au

56 비파괴검사가 아닌 것은?
① 자기탐상시험
② 침투탐상시험
③ 샤르피충격시험
④ 초음파탐상시험

57 구상흑연주철에서 그 바탕조직이 펄라이트이면서 구상흑연의 주위를 유리된 페라이트가 감싸고 있는 조직의 명칭은?
① 오스테나이트(austenite) 조직
② 시멘타이트(cementite) 조직
③ 레데뷰라이트(ledeburite) 조직
④ 불스 아이(bull's eye) 조직

58 섬유 강화 금속 복합재료의 기지 금속으로 가장 많이 사용되는 것으로 비중이 약 2.7인 것은?
① Na ② Fe ③ Al ④ Co

59 강에서 상온 메짐(취성)의 원인이 되는 원소는?
① P ② S ③ Mn ④ Cu

ANSWER ▷ 53.④ 54.② 55.③ 56.③ 57.④ 58.③ 59.①

60 강자성체 금속에 해당되는 것은?

① Bi, Sn, Au   ② Fe, Pt, Mn
③ Ni, Fe, Co   ④ Co, Sn, Cu

ANSWER 60.③

PART 5

실기 공개도면 및 용접기법

개정된 실기시험 문제

[개정된 실기시험 출제내용 및 공개도면]

- 용접기능사
- 특수용접기능사

국가기술자격 실기시험문제

자격종목	용접기능사	과제명	도면참조

※ 문제지는 시험 종료 후 반드시 반납하시기 바랍니다.

비번호		시험일시		시험장명	

※ 시험시간 : 2시간
 - 작업내용 : 도면에 의한 피복아크 용접 및 가스절단

1. 요구사항

※ 지급된 재료와 별첨 도면에서 지시한 내용대로 과제명과 같이 용접하여야 합니다.
※ 수험자가 작품을 제출한 후 채점을 위한 그라인더 가공은 시험위원의 지시를 받아 관리원이 하도록 합니다.

가. 용접 자세
1) 아래보기자세는 모재를 수평으로 고정하고 아래보기로 용접을 하여야 합니다.
2) 수평자세는 모재를 수평면과 90°되게 고정하고 수평으로 용접을 하여야 합니다.
3) 수직자세는 모재를 수평면과 90°되게 고정하고 수직으로 용접을 하여야 합니다.
4) 위보기자세는 모재를 위보기 수평(0°) 되게 고정하고 위보기로 용접을 하여야 합니다.

나. 용접 작업
1) 작품을 제출한 후에는 재작업을 할 수 없으므로 유의해서 작업합니다.
2) 피복아크 용접의 경우 도면상 150mm 모두 실시하여야 합니다.
3) 가스유량, 용접전류·전압 등 용접작업에 필요한 모든 조정사항은 수험자가 직접 결정하여 작업합니다.
4) 시험장에 설치된 가스 절단 장치를 이용하여 절단작업을 한 후 필릿 용접작업을 수행합니다.

다. 가스 절단
1) 가스 절단 장치 또는 가스 집중 장치의 가스 누설여부를 확인합니다.
2) 각각의 압력조정기의 핸들을 조정하여 가스절단 작업의 사용 가능한 적정한 압력을 조절합니다.
3) 점화 후 가스 불꽃을 조정하여 도면에 지시한 내용대로 절단 작업을 수행한 후 소화합니다.
4) 각각의 호스 내부의 잔류가스를 배출시킨 후 절단 작업 전의 상태로 정리 정돈합니다.
5) 가스 절단 작업 후 절단면 외관을 채점하므로 줄이나 그라인더 가공을 금합니다.
6) 가스절단은 15분 이내에 하여야 합니다.

| 자격종목 | 용접기능사 | 과제명 | 도면참조 |

라. 필릿 용접

1) 필릿 용접에서 용접선은 도면의 자세대로 용접할 수 있도록 모재를 고정한 후 용접합니다.
2) 가용접은 도면의 시험편 양쪽 가장자리로부터 12.5 ±2.5 mm 까지(용접을 하지 않는 부분)를 제외한 용접선에 해야 하며, 가접 길이는 10 mm 이내로 하여야 합니다.
3) 필릿 용접에서 비드 폭과 높이가 각각 요구된 다리길이(각장)의 -20% ~ 50% 범위에서 용접하여야 합니다.

2. 수험자 유의사항

1) 수험자가 지참한 공구와 지정한 시설만 사용하고 안전수칙을 지켜야 합니다.
2) 문제지는 작업이 완료된 후 과제와 함께 반드시 제출하여야 합니다.
3) 용접을 시작하기 전에 V홈 가공을 위한 줄 가공이나 그라인더 가공은 허용합니다.
4) 용접외관 채점 후 굴곡시험(필릿은 파면검사)을 하므로 용접 후 용접부에 줄이나 그라인더 등의 가공을 금합니다.
5) 복장상태, 작업 시 안전보호구 착용여부 및 사용법, 재료 및 공구 등의 정리정돈과 안전수칙 준수 등도 시험 중에 채점하므로 철저히 해야 합니다.
6) 다음 사항에 대해서는 채점 대상에서 제외하니 특히 유의하시기 바랍니다.
    가) 기권
        (1) 수험자 본인이 수험 도중 시험에 대한 포기 의사를 표 하는 경우
        (2) 실기시험 과정 중 1개 과정이라도 불참한 경우
    나) 실격
        (1) 전(全)감독위원이 안전을 고려하여 더 이상 가스 절단 작업을 수행할 수 없다고 인정하는 경우의 작품
        (2) 전(全)감독위원이 용접의 상태(시험편의 용락, 언더컷, 오버랩, 비드상태 등 구조상의 결함, 용접방법 등)가 채점기준에서 제시한 항목 이외의 사항과 관련하여 용접 작품으로 인정할 수 없다는 작품
    다) 미완성
        (1) 1개소라도 미 용접, 미 절단된 작품 또는 시험시간을 초과한 작품
    라) 오작
        (1) 이면 받침판을 사용했거나 이면 비드에 보강 용접을 한 작품
        (2) 외관검사를 하기 전 비드 표면에 줄이나 그라인더 등의 가공을 한 작품
        (3) 용접완료 후 시험편 및 비드에 해머링을 한 작품 및 지급된 용접봉을 사용하지 않은 작품
        (4) 요구사항을 지키지 않은 작품 및 필릿 용접에서 도면에 지시된 용접 구간 내에 용접하지 않은 작품
        (5) 도면에 표기된 상태로 가용접을 하지 않는 경우의 작품

자격종목	용접기능사	과제명	도면참조

(6) 절단 작업 후 절단면에 줄이나 그라인더 등 가공을 한 작품
(7) 가스 절단된 모재의 길이가 125±5 mm 벗어나는 작품
(8) 필릿 용접부에서 비드 폭과 높이가 각각 요구된 다리길이(각장)의 4.8 mm ~ 9 mm 를 벗어나는 작품
(9) 필릿 용접 파단 시험 후, 두 모재의 용입이 용접 길이의 50%가 되지 않는 작품
(10) 굴곡시험에서 시험편의 개수의 50%(총 4개 중 2개)이상이 0점인 작품
(11) 용접 시 비드 내에서 전진법이나 후진법을 혼용하거나, 상진법이나 하진법을 혼용한 작품 (용접 시점과 종점은 모두 동일해야 함)
(12) 도면에 제시된 모재와 규정된 각도를 10° 이상 초과해서 용접 작업할 경우
(13) 맞대기 용접부의 비드 높이가 용접시점 10 mm, 종점 10 mm 을 제외한 모재 두께보다 낮은(0 mm 미만)작품
(14) 용접부의 비드 높이가 5 mm를 초과한 작품
(15) 가스절단의 작업시간이 15분을 초과한 경우
(16) 맞대기용접의 시험편 이면비드(시점, 이음부, 종점 포함)의 불완전 용융부가 용접부 길이의 30 mm를 초과한 작품
(17) 시험편 가공 외에 그라인더(전동용 브러쉬 포함)를 사용한 작품
(18) 용접 시 시험편을 고정하지 않고, 방향을 바꾸면서 용접한 작품

7) 공단에서 지정한 각인을 각 부품별로 반드시 날인 받아야 하며, 각인이 날인되지 않은 과제를 제출할 경우에는 채점하지 아니하고, 불합격처리합니다.

> ※ 국가기술자격 시험문제는 저작권법상 보호되는 저작물이고, 저작권자는 한국산업인력공단입니다. 시험문제의 일부 또는 전부를 무단 복제, 배포, (전자)출판하는 등 저작권을 침해하는 일체의 행위를 금합니다.
> 〈국가기술자격 부정행위 예방 캠페인 : " 부정행위, 묵인하면 계속됩니다."〉

3. 지급재료 목록

일련번호	재료명	규격	단위	수량	비고
1	연강판	t6 100×150	개	2	1인당, 2장 각각 150면 개선가공
2	연강판	t9 125×150	개	2	1인당, 2장 각각 150면 개선가공
3	연강판	t9 150×250	개	1	1인당, 가공 없음
4	피복아크용접봉	Ø3.2, Ø4			공용, 저수소계

※ 기타지급재료는 공용으로 사용하시기 바랍니다.

> ※ 국가기술자격 실기시험 지급재료는 시험종료 후(기권, 결시자 포함) 수험자에게 지급하지 않습니다.

4. 도 면

자격종목	용접기능사	과제명	시험편 피복아크용접, 가스 절단 및 T형 필릿 용접	척도	N.S

가) 시험편 피복아크용접

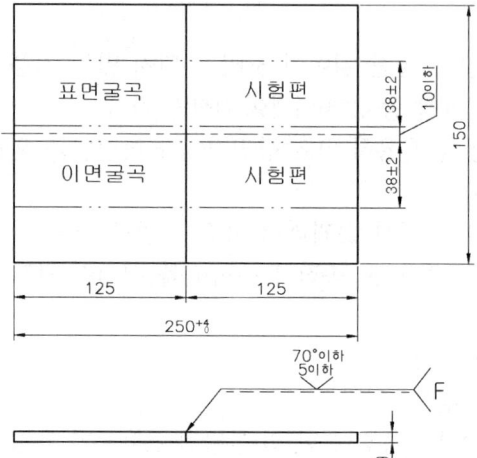

나) 시험편 피복아크용접

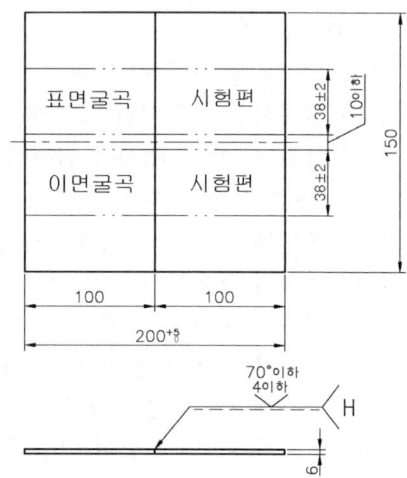

다) 가스 절단

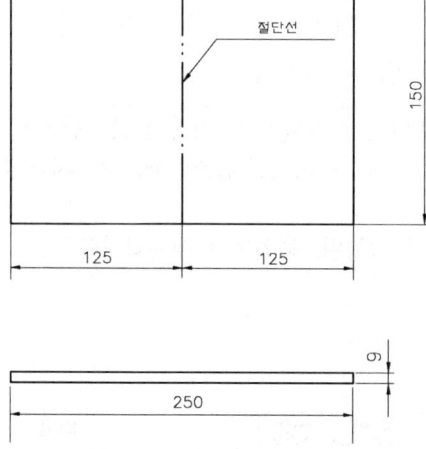

라) T형 필릿 피복아크용접

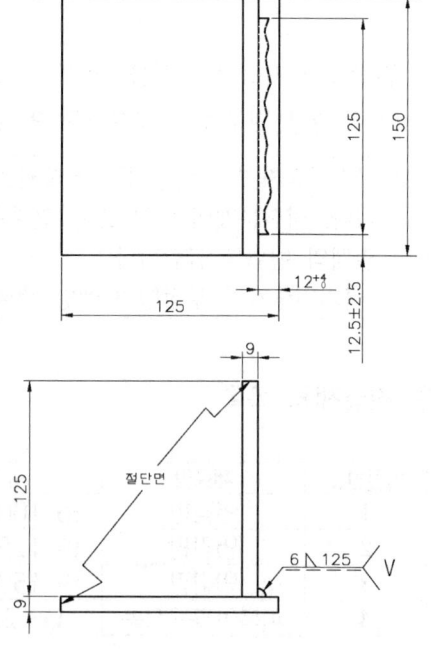

국가기술자격 실기시험문제

자격종목	특수용접기능사	과제명	도면참조

※ 문제지는 시험 종료 후 반드시 반납하시기 바랍니다.

비번호		시험일시		시험장명	

※ 시험시간 : 1시간 40분
  - CO_2용접 맞대기 : 30분, - CO_2용접 필릿 : 30분, - TIG용접 : 40분

1. 요구사항

※ 지급된 재료와 별첨 도면에서 지시한 내용대로 과제명과 같이 용접하시오.
※ 수험자가 작품을 제출한 후 채점을 위한 그라인더 가공은 시험위원의 지시를 받아 관리원이 하도록 합니다.

가. 용접 자세
1) 아래보기자세는 모재를 수평으로 고정하고 아래보기로 용접을 하여야 합니다.
2) 수평자세는 모재를 수평면과 90°되게 고정하고 수평으로 용접을 하여야 합니다.
3) 수직자세는 모재를 수평면과 90°되게 고정하고 수직으로 용접을 하여야 합니다.
4) 위보기자세는 모재를 위보기 수평(0°)되게 고정하고 위보기로 용접하여야 합니다.
5) 필릿 용접에서 용접선은 도면의 자세대로 용접할 수 있도록 모재를 고정한 후 비드 폭과 높이가 각각 규정된 각장의 -0% ~ 50%를 초과하지 않도록 용접하고, 가용접은 도면의 시험편 양쪽 가장자리로부터 12.5 ±2.5 mm 까지(용접을 하지 않는 부분)를 제외한 용접선에 해야 하며, 가용접 길이는 10 mm 이내로 하여야 합니다.

나. 용접 작업
1) 작품을 제출한 후에는 재작업을 할 수 없으므로 유의해서 작업합니다.
2) 용접작업은 도면상 150mm 모두 실시하여야 합니다.
3) TIG용접 시 규정된 TIG용접 이면 보호판이나 세라믹백킹제를 사용하여 작업이 가능하며, TIG용접 이면 보호판 뒷면(이면)으로 후기(실드)가스, 이물질(종이필터, 테이프 등) 등을 투입하지 않고 작업합니다. (단, 앞면, 옆면에 은박(종이)테이프 등을 붙이고 작업은 가능합니다.)
4) 가스유량, 용접전류·전압 등 용접작업에 필요한 모든 조정사항은 수험자가 직접 결정하여 작업합니다.

자격종목	특수용접기능사	과제명	도면참조

2. 수험자 유의사항

1) 수험자가 지참한 공구와 지정한 시설만 사용하고 안전수칙을 지켜야 합니다.
2) 문제지는 작업이 완료된 후 작품과 함께 반드시 제출하여야 합니다.
3) 용접을 시작하기 전에 V홈 가공을 위한 줄 가공이나 그라인더 가공은 허용합니다.
4) 용접외관 채점 후 굽힘시험(필릿용접은 파면검사)을 하므로 용접 후 용접부에 줄이나 그라인더 등의 가공을 금합니다.
5) 복장상태, 작업시 안전보호구 착용여부 및 사용법, 재료 및 공구 등의 정리정돈과 안전수칙 준수 등도 시험 중에 채점하므로 철저히 해야 합니다.
6) 다음 사항에 대해서는 채점 대상에서 제외하니 특히 유의하시기 바랍니다.
   가) 기권
      (1) 수험자 본인이 수험 도중 시험에 대한 포기 의사를 표 하는 경우
      (2) 실기시험 과정 중 1개 과정이라도 불참한 경우
   나) 실격
      (1) 전(全)감독위원이 용접의 상태(시험편의 용락, 언더컷, 오버랩, 비드상태 등 구조상의 결함, 용접방법 등)가 채점기준에서 제시한 항목 이외의 사항과 관련하여 용접 작품으로 인정할 수 없는 작품
   다) 미완성
      (1) 1개소라도 미 용접된 작품 또는 시험시간을 초과한 작품
   라) 오작
      (1) 맞대기용접의 시험편 이면비드(시점, 이음부, 종점 포함)의 불완전 용융부가 용접부 길이의 30 mm 를 초과한 작품
      (2) 이면 받침판을 사용했거나 이면 비드에 보강 또는 가용접을 한 작품
         (단, TIG용접의 경우만 이면 받침판 또는 세라믹 백킹제의 사용을 허용합니다.)
      (3) 외관검사를 하기 전 비드 표면에 줄가공이나 그라인더 등의 가공을 한 작품
      (4) 용접완료 후 시험편 및 비드에 해머링을 한 작품 및 지급된 용접봉을 사용 하지 않은 작품
      (5) 요구사항을 지키지 않은 작품 및 필릿 용접에서 도면에 지시된 용접 구간 내에 용접하지 않은 작품
      (6) 필릿 용접 파단시험 후, 두 모재의 용입이 용접 길이의 50%가 되지 않는 작품
      (7) 필릿 용접부에서 비드 폭과 높이가 각각 요구된 다리길이(각장)의 4.8 mm ~ 9 mm 범위를 벗어나는 작품
      (8) 굴곡시험에서 시험편 개수의 50%(총 4개 중 2개)이상이 0점인 작품
      (9) 용접 시 비드 내에서 전진법이나 후진법을 혼용하거나, 상진법이나 하진법을 혼용한 작품(용접 시점과 종점은 모두 동일해야 함)

| 자격종목 | 특수용접기능사 | 과제명 | 도면참조 |

(10) 맞대기 용접부의 비드 높이가 용접시점 10 mm, 종점 10 mm 을 제외한 모재 두께보다 낮은(0 mm 미만)작품
(11) 도면에 제시된 모재와 규정된 각도를 10° 이상 초과해서 용접 작업할 경우
(12) 도면에 표기된 상태로 가용접을 하지 않는 경우의 작품
(13) 용접부의 비드 높이가 5 mm를 초과한 작품

7) 공단에서 지정한 각인을 각 부품별로 반드시 날인 받아야 하며, 각인이 날인되지 않은 과제를 제출할 경우에는 채점하지 아니하고, 불합격처리합니다.

> ※ 국가기술자격 시험문제는 저작권법상 보호되는 저작물이고, 저작권자는 한국산업인력공단입니다. 시험문제의 일부 또는 전부를 무단 복제, 배포, (전자)출판하는 등 저작권을 침해하는 일체의 행위를 금합니다.
> 〈국가기술자격 부정행위 예방 캠페인 : " 부정행위, 묵인하면 계속됩니다." 〉

3. 지급재료 목록

일련번호	재료명	규격	단위	수량	비고
1	연강판	t6 100×150	개	2	1인당, 2장 각각 150면 개선가공
2	연강판	t9 125×150	개	2	1인당, 가공 없음
3	스테인리스강판	t3 75×150	개	2	1인당, 2장 각각 150면 개선가공
4	CO_2 와이어	Ø3.2, Ø4			공용, 솔리드와이어
5	스테인리스강봉	Ø2.4×1000			공용

※ 기타지급재료는 공용으로 사용하시기 바랍니다.

> ※ 국가기술자격 실기시험 지급재료는 시험종료 후(기권, 결시자 포함) 수험자에게 지급하지 않습니다.

4. 도 면

| 자격종목 | 특수용접기능사 | 작품명 | 시험편 맞대기 용접 및 T형 필릿 용접 | 척도 | N.S |

가) 시험편 CO_2 용접

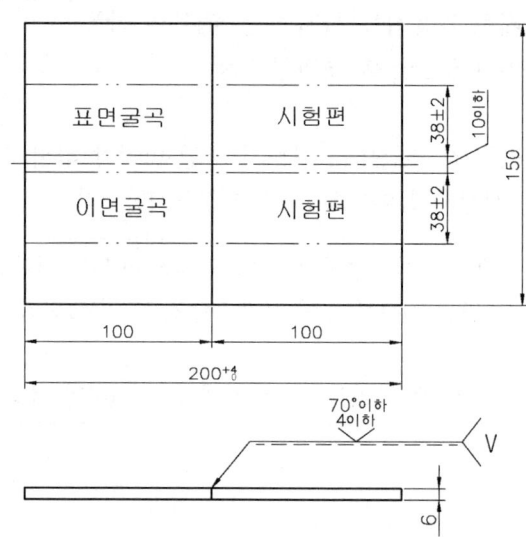

나) 시험편 TIG 용접   다) 시험편 CO_2 필릿용접

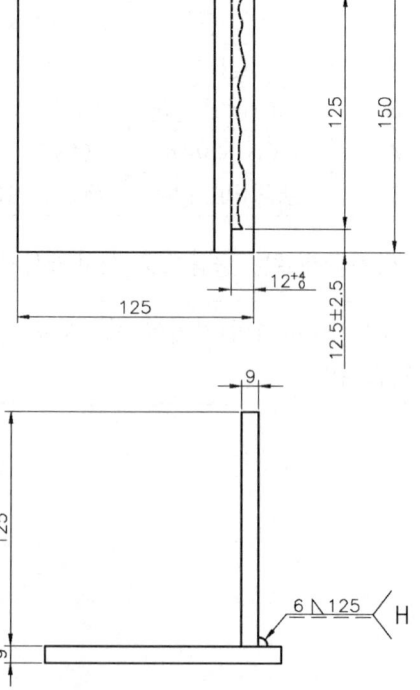

저자 약력

기능장 조 성 규

- 조선대학교 기계공학과 졸업
- 제25회 배관기능장
- 제26회 용접기능장
- 제29회 에너지관리기능장
- 제37회 가스기능장
- 직업능력개발훈련교사자격, 중등학교교원자격
- 서울용접배관기술학원 원장
- **저서** : 용접·특수용접기능사 필기(구민사)

용접·특수용접기능사 필기

초 판 인 쇄 | 2007년 6월 20일
초 판 발 행 | 2007년 6월 25일
개정 제12판 | 2016년 1월 10일
개정 제13판 | 2019년 10월 1일

지은이 | 기능장 조성규
발행인 | 조규백
발행처 | **도서출판 구민사**
　　　　　(07239) 서울특별시 영등포구 문래북로 116 604호(문래동3가, 트리플렉스)
전화 (02) 701-7421(~2)
팩스 (02) 3273-9642
홈페이지 www.kuhminsa.co.kr

신 고 번 호 | 제2012-000055호(1980년 2월 4일)
I S B N | 979-11-5813-719-9　　13500

값 23,000원

※ 낙장 및 파본은 구입하신 서점에서 바꿔드립니다.
※ 본서를 허락없이 부분 또는 전부를 무단복제, 게재행위는 저작권법에 저촉됩니다.